ISBN 978-0-282-63780-4
PIBN 10465804

This book is a reproduction of an important historical work. Forgotten Books uses
state-of-the-art technology to digitally reconstruct the work, preserving the original format
whilst repairing imperfections present in the aged copy. In rare cases, an imperfection in
the original, such as a blemish or missing page, may be replicated in our edition. We do,
however, repair the vast majority of imperfections successfully; any imperfections that
remain are intentionally left to preserve the state of such historical works.

English
Français
Deutsche
Italiano
Español
Português

www.forgottenbooks.com

Mythology Photography **Fiction**
Fishing Christianity **Art** Cooking
Essays Buddhism Freemasonry
Medicine **Biology** Music **Ancient**
Egypt Evolution Carpentry Physics
Dance Geology **Mathematics** Fitness
Shakespeare **Folklore** Yoga Marketing
Confidence Immortality Biographies
Poetry **Psychology** Witchcraft
Electronics Chemistry History **Law**
Accounting **Philosophy** Anthropology
Alchemy Drama Quantum Mechanics
Atheism Sexual Health **Ancient History**
Entrepreneurship Languages Sport
Paleontology Needlework Islam
Metaphysics Investment Archaeology
Parenting Statistics Criminology
Motivational

Entomologische Zeitung.

Herausgegeben

von dem

entomologischen Vereine

zu

STETTIN.

Siebenundvierzigster Jahrgang.

Stettin 1886.

Druck von R. Grassmann.

Entomologische Zeitung

herausgegeben

von dem

entomologischen Vereine zu Stettin.

Redaction: | In Commission bei den Buchhandl.
C. A. Dohrn, Vereins-Präsident. | Fr. Fleischer in Leipzig und R. Friedländer & Sohn in Berlin.

No. 1–3. | 47. Jahrgang. | Januar–März 1886.

Alte Neujahrsleier 1886.

„Das Gewes'ne wollte hassen
Solche rustige neue Besen,
Diese dann nicht gelten lassen
Was sonst Besen war gewesen."

Solchen Pfeil legt' auf den Bogen
Einst des Divans alter Meister —
Ahnt' er in den Katalogen
Den vertrackten Namenkleister?

Linné hoffte, mit zwei Namen
Alle Bestien zu bezwingen,
Um die Schopfung in den Rahmen
Leichter Uebersicht zu bringen.

Gattung sollte stark umklammern
Die zahllosen Artenhorden — —
Ach, es ist fast zu bejammern,
Was daraus heut ist geworden!

Jede Art wird neue Gattung,
Alte Namen umgebrochen:
Kunftig wird bis zur Ermattung
Nur noch „Volapuk" gesprochen!

C. A. Dohrn.

Zur Mitgliederliste

des verwichenen Vereinsjahres ist Folgendes nachzutragen.

Der Verein hat durch den Tod verloren:

Ehrenmitglieder:

Herrn A. Chevrolat in Paris.
- César Godeffroy in Hamburg.
- Carl Theodor von Siebold in München.

Das Vorstandsmitglied:

Herrn Lincke in Stettin.

Mitglieder:

Herrn Cornelius in Elberfeld.
- Javet in Paris.
- Keferstein in Erfurt.
- Kellner in Gotha.
- Meyer-Dür in Zürich.
- Dr. Rössler in Wiesbaden.
- Prof. Weyenbergh in Còrdova.

Aufgenommen wurden als neue Mitglieder:

Herr Ed. Brabant, Chateau de l'Alouette Escaudoeuvres
      (Dep. du Nord)
- Aug Duvivier in Stettin.
- Kowalewski in Stettin.
- J Weise, Lehrer in Berlin
- K. Bramson, Prof. in Jekaterinoslaw.
- R. Jacobs in Barth.
- F. Gerzema in Emden
- Heinr Gross, Fabrikant in Steyr.
- Sanitätsrath Ruge in Wennigsen bei Hannover.
- Dr. H Gressner in Burgsteinfurt.
- Kaufmann Schulz in Stettin.

Stiftungsfestrede am 8. November 1885.

Geehrte Herren und weithe Genossen!

Das einfachste Rechenexempel wird Ihnen darüber keinen Zweifel lassen, daß Ihr im Juni 1806 geborener Präsident im November 1885 sein achtzigstes Jahr beschritten hat. Darüber ließe sich viel sagen, zumal ein bekanntes Spruchwort behauptet: „das Alter sei geschwätzig!" Aber seien Sie unbesorgt, diesen Fehler werde ich hoffentlich mir nicht zu Schulden kommen lassen.

Das verflossene Vereinsjahr hat sich wesentlich nicht von dem vorhergehenden unterschieden, zu meinem schmerzlichen Bedauern auch darin nicht, daß ich stets von Neuem an den Hintritt unseres unvergeßlichen Zeller gemahnt wurde. Auch abgesehen von seiner lepidopterisch unbestrittenen Autorität, von seinen botanischen und philologischen Kenntnissen hatten wir zwei Veterane uns durch ein halbes Menschenalter mit einander eingelebt, und das bedeutet recht viel, wenn von der Leitung eines Vereins wie des unsrigen, von Besprechung über Correspondenz, von Redaction und Correctur der Zeitung die Rede ist. Sehr wahrscheinlich würde Zellér mich vor dem Lapsus memoriae bewahrt haben, daß ich S. 125 des Jahrgangs 1885 von dem verstorbenen Chevrolat habe drucken lassen, er sei nicht Mitglied unseres Vereins gewesen, während er umgekehrt demselben schon seit dem 4. Marz 1844 als Ehrenmitglied angehort hatte. Mag es zur Beschönigung dieses Versehens einigermaßen dienen, daß Herr Chevrolat (und dies darf ich bestimmt versichern und erkläre es mir einfach daraus, daß er der deutschen Sprache wenig oder gar nicht mächtig war) niemals mit unserem Verein direct verkehrt hat, sodann, daß bei dem Druck der Mitglieder-Verzeichnisse, der nach gedruckter Vorlage erfolgt, die Correctur etwas leichter und rascher gehandhabt wird.

Im Laufe des Jahres erlitt unser Verein herbe Verluste — der Tod entriß uns den hochverdienten Nestor der Lepidopterologen, Gerichtsrath Keferstein, unsere Ehrenmitglieder, den weltberühmten Zoologen Call Theodor von Siebold in München und César Godeffroy in Hamburg; ferner unser Vorstandsmitglied Lincke hier am Orte, und die verdienstlichen Entomographen Meyer-Dür in Zürich, Cornelius in

Elberfeld, Dr. Rössler in Wiesbaden, Prof. Weyenbergh in Cordova (Argentina).

Wir hegen den verzeihlichen Wunsch und die tröstliche Hoffnung, daß es unserem jungen Nachwuchs gelingen möge, diese schweren Einbußen weniger schmerzlich zu machen.

In Betreff der Finanzen des Vereins wirkt der allgemeine Rückgang des Zinsfußes auch auf die unsrigen nachtheilig, sofern uns von der Pommerschen Zuckersiederei unser bei ihr investirtes Kapital gekündigt ist, falls wir statt der bisher gezahlten $4\frac{1}{2}$ % uns nicht mit 4 % begnügen wollen. Bei der schatzbaren Leichtigkeit, jeden Augenblick ohne Zeitverlust und Kosten Geld bei der Kasse der Siederei belegen oder erheben zu können, scheint es mir durchaus rathsam, die kleine Verringerung des Zinsfußes zu genehmigen, da sie in keinem Verhältniß zu den Unannehmlichkeiten steht, die uns anderweit unfehlbar erwachsen würden.

Der Verkehr mit den gelehrten Gesellschaften blieb in seinem ruhigen, regelmäßigen Geleise.

Unsere Vereinsbibliothek wurde nach einem von der bisherigen Anordnung abweichenden Plane umgestellt. Da sie im Laufe der Jahre auf mehrere tausend Bände gestiegen ist, so ordnete ich meine Meinung, die bisherige einfache Bezeichnung der neuen Zugänge mit fortlaufenden Nummern sei ausreichend, dem von mehreren Seiten befürworteten Vorschlage unter, sie nach Materien zu rubriciren.

Die Umarbeitung, sowie den neuen Katalog der Bibliothek, welcher den beiden letzten Heften des Jahrgangs 1885 beigelegt ist, hat unser Mitglied Herr Candidat Kowalewski besorgt. Er ist bereit, falls der Vereinsvorstand ihn damit beauftragt, im Jahre 1886 die Bearbeitung des Repertorium zu übernehmen, in demselben Sinne wie der verewigte Wahnschaffe dies bereits dreimal in den Jahren 1863, 1870 und 1878 zur allgemeinen Zufriedenheit geleistet hat.

Ich behalte mir vor, am Schluss dieses Vortrages auf diesen Punkt zurückzukommen und gebe nun einen Auszug aus der in der letzten Zeit eingelaufenen Vereins-Correspondenz. Es schrieben die Herren:

1. Obristlieut. Saalmüller, Frankfurt a. M., 12. August 1885, wegen der von der Kunstanstalt von Werner und Winter gelieferten Tafel zu dem Artikel von Prof. Burmeister über Eurysoma, deren Correctur er freundlichst übernommen hatte.

2. Dr. Hagen, Cambridge, Mass., 30. Juli, hat trotz einer Hitze von 85—90 ° (Fahrenheit) die kleine, aber inter-

essante, aus fast lauter Rarissimis bestehende Familie der Embiden bearbeitet, in welcher zur Zeit noch viele wesentliche Punkte vollständig dunkel und unaufgeklärt sind.

3. Vladimir v. Dokhturoff, Petersburg, 6. August, hatte den Wunsch ausgesprochen, die von mir beschriebene turkestanische Cicindela *octussis* zu sehen, ich hatte sie ihm (durch gefällige Vermittlung der „Neuen Dampfer-Compagnie") gesandt, aber sie war ihm nicht zugegangen. In seinem Briefe vom 30. August meldet er aber die erfolgte Ankunft.

4. Revd. A. Matthews, Gumley, 27. August, hat die Absicht, die Corylophidae zu monographiren, und ersucht freundlich um mein Material, obwohl „meine Bemerkungen über seine Trichopterygia nicht eben ermuthigend (encouraging) ausgefallen."

Ich kann nicht glauben, daß irgend ein deutscher Leser meines Artikels über diese Arbeit S. 398—403 im Jahrgang 1873 dieser Zeitung auch nur einen Augenblick darüber im Zweifel gewesen sein kann, daß ich damals himmelweit davon entfernt war, den geehrten und fleißigen Verfasser damit haben kränken zu wollen. Leider aber muß der Dolmetsch meiner, ganz anerkennend gemeinten Anzeige des Büchleins aus Ungeschick (oder gar bosem Willen?) dem des Deutschen unkundigen Verfasser ein verzerrtes Bild davon abgespiegelt haben, denn ich war seltsam überrascht, in der Cistula Entomologica Pars XIV 1875 eine Antikritik von ihm zu lesen, die entschieden auf Mißverstehen basirt war, und der ich in meinem Artikel „Ptiliomachie" S. 127 im Jahrgang 1876 die Replik folgen ließ.

Ueberflüssig zu versichern, daß ich die im Schreiben vom 27. August dargebotene und in einem späteren Briefe vom 15. September bestätigte Friedenshand herzlichst annahm: ich besorge nur, daß mein zu Gebot gestelltes Material dem verehrten Collegen diesmal nicht solche Dienste leisten kann, als damals das trichopterygische, wo ich ihm mit Nietner'schen Ceylon-Typen aushelfen konnte.

5. V. v. Roeder, Hoym, 31. August, begutachtet die ihm vorgelegte Arbeit von Dr. Williston und findet sie durchaus mittheilenswerth.

6. Dr. Hugo Eisig, Napoli, 29. August, erfüllt in sorgsam verbindlichster Weise meine Bitte um Auskunft über den

schonen Anthribiden *Nessiara histrio* Pascoe durch Abschrift des Artikels (Ann. and Magaz. of Nat. History
1871) und Beifügung einer sauberen Copie der Abbildung.

7. Martin Jacoby, London, 1. September, hat aus dem
   neuen Verzeichniß der Vereinsbibliothek entnommen, daß
   ihr manche seiner Arbeiten fehlen, von denen er erbotig
   ist, Separata einzuliefern. (Mit Dank angenommen.)

8. G. Weymer, Elberfeld, 1. September, wird den in Aussicht gestellten zweiten Artikel erst gegen Ende 1885 in
   Angriff nehmen können.

9. D. Sharp, Shirley, 2. September, ist durch Burmeister's
   Arbeit über Eurysoma (Brachygnathus) veranlaßt worden,
   für die Zeitung einen Artikel einzusenden.

10. J. F. Menzer, Neckargemünd, beglückt den Verein durch
    seine Preisliste griechischer Weine unter Kreuzband. Da
    die Trompete seiner stereotypen Reclamen alle möglichen
    und unmöglichen Weltblätter durchschmettert, so würde
    ich ihr hier wie billig keinen Platz einräumen, schiene
    es mir nicht erlaubt, als Humoristicum S. 3 seiner Preis-
    liste einzuschwarzen, wo er neben anderen Sorten auch
    folgende ausposaunt:
    „Wein des Homer, des Odysseus, des Achilles, des
    Agamemnon, des Nestor und der Helena."
    Dabei kommt Homer am schlechtesten fort, da die
    Flasche seines Gesöffs für 1,40 feil ist; Nestor prätendirt
    schon 2, Odysseus desgleichen; Achill und Agamemnon
    siud unter 2,60 nicht zu haben. Dagegen erscheint es
    doch ungalant, daß der „Wein der Helena, Auslese" nur
    2,50 kosten soll. Der Herr „Ritter des Erlöser-Ordens"
    scheint das „Ewig Weibliche" offenbar unterschätzt zu
    haben!

11. Faust, Libau, 5. September, freut sich der unerwarteten
    Sendung, die ihm manches Gute gebracht, tauft einige
    „Dhn. in coll." um, und weiß noch nicht, ob er in
    nächster Zeit für einen Zeitungsartikel die erforderliche
    Muße erübrigen kann.

12. Prof. H. Frey, Zürich, 9. September, hat mit den neuen
    Auflagen von zweien seiner Lehrbücher soviel zu thun
    gehabt, daß er die längst verheißene kleine Arbeit nicht
    vornehmen konnte. Nun soll sie unfehlbar erfolgen.

13. Dr. Pipitz, Graz, 8. September, hat in einer Sendung
    aus Oran unter anderen Käfern auch Rosalia alpina L.
    erhalten.

14. F. Baden, Altona, 12. September, hatte sich gewundert, daß ich uber seine Sendung (etwa vom Juni) gar nichts geäußert, und deshalb vermuthet, daß ich vielleicht eine Sommerreise gemacht Jetzt hat es sich leider herausgestellt, daß der mit der Kiste nach der Post betraute Lehrling es einfacher gefunden, das Porto zu unterschlagen und die Sendung zu veruntreuen. Es waren dabei auch turkestanische Curculionen für Freund Faust, und diese sind zunächst nicht zu ersetzen.

15. J Weise, Berlin, 15. September, war durch einen Ausflug nach Eberswalde, leider auch durch einen kranken Arm behindert gewesen, die „Schlüsselmädchen der Jungfrau Maria" (so nennt der schwedische Volksmund die Coccinellen) zurück zu senden. Es waren darunter vier unzweifelhaft neue Arten.

16. Sanitätsrath Pagenstecher, Wiesbaden, 16. September, sendet einen Nekrolog des Dr. Rossler ein.

17. Prof. Gerstaecker, Greifswald, 24. September, ersucht um Mittheilung von Büchern aus der Vereinsbibliothek und verheißt seinen Besuch.

18. Dr. E. Hofmann, Stuttgart, 26. September, möchte meine Ansicht über eine Anzahl unbestimmter Carabiden und Cerambyciden erfahren.

. 19. Die Direction der Pommerschen Zuckersiederei, Stettin, 28 September, zeigt an, daß bei dem gesunkenen Zinsfuße sie ferner das ihr anvertraute Kapital des Vereins nicht mehr wie bisher mit $4^1/_2$, sondern von Neujahr 1886 ab nur noch mit 4 % verzinsen kann, falls der Verein die Kündigung nicht vorzieht.

20. Sanitätsrath Ruge in Wennigsen bei Hannover, 25. September, fragt an, ob ich ihm eine größere Anzahl von Cicindeliden begutachten will.

21. Léon Fairmaire, Remiremont, 29. September, wird erst am 20. October nach Paris zurückkehren und kann erst alsdann mir über die von H. Deyrolle angebotenen Käfer Bescheid geben.

22. Dr. E. Hofmann, Stuttgart, 29. September, möchte bei Rücksendung der Determinanden von Herrn Pr.-Lieut. Herms eingelegte Minen von Gracilaria imperialella erbitten, die bei Stettin auf Symphytum leben soll, während sie bei Stuttgart auf Pulmonaria angustifolia vorkommt.

23. Major Alexander v. Homeyer, Greifswald, 5. October, sendet einen Artikel über Lepidoptera ein, dessen Ab-

druck im vierten Heft 1885 ihm lieb sein würde. (Das Heft war bereits abgeschlossen.)

24. Prof H. Frey, Zurich, 2. October, konnte endlich den langst falligen Artikel auf die Postbeine bringen.

25. Carl Plötz, Greifswald, 8. October, Artikel für die Zeitung, Geschenk von 8 Jahrgangen der Mittheilungen des naturwissenschaftlichen Vereins für Neu-Vorpommern an die Vereinsbibliothek.

26. F. Baden, Altona, 9. October, legt Käfer aus Portland (Oregon) zur Begutachtung vor.

27. Dokhturoff, Petersburg, 9. October, zeigt die Rücksendung der Cicindeliden an. (No. 3.)

28. Bibliothekar Steck, Bern, 17. October, vermißt die drei letzten Jahrgange der Zeitung. (Die Richtigkeit des monirten Defects ergab sich durch Erkundigung bei dem Herrn Expedienten, und bängt mit dem Tode Zeller's zusammen. Die Jahrgänge wurden sofort nachgeliefert.)

29. Lithogr. Kürth, Leipzig, 19. October, mochte wegen Zuchtung der Saturnia Isabellae gerne mit einem Züchter in La Granja in Verbindung treten. Ob der Verein ihm nicht eine solche Adresse nachweisen konne?

Dies naive Gesuch motivirt der anscheinend jugendliche Bittsteller durch den Beisatz: „Da ich wohl annehmen darf, daß Ihnen als Präsident des Entom. Vereins' die erste Gelegenheit geboten ist, solche Quellen kennen zu lernen."

Herr Kürth irrt gewaltig, wenn er vermeint, irgend ein entom Vereins-Prases werde von seinen ehrenwerthen Spießgesellen in das Beichtgeheimniß der Fundorter, zumal im lepidopterischen Monopolkram, gezogen. Aber selbst im vorliegenden Falle ware die momentane Carolinenfrage der erbetenen Isabellenauskunft so ungünstig als nur irgend denkbar.

30. Prof. Gerstaecker, Greifswald, 20. October, bezeichnet die wahrend seines Besuches hier eingegangene Bockkaferspecies von Baljan als *Anapausa armata* Pascoe. Da sie entschieden nach dem ganzen Habitus sich den Tmesisterniden (Elais, Arrhenotus) anschließt, so wurfe das einen bedenklichen Schatten auf die Thomson'sche Systematik der Cerambyciden, daß die Gattung Anapausa von Tmesisternus durch 223 Genera (secundum Cat. Gemminger-Harold) getrennt ist. Der seltsame Bock aus Oregon mit der anfangs an einen Prioniden gemahnenden

Quadratur sei höchst wahrscheinlich Leconte's *Piodes coriacea*, dicht vor Acmaeops.

31. Dr. H. Gressner, Burgsteinfurt, 21. October, sendet die Beschreibung einer eigenthümlichen Antennen-Monstrosität von Saperda carcharias.L.

32. Dr. H. Lenz, Lubeck, 21. October, mochte Begutachtung einiger Kafer vom Himalaya.

33. J. Faust, Libau, 21. October, erhielt die Baden'schen Curculioniden in bester Ordnung

34. Kuwert, Wernsdorf, 23 October, fragt nach der Literatur einiger Helophorus.

35. Capt Broun, Howick-Auckland (Neuseeland), 10. September, erhielt meine Käfersendung und fand darin viel Neues für seine Sammlung. Ich würde hoffentlich inzwischen seine Sendung erhalten haben. (Leider nein!) Sein neuer Katalog Coleoptera of New Zealand werde ehestens fertig werden.

36. Dr. Nickerl, Prag, 24. October, erhielt Käfer aus Agram, darunter einige Cerocoma, Procerus gigas, braune Carabus Ullrichi; aus Galizien Procrustes rugifer. Ob ich was davon brauchen kann?

Da es mir an Abnehmern, zumal jugendlichen, nie fehlt, denen man mit fehlenden Arten eine Freude macht, eine doppelte, wenn die Bestien groß oder blank sind, und da jeder alte Sammler die moralische Verpflichtung hat, den jungen Nachwuchs möglichst zu ermuthigen, so werden mir die freundlichen Gaben von der Kleinen Seite groß willkommen sein.

37. Th. Kirsch, Dresden, 24. October, legt mir ein Pärchen Trichogomphus aus Ceram vor und mochte meine Ansicht darüber wissen.

38. Revd. A. Matthews, Gumley, 24. October, hat durch Freund Douglas' Gefälligkeit meine Corylophiden-Sendung in bester Beschaffenheit erhalten, mit Ausnahme eines Arthrolips *obscurus*, der den Kopf verloren. Besonders lieb waren ihm neuseeländische Typen von der Gattung *Holopsis*, da er bei einer früheren Untersuchung eines Exemplares von Holopsis *Lawsoni* zu dem Resultat gekommen war, es sei ein ganz normaler Corylophus.

39. Dr. O. Nickerl, Prag, 28. October, hat von den Sendungen aus Kroatien und Galizien herausgesucht, was wenn auch nicht für meine Sammlung, so doch hoffentlich für meine jüngeren Clienten brauchbar sein konnte. Da auch aus bisher übersehenen kleinen Schachteln noch ein

Paar Holubianer beigefügt sind, so brauche ich für den
Sachverstandigen nur zu sagen, daß unter den letzteren
Jansenia (Physodeutera) angusticollis Boh und ein schönes
♂ von Dromica clathrata Klug (gigantea Brême?) sich
belinden, abgesehen von anderen Spezereien, zu deren
genauerer Feststellung augenblicklich die Muße fehlt, und
vor allem besseres Tageslicht als der regnerische trübe
November bietet.

40. J. W. Douglas, London, 29. October. Nicht nur, daß
der Trader Marie mit loblicher Pünktlichkeit das vierte
Zeitungsheft, die Separata für D. Sharp und die Schachtel
mit Corylophiden fur Reverend Matthews in bester Ordnung abgeliefert hat — alles ist schon *rite* expedirt —
so hat es auch meinem altbewährten Freunde Neptun
gefallen, per tot discrimina rerum endlich die lange vergeblich erwartete Sendung des Capt. Broun aus Neuseeland glücklich nach London gelangen zu lassen. D.
wird Anfangs November seine Stelle im Customhouse
aufgeben, vorläufig aber kann es bei dem bisherigen, für
unsere englischen Abonnenten so außerst bequemen Zu-
sendungsverfahren sein Bewenden behalten. Freund Stainton
ist nach Schottland verreist.

41. J. Faust, Libau, 29. October, bittet, ihm behufs eines
Artikels für die Zeitung Abschrift einiger Artbeschrei-
bungen aus den Annales de France zugehen zu lassen.

42. v. Roeder, Hoym, 1. November, mochte Westwood's
Introduction etc aus der Bibliothek haben.

43. Prof. Dr. Leimbach, Sondershausen, 31. October, bittet
um Zusendung der Vereins-Statuten.

44. Dr Speyer, Rhoden, 1. November, bezeichnet einige
Bücher der Vereinsbibliothek, die er auf einige Wochen
zu entleihen wünscht.

45. Dr. Geo. H. Horn, Philadelphia, 5. October, beschenkt
mich mit der so eben erschienenen „List of the Coleoptera
of America, North of Mexico by Samuel Henshaw."
Wie vorauszusehen war, wurde dieser Katalog im Wesentlichen auf die Basis gestutzt, welche in der Smithson.
Miscellaneous Coll. 1883 unter dem Titel „Classification
of the Col. of N America" von Leconte und Horn enthalten ist Daraus erklärt sich, daß der neue Katalog
von dem letzten vor 12 Jahren von Crotch heraus-
gegebenen in vielen Punkten abweicht, zunachst schon
in der Artenzahl, die sich bei Crotch auf 7450 belief,
während Henshaw bereits 9238 auffuhrt. In ▪Folge der

vielen synoptischen Arbeiten der letzten Jahre von Dr. John Leconte und Dr. Geo. Horn haben viele Familien ein sehr verändeltes Ansehen erhalten, die gewaltsamen Crotch-Umtaufen von allgemein recipirten Gattungsnamen Linné's in die von Geoffroy sind verworfen, Bruchus L. heißt nicht mehr *Mylabris* G., Byrrhus L. nicht mehr *Cistela* G. etc. Abweichend von der Anordnung in den europäischen Katalogen stellt dieser nordamerikanische die ̇ Rüsselkafer ganz an den Schluß; die Eucnemiden werden nicht mehr als eigene Familie zwischen die Buprestidae und Elateridae gestellt, sondern nur als Tribus der letzteren angesehen. Es wird vorbehalten, über diese und andere Abweichungen später zu berichten.

46. F. Baden, Altona, 2. November, theilt mir den ihm zugesandten Katalog einer ansehnlichen Sammlung von Paussiden mit, welche der Eigenthümer gern veräußern aber in guter Hand gewahrt sehen möchte. Ich kann daraus (wie schon früher aus den Mittheilungen meines excellenten Collegen, des früheren Generalgouverneurs von Niederl. Indien Herrn van Lansberge) entnehmen, daß die schonen Cerapterus aus Ostasien allmahlich zu verschwinden scheinen, da es dem Eigenthumer gedachter Paussensammlung nicht gelungen ist, die Prachtarten C. latipes, quadrimaculatus, Horsfieldi, Kirbyi zu erlangen. Beati possidentes!

47. H. T. Stainton, Mountsfield (London), sendet mir die November-Nummer des Entom. Monthly Mag. zu, und darin finde ich auf S. 127 (The question respecting the genus *Aulocera* by Arthur G. Butler) und S. 128 (Remarks upon certain Himalayan species of Satyrid Rhopalocera by A. Graham-Young) die von mir in meinem Artikel „Gestorte Illusionen" (Jahrg. 1885, S. 406 dieser Zeitung) ausgesprochene Muthmaßung bestätigt, daß die „Zankschlange damals bereits im Grase lag." Sie hat seitdem ihren Kopf erhoben und beißt rechts und links um sich!

Das Monthly Magazine führt auf jedem Hefte das *Motto:*

„J'engage done tous à éviter dans leurs écrits toute personnalité, toute allusion dépassant les limites de la discussion la plus sincère et la plus courtoise."

Gewiß ein sehr loblicher Wunsch, wer aber (gleich mir) die Ehre hat, den Autor dieser schatzbaren Sentenz, Herrn Dr. Laboulbène, zu kennen, braucht keinen be-

sonderen Grad von Menschenkenntuiß sich beizumessen,
um sofort darüber im Klaren zu sein, daß dieser liebens-
wurdige, als geschickter Arzt und als tüchtiger Entomolog
geschätzte Sudfranzose zu nichts weniger in der Welt
berufen war, als zum Prediger kalten Blutes bei auf-
regenden Conflicten. Dessen zum Beweise brauche ich
mich nur auf seine Ausdrücke bei Erwähnung der Be-
lagerung von Paris (Annales d. l Soc. de France 1870
p. 414) zu beziehen. Es lautet da: „autant que nous
(Français) sommes ardents, aventureux et trop souvent
bons et confiants, autant il (l'ennemi) est froid, réfléchi,
brutal et astucieux, ne se montrant jamais à découvert,
se cachant dans les trous ou dans les bois, en deux mots
sylvestre et noctambule."

Darauf folgt eine noch weit bosartigere Diatribe,
die gewiß „sincère" aber ebenso gewiß nicht „courtoise"
war.

Mithin werde ich wohl kaum im Unrecht gewesen
sein, als ich zu dem von meinem maßvoll und human
denkenden Freunde Stainton gewählten Motto seines Blattes
lachelnd den Kopf schüttelte.

Denn ich lese p. 128 l. c. die Redactions-Parenthese:
[„We had intended to close this controversy with
this paper, but fresh matter, apparently of consi-
derable value, comes to hand. Unfortunately we
have been obliged to take liberties with nearly all
the communications (Mr. Butler's included) so far
as concerns the infringement of the terms of the
motto on our cover. And all future communications
will be treated in the same manner, if necessary.
— Editors.]

Als alter Redacteur — seit mehr als vollen 42
Jahren — habe ich oft genug die Wahrheit jenes classi-
schen Ausrufs erproben konnen:

Tantaene animis caelestibus irae?

48. Hofrath Dr. Speyer, Rhoden, 1. November, wünscht
Vereinsbucher.

49. v. Roeder, Hoym, 1. November, desgleichen.

50. Duvivier, Stettin, 6. November, ist bereit, unserem
Collegen Weyers in Padang (Sumatra) entomologische
Wünsche und Fingerzeige mitzutheilen.

51. L Fairmaire, Paris, 4. November, (vergl. No. 21),
ist zu spat gekommen, da die angebotenen Kafer bereits
vergriffen waren, nur ein Atys war noch zu haben —

er hofft, mich durch einen Carabus Brandti zu entschädigen. Vielleicht ist in 6 Monaten ein Nachschuß aus Ecuador zu erwarten. Jetzt soll es auch an die durch die längere Reise verzögerte Begutachtung der Käfer von Dr. Pipitz gehen, freilich bei recht ungünstiger Beleuchtung durch die kurzen, nebligen Tage.

52. Edward A. Fitch, Seer., London, Anzeige, daß mich die Entom. Society of London am 4. November zum Ehrenmitgliede erwählt hat.

53. Dr. Hoppe, Grabow (bei Stettin), 6. November, schlägt Herrn Kaufmann Schulz in Stettin zum Mitgliede vor.

54. Dr. E. Hofmann, Stuttgart, 5. November, beschenkt mich mit einigen Käfern von Akuse (Goldküste), darunter ein Prachtexemplar von Goliath regius-♀.

※

Die vorgetragene Auswahl aus der Correspondenz der letzten Wochen wird Ihnen, meine Herren, verbürgt haben, daß unser Verein sich in einem gedeihlichen Zustande befindet. Mit Bezug auf die im Eingange meiner heutigen Ansprache berührten Punkte, namentlich auf mein zunehmendes Alter und auf die Nothwendigkeit, zu der im Jahrgange 1886 der Zeitung fälligen Herstellung eines Repertorium seit 1878 eine jüngere Kraft als Beihülfe verwenden zu können, beantrage ich

außer der nachträglichen Genehmigung der bereits an Herrn Kowalewski gezahlten Remuneration für den von ihm umgearbeiteten Katalog der Vereinsbibliothek, ihm auf ein Jahr für die Herstellung des erwähnten Repertorium und für die Verwaltung der Bibliothek-Geschäfte eine monatliche Remuneration von 50 Mark zu bewilligen.

Dieser Antrag wurde einstimmig angenommen, ebenso die Auszahlung einer Remuneration von 100 Mark an den Cassirer des Vereins und Expedienten der Zeitung, Herrn Gillet von Montmore.

Als neue Mitglieder wurden aufgenommen:

Herr Sanitätsrath Dr. Ruge in Wennigsen bei Hannover.

- Dr. H. Gressner in Burgsteinfurt.

- Schulz, Kaufmann in Stettin.

Der Vorschlag, die Herabsetzung des Zinsfußes auf 4 °/₀ zu genehmigen wurde angenommen, und die Sitzung durch ein gemeinsames heiteres Mittagsmahl beschlossen.

Dr. C. A. Dohrn.

Einige Micros aus Regensburg.

Von

Professor **H. Frey** in Zürich.

Die alten Koryphäen der Microlepidopterologie, Fischer
von Rosslerstamm, Herrich-Schäffer, von Heyden, ruhen seit
Jahren in der Erde. Und auch der bei Weitem bedeutendste
Forscher, Professor Zeller, hat vor nicht langer Zeit die alten
müden Greisenaugen geschlossen.

Anton Schmid, welcher in unermüdlichem Streben den
größeren Theil seines Lebens in meiner Vaterstadt, Frankfurt
am Main, zugebracht und so manche schone Entdeckung auf
unserem Gebiete gemacht hat, ist dann spater in die bayrische
Heimath, und zwar nach Regensburg zurückgekehrt und hat
mit der alten Ausdauer dort gesammelt und beobachtet, unter-
stützt von Medizinalrath Hofmann und den Herren Frank und
Schindler.

Und so hat sich in dem Gebiete der alten Donaustadt
manches von Interesse ergeben. Einen Theil davon bin ich
autorisirt zu veröffentlichen. Mein Verdienst ist dabei fast Null.

1. *Amblyptilia Calaminthae* Schmid.

Herr Schmid entdeckte schon 1880 im tiefen Spätherbst
bei Regensburg dieses interessante kleine Wesen als Falter.
Es gehort in die Acanthodactylus-Gruppe. Hier bestand zwischen
Professor Zeller und mir von jeher eine Controverse. Mein
verstorbener Freund in Stettin wollte Cosmodactylus Hbn. um
jeden Preis nur als Varietat des Hubner'schen Acanthodactylus
betrachten, und ließ sich von dieser vorgefaßten Meinung durchaus nicht abbringen, selbst als ich ihm meine Beobachtungen
über die Larvenzustände nach vieljahrigem Zeitraum mitgetheilt
hatte. Später, als in Folge der Zuricher grauenvollen Wald-
verwüstung die an Aquilegia im Spätsommer lebende Cosmo-
dactylus-Raupe selten geworden war, entdeckte ich eine 4—6
Wochen früher an Stachys sylvatica lebende Raupe. Dort bot
die Samenkapsel, hier die Blüthe das Nahrungsmaterial dar.
Es ist ein kleineres, auffallend helles, olivenbraunes Thierchen.
Ich zog es unter dem Namen Stachydalis als erste Generation,
allerdings mit Vorbehalt, zu Cosmodactylus. Ich glaube mit
Recht auch jetzt noch, da ich Cosmodactylus vom August bis
Ende des folgenden Juni bei Zurich gefangen hatte, und eine

Federmotte im entwickelten Zustande doch nicht 10 Monate in einfacher Generation fliegen dürfte. Ohnehin habe ich einige Stücke Cosmodactylus, welche Stachydalis nahezu gleichkommen.

Nun haben wir den Schmid'schen Fund, welcher mir einiges Kopfzerbrechen verursacht hatte.

Seine A. Calaminthae halte ich nun jetzt unbedenklich für eine gute, allerdings A. Acanthodactylus Hbn. und Cosmodactylus Hbn. nahe verwandte Art. Sie ist zunächst um ein beträchtliches kleiner, selbst kleiner als meine Var. Stachydalis, der Vorderflügel schmaler und in eine schärfere Spitze ausgezogen. Ein wichtiges Unterscheidungsmoment bietet ferner die Grundfarbe des Vorderflügels. Wahrend derselbe bei den bisher gekannten Thieren braun ist (bei Acanthodactylus mit rothlicher Zumischung, bei Cosmodactylus kastanienbraun, bei Var. Stachydalis viel heller gelbbraun), haben wir hier bei dem zarter gebauten kleinen Wesen ein helles Grau. Sonst fallen die Zeichnungen typisch aus. Ueber die zwei Vorderflügelzipfel zieht eine deutlichere weiße Linie. Der Costalrand ist auch gegenüber den vorhergehenden Arten dieses Bild, worauf ich Gewicht lege. Der letzte Zipfel der Hinteiflügel hat eine weit schwächere, lokale, schwarze Befranzung und ein schwarzes Pünktchen an der Spitze gleich den anderen Arten; seine Hinterrandsfranzen sind aber nicht weiß, sondern grau.

Dieses wird zur Diagnose dienen.

Herr Medizinalrath Hofmann hat mir die nachfolgende Raupenbeschreibung freundlichst mitgetheilt. Sie lautet:

Raupe gefunden den 12. September 1884 an den Blüthen von Calamintha nepeta, die Blüthen fressend. Sie ist etwa 8 Millimeter lang, am Kopf- und Schwanzende nur sehr wenig verschmälert, schmutzig rothlich oder lila, von der Farbe der Blüthe. (Ich bemeike hierzu, die Cosmodactylus- und Stachydalis-Raupen sind blaßgrün.) Die Bauchseite von Calaminthae ist grünlich gelb. Kopf glanzend schwarz, mit gelben Linien und Flecken über den Muudtheilen. Das Nackenschild gelblich, vorne weiß gesäumt, mit 3 schwarzen Flecken, von welchen der größte, mittlere dreieckig und von weißen wulstigen Linien eingefaßt ist. Der ganze Korper ist mit großen, weißen Warzen, die mit weißen, sternförmigen gestellten Haaren besetzt sind, bedeckt. Diese Warzen stehen an jeder Seite des Körpers in 3 Längsreihen, zwei enger gestellten Reihen über, und einer, weiter unten gestellten unter den Stigmaten. Afterklappen gelblich, mit schwarzen Fleckchen. Bauchfüße und Nachschieber von der Farbe der Unterseite. Brustfüße schwarz.

2. *Oxyptilus Celeusi* Schmid.

Die Pilosellae - Hieracii - Gruppe gehört bekanntlich zu den schwierigsten unter den Pterophoriden, und ich befürchte, man ist hier zu freigebig mit der Arten-Aufstellung gewesen.

Schon vor langeren Jahren packte mich dieses Bedenken wieder einmal, als ich in Stainton's Annual for 1870 von einem neuen Oxyptilus Teucrii (Greening) Jordan las. Dieses Bedenken hat sich gesteigert, als ich durch Zeller's Güte zwei (wohl von Jordan herruhrende Stücke) dieser Neuheit erhielt. Die Raupen dieser Form wurden in England, wie man mir von Regensburg berichtet, (weitere Literatur mit Ausnahme der Stainton'schen Notiz im „Annual" fehlt mir), von Teucrium Scorodonia oder von T. Scordium erzogen.

Vor wenigen Jahren traf mein Freund Schmid an Teucrium chamaedrys bei Kellheim eine Raupe, welche einen Oxyptilus lieferte, und welchen der Entdecker, vermuthend eine neue Species hier getroffen zu haben, mit dem Namen O. Celeusi versah.

Ich besitze, seit langjähriger Skepsis angesammelt, ein sehr großes Material der Pilosellae - Hieracii - Gruppe, von den verschiedensten Gegenden stammend in meiner Sammlung (über 60 Exemplare). Ich bin an der specifischen Differenz von O. Hieracii und Pilosellae irre geworden. O. Teucrii Jordan und Celeusi Schmid ziehe ich unbedenklich als dunkle Gestalten zu Hieracii. 2 Stück vor längeren Jahren von Glitz aus Hannover erhalten, stimmen mit den Exemplaren aus England und Kellheim vollstandigst.

Dr. Hofmann meint in dem Vorkommen oder Fehlen eines „Bartes" am zweiten Palpengliede hier eine specifische Differenz zwischen den Gliedern jener so schwierigen Gruppe gefunden zu haben. Ich bedaure, dem ausgezeichneten Forscher hier widersprechen zu mussen.

3. *Leioptilus Distinctus* H.-S.

Die Raupe der in Regensburg entdeckten Federmotte lebt an Gnaphalium sylvaticum.

Dr. Adolf Roessler.

Nekrolog.

Am 31. August 1885 starb zu Wiesbaden der Königl. Appellationsgerichtsrath Dr. Adolf Roessler, als Lepidopteroloͤge weit über die Grenzen seines engeren Vaterlandes Nassau rühmlichst bekannt. Mit dem Entschlafenen ist einer der tüchtigsten älteren Forscher dahingegangen: ein Mann, der gleich dem befreundeten Altmeister Zeller ein besonderer Kenner der Microlepidopteren war, ohne diesen sein ausschließliches Interesse zuzuwenden. Roessler umfaßte das gesammte Gebiet und war auch in den Exoten wohl bewandert. In dem großen Kreise von Bekannten und Verehrern, welche sich Roessler namentlich durch seine „Schmetterlinge Nassau's" erworben, werden Viele die Lücke schmerzlich empfinden, die sein Tod gerissen, gleich dem Unterzeichneten, welcher seit seinen Knabenjahren nahezu dreißig Jahre in nur zeitweise unterbrochenem entomologischem Verkehr mit dem Verstorbenen gestanden hat. Sie werden gerne in diesen Blättern, denen der Verstorbene stets das lebhafteste Interesse zuwandte, Einiges über den Lebensgang des verdienten Mannes niedergelegt finden.

Adolf Roessler war geboren am 6. April 1814 als der Sohn des Regierungsrathes Ch. Roessler zu Usingen im Herzogthum Nassau. Er besuchte das Gymnasium zu Weilburg und studirte auf der Universität Heidelberg Jurisprudenz. 1840 ging er auf ein halbes Jahr nach Paris zum Studium der Malerei, die er gerne und mit Talent ausübte; wurde nach seiner Rückkehr Amtssyndicus in Eltville, und 1842 nach Wiesbaden versetzt, wo er bis an sein Lebensende verblieb. 1867 wurde er Konigl. Appellationsgerichtsrath, 1875 zur Disposition gestellt und 1882 pensionirt. —

Neben der eifrigen Thätigkeit als Richter wußte Roessler seine Freistunden außer der Malerei dem Studium der Natur und besonders der Entomologie zu widmen, zu der er von seinem Onkel, dem in Nassau wohlbekannten Entomologen Vigelius hingeführt war. Bei seinem lebhaften Interesse für die Naturwissenschaften überhaupt gelang es ihm, sich sehr rasch völlig in sein Lieblingsfach einzuleben. Mit unermudlicher Thätigkeit sammelte er in der naheren und ferneren Umgebung seines Heimathortes, man kann sagen bei Tag wie

2*

bei Nacht; mit dem größten Fleiße eizog er auch die kleinsten und unbedeutendsten Falter aus den ersten Ständen und beobachtete ihre Lebensgewohnheiten. Bald galt er als einer der ersten Kenner, der seine reichen Erfahrungen in dem durch seine trefflichen treuen Beobachtungen und seine sonstige Correctheit ausgezeichneten Buche über die Schmetterlinge Nassau's (Jahrbucher des Nass. Vereins für Naturkunde Bd. 19—20, 2. Bearbeitung Bd. 23—24) niederlegen konnte, das ein Hand- und Hülfsbuch für viele Sammler Deutschlands geworden ist und bleiben wird, nicht nur unserer Gegend. Die klaren Schilderungen lassen erkennen, mit welch' geübtem Auge Roessler an seine Arbeit herantrat Er brachte gar bald eine nahezu erschöpfende Sammlung der Lepidopteren hiesiger Gegend zusammen und trat durch seine reichen Doubletten in den lebhaftesten Tauschverkehr mit hervorragenden Forschern und Sammlern des In- und Auslandes — ich nenne nur die Verstorbenen v. Heyden, der ihm seine Roesslerelle widmete, Lederer, Herrich-Schäffer, Zeller —, wodurch seine Sammlung mit hervorragenden Seltenheiten bereichert wurde, so auch von Exoten, denen Roessler in den letzten Jahren ein besonderes Interesse zuwandte. Vielfach wurde er als Autorität zum Bestimmen angezogen, welcher Aufforderung er sich stets gerne und willig unterzog. —

Roessler war kein Mann der großen Welt. Er liebte es, seine Erholung in der Natur, in der Familie und im engsten Kreise der Fachgenossen zu suchen, wo er mit den reichen Schatzen seiner Erfahrung immer vorragend war. Er hinterläßt eine trauernde Wittwe, vier erwachsene Sohne und zwei Tochter, — die geliebte älteste ist ihm im Tode vorausgegangen. — Die Liebhaberei des Vaters theilt keiner der Sohne und so wird seine Sammlung, die seine Freude war, verkauft werden.

Roessler schrieb außer den zwei größeren Werken in den Nassauischen Jahrbuchern, welche die Lepidopterenfauna in Nassau behandeln, zahlreiche kleine und großere Arbeiten in der Wiener Entomol. Monatsschrift, der Stettiner Entomol. Zeitung und den genannten Jahrbuchern. Ueberall zeigt er sich als ein scharfer und gewissenhafter Beobachter, von reichem Wissen und klarster Darstellungsgabe. Die neuere Darwinistische Richtung behagte ihm, der in seiner Jugend aus Oken's Naturgeschichte seine Kenntnisse erworben, wenig, wie dies mehrere seiner kleinen Schriften in den Nass. Jahrbuchern beweisen. Roessler's Fach lag in der Beobachtung und Beschreibung des von ihm Gesehenen, wo ihm sein künstlerisch ge-

schultes Auge sehr zu statten kam; hier leistete er·Vorzüg-
liches: als ihn die philosophische Richtung seines späteren Alters
weiter fuhrte, da sah er sich zu seinem großen Leidwesen
weniger anerkannt.

Mögen die nachfolgenden Forscher, deren es ja leider im
Gebiete der schwierigen Micropteren nicht viele giebt, es ihm
in der Liebe zur Natur, in der Gewissenhaftigkeit der Forschung
und Darstellung gleich zu thun bemüht sein!

*

Entomologische Schriften Roessler's.

1. In den Nassauischen Jahrbüchern für Naturkunde.

a) Beiträge zur Naturgeschichte einiger Lepidopteren. Bd. 12,
   S. 383.
b) Ueber Acidalia straminaria Tr. und Acidalia olovaria n. sp.
   Bd. 12, S. 390.
c) Saturnia Cynthia F. Bd. 12, S. 420.
d) Beiträge zur Naturgeschichte einiger Lepidopteren. Bd. 16,
   S. 255.
e) Verzeichniß der Schmetterlinge Nassau's, mit
   besonderer Berücksichtigung der biologischen
   Verhaltnisse und der Entwicklungsgeschichte.
   Bd. 19—20, S. 99.
f) Beobachtungen über einige in Gärten vorkommende Kleinschmetterlinge. Bd. 25, S. 424.
g) Zur Naturgeschichte von Agrotis Tritici, fumosa und
   obelisca. Bd. 25, S. 427.
h) Versuch, die Grundlage für eine natürliebe Reihenfolge
   der Lepidopteren zu finden. Bd. 31, S. 220.
i) Ueber Nachahmung bei lebenden Wesen (Organismen)
   insbesondere der Lepidopteren, mit einer Betrachtung über
   die Abstammungslehre. Bd. 31, S. 232.
k) Die Schuppenflügler des Kgl. Regierungsbezirks
   Wiesbaden. Bd. 33—36, S. 1 ff.

2. In der Wiener Entomol. Monatsschrift.

a) Ueber Nachtfang. (VI, S. 152.)
b) Zur Naturgeschichte von Bapta pictaria und Epione vesper-
   taria L. (VI, S. 212.)
c) Lepidopterologisches. (VII, S. 128.)
d) Ueber die neue neben Platyptilus ochrodactylus H.-S. ein-
   zureihende Art. ' (VIII, S. 50.)
e) Ueber Pterophorus serotinus. (VIII, S. 201.)

f) Zur Naturgeschichte von Herm. Tolypreusarius. (VIII, S. 70.)

g) Ueber die Zurichtung von Kleinschmetterlingen für Sammlungen. (VIII, S. 70.)

h) Gedanken über die Bedeutung der Malerei auf den Schmet-
terlingsflügeln. (VIII, S. 163.)

i) Wilde Pflanzen und Raupen. (VIII, S. 205.)

3. In der Stettiner Entomol. Zeitung.

a) Ueber Cleodora strictella S. V. und Cleodora Tanacetella
Schrank. (1870, Bd. 31, S. 258.)

b) Lepidopterologisches. (1873, Bd. 33, S. 306.)

c) Grapholitha Fuchsiana. (1877, S. 75.)

d) Verzeichniß um Bilbao gefundener Schmetterlinge. (1877, S. 255.)

e) Die Behandlung der für Sammlungen bestimmten Schmetterlinge und ihre Erhaltung. (1884, S. 105.)

f. Papilio Zalmoxis. (1884, S. 143.)

Dr. Arnold Pagenstecher.

Bemerkungen zu einigen europäischen Curculioniden-Gattungen.

Von

Johannes Faust.

Dr. Stierlin's Bestimmungs-Tabelle — Mitth. schweiz. ent.
Gesellsch., August 1881 — der Styphlus- und Orthochaetes-
Arten sowie namentlich die Note (1) in „Faune d. Col. du
bass. d. l. Seine — Rhynchophora, p. 111" gaben mir Veranlassung, die betreffenden Gattungen meiner Sammlung durch-
zusehen. Wahrend Stierlin einige als Styphlus beschriebene
Arten zu Cotaster bringt, weist Bedel nach, daß Styphlus
unguicularis Aub. ein Plinthide ist und nicht wie Styphlus
und Orthochaetes zu den Erirhiniden gehort, und daß für
diese Art die Gattung Anchonidium (La Ferté i. litt.) anzunehmen ist. Bedel's Fauna enthält übrigens soviel neue
Gesichtspunkte für Classificirung der Curculioniden, daß diese
Arbeit den Herren Collegen, welche sich mit Systematik der
europaischen Russelkafer beschaftigen, nicht genug empfohlen
werden kann. Eine Anzahl Gattungen, welche bisher in den

Katalogen sehr unsichere Stellungen einnehmen, sind von Bedel nunmehr sicher placirt worden, wie z. B. Aubeonymus ganz nahe bei Pachytychius, Styphlus und Orthochaetes in die Nahe von Pseudostyphlus und Philernus. Die Stellung von Acentrus neben Sharpia und Smicronyx, wie sie von Bedel angenommen ist, scheint mir nicht ganz zutreffend. Acentrus und Endaliscus sind meiner Meinung nach als Bindeglieder zwischen Erirhiniden, Cryptopliden und Hydronomiden aufzufassen, und jedenfalls näher mit Bagous als mit Sharpia verwandt.

Daß Aubeonymus dereinst mit Pachytychius wird vereint werden können, wie Bedel vermuthet, ist eine Hoffnung, welcher ich .mich nicht anschließen kann; mit vor den deutlich getrennten Vorderhüften gefurchtem Piosternum, namentlich aber durch die nicht sichtbaren Episternalnähte, wird Aubeonymus als selbstandige Gattung wohl bestehen bleiben müssen. Zwischen Aubeonymus und Pachytychius sollte aber noch die Gattung Hypoglyptus eingereiht werden, welche sich von Pachytychius hauptsächlich nur durch langere Hinterbrust und vollständigen Marginalstreifen unterscheidet.

Die Aehnlichkeit von Orthochaetes und Styphlus mit Pseudotyphlus bilunulatus Desbr. ist so groß und ihre systematische Stellung bei Pseudostyphlus so in's Auge fallend, — seit Bedel darauf aufmerksam gemacht — daß kein Wort über dieselbe weiter zu verlieren ist.

Bei der Gattung Pseudostyphlus betont Bedel die große Aehnlichkeit von bilunulatus Desbr. mit Philernus farinosus. Beide haben eine abgestutzte Thoraxbasis und es muß zugegeben werden, daß auf den ersten Blick die Aehnlichkeit beider größer ist als diejenige zwischen bilunulatus und pilumnus, dessen Thoraxbasis deutlich zweibuchtig ist. Die beiden letzten Arten haben aber einige charakteristische Merkmale mit einander gemeinsam, welche Philernus fehlen und somit eine etwaige Vereinigung von bilunulatus mit letzterem nicht zulassen. Wahrend nämlich bei Philernus die 2 ersten Abdominalsegmente ihrer ganzen Breite nach durch eine deutliche Naht getrennt, die Fuhler in oder nahe der Mitte eingefügt sind und Tarsenglied 3 verkehrt kegelformig, auch nur oben zur Aufnahme des Krallengliedes vertieft ist — dieser letztere Umstand hat wohl Tournier bewogen, die Gattung Philernus seinen Hydronomini anzureihen — sind bei den 3 obigen Arten die 2 ersten Abdominalsegmente wenigstens in der Mittte verwachsen, die Fuhler in beiden Geschlechtern nahe der Spitze eingefugt und das dritte Tarsenglied deutlich zweilappig. Außer von der Thoraxbasis finde ich zwischen pilumnus und bilunulatus keine Unterschiede, welche eine geneiische Trennung beider fordern konnten. Für nitidus Chevr., welchen ich a. a. O. als Pseudostyphlus angesprochen, wird wohl die Gattung Oryx aufrecht erhalten werden müssen, da bei dieser Art die Hinterbrustepisternalnähte vorhanden sind, während dieselben bei Orthochaetes, Pseudostyphlus und Philernus fehlen oder wenigstens von der Beschuppung verdeckt sind.

Geranorhinus mit Trochanterenborste gehört nicht zu den Hyperini Bedel, welchen diese Borste fehlt, sondern zu den Erirhinini; mir ist keine Gattung dieser Gruppe vorgekommen, bei welcher diese allerdings mitunter schwer zu sehende Borste fehlt. Da Geranorhinus keine sichtbaren Episternalnähte besitzt, die 2 ersten Abdominalsegmente durch eine deutliche Naht getrennt sind, so schließt sich die Gattung an Philernus an, von welchem sie sich durch kurzes zweites Abdominalsegment, gerade Sutur zwischen 1 und 2, geraden Rüssel, schrag abgeschnittenen Vorderrand des Thorax, ohne Spur von Augenlappen und ohne Ausbuchtung des Prosternalvorderrandes unterscheidet.

Die Gruppe der Erirhiniden zerfällt leicht in 2 Theile und zwar in solche Gattungen, bei welchen das Analsegment am Hinteriande 2 Haarpinsel oder Haarzipfel trägt, wie Erirhinus, Notaris, Dorytomus, Icaris, Arthrostenus, Echinocnemus, Bagous, Ephimeropus, Hydronomus, Endaliscus (?) und in solche, bei welchen diese Haarzipfel fehlen. Zu letzteren gehoren auch die oben besprochenen Arten. Bei Acentrus sind diese Haarzipfel nicht scharf entwickelt, aber doch angedeutet, indem der Seiten- und Hinterrand des Analsegmentes mit kurzen Harchen besetzt ist, welche aber in der Mitte des Hinterrandes fehlen.

Die mit Orthochaetes verwandten Gattungen lassen sich durch folgende Tabelle auseinanderhalten:

1. Episternalnahte der Hinterbrust nicht sichtbar.

2. Flügeldecken ohne Schultern, Rüssel vom Kopf durch einen Quereindruck abgesetzt, Schildchen nicht sichtbar.

3. Fühlergeißel 7gliedrig . . . . . . *Styphlus* Sch.
   typ. penicillus Gyll. Sch.

3. Fühlergeißel 6gliedrig . . . . . . *Orthochaetes* Germ.
   typ. setiger Buk.

2. Flügeldecken mit Schultern, Rüssel
   mit dem Kopf in gleichem Bogen
   gewölbt, Schildchen meist deutlich.

4. Tarsenglied 3 deutlich zweilappig,
   Fühlereinlenkung nahe der Rüsselspitze, Abdominalsegment 1 und 2
   in der Mitte verwachsen und hier
   ohne deutliche Naht, Schildchen
   deutlich . . . . ·. . . . . *Pseudostyphlus* Tourn.
   typ. Pilumnus Gyll.

4. Tarsenglied 3 nicht zweilappig,
   Fühlereinlenkung in oder nahe der
   Rüsselmitte, Abdominalsegment 1
   und 2 nicht verwachsen, auch in
   der Mitte durch eine deutliche
   Naht getrennt.

5. Thoraxvorderrand rechtwinklig abgestutzt, unten ziemlich scharf und
   tief ausgebuchtet, Abdominalsegment 2 reichlich so lang als
   3 und 4, durch eine gebogene
   Naht von 1 getrennt, Rüssel gekrümmt, Schildchen deutlich . . *Philernus* Sch.
   typ. farinosus Sch.

5. Thoraxvorderrand schräg nach unten
   abgestutzt, so daß die Vorderhüften an den Vorderrand gerückt
   erscheinen, dieser unten ohne Ausbuchtung, Abdominalsegment 2
   etwas weniger lang als 3 und 4,
   durch eine gerade Naht von 1
   getrennt, Rüssel gerade, Schildchen
   nicht sichtbar . . . . *Geranorhinus* Chevr.
   typ. rufinasus Chevr.

1. Episternalnähte der Hinterbrust deutlich, Fühlerfurchen zur Rüsselbasis nicht oder nur äußerst wenig
   convergirend . . . . *Oryx* Tourn.
   typ. nitidus Chevr.

In der Scheidung der Curculionini von den Erirhinini,
je nachdem der Anfang der Fuhlerfurchen von oben sichtbar
ist oder nicht, hat Bedel jedenfalls die Classificirung um ein
Beträchtliches gefordert. Die für Viele überraschende Behauptung des geschatzten Autors, daß Styphlus unguicularis

Aubé kein Styphlus sondern mit von oben sichtbarem Anfang
der Fühlerfurchen in die Nahe von Plinthus gebracht werden
müsse, erweist sich als durchaus zutreffend. Dagegen ist es
mir weder bei Anchonidium, noch bei Aparopion, Adexius,
Acrisius gelungen, wenn auch nur sehr schmal getrennte
Vorderhüften zu constatiren, wenigstens stoßen die Fortsätze des
Prosternums vor und hinter den Hüften lange nicht zusammen.
Es ist übrigens meiner Meinung nach bisher auf getrennte
Vorderhüften ein übertriebener Werth gelegt worden. Die Abtheilung der Curculionides phanérognathes apostasi-
mérides mit ihren hanches antérieures plus ou moins
séparées ist durch die außerordentlich große Anzahl von Gattungen mit zusammenstoßenden Vorderhüften durchaus unhaltbar
geworden. *) Lecontes großes Verdienst um die Classificirung
der Rhynchophoren besteht hauptsächlich darin, daß er nicht
an Lacordaire's Eintheilung nutzlos herumgeflickt, sondern eine
neue Basis für eine natürlichere, weit weniger ausnahmenreiche
Eintheilung dieser großen Familie geschaffen hat. Bedel hat
für eine allerdings noch kleinere Fauna als die Leconte's auf
dieser Basis weiter gebaut und zur Klärung wesentlich bei-
getragen.

Außer Styphlus unguicularis Aubé muß noch Styphlus Lederi Chevr. von Lenkoran — in letzterer Zeit vielfach als Cotaster aufgefaßt — hierher gezogen werden, weil
die Innenecke der Schienen mit einem Dorn versehen ist. Da
die Augen dieser Art fehlen und die Vorderhüften schmal getrennt sind, so kann dieselbe nicht gut zu Anchonidium oder
einer anderen bekannten Gattung gezogen werden, weshalb ich
für diese Art den Gattungsnamen Caulomorphus vorschlage.

Die mit Plinthus verwandten Gattungen habe ich in
folgender Tabelle zusammengestellt:

1. Keulenglied 1 mindestens so lang als
die übrigen zusammen und mehr
oder minder dicht fein anliegend
behaart, Fühlereinlenkung von
oben sichtbar.

2. Schienen an der inneren Spitze mit
einem Dorn, Fühlereinlenkung
näher dem Mundwinkel.

---

*) Der Werth getrennter oder zusammenstoßender Vorderhüften
als Gruppencharakter wird durch das Faktum, daß z. B. bei Sidero-
dactylus das ♂ zusammenstoßende, das ♀ aber getrennte Vorderhüften besitzt, nahezu auf Null reduzirt.

3. Augen vorhanden, Vorderhüften dicht aneinander stehend oder schmal getrennt (Neoplinthus).

4. Episternalnahte deutlich, Hinterhüften quer, Abdominalsegment 1 und 2 durch deutliche Naht von einander getrennt, Fühlerfurchen an den Seiten des Rüssels, zur Basis hin nicht convergirend.

5. Vorderhüften aneinander stehend, Segment 2 fast so lang als 3 und 4 *Meleus* Lac.
typ. Megerlei Panz.

5. Vorderhüften getrennt, Segment 2 nur wenig langer als 3 . . . . . *Neoplinthus* Bed.
typ. porcatus Panz.

4. Episternalnähte nicht sichtbar, Hinterhüften oval, Abdominalsegment 1 und 2 wenigstens in der Mitte verwachsen und hier ohne dentliche Naht, Fühlerfurchen zur Basis hin convergirend.

6. Augenlappen deutlich und kurz gewimpert, Segment 2 an den Seiten viel kürzer als 3 und 4, Schenkel gezähnt . . . . *Plinthus* Germ.
typ. caliginosus Fahr.

6. Augenlappen fehlen, Segment 2 an den Seiten fast doppelt so lang als die sehr schmalen 3 und 4, Schenkel ungezahnt.

7. Augen an die Oberkante des Rüssels gerückt, Tarsenglied 5 breit zweilappig, viel breiter als 2.

8. Körper oval, nicht kugelig.

9. Deckenbasis tief ausgebuchtet, ihre Außenecken spitz nach vorne gerichtet, Hinterbrust zwischen den Hüften viel länger als der Mittelhüftendurchmesser . . . . *Acrisius* Desbr.
typ. Koziorowiczi Desbr.

9. Deckenbasis gerade abgestutzt, Hinterbrust zwischen den Hüften kaum

so lang als der Mittelhüftendurch-
messer . . . . *Aparopion* Hampe.
typ. costatum Hampe.

8. Körper kugelig . . . . *Adexius* Sch.
typ. scrobipennis Gyll. Sch.

7. Augen sehr klein, an die Unterkante des Rüssels gerückt, Tarsenglied 3 schmäler zweilappig, kaum
breiter als 2 . . . . *Anchonidium* La Ferté i. litt.
typ. Styphlus unguicularis Aubé.

3. Augen fehlen, Vorderhüften schmal
getrennt . . . . *Caulomorphus* nov. gen.
typ. Styphlus Lederi Chevr.

Die bisherige Stellung der Gattung Cotaster unter den
Calandrinen*) resp. Cossoninen ist eine durchaus falsche
und war hauptsächlich durch Werthüberschätzung der Vorder-
hüftenentfernung von einander hervorgerufen. Die Gattung hat
mit den vorhergehenden Plinthiden die von oben sichtbare
Fühlereinlenkung, das hornige, lange, erste Fühlerkeulenglied,
mit der Mehrzahl der obigen Gattungen die unsichtbaren Episternalnähte und die verwachsenen ersten Abdominalsegmente
gemeinsam, und unterscheidet sich von allen obigen hauptsächlich
nur durch den Hornhaken an der Außenecke der Schienen und
ebenso (mit Ausschluß von Caulomorphus) durch sehr schmal
getrennte Vorderhüften; diese beiden Eigenschaften sind aber
den Pissodinen Bedel eigenthümlich, von denen sich die
Cotaster wieder durch die von oben sichtbaren Fühlereinlenkungen unterscheiden. Genau in derselben Verwandtschaft
in welcher die Erirhinen zu den Pissodinen stehen auch
die Plinthiden zu den Cotasterinen, weshalb eine zu weite
Trennung nicht befürwortet werden kann, umsomehr unter den
exotischen Gattungen Schienen außen mit Hornhaken neben
dicht aneinanderstehenden Vorderhüften vorkommen, wie z. B.
bei Euramphus Shuk. und andererseits unter den europäischen
Gattungen Schienen innen mit Enddorn neben schmal getrennten
Vorderhüften wie bei Neoplinthus und Caulomorphus.
Mir scheint überhaupt der äußere Hornhaken als ein Kriterium
von weittragender Bedeutung aufgefaßt werden zu sollen.

---

*) Bei den Calandrinen kommen Gattungen mit ganz dicht
zusammenstoßenden Vorderhüften vor. Die meist auf eine kurze
Grube reduzirte Fühlerfurche zwischen Rüsselbasis und Mitte, meist
näher der Basis bei verhaltnißmäßig langem Fühlerschaft scheint mir
ein sicheres Merkmal für die Calandrinen-Gruppe.

Zu Cotaster wurden bisher gerechnet exsculptus, uncipes, cuneipennis, pilosus, ulcerosus, uncatus. Von
diesen ist für exculptus Boh. Sch. mit sichtbaren Episternal-
nähten die Gattung Styphloderes Woll. angenommen. Von
Cotaster Motsch. weicht sie außerdem durch die Fühlerfurchen
ab, welche an den Seiten des Rüssels liegen, direct zum Augen-
unterrande ziehen und zur Rüsselbasis kaum convergiren. Das
erste Keulenglied ist ganz dicht und fein behaart.

C. uncipes Boh., Sch., welchen Motschulsky zum Typus
der Gattung gemacht, ist von Italien — meine Stücke aus den
Apenninen — zuerst beschrieben, und zwar als ein kleiner
Käfer mit länglichem, tief und dicht punktirtem Thorax, läng-
liehen, hinter der Mitte erweiterten, punktirt-gestreiften Flügeldecken. Hinzuzufugen wäre, daß die Augen an die Oberkante
des Rüssels gerückt, die Fühlerfurchen weit vor den Augen
auf die Unterseite gebogen und an der Basis unten nur durch
einen feinen Kiel getrennt sind, sowie daß das erste Keulenglied glanzend, kahl ist. Das ♀ hat längeren Rüssel, feiner
und dichter punktirten Thorax (zuweilen mit feiner erhabener
Mittellinie) und ist etwas größer als das ♂.

C. cuneipennis, von Piemont, Croatien, Illyrien, wird
von Aubé genau wie uncipes beschrieben, wobei allerdings
der Hornhaken an der äußeren Schienenspitze nicht erwähnt
ist. Wer übrigens den cuneipennis zuerst als Cotaster
gedeutet hat, ist mir nicht bekannt. Sollte diese Deutung an
der Hand der Type geschehen sein, so ist mit ziemlicher
Sicherheit anzunehmen, daß cuneipennis und uncipes nicht
verschieden von einander sind. Alle mir als cuneipennis
vorgelegten Stücke wären identisch mit uncipes-♀.

C. pilosus aus den Norischen Alpen ist von Motschulsky
kurz skizzirt, von Chevrolat als Styphlus (zusammen mit St.
Lederi und extensus) beschrieben, aber mit der unrichtigen
Fundortsangabe „Russia mer". Diese letztere hat jedenfalls
Veranlassung dazu gegeben, den pilosus Motsch. mit Caulomorphus Lederi oder gar mit Styphlus uncatus Friv. zu
vereinigen. Beide Annahmen sind aber durchaus irrig. Chevrolat
vergleicht sein von Motschulsky stammendes Stück sehr zutreffend mit cuneipennis Aubé. Mindestens ungenau sind
Chevrolat's Worte: „rostro basi paululum, scisso, prothorace
dense granuloso et femoribus longe crassiusculis." Meine von
Motschulsky stammenden Stücke (Kum Berg) haben eine kaum
nennenswerthe Depression an der Rüsselbasis, der Thorax ist
sehr dicht und tief punktirt, so daß die sehr schmalen Spatien
wohl als Runzeln nicht aber als Kornchen erscheinen konnen,

und die Hinterschenkel sind nicht dicker als die Mittel-
schenkel, wohl aber dünner als die vordersten. Wahrscheinlich
hat Chevrolat die Vorderschenkel als „crassiuscula" bezeichnen
wollen. Andererseits beschreibt Chevrolat die Thoraxbasis als
„transversim sulcata, reflexa"; auch dieser Ausdruck ist über-
trieben, da die Basis nur äußerst fein gerandet ist. Letztere
Eigenschaft besitzt aber auch uncipes sowie alle Stücke,
welche ich als cuneipennis determinirt gesehen habe. Der
pilosus (Motsch.) Chevrolat ist einfach mit uncipes zu vereinigen.

Sowohl exsculptus als auch uncipes (cuneipennis,
pilosus) haben deutlich 7gliedrige Fühlergeißel und nicht
6gliedrige, wie Dr. Stierlin am Schluß seiner Styphlus-Tabelle
irrthumlich wenigstens fur cuneipennis angiebt.

Styphlus uncatus Friv., von Ungarn, Slavonien (Friv.),
Balkan (Merkl), Lenkoran (Reitter-Lederer) hat wie Styphloderes und Costaster schmal getrennte Vorderhüften und den
Hornhaken an der äußeren Spitze der Schienen, weicht aber
von beiden durch den breiten Rüssel (breiter als dick), 6gliedrige
Fühlergeißel, welche letztere sogar scheinbar 5gliedrig ist, da
Glied 6 dicht an die Keule geschlossen ist und sehr kleine, an
die Rüsselunterkante gerückte Augen ab. Die Fühlerfurchen
biegen sich weit vor den Augen auf die Unterseite des Rüssels
und fließen an der Basis unten zusammen. Des breiten Rüssels
wegen ist uncatus Friv. nicht leicht mit anderen Arten zu
verwechseln, kann aber nicht zu Cotaster gezogen werden,
weshalb ich für diese Art den Gattungsnamen Microcopes
vorschlage.

St. ulcerosus Aubé von Batum kenne ich nicht. Dr.
Stierlin hat uncatus Friv. für ulcerosus Aubé gehalten und
letzteren daher zu Cotaster gebracht. Aus der Beschreibung
Aubé's läßt sich nicht ersehen, zu welcher Gattung diese Art
gehort. Als ulcerosus habe ich auch eine neue Art von
Anchonidium (Reitter — Meskisches Gebirge — Caucasus)
determinirt gesehen, welche weiter unten beschrieben wird.
Mit diesen Stücken sind aber die Worte Aubés: „Corselet très
legèrement déprimé vers le quart antérieur, arrondi sur les
côtés, subanguleux au milieu; il est tout couvert de point en-
foncés très forts et très écartés" nicht recht in Einklang zu
bringen. Viel besser läßt sich die Beschreibung auf Caulomorphus Lederi Chevr. anwenden. Da übrigens Anchonidium
und Cotaster alpine Gattungen sind, so ist es noch wahrscheinlicher, daß ulcerosus vom Ufer des Schwarzen Meeres auch
am Ufer des Caspischen vorkommen, also eher ein Caulomorphus

als Anchonidium oder Cotaster sein könnte. Der mir unbekannte Besitzer der Type von ulcerosus ist allein im Stande,
sicheren Aufschluß zu geben, welcher bis dahin als zweifelhafte
Styphlus-Art citirt werden muß.

Die nun folgende Tabelle schließt sich unmittelbar an die
vorhergehende der ·Plinthiden an, und würde auch keine
Aenderung erleiden, wenn man die Cotasteriden getrennt
von ihnen, vereinigt mit den Pissodinen oder ganz gesondert
auffassen würde.

2. ·Schienen mit einem Hornhaken an der
Außenecke, Vorderhüften schmal
getrennt, Abdominalsegment 1 und
2 in der Mitte verwachsen, Fühlereinlenkung näher der Mitte als dem
Mundwinkel, Augenlappen fehlen.

10. Fühlergeißel 7gliedrig, Glied 7 nicht
an die Keule geschlossen, Augen
an die Oberkante des Rüssels gerückt, dieser nicht breiter als dick.

11. Episternalnahte der ganzen Lange
nach deutlich, Fühlenfurchen bis
zum Unteraugenrand reichend und
bis dahin nur sehr wenig conver-
girend . . . . *Styphloderes* Woll.
typ. exsculptus Boh. Sch.

11. Episternalnähte nicht sichtbar, Fühlerfurchen weit vor den Augen auf
die Unterseite gebogen, unten an
der Rüsselbasis nur durch einen
feinen Kiel getrennt . . . . *Cotaster* Motsch.
typ. uncipes Boh. Sch.

10. Fühlergeißel 6gliedrig, Glied 6 breit
und an die Keule geschlossen,
Augen an die Unterkante des
Rüssels gerückt, dieser breiter als
dick, Fühlerfurche wie bei Cotaster, aber unten zusammen-
fließend, Episternalnähte nicht vor-
handen . . . . *Microcopes* nov. gen.
typ. uncatus Friv.

Beschreibung neuer Anchonidium-Arten aus dem Caucasus.

Von

Johannes Faust.

Anch. perrense n. sp. Ovatum, piceum, albido-setosum; antennis funiculo 7 articulato dilutioribus; rostro prothoracis longitudine, crasso, vix curvato, basi late profundeque transversim impresso, 5 carinato; prothorace quadrato, lateribus rotundato, antice sinuato-angustato, convexo, postice grosse punctato; elytris prothoracis basi sensu latioribus, humeris subangulatis, punctis in striis magnis, interstitiis angustis, alternis parum elevatioribus, omnibus setis decumbentibus uniseriatim obsitis. Long. 3, Lat. 1.5 mm.

Machat (1 ♀) von Bahasgio aufgefunden.

Einen weniger angespitzt als **ungicularis** Aubé und mit ganz anders geformten Thorax. Rüssel wie bei dieser Art, nur deutlicher 5kielig und an der Basis tiefer vom Kopfe abgesetzt. Augen sehr klein und an die Unterkante des Rüssels gerückt. Thorax ohne Eindruck vor dem Schildchen und auf der Scheibe, ohne erhabene Mittellinie, gleichmässig gewölbt, ohne eckige Einschnürung hinter dem Vorderrande. Decken-basis deutlich breiter als die breiteste Stelle des Thorax, die Schultern ziemlich rechtwinklig, Seiten leicht gerundet, Punkt-streifen fast ebenso grob und tief als bei **ungicularis**, die abwechselnden Spatien viel weniger erhoben und weniger kiel-förmig als bei diesem. Spatien 6, 7, 5 vereinigen sich auf dem Schulterwinkel, während dieselben bei der Aubé'schen Art weit unterhalb der Schulter zusammenstossen; die nicht häufigen Börstchen stark nach hinten geneigt.

Anch. coriceum n. sp. Ovatum, piceum, subnitidum, setosum; rostro 5 carinato; prothorace oblongo, lateribus aequaliter rotundato, grosse, haud dense punctato, antice immodum subsinuato; elytris antice prothoracis basi paulo latioribus, humeris rotundatis, confertim punctato-striatis, interstitiis angustis, alternis perparum elevatioribus, postice setis apice clavatis seriatim obsitis. Long. 2,5—2,8, Lat. 1,5 mm.

Meskisches Gebirge. Von Herrn Reitter eingesendet.

Bemerkungen
zur Gruppe der Brachyceriden und
Beschreibung einiger neuer Arten
Von
Johannes Faust.

Oberrand der Furche zeigt die Richtung zur Augenoberkante
und die Furche ist in ihrer ganzen Ausdehnung von oben sichtbar. Trotzdem Schönherr, welcher diesen offenbaren und
bis auf die Gegenwart vererbten Mißgriff zuerst that, die abweichende Form der Fuhlerfurche erkannte — Disp. meth.
p. 103 Observ.: „scrobs ad medium oculi vergeus ap-
paret, unde dubium oritur, utrum huic an secundae
phalangi (p. 15 Phyllobides) hoc genus aptius esset in-
serendum" — reiht er dennoch Brachyderes den Brachyderiden seiner phalanx an. Sowohl Lacordaire als auch
Leconte und Horn sind diesem Beispiele gefolgt.

Seidlitz versuchte 1868 eine Anzahl bisher den Brachyderiden angehöriger Gattungen den Otiorhynchiden s. str.
anzureihen, ist aber in seiner Fauna baltica wieder davon
zurückgekommen und wahrscheinlich wohl deshalb, weil er
sich nicht von dem überlieferten falschen Begriff, welcher den
Brachyderiden anhängt, frei gemacht und die Gattung
Brachyderes nicht auch wie z. B. Pholicodes, Epiphaneus den Otiorhynchiden angeschlossen hat.

Auch Bedel hat in seiner Fauna ebenfalls die Brachyderini durch die „scrobes latéraux et dirigés infé-
rieurement" seinen Brachyrrhinini (Otiorhynchini Seidl.)
und folgerichtig die Gattungen Brachyderes sowie Strophomorphus in ihrer schiefen Stellung gelassen; immerhin hat
Bedel durch Aufstellung der Brachyrrhinen-Gruppe einen
wesentlichen Foitschritt zur Auflosung der unhaltbaren Brachyderiden gethan.

Da ich uber den Werth der Richtung und Ausdehnung
der Fuhlerfurche mit den obengenannten Autoren übereinstimme,
so habe ich an Bedel's beiden citirten Gruppen im Prinzip
nichts auszusetzen, muß aber die Ueberführung von Brachyderes und Strophomorphus zu den Brachyrrhini und
demzufolge die Umbenennung der Brachyderini in z. B.
Strophosomini befurworten.

Mit Brachyderes und Strophomorphus gehören nun
noch Pholicodes und Epiphaneus in dieselbe Gruppe. Die
Gattung Brachyderes ist von den 3 anderen sehr ausgezeichnet durch kreisrunde Augen, nicht geschweiften Marginalsaum der Flügeldecken, weshalb Deckenstreifen 9 und 10
parallel neben einander verlaufen, und die Russelspitze ist nur
schwach ausgerandet; ein tiefer, dreickiger Ausschnitt ist insofern angedeutet, als 2 feine erhabene Linien mit der ausgerandeten Spitze ein Dreieck bilden, welches durch eine nicht
oder nur sehr sparsam behaarte Platte ausgefüllt ist. Ebenso

ganzrandig wie die Rüsselspitze aber ist auch der Kehlrand unten und eine Kinnplatte nicht bemerkbar.

Strophomorphus, Epiphaneus, Pholicodes haben dagegen lang-ovale Augen, Deckenstreifen 9 und 10 bei den Hinterhüften genähert, Rüsselspitze tief dreieckig ausgeschnitten, der Kehlrand mit einem tiefen, durch eine deutliche Kinnplatte verdeckten Ausschnitt. So groß die Unterschiede zwischen Brachyderes und diesen 3 Gattungen, so gering sind dieselben zwischen den letzteren, bei welchen Abdominalfortsatz, relative Länge der Abdominalsegmente und Fühlerglieder, Schienen und Tarsenbildung durchaus gleich sind. Für Pholicodes liegen die einzigen Unterschiede im Rüssel, welcher an der Basis schmäler als der Kopf ist. Strophomorphus und Epiphaneus haben Kopf und Rüsselbasis gleich breit, und letzterer unterscheidet sich von ersterem nur durch den Mangel der Deckenschultern, so daß ich vorschlagen würde, Strophomorphus als Untergattung von Epiphaneus aufzufassen. Im Grunde genommen sind aber Pholicodes und Strophomorphus noch ähnlicher als dieser und Epiphaneus, so daß entweder alle 3 Gattungen bestehen bleiben oder Strophomorphus und Epiphaneus als Untergattungen von Pholicodes angesehen werden müssen. Zwei mir bekannt gewordene schulterlose Arten sind als Pholiodes beschrieben worden, nämlich syriacus Boh. Sch. und conicollis Desbr. Ersterer hat entschieden gleich breiten Kopf und Rüsselbasis, bei letzterem kann man wohl in Zweifel sein, ob man ihn des Rüssels wegen zu Pholicodes oder Epiphaneus ziehen soll, wenn nicht die schulterlosen Decken letzteres befürworteten.

Schließlich muß ich noch eines Umstandes erwähnen, welcher die Verwerthung der Ausdehnung der Mittelbrustepimeren zur Theilung der Otiorhynchini Horn's in zwei Divisionen sehr tangirt. Bei Untersuchung einiger Strophosomus-Arten finde ich nämlich, daß im Allgemeinen beim ♂ die Mittelbrustepimeren eine geringere Ausdehnung haben als die der breiteren ♀, d. h. die Spitze der Epimeren nähert sich der Episternenspitze beim ♀ mehr als beim ♂, bei einem ♀ stoßen sogar beide Spitzen an der Deckenbasis zusammen; hieraus muß man also folgern, daß die Ausdehnung der Mittelbrustepimeren nicht nur bei der Gattung, sondern auch bei der Art nicht unerheblich variiren kann. Einen weiteren Beleg für diese Ansicht liefert Epiphaneus malachiticus Sch.; bei meinen 4 Stücken dieser Art stoßen jene Episternen und Epimeren an der Deckenbasis in einem Punkt zusammen, dennoch wird man wohl nicht behaupten oder vielmehr nachweisen können, daß **Epiphaneus** einer anderen Gruppe angehört als **Pholicodes** und **Strophomorphus**, bei welchen beiden die Episternen mit dem Marginalsaum der Decken in Contact bleiben, wenn auch nur eine sehr kurze Strecke; dazu kommt noch daß bei **Ep. syriacus, conicollis** und bei der weiter unten beschriebenen neuen Art, also in derselben Gattung wie **malachiticus**, die Episternen und Epimeren **nicht** an der Deckenbasis in einem Punkt zusammenstoßen.

Die 4 hier besprochenen Gattungen sind auf folgende Weise auseinander zu halten:

1. Kehlrand ohne Ausschnitt, ohne sichtbare Kinnplatte, Rüsselspitze mit einer dreieckig umrandeten, vorne nur wenig ausgerandeten Platte, Augen kreisrund, Marginalsaum der Flugeldecken bei den Hinterhuften nicht geschweift, Streifen 9 und 10 laufen parallel nebeneinander . . . . *Brachyderes* Sch.

1. Kehlrand mit einem tiefen Ausschnitt, welcher durch die Kinnplatte ausgefüllt ist, Rüsselspitze tief dreieckig ausgeschnitten, Augen lang-oval, Marginalsaum der Flügeldecken bei den Hinterhuften geschweift, Streifen 9 und 10 hier genähert.

2. Russelbasis nicht schmaler als der Kopf.

3. Flugeldecken mit deutlichen Schultern *Strophomorphus* Seidl.

3. Flugeldecken ohne Schultern . . . . *Epiphaneus* Sch.

2. Russelbasis deutlich schmaler als der Kopf . . . . *Pholicodes* Sch·

Epiphaneus Dohrni n. sp. Elongato-oblongus, niger, squamis laete-viridis opacis densissime setisque albidis reclinatis sat dense vestitus; rostro capite contiguo, lateribus rectis, anterius vix attenuato, supra maxime biimpresso; antennis brevioribus dense squamosis, clava brunneo-tomentosa; prothorace latitudine baseos breviore, lateribus parum rotundato; elytris elongatis, angustis, prothoracis basi haud latioribus, apice acuminato-rotundatis, modice convexis, striatis, in striis obscure remoteque, punctatis; femoribus tenuibus. Long. 6,5—8, lat. 2,2—3 mm.

Eriwan, Kurdistan.

Ganz von der Form des (**Pholicodes**) conicollis Desbr., aber durch rauhe Oberfläche, kürzere Fuhler, dünnere Beine, weißgrüne Beschuppung, von malachiticus, syriacus und conicollis durch dicht beschuppte Fühler zu unterscheiden.

Fuhlerfurchen genau wie bei syriacus und conicollis, Fühlerschaft gerade, Geißelglied 1 nur wenig dicker und länger als 2 und so lang als 3 und 4, diese und die folgenden von gleicher Länge, d. h. so lang (♀) oder wenig langer (♂) als breit. Keule so lang als die 3 letzten Geißelglieder zusammen und mit braunem Toment bedeckt. Augen lang-oval, gewolbt. Thorax an beiden Enden abgestutzt, die Basis wie bei syriacus leicht aufgebogen und etwas breiter als der Vorderrand, die Seiten wenig gerundet, mit der größten Breite vor der Mitte, beim ♂ mit angedeuteter erhabener, aber dicht beschuppter Mittellinie. Decken an der Basis kaum breiter als der Thorax und an den Seiten meist durch einen flachen Quereindruck aufgebogen, die Seiten regelmaßig aber wenig gerundet, hinten stumpfer zugespitzt als bei den 3 citirten Arten; die Streifen fein, etwas eingedrückt, die feinen Punkte in ihnen sehr undeutlich, mit dem Thorax wie bei syriacus und conicollis in gemeinsam flachem Bogen längsgewolbt, Spatien flach, mit 2 oder 3 unregelmaßigen Reihen eingestochener Punkte, welche eine weiße, stabförmige Schuppenborste tragen Beine, namentlich die Schenkel viel dunner als bei conicollis, die Hinterschienen des ♂ auf der Spitzenhalfte mit längeren abstehenden Haaren gewimpert. Der ganze Korper ist mit rundlichen, etwas übereinander liegenden, in der Mitte vertieften, auf der Oberseite etwas abstehenden, matten, weißlichgrunen Schuppen dicht bedeckt, welche zusammen mit den Schuppenborsten dem Käfer ein rauhes Ansehen geben.

Ein vereinzeltes Stück (Kurdistan) dieser Art erhielt ich einmal von Herrn Baudi di Selve, ein zweites von meinem bochverehrten Freunde Herrn Dr. C. A. Dohrn, nach welchem ich die neue Art benannt; seitdem ist mir dieselbe (Eriwan) auch von Herrn Christoph mitgetheilt worden.

Pholcodes lateralis n. sp. (♀). Oblongo-ovatus, piceus, cinereo-vel luteo-squamosus, lateribus prothoracis elytrorumque albidioribus; rostro brevissimo, conico; prothorace paulo transverso, antrorsum rotundato-angustato, punctato, fusco-trivittato; elytris oblongis, humeris rotundatis, apice acuminatis, striato-punctatis; pedibus brevioribus. Long. 6,2, Lat. 2,1—2,3 mm. — Tiflis.

Kleineren Stücken von inauratus in Form und Farbe äußerst ahnlich Der sehr kurze conische Rüssel, der kurze, fast ganz gerade Fühlerschaft und die kurzen Beine der neuen Art sind sichere Erkennungszeichen für diese.

Fühlerschaft fast nur halb so lang als der des **inauratus**, welcher außerdem an der Wurzel und dann noch in der Mitte, aber in entgegengesetztem Sinne gebogen ist; Geißelglied 1 fast kürzer als 2. Rüssel kaum so lang als die Stirne zwischen den ovalen Augen breit, zur Spitze deutlich verengt. Thorax und Flügeldecken wie bei **inauratus**, nur die letzteren schmäler und die bald weißgrauen, bald lehmfarbigen Schuppen rund — bei jenem langlich, an beiden Enden zugespitzt. — Seiten des Kopfes, des Thorax, sowie Spatien 6 und 7 der Flügeldecken dichter und weißlicher beschuppt, der Thorax mit 3 etwas dunkler beschuppten Langslinien. Behaarung zwischen den Schuppen wie bei **inauratus**.

Pholicodes glaucinus n. sp. (♂). Elongato - oblongus, niger, subnitidus, haud dense glaucino-squamosus et cinereo-pilosus; antennis unguiculisque ferrugineis; rostro quadrato, lateribus recto; prothorace ante medium parum rotundato, confertim punctato; elytris antice prothoracis basi paulo latioribus, hoc quadruplo longioribus, lateribus post medium parum dilatatis, supra minus convexis, punctato-striatis; antennis pedibusque longioribus. Long. 7,5, Lat. 2 mm.

Armenien.

Der glänzend schwarze, staubartig behaarte **semicalvus** Reitter ist kürzer und noch flacher gewolbt, hat kürzeren Rüssel, kürzere Fühler und Beine, steht aber der neuen Art am nächsten.

Kopf und Rüssel breiter, dieser etwas länger als breit, mit parallelen Seiten, ohne bemerkbare Eindrücke, nur an der Spitze etwas niedergedrückt und hierher dichter punktirt als Kopf und Thorax. Fühlerschaft lang, schlank, in der Mitte gekrümmt, Geißelglied 1 etwas kürzer als 2, dieses so lang als die 3 folgenden zusammen, diese sowie 6 und 7 an Lange gleich, langer als breit. Thorax mit der größten Breite vor der Mitte, nach hinten geradlinig und etwas weniger als nach vorne verengt, reichlich so lang als breit. Decken am Grunde wie bei **semicalvus**, nur wenig breiter als die Thoraxbasis, mit kaum angedeuteten Schultern, die Seiten bis zum hinteren Drittel geradlinig divergirend, hier am breitesten und gerundet, dann gerundet verengt, oben flacher als **trivialis** und mehr gewölbt als **semicalvus**, die Punktstreifen deutlicher als bei diesem. Beine viel länger als bei beiden.

Graublaue, rundliche Schuppen und anliegende feine Härchen bedecken sparlich den ganzen Korper, so daß überall die schwarze Grundfurbe durchglänzt.

Microlepidopteren des unteren Rheingau's,

nebst einer

allgemeinen topographisch-lepidopterologischen Einleitung.

Von

Pfarrer **A. Fuchs** in Bornich.

(Fortsetzung zu Jahrg 1881, S. 451—470)

Dritter Artikel.

Wenn ich nach einer längeren Unterbrechung die Fortsetzung meines Verzeichnisses mittelrheinischer Micros wieder aufnehme, so liegt der Grund nicht sowohl darin, daß es in der Zwischenzeit gelungen wäre, ein umfangreiches Material aufzuhaufen. Da mancherlei Umstände mich in den letzten Jahren dazu führten, den Macropteren eine größere Aufmerksamkeit, als es eine zeitlang geschehen, zu widmen, so konnte, wenn auch das Studium der Micropteren selbstverstandlich nicht ganz aufgegeben wurde, in ihrem Betracht der wissenschaftliche Ertrag der so getheilten Arbeit doch nur ein geringer sein. Die Thätigkeit beschränkte sich wesentlich darauf, früher begonnene Untersuchungen zu Ende zu fuhren. Trotzdem bin ich der Aufforderung unseres verehrten Herrn Präsidenten, das Resultat derselben den Lesern der entomologischen Zeitung jetzt schon darzubieten, um so lieber gefolgt, als mir dieser Auftrag die angenehme Pflicht auflegte, die wissenschaftliche Welt mit einigen neuen Arten bekannt zu machen, deren unser schöne Rheingau so manche beherbeigt. In Anbetracht der Schwierigkeiten dieser Arten darf ich es als eine glückliche Fugung ansehen, daß Zeller, der gründliche Kenner, der mich mit seinem umsichtigen Rathe allezeit bereitwilligst unterstützte, wenigstens einen Theil des aufgebrachten Materiales noch begutachten konnte.

Bevor wir an dessen Besprechung herantreten, möchte ich die Aufmerksamkeit der Leser noch für eine Localschilderung in Anspruch nehmen. Je öfter ich den Leser in unsere an Naturschonheiten so reichen Rheinberge führe, um ihm zu zeigen, daß sie außer ihren landschaftlichen Reizen noch etwas besitzen, was dem Lepidopterologen nicht minder sehenswerth erscheint: hier eine geschätzte Noctue, da ein willkommener Spanner, dort eine neue Coleophora; und je ofter ich bei Besprechung solcher Arten genöthigt bin, diesen und jenen Local-

namen zur Bezeichnung ihres Fundortes zu gebrauchen, um so
lebhafter empfinde ich das Bedurfniß, dem Leser, welcher den
Rheinstrom vielleicht nur flüchtig gesehen hat, mit unserer
nächsten Umgebung bekannt zu machen. Da wir nun seine
Aufmerksamkeit fur heute nur auf eine beschränkte Auswahl
von Lepidopteren zu richten haben werden, so dürfte es gerade
jetzt angemessen sein, ihm durch eine topographische Umschau
in unserer Gegend einen Ersatz zu bieten.

Wir setzen den Fall: ein Freund besucht uns in unserem
eine halbe Stunde vom Rhein, auf der Gebirgshöhe zwischen
Caub und St Goarshausen gelegenen, mehr als tausend Seelen
zahlenden Pfarrdorfe und wunscht die ihm aus der Lectüre
früherer Arbeiten bekannten Fundorte, deren Bilder er sich,
dieser und jener interessanten Art gedenkend, im Geiste aus-
gemalt hat, nun auch persönlich in Augenschein zu nehmen.
Gerne erklären wir uns bereit, ihm als Fuhrer zu dienen. Die
Frage: wohin zuerst? beantworten wir mit einem Deuten nach
der Richtung, wo, wie wir wissen, der Rhein fließt. Denn
— so fugen wir erklärend hinzu — die nordöstlich vom Dorfe
gelegenen Eichen-, Buchen- und Birkenwälder, vom Rheinthale
sich mehr und mehr entfernend, bergen in ihrem Schatten
zwar auch eine Fulle von Lepidopteren, doch keine Arten, die,
im Vergleich mit dem übrigen Nassau, der Fauna einen besonderen Charakter aufdrücken konnten. Derselbe wird fast
ausschließlich durch solche Arten bestimmt, die theils im Rheinthale selbst, noch zahlreicher aber an seinen sonnigen Hügeln
mit ihrer nicht minder bemerkenswerthen Flora wohnen. Hier
allein finden sich die zu ihrem Gedeihen erforderlichen Bedingungen vereinigt; eine Ausbreitung in's Land hinein findet im
Ganzen nicht statt. Daher ändert, sobald man, vom Rhein-
strome aufsteigend, aus dem Bereiche seiner heißen Thalwande
auf die Hohe gelangt ist, die Fauna nach kurzer Zeit ihren
eigenthümlichen Charakter.

Also wir mussen in der Richtung des Rheines aufbrechen.
Die Frage: nach welchem Orte zuerst? ist bald entschieden.
Wir fürchten keinen Widerspruch, wenn wir vorschlagen, vor
allen Dingen aufzusuchen:

1) Den Lennig. In westlicher Richtung verlassen wir,
bald von der Hauptstraße abbiegend, das Dorf und treten in
ein Wiesenthal, welches, zu unserer rechten Seite neben einer
Dorfschmiede beginnend, in gerader westlicher Richtung nach
dem Rheinthale abwarts führt. Beim Dorfe noch flach, nimmt
dieses Thal, je naher es in seinem halbstundigen Laufe dem
Flusse kommt, um so mehr den grotesken Charakter einer

Schlucht an, deren nur spärlich bebaute rechte, nach Süden
schauende Seitenwand bis in die Nachmittagsstunden den sen-
genden Strahlen der sommerlichen Sonne ausgesetzt ist. An
diesen Abhängen ist Anfangs Mai *Penthina lucivagana* um Hecken
und auf Aeckern gemein, *Tinea Roesslerella* um felsige Kuppen
Ende Mai kurz vor und nach Sonnenuntergang nicht selten,
bisweilen sogar häufig, *Botys flavalis* var. *citralis* HS auf brach-
liegendem Ackerlande im Juni eine oft bemerkte Erscheinung.
Mehr nach dem Rheine zu, da, wo sich das Thal zu einer
romantischen Schlucht verengt, leben im Mai an Sarothamnus
die Raupensäcke von *Coleophora sarothamni* Roessl., sitzt um
dieselbe Zeit an den Zweigspitzen dieses Strauches *Fidonia
famula*, fliegt. in der zweiten Juniwoche die schone *Pellonia cala-
braria* beim Herannahen des Wanderers vom Boden auf, wo
sie geruht, stets in der Nähe von Sarothamnus, von dessen
Blattern sich die Raupe bei uns nährt.

Doch wir sind in Gedanken zu eilig gewesen. Zunächst
befinden wir uns noch beim Dorfe und sehen uns, stille stehend,
das vor uns liegende schmale Wiesenthälchen an. Ganz in
unserer Nahe, hinter den letzten Scheunen, sind die Wiesen
mit einzelnen Kirschbäumen bepflanzt, an deren Stammen im
ersten Fruhjahr einzelne Noctuen und Geometriden zu ruhen
pflegen: so Ende April die hübsche *Eupithecia insigniata*, fur
uns eine willkommene Beute. Links von dem schmalen Fuß-
wege, der das Wiesenthal hinab fuhrt, stehen einige noch
jüngere Kirschbäume, die für uns eine Bedeutung erlangt haben:
ihre Stämme lieferten uns vor Jahren die Sacke der *Coleophora
trigeminella* Uns dieser Gabe dankbar erinnernd, müssen wir
bedauern, daß diese durch den Bau ihres Raupensackes ge-
kennzeichnete Art weniger in Folge unseres schonungslosen
Suchens — wir wissen, wenn nothig, unseren Eifer zu zügeln
— als in Folge der Nachstellungen von Seiten der an den
Stämmen auf- und abkriechenden Ameisen an dieser Stelle
wenigstens ausgetilgt scheint, um sich nur noch weiter thal-
abwarts an alteren Kirschbäumen zu halten, sonst nirgends.
Uns dieser Erinnerung hingebend, verfolgen wir, zu unserer
Rechten die Wiesen, den holperigen Fußweg, der uns nach
dem Lennig fuhren soll. Schon fallt der Fuß Etwa 10 Minuten
vom Dorfe müssen wir das Thal quer durchschreiten. Rechts
zieht es sich als „Heimbachthal" weiter hinab nach dem Rhein
zu. Folgten wir dem Laufe des Thales, so würden wir, wäre
es Mai, auf den blumigen Wiesen bald eine Fülle von Tagfaltern gewahren, unter ihnen als angenehme Beute die Pyrgus-
(Syrichthus)-Arten *Carthami*, *Serratulae* und *Sao*. Doch wir

wollen für heute den vielgenannten Lennig besuchen; wir müssen
also am „Waschbrunnen" vorüber das Thal quer durchschreiten,
um es, auf einem über Ackerland führenden Wege uns parallel
haltend, mit seinen blumigen Wiesen und seiner nach Süden
geoffneten sonnigen Thalwand zu unserer Rechten immer vor
Augen zu haben. Bald sind wir am Walde angelangt. Vorher
aber stehen wir nochmals still. Einige Wiesen, die „Wiesen
vor Lennig", durchschneiden unseren Weg, um sich nach dem
immer schluchtartiger sich gestaltenden „Heimbachthale" hinab-
zuziehen. Unser Blick fällt in das zu unserer Rechten gelegene
Wiesenthal, welches mit seiner Fülle weißblühender Kirschbäume im ersten Frühlinge einen anmuthigen Anblick bietet.
Um diese Zeit konnten wir, uns der Blüthenpracht erfreuend,
hier mit Erfolg auf die Lepidopterenjagd ausgehen. An den
Stämmen ruhen, aus dem benachbarten Walde verschlagen,
Nola confusalis und *Eupithecia abbreviata;* es ruht an ihnen, von
der jenseitigen Anhöhe mit ihrem mannigfachen Pflanzenwuchs
herübergeführt, *Acronycta euphorbiae,* später *Eupithecia insigniata*
(Ende April) und *Bapta temerata* (Anfangs Mai), deren Raupen
sich vom Laube der Kirschbäume nähren. Im Juli sind diese
Wiesen von Tagfaltern belebt, unter ihnen *Epinephele Hyper-
anthus* aberr. *Arete* und weibliche Uebergänge zu *Epin. Janira*
var. *Hispulla.*

Doch diese Arten können und wollen wir heute nicht
sammeln. Ihre Flugzeit ist vorüber. Wir müssen — die
Stunde drängt — den sudwestlichen Saum des Lennig zu gewinnen trachten, um bei Laternenschein die Haideblüthe zu
untersuchen. Also rasch über die den Weg durchschneidenden
Wiesen hinweg in den Wald! Ein schattiger Laubgang, aus
überhängenden Buchenästen gebildet, nimmt uns auf. An diesen
Stammen fanden wir Ende April frisch ausgegangen *Aglia tau,*
Stauropus fagi und *Boarmia consonaria.* Im Weitergehen scheuchten
wir, die Aeste beklopfend, *Drepana cultraria, Zonosoma linearia*
und in spaterer Jahreszeit eine Menge Micros auf, darunter
gute Arten wie *Lampronia luzella,* deren Raupe an hier und
da wachsenden Brombeersträuchern, und *Glyphipteryx Berg-
straesserella,* deren Raupen an den Gräsern feuchter Wegstellen
gelebt haben mochten. Für jetzt eilen wir rasch vorüber und
gelangen linksseitig an eine Waldbloße, wo das reichlich
wachsende Gras uns daran erinnert, daß wir im Vorjahre an
dieser Stelle um dieselbe Zeit — den 13. August — bei der
Rückkehr vom abendlichen Fang an Haideblüthe zum ersten
Male eine frisch ausgegangene *Stilbia anomala* erbeuteten, die
ruhig an einem Grashalme saß — ein interessanter Fund; denn

die **werthvolle** Art, vor einem Menschenalter am Fuße der
Loreley — wir können den aus der Ferne herüberwinkenden
Felsen sehr wohl sehen — als Raupe zahlreich gefunden,
tauchte erst jetzt wieder an der Stelle, wo wir stehen, auf,
als nach einer vorgenommenen Eichenfällung das Waldgras
üppiger zu wachsen begann. Wir stehen jetzt auf der Grenz-
scheide der eigentlich rheinischen Fauna, und es kann vorkommen, daß eine der von uns gesuchten Arten, durch eine
westliche Luftströmung von ihrem eigentlichen Wohnplatze fort-
getragen, uns schon hier oben in die Hande fällt, wie es z. B.
am 9. September 1880 mit *Gnophos dumetata* geschah, die wir,
vom Fang an Haideblüthe zurückkehrend, noch in gutem Zustande an dieser Stelle trafen. Also aufgepaßt! Zu unserer
Rechten fällt der mit Buchengestrauch bewachsene Hang steil
nach dem zu einer malerischen Schlucht gewordenen Heimbachthale ab. Gefesselt durch den Anblick, der sich uns bietet,
halten wir den Schritt an. Drunten in der Tiefe die malerische
Schlucht, an deren jenseitiger Wand wir zahlreiche Sarothamnus-
Blüthe gewahren: zwar nicht der einzige mittelrheinische, aber
doch, wie wir gehort haben, ein Fundort der *Pellonia cala-
braria*, *Fidonia famula* und *Coleophora sarothamni*. Dort, von
Süden nach Westen durch die ganze Länge des Gebirges wie
ein breites Band sich hinziehend, ein breiter Einschnitt, in
dessen Tiefe wir zwar noch nicht hineinblicken können, in
dem wir aber gewiß mit Recht das Rheinthal vermuthen dürfen.
In der Ferne gewahren wir, von unserem Standorte etwa $^3/_4$
Stunden abgelegen, einen majestatischen Felsen, der in's Rheinthal vorspringend, steil abfällt: die vielbesuchte und bewunderte
Loreley. Nachdem wir uns an der landschaftlichen Schönheit
der Aussicht erfreut haben, schreiten wir, eingedenk der nicht
minder erfreulichen Aussicht auf einen ergiebigen Fang an
Haideblüthe, weiter. Wenige Schritte und wir betreten eine
Wiese, welche fur die den Rheinbergen nicht mehr angehörende
Ino statices die Grenze ihres Vorkommens bildet. Unser Weg
führt uns über die Wiese in einen Hochwald voll der prächtigsten
Buchen, von denen wir nur bedauern, daß sie sich unter den
Hieben der fallenden Axt nach und nach lichten. Schon sehen
wir im Geiste die Zeit nahen, wo dieser schöne Wald nur
noch in der Erinnerung derer, die sich in seinem Schatten ge-
labt haben, leben wird. Bald theilt sich der Weg. Wäre es
Frühling, um die Zeit der Kirschbaumblüthe, so würden wir
dem linken Pfade folgen, um bald, in's Freie hinaustretend,
an sonniger, in's „Urbachthal“ schräg abfallender Anhöhe einer
Grapholitha Fuchsiana zu begegnen. Jetzt ist es Hochsommer

und unsere Sehnsucht die Haidebluthe. Wir schlagen also den
1echten Fußpfad ein und erf1euen uns im Vorübergehen der
p1achtvoll gewachsenen Buchen, deren schonste wir längst
kennen. Auch jetzt bleiben wir einige Augenblicke vor ihr
stehen, um den schlanken Stamm zu bewundern. Durch die
lichtstehenden Baume erblicken wir den Schimmer eines Wasser-
spiegels; es ist der Rhein, der d1unten im Thale seine Wellen
schlägt. Nach kurzer Wanderung treten wir in's Freie —
wir sind am Ziele.

Wir stehen auf der Höhe am Waldrande. Eine herrliche
Aussicht! d1eser Ausruf drängt sich von unseren Lippen. Dicht
vor uns ein steiler Abhang von schwer zugänglichen Felsklippen, über die der Pfad nach dem schräg gegenuberliegenden
Oberwesel hinwegspringt, m1t allerlei Buschwe1k bewachsen,
darunter Acer monspessulanum, dem Raupen-Nährstrauch der
hier hausenden *Lophopteryx cucylla*, *Zonosoma Lennig1aria* etc.
Dieser im Brande der Sommersonne glühend heiße Abhang ist
die Brutstatte einer Reihe der besten A1ten. Hier wohnt
Ac1dalia b1l1nearia, die sich bei naherer Prüfung als eine gute
Art erwiesen hat; es hausen an den Felsen *Gnophos dumelata,*
deren Raupe noch nicht gefunden werden konnte, und *Gnophos
furvata,* deren Raupe Nachts die Cotoneaster-Büsche besteigt;
es wird von Ende Juni an aus dichtem Gestrauch *Zanclognatha
Zelleralis* aufgescheucht, eine mit Ta1sicristalis HS. vielleicht
identische A1t; zum Besuch der mit süßem Koder bestrichenen
Eichenstämme steigt Ende September *Ammoconia vetula* herauf etc.

Drunten im Thale, d1e Lest schwer beladener Schiffe
tragend, die grünen Wasser des Rheinstromes. Während wir
den alten Bekannten g1ußen, windet sich, unserem Standorte
sch1äg gegenuber, auf dem linken Ufer mit unmelodischem
Rasseln ein Bahnzug aus dem Kammereck-Tunnel hervor. Nach
Oberwesel gehts; d1oben lugen, für unser Auge durch einen
Felsvo1sprung des rechts1he1nischen Gebirges g1oßtentheils versteckt, nur einzelne Häuser der auf dem l1nken Ufer gelegenen
Stadt hervor. Zwischen Wesel und dem Kammereck ein Stück der
alten, von Napoleon e1bauten Chaussee, noch jetzt trotz der Bahn-
Concur1enz mannigfach belebt von Wagen und Fußgängern. Wir
hören Gesang und glauben die Worte zu verstehen, so nahe sind
wir dem jenseits Wandernden. Und drüben der Hunsruck mit
se1nen we1thin sichtbaren Kuppen: wah1lich ein Bild voll land-
schaftlicher Reize, d1eses Zugestandn1ß machen wir nochmals. *)

---

*) D1e A1ss1cht vom Lenn1g auf den Rhe1n 1st ohne F1age schöner
als d1e vom G1pfel der Loreley aus · e1ne Thatsache, die hierorts all-
bekannt 1st und es auch auswarts zu werden verd1ente.

Hüben auf unserer Seite wird zu unserer linken Hand das Gebirge von einer wilden Thalschlucht durchbrochen: dem Urbach-
thale, welches ganz in unserer Nahe in's Rheinthal mündet.
Wir sehen dort unten in der Tiefe deutlich den durch das
Thal fuhrenden Weg. Denn wie gerade vor uns, gegen Sonnenuntergang hin, die Klippen steif in's Rheinthal abfallen, so zu
unserer linken Hand, gen Süden hin, in's Urbachthal. Drunten
fliegen gegen Ende Juni und im Juli in den Morgenstunden
Limenitis Camilla und *Sibylla*, jene natürlich seltener als diese,
gleichzeitig um Brombeerblüthen und Erlenbüsche. *Spilothyrus
Lavaterae* umschießt die Felsklippen, jetzt in's Thal herab-
steigend, um sich für einige Augenblicke auf weißblühender
Stachys, der Nahrpflanze seiner Raupe, niederzulassen und vom
Wanderer verscheucht, rasch wieder der Hohe zuzustreben.

Doch — von dieser Abschweifung die Gedanken zurück-
gewandt auf unseren Hauptzweck! Wir haben genug der landschaftlichen Reize genossen. Die Sonne ist untergegangen, die
Flur versinkt im Dunkel, nur die Wellen des Flusses schimmern
noch weißlich. Rasch die Laterne angezündet, es ist Zeit, daß
wir den Fang an Haideblüthe beginnen.

Wir müssen uns am Saume des Waldes hinhalten. Zu
unserer Rechten stets der Abgrund — ein Sturz in die Tiefe
könnte gefährlich werden. Der schmale Fußpfad — denn
ein solcher ist vorhanden — führt uns in einem von Klippen
und Felsstücken durchbrochenen Halbkreise um den land-
schaftlich schonsten Theil des Lennig herum. Bald verlassen
wir den westlichen Waldrand, biegen um eine Ecke und schauen
von hier hinab in's Urbachthal, befinden uns also am südlichen
Waldsaume. Vorsichtig schreiten wir, überall die Haidebluthe
beleuchtend, auf dem in Folge der Dürre glatten Pfade vorwärts, um an der Stelle, wo wir „im wunderschönen Monat
Mai" *Grapholtha Fuchsiana* sammelten, den Fang zu beschließen.

Der Abend scheint günstig. Gleich an den ersten Blüthenzweigen treffen wir *Acrobasis Fallonella* Peyerimhoff: eine angenehme Ueberraschung, denn diese Art bereichert wiederum
unsere Fauna. Weiter schreitend senden wir den Blick über
die Haide hin: da hangt, behaglich saugend, *Depressaria Lenni-
giella*, eine Art, die sich von Umbellana Steph. schon durch
den stark verlängerten Afterwinkel ihrer Hinterflügel unterscheidet. Wir begegnen ihr mehrfach auf unserer abendlichen
Promenade am Rande der zu unserer rechten Hand gähnenden
Abgründe. Das regste Leben entfalten natürlich die nacht-
liebenden Macropteren. Als die fleißigsten Besucherinnen der
Haideblüthe stellen sich, den süßen Honig zu naschen, die zur

Zeit fliegenden Agrotis-Arten ein. Auf die gemeine *Xanthographa* treffen wir überall; zuweilen, aber nicht allzu häufig begegnen wir einer *Neglecta* in dem bei uns üblichen grauen Kleide, ofter noch der schonen *Margaritacea,* deren wir uns als einer willkommenen Beute freuen. Gehort jene dem Auge weißlich erscheinende Noctua vielleicht zu dieser Art? Wir glauben es und fangen sie in diesem Glauben ein. Als wir aber den in einem der zahlreich mitgenommenen Glaskästchen wohlgeborgenen Schmetterling genauer betrachten, erkennen wir in ihm eine noch gut erhaltene *Agrotis candelisequa,* die, wie wir wissen, in unseren Rheinbergen verbreitet ist. Schmal und lang hängt, dadurch als eine Lithosia kenntlich, von den Blüthenzweigen ein Falter, um, wenn wir bei der Annäherung mit dem Lichte nicht vorsichtig genug verfahren, entweder die Flügel ausbreitend sich in die Luft zu erheben oder den entgegengesetzten Rettungsweg zu versuchen: sich fallen zu lassen, um sich in Haidekraut so zu verkriechen, daß er trotz des nicht unterlassenen sorgfältigen Suchens auf der Erde kaum mehr zu finden ist. Wir kennen den Falter schon, es ist *Lithosia caniola.* Auch an Spannern fehlt es nicht. Mit zitternder Flügelbewegung sitzen mehrere Eupithecia-Arten an den röthlichen Blüthen, unter ihnen als die willkommenste Art *Nepetata,* deren Raupe wir ganz in unserer Nähe an den sonnigen Abhängen im October an Thymus-Blüthen zu finden hoffen dürfen. Aber auch *Eupithecia nanata* und *subfulvata* weisen wir, wofern die Exemplare nur rein scheinen, nicht zurück. *Cidaria salicata* ist in ihrer zweiten Generation an diesem Abend häufig; schade, daß die Exemplare nich sonderlich rein sind. Wir bedauern das um so mehr, als diese Art keineswegs alljährlich aufzutreiben ist; wir erinnern uns nicht, sie in den letzten Jahren gesehen zu haben. Da ruht ja auch eine *Acidalia bihnearia,* aber in der rothlichen Form *Rubraria* Stgr. Zum Glück ist es ein ♀; wir nehmen es dankbar mit in der Hoffnung, durch die Aufzucht der zu erwartenden Eier unsere längst gehegte Vermuthung, daß sie eine gute Art sein möge, bestatigt zu finden. *)

---

*) Die Vermuthung hat sich in der That als begründet erwiesen. Abgesehen von ihrer anderen Farbung ist *Bilinearia* von der nachstverwandten *Degenearia* durch den Verlauf der äußeren Querlinie verschieden. Diese ist bei *Bilinearia* unter dem Vorderrande scharf gebrochen und die Spitze des Bruches saumwarts vorgezogen. Vor dem Bruche beschreibt die Linie einen tiefen Bogen, der saumwarts geoffnet ist. Bei *Degenearia* ist der Bogen flach und der Bruch stumpfwinklig. Naheres hieruber spater.

Wir haben in unseren Köchern nur noch wenig Raum. Doch können wir uns nicht entschließen, die schone *Aspilates gilvaria,* die dort an einem Grashalme sitzt, zurückzuweisen. Auch ein nebenan ruhendes Prachtweibchen von *Sehdosema ericetaria* wird behaglich eingeheimst. Aber was ist das? Ein riesiger Vogel! *Satyrus Bryseis*-♀ schlaft an Haidekraut. Und sieh doit: ein zweiter, ein dritter, ein vierter Schläfer auf blühender Lychnis carthusianorum: *Pyrgus* (Syrichthus) *Alveus* im Kleide der Sommergeneration.*) Nun wird die Besichtigung der Blumen und Grashalme fortgesetzt. Nicht lange, so fällt uns eine aus dem Boden frisch heraufgekrochene *Luperina virens,* deren Flügel noch weich sind, in die Augen. Wir erinnern uns bei dieser Gelegenheit der von uns selbst vor nun 20 Jahren gemachten Beobachtung, daß diese Art consequent Abends zwischen 9$^s/_4$ und 10 Uhr ihre Puppe zu verlassen gewohnt ist und um diese Zeit an geeigneten Orten, an grasigen Wald- und Wegrändern gesucht und gefunden werden kann. Vorsichtig spießen wir das kaum ausgewachsene ♀ — sonst gegen alle Regel — auf; wir wissen aber aus Erfahrung, daß es, in eins der zu unserem Köcher gehörenden Kästchen gebracht, sich durch seine Unruhe unfehlbar verderben würde.

Wir sind jetzt auf einem Felsvorsprung angelangt, von welchem aus der Blick vergeblich in die schwarz gähnende Nacht des Urbachthales hinabzudringen sucht. Ermüdet halten wir den Fuß an und wischen den Schweiß von unserer Stirne. Am westlichen Himmel ein fernes Wetterleuchten; die Möglichkeit eines Gewitters laßt uns an die Heimkehr denken. Ohnedies sind die Kocher nahezu gefüllt und bis zu der Stelle, wo wir für gewöhnlich den Fang abzubrechen pflegen, nur noch wenige Schritte. Bevor wir scheiden, überblicken wir, so gut es beim Leuchten der Blitze geht, nochmals den zurückgelegten Weg, uns dankbar dessen erinnernd, was wir auch zu anderer Jahreszeit an dieser günstigen Stelle erbeuteten. Hier sammelten wir von Ende Mai bis tief in den Juli, ja auch noch Anfangs August um Haide den ganzen Fußpfad entlang gegen Sonnenuntergang *Butalis ericetella* Wk., unter ihr einzelne helle Exemplare, welche den Uebergang zu Tabi-

---

*) Er hat doch eine doppelte Generation, deren erste sich in der zweiten Juniwoche einstellt, z. B. 11. und 13. Juni 1884, 7. und 13. Juni 1883, vier Wochen später als *Pyrgus serratulae,* von welchem die ersten frischen Stucke 1884 am 12. Mai, 1883 am 7. Mai, 1882 gar schon Ende April (am 1. Mai frisch und verflogen) gefangen wurden. Die Falter beider Alveus-Generationen sind in ihrem Aussehen recht verschieden.

della vermitteln. - Die eifrig betriebene Jagd auf diese Art hatte, wie es oft geht, eine nicht vorhergesehene angenehme Folge. Gleichzeitig mit Ericetella fingen wir um Helianthemum vulgare eine zweite Butalis, die wir Anfangs für But. Schneideri Z. hielten, die wir aber nun, gestützt auf ein reicheres Material, um ihres in den Seiten gelb gefleckten Hinterleibes willen für eine neue Art erklären müssen und als *Butalis flavilaterella* beschreiben werden Hier trafen wir auch einst auf eine *Sesia affinis* Stgr., welche in den Strahlen der untergehenden Sonne ruhig an einer Haidestaude saß. Der Thatsache eingedenk, daß Sesien in der Morgensonne freiwillig schwärmen, begaben wir uns anderen Tages wiederum hierher und waren, den Fußweg auf- und abschreitend, so glücklich, eine ganze Reihe schönster *Affinis*-♂♀ zu fangen, welche, einem eigenthümlichen Bienchen zum Verwechseln ähnlich, zwischen 10 und 12 Uhr im Sonnenschein um blühendes Helianthemum vulgare flogen.

Doch es beginnt zu donnern. Immer drohender thurmen sich die Wolken. Wir brechen also auf und beflügeln, uns immer noch am Rande des Thales hinhaltend, unsere Schritte, um den Heimweg zu gewinnen. Im Vorübergehen nur flüchtig mit unserem dreifensterigen Laternchen die Haide beleuchtend, nehmen wir noch einige *Lithosia palliifrons* mit, ohne zu untersuchen, ob sie gut oder schlecht sind: das wird sich zu Hause finden. Wir sind jetzt an einer Stelle angelangt, wo der Fuß, statt am Rande unwirthlicher Felsklippen, an einem sanfter geneigten Thalabhange rascher hinzuschreiten vermag. Hier ist der zuerst bekannt gewordene Flugplatz der *Graphoktha Fuchsiana* Roessl. Mehrere Hundert haben wir hier im Laufe der Jahre erbeutet. Dort, etwas weiter unten, entdeckten wir *Botys auralis* Peyerimhoff und *Euzophera tephrinella* Led. Erinnern uns diese Halden an das, was wir in der schönsten Jahreszeit hier erbeutet haben, so weisen die Sarothamnus-Büsche, an denen wir vorüberkommen, zugleich auf das hin, was wir im Spätherbste an dieser Stelle zu erbeuten hoffen dürfen. Wenn wir gegen Ende September und im October diese Blüthe und die Stämme der weiter zurückstehenden Eichbäume, namentlich jenes unansehnlichen Krüppels, dessen phantastische Gestalt uns dort aus der Dunkelheit entgegentritt, mit süßem Köder bestreichen werden, so ist kein Zweifel, daß wir reiche Schätze an Noctuen heben können: *Aporina lutulenta*, *Ammoconia caecimacula* und *litura*, *Orrhodia erythrocephala* in ihren beiden Formen, ferner *veronicae*, *ligula*, *rubiginea*, *Calocampa vetusta*, der zahlreichen Plebejer ganz zu geschweigen. Kurz: es eröffnet sich uns an dieser Stelle die erfreuliche Aussicht auf eine bis in den Spätherbst fortzusetzende lepidopteristische Thatigkeit.

An dem für uns denkwürdigen Eichbäumchen angelangt, stellen wir unsere am Thalrand hinführende Promenade ein, um uns seitwärts in den Wald zu schlagen. Unseie nächlliche Arbeit hier oben auf felsiger Hohe, welcher, durch den Lichtschein aufmerksam gemacht, der Wanderer aus der Tiefe des Rheinthales kopfschüttelnd zugeschaut haben mag, ist nun beendet. Wir erstreben den Heimweg. Bald langen wir an der Stelle an, wo wir, zum Fang an Haideblüthe gerüstet, in den schonen Buchenwald eintraten, und kehren auf demselben Wege, den wir gekommen sind, in einer halben Stunde zum Dorfe zurück. Das Gewitter hat sich verzogen, nur ein fernes Wetterleuchten erhellt ab und zu unseren Pfad. Wir fürchten nichts mehr von ihm und treten, freudig erregt durch die ergiebige Beute, nach einer halben Stunde im Pfarrhause ein.

Zu Hause empfangen uns die ältesten Sohne mit der Nachricht, daß sie, um uns eine Freude zu machen, im Garten „angestrichen" haben und Eulen genug an dem Koder sitzen. Obwohl es uns nun für diesen Abend genug dünkte, so konnen wir, nachdem wir uns ein wenig erholt haben, doch nicht umhin

2) einen Rundgang durch den Pfarrgarten zu machen.

Der Pfarrgarten liegt eine Terrasse höher als die Pfarrgebäude, unmittelbar hinter dem Hofe des an die Dorfstraße gestellten geräumigen Pfarrhauses. Eine Treppe führt uns empor. Der Pfarrgarten scheint, soviel wir bei Nacht beurtheilen können, ziemlich groß. Der Theil, den wir zuerst passiren müssen, besteht aus Grabland, der obere enthält einen Rasenplatz. Zur linken Hand befindet sich eine aus Carpinus gezogene uralte Laube. Kern- und Steinobstbäume stehen zahlreich im Garten zerstreut. Die verwunderte Frage unseres Freundes, ob wirklich in diesem Garten ein lohnender Fang zu machen sei, beantworten wir durch einen stummen Hinweis auf den uns zunächst stehenden Baum. Der Schein der vorgehaltenen Laterne zeigt, daß der Baum in der That von einem halben Dutzend Noctuen besucht ist, welche begieiig am Koder naschen. Wir erkennen einige noch wohlerhaltene Stücke der im Pfarrgarten gemeinen *Zanclognatha tarsipennaiis*, unter ihnen eine verwandte größere Art: *Simphcia rectalis*, leider, wie es scheint, in schon abgetragenem Gewande. Nachdem wir unsere Schätze geborgen haben, geben wir im Weitergehen der Vermuthung Ausdruck, daß die grasfressenden Raupen beider Arten auf dem Rasenplatze, den wir eben jetzt überschreiten, versteckt gelebt haben mogen. Denn nur so eıklärt es sich, daß sie nicht etwa nur ausnahmsweise, sondern alljahrlich im Garten gefunden weıden. Etwa 15 Bäume suchen wiı ab. Baum für Baum machen wir einen Fund. Bald ist es eine grau übergossene *Acidalıa virgularia,* die unter vielen gewöhnlich gefärbten unsere Aufmerksamkeit fesselt; bald können wir eine schone *Hadena bicoloria* gebıauchen, bald eine inteıessante Varietat von *Had. oculea* u. s. f. Aber was ist das? Ein großer Schmetterlıng mit rothen Hınteıflügeln: *Catocala sponsa,* noch ganz rein. Sie muß aus großer Ferne herzugeflogen sein, denn Eichen wachsen nicht in der Nahe. Kurz: wir haben, nachdem unser Rundgang beendet ist, die Freude zu bemerken, daß sich unseres Fıeundes Meinung bezüglich der hier so nahe den menschlichen Wohnungen zu machenden Ausbeute erheblıch gebessert hat. Unserer Veısicheıung wird bereitwilligst geglaubt, daß wir, vielleicht duıch Amtsgeschafte an weiteıen Ausflügen verhindert, auch hier von Ende Juni bis in den November auf die heute Abend gezeigte Weise unsere Sammlung durch manches schone Stück veıgıoßern können. Erscheint doch hier eine Reihe von Agıotis- und Hadena-Aıten zum nächtlichen Besuche des Koders, unter jenen *Agrotis janthina, plecta* und *saucia,* unter diesen *Hadena strigılıs* selbst in der einfaıbig schwarzbraunen Form (var. *aethiops*) nicht gerade selten; feıner nahezu alle bei uns bekannten Caıadıına-Arten: *Quadripunctata, ambigua, superstes, taraxacı* und *alsınes;* spater die Oıthosien *Helvola, Circellaris, macılenta* und *lıtura, Polıa flavicincta* und *xanthomısta;* zum Schluß die Oırhodıa-Aıten *Silene, Vaccinii, Ligula* und *Rubigınea.*

Wıır sind ınzwıschen in's Pfarrhaus zuıückgekehrt und erklären, von deın Resultate des Tages befriedigt, den Fang heute fur geschlossen. —

Durch einen gesunden Schlaf gestärkt, erwachen wir am andeıen Morgen in angenehmster Stimmung. Erinnern wir uns doch des an Naturschonheit so reichen abendlichen Spazierganges mit seiner fur uns so günstigen lepidopteristischen Ausbeute. Dem Wunsche des Fıeundes, nun auch den nach dem Lennig eıgiebigsten Fangplatz, den Rieslingberg, kennen zu lernen, konnen wıır zu unserem Bedauern fur heute darum nicht entspıechen, weil dıe für das Sammeln im Rieslingberge besıe Zeit längst voıüber ist Diese fallt in das Frühjahr und in den Vorsommer. Wir müssen also dem Freunde erklaren, daß wır ıhm den Rıeslıngbeıg bei seinem nachstjahrigen Besuche, den er uns fur eine etwas frühere Jahreszeit in Aussıcht stellt, zeigen werden. Er ist einverstanden, und als er

uns, wie verabredet, ein Jahr später in der zweiten Juliwoche
besucht, laden wir ihn, den am Mittag erst Angekommen ein,
uns in den schönen Nachmittagstunden bei sinkender Sonne

3) in den Rieslingberg zu begleiten.

Wiederum durchschreiten wir in derselben Richtung wie
im Vorjahre, doch auf einer anderen Straße das Dorf. Beim
letzten Hause angelangt, erblicken wir in einiger Entfernung
zu unserer Rechten das uns noch in der Erinnerung gebliebene
Heimbachthal und, seinem Laufe mit dem Auge folgend, einen
von hier aus nur unvollkommen zu übersehenden Wald. Die
Frage des sich zu orientiren suchenden Freundes: Dieser Wald
ist doch nicht der Lennig? müssen wir allerdings bejahen. Für
heute lassen wir Heimbachthal und Lennig rechts liegen und
durchschreiten, einen Hohlweg passirend, das Feld, um jenseits
des Hohlweges die ganze Gegend, die uns, von hieraus gesehen, als ein hügeliges Hochland erscheint, über welches in
angemessener Entfernung einzelne hochgelegene Dorfer verstreut
sind, weithin zu überblicken. Jetzt geht es bergab, Anfangs
nur wenig, bald rascher. Zu unserer linken Hand beginnt eine
leichte Thalsenkung, die sich gleich den meisten unserer in
die Rheinberge eingeschnittenen kurzen Thälchen rasch zu einer
tiefen Schlucht ausbildet, deren rechtsseitiger, dem Sonnenbrande
zugänglicher Abhang mit Weingärten bedeckt ist. In diese
Schlucht müssen wir hinein: es ist der Rieslingberg. Etwa
in halber Hohe des Abhanges zieht sich ein schlecht gepflegter
Weg durch die Weinberge hin, sie quer durchschneidend.
Diesen Weg schlagen wir ein, um bald zu merken, daß er,
wie unangenehm für den Fußgänger, ein Eldorado für den
Schmetterlingsjager ist. Die Hecken an seinem Rande, meistens
Schlehen, untermischt mit Rosen, lassen vermuthen, daß diese
warm gelegenen Büsche der Brut- und Sammelplatz für
mancherlei fliegendes Gethier sein mogen. Hier ruht noch im
Winter, wann kaum der Schnee schmilzt, *Hibernia rupicapraria*
♂ Abends mit dachformiger Flügelhaltung auf den Zweigspitzen.
Einige Wochen später, im ersten Frühlinge, wenn die Schlehen-
knospen sich eben zu entwickeln beginnen und hier und da
grüne Blättchen verstohlen hervorlugen, hängt, durch die dem
beobachtenden Auge zugekehrte weißliche Unterseite ihrer
Flügel sichtbar, *Bapta pictaria* mit tagfalterartig zusammen-
geklappten Flügeln an eben denselben Zweigen, um sich bei
der geringsten Erschütterung ihres Ruheortes niederfallen zu
lassen und in den dichten Hecken zu verschwinden. Um diese
Rosenbüsche findet man wenig später als Pictaria, zuweilen
schon gleichzeitig mit ihr, die geschatzte *Steganoptycha pauperana*.

Sie ist nie vor 6 Uhr Abends anzutreffen und alles frühere Beklopfen der Büsche vergeblich. Auch dann noch ei hebt sie sich nur selten zum freiwilligen Fluge, der kurz vor der Dämmerung beginnt. Um diese Zeit kann man beide Geschlechter um geschützt stehende Rosenbüsche, an denen gewiß mit Recht die Raupe vermuthet wird, sammeln. Jetzt, von Ende Juni an, sind diese dichten Schlehen- und Rosenhecken der Zufluchts-oit für eine Anzahl meist kleinerer Acidalia-Aiten. Im Vor-übergehen mit unserem Stocke in die Büsche klopfend, scheuchen wir bald eine *Acidalia humiliata,* da eine *Dilutaria,* dort eine *Holosericata,* jetzt eine *Rusticata* auf, dann zu unserer besonderen Freude die schonste dieser kleinen Aiten: *Acidalia moniliata,* dazwischen ein größeres Thier, *Acidalia deversaria,* die wir trotz aller Gegeniede noch nicht für eine gute Ait halten können. Auch eine noch fiische *Euzophera tephrinella* fahrt erschreckt aus diesem Busche auf, um uns die Ueberzeugung beizubringen, daß diese im Lennig aufgefundene Art sich in unseren Rhein-bergen einer gewissen Veibreitung erfreut.

So sind wir, auf unserem Wege inmitten des Abhanges langsam dahinschreitend, sammelnd und beobachtend vor dem ersten Weingarten, den unser Weg quer durchschneidet, an-gelangt. Wir stehen beobachtend still. Am rechten Ufer er-hebt sich eine alte, halbverfallene Mauer. Der Zweck, dem sie ihr Dasein verdankt, ist klar: sie soll das sonst unver-meidliche Herabrutschen der oberen Weinberge auf den Weg nach Moglichkeit aufhalten. Nach Moglichkeit — denn den Weg abwärts blickend, überzeugen wir uns, daß die Mauern hin und wieder dem unablässig auf sie ausgeübten Drucke nach-gegeben haben und geborsten sind. Diese Mauern nun gilt es zu untersuchen. An ihnen findet man, in die Fugen gedrückt, *Dianthoecia compta,* seltener *conspersa* und, was besser ist als sie, in eigenthümlichem Versteck *Agrotis candehsequa.* Sie kriecht in die Löcher hinein, kehrt sich um und schaut mit dem Kopfe heraus. Halt man das geoffnete Netz über ihren Versteck, so schießt sie hinein. Ergiebiger noch ist die Ausbeute an Span-nein. Mit ausgebreiteten Flügeln ruhen an diesen Mauern *Acidalia contiguaria* in der Form *obscura* und *Gnophos glaucinaria* in unserer Rheingauer Form *plumbearia* Stgr.: zwei Arten, deren Raupen sich im Frühlinge von dem zu Häupten der Mauern üppig wuchernden Sedum album nähren. Jetzt stürmt, durch unser Nahen aufgeschreckt, raschen Fluges auch ein Micron von diesen Mauein, an denen es geruht, hinweg. Behend das bereit gehaltene Netz schwingend, fangen wir den Stürmer ein und erkennen in ihm *Scoparia Zelleri,* eine Art, die wir an dieser warmen Stelle mit Aufwendung einiger Mühe in Mehrzahl sammeln können.

Doch nicht diese bis jetzt gesammelten Arten, so willkommen sie uns sein mögen, verleihen diesen Mauern ihre Bedeutung. Was sie uns besonders werth macht, ist dies: sie sind der Entdeckungs- und noch jetzt zwar nicht der einzige, aber ein Hauptfundplatz der *Tinea muricolella* und *subtilella,* sowie der Flugplatz einer ganzen Reihe anderer Mauer-Tineen. Eben diese einzufangen sind wir heute ausgezogen. Die Strahlen der untergehenden Sonne gleiten zitternd über die Mauern hin, es ist also die beste Zeit. Und da ist ja auch schon das erste der uns wohlbekannten Thierchen. Scheinbar ruhig sitzt es urplötzlich — denn eben noch haben wir es an dieser Stelle nicht bemerkt, wir müssen also annehmen, daß es kaum dem Mauerloch entschlüpft sei, — vor unseren Augen da. Nur seine langen Fühler sind in beständig zitternder Bewegung. Doch diese Ruhe tauscht uns nicht. Wir wissen aus Erfahrung: sowie wir bei unserem Versuche, mit dem in der Hand offen gehaltenen Glaskästchen das sitzende Thierchen zu bedecken, die Vorsicht außer Acht lassen — schlupp! ist es in ein Mauerloch geschlüpft und bleibt hier, für uns zwar sichtbar, aber unerreichbar, stillvergnügt sitzen, immer mit zitternder Flügelbewegung. Doch für diesmal ist ihm sein Fluchtversuch mißglückt, wir haben die erste *Tinea nigripunctella* wohlverwahrt im Kocher.

Nigripunctella ist mit *Parietariella* die im Rieslingberge am höchsten aufsteigende Mauer-Tinea. Sie wird schon an den zu oberst gelegenen Mauern getroffen, während *Muricolella* und *Subtilella* nur die wärmsten Stellen lieben. Diese letzten Arten kennen zu lernen, ist heute unser Wunsch. Daher schreiten wir, die zu unserer rechten Seite sich aneinander reihenden Mauern aufmerksam betrachtend, den holperigen Weg abwärts. Mit einem Male sehen wir ein kleines lehmgelbes Thierchen, von den dunklen Steinen sich deutlich abhebend, die Mauern entlang fliegen. In ihm die gesuchte *Tinea subtilella* ahnend, fangen wir es, was keineswegs schwer ist, ein. Wir blicken in's Netz — daß sich die Motte darin befinden muß, ist gewiß; wir sind uns bewußt, nicht fehlgeschlagen zu haben. Aber wo sitzt das kleine blasse Thierchen, dessen Farbe von derjenigen des Netzes nicht wohl zu unterscheiden ist? Vergeblich strengen wir unsere Augen an. Da wird an einer Stelle etwas lebendig, die Motte beginnt zu laufen, und siehe da: obwohl wir flink mit der Hand in's Netz greifen, um die Laufende mit dem geöffneten Kästchen zu bedecken, so war sie doch flinker als wir und ist uns, im Fluge aufsteigend, aus dem Netze entwischt.

Das Einfangen der *Subtilella* in's Netz ist leicht, das Einfangen aus dem Netz in's Glas oder Kästchen — die letzteren sind, weil leichter zu handhaben, besser — gar schwer, und es entschlüpft uns bei diesem Versuch ein großer Theil der hier häufigen Motte. Wir versuchen daher eine andere Weise. Wir bemühen uns, die an den Mauern sitzende Motte mit dem geöffneten Kästchen zu bedecken, um, während das Thierchen iu seinem Gefängnisse umherlauft, ein starkes Papier zwischen Mauer und Kästchen einzuschieben. Das so verschlossene Kästchen wiid nunmehr von der Mauer genommen und der Deckel aufgesetzt. Bei dieser Methode geht, wenn man Vorsicht mit raschem Handeln verbindet, das Einfangen besser von statten, ganz abgesehen davon, daß sie, weil man die Motte nur einmal einzufangen hat, weniger Zeit erfordert. Natürlich kann sie nur dann angewendet werden, wenn die aus ihrem Tagesversteck im Mauerloch geschlüpfte Motte noch an der Mauer sitzt und zwar an einem Steine mit moglichst glatter Fläche. Unebene Steine eimoglichen ihr ein Entschlüpfen unter dem Kästchen weg.

Wir haben, langsam unseren Weg absteigend, nach und nach etwa ein Dutzend der zieilichen Thierchen eingeheimst. Fehlt denn heute Abend die, wie wir wissen, seltene *Tinea muricolella* ganzlich? Prüfend stehen wir vor einer sehr warm gelegenen Mauer, die uns vor Jahren das erste unserer Originalia spendete. Werden wir heute Abend vergebens nach der uns lieb gewordenen Art Ausschau halten? Achtung! da konnte sie sein. Ein winziges Thierchen, dunkel wie die Mauersteine, an denen es fliegt, und darum nur so lange zu erkennen, als es sich in der Nahe des beobachtenden Auges befindet, streicht die Mauern entlang. Wir schwingen das Netz, ohne mit Sicherheit angeben zu können, ob wir genau die Flugrichtung eingehalten haben. Begierig zu wissen, ob wir die Motte erreichten, blicken wir in das vorsichtig geöffnete Netz: richtig, da sitzt sie, im Gegensatze zu Subtilella deutlich wahrnehmbar und darum viel leichter als diese in's Kästchen einzufangen.

Wir biegen jetzt um eine Ecke. Die vor uns liegende Schlehenhecke fällt uns auf. Völlig entblättert stehen die Büsche da. Eben jetzt beginnt das zweite Laub hervorzukommen. Welche gemeine Raupe hat diese arge Verwüstung angerichtet? Wir wissen Aufschluß zu geben. Ende Mai trafen wir an dieser Stelle in ungeheurer Zahl die schone Raupe von *Aglaope infausta*. Sieh' dort in den Fugen des nahe gelegenen Felsen, unter den Büschen im Geröll, auf der Unterseite der Steine, die flach eiformigen Puppengespinnste, aus denen vor Kurzem — in den ersten Julitagen — die Falter geschlüpft sein mussen, vielleicht noch jetzt ausschlüpfen, stets in der Morgenfrühe, um kaum ausgewachsen, sofort zur Begattung zu schreiten.

Von unserem Standorte aus konnen wir den Rieslingberg eine Strecke weit übersehen, die oberhalb des Weges gelegenen Abhange eben so gut wie die unterhalb gelegenen. Nur ein Theil des Landes ist zu Weinbergen angepflanzt. Dazwischen liegen einzelne Parzellen brach, auf denen mannigfache Kräuter wuchern, unter ihnen Artemisia absynthium. Wir machen den Freund auf diese Pflanze aufmerksam. Von ihren verschiedenen Bestandtheilen nähren sich zahlreiche Lepidopteren-Larven. In der Wurzel lebt, von uns als eine Seltenheit erzogen, *Euzophera cinerosella* und eine Sesia, deren Art wir noch nicht festzustellen vermochten, da alle unsere Raupen während des Winters starben. Ihren Stengel soll, uns sehr glaublich, obwohl wir sie noch nicht erzogen, die Raupe von *Conchylis Wohniana* bewohnen. Uns sehr glaublich — denn in einzelnen Jahren fingen wir die Falter zahlreich eben hier um Artemisia absynthium. Von ihren Blattern nähren sich die Larven von *Plusia gutta* und *Phorodesma smaragdaria*, ferner die Larven vieler Kleinschmetterlinge, darunter *Depressaria absynthiella* und *Bucculatrix absynthii*. Besonders die letztere ist ganz gemein. Ihre kleinen, weißen, gerippten, kahnformigen Puppengespinnstchen finden sich überall an Absynthbüschen und in ihrer Nahe an Mauern angeheftet; auf unserer Promenade konnten wir sie öfter bemerken. An den Blättern hängen, freilich als Seltenheit, die Säcke von *Coleophora caelebipennella* und *partitella*. In einem umgebogenen Blattrande wohnt, als Minirerin in die Spitzen vordringend, eine neue Lita, der Acuminatella als Schmetterling ahnlich, aber kleiner und deutlicher gezeichnet. An dem Samen lebt im Herbste *Coleophora simillimella;* kurz: Artemisia absynthium ist eine Pflanze, welcher der kundige Lepidopterologe ein lebhaftes Interesse zuwendet, und wir freuen uns, daß diese Pflanze bei uns feldpolizeilich geschützt wird.

Doch die Sonne ist untergegangen, der Abend bricht an. Wir vermogen eine Tinea wohl noch in's Netz einzufangen, sehen können wir sie im Netze nicht mehr. Daher ist Umkehr geboten. Indem wir, befriedigt von den gemachten Beobachtungen, den Heimweg antreten, beschreiben wir dem Freunde die uns heute nicht betretenen unteren Partien des Rieslingberges. Der Berg, so erzahlen wir, behalt zunächst den Charakter, den er uns heute gezeigt hat: rechts Mauern, die uns überall die gesuchten Tineen liefern. . Weiter unten, dicht hinter dem Pfarrweinberge, den wir nur aus der Ferne sahen, nicht betraten, ist der Weg mit Tanacetum vulgare bewachsen. Auf seinem Samen sitzt im October ein dem Sacke der Tanaceti Mhlg. vollkommen gleichgebauter Coleophoren-Sack, dem Anfangs August des nächsten Jahres ein völlig verschieden aussehender Schmetterling entschlüpft. Er bildet eine neue Art, die von uns *Coleophora Bornicensis* genannt werden soll.

Steigen wir noch weiter hinab zur Thalsohle, so hören die Weinberge auf, die Schlucht verengt sich, es bleibt nur noch Raum für einen kleinen Bach und den zu seiner linken Seite sich hinziehenden Weg übrig. Unzugängliche Felsklippen, mit Buschwerk bewachsen, steigen mehrere hundert Fuß hoch zu beiden Seiten auf. Der Waldsaum droben ist uns wohl bekannt. Es ist der südwestliche Saum des Lennig. Von dort aus schauten wir, vom Fange auf Augenblicke ruhend, oft genug in das Thal hier unten nieder. Um diese Felsklippen fliegt, ab und zu über den Weg hinstreichend, in den Strahlen der Morgensonne schon frühe im Mai, doch noch auch im Juni *Lycaena Oreon;* wir konnten sie 1884 hier und weiter vorne im Rheinthale in großer Zahl sammeln. Um die am Bachufer wachsenden Erlen streichen, durch die Strahlen der Morgensonne hervorgelockt, gegen Ende Juni zwischen 10 und 12 Uhr *Limenitis Sibylla* und *Camilla.* Auf einer in die Felsen eingebrochenen freien Stelle erscheint um dieselbe Zeit, aus der Höhe niederschießend, *Spilothyrus lavaterae,* um sich hier, da oder dort auf einer blühenden Stachys recta niederzulassen und nach kurzer Ruhe zum Flug um die unzuganglichen Felsklippen wieder zu erheben. In dem nahen Rheinthale, da wo das Bachlein in den Fluß mundet, tummelt sich auf einer kleinen Wiese von Ende Mai an die im Nassauischen sonst fehlende *Polyommatus Alciphron* etc.

Lennig und Rieslingberg sind in unseren Rheinbergen die weitaus günstigsten Flugplätze, gegen welche alle anderen, die sich noch erwahnen lassen, zurückstehen müssen. Ich kenne nur wenige Arten. die bei uns heimisch, an einem der beiden Orte sich nicht auch fänden, unter den Tagschmetterlingen z. B. nur *Thecla spini*. Obschon nun diese beiden Orte, die über ein Jahrzehnt von uns fleißig auf Lepidopteren untersucht, noch alljährlich Neues zu Tage fordern, von uns selbstverständlich mit Vorliebe besucht werden, so verschmahen wir doch schon der nöthigen Abwechselung wegen ab und zu auch eine andere Tour nicht, deren Ziel, wollen wir auf Neues ausgehen, freilich immer die Rheinberge mit ihrer charakteristischen Flora und Fauna bilden müssen. Wir laden daher

4) zu einem Besuche des Leiselfeldes freundlichst ein. Wir verlassen, die Straße nach St. Goarshausen einschlagend, das Dorf in nordwestlicher Richtung. Eine kurze Strecke hinter dem Dorfe biegen wir links von der Hauptstraße ab und betreten einen Feldweg, um uns westlich dem Rheine zuzuwenden. Eine kleine Obstbaumallee zu unserer linken Hand liefert uns im Mai die offenbar nur zum Anspinnen heraufgekrochenen Raupensacke von *Coleophora agricolella* n. sp. Sonst ist hier auf bebautem Ackerlande natürlich nichts Nennenswerthes zu finden. Wenige Schritte, die wir, nach nur viertelstündiger Wanderung den Feldweg verlassend, auf einem Fußpfade in der Richtung des Rheines machen, genügen, uns die Aussicht auf ein herrliches Panorama zu eröffnen, welches sich plötzlich zu unseren Füßen ausbreitet. Ueberrascht stehen wir still. Wir befinden uns auf einer Terrasse. Zu unseren Füßen ein westlich geneigter, steiler Hang, mit blühenden Karthausernelken bedeckt, aus welchem drunten in einer Tiefe von 60 bis 80 Fuß eine sehr geschützte und darum warme und fruchtbare Ebene in der Richtung des Spitznack, also der Rheinberg hervorwachst. Da, wo sie endet, müssen — wir konnen es nicht sehen, aber der uns bekannte Charakter des in ziemlicher Nähe vor uns liegenden Rheinthales laßt darauf schließen — die Felsklippen jah in's Flußthal abfallen. Zu unserer Linken und Rechten bildet das Rheinthal je eine Bucht; wir sehen den spiegelglatten Fluß, der in gerader Richtung vor uns durch den weit in's Thal vorspringenden Spitznack für unser Auge verdeckt wird, in Gestalt zweier Seen links und rechts heraufschimmern. Zu unserer Rechten begrenzt im Hintergrunde die weltberühmte Loreley das schone landschaftliche Bild Wir konnen sie von hier aus in ihrer ganzen Majestat vom Gipfel bis zur Sohle überschauen. Weit setzt sie, ein kahler Felsen, ihren Fuß in's Rheinthal vor. Aus dem dunklen Tunnelloch windet sich eben rheinaufwärts fahrend ein dampfspeiender Zug hervor. Auf dem Rheine wird „Echo geschossen." Wie ein langgezogener Donner rollt der Schall durch das Thal. Eben wird das Schiff, welches die drei Schüsse — denn dreimal hören wir den Donner rollen — auf den Felskoloß abgegeben hat, auf dem zu unserer rechten Hand befindlichen See sichtbar. Links gewahren wir im Hintergrunde den schönen Wald des Lennig, noch weiter zurück, drunten im Thale auf dem linken Flußufer, einzelne Hauser der Stadt Oberwesel. Vor uns in unserer nachsten Nahe über das Thal hinweg schauen

wir, für uns fast greifbar, die Kuppen des Hunsrück. Kurz:
es ist ein Bild, schöner als das, welches sich dem Auge des
Beschauers auf dem Gipfel der Loreley darbietet. —

Wir beginnen unsere lepidopterologische Untersuchung.
Diesen sonnigen Abhang mit den zahlreichen Karthäusernelken
bewohnt *Coleophora dianthi*. Im Spätherbst, noch im November,
können wir die in den Samenkapseln verborgenen Raupensäcke
in Anzahl sammeln. Zu diesem Zwecke nehmen wir alle
Kapseln, die wir finden, unbesehen mit, schneiden sie zu Hause
auf und füllen diejenigen, in welcher wir einen Sack gewahren,
in ein Schoppenglas, welches wir an einem geschützten Orte
zur Ueberwinterung vor ein südlich gelegenes Fenster stellen.
Auf jenem brachliegenden Acker, der an die Dianthus-Felsen
stößt, entdeckten wir einst *Coleophora filaginella*. Anfangs Juni
sammelten wir an schönen Abenden gegen Sonnenuntergang
die frischen Schmetterlinge. Von Zeller aufgefordert, auf die
Erforschung der Naturgeschichte Bedacht zu nehmen, suchten
und fanden wir an derselben Stelle, wo wir im Frühlinge die
Schmetterlinge erbeutet hatten, die weißwolligen Raupensäcke
von Ende August bis Mitte September von *Filago arvensis*.

Während wir nach den kleinen Schmetterlingen aufmerksam
Umschau halten, bemerken wir auf einer Scabiosa-Bluthe eine
Ino-Art, es ist *Ino globulariae*. Das eine Stück reizt, der uns
willkommenen Art eine größere Aufmerksamkeit zuzuwenden.
Wir betrachten alle Bluthen und jagen selbst auf den mit Klee
bewachsenen Aeckern. Das Resultat ist, daß wir ein halbes
Dutzend reine Exemplare der gesuchten Art unser nennen
dürfen.

Wir steigen, die Jagd an dieser Stelle aufgebend, den
ziemlich abschüssigen Fußpfad hinab, um uns, die Ebene des
Leiselfeldes links liegen lassend, rechts zu halten. Das Ziel
unser Wanderung ist ein kleines Wiesenthälchen, welches
zwischen die Leiselfeldebene und einen Weinbergdistrict ein-
geklemmt ist. Eine Quelle, der Lochborn, spendet einem
Bächlein spärliches Wasser. Bis zu dieser Stelle steigt *Lycaena
Orion* auf; wenn wir Glück haben, so können wir einige
sammeln, nicht viele. An anderen Localitäten ist sie häufiger.
Doch unsere Gedanken sind jetzt auf eine andere Art gerichtet.
Sollte *Acidalia antiquaria* schon vorhanden sein? Wir wissen,
daß diese Wiesen der einzige Flugplatz der geschätzten Art
in unserer nächsten Umgebung sind. Noch ist es etwas frühe
an der Zeit; die Art pflegt erst um Mitte Juni aufzutreten.
Aber immerhin kann man den Versuch machen: also frisch
auf, die Wiesen durchstreift und mit dem Stock im Grase ge-

wühlt, um die zierlichen Thierchen aufzuscheuchen. Nicht ohne
Erfolg, wir fangen ein Pracht-Mannchen, welches offenbar als
erstes Exemplar dem Gros der Schmetterlinge vorausgeeilt ist.

Während wir langsam suchend im Grase auf- und abgehen,
beobachten wir zahlreiche Pyrgus (Syrichthus), welche bald
hier, bald da sich auf einer Blüthe niederlassen, um sich bei
unserer Annäherung wieder zu erheben. Die große Art kennen
wir, es ist *Pyrgus carthami*. Aber auch eine kleinere sehen
wir umheifliegen; wir fangen ein Stück und erkennen in ihm
eine abgeflogene *Serratulae*. Dort das andere Exemplar, welches
vor uns auf einer Blüthe sitzt, scheint noch frisch. Also vorsichtig genaht, um den Falter nicht aufzuscheuchen! Der Fang
glückt; was haben wir erbeutet? Dieses ganz frische Stuck,
dessen Flugzeit offenbar eben erst beginnt, kann nicht Serratulae sein, deren Flugzeit — wir konnen uns durch das Einfangen der noch vereinzelt in völlig abgetragenem Gewande
umherfliegenden ♀ überzeugen — jahlings zu Ende geht. Es
ist vielmehr — die Unterseite seiner Hinteiflügel beweist es —
zweifellos *Pyrgus Alveus* in erster Generation, an die wir bisher
nicht glaubten, in ihrem Aussehen von den Stücken der zweiten
Generation weit verschieden! Neuer Sammeleifer erwacht.
Von jetzt an fangen wir möglichst alle in unseren Gesichtskreis
kommenden Pyrgus-Syiichthus ein, unter ihnen 6 ganz frische
Alveus-♂, kein ♀; ein Beweis, daß wir uns in unseier Vermuthung nicht getäuscht haben.

Da sich Alveus nicht mehr zeigt und es für die Anti-
quaria-Jagd augenscheinlich noch zu früh ist, so verlassen wir
unsere ergiebige Wiese, um den Fußweg zur Linken des
Thalchens weiter abzusteigen. Wir gelangen auf einen trockenen,
dem Sonnenbrande ausgesetzten grasigen Platz, keine eigentliche
Mahewiese. Zu unserer Rechten schauen wir in eine tief ein-
geschnittene, mit Gebüsch bewachsene Schlucht nieder; innks
über unserem Haupte thront der Gipfel des Spitznack, geiade-
aus vor uns in der Tiefe der Rhein. Als ich diesen in unsere
Rheinberge eingezwangten Rasenplatz, der an sich nicht gioß,
durch Umpflügen zu Ackerland immer mehr verschwindet, zum
ersten Male im August besuchte, machten die Hunderte wilder
Astern, die hier blühten, auf mich einen überraschenden Eindruck. Ich hatte das noch nicht gesehen. Diese Wiese ist
der Tummelplatz aller unserer Zygaenen, Tiifolii ausgenommen.
Außer den gemeinen *Pilosellae* und *Filipendulae* spendete sie
mir im Juni *Achilleae* und *Helioti*, später *Peucedani* und *Hippo-
crepides*, zuletzt *Carniohca* in mannigfachem Gewande, auch im
Kleide der var. Berolinensis. Jetzt beginnen, seitdem die „Astern-

wiese" angebaut wird, die meisten dieser Arten selten · zu
werden.

Hier war es auch, wo ich zwei zwar geflogene, doch noch
kenntliche ♂ der bei uns noch nicht beobachteten *Agrotis cuprea*,
auf bluhender Linosyris vulgaris im Sonnenscheine saugend,
traf. Daraus, daß mir diese Art seitdem nicht wieder zu
Gesicht kam, scheint ihre Seltenheit zu folgen. —

Wir sind am Ziele unseres Spazierganges angelangt. Einige
Minuten erfreuen wir uns noch der herrlichen Aussicht auf den
zu unseren Füßen rauschenden belebten Strom; dann geht's auf
demselben Wege, den wir gekommen waren, zurück. Schweiß-
triefend gewinnen wir die Hohe. —

Wir konnten hiermit, wenn wir von dem schon früher
beschriebenen Odinsnack absehen wollen, der nur für einige
Arten von Bedeutung ist, namentlich für *Lita Kiningerella* und
Bryotr. decrepitella, also für die Gelechien, unsere Rundschau
uber die wichtigsten Fangplatze der dem unteren Rheingaugebiete angehorenden Umgegend von Bornich schließen. Da
wir indessen der Loreley so nahe wohnen — der in eine Hoch-
ebene auslaufende Gipfel des Felsens gehört unserer Gemarkung
an, — so konnen wir es nicht unterlassen,

5) einen letzten Besuch auch noch diesem weltberühmten
Aussichtspunkte, der Loreley, abzustatten, freilich nur um
ein Doppeltes zu constatiren: zunachst daß der immerhin fesselnde
Blick auf den Rhein an Großartigkeit hinter demjenigen zurück-
bleibt, dessen man sich vom Lennig aus erfreut; sodann daß
die lepidopteristische Ausbeute, wenn auch bezüglich einiger
Arten immerhin bemerkenswerth, doch schon um des beschränkten
Terrains willen keine hervorragende sein kann.

Wir verlassen in der Richtung nach St. Goarshausen das
Dorf, wandern eine halbe Stunde durch's Feld, gehen dann
links am Waldrande hin, biegen in der Richtung auf den Rhein
ab, um, feldein pilgernd, auf schmalem Fußpfade nach einer
im Ganzen dreiviertelstundigen Wanderung unser Ziel, das
Hochplateau der Loreley, zu erreichen, welches sich wie eine
kleine Landzunge in das eine Biegung machende Rheinthal
hineinstreckt. Das sterile Plateau ist stellenweise mit allerlei
Buschwerk, darunter viel Prunus spinosa und Acer monspessulanum bewachsen. Aus ersterem scheuchen wir Anfangs Juli,
also um dieselbe Zeit, wenn die Blüthen der hier oben zahlreich wachsenden Karthäusernelke und des Echium vulgare von
der kleinen *Ino Geryon* besetzt sind, die uns willkommene *Ino
pruni* auf. An Acer monspessulanum finden sich auch hier
die Raupen von *Zonosoma Lennigiaria* und *Gracilaria Fribergensis*,

eine Beobachtung, die uns zu dem Schlusse nöthigt, daß beide Arten in unserem Rheingaugebiete gleiche Verbreitung mit eben diesem schönen Acer haben mogen. Auf Senecio-Blüthen treffen wir zahlreich *Thecla spini* und nehmen davon mit, soviel wir finden. Denn die Gelegenheit, sie zu fangen, muß benutzt werden, wissen wir doch, daß wir dieser Art nicht überall auf unseren Spaziergängen begegnen werden.

Mit dem Lepidopterenfang zur Genüge beschäftigt, können wir es uns doch nicht versagen, von unserer Hohe aus einen Blick in's Rheinthal zu weifen. Wir tieten an den Rand vor; ein Gitter schützt seit einigen Jahren den Verzagten vor dem jahen Sturz in die Tiefe. Fast senkrecht fallen die vom Uhu bewohnten Klippen in's Thal ab, und es will uns wie ein Marchen bedünken, wenn uns ein Mann, dem wir hier oben begegnen, erzählt, daß zwei wagehalsige Schüler des Institutes Hofmann zu St. Goarshausen kürzlich den steilen Felsen von unten auf zu erklimmen unternahmen. Freilich glich, als sie oben ankamen, ihre elegant gewesene Gewandung derjenigen eines Falters, welcher sich muhsam durch eine Dornenhecke hindurch gearbeitet hat. Aber sie kamen doch eben glücklich oben an. Wer es nachmachen will, moge es thun. Wir unsererseits verspüren vor der Hand wenig Lust dazu.

Drunten im Thale krümmt sich der Rhein. Links reicht der Blick thalaufwaits bis zum Lennig, rechts — wenn wir unseren Standort wechseln, um die Aussicht thalabwaits zu gewinnen — über St. Goaishausen (mit dem gegenüberliegenden St. Goar) hinaus bis Wellmich. Drüben, uns gerade gegenüber, die Hohen des Hunsrück. Wir meinen über die uns trennende Thalschlucht einen Stein hinüberwerfen zu können, so nahe scheinen uns die jenseitigen Höhen. Ein Schiff zieht rheinaufwärts und salutirt. Dumpf drohnt der Schuß vom Loreley-Felsen zuiück, und wie ein langgezogener Donner rollt das Echo durch das Thal. Drunten bei St. Goarshausen bläst eine Trompete das Loreleylied. Nach einigen Accorden Pause; wunderbar rein giebt das Echo von St. Goar die Tone wieder. Gespannt lauschen wir, bis das Lied zu Ende ist. Dann treten wir die Heimfahrt an.

*

Dies die Gegend, in der wir sammeln. Auf einzelne bemerkensweithe Arten haben wir bei der Schilderung ihrer Flugplatze Rücksicht genommen, alle konnten wir nicht er wahnen. Unsere Kenntniß der in den Rheinbergen wohnenden Arten erweitert sich von Jahr zu Jahr. Fort und fort treffen wir auf theils absolut neue Arten, theils auf solche, die es wenigstens für unsere Fauua sind. Davon werden die folgenden Blatter Zeugniß ablegen. Beginnen wir endlich, der Naturschwelgerei entrückt, mit unserer wissenschaftlichen Umschau!

1. *Asopia glaucinalis* L.

[Hein. 1, 2, S. 15. Verbreitet im Juni und Juli. Koch, Schmetterlinge des südwestl. Deutschl. Bei Frankfurt selten, Mitte Juni. Roessl. Verz., Erste Bearbeitung, S. 167. Ziemlich selten in doppelter Generation: Ende Mai und im Juli und August. Schuppenflügl. S. 207, No. 1002. Ohne Angabe der Flugzeit. Frey, Lepidopteren der Schweiz, S. 250. Sehr selten im Sommer, nur ein Exemplar aus dem Faunengebiet.]

Nach dem, was über das Vorkommen dieser schönen Art in unserem Faunengebiete bekannt geworden ist, läßt sich ihr Verbreitungsbezirk dahin bestimmen, daß gesagt wird: Von Frankfurt abwärts im Gebiete des unteren Maines und des Mittelrheines.

Die Thatsache, daß Roessler der von ihm in der ersten Bearbeitung seines Buches angenommenen doppelten Generation in der neuen Ausgabe nicht weiter gedenkt, scheint darauf hinzudeuten, daß er seine frühere Angabe zurück zu nehmen geneigt ist. Ich selbst finde die bei uns geschätzte Art alljährlich in meinem Hausgarten, wo sie sich gegen Mitte Juli ofters Abends an Köder einstellt, um etwa 14 Tage lang sichtbar zu bleiben. 1884 z. B. sammelte ich vom 12. bis 24. Juli mehr als 20 Exemplare, welche trotz ihrer meist unversehrten Franzen die Spuren längeren Lebens doch in der verblichenen Farbung zur Schau trugen.

2. *Heliothela atralis* Hb.

[Hein. H, 1, 2, S. 46. Baden, Oesterreich, Schlesien. Im Mai und Juli an dürren Orten. Koch, Schmetterlinge des südwestl Deutschl. S. 314. Bei Frankfurt nur einmal Roessl. Verz S. 175 (275). Zweimal in meinem Garten: Ende Mai und Ende August. Schuppenflügler S. 207, No. 1004. Selten Ende Mai und Ende August.]

Ueber das Vorkommen dieser Art in unserem Faunengebiete fließen die Nachrichten spärlich. Koch's kurze Notiz stutzt sich auf ein einzelnes Exemplar, Roessler fand deren 2, ich selbst ein ♀ bei Bornich am 29. Juli 1881, also zur zweiten Generation gehörig. Wenn wir es daher auch als erwiesen betrachten müssen, daß Atralis bei uns aller Orten zu den Seltenheiten gehört, so geht aus den wenigen Angaben, die

oben zusammengestellt werden konnten, andererseits doch so
viel hervor, daß sie dem ganzen Gebiete des unteren Maines
und des Mittelrheines angehört, also in unserem Faunengebiete
sich immerhin einer gewissen Verbreitung erfreut.

3. *Orobena limbata* L. *(praetextalis* Hb.)

[Hein. II, 1, 2, S. 95. Nassau, Thüringen, Schlesien,
am Harzrande; Juni, Juli. Roessl. Schuppenfl. S. 208,
No. 1009. Im Rhein- und unteren Theile des Lahnthales
(bei der Stadt Nassau) nicht selten von Mai und Mitte
Juli bis in den August.]

Roessler bestimmt in beiden Bearbeitungen seines Buches
die Verbreitung dieser schonen Art in unserem Gebiete ganz
richtig, ohne freilich hinzuzufügen, daß sie, wie im unteren
Lahnthale bis Nassau, so im Wisperthale bis Geroldstein aufsteigt, wo ich selbst ein abgeflogenes Stück gleichzeitig mit
Odontia dentalis, von welcher ganz dasselbe bezüglich ihrer
Verbreitung gilt, Anfangs August erbeutete. Wir müssen also
sagen:

Im Rheinthale bis Lahnstein, von wo aus der Falter im
Wisperthale bis zur Felsenburg Geroldstein und im unteren
Lahnthale bis Nassau aufsteigt.

Die Flugzeit des Falters, gleich nach Mitte Mai beginnend,
(z. B 19. Mai 1875 vier frische Stücke bei Lorch), dauert
lange (z. B. 13 Juli 1875 ein schones Pärchen in copula bei
Bornich), ohne daß ich doch an eine zweite Generation, die
Roessler nach der Wortstellung seiner Angaben für möglich
zu halten scheint, glauben möchte.

In der nächsten Umgebung von Bornich seltener als bei
St. Goarshausen (Burg Katz) und rheinaufwärts bei Lorch, wo
ich die Falter zu wiederholten Malen zahlreich aus warm gelegenen Hecken aufscheuchte.

4. ** *Scoparia Zelleri* Wk.

[Hein. II, 1, 2, S. 26 und 27. In Schlesien von
Wocke entdeckt. Roessl. Schuppenfl. S. 210, No. 1020.
Cembrae Hw.]

Als Roessler diese in unserem Rieslingberge nicht seltene
Art zum ersten Male bei mir sah, glaubten wir, in Heinemann's
Buche Aufklärung suchend, sie als Cembrae Hw. bestimmen
zu sollen. Sie wurde daher unter diesem Namen in Roesslers
Schuppenflüglern aufgenommen. Nach einem Vergleich mit
zwei von Wocke's Hand selbst bezettelten Exemplaren der
Scoparia Zelleri Wk., welche mir Herr Dr. Staudinger aus

seiner Sammlung zur Ansicht freundlichst mittheilte, muß es aber als gewiß gelten, daß unsere mittelrheinische Art mit dieser schlesischen identisch ist; der größte Theil der hiesigen Stucke zeigt keinen Unterschied von dem Staudinger'schen Parchen. Es muß also Scoparia cembrae, Hw. aus dem Verzeichnisse unserer nassauischen Lepidopteren wegfallen und Scop. Zelleri an ihre Stelle treten.

Uebrigens ändern einzelne Stücke so erheblich ab, daß Zeller, dem 2 dieser Varietäten-Stücke zugleich mit typischen Zelleri zur Begutachtung vorgelegt wurden, zwar die Zusammengehörigkeit aller dieser Exemplare zu einer Art als außer Frage stehend erklärte, auch ihre Verschiedenheit von Cembrae Hw. erkannte, ohne in ihnen aber die doch nach ihm benannte Scoparia Zelleri zu sehen; daß er sie vielmehr als eine möglicherweise neue Art neben Cembrae stellte, und daß selbst Wocke, der freilich nur ein zufällig in das Gewand der Varietät gekleidetes hiesiges Stück zur Ansicht hatte, auf die von ihm selbst entdeckte und benannte Zelleri nicht verfiel: ein schlagender Beweis, welche Schwierigkeiten dieses Genus bietet. Diese variirende Form, von der ich 2 ♂ vor mir habe, zeichnet sich dadurch aus, daß ihre Vorderflügel mit Ausnahme des deutlich weißen äußeren Querstreifens ziemlich gleichmäßig dicht grau bestaubt sind. Durch diese graue Bestäubung werden nicht bloß die weißlichen, sondern auch die gelbbraunen Stellen, welche typische Zelleri aufweisen, verdeckt. So gefarbt ähneln diese Exemplare allerdings meinen 2 durch Zeller's Güte erhaltenen englischen Cembrae mit ihren schmutzig grauen Vorderflugeln. Unter sich weichen die beiden zur Varietät gehorenden Stücke dadurch ab, daß der äußere Querstreif des einen minder gezähnt ist als der des anderen, welches in dieser Hinsicht von gewöhnlichen Zelleri nicht abweicht. Gerade dieses Stück mit dem nur unterhalb des Vorderrandes ein wenig gezahnten Querstreifen hatte Wocke zur Ansicht.

Es geht aus diesen Betrachtungen hervor, daß Zelleri eine recht veränderliche Art ist. Sie ist eben eine echte Scoparia.

Die Art ist in unserem Rieslingberge nichts weniger als eine Seltenheit. Ihre Flugzeit beginnt gewöhnlich noch Mitte Juni, um bis zum halben Juli vorzuhalten. Doch traf ich 1884 ein frisches ♀ schon am 6. Juni, früher als sonst. Die Schmetterlinge ruhen bei Tage an Mauern und Felsen, von denen sie beim Herannahen rasch abfliegen, seltener in Buschen. Will man daher einen Fehlschlag mit dem Netze vermeiden, so muß man allezeit zum Fang gerüstet sein. Wenn es trotz der größten Aufmerksamkeit nur selten gelingt, in den Besitz tadelloser Stücke zu gelangen, so ist dies offenbar eine Folge der um diese Zeit im Rieslingberge herrschenden Hitze: sie bewirkt, daß die Falter sich rasch ausleben.

Wiewohl die interessante Art bis jetzt nur im Rieslingberge getroffen wurde, so ist doch kaum anzunehmen, daß ihr Vorkommen am Mittelrhein auf diese eng begrenzte Localität beschränkt sein werde. Vielmehr darf man vermuthen, daß sie im unteren Rheingau an ahnlichen Stellen verbreitet sei.

5. *Salebria palumbella* S. V.

[Hein. II, 1, 2, S. 157. Auf Haide, Juni bis August. Roessl. Schuppenfl. S. 215, No. 1071. Selten auf Bergwiesen, Anfangs Juni. Frey, Lepidopteren der Schweiz, S. 275. In den Alpen verbreitet, doch meist selten.]

In unserer mittelrheinischen Hügelkette verbreitet und nicht selten. Am südwestlichen Saume des Lennig ist sie noch Mitte Juni eine taglich zu bemerkende Erscheinung. Einzelne Exemplare der bei Tage auf dem Boden in Gras und Haide ruhenden Art zeigen sich auch noch Abends an Haideblüthe, doch nur wenn die Haide frühzeitig blüht, z. B. 31 Juli 1882 ein frisches Stück. Ihre Flugzeit dauert also ziemlich lange. So früh, wie es Roessler für die Wiesbadener Gegend behauptet — Anfangs Juni, — kam mir die schone Art nie vor. Ich muß vielmehr von Heinemann's Angaben — Juni bis August — nach meinen Beobachtungen für zutreffender halten.

6. *Brephia compositella* Tr.

[Hein. II, 1, 2, S. 174. Wien, Regensburg, die Schweiz, (also nicht überall), Mai, Juni. Frey, Lepidopteren der Schweiz, S. 277. Falter im Mai und Juni nur im Tieflande (mit spezieller Angabe nur dreier sicherer Fundorte). Koch, Schmetterlinge des südwestl. Deutschl. S. 366. Gegen Mitte Mai und Ende Juli sehr selten bei Mombach. Roessl. Schuppenfl. S. 216, No. 1080. Mitte Mai und Mitte Juli — also in doppelter Generation — bei Mombach und im Rheinthale auf der Erde ruhend. Raupe Mitte Juni in einem Gespinnst unter Helianthemum vulgare und Artemisia campestris.]

Roessler giebt die Verbreitung auch dieser Art in unserem Faunengebiete richtig an, ohne indessen hinzuzufügen, daß sie aus dem Rheinthale auch in's Wisperthal und zwar bis Geroldstein aufsteigt — also ganz wie Orobena limbata L.

Ich finde sie gleichzeitig mit der vorigen, also um Johannistag (z. B. 22. Juni 1882 und 20. Juni 1883) und später im

Juli, nie früher. Hält man diese Beobachtung gegen die Angaben von Heinemann's (Mai, Juni) und Roessler's (Mitte Mai und Mitte Juli, also in doppelter Generation), so stößt man auf Widersprüche, welche noch der Aufklärung durch fortgesetzte Beobachtung bedürfen.

Am südwestlichen Abhange des Lennig so wenig eine Seltenheit wie die gleichzeitige Palumbella. Die Thatsache, daß dort Helianthemum vulgare reichlich wächst und Artemisia campestris wenigstens nicht fehlt, stimmt sehr gut zu den Angaben über die Raupennahrung.

7. ** *Acrobasis Fallonella* Peyerimhoff.

Ein wohl erhaltenes ♀, von Zeller nach seinem einzelnen Exemplare als diese Art bestimmt, saugte am südwestlichen Abhange des Lennig Abends an Haideblüthe.

Wir finden also auch diese vermuthlich im Elsaß entdeckte Art, ganz wie Botis auralis Peyerimhoff *), (Bornicensis Fuchs, die ich übrigens immer noch nicht für mehr als eine Varietat von Botis biternalis halten kann), im unteren Rheingau.

---

*) Die wiederholte Verwendung e i n e s Wortstammes zur Namengebung in e i n e m Genus (Botis aur-ata L. und aur-alis Peyerimhoff) ist, selbst wenn verschiedene Endungen des im Uebrigen gleichlautenden Namens beliebt werden, dennoch vortrefflich geeignet, Verwechslungen hervorzurufen, es sei denn, daß es sich um leicht zu deutende Varietaten-Namen, wie aberr. caerulea, var. aestiva und ahnliche handelt. Da uns aber die Wissenschaft Aufklarung zu bringen berufen ist, da man also verlangen kann und muß, daß von ihren Vertretern Alles vermieden werde, was diesem ihrem eigentlichen Zwecke entgegen und den Thatbestand zu verdunkeln geeignet ist, so sollte das Prinzip unverbruchlich durchgefuhrt werden, daß, untergeordnete Varietatennamen wie die oben angefuhrten ausgenommen, in e i n e m Genus von e i n e m Wortstamme nur e i n Name gebildet werden durfe. In diesem Falle wurde z. B. der Varietaten-Name Botis flavalis var. lutealis wegzufallen haben (wegen Botis lutealis Hb.) und durch den keiner Mißdeutung ausgesetzten Namen var. citralis HS. ersetzt werden mussen.

Mag auch bei der herrschenden Gleichgiltigkeit gegen die Gesetze der Namengebung dieses Verlangen vor der Hand keine Aussicht haben durchzudringen, so ist doch zu hoffen, daß eine Zeit kommen werde, in welcher das klare Interesse der Wissenschaft nicht mehr alten Zufalligkeiten des Prioritätsprinzips unweigerlich geopfert werden wird. Dieses Prioritatsprinzip ist doch nur e i n M i t t e l zum Z w e c k , und zwar zu dem ganz bestimmten Zwecke, die im Interesse der Wissenschaft durchaus nothige allgemeine Uebereinstimmung in der Artbezeichnung zu ermöglichen, also Sicherheit zu geben, n i c h t d e r Z w e c k s e l b s t . Wenn die Gefahr vorliegt, daß durch die kritiklose Anwendung jenes Prinzips an einem einzelnen Punkte eine nachweisbare Verdunkelung bewirkt wurde, so hat es sich dem höchsten Prinzip, der Klarheit der Wissenschaft unterzuordnen.

8. *Grapholitha asseclana* Hb. *(similana* Tr.)

[Hein. II, 1, 1, S. 155. Similana S. V. Süd- und
Mitteldeutschland bis Thüringen und Schlesien, im Mai
und Juni, nach Fischer von Roeslerstamm im August.
Roessl. Schuppenfl. S. 250, No. 1350.]

In unserem Faunengebiete bis jetzt nur an 2 Stellen bei
Bornich: auf dem in der Einleitung erwähnten Rasenplatz rechts
vom Spitznack (Lochborn) alljahrlich, aber selten; einmal auch
(1885) an der Mündung des Urbachthales, am Fuße des Lennig.
Wiewohl ihre Flugzeit reichlich 14 Tage später beginnt als
die der verwandten Graph Fuchsiana Roessl., so werden beide
Arten doch noch gleichzeitig gefunden. Gewöhnlich trifft man
Asseclana erst in der zweiten Halfte des Mai. Wenn ich 1880
ein ♂ ausnahmsweise schon am 10. Mai fand, zugleich mit 8
zum Theil noch wohl erhaltenen Fuchsiana, so war doch auch
die zuletzt genannte Art in jenem Jahre schon sehr zeitig vorhanden, nämlich vom 15. April an, also beide Arten außer-
gewohnlich früh.

Es ist kaum anzunehmen, daß Asseclana in unserer mittelrheinischen Hügelkette auf die Umgebung von Bornich beschränkt
sei. Wir werden vielmehr, wie bei anderen bis jetzt wenig
beobachteten Arten, so auch bei ihr die Vermuthung wagen
dürfen, daß sie an ähnlichen Localitaten im Gebiete des Mittelrheines noch aufzufinden sein werde.

9. *Chimabacche fagella* S. V.

[Hein. H, 2, 1, S. 132. Roessl. Schuppenfl. S. 263,
No. 1462. Das ♂ von Mitte März an höchst gemein an
Stämmen im Laubwald. Geschwarzte Abänderungen selten.
Frey, Lepidopteren der Schweiz, S. 350. Fagella S. V.
überall in der ebeneren Schweiz. Var. Dormoyella Dup.
(Vorderflügel etwas dunkler) nur von St. Blaise-Neuveville.]

Geschwärzte Exemplare, von denen Roessler spricht (nicht
auch von Heinemann), kommen als Seltenheit auch bei Bornich
vor, z. B. den 7. und 15. April 1879, sowie den 15. April
1883, doch bis jetzt nur im männlichen Geschlechte. Wenn
die von Frey erwähnte var. Dormoyella wirklich nur „etwas
dunklere Vorderflügel" aufzuweisen hat, so müssen unsere ausgebildeten Schwärzlinge, die von gewohnlichen Fagella bedeutend
abweichen, noch eine Ueberbietung dieser Form sein, obwohl
es selbstverständlich auch bei uns nicht an Uebergängen fehlt.

10. ** *Lita proclivella* n. sp.

Daß diese schwierige Aıt nicht mit Acuminatella Src., der sie sehr nahe steht, vereinigt werden kann, ist mir schon um der verschiedenen Lebensweise ihrer Raupe willen klar. Denn während nach den Autoren *) die Raupe der erstgenannten Art in den Blättern von Cirsium lanceolatum und palustre, also Disteln, sowie von Centaurea scabiosa minirt, bewohnt die gruulich gelbgraue, dunkel getüpfelte Proclivella-Raupe den umgebogenen Blattrand von Artemisia absynthium, um aus dieser Wohnung minirend in die Blattendchen vorzudringen. Zu dieser Verschiedenaıtigkeit in der Lebensweise ihrer beiderseitigen Raupen kommt hinzu, daß auch die Schmetterlinge trotz ihrer offenbaren Veıwandtschaft manche Unterschiede aufweisen. Proclivella ist im Ganzen kleiner, ihre Vorderflügel sind vielleicht noch schmaler und noch länger zugespitzt, der Vorderrand steigt an der Wurzel steiler auf, die Farbung ist ein reines Grau, die Zeichnung eine deutlichere, die Hinterflügel sind weißlicher. Wollte man wegen dieser ihrer graueren, deutlicher gezeichneten Vorder- und weißlieberen Hinterflügel zwar ihre Verschiedenheit von Acuminatella zugeben, aber die Vermuthung aussprechen, daß sie zu der mir nur aus von Heinemann's Beschreibung bekannten Halonella HS. (Hein. II, 2, 1, S 255) geboren möge, welche sich gerade durch diese Meıkmale von Acuminatella unterscheiden soll, so ist dagegen zu eıinnern, daß sie mit Halonella nm der Verschiedenheit ihrer Palpen willen nicht vereinigt werden kann. Denn während die Palpen bei Halonella

---

*) Untersucht man im Julı und September die Blätter der Disteln (Cırsium Ianceolatum und palustre) sorgfaltig, so ıst es wahrscheinlich, daß man manche große gelbbraune Flecke als Zeichen von Raupenminen bemerken wırd. Fındet man beim Oeffnen einer solchen Mine eın gelbbraunes, mehr oder weniger, besonders auf den hıntersten Segmenten mit Rosenfarbe angelaufenes Raupchen, so ıst mıt gutem Grunde anzunehmen, daß man dıe Raupe von Gelechıa acumınatella vor sıch habe.

„Dıe Raupe mınirt hauptsachlıch in den unteren Blättern. Sie macht lange, gelbbraunliche Flecke, die oft mehr als dıe halbe Blattbreıte einnehmen. Da sie gern auf der Mıttelrıppe ruht, so wird sie, wenn man das Blatt gegen das Lıcht halt, beı flüchtiger Betrachtung gar nıcht wahrgenommen. Sie wandert mit Leıchtıgkeit von einem Blatt zum anderen. Ist sie erwachsen, so legt sıe gewohnlich innerhalb der Mıne eın schwaches Gewebe an, ın welchem sie zur Puppe wırd Aus der Julıraupe erscheınt der Schmetterlıng ım August, aus der Septemberıaupe erst ım Mai. Zufolge Hofmann blıeben dıe Puppen von Raupen, dıe ım Julı gefunden waren, uber Wınter lıegen." Staınt. Nat. Hıst. Tın. 1, p. 116 ff.

dunkel braungrau und ungefleckt genannt werden, ist bei Proclivella ihr licht graugelbes Endglied unterhalb der
Spitze durch schwärzliche Beschuppung geringt, die
Spitze sehr licht gelb, fast weißlich.

Fassen wir nunmehr unsere Proclivella möglichst genau
in's Auge. Vorderflügel von der Wurzel bis zur Spitze $2^1/_3$
Pariser Linien (5 mm), schmal, hinten vom Innenrande ab lang
zugespitzt, der Vorderrand an der Basis steil aufsteigend, die
Vorderflügelfläche licht grau, unter dem Vorderrande, in der
Falte und den Zellen hinter dem Queraste schmal rostfarben,
streifenartig, die ganze Flügelfläche reichlich, doch ungleichmäßig mit groben schwärzlichen Schuppen bestreut, welche
oberhalb der Falte und gegen die Spitze hin am dichtesten
stehen, während der Innenrand freier bleibt. Die Zeichnung
besteht aus einem schwarzen Fleck (oder Längsstrich) vor der
Mitte bei $^1/_3$ und einem am Querast, welche beide sich dem
Vorderrande näher halten; endlich aus einem schwarzen Fleckchen in dem rostfarbenen Streifen unterhalb des Vorderrandes
bei $^1/_5$ der Flügellänge. Seltener ist der Vorderrand auch vor
der Spitze durch schwarze Fleckchen ausgezeichnet. Die Franzen
grau, mit matter Theilungslinie, an der Wurzel mit einzelnen
groben Schuppen besetzt, besonders um die Spitze. Die Hinterflügel weißlich grau. Fühler hell und dunkel geringelt. Palpen
gelblich grau, das Endglied unterhalb der Spitze durch schwärzliche Beschuppung deutlich geringt, die Spitze von Beschuppung
frei, sehr blaß gelblich, fast weiß.

Die Raupchen leben Ende September und Anfangs October
gleichzeitig mit denen von Coleophora simillimella Fuchs, mit
welchen sie beim Beklopfen der Büsche in den untergehaltenen
Schirm fallen, in der oben angegebenen Weise an Artemisia
absynthium, jedoch mit dem Unterschiede, daß sie sich von
den Blättern nähren, die Coleophoren-Raupen von dem Samen.
Ihre Verpuppung erfolgt gewöhnlich in der Raupenwohnung,
also in einem umgebogenen Blattrande; einzelne legen ihr Gespinnst außerhalb derselben an. Da aus der überwinterten
Puppe die Schmetterlinge früh im Mai erscheinen, also gleichzeitig mit denen von Acuminatella, so ist zu vermuthen, daß
auch Proclivella, ganz wie diese Art, eine doppelte Generation
haben werde.

11. *Teleia scriptella* Hb.

[Hein. II, 2, 1, S. 273. Verbreitet, im Juni und
Juli. Die Raupe im August und September in umge-

schlagenen Blättern an Acer campestre. Roessl. Schuppenflügler S. 295, No. 1768.]

Das flüchtige Räupchen bei uns gleichzeitig mit den Raupen von Zonosoma Lennigiaria Mitte September häufig an Acer monspessulanum. Aus den überwinteiten Puppen schlüpfen die Schmetterlinge im Mai. Da ich sie indessen auch Anfangs August traf, immer um Acer monspessulanum, so liegt für unsere Gegend die Möglichkeit einer doppelten Generation vor.

12. *Parasia neuropterella* Z.

[Hein. II, 2, 1, S. 293 und 294. Bei Wien, Wiesbaden, Freiberg in Sachsen; die Raupe im Samen von Carlina vulgaris bis in den Juli. Roessl. Schuppenflügl. S. 288, No. 1697. Die madenahnliche Raupe im Fruchtboden der Carlina acaulis, der Schmetterling Ende Juli.]

Bei Bornich sehr selten, bis jetzt nur ein Stück. Doch beweist der hiesige Fund, daß ihr Vorkommen in unserem Gebiete nicht auf die Wiesbadener Gegend beschiänkt ist, sondern daß sie auch dem Rheinthale angehort.

13. ** *Doryphora sepicolella* HS.

[Hein. II, 2, 1, S. 304 und 305. Bei Wien im Juni.]

Anfangs Juni in Mehrzahl am südlichen Saume des Lennig, später als die an dem gleichen Orte fliegende Anacampsis anthyllidella Hb.

Wocke, dem ich einige Stücke einschickte, erklärte sie für diese Ait, durch deren Auffindung in unserem so ergiebigen Lennig unsere Fauna wiederum eine interessante Bereicherung erfährt.

14. *Mesophleps silacellus* Hb.

[Hein. II, 2, 1, S. 337. Bei Regensburg, Wien, Frankfurt a. M., Wiesbaden im Juni. Roessl. Verz. S. 349 (249). Mitte Juni 1865 bei Lorch, nach A. Schmied auch im Schwanheimer Wald (bei Frankfurt a. M.) um Helianthemum vulgare. Schuppenfl. S. 287, No. 1685. Im Rheinthal Mitte Juni auf trockenen Hochflachen um Genista sagittalis und Helianthemum vulgare.]

In unserer mittelrheinischen Hügelkette verbreitet und oft zahlreich, immer an heißtrockenen Oiten um Helianthemum vulgare; bei Bornich z. B. am sudlichen und sudwestlichen Saume des Lennig, auf dem Spitznack, auf dem Gipfel des Loreleyfelsens, also überall an geeigneten Stellen.

Außer unserer mittelrheinischen Hügelkette birgt den Falter in unserem Faunengebiete nur noch eine Stelle im Schwanheimer Wald, nahe Frankfurt a. M. von· Heinemann's, wohl aus Roessler's Buche entlehnte Angabe: „bei Wiesbaden", muß berichtigt werden, da Roessler, wie der Wortlaut lehrt, iu beiden Beaⅰbeitungen seines Buches nur vom Vorkommen des Falters im Rheinthale spricht.

Die Flugzeit beginnt gegen Ende Juni. 1882 z. B. waren die Falter am 28. und 30. Juni noch selten, spater häufiger, doch selten rein.

15. ** *Butalis flavilaterella* n. sp.

[Fuchs, Ent. Zeit. 1881, S. 460. Schneideri Z.]

Am angeführten Orte ist eine im Lennig nicht gar seltene Butalis als Zeller's Schneideⅰi aufgeführt, die, wie eine nochmalige genaue Untersuchung ergiebt, die Zeller'sche Art nicht sein kann, sondern als eine neue Art betrachtet werden muß. Der Grund, waⅰum ich nicht Butalis Schneideⅰi vor mir haben kann, liegt in dem eigenthumlich gefaⅰbten Hinterleib meiner Exemplare. Die letzten Segmente desselben fuhr⁻n nämlich bei Flavilaterella-♂ seitwarts einen gelblichen Fleck. Es liegt auf der Hand, daß ein bei der Mehrzahl der Exemplare so auffallendes Merkmal, wenn es Butalis Schneideri wirklich an sich trüge, von Zeller zur Charakterisirung der Art würde herangezogen worden sein. Da dies nicht geschehen, so müssen wir annehmen, daß Butalis Schneideri diese Färbung der Bauchseiten eben nicht hat. Also können meine Exemplare nicht zu Butalis Schneideri geboren. Sie müssen vielmehr, da ich in der mir zugänglichen Literatur keine zur Fusco-aenea-Verwandtschaft zu zählende Art beschrieben finde, welche durch ihren in den Seiten der letzten Bauchsegmente gefleckten Hinterleib charakterisirt würde, als eine neue Art gelten.

Zeller, welchem einige meiner inzwischen auf die Zahl von 15 angewachsenen Exemplare zur Begutachtung vorgelegt wurden, erklärte sich mit meinen ihm vorgetragenen Gⅰünden einverstanden. Von einem gelblichen Fleck in den Seiten des männlichen Hinterleibes, schrieb er, habe er an Butalis Schneideri nichts bemerkt, kenne überhaupt keine so aussehende Butalis, sondern halte diese ihm vorliegende für eine neue Art.

Es muß also in dem Verzeichniß der im unteren Rheingau beobachteten Micropteren Butalis Schneideri in Wegfall kommen und Butalis flavilaterella als eine neue Art an ihre Stelle treten.

Mittelgroß, die Länge der Vorderflügel zwischen $2^1/_4$ *) bis $3^1/_2$ Pariser Linien (5—8 mm) wechselnd, gewöhnlich 3 Linien ($6^1/_2$ mm) lang, also von der Größe der Butalis tabidella, das ♀ nur $2^1/_4$ Linien (5 mm). Vorderflügel ziemlich gleichbreit, glänzend goldiggrün, ohne Purpurschimmer, die Franzen graubraun, an der Wurzel mit einzelnen erzgrünen Haarschuppen besetzt. Hinterflügel so breit wie die Vorderflügel, breiter als z. B. bei Tabidella und Ericetella, hinter der Mitte verengt, ihre Spitze scharf, doch breiter als Tabidella sie zeigt, graubraun, schwärzlich, die Franzen etwas heller, rein graubraun. Fühler lang und braun, Palpen dunkel graubraun, Stirne graubraun, ein wenig erzglänzend, der Thorax den Vorderflügeln gleichgefärbt, die Beine graubraun, seitwärts licht metallisch schimmernd. Körper kräftig, kräftiger als z. B. bei Tabidella, graubraun, mehr oder weniger metallisch schimmernd, namentlich unten. Das ♂ führt an den Seiten des Hinterleibes einen nicht immer gleich stark ausgebildeten, weißlichgelben Fleck, dessen Entstehung zu untersuchen gerade bei dieser Art möglich und darum interessant ist. Vergleicht man nämlich meine 14 ♂ unter sich, so erkennt man, daß der bei vielen so auffallende weißlichgelbe Seitenfleck ursprünglich aus einer Verdichtung des metallischen Glanzes hervorgeht, um bei einzelnen zu einer seitwarts sichtbaren gelblichweißen Säumung der letzten Segmente zu werden, bei mehreren zu einem augenfälligen Fleck heranzuwachsen. Afterbusch des ♂ graubraun, unten und in den Seiten mit einzelnen gelblichweißen Haarschuppen besetzt.

Das ♀ unterscheidet sich vom ♂ durch seine geringere Größe (nur 5 mm Vorderflügellänge), vor allen Dingen aber durch die abweichende Färbung seines Bauches. Dieser ist grau, metallisch glänzend, mit einzelnen schmutzigweißen Haarschuppen versehen. An den beiden vorletzten Segmenten dehnt sich die schmutzig weißgelbe Färbung der Seiten über den ganzen Bauch aus.

Flavilaterella ist offenbar eine der Fusco-aenea Hw. verwandte Art, von der sie sich durch zwei Stücke unterscheidet: durch den Mangel jedweden Purpurschimmers in der Spitze ihrer Vorderflügel, sowie durch den nur seitwärts gelblich gefleckten Hinterleib des ♂.

Später als Tabidella und Ericetella auftretend — erst um Johannistag, — fliegt Flavilaterella doch gleichzeitig mit ihr

---

*) Nur ein ♂ bleibt so weit hinter den übrigen zurück, daß es das ♀ an Größe nicht übertrifft.

am südwestlichen Saume des Lennig um Helianthemum vulgàre, Ericetella um Haidekraut. Mein einzelnes ♀ schwärmte am 27. Juni 1884 Vormittags 10¹/₂ Uhr bei großer Hitze im Sonnenschein umher, die ♂ müssen gegen Abend vom Boden aufgescheucht werden. Ein einzelnes saß einmal auf den Blüthen des Ligustrum vulgare.

16. *Coleophora partitella* Z.

[Hein II, 2, 2. Bei Wien und Jena im Juni. Koch, Schmetterlinge des südwestl. Deutschl. S. 426. Anfangs Juli selten bei Frankfurt a. M. Der Sack, demjenigen der Ditella ähnlich, wurde einmal von Anton Schmid Mitte Juni an einem Grasstengel gefunden. Roessler, Schuppenfl. S. 306, No. 1866.]

In unserem Gebiete bis jetzt sehr selten, da außer dem von Koch erwähnten Frankfurter Exemplare nur noch ein hiesiges bekannt ist, dessen Sack an Artemisia absynthium angesponnen war. Doch läßt sich nach diesen zwei Exemplaren über ihre Verbreitung in unserer Gegend soviel mit Gewißheit sagen, daß sie ebenso wohl dem Gebiete des unteren Maines, als dem sich anschließenden des Mittelrheines angehört.

Der schwarze, scheidenformige Sack ist nach meinem Exemplar 12 mm (5²/₃ Pariser Linien) lang, am Ende etwas gebogen, der Rücken gerundet, mit feinen, schräg nach dem Bauche zu verlaufenden Nadelrissen versehen, unten mit scharfer, in der Mitte sonst geschwungener Kante, vor der Mundoffnung zu einer kurzen Rohre verengt, der Mund 2.

Der Schmetterling erschien Anfangs Juli.

17. ** *Coleophora Bornicensis* n. sp.

Ende der siebziger Jahre waren in den unteren, sehr warmen Partien des Rieslingberges die Samen des Tanacetum vulgare Anfangs October reichlich mit einem Coleophoren-Sacke besetzt, welcher zu der von v. Heinemann II, 2, 2, S. 607 gegebenen Beschreibung des Sackes der Col. tanaceti Mhlg. so gut stimmte, daß ich diese Art vor mir zu haben glaubte. So häufig waren die Säcke, daß man von einer Dolde zuweilen mehrere ablesen konnte. Im Ganzen mag ich wohl ein halbes Hundert mitgenommen haben, Herr Tetens, der gerade bei mir war, kaum weniger. Nach Hause gekommen, brachte ich die noch an den abgepflückten Samen befindlichen, offenbar ausgewachsenen Säcke in einen Behalter, welcher alter Uebung gemäß hinaus auf's Fensterbrett gestellt wurde, wo er, gegen Regen und Sonnenbrand gleicher Weise geschützt — offenbar zuviel geschützt, wie der negative Zuchterfolg lehrte — unberührt bis zum nächsten Jahre stehen blieb. Daß die Larven im Frühlinge noch lebten, bewies ihr Umherkriechen im Behälter. Sie wechselten oft ihren Sitz, um sich bald hier, bald da leicht anzuspinnen, aber nie so fest, wie eine Coleophoren-Larve thut, wenn sie nach der Ueberwinterung zur Verpuppung schreiten will. Auf das Erscheinen auch nur eines Schmetterlinges wurde vergeblich gewartet. Als ich nach monatelangem Harren einzelne Sacke zu offnen begann, fand sich, daß die darin befindlichen Larven sammtlich vertrocknet, also garnicht zur Verwandlung gelangt waren. Dasselbe negative Resultat hatte auch Herr Tetens zu verzeichnen.

Im darauf folgenden Herbste war die Art an derselben Stelle wiederum haufig. Ich glaubte, durch den erstmaligen Mißerfolg belehrt, den mit den abgepflückten Samen (an welchen die Sacke saßen) gefüllten Topf zwar wiederum in's Freie auf das Fensterbrett, aber diesmal an einen Ort stellen zu sollen, wo die Thierchen zwar gegen die für schadlich gehaltene Einwirkung des Regens nach Moglichkeit geschutzt waren, aber doch von den Strahlen der Morgensonne erreicht werden konnten. Das war schon zweckmaßiger, aber immer noch nicht das allein Richtige. Denn wenn auch im darauf folgenden Hochsommer ein Schmetterling erschien, so blieb es doch eben bei dem einen, die anderen Larven gingen wie das erste Mal alle zu Grunde.

Dieser eine Schmetterling nun brachte eine unerwartete Aufklarung. So gleichgebaut sein Raupensack dem der Coleophora tanaceti Mhlg. gewesen, so vollig verschieden erwies sich der Schmetterling nicht bloß von demjenigen der Mühlig'schen Art, sondern auch von allen mir bekannten Coleophoren. So groß ist seine Verschiedenheit von Tanaceti Mhlg., daß unsere Art, legt man die von Heinemann'sche Gruppeneintheilung zu Grunde, in eine ganz andere Abtheilung verwiesen werden muß. Leider hatte der Schmetterling dadurch, daß er in dem den Strahlen der Morgensonne ausgesetzten Raupenglase umhergeflogen war, schon etwas gelitten. Theils aus diesem Grunde, theils weil trotz allen Harrens kein zweites Stück erscheinen wollte, wurde zwar eine nova species constatirt und Wocke's Gutachten, welches zustimmend ausfiel, hierzu eingeholt, ihre Beschreibung aber bis auf eine günstigere Zeit zurückgestellt, also bis es gelungen sein würde, mehr Exemplare zu erziehen.

Diese Zeit ist nun gekommen. War auch, wie es sich zeigte, durch allzuvieles Ablesen der Raupensäcke die Art aus dem Rieslingberge fast verschwunden, so gelang es doch, sie weiter unten im Rheinthale selbst, am Fuße des Lennig, Oberwesel schräg gegenüber, wiederum aufzuspüren. Hier, an der Mündung des zum Rieslingberge gehörigen Thales („Urbachthal"), sammelte ich im October 1883 wiederum viele Säcke, welche in ihrem Topfe vor einem nach Süden gelegenen Fenster der Gunst wie der Ungunst der Witterung gleicher Weise ausgesetzt blieben: im Winter dem Schnee und Regen, welch letzterem man übrigens einen Abfluß sichern muß; im Sommer dem Sonnenbrande. Einmal hatte ein Platzregen die zur Ueberwinterung an den Seitenwänden des Topfes sitzenden alle auf den Boden gespült, wo sie unter Samenresten des Tanacetum zerstreut umherlagen; sie krochen theils an den Wänden des Topfes, theils an den Stengeln des Tanacetum wieder in die Hohe, um sich von Neuem festzuspinnen. Ein anderes Mal stürzte ein heftiger Sturm den Topf von seinem Standorte, so daß er zerbrach; sie wurden wieder eingesammelt und in einen neuen Topf gebracht. Während des heißtrockenen Vorsommers von 1884 entstand unter der Einwirkung der Sonnenstrahlen in dem Topfe des Morgens eine glühende Hitze. Gegen Mitte Juli endlich, als ich dachte, daß die noch lebenden Raupchen ihre Verwandlung bewerkstelligt haben konnten, wurden die Säcke gesammelt und zur besseren Beobachtung in ein Glas gebracht, welches in eine Ecke der Fensternische so gestellt wurde, daß es zwar nach wie vor von den Sonnenstrahlen, aber nicht mehr vom Regen erreicht werden konnte. Diese Weise der Behandlung hatte den gewünschten Erfolg. Als ich am 7. August Mittags nachsah, saßen 5 frisch ausgeschlüpfte Falterchen an den Wänden des Glases. In der folgenden Woche — bis zum 13. August — stieg ihre Zahl auf 16, dann kamen keine mehr. Ich war zufrieden, denn zur Beurtheilung der Art hatte ich genug.

Um zu verstehen, warum gerade diese Weise der Behandlung und nur sie ein Gelingen der Zucht sichert, muß man sich die localen Verhältnisse vergegenwärtigen, unter denen Coleophora Bornicensis im Freien lebt. Wie ich im Winter von 1884—85 beobachtete und wie es das Verhalten der Raupe während der Gefangenschaft an sich schon vermuthen ließ, überwintern die Säcke im Freien theils in den Dolden des Tanacetum, wo sie sich unter dem Fruchtboden mit ihrem Mundrande am Stengel anheften, theils auf dem Samen selbst. In beiden Fällen sind sie dem Arme des Unwetters, dem Sturme wie dem Regen, erreichbar und werden früher oder später von ihm unfehlbar zur Erde geworfen, wo sie, im Grunde versteckt, einen durchweichenden Regen ebenso wohl müssen er-

tragen konnen, als im Sommer den Brand der an ihrer Fund-
stelle besonders wiiksamen Sonnenstrahlen. Diesen localen
Verhaltnissen entspiach offenbar die zuletzt gewählte Behandlungsweise am besten, daher der günstige Erfolg. Denn es
ist klar, daß, soll die Aufzucht der überwinternden Raupen
gelingen, die Verhältnisse möglichst so, wie sie in der Natur
liegen, nachgebildet werden müssen. Die bei Coleophora Bornicensis erprobte Behandlungsweise ist also unbedingt für alle
diejenigen Coleophoren-Raupen anzurathen, welche v o r ihrer
Ueberwinterung eingesammelt werden müssen; also z. B. für
Coleophora filaginella, argentula, simillimella, tanaceti, artemisiae, dianthi, asteiis etc. Es sind dies solche Arten, deren
Raupen nach ihrer Ueberwinterung noch eine zeitlang umher-
kiiechen, ohne doch Nahrung zu sich zu nehmen. *)

Treten wir nun einer Betrachtung der Schmetterlinge näher.
Nach dem mir voiliegenden reichen Material sieht unsere
Coleophora Bornicensis so aus:

Voideiflügel schmal, 5 mm lang ($2^1/_3$ Pariser Linien),
lehmgelb, etwas glanzend, mit weißlichem Vorderrande und
sehr matten, wenig ausgeprägten Linien, die Fühler weiß und
braun geringelt.

Kenntlich an den sehr undeutlichen Linien, von welchen
nur Spuren voihanden sind: von einer Linie unter dem Vorderrande, einigen Schräglinien vor der Spitze, einer Faltenlinie
und einer Innenrandlinie. Diese Linien sind nie ausgeprägt,
nur angedeutet, selten alle zusammen, gewöhnlich nur einzeln,
zuweilen scheinen alle Linien zu fehlen. Die Farbe der Linien
ist matt, nicht eigentlich weiß, aber heller als der Grund. Die
Franzen am Vorderiand und um die Spitze lehmgelb, gleich
den Vorderflügeln, ihre Spitze etwas lichter als die Wurzel,
nach dem Hinteriande zu werden sie grau, nur ihre Basis ist
mit einzelnen lehmgelblichen Haaischuppen belegt. Hinteiflügel
dunkelgrau, ihre Fianzen heller giau, Kopf und Thorax lehmgelb, gleich den Vorderflugeln, seitwärts mit einzelnen helleren,
weißlichen Haaren, das Wuizelglied der Palpen lehmgelblich,
mit einem dünnen und spitzen, ziemlich dicht anliegenden **)
Haarbusche, welcher bis zu $^2/_3$ des spitzen, fast weißlichen
Endgliedes heranreicht und hier, vor der Spitze, endigt. Das
Wurzelglied der Fühler gegen das Ende hin verdickt, die Fühler
bis zur Spitze weiß und braun geringelt. Der Hinterleib grau-

---

*) Ich habe diese ausführliche Darstellungsweise zu Nutz und
Frommen derer, welche sich mit der Coleophoren-Zucht beschaftigen,
gewahlt.

**) Nur seine Spitze steht etwas ab.

braun, Afterbusch kurz, lehmgelblich, weißlich gemischt, Fühler und Bauch hellgrau, weißlich.

Nach der von Heinemann gegebenen Eintheilung der Coleophoren wird unsere Bornicensis wegen ihrer lehmgelblichen Vorderflügel, auf denen die helleren Linien wenigstens angedeutet sind, bei der Gruppe M eingereiht werden müssen (S. 590 ff.) und zwar bei der Unterabtheilung a, deren Vorderflügel keine dunkleren Schuppen führen — also bei der Troglodytella-Verwandtschaft, obwohl sie sich auf den ersten Blick von allen Arten dieser Verwandtschaft durch die kaum sichtbaren Linien ihrer Vorderflügel auffallend genug unterscheidet.

Der Sack ist 5 mm ($2^1/_3$ Pariser Linien) lang, braun, runzlig, mit Samentheilchen wie mit Kornein bestreut, welche während der Ueberwinterung mehr oder weniger verloren gehen, dreiklappig, die Kanten der Klappen vorspringend, der Hals wenig verdünnt, umgebogen, der Mund fast kreisformig. Auf dem Samen ruhend, liegt der Sack ziemlich dicht auf, also der Mund 1; in den Dolden festgesponnen, erhebt er sein Ende bis zu 2 oder gar 3.

Die Art kommt nur im Rheinthale und einzelnen seiner Seitenschluchten, also an sehr warmen Stellen, vor. Auf der Hohe fand ich sie nie. Auch in dem von St. Goarshausen nach Bornich aufsteigenden Schweizerthale sah ich, wiewohl ich das an einer Stelle wachsende Tanacetum jährlich im October auf die Art hin betrachtete, nur nach dem heißen Sommer 1884 einige Säcke. Doch bezweifle ich nicht, daß Bornicensis wenigstens in unserem Rheinthale verbreitet ist.

18. *Coleophora succursella* HS.

[Hein. II, 2, 2, S. 601 und 602. Bei Frankfurt a. M. und Regensburg im August. Roessler, Verz. S. 270, No. 1695. Bei Mainz und im Rheinthale. Schuppenfl. S. 314, No. 1940. Die Raupe im Juni an Artemisia campestris, Schmetterling im Juli, ohne Angabe seiner Verbreitung in unserem Gebiete.]

In den Rheinbergen bei Bornich verbreitet, also wohl überall im unteren Rheingau. Der weißliche Sack hängt Ende Juni an den Blattern von Artemisia campestris. Bisweilen finden sich viele beisammen, doch kommt er in der Regel nur einzeln vor. Gegen Ende Juli erscheinen die Schmetterlinge, z. B. 1880 vom 24. Juli an.

Diese Art hat insofern zu einem bedauerlichen Irrthum Veranlassung gegeben, als die ersten der bei Bornich gefundenen Säcke zu Directella Z. gezogen wurden und in diesem Sinne

in Roessler's Schuppenflüglern auf S. 312 unter No. 1929
Erwahnung gefunden haben. Da sie ohne Frage zu Suceur-
sella gehoren und über das Vorkommen der Directella in
unseiem Gebiete nichts weiter bekannt geworden ist, so muß
diese Art aus dem Veizeichnisse der Rheingauer Micropteren
getilgt werden.

19. ** *Coleophora agricolella* n. sp.

[?Versurella Z. L. E. IV.]

An den Stämmen der Obstbäume im Felde angesponnen,
an die er offenbar von den Aeckern hinaufgekrochen ist, findet
sich bei uns Ende Mai, Anfangs Juni nicht gar selten ein
Coleophorensack von dieser Beschaffenheit: 6 mm lang $(2^2/_3$
Pariser Linien) und 2 mm $(^1/_2 - ^2/_3$ Linie) breit, also im Verhaltniß zu seiner Lange ziemlich dick, im Gegensatze zu Laripennella von fester Masse, sein Ende dreiklappig, die Kanten
der Klappen vorspringend, der Mund schräg abgeschnitten, 1.
Von Farbe ist der Sack gelbbräunlich, runzelig, mit Spuren
eines weißlichen Filzes besetzt und mit feinen Körnchen sparsam bestreut, endlich der Lange nach gestreift. Diese Streifen,
welche besonders am Bauche des Filzes entbehren, erscheinen
dem Auge als flache Furchen.

Aus diesen Sacken, die eine gewisse Verwandtschaft mit
denen der Simillimella zeigen, aber dicker und weniger filzig
sind, eischeinen Ende Juni und im Juli Schmetterlinge, welche
offenbar zur Verwandtschaft der Laripennella gehoren, aber
sich von dieser Art 1) durch die breiteren Linien ihrer
breiteren Vordeiflugel und 2) durch ihre weißen, nur vorn
bräunlich gefleckten Fühler unterscheiden. Wocke, dem
ich ein ♀ zur Begutachtung einschickte, dachte an Versurella
Z., die, in dem Heinemann'schen Buche von ihm als Synonym
zu Laripennella gezogen, vielleicht doch eine gute Art sein
konne. Um ein klares Urtheil zu gewinnen, erbat ich von
Zeller ein Pärchen seiner bis jetzt nur in gefangenen Exemplaren bekannten Versurella. Das darauf hin erhaltene nun
kann, wie seine von Laripennella verschiedenen Fühler lehren,
— sie sind wie bei unserer Ait weiß und nur vorn bräunlich
gefleckt — allerdings nicht mit Laripennella vereinigt werden.
Aber es ist erstens fiaglich, ob die zwei gefangenen Stücke
(♂♀) übeihaupt zusammengehoren, und zweitens gewiß, daß
unsere hiesigen Stücke mit den Zeller'schen ♀ nicht zusammen-
geboien können. Vergleicht man nämlich die beiden Zeller'schen
Exemplaie unter sich bezüglich ihrer Palpen, so erkennt man
in diesem Betracht einen bedeutenden Unterschied. Denn

während bei Versurella-♂ der kurze und dünne Palpenbusch
des zweiten Palpengliedes, ähnlich wie bei gefangenen Laripennella, kaum über die Wurzel des Endgliedes hinaustritt,
führt im Gegentheil das als Versurella-♀ erhaltene Stück einen
dicken und langen Haarbusch, welcher fast bis zur Spitze des
Endgliedes heranreicht. Wenn nun auch das ♂, wie der Augenschein lehrt, etwas geflogen ist, sein Haarbusch also abgerieben
sein konnte, so erscheint es doch fraglich, ob er, als der
Schmetterling noch frisch war, den Haarbusch der Laripennella
soweit überholte, daß er demjenigen des Zeller'schen Versurella-♀ an Länge gleichkam. Gewiß ist, daß der Haarbusch
der Agricolella ganz anders geformt ist als derjenige des als
Versurella-♀ erhaltenen Stückes. Denn während bei Agricolella
der dünnere und kürzere Palpenbusch nur bis zu ⅓ des
Endgliedes sich erstreckt, endigt der dicke und lange Palpenbusch bei Versurella-♀ erst vor der Spitze des letzten Palpengliedes. Also können unsere hiesigen Stücke mit dem Zeller'schen
♀ um so weniger zu einer Art vereinigt werden, als auch die
Vorderflügel von Versurella-♀ einen von dem zugleich miterhaltenen ♂ ebenso wie von den hiesigen Stücken verschiedenen
Eindruck machen: sie sind reiner und lebhafter gelb, ihre
weißen Linien vollkommen deutlich, unter dem Vorderrande
nicht verwischt.

Diese Untersuchung ist in mancher Beziehung lehrreich.
Sie beweist zwar, daß Versurella Z. eine von Laripennella
durch ihre weißen, nur vorn bräunlich gefleckten Fühler und
fügen wir hinzu: durch die breiteren Linien ihrer Vorderflügel zu unterscheidende Art ist, aber sie beweist auch,
daß die nur nach gefangenen Exemplaren aufgestellte Versurella eine in sich selbst unsichere Art ist, welche zu
rehabilitiren aus diesem Grunde kaum angeht, zumal wir der
Kenntniß ihrer früheren Zustände entbehren. Ist es auch, nach
dem Zeller'schen ♂ zu urtheilen, welches gegenüber der Laripennella dieselben Unterscheidungsmerkmale aufweist, welche
wir auch für Agricolella geltend machen müssen, immerhin
möglich, daß sich diese Agricolella unter einzelnen der als
Versurella zusammengefaßten Exemplaren versteckt, so ist es
doch sicherer, sie, deren Raupensack uns wenigstens bekannt
ist, als eine in sich geschlossene, vollkommen klare Art neben
Laripennella zu stellen und gegen diese ihre nächste Verwandte
abzugrenzen. Ihr Aussehen ist dieses:

Vorderflügel breiter, von der Wurzel bis zur Spitze **7** mm
(3 Pariser Linien) lang, matt lehmgelblich braun, mit weißem
Vorderrande und breiteren, unter dem Vorderrande zusammen-

fließenden weißen, dunkel beschuppten Linien, die Vorderrand-
franzen den Vorderflügeln gleich gefärbt, ihre Wurzel dunkler,
bräunlich, ihre Spitze heller, die Seitenfranzen gelblich grau,
ihre Wurzel mit einzelnen weißlichen Haarschuppen belegt,
die Hinterflugel grau, mit etwas heller grauen Franzen. Der
Haarbusch des zweiten Palpengliedes wie bei Laripennella:
kurz, dünn und spitz, kaum bis an die Hälfte des Endgliedes
hinreichend. Fühler weiß, vorn braun geringelt. Kopf und
Thorax lehmgelblich grau, mit weißlichen Haarschuppen belegt.
Hinterleib grau, Afterbusch kurz, gelblich, weiß meliit Bauch
und Beine hellgrau, weißlich.

Agricolella zeichnet sich von Laripennella durch die breiteren
weißen Linien ihrer breiteren Vorderflügel, durch die nur vorn
bräunlich gefleckten, weißen Fühler, endlich durch ihren von
Laripennella völlig verschiedenen Raupensack aus.

20. *Gracilaria Fribergensis* Fritzsche.

[Fuchs, Ent. Zeit. 1880, S. 248. Hein. II, 2, 2,
S. 619 und 620. Bei Freiberg in Sachsen und in Bayern
im September. Die Raupe an Acer Pseudo-Platanus.]

Die fortgesetzten Beobachtungen dieser Art haben folgendes
Neue zu Tage gefordert.

Die Raupe lebt bei uns in zwei Generationen: zum ersten
Male Ende Juni und Anfangs Juli, zum zweiten Male Anfangs
September, in einem Blattkegel an Acer monspessulanum. Dem
entsprechend fliegen auch die Schmetterlinge zweimal im Jahre:
in der zweiten Hälfte des Juli und von Mitte September an.

Die Entwicklung wenigstens der ersten Raupengeneration
muß rasch von Statten gehen. Denn nachdem ich noch am
1. Juni 1881 einen ziemlich wohl erhaltenen überwinterten
weiblichen Schmetterling gefangen hatte — also sehr spät, —
sammelte ich schon 3 Wochen spater, am 20. Juli, viele verschieden große Raupen. Nachdem dieselben in den ersten
Tagen des Juli ihre Verwandlung vollzogen hatten, erschienen
die Schmetterlinge, vom 19. Juli an, woraus folgt, daß die
Puppenruhe gut 14 Tage dauert. Andere Raupen, die am
3. Juli 1882 gesammelt waren, verpuppten sich schon nach
wenigen Tagen. Fünf Schmetterlinge schlüpften am 25. und
27. Juli aus.

Wegen der Schwierigkeit der Fütterung — die Blätter des
Acer werden leicht hart und dann für die Raupe ungenießbar
— thut man am besten, den erwachsenen Raupen nachzuspüren.

Ich finde in unseren Rheinbergen Fribergensis überall da,
wo Acer monspessulanum wächst: im Lennig, auf dem Spitz-

nack, auf dem Gipfel des Loreley-Felsens. Also darf män annehmen, daß sich ihre Verbreitung in unserem Gebiete mit derjenigen dieses Sträuches deckt. Da nun Acer monspessulanum wenigstens von Caub bis Oberlahnstein an den rechtsseitigen Abhangen des Rheinthales nirgends fehlt, so ist man zu dem Schlusse berechtigt, daß auch unsere Fribergensis auf dieser ganzen Strecke zu Hause sein werde.

21. *Tischeria marginea* Hw.

[Hein. II, 2, 2, S. 699. Verbreitet. Roessl. Verz. S. 284, No. 1774. Nicht selten in zwei Generationen. Roessl. Schuppenfl. S. 333, No 2146. Mai, Juni. Koch, Schmetterlinge des südwestl. Deutschl. S. 462. Emyella Dup. Bei Frankfurt a. M. im Mai und August. Frey, Lepidopteren der Schweiz S. 411. Falter in doppelter Generation: Mai, Juni und nochmals im August.]

Bei uns zweimal im Jahre: zum ersten Male um Mitte Mai, z. B. 16. Mai 1878; zum zweiten Male von Ende Juli an, z. B. 28. Juli 1882 und 21. August 1878.

22. *Tischeria Heinemanni* Wk.

[Hein. II, 2, 2, S. 699 und 700. Bei Braunschweig und in Schlesien. Roessl. Schuppenflügl. S. 333, No. 2147. Nicht selten, ohne Angabe ihrer Verbreitung in unserem Gebiete.]

Bei uns ebenfalls zweimal im Jahre: gegen Mitte Mai, z. B. den 14. Mai 1879 vier frische Stucke am südwestlichen Abhange des Lennig; sodann nach Mitte Juli, z. B. den 19. und 20 Juli 1880 in Mehrzahl frisch.

Aus dem Umstande, daß Roessler, über die Verbreitung dieser Art in unserem Gebiete schweigend, nur ganz im Allgemeinen bemerkt: „nicht selten", darf nicht geschlossen werden, daß sie bei uns überall zu finden sei. Gewiß ist nach den bisherigen Beobachtungen nur, daß sie von Wiesbaden abwärts im Rheinthale keine Seltenheit ist.

23. *Tischeria gaunacella* Dup.

[Hein. II, 2, 2, S. 700. Bei Wien, Regensburg, Breslau. Roessl. Verz. S. 284, No. 1772. Bei Mombach, Wiesbaden und Sonnenberg. Raupe im Juni und September, Schmetterling im Mai und Juli. Roessl. Schuppenflügl. S. 333 und 334, No. 2148. Schmetterling im Juni und Juli.]

Auch diese Art eifreut sich bei uns unzweifelhaft einer doppelten Generation, wie folgende Daten beweisen:

1879 kamen fiische Stücke am 12. Mai vor, die also zur eisten Generation gehöiten. In demselben Jahre wurden nochmals frische Stücke in Mehrzahl am 9. August gesammelt, die also zweifellos einer Sommergeneration angehörten. Diese zweite Generation wurde auch 1878 um dieselbe Jahreszeit beobachtet, am 12. und 13. August. Sie fliegt übrigens auch schon fiüher, z. B. den 21. Juli 1880. Demnach wird man die Erscheinungszeit der beiden Generationen, ganz wie bei den Verwandten, so bestimmen müssen: um Mitte Mai und je nach der Sommerwärme von Ende Juli bis nach Mitte August.

Nach Roessler's Verzeichniß ist Gaunacella bei Mainz und Wiesbaden veibreitet. Da sie nach den hiesigen Erfahrungen auch dem unteren Rheingau angehört, so wird man die in den „Schuppenflüglern" nicht wiederholten Angaben des „Verzeichnisses" dahin erweitern müssen, daß bezüglich ihrer Verbieitung in unserem Gebiete gesagt wird:

Von Mainz abwärts im Bereiche des Mittelrheines. *)

24. *Bucculatrix absynthii* Gartner. —

[Hein. II, 2, 2, S. 719. Bei Brünn, Wien und Regensburg. Die Raupe im April und Juli an Artemisia absynthium, Falter im Mai, Juni und wieder Ende Juli und im August. Roessl. Verz. S. 292, No. 1837. Ab-

---

*) Sie gehört wohl auch der Fauna des unteren Maingebietes, also der Gegend von Frankfurt a. M. an.

Ich hielt diese ausfuhrlichen Angaben über die Flugzeit dieser und der verwandten Arten darum für nothig, weil 1) Heinemann-Wocke Bd II, 2, 2, S. 698 bei Charakterisirung des Genus Tischeria sagen „Die Falter haben nur eine Generation im Mai und Juni, die Raupen im Herbst", und weil 2) Roessler es für nothig findet, seine im „Verzeichniß" ausgesprochene Ansicht, daß Marginea und Gaunacella eine doppelte Generation haben, in den „Schuppenfluglern" zuiuckzunehmen und statt dessen ausdrucklich zu bemerken. „Nur eine Generation im Jahre" Ob dieses freiwillige Desaveu nothig war, wird man nach den oben mitgetheilten Beobachtungen beurtheilen konnen. Dahingcstellt muß zunächst freilich bleiben, ob die von mir bei jeder dieser Aiten wiederholt beobachtete Sommergeneration immer eine vollstandige ist. Wenn Koch l. c. zu Complanella bemerkt (S. 462): „Sehr verbreitet in zwei Generationen, die zweite Mitte August stets seltener", so scheint die letztere Annahme naher zu liegen.

Auch die Frage, in welchem Stande die Tischeria-Arten uberwintern, scheint einer nochmaligen Prufung zu bedurfen. Denn wahrend Roessler in seinem Verzeichnisse von den Raupen sagt, daß sie uberwintern, bemerkt Koch wenigstens bei Marginea: „im November schon Puppe."

synthiella HS. Am 21. Juni 1863 in Anzahl bei St. Goarshausen aus einem üppig wachsenden Busche der Artemisia absynthium aufgescheucht. In den Schuppen-flüglern wird diese Angabe wiederholt und beigefügt: Raupe nach Wocke im April und Juli, Schmetterlinge Ende Mai und im August. Nach Anderen nur eine Gene-ration. Frey, Lepidopteren der Schweiz S. 419. Vale-siaca Frey. Falter Ende Juli bei Zermatt um Artemisia absynthium, nicht gerade selten.]

Bei uns um Artemisia absynthium einer der gemeinsten Schmetterlinge. Am 3. Mai 1876 sammelte ich an einem Absynthbusche über 100 Raupen und Puppengespinnste. Die Schmetterlinge schlüpften von Ende Mai an aus. Sie fliegen den ganzen Juni hindurch bis in den Juli überall in unseren Rheinbergen da, wo Artemisia absynthium wächst, mit deren Verbreitung in unserem Gebiete sich die ihrige offenbar deckt.

Ich kenne nur eine Generation. Im Blick auf die Beob-achtungen Anderer ist dieser Dissens darum auffallend, weil auch mir von der an Artemisia campestris lebenden Bucculatrix artemisiae HS. eine zweite Generation bekannt ist.'

Nachtrag und Berichtigungen zu den Hesperiinen.
Von
Carl Plötz in Greifswald.

Die Reihenfolge ist nach der in dieser Zeitung 1879 p. 175 gegebenen Aufstellung. — Die vorgesetzten Nummern beziehen sich auf die betreffenden Aufsätze und zwar in der Weise, daß a vor, b hinter der bezeichneten Nummer einzureihen sein würde. — Vdfl. = Vorderflügel, Htfl. = Hinterflügel, Z. = Zelle, R. = Rippe. — Der eingeklammerte Name zeigt den Besitzer des Objects an. — Gemessen ist ein Vdfl.

Zur Gattung **Goniurus** Hüb. — Bull. de la Soc. Imper. des Nat. de Moscou, 1880, pag. 1—22.

22b. *Brevicauda* Pl. Nachtr. Oberseite schwarzbraun, Körper und Flügelwurzeln grün. In den Vdfl. bilden zwei schmale (am Vorderrand) und 3 große weiße Glasflecken eine stufige Schrägbinde, nahe an derselben in Zelle 3 steht ein schmaler Querfleck. Vor der Spitze stehen in schräger Richtung 3 kleine Flecken und in Z 5 ein sehr feiner Punkt. Unten sind die Flügel braun, der Saum und 2 demselben fast gleichlaufende Binden der Htfl. dunkler. Die Palpen sind weiß. Die gestreckten Htfl. sind sehr kurz geschwänzt. Die Vdfl. sind fast wie bei Chalco Hüb. (Ribbe.) 25 mm. Chiriqui.

Pag. 10 Zeile 1. Von vorne: ! Das Mittelband der Vdfl. ist einwärts — etc.

Pag. 10 Zeile 6. Von vorne: !! Das Mittelband der Vdfl. ist vollig — etc.

Pag. 8 Zeile 12. 22, *Aelius* Pl. t. 22. — Mus. Berol. 5082. 22 mm. Parà.

Pag. 13. *Catillus* Cr. Das Band auf der Unterseite der Htfl. ist zuweilen fast ganz weiß.

Pag. 14 Zeile 19. Von vorne: b. Htfl. — mindestens unten weiß — etc.

45b. *Dominicus* Pl. Gleicht Herophilus, die Binde ist schmal und linear, der kleine weiße Querstrich in Z. 3 steht etwas davon ab. Vor der Spitze stehen etwas zerrissen 4 Punkte schräg übereinander. Die Htfl. haben ein kurzes, schmales Schwänzchen, welches zur Hälfte so wie die Fransen und ein schmaler Saum — unten bis zum Vorderrande — weiß ist. (Moschler.) 24 mm. Vaterland?

Pag. 14 Zeile 7. Vdfl unten mit weißem (nicht dunklem) Innenrand.

Zur Gattung **Eudamus**. Stett. entom. Zeit. 1881, p. 500—504 und 1882, p. 87—100.

8b. *Mysius* Weym. Stett. entom. Zeit. 1886, Heft II. Dunkelbraun, Leib und Flügelwurzeln sind oben glänzend blau, unten sind die Wurzeln der Htfl. blau bestäubt, die der Vdfl. dort nur am Vorderrande. Die Vdfl. haben ein gleichbreites, glashelles Schragband vom Vorderrand bis in Z. 1b, woran in dieser Zelle auf der Unterseite noch ein weißer Fleck hängt. 6 kleine Glasflecken stehen im Bogen vor der Spitze. Der Glasfleck der Z. 3 ist ganz im Schrägband eingeschlossen Die Htfl sind oben auch an der Wurzel braun. Die braunen Fransen sind bei den Vdfl. in Z. 1b, bei den Htfl. in Z. 1b, 1c, 6 und 7 gelb gefleckt. 30 mm.

49b. *Tellus* Weym. i. l — Pl. Hesp Nachtr. Der Körper ist braunlich behaart Die dunkelgelben Flecken der Vdfl. sind wie bei Barissus Hew, nur die kleinen Spitzpunkte sind weiß Unten haben die Htfl. nur einige Silberstriche und Punkte, in einer Linie. Die schmalen Fransen sind braun, bei

den Vdfl. hellbraun, bei den Htfl. bräunlichweiß gescheckt.
23 mm. Buenos Ayres.

Zur Gattung **Proteides** Hüb. Berl. Entom. Zeitschr. 1882, p. 72.

8. *Lankae* Pl. Braun, unten matter. Die Vdfl. haben
in Z. 2 und in der Mittelzelle je einen großen, in Z. 3 und
am Vorderrand einen kleinen, schmutzigweißen Glasfleck und
vor der Spitze 4 getrennte Punkte, von denen der in Z. 8
länglich ist. Unten sind die Htfl. dunkler gefleckt, am deut-
lichsten sind ein Fleck in der Mittelzelle und zwei daneben in
Z. 7. Die Fransen sind braun, bei den Htfl. etwas wellig,
bei den Vdfl. in Z. 1b schwach eingezogen und dort weißlich.
Gestalt fast wie Indrani Moore, auch die Zeichnung, doch
weniger bunt. (Ribbe.) 17 mm. Ceylon.

Gattung **Pisola** Moore.

Fühler $\frac{1}{2}$ so lang wie die Vdfl., mit allmälig verdickter,
in langer Spitze auslaufender Kolbe. Palpen breit, schwach
behaart, vorstehend; das Endglied klein, conisch. Flügel am
Saum gerundet, die vorderen mit $\frac{2}{3}$ so langer Mittelzelle;
Rippe 2 entspringt gleichfern von der Wurzel und von R. 3,
R. 5 ist ziemlich stark. Alle Flügel sind breit, die vorderen
haben eine weiße, von der Mitte des Vorderrandes bis zum
Hinterwinkel reichende, auf den Rippen etwas eingeschnürte
Binde. Kopf und Halskragen sind ockergelb, Leib und Flügel
oben braun.

1. *Zennara* Moore, Pr. zool. Soc. 1865, p. 286, t. 42, f. 3.
Pl. t. 185. 32 mm. Bengalen.

Gattung **Casiapa** Kirby.

Fühler $\frac{1}{2}$ oder etwas darüber so lang wie die Vdfl., mit
allmälig verdickter, langgespitzter Kolbe. Palpen stark, anliegend behaart, mit kurzem, kaum merklich abgeschnürtem
Endgliede. Flügel breit, die vorderen mit glattem, wenig ge-
rundetem oder bis Rippe 5 fast geradem Saum, die hinteren
sind gerundet, mit mehr oder weniger welligem Saum. Rippe 2
der Vdfl. entspringt naher an der Wurzel als an R. 3, R. 5
in der Mitte zwischen 4 und 6, und ist ziemlich stark. Die
Mittelzelle der Vdfl. ist fast $\frac{2}{3}$ so lang wie diese. Mittelspornen haben die Hinterschienen nicht.

A. Vdfl. ohne Mittelbinde, Oberseite gelbbraun. Die Flügel
sind gegen den Saum dunkler, ihre Fransen lehmgelb.
Ein rostgelber Keilfleck steht im Winkel von Zelle 3
der Vdfl.

1. *Helirius* Cram. 60, d. (1779). — Fahr. Ent. Syst. III, 1, 328, 243 (1793). — Latr. Enc. Meth. IX, t. 47, f. 7. Pl. t. 186. 7 mm. Indien.

B. Vdfl. mit einer mehr oder weniger vollständigen Schrägbinde.

a. Htfl. unbezeichnet.

○ Saum der Vdfl. von Rippe 1 bis 6 gerade oder schwach eingezogen. Die Schrägbinde ist beim rostbraunen ♂ hell rostgelb und auf die Mittelzelle, Z. 3 und einen kleineren Fleck in Z. 2 beschränkt. Beim braunen ♀ ist sie weiß und zieht von der Mitte des Vorderrandes bis in Z. 1b zum Saum. Palpen und Fühler sind ockergelb.

2. *Corvus* Feld. Sitzungsber. d. Wien. Akad. XI, p. 460 n. 46 (1860). — Novara Exped. t. 73, f. 2. — Pl. t. 187. 28—30 mm. Amboina.

○○ Saum der Vdfl. gleichmäßig, schwach gerundet. Oberseite schwarzbraun.

— Die Binde ist weiß und zieht vom Vorderrande bis Rippe 2.

3. *Cerinthus* Feld. Sitzungsber. d. Wien. Akad. XI, p. 160 n. 47 (1860). — Novara Exped. t. 73, f. 1. — Pl. t. 188. 30 mm. Amboina.

—— Die Binde ist am Vorderrande breit und hellgelb, dann orange und zieht geschwungen zum Hinterwinkel und Saum.

4. *Callixenus* Hew. Descr. 1867, p. 21 n. 2. — Exot. 1875, f. 1. — Pl. t. 189. 29 mm. Dorey.

b. Htfl. am Saum breit orange. Vdfl. auf Rippe 5 mit stumpfem Eck. Oberseite braun, die Binde der Vdfl. ist orange, vom Vorderrande bis in Z. 2 breit, in Z. 1b schmal und gegen den Hinterrand gerichtet. Die Palpen sind orange.

5. *Cretomedia* Guer. Voy. Coquell. II, 18, 6 (1829). *Odix* Boisd. Voy. Astrolab. 160, 3 (1832). *Caristus* Hew. Descript. p. 21 n. 1 (1867). — Pl. Nachtr. 32 mm. Aru.

Unbekannt sind mir ferner:

1. *Semamora* Moore, Proc. zool. Soc. 1865, p. 791. Bengalen.
2. *Chaya* Moore, loc. cit. Bengalen.
3. *Agna* Moore, loc. cit. Bengalen.
4. *Mangola* Moore, loc. cit. p. 792. Bengalen.

5. *Cinnara* Wallace, Proc. zool. Soc. 1866, p. 361 n. 44.
Formosa.

6. *Maracauda* Hew. Ann. Nat. Hist. XVIII, 4, p. 450 (1876).
Angola.

7. *Sibirita* Hew. loc. cit. p. 451. Singapore.

Zur Gattung **Arteurotia** Butl. — Berl. Ent. Zeitschr. 1882,
p. 256.

2 b. *Meris* Möschl. i. l. — Oberseite olivenschwarzgrau,
Unterseite matter. Alle Flügel mit 2 dunkleren, fast geraden
Querbinden, deren innere weniger deutlich ist. Vor der Spitze
der Vdfl. stehen 3 weiße Glaspunkte im Winkel, in brauner
Umgebung, der in Z. 8 ist langgestreckt. 17 mm. Columbien.

Zur Gattung **Cecropterus** H. S. — Berl. Ent. Zeitschr. 1882,
p. 260.

1 a. *Vectilucis* Butl. — Pl. Stett. Ent. Zeit. 1882, p. 94
n. 59 (Eudamus). — Wohl hierher gehörend. — Auf der
Unterseite sendet die Binde der Vdfl. über Rippe 1 einen kurzen
Strahl zur Wurzel Die gegen Rippe 1b etwas gestreckten
Htfl. sind oben gegen den Vorderwinkel nebst den dortigen
Fransen schmal gelblich.

Zur Gattung **Plesioneura** Feld. — Berl. Ent. Zeitschr. 1882,
p. 262.

1 a. *Queda* Pl. Berl. Entomol. Zeitschr. 1885, S. 225.
Ein gleichbreites, weißes Schrägband zieht wenig gebogen in
den Vdfl., von deren Mitte bis in Z. 2 gegen den Saum, von
dem es etwas weiter wie vom Vorderrande entfernt bleibt.
Die Grundfarbe ist wie bei den beiden folgenden Arten schwarz.
(Ribbe.) 24 mm. Malacca.

1 b. *Zawi* Pl. Berl. Entomol. Zeitschr. 1885, S. 225.
Die weiße gekrümmte Binde der Vdfl. ist noch durch einen
schmäleren, gegen den Hinterrand gerichteten Fleck in Zelle 1
verlangert, doch erreicht sie wedea den Vorder- noch den
Hinterrand. (Ribbe.) 23 mm. Celebes.

6 b. *Wokana* Pl. Berl. Entomol. Zeitschr. 1885, S. 225.
Die weiße Binde der Vdfl. besteht aus denselben Zellenflecken
wie bei Woigensis, doch ist der am Vorderrande sehr klein
und isolirt, und der in Z. 1 hängt fast quer nur am äußeren
Ende damit zusammen. In Z 3, 4, 6 und 7 steht je ein
kleiner weißer Punkt. (Ribbe.) 22 mm. Aru.

Zur Gattung **Lychnuchus** Hüb. — Berl. Ent. Zeitschr. 1882, p. 263.

1a. *Irvina* Pl. — Schwarzbraun. Vdfl. mit breiter, roth-gelber Mittelbinde vom Vorderrande bis in Z. 1b, wo sie weiter vom Saum wie vom Hinterrande entfernt bleibt. Sie ist auf den Rippen tief eingekerbt, beim ♂ ist der Fleck in Z. 1 auf der Oberseite völlig abgetrennt, die Flecken in Z. 2, 3 und der Mitte sind im Mittelraum schwächer beschuppt. Auf der Unterseite, besonders in Z. 1, ist die Binde breiter. Die Fransen der Htfl. sind gelblichweiß. (Ribbe.) 25—26 mm. Celebes.

1b. *Sindu* Feld. Wien. Entom. Monatsschr. IV, 401, 29 (1860). — Pl. Nachtr. — Die Binde der Vdfl. ist orange, breit, auf den Rippen eingekerbt, an beiden Seiten gleich, nur auf der Unterseite etwas vom Vorderrande entfernt. Uebrigens sind Flugel und Leib schwarz. Die Htfl. sind gerundet. 25 mm. Malacca.

Gattung **Darpa** Moore.

Fühler ½ so lang wie die Vdfl., mit länglich-eirunder Kolbe und hakenformig umgebogener Endborste. Palpen schwach, mit kleinem kegelformigen Endgliede, ganz borstig behaart. Alle Flügel haben einen ungleichen, stumpf gezähnten Saum, die vorderen sind am Vorderrand vor der Mitte, am Hinter-rand vor dem Hinterwinkel etwas eingezogen. Die Mittelzelle der Vdfl. ist ³/₅ so lang und fast gerade geschlossen, Rippe 2 entspringt nahe an der Wurzel. Oben sind der Korper, die Vdfl., die Wurzelhälfte und der Vorderrand der Htfl. blaugrau und schwärzlich gemischt, der übrige Theil der Htfl. ist blaß-gelb, mit einigen grauen Randflecken. Die Vdfl. haben einen großeren blaßgelben, eingeschnürten Mittelfleck, einen länglichen darüber und einen solchen, quer getheilten in Z. 2 darunter, vor der Spitze einen dreitheiligen Spitzfleck. — Das Ansehen ist fast das einer Carcharodus.

1. *Hanria* Moore, Proc. zool. Soc. 1865, p. 187, t. 42, f. 2. Pl. t. 250. 17 mm. Bengalen.

Gattung **Trapezites** Hüb.

Fühler über ½ so lang wie die Vdfl., mit langer, starker Kolbe und langer, hakenformig umgebogener Endborste. Palpen breit, stark, dieht beschuppt, Endglied kurz, kegelformig. Der starke Korper ist gleich den Vdfl. oben schwarzgrün, letztere sind an der Wurzel rostbraun behaart. Ihre Mittelzelle ist über ½ so lang, Rippe 2 entspringt nahe an der Wurzel,

R. 5 näher an 6 wie an 4. In der Mittelzelle steht ein ansehnlicher, gelblicher Glasfleck, unter demselben ein doppelt so großer in Z. 2, am Ende steht über ihm in Z. 3 ein kleiner und unter ihm in Z. 1 ein sichelformiger Fleck. Ein dreitheiliger Glasfleck steht vor der Flügelspitze, ein rothgelber Fleck steht wurzelwaits in Z. 1 über Rippe 1 und ein Strahl unter derselben. Die Htfl. sind oben braun, mit einem großen, orangen Querfleck. Die Unterseite ist rostroth, Bauch und Palpen sind gelblich, die Vdfl. um die Mittelflecken braun. Die Htfl. haben einen schwarzen, graugekeinten Mittelfleck und eine Bogenreihe solcher vor dem Saum, die Fransen sind rothgelb und braun gescheckt. Die Hinterschienen haben lange End- und Mittelspornen, beim ♂ auf der Rückseite einen langen Haarpinsel.

1. *Symmomus* Hüb. Zutr. f. 225, 226 (1833). — Pl. t. 254. 21 mm. Australien.

Zur Gattung **Hesperia** Aut. — Stett. ent. Zeit. 1882, p. 314 bis 1883, p 233.

4 b. *Weymeri* Saalm. Lep. v. Madagascar, p. 107 n 229 (1884). — Pl. Nachtr. Oberseite schwarzbraun. Die Flugel sind von der Wurzel aus, die vorderen am Hinterrande, die hinteren fast ganz, olivengrünlich behaart. Die Unterseite ist olivenbraungrau. Die Gestalt ist fast wie die von Aria-♂ Moore, nur ist der Saum der Vdfl. etwas schräger und die Htfl. sind gegen Rippe 1b etwas mehr gespitzt. 17—18 mm. Madagascar.

9 b. *Sextilis* Pl. Dunkelbraun, unten schwarzgrau, nur gegen den Hinterrand der Vdfl. etwas matter. Die Vdfl. sind etwas gespitzt, die Htfl. auch am Hinterwinkel gerundet. 15 mm. Aburi.

19 b. *Edlichi* Pl. Dunkel braungrau, Bauch und Palpen sind unten weiß Die Vdfl. haben unten in Z 2 und 3 schwache graue Punkte und noch einen schmalen Strich unter letzterem in Z. 1. Der Halskragen ist sehr schmal, weiß. Die Fuhler sind nicht 1/2 so lang wie die Vdfl. ♀ 18 mm. Vaterland?

19 c. *Zalma* Pl. Dunkel braungrau, Bauch und Palpen sind unten weiß. Die Vdfl. haben in Z 2 und 3 schwache graue Punkte. Die Fühler sind über 1/2 so lang wie die Vdfl. ♂ 13 mm. Panama.

20 b. *Maykora* Pl. Berl. Entom. Zeitschr. 1885, S. 225. Schwarzbraun. Die Fühler sind über 1/2 so lang wie die Vdfl., ihre Kolbe ist langgestreckt, hakenfoimig gebogen und allmalig bis zur Spitze verdünnt. Die Vdfl. haben beim ♂ eine schwache

graue Narbe, welche von $^2/_3$ des Hinterrandes fast gerade aufsteigend sich bis in Z. 3 erstreckt. (Ribbe.) 17 mm. Aru.

26b. *Beda* Pl. Oberseite schwarzbraun. Vdfl. mit 5
grauen Punkten: in Z. 2, 3, 6, 7 und 8, letztere drei vor der
Spitze im Winkel. Unterseite braungrau, Htfl. mit breitem,
hellgrauem, gegen den Vorderrand dunkel verwaschenem Bande
von der Wurzel zum Vorderwinkel, worin auf der Mitte 2
braune Punkte nebeneinander stehen. Fransen unten grau gescheckt. 10 mm. Blumenau.

32b. *Sekara* Pl. Berl. Entomol. Zeitschr. 1885, S. 226.
Schwarzbraun. Vdfl. unten in Z. 3 mit weißem Punkt, noch
einem kleineren in Z. 7 und einwärts in Z. 8 einem kaum
sichtbaren. Die Fühler sind lang und fein gespitzt. (Ribbe.)
15 mm. Neu-Guinea.

47b. *Camposa* Pl. Die Oberseite ist schwarzgrün, der
Kopf weiß punktirt, die Hinterleibsspitze dunkelgelb. Die Fransen
der Vdfl. sind am Hinterwinkel, die der Htfl. ganz weiß. Unten
sind Palpen und Hinterleib weiß gefleckt, die Vdfl. schwarz,
gegen die Spitze grün, mit schwarzen Rippen, in der Mitte des
Vorderrandes steht ein dunkelgelber Fleck und an der Wurzel
eine Linie. Die Htfl. sind grün. Innenrand, Saum, ein Querband und die feinen Rippen sind schwarz. — Das Ansehen ist
wie bei der Gattung Erycides. 28 mm. Brasilien.

48b. *Quispica* Pl. Oberseite schwarzgrün, die Hinterleibsspitze roth, die Fransen sind orange. Unten sind Leib und
Palpen schwarz, ein schmaler carminrother Fleck steht an jeder
Seite der Brust und am Ende des Bauches an jeder Seite ein
kurzer Längsstreif. Ebenfalls roth sind die Hinterschienen auf
der Rückseite behaart. Die Flügel sind rehbraun, grünlich
schimmernd, schwarzrippig, die vorderen von der Wurzel bis
zur Hälfte der Mittelzelle geschwärzt, die hinteren in Z. 1b
verdunkelt und mit einem schwarzen Strahl durch die Mittelzelle zur deutlichen Rippe 5. (Ribbe.) 25 mm. Peru.

72b. *Weiglei* Moschl. i. l. Dunkelbraun. Vdfl. mit einem
gelben Glasfleck in Z. 2, einem in Z. 3 und zwei übereinander
in der Mittelzelle — wie bei Cerymica Hew. Unten sind
die Vdfl am Hinterrande breit, gelblich, vom Ende der Mittelzelle zieht gegen die Spitze ein bräunlichgrauer Schleier mit
braunem Punkt in Z. 6. In den Htfl. zieht ein ebenso gefärbter, weißgesäumter, breiter Strahl von der Wurzel zum
Vorderwinkel, bei $^1/_3$ mit einem kleinen Hocker gegen den
Vorderrand und bei $^2/_3$ mit einem feinen, braunen Punkt. Noch
zeigen sich einige matte Längsstrahlen neben dem Innenrand

und ein dunkler Punkt in Z. 2. Die Fransen sind kaum weniger dunkel wie die Flügel. Bauch und Palpen sind gran. 27 mm. Aburi.

75 b. *Parthenope* Weym. i. l. Schwarzbraun. Die Vdfl. haben 3 weiße Glasflecken: in Z. 2, 3 und der Mittelzelle, die ersten beiden sind länglich, ziemlich klein und stehen etwas schief, der letztere ist beim ♂ klein und steht am Vorderrand der Mittelzelle, beim ♀ über viermal so groß. Unten haben die Vdfl. in Z. 1b einen großen, weißen, gespaltenen Fleck, beim ♀ noch einen schmalen auf der Mitte des Vorderrandes. Die Fransen der Htfl. sind am Vorderwinkel hellbraun. Der Vorderrand der Vdfl. ist etwas convex. 21—23 mm. Nias.

75 c. *Traviata* Pl. Schwarzbraun. Die Vdfl. haben wie bei der vorigen Art 3 weiße Glasflecken: einen länglichen schiefen in Z. 2, einen gleichartigen kleinen darüber in Z. 3 und davon entfernt einen querstehenden in der Mittelzelle. Unten ist noch auf Rippe 1 ein kleiner mattweißer Fleck. Der Vorderrand ist gerade. Die Fransen sind schwarzgrau. (Ribbe.) 21 mm. Sumatra.

78. *Thrax* L. Bei Exemplaren von Ribbe aus Ost-Celebes sind die Spitzen der Vdfl. mehr oder weniger weiß — wie bei der Cathaea-Gruppe — 28 — auch die Fühlerkolbe. Bei einem ♀ stehen die beiden Glasflecken in Z. 2 und in der Mitte nicht dicht zusammen. Ein ♂ ist in der Grundfarbe fast tief schwarz.

78 b. *Angulis* Pl. Vdfl. mit einem gelbbestäubten langen Glasfleck am Hinterrande der Mittelzelle, einem winkelförmigen in Z. 2, einem viereckigen etwas saumwärts in Z. 3, einem Punkt in Z. 6 und in Z. 1 einem Staubflecken, welcher auf der Unterseite viel ausgedehnter ist. Uebrigens ist alles schwarzbraun. Die Vdfl. sind gegen die Spitze, die Htfl. gegen den Hinterwinkel gestreckt. Die Fühler sind fast $^2/_3$ so lang wie die Vdfl. (Ribbe.) 24 mm. Panama.

86 b. *Gila* Pl. Grünlich graubraun, mit schmutzigweißen, braungescheckten Fransen. In den Vdfl. bilden 2 querstehende, etwas eingeschnürte, schmutzigweiße Glasflecken in Z. 2 und der Mittelzelle und einem Punkt am Vorderrande ein abgekürztes Mittelband. Entfernt davon steht ein Querfleck in Z. 3 und weiter saumwärts ein Punkt in Z. 4. Vor der Spitze stehen schräg übereinander 4 Punkte. Die Htfl haben beim ♂ nahe der Wurzel am Innenrande einen starken, braungrauen Haarbüschel. Unten sind alle Flügel veilgrau gesäumt, die vorderen haben am Hinterrande einen großen, hellgrauen Wisch,

die hinteren führen einige zackige, dunkle Querlinien. — Das Ansehen ist wie bei Eudamus. 23 mm. Arizona.

93 b. *Ormenes* Weym. i l. Oberseite braun. Vdfl. beim ♂ mit einer Narbe vom Hinterrande duich Zelle 2, mit grünlicher Umgebung. 5 kleine weiße Glasflecken sind in der Mittelzelle, Z 2, 3, 6 und 7 vertheilt, die beiden letzten stehen schiag übereinander. Auf der Unterseite steht eine Reihe von 6 weißen Fleckchen vor dem Saum. Die Htfl. haben auf der Unteiseite einen gioßen, langlichen, weißen Fleck von R. 1b bis R. 7, welcher dem Saume parallel liegt und nach oben schwach duichscheint. 18 mm. Nias.

93 c. *Taprobanus* Pl. Schwarzbraun. Vdfl. mit 3 weißen, querstehenden Glasflecken in Z. 2, 3 und der Mitte und 3 Punkten in Z. 5, 6 und 7 vor der Spitze. In Z. 1 steht noch ein feiner, weißer Punkt. Auf der Unterseite steht auch ein solcher in Z. 4 und 8, dem Glasfleck in Z. 2 sich anschließend ein gioßerer, keilformiger, weißer Fleck in Z. 1. Die Htfl. haben unten einen großen, länglich-ovalen, höckerig gesäumten, weißen Mittelfleck von R. 1b bis R. 7 und wurzelwärts daneben in der Mittelzelle 2 unbestandige, weiße Punkte. Die Vdfl. sind am Vorderrande stark gekrümmt. (Ribbe.) 23 bis 24 mm. Ceylon.

121 b. *Eburus* Pl. Nachtr.

Ebusus Hew. Mus. 1879, p. 215 pt. (Nec Aut.) Sehr ähnlich der Ebusus Cr. aus Süd-Amerika (Belistida Hew.), doch ist auf der Unterseite der Vdfl. der weiße Fleck in Z. 1 kleiner wie der in Z. 2. Bei den Htfl. ist die dunkle Saumbinde in Z. 1c am bieitesten und unten ist der Vorderrand von der Wuizel bis fast zum Vorderwinkel braun. 26 mm. Malacca.

137 b. *Mamurra* Weym. i. l. Oberseite braun. Die Vdfl. haben von der Wurzel bis zur Mitte am Vorderrande, in der Mittelzelle und am Hinterrande braungelbe Streifen. In Z. 2 befindet sich ein gioßerer, hellgelber Glasfleck, an dessen Anfang ein Queifleck in der Mittelzelle, am Ende ein kleinerer, viereckiger in Z. 3 steht, in Z. 6 steht ein Punkt, in Z. 1 ein länglicher, gelber Fleck. Unten sind die Vdfl. am Vorderrande an der Wurzel rothgelb und weiß, weiterhin veilgrau bestaubt. Die Htfl. haben in Z. 3 einen gelben Fleck, unten sind sie auf der Wurzelhälfte weiß, auswarts braun, auf der Mitte verwaschen. Die Fransen der Vdfl sind am Hinterwinkel, die der Htfl. bis R. 2 rothgelb. Die Brust und eine Mittelbinde des Hinterleibes sind unten weiß, die Palpen gelb. 23 mm. Brasilien.

191 b. *Cretura* Pl. Schwarzbraun. Vdfl. in der Mittelzelle ungefleckt. Ein kleiner, weißer, viereckiger Glasfleck steht in Z. 2, ein dreieckiger in Z. 3, vor der Spitze stehen 3 Punkte im stumpfen Winkel. Die Htfl. haben am Hinterwinkel einen großen, weißen Fleck, der unten noch weiter wie oben gegen den Vorderrand ausgedehnt ist. Der fast ganz weiße Hinterleib hat oben einen grauen Längsstreif. (Ribbe.) 24 mm. Celebes.

194 b. *Cinerita* Pl. Oberseite grünlich graubraun. Vdfl. mit weißen Glaspunkten in Z. 2, 3 und 6, ein graues Fleckchen in Z. 1. Unten sind die Vdfl. rothlichgrau, auf der Innenrandshalfte schwärzlich, die hinteren ganz aschgrau. 17 mm. Brasilien.

211 und 212. *Memuca* und *Propertius* nebst einer neuen Art scheinen besser an einer nachfolgenden Stelle passenden Platz zu finden.

221 b. *Diana* Pl. Die Oberseite ist braun. Halskragen und Schulterdecken sind blaßgelb gesäumt. Die Vdfl. sind am Vorder- und am Hinterrande wurzelwärts gelb bestäubt, am Vorderrand der Mittelzelle steht ein sehr kleines, blaßgelbes Längsfleckchen, größere Flecken zeigen Z. 1, 2 und 3, vor der Spitze stehen 3 Punkte im Winkel. Die Htfl. sind mehr graustaubig, mit einer gegen den Innenrand verlöschenden, gelblichweißen Fleckenbinde, der Vorderrand ist stark ausgehaucht. Unten sind die Vdfl. vor der Spitze hellgrau bestäubt und am Saum vom Hinterwinkel bis R 4, an Breite zunehmend, blaßgelb. Die Htfl. sind ganz blaßgelb, auf der Mitte grau gewolkt, mit einem kleinen, schwarzen Fleck nahe der Wurzel am Vorderrande. Die blaßgelben Fransen sind schwach, grau gescheckt, an den Vdfl. von R. 4 bis zur Spitze grau. (Ribbe.) 14 mm. St. Paulo.

228 b. *Hilda* Pl. Die Oberseite ist schwarzbraun, nur auf den Htfl. befinden sich hinter der Mitte nebeneinander 3 gelbe Staubpunkte. Unten sind die Vdfl. braun, gegen den Saum heller. Ein weißer Punkt steht in Z. 2 und ziemlich entfernt von der Spitze stehen 4 schrag übereinander in Z. 6—9, von diesen bis zum Saum ist der Raum weißlich. Die Htfl. sind mattbraun, am Vorderrande nächst der Wurzel breit, am Vorderwinkel schmal, weißlich, hinter der Mitte befindet sich ein weißliches, zwei braune Flecken einschließendes Delta, von dem sich ein Streif am Hinterwinkel herumzieht. In Z. 7 steht ein brauner Punkt. Bauch und Palpen sind hellgrau. ♂ 14 mm. Blumenau.

234 b. *Uruba* Pl. Oberseite dunkelbraun. Vdfl. mit verloschenen grauen Flecken in Z. 2 — 8. Unten sind die Vdfl.
schwarzgrau, die Flecken deutlicher und großer,- und noch ein
solcher am Hinterwinkel. Die Htfl. sind unten grau, gegen
den Voiderrand bräunlich, neben der Mitte stehen in Z. 1c,
2 und 3 dunkle Würfelflecken und gegen den Saum von Z. 1c
bis 6 eine Bogenreihe solcher Flecken. 14 mm. Brasilien.

241 b. ' *Sewa* Pl. Berl. Entomol. Zeitschr. 1885, S. 226.
Oberseite dunkelbraun. Vdfl. mit 5 weißen, bräunlich bestäubten Glasflecken: 3 in abnehmender Große stehen übereinander in der Mitte — einer in Z. 2, zwei in der Mittelzelle — einer steht saumwäits in Z. 3 und ein punktförmiger
in Z 6. Unten sind die Vdfl. am Voiderrande, die Htfl. ganz
rostroth, letztere sind gegen den Innenrand verdunkelt, haben
einen braunen Punkt in der Mittelzelle und eine Bogenreihe
gegen den Saum. Bauch und Palpen sind braungelb. (Ribbe.)
17 mm. Celebes.

242. *Tessellata* Hew. ist das ♀ von *Plastingia Flavescens* Feld.

245 b. *Zygia* Pl. Biaungrau. Vdfl. mit einem kleinen
weißen Querfleck in Z. 2 und einem Punkt in Z. 3. Die
bleichere Unterseite ist nur um diese Glasflecken verdunkelt.
Die Htfl. haben unten 3 oder 4 dunkle Punkte hinter der Mitte
im Winkel. (Mus. Senckenberg.) 16 mm. Vaterland?

250 b. *Yva* Pl. Oberseite dunkel grünlichgrau. Vdfl.
mit einem kleinen weißen Glasfleck in der Mittelzelle, einem
größeren in Z. 2, einem in Z. 3, drei Punkten übereinander
vor der Spitze und einem kleinen gelblichen Langsfleck in Z. 1.
Unten sind die Htfl. aschgrau, mit einem größeren braunen
Punkt in der Mittelzelle und je einem kleinen in Z. 1c, 2, 3,
6 und 7. Palpen, Brust, Bauch und die Fransen der Htfl. sind
unten weiß. (Möschler) 16 mm. Vateiland?

256 b. *Betuna* Hew. Descript. 1868, p. 36 n. 31. —
Pl Nachtr. — Unterscheidet sich von Sulphurifera HS.
durch geiingeie Giöße, in den Vdfl. fehlt der gelbe Fleck in
Z. 1, dagegen stehen vor der Spitze 3 gelbe Punkte und zuweilen noch einer in Z. 4. Unten werden die braunen Flecken
in der gelben Binde der Htfl. durch ein breites braunes Band
ersetzt und Z 1b ist nicht gelb gefleckt. 14 mm. Manila.

260 b. *Angellus* Pl. Oberseite schwarzbraun. Vdfl. in
Z. 2 mit winkelformigem, schmutzigweißem Glasfleck, in Z. 3
mit einem viereckigen und vor der Spitze mit 3 Punkten im
Winkel. Unten sind die Vdfl. matter braun, mit einem lichten
Wisch in Z 1b; die Htfl. veilgrau und braun marmorirt. Die

Fransen sind hell und dunkelbraun gescheckt. (Ribbe.) 14 mm.
Chiriqui.

282b. *Aethra* Möschl. i. l. Graubraun. Vdfl. mit kleinen
weißen Glasflecken in Z. 2 und 3 und einem Punkt in Z. 6.
16 mm. Surinam.

285b. *Mulla* Möschl. i. l. Oberseite braun. Die Vdfl.
des ♂ haben eine schräge schwarze, auswärts graue Narbe,
in Z. 3 einen weißen Glaspunkt und vor der Spitze 3 gerade
übereinander. Unten steht im Winkel der Z. 2 ein grauer
Punkt. Htfl. unten braungrau, mit 4 länglichen matten Punkten
in schräger Linie in Z. 1c bis 4 und oben lehmgelben, unten
grauen Fransen. Bauch und Brust sind hellgrau, die Palpen
weiß. 14 mm. Surinam.

286b. *Proxima* Pl. Dunkelbraun. Die Vdfl. sind oben
auf der Saumhälfte kupferroth angeflogen, unten gegen den
Hinterwinkel mattbraun, sie haben in Z. 2, 3 und 6 sehr
schwache Glaspunkte, wie Parvipuncta HS. Die Fransen
sind gelbbraun. (Ribbe.) 15 mm. West-Afrika.

287b. *Havei* Boisd. Faun. Madag. p. 64 n. 1 (1833). —
Trim. Rhop. p. 300 (1866). — Pl. Nachtr. — Dunkelbraun.
Vdfl. in Z. 2 mit einem kleinen querstehenden, weißen Glas-
fleck. Leib oben grünlich behaart. 15 mm. Madagascar.

290b. *Jolanda* Weym. i. l. Oberseite dunkelbraun, Leib
und Flügelwurzeln — die hinteren in größerer Ausdehnung —
sind olivengrün behaart, die vorderen haben in Z. 2 und 3
kleine, gerundete, weiße Glasflecken Unten sind die Vdfl.
braun, am Vorderrande bis zur Mittelzelle blaugrau, vor der
Spitze stehen 3 feine, weiße Punkte. Die Htfl. sind am Saume
braun, von der Wurzel bis über die Mitte, und dort verwaschen
blaugrau, ebenso Bauch und Palpen. 21—22 mm. Java.

306b. *Ortygia* Moschl. Verb. d. zool.-botan. Gesellsch.
in Wien, 1882, p 328. — Pl. Nachtr. — Gelblich braungrau.
Die Vdfl. haben einen herzförmigen, gelblichen Glasflecken in
Z. 2, einen länglichen in Z. 3, einen ebensolchen am Hinterrande der Mittelzelle, zwei Punkte vor der Spitze und in Z. 1
einen länglichen Staubfleck. Dieser ist auf der Unterseite weiß.
Die Htfl. haben unten hinter der Mitte von Z. 2 bis 6 sehr
schwache, weiße Punkte. — Gestalt wie Cornelius Latr.
16 mm. Surinam.

309b. *Conta* Pl. Oberseite graubraun. In Z. 2 und 3
der Vdfl. befinden sich eckige, weiße Glasflecken, vor der Spitze
3 Punkte und ein sehr feiner Punkt am Vorderrande der Mittel
zelle. Unten sind die Flügel braungrau, in der Mitte der Htfl.

steht ein hellgrauer Punkt und hinter derselben eine Bogenreihe. Der Leib ist unten aschgrau. 14 mm. Minas geraes.

313b. *Vaika* Pl. Oberseite graubraun. Vdfl. mit kleinem,
viereckigem, weißem Glasfleck in Z. 2, einem kleineren runden
in Z. 3, drei Punkten vor der Spitze und einem am Vorderrande der Mittelzelle. Unten sind die Flügel bräunlichgrau,
die vorderen auf der Mitte wenig verdunkelt, in Z. 1 mit
kleinem, weißlichem Fleck. Die hinteren haben einen braunen,
weißgekernten Punkt auf der Querrippe, 4 solche hinter der
Mitte in schräger Linie in Z. 2—5 und einen zurückstehenden
ungekernten in Z. 6. 17 mm. Indien.

314b. *Urejus* Pl. Berl. Entom. Zeitschr. 1885, S. 226.
Gleicht Zellleri Led., doch sind der Bauch, die Palpen und
die Fransen der Htfl. unten grau und der Glaspunkt in Z. 6
steht nicht unter dem der Z. 7, sondern ist ganz vorgerückt.
Die Punkte der Htfl. scheinen zum Theil durch. (Ribbe.)
16 mm. Aru.

315b. *Haga* Pl. Gleicht in Farbe und Zeichnung fast
ganz Intermedia HS., doch ist die Mittelzelle der Vdfl. ungefleckt, der Punkt vor der Spitze in Z. 8 fehlt, ebenso der
Punkt in Z 6 auf der Unterseite der Htfl. Brust, Bauch und
Palpen sind grünlichgrau. Die dünnen, schwachkolbigen Fühler
sind fast halb so lang wie die Vdfl. 16—17 mm. Java.

315c. *Daendeli* Pl. Berl Entom. Zeitschr. 1885, S. 226.
Schwarzbraun. Vdfl. mit gelblichweißen Glasflecken von abnehmender Größe in Z. 2, 3 und 4, zwei Punkten übereinander
in Z. 6 und 7 und einem kurzen Strich am Hinterrande der
Mittelzelle. Die Htfl. haben 3 Glaspunkte: in Z. 2, 3 und 4
nebeneinander, ihre Fransen sind wie Brust und Bauch grau.
Die Palpen sind weißlich. 18 mm Batavia.

315d. *Sifa* Pl. Farbe und Zeichnung fast wie bei Intermedia HS., doch fehlt hier in den Vdfl. der vordere Glaspunkt der Mittelzeile, in den Htfl. der Mittelpunkt, auch stehen
hier die anderen Punkte weniger linear. Die Franzen sind
grau, während sie bei Intermedia HS. an den Htfl. und am
Hinterwinkel der Vdfl. gelblich sind. Die Palpen sind weiß,
die Fühler wenig über $1/3$ so lang wie die Vdfl. 15 mm. Java.

315e. *Cabella* Pl. Schwarzbraun. Vdfl. mit einem fast
rhombischen, weißen Glasfleck in Z. 2, einem kleinen schrägen
in Z. 3, zwei schmalen übereinander in der Mittelzeile und 3
Punkten vor der Spitze, von denen der in Z. 6 vorgerückt ist.
Htfl. saumwärts in Z. 3 und 4 mit Glaspunkten, unten ist noch
in Z. 2 ein weißer Punkt. Fransen dunkelgrau. Die Fühler

sind über halb so lang wie die auffällig gestreckten Vdfl.
(Moschler.) 20 mm. Porto Cabello.

316 b. *Wambo* Pl. Gleicht fast G u t t a t u s Brem., doch
fehlt der Glaspunkt in Z. 8 der Vdfl. Außer der Reihe von
4 Glasfleckchen haben die Htfl. unten noch einen weißen Mittelpunkt. Alle Glasflecken sind rein weiß, die Fransen grau, bei
G u t t a t u s gelblichweiß. 17 mm. Afrika.

316 c. *Kolantus* Pl. Berl. Ent Zeitschr. 1885, S. 227 n. 13.
G u t t a t u s Brem. sehr ähnlich, die Glasflecken sind aber rein
weiß und die Htfl. haben nur Punkte in Z. 2, 3 und 4, denen
sich noch ein weißer vorgerückter Punkt in Z. 5 auf der
Unterseite anschließt. Die Franzen sind grau. (Ribbe.) 18 mm.
Indien.

317 b. *Nondoa* Pl. Die Oberseite ist fast wie bei D i s -
p e r s a HS, auf der Unterseite der gestreckteren Vdfl. fehlt
das helle Fleckchen in Z. 1, bei den Htfl. der weiße Mittelpunkt, die anderen Punkte sind zum Theil auch oben sichtbar.
Die Fransen sind grau. (Möschler.) 13 mm. Manila.

318 b. *Ceramica* Pl. Oberseite dunkelbraun, Vdfl. mit 2
weißen Glasflecken in Z. 2 und 3, drei Punkten vor der Spitze,
von denen der in Z. 6 stark vorgerückt ist, und 2 Punkten
schräge übereinander in der Mittelzelle. Unten sind die Flügel
röthlichbraun, die vorderen von der Wurzel am Hinterrand bis
über die Mitte schwärzlich, in Z. 1 mit einem lichten Fleck.
Die Fühler sind nicht halb so lang wie die Vdfl. (Ribbe.)
21 mm. Ceram.

326 b. *Octofenestrata* Saalm. Lep. von Madagasc. p 108
n. 237 (1884). — Pl. Nachtr. — Färbung und Zeichnung,
auch die Narbe des ♂ sind wie bei C o n s a n g u i s HS., doch
sind die Vdfl. gestreckter und alle Flecken sind weiter vom
Saum entfernt. Die Htfl. haben unten in der Mittelzeile nur
am Vorderrande einen weißen Punkt und einen in Z. 2, 4
und 6. 16 mm. Nossi Bè.

330 b. *Larika* Pagenst. Jahrb. d. Nass. Vereins 1884,
p. 207, t. 7, f. 1. — Pl. Nachtr. — Oberseite dunkelbraun,
olivengrün schimmernd. Die Zeichnung der Vdfl. ist wie bei
J u l i a n u s Latr., auch die Narbe des ♂, doch fehlen die Glaspunkte der Mittelzelle. Beim vorliegenden ♂ sind alle Flecken
verschwindend klein und die Unterseite der Htfl. zeigt nur in
Z. 2 und 3 matte Punkte. Beim ♀ sind die Glasflecken der
Vdfl. großer, die Htfl. haben unten in Z. 2 einen Punkt.
16—18 mm. Amboina, Ceylon.

330 c. *Subviridis* Pl. Die Oberseite ist dunkelbraun, auf
der Mitte der Htfl. wenig matter, mit dunklen Rippen. Die

Vdfl. haben in Z. 2, 3 und 4 weiße, eckige Glasflecken, von denen der erste so groß ist wie die anderen beiden gleichgroßen zusammen, in Z. 6 und 7 Punkte. Ueber Rippe 1 liegt ein kleiner, gekrümmter, weißer Strich. Unten sind die Vdfl. schwarz, gegen den Vorderrand grünlich und hellbraun, an der Spitze grün. Die Htfl. sind unten grün, mit hellbraunen Rippen, einer Reihe blasser Flecken und veilgrauem Keilfleck in Z. 1b und 1c. Die Fransen sind graubraun, Leib und Palpen unten weißlich. (Ribbe.) 21 mm. St. Paulo.

332b. *Beraka* Pl. Berl. Ent. Zeitschr. 1885, S. 227 n. 12. Oberseite schwarzbraun. Vdfl. mit weißen Glasflecken von abnehmender Größe in Z. 2—4, zwei Punkten nebeneinander in Z. 6 und 7, einem kleinen Fleck am Hinterrande der Mittelzelle und einem Staubpunkt in Z. 1. Unten sind die Flügel braungrau, die vorderen von der Mitte zum Hinterrand schwarzlich, mit weißem Wisch in Z. 1. Bauch und Palpen sind hellgrau. (Ribbe.) 28 mm. Celebes.

332c. *Bauri* Pl. Oberseite schwarzgrün. Vdfl. mit 2 weißen Glaspunkten schrag übereinander in der Mittelzelle und je einem in Z. 2, 3 und 6, alle von einander entfernt. Der Körper ist nicht stark. Die Fühler sind halb so lang wie die Vdfl. (Moschler.) 15 mm. Aburi.

374b. *Saruna* Pl. Berl. Ent. Zeitschr. 1885, S. 227 n. 14. Oberseite braun. Die Vdfl. sind fast wie V e r n a Edw. bezeichnet, die Mittelzelle ist ungefleckt. In Z. 1 steht ein schräger, zerrissener, weißer Staubfleck, in Z. 2 und 3 nahe an einander stehen kleine, fast quadratische Glasflecken, 2 Punkte sind in Z. 4 und 5 vorgerückt und 3 stehen dicht übereinander in Z. 6—8. Die Htfl. sind unten mäusegrau, mit je einem weißen Punkt in Z. 2, 3 und 6. Leib und Palpen sind unten weiß. (Ribbe.) 17 mm. Indien.

409b. *Monica* Pl. Oberseite braun. Die Vdfl. haben ein lineares Schrägband dunkelgelber Flecken in abnehmender Große von Z. 1—4, Zelle 5 ist ungefleckt, die Flecken in Z. 6—8 werden ebenfalls gegen den Vorderrand kürzer, ein tief eingeschnürter oder gespaltener dunkelgelber Fleck steht in der Mittelzelle. Die Htfl. haben am Ende der Mittelzelle einen trüben Punkt und dahinter einen großen, viertheiligen, dunkelgelben Fleck, auch dunkelgelbe Fransen. Unten sind die Flügel ockergelb und wie oben gefleckt, doch ist der Fleck in Z. 1 der Vdfl. viel ausgedehnter und vom Hinterrande bis in die Mittelzelle ist die Umgebung der Flecken braun. 15 mm. Blumenau.

411b. *Piso* Pl. Die Vdfl. sind oben rothgelb, mit braunen Rippen, bräunlich behaarter Wurzel, braunem Hinterrand und breitem, braunem Saum, welcher bis in Z. 6 zwischen den Rippen einwärts gezähnt ist. Die Htfl. sind oben braun, mit einem rothgelben, von den braunen Rippen durchschnittenen Fleck über Z. 2—6 und einem Theil der Mittelzelle. Unten sind die Vdfl. rothgelb, mit hellbraunen Rippen, Vorderrand und Saum sind braunlichgrau, letzterer ist gegen den Hinterwinkel so wie die Wurzelhälfte von Z. 1 und die Querrippe braun. Die Htfl. sind unten strohgelb, die Zeichnung der Oberseite schwach zeigend. Die Fransen der Vdfl. sind bräunlichgrau, die der Htfl. gelb. Der Korper ist oben braun, unten mattgelb. (Ribbe.) 15 mm. Panama.

427b. *Catilina* Weymer i. l Die Oberseite ist braun, Leib und Flügelwurzeln sind grün behaart. Die Vdfl. sind mit Einschluß der Spitzflecken und der Mittelzelle am Vorderrande dunkelgelb, eine ebenso gefärbte, ungleichbreite, auswärts gezackte Schrägbinde zieht von Z. 1—5. In Z. 1 streckt sich diese Binde keilformig gegen die Wurzel aus und in Z. 4 und 5 besteht sie aus 2 auswärts gerückten, fast abgeschnürten Flecken. Die 3 vereinigten Spitzflecken sind nur schwach abgeschlossen. Die Htfl. haben hinter der Mitte in Z. 2—5 einen dreitheiligen, dunkelgelben Fleck, der durch einen Strich mit einem kleinen in der Mittelzelle zusammenhängt. Unten sind die Vdfl. goldgelb, mit schwarzen Flecken, Hinterrand und Z. 1 von der Mitte bis zur Wurzel. Die Htfl. sind unten bleichgrün, mit einem schwarzen Keil in Z. 1b und zwei bogigen Querreihen schwarzer Punkte. Die Fransen der Vdfl. sind von der Spitze bis Rippe 2 braungrau, dann wie die der Htfl. dunkelgelb. 14 mm. Blumenau.

438b. *Mardon* Weym. i. l. Oberseite graubraun. Die Vdfl. haben beim ♂ eine breite, fast querstehende, dunkelbraune Narbe vor der Mitte, kleine goldgelbe Flecken in Z. 2, 3, 4, 6, 7, 8 und einen gleichfarbigen großen, die Mittelzeile fast ausfüllenden und an den Vorderrand reichenden Fleck. Beim ♀ sind die Zellenflecken mattgelb, die Mittelzelle ist gespalten, goldgelb, und der Vorderrand ist graubraun. Die Htfl. haben ein trübes Fleckchen in der Mittelzelle und dahinter im Bogen 4—5 bräunlichgelbe Flecken. Die Unterseite ist matter gefärbt, die Vdfl. haben beim ♂ in Z. 1 einen größeren, rothgelben Fleck. Auf den Htfl sind die hellen Flecken großer, die Bogenreihe bildet einen Winkel und besteht aus 6—7 Flecken. Die Fransen sind lehmgelb. 13—14 mm. Washington.

467. *Subhyalina* Brem. Beim ♂ sind in den Vdfl. die Flecken in Z. 2, 3, 4 in der Mitte, die langlichen Punkte vor der Spitze ganz glashell, beim ♀ haben alle diese Flecken nur

am Saum einen schwachen, rothgelben Anflug, bei den beiden
Endflecken der Mittelzelle bei ♂ und ♀. Beim ♀ sind auch
die Vdfl. bis zur Wurzel braun, nur am Vorderrande schwach
rostfarbig angeflogen. Corea.

470 b. *Pavne* Dodge Canad. Entom. VI, 1874, p. 44. —
Pl. Nachtr. — Der Leib ist oben braun, grün behaart. Die
Flügel des ♂ sind oben orange, mit weißen Fransen und braunem,
auf den vorderen von der Grundfarbe auf den Rippen tief ein-
geschnittenem Saum, in ihm stehen auch die beiden orangen
Flecken der Zellen 4 und 5. Unter der Mitte sehr schräge
die kurz spindelförmige, braungelbe, breit braun gerandete Narbe.
Ein Keilfleck in Z. 3 und die 3 Spitzfleckchen sind hellgelb.
An den Htfl. ist der Vorderrand, die Wurzel und der Innen-
rand bis Rippe 2 braun, der Saum ist nicht scharf begrenzt.
Unten sind die Flügel rostgelb, die vorderen mit kleinen, gelben,
typischen Flecken und einem großen Wisch am Hinterrande.
Die Wurzel gegen den Hinterrand und eine Linie auf dem
Hinterrand der Mittelzelle sind schwarz. Die Htfl. haben einige
gelbe Flecken. Die Flügel des ♀ sind oben gelblichgrau, mit
schmutzigweißen, typischen Flecken, am größten sind in den
Vdfl. die in der Mitte und in Z. 2. Die Wurzel bis zur Mitte,
der Vorderrand und ein Streif am Hinterrande sind orange.
Die Htfl. sind vom Innenrand bis über die Mitte rothgelb behaart, ein kleiner heller Fleck steht in der Mitte und 4 größere
stehen hinter der Mitte im Winkel. Unten sind die Vdfl. auf
der Vorderhälfte rothgelb, auf der Hinterhälfte schwärzlich.
Die Flecken sind wie oben. Die Htfl. sind unten blaß, grünlichgrau, wie oben gefleckt, gegen den Innenrand gelblich. Die
Fransen sind wie die Unterseite des Leibes schmutzigweiß.
15—18 mm. Montana.

472 b. *Librita* Pl. Die Oberseite ist braun und dunkelgelb wie bei Comma L., die Vdfl. sind denen des ♀, die Htfl.
denen des ♂ ähnlich gezeichnet. Die gelbe, von den braunen
Rippen durchschnittene Schrägbinde der Vdfl. ist von Z. 1b
bis Z. 3 breit, an ihrem Ende in Z. 4 und 5 schmal. Rückwärts von ihr stehen am Vorderrande die 3 gelben Spitzflecken.
Ein rostfarbiger Streif zieht am Hinterrand bis zur Binde, die
Wurzel ist dicht rostfarbig behaart, der Vorderrand bis über
die Mitte schmal dunkelgelb und ebenso die durch einen braunen
Längsstrich gespaltene Mittelzelle. Die Htfl. haben einen dunkelgelben Mittelfleck und eine solche breite 5theilige Binde vor
dem Saum. Unten sind die Vdfl. vom Hinterrand bis zur Mitte,
mit Ausschluß der rothgelben Flecken, schwärzlich, gegen die
Spitze rostfarbig verwaschen, die Htfl. vom Vorderrande bis

Rippe 2 hellbraun, mit einer Bogenreihe von 5 kleinen Flecken, welche gleich dem übrigen Theil rothgelb sind. (Ribbe.) 16 mm. Panama.

483 b. *Kuehni* Pl. Oberseite dunkelbraun, Leib und Flügelwurzeln sind beim ♂ rothgelb, beim ♀ olivengrün behaart. Die Vdfl. haben beim ♂ eine mit dem Saum gleichlaufende, bis in Z. 3 breite, dann bis in Z. 5 schmal abnehmende, rothgelbe Binde, welche sich in 3 größeren Spitzflecken wie der Fleck in Z. 5 zurückspringend zum Vorderrand fortsetzt und in Z. 1a gegen die Wurzel verwäscht. Ein schmaler, rothgelber Streif steht am Vorderrande der Mittelzelle. Die Htfl. haben, einen schmalen, braunen Saum und daran eine breite, abgekürzte, rothgelbe Binde von Rippe 1b bis 6. Beim ♀ ist der Saum aller Flügel bei Verschmalerung der Binden sehr breit, die Binde der Htfl. ist fast verdunkelt. Die Unterseite ist rostfarbig-rehbraun, die Vdfl. mit der angedeuteten Zeichnung von oben, von der Wurzel bis über die Mitte und am Hinterrande dunkelbraun. Die Fransen sind rothgelb. (Ribbe.) 19—20 mm. Celebes, Nias.

484. *Phineus* Cram. ist mir nur durch Cramer's Bild bekannt, vielleicht ist **Memuca** Hew. damit identisch. Jedenfalls steht diese Art nebst **Propertius** Fahr. hier besser als an ihrem bisherigen Platz.

484 b. *Hyboma* Pl. Oberseite dunkelbraun. Die Vdfl. haben eine rothgelbe, ungleichbreite, dem Saum parallel laufende Binde von zusammenhängenden Flecken, denen sich noch ein kleiner am Hinterrande der Mittelzelle anschließt. Die Htfl. haben einen großen, länglichen, rothgelben, von der Mitte zum Vorderwinkel gerichteten Fleck. Unten sind die Vdfl. wie oben mit der geschwungenen Binde bezeichnet und noch am Vorderrand und am Saum schmal gelb. Die Htfl. sind unten strohgelb, eine braune Binde zieht sich verschmalernd von der Wurzel zum Vorderwinkel, sich dort mit dem gleichfalls verschmälerten braunen Saum vereinigend. Zelle 1b ist ebenfalls braun ausgefüllt, Rippe 1b ist rothgelb. Die Fransen sind bräunlich, an den Hinterwinkeln rothgelb. 24 mm. Minas Geraes.

487 b. *Issla* Pl. Oberseite dunkelbraun, Leib und Flügelwurzeln mit rostgelber Behaarung. Die Vdfl. haben eine rothgelbe Schrägbinde, deren Flecken von Z. 2—4 an Größe abnehmen, der Fleck in Z. 5 ist mit dem in Z 4 von gleicher Größe und an ihm schließen sich rückwärts wendend die 3 kleineren Spitzflecken an. In der Mittelzeile steht ein gespaltener Fleck, am Vorder- und am Hinterrande je ein Strahl. Die Htfl. haben eine mäßig breite, rothgelbe, vor Rippe 2 etwas einge-

schnürte, rothgelbe Querbinde von der ganz rothgelb behaarten Rippe 1b bis Rippe 6. Unten sind die Flügel rehbraun, die vorderen wie oben gefleckt und vom Hinterrande bis über die Mitte im Grunde dunkelbraun. Die Binde der Htfl. ist durch dunkle Fleckchen begrenzt. Die Fransen sind rothgelb. (Ribbe.) 16 mm. Key-Inseln.

495 b. *Niasica* Pl. Der Körper ist oben braun und wie die Flugelwurzeln olivengrünlich behaart. Die Vdfl. sind oben rothgelb, mit braunen Rippen und an deren Enden eingekerbtem, braunem Saum. Längs dem Hinterrande der Mittelzelle, im Winkel von Z. 2 und hinter dem Ende der Mittelzelle in Z. 4 und 5 befinden sich schwache Anhäufungen braunen Staubes. Die Htfl. haben eine breite, abgekürzte, rothgelbe Querbinde von Rippe 1b bis 6, sie ist in Z. 1c mehr geröthet und ein solcher Strahl zieht auf Rippe 1b von der Wurzel bis zu den Fransen. Die Unterseite ist rostfarbig, am Hinterrande ganz, in Z. 1b fast bis zur Mitte dunkelbraun. In Z. 1b stehen vor dem Saum 2, in Z. 2 ein brauner Flecken. Auf den Htfl. ist die Binde nur durch braune Grenzfleckchen angedeutet. Die Fransen sind rothgelb. (Ribbe.) 17 mm. Nias.

497 b. *Dschaka* Pl. Berl. Ent. Zeitschr. 1885, S. 227 n. 15. Die Vdfl. sind rothgelb, der ungleichbreite Saum ist braun, ebenso ein am Vorderrande hängender scharfer Winkel, der sowohl die Spitzflecken wie die in Z. 4 und 5 abschließt. Die Enden der in den Saum auslaufenden Rippen, der Hinterrand und 2 Strahlen aus der Wurzel sind ebenfalls braun. Die braunen Htfl. sind an der Wurzel rothgelb behaart, vor dem Saum haben sie eine rothgelbe, abgekürzte, von Z. 1c bis 5 reichende Binde, welche auf Rippe 4 eingeschnürt, in Z. 4 und 5 am breitesten ist. Die Unterseite ist der oberen fast gleich gezeichnet, nur ist die Wurzel der Vdfl. mehr geschwarzt und die Htfl. haben einen rothgelben Mittelpunkt und einen kleinen, sich der Binde anschließenden Fleck in Z. 6. Die Fransen sind rothgelb. (Ribbe.) 11 mm. Batavia.

498 b. *Dobboè* Pl. Berl. Ent. Zeitschr. 1885, S. 227 n. 16. Oberseite dunkelbraun. Auf den Vdfl. zieht eine sehr schräge, rothgelbe Fleckenbinde vom Hinterrande, wo sie gegen die Wurzel verwaschen ist, spitz zulaufend bis in Z. 4. Zelle 5 ist ungefleckt, die 3 Spitzflecken sind abgeschlossen und am Vorderrand der Mittelzelle zieht ein rothgelber Streif hin. Die Htfl. haben einen kleinen, rothgelben Fleck in der Mittelzelle und einen größeren, gegen den Innenrand verwaschenen von Z. 1—5 vor dem Saum. Letzterer ist in Z. 2 und 3 am breitesten und an ihn stößt saumwärts noch ein kleiner Fleck

in Z. 6. Unten sind die Flecken der Htfl. schmäler und roth-braun bestäubt. Die Fransen der Htfl. sind bis gegen den Vorder-winkel so wie die Palpen dunkelgelb. (Ribbe) 17 mm. Aru.

501b. *Aruana* Pl. Oberseite dunkelbraun, mit rothgelber, braun bestäubter Bezeichnung. Die Fühler sind lang und dünn. Die Vdfl. haben beim ♂ eine Narbe, durch welche die schräge schmale, vom Hinterrande nur bis in Z. 3 reichende Flecken-binde einwärts begrenzt wird. Z. 4 und 5 sind ungefleckt, die Spitzflecken fast verloschen. Längs dem Vorder- und dem Hinterrand zeigen sich lange Strahlen. Die Htfl. haben oben nur ein schmales Fleckenband von Z. 1c bis 5, unten noch einen Mittelfleck. Die Fransen sind an den Htfl. und dem Hinterwinkel der Vdfl. gleich den Palpen braungelb. (Ribbe.) 18 mm. Aru.

504b. *Zatilla* Pl. Oberseite dunkelbraun, mit dunkelgelber Bezeichnung. In Z. 1a der Vdfl. befindet sich ein langer Streif, in Z. 1b ein großer eckiger Fleck als Anfang der Schrägbinde, die beiden Flecken in Z. 2 und 3 sind gleich groß, zusammen kaum wie der in Z. 1b. In Z. 4 steht etwas saumwärts ein kleinerer Fleck und in Z. 5 ein Punkt. Die Spitzflecken sind abgeschlossen. In der Mittelzeile steht ein langer, gespaltener Fleck und darüber ein Streif am Vorderrande. Die Htfl. haben oben einen Fleck gegen den Vorderrand und eine dreitheilige Binde, deren erster Theil in Z. 1c schmal, der zweite großer und von Rippe 3 durchschnitten, der dritte ebenso groß und ungetheilt ist. Unten befindet sich noch ein Fleck in der Mitte, einer nächst der Wurzel in Z. 7 und einer in Z. 6 einwärts neben der Binde, der Fleck in Z. 1c ist hier großer und da-neben liegt noch ein kurzer Strich in Z. 1b. Die Fransen der Htfl. und am Hinterwinkel der Vdfl., Bauch, Brust und Palpen sind rothgelb. Die Fühler sind dunn und über halb so lang wie die Vdfl. 15 mm. Vaterland?

504c. *Wama* Pl. Berl. Ent. Zeitschr. 1885, S. 228 n. 17. Die Oberseite ist dunkelbraun, mit rostfarbiger Zeichnung. Die Schrägbinde der Vdfl. reicht nur bis Z. 3, ist in Z. 1b einge-schnürt und zieht sich in Z. 1a zur Wurzel hin. Z. 4 und 5 sind ungefleckt. Die Spitzflecken sind eingeschlossen und von der Wurzel zieht ein Strahl am Vorderrand und einer an dem Vorderrand der Mittelzelle. Die Htfl. haben oben eine etwas busige Binde, welche wie bei den Vdfl. in Z. 2 am breitesten und gegen den Innenrand verwaschen ist, unten in Z. 1b einen rothgelben Keilfleck und in Z. 4 und 5 einen matten, runden Fleck. Die Fransen der Vdfl. sind braun, die der Htfl. und die Palpen rothgelb. (Ribbe.) 14 mm. Aru.

506 b. *Nulda* Mabille, Petit. Nouv. 1877, p. 196. — Pl. Nachtr. Braun. Die Schrägbinde der Vdfl. ist dunkelgelb, am Hinterrande breit, verschmalert sich bis in Z. 4 und 5 und verbindet sich dann mit dem ansehnlichen Spitzflecken. Sie ist von den braunen Rippen durchschnitten und in Z. 4 und 5 dem Saum sehr genähert. Auch die Mittelzelle und der Vorderrand sind fast bis zur Wurzel dunkelgelb. Die Htfl. haben einen kleinen, dunkelgelben Mittelfleck, 2 Flecken gegen den Vorderrand und eine ziemlich breite, einwärts zweimal busige, auswärts gezackte Binde, welche in Z. 1 einen Strahl zur Wurzel sendet. Die Palpen, die Fransen am Hinterwinkel der Vdfl. und die der Htfl. sind dunkelgelb. 12 mm. Philippinen.

510. *Coanza* Pl. Stett. entom. Zeit. 1883, p. 232. Beim ♂ ist das Wurzelfeld nebst dem Winkel der Z. 2 ganz pommeranzengelb und deshalb kein abgeschlossener Mittelzellenfleck. Die Wurzel ist grünlich behaart. ♂ 16 mm.

Zur Gattung **Plastingia** Butl. Stett. ent. Zeit. 1884, p. 145—150.

1 a. *Kobros* Pl. Berl. Ent. Zeitschr. 1885, S. 228 n. 18. Die Oberseite ist braun. Die Vdfl. haben eine rothgelbe, auswärts mit dem Saum gleichlaufende Schrägbinde, welche von den braunen Rippen durchschnitten am Hinterrande sehr breit ist und sich allmalig bis in den kleinen Fleck der Z. 5 verschmälert. Vor der inneren Grenze dieser Binde zieht durch Zelle 1, 2 und 3 eine braune Kappenlinie. Die 3 rothgelben Spitzflecken sind abgeschlossen Die gespaltene Mittelzelle ist wie der Vorderrand ebenfalls rothgelb. Die Htfl. haben eine ziemlich breite, etwas bogige, rothgelbe Binde, welche in Z. 2 und 3 am breitesten, bei Rippe 6 dem Saum sehr genähert ist. Auf der Unterseite ist der Grund rostfarbig, die Vdfl. sind von der Mitte zum Hinterrand, die Htfl. am Hinterwinkel geschwärzt, mit einem Strahl zur Wurzel. Die Unterseite des Korpers, die Fransen der Htfl. und die am Hinterwinkel der Vdfl. sind gelb (Ribbe.) 14 mm. Aru, Key-Insel.

3. *Laronia* Hew. Das ♀ ist auf der Oberseite braun, Rücken und Flügelwurzeln sind olivengrün behaart. Die Vdfl. haben auf der Mitte — ein Y bildend — 5 lehmgelbe Flecken: einen kurzen in Z. 1, einen langen in Z. 2, einen keilförmigen in Z. 3 und zwei übereinander in der Mittelzelle. Vor der Spitze stehen 2 Fleckchen in Z. 6 und 7. Die Htfl. haben einen großen, rautenformigen, lehmgelben, rothgelb gerandeten Fleck hinter der Mitte. Unten haben die Vdfl. auch in Z 4 und 5 matte Fleckchen, die Htfl. sind wie beim ♂. 17 mm.

15. *Tessellata* Hew. — Pl. Hesp. n. 242 ♀ = *Flavescens* Feld. Nov. Exp. t. 72, f. 7—9 ♂ = *Eulepis* Feld. f. 12 ♀. Flavescens war mir bisher in der Natur unbekannt, durch Zusendung des Herrn H. Ribbe in Dresden ist mir bei deren Ansicht unzweifelhaft erschienen, daß die Synonymie wie hier geschehen richtig gestellt werden mußte. Beim ♀ fehlt zuweilen der untere Glasfleck in der Mittelzelle.

Zur Gattung **Apaustus** Hüb. Stett. ent. Zeit. p. 151—166.

1a. *Sinhalus* Pl. Berl. Ent. Zeitschr. 1885, S. 228 n. 19. Die Oberseite ist schwarz, nur die fein gescheckten Fransen der Htfl. sind weiß. Unten sind die Vdfl. schwarzgrau, mit einem kleinen, hellgrauen Wisch am Hinterrande, die Htfl. bläulichweiß, am Vorderrande schwärzlich, mit grauem Mittelpunkt, ein graues Fleckchen in Z. 1c und 2, ein Punkt in Z. 4 und zwei in Z. 5. Leib und Palpen sind unten weiß. (Ribbe.) 14 mm. Ceylon.

20b. *Vopiscella* Pl. Oberseite schwarzbraun. Die Vdfl. sind am Vorderrande schmal olivengrün und haben eine Bogenreihe typischer, gleichgefärbter Flecken von Z. 1 bis 8. Die Mittelzelle ist ungefleckt. Die Htfl. haben hinter der Mitte 2 oder 3 mattbraune Punkte. Unten haben die Vdfl. am Vorderrande vor der Spitze einen drei- oder viertheiligen weißen Fleck, die Htfl. vor der Mitte ein gegen die Wurzel gekrümmtes, lilafarbiges Band und gegen den Saum einen großen, veilgrauen Fleck. Die Fransen sind schwach braun gescheckt. 10 mm. Minas geraes.

25b. *Inachus* Ménétr. Bullet. Acad. Petrop. XVII, p. 217 n. 19. — Schrenck, Reise II, p. 46 n. 99, t. 4, f. 2 (1859). — Brem. Amur. p. 39 (1864). — Pl. Nachtr. Oberseite schwarzbraun. Die Vdfl. haben in allen Zellen, auch in der Mittelzelle, je einen sehr kleinen, weißen, typischen Punkt. Die Unterseite ist grünlichgrau, den Vdfl. feht nur der Punkt in Z. 1, die Htfl. haben zwischen den bleichen Rippen eine Reihe weißer Punkte. Die Fransen sind weiß und schwarz gescheckt. Die ziemlich kurzen Fühler sind stark kolbig. 12 mm. Amur.

25c. *Discreta* Pl. Berl. Entom. Zeitschr. 1885, S. 232. (ohne Kopf). Schwarzbraun. Vdfl. oben auf $^2/_3$ mit einer gegen den Hinterrand verlöschenden Reihe schwacher, weißer Punkte. Auf der Unterseite haben alle Flügel eine Reihe großer, weißer Punkte, — auf den hinteren im Winkel, — gegen den

Saum eine kappige und vor den grauen Fransen eine glatte, weiße Linie. (Ribbe.) 11 mm. Ostindien.

45b. *Luteipalpis* Pl. Dunkelbraun, mit lehmgelben Palpen. Die Vdfl. haben kleine, weiße Glasflecken. Ein Querfleck in Z. 2 bildet mit einem Längsfleck in Z. 3 einen stumpfen Winkel, Z. 4 und 7 sind ungefleckt, 2 Punkte in Z. 5 und 6 stehen schräge übereinander und in Z. 8 steht ein sehr kleiner Punkt. Ein kleiner Staubpunkt steht in Z. 1. Auf der Unterseite fehlt dieser, dagegen steht in der Mittelzelle ein weißer Punkt, der zuweilen noch einen sehr kleinen über sich hat. Die Htfl. haben unten in Z. 1 und 4 einen weißen Punkt. 13 mm. Ceylon.

58b. *Tanus* Pl. Berl. Ent. Zeitschr. 1885, S. 228 n. 20. Dunkelbraun. Die Vdfl. haben eine goldgelbe, von den dunklen Rippen durchschnittene, von Z. 1—5 dem Saum parallel laufende, wenig verschmälerte Schrägbinde und abgeschlossene Spitzflecken. Der Winkel von Z. 2, der Vorderrand und die Mittelzelle sind ebenfalls goldgelb. In letzterer zieht aus der Wurzel ein brauner Strahl. Die Htfl. haben ein goldgelbes, beiderseits etwas gezacktes Querband und 2 isolirte Punkte: in der Mitte und in Z. 6. Unten sind die Vdfl. wie oben gezeichnet, die Htfl. rostroth und goldgelb gescheckt. Die rothgelben Fransen sind an den Vdfl. braun gescheckt. (Ribbe.) 12 mm. Neu-Guinea.

58c. *Dschulus* Pl. Berl. Ent. Zeitschr. 1885, S. 229 n. 21. Oberseite dunkelbraun. Die goldgelbe Schragbinde der Vdfl. sendet am Hinterrande einen Strahl zur Wurzel, bis in Z. 3 verschmalert sie sich kaum, springt dann mit den beiden kleineren Flecken in Z. 4 und 5 saumwärts und schließt sich rückwärts dem Spitzflecken an. Ein Streif am Vorderrande und ein gespaltener Schragfleck am Ende der Mittelzelle sind gleichfalls goldgelb. Die Htfl. haben einen mehr gerötheten, in Z. 1 schmaleren Querfleck und einen kleinen, rostrothen Mittelpunkt. Unten sind die Flügel wie oben gezeichnet, die hinteren mit rostrothem Grunde. Die Fransen sind lehmgelb. (Ribbe.) 13 mm. Neu-Guinea.

58d. *Colattus* Pl. Berl. Ent. Zeitschr. 1885, S. 229 n. 22. Oberseite dunkelbraun, Leib und Flugelwurzeln dicht rostgelb behaart. Die Vdfl. des ♂ haben eine schmale, graue Narbe, welche sich neben der rostgelben Schrägbinde durch Z. 1—3 hinzieht. Diese Binde ist in Z. 1b am schmalsten und tief eingeschnurt, bei Rippe 4 bricht sie zu 2 kleinen, dem Saum nahestehenden, rostrothen Flecken ab und findet in den zurück-

stehenden Spitzflecken ihren Abschluß. Der Vorderrand ist bis
zur Mitte goldgelb, etwas kürzer ist dies die einen schwarzen
Keilfleck einschließende Mittelzelle. Die Htfl. haben einen gold-
gelben, von Rippe 1b bis 6 reichenden, in Z. 1c eingeschnürten
Querfleck. Die Fransen sind nur am Hinterwinkel der Htfl.
rothgelb. (Ribbe.) 16 mm. Delagoa-Bay.

58e. *Alfurus* Pl. Berl. Ent. Zeitschr. 1885, S. 229 n. 23.
Oberseite dunkelbraun. Die Vdfl. haben am Hinterrande von
der Mitte bis zur Wurzel einen rothgelben Streif. In der Mitte
von Z. 1 steht ein gespaltener, rothgelber Fleck, welcher zusammen mit dem großen in Z. 2, den beiden schmalen in Z. 3
und 4 und dem gespaltenen in der Mittelzelle die Figur eines
Y zeigt. In Z. 6 und 7 stehen Spitzflecken. Die Htfl. haben
ein ungleiches, winkeliges Querband von Z. 1b bis Z. 6. Auf
der Unterseite der Vdfl. sind die Spitzflecken stark ausgedehnt
und mit den anderen zusammengeflossen, der Vorderrand und
der Saum bis in Z. 2 sind rostroth, letzterer einwärts zwischen
den Rippen braun gefleckt, in Z. 1 breit schwärzlich. Der
Hinterrand, die Wurzel gegen den Hinterrand und ein Mittelfleck sind dunkelbraun. Die Htfl. sind den vorderen analog
gefärbt, das Querband ist breiter und mit einem rostfarbigen
Mittelfleck verflossen. Die Fransen sind lehmgelb, Bauch, Brust
und Palpen gelb. (Ribbe.) 12 mm. Celebes.

58f. *Locus* Pl. Oberseite dunkelbraun. Die Vdfl. haben
ein von den rostrothen Rippen durchschnittenes, rothgelbes
Schrägband von Z. 1 bis 8, welches sich von Z. 5 ab verschmälert, hin und her schwenkt und woran sich bei Z. 2 noch
der untere Theil des getrennten Mittelfleckes anschließt. Die
Htfl. haben saumwärts eine gekrümmte, verkürzte, rothgelbe
Binde, worin der Fleck in Z. 4 und 5 sich durch Länge aus-
zeichnet und fast die Figur eines ψ erzeugt. Wurzelwärts
steht noch in der Mittelzelle und in Z. 7 ein Fleck. Unten
haben die Flügel dieselbe Zeichnung, sind aber am Saum hellbraun und die Rippen gegen denselben sind rothgelb. Ebenso
sind die Fransen der Htfl., am Hinterwinkel der Vdfl. und die
Palpen. (Möschler.) 13 mm. Vaterland?

59b. *Matuta* HS. i. l. — Pl. Nachtr. — Oberseite dunkelbraun. Vdfl. mit rostgelb bestäubtem Vorderrand und einer
Reihe ebenso gefärbter, getrennter Flecken in abnehmender
Größe von Z. 1—5 gegen den Saum. 3 zurückstehende Spitzpunkte sind weiß und stehen dicht übereinander. Die Htfl.
haben einen großen rothgelben, den größten Theil derselben
einnehmenden, von den rostrothen Rippen durchschnittenen Fleck
von Z. 1c bis 7. 12 mm. Vaterland?

Zur Gattung **Thymelicus** Hüb. — Stett. ent. Zeit. 1884,
p. 284—290.

8b. *Sylvatica* Brem. Bullet. Acad. Petrop. III, p. 474. —
Ost. Sibir. p. 34 n. 152. t. 3, f. 10 (1864). — Pl. Nachtr.
Matt 1othgelb, mit hellbraunen Rippen. Auf der Oberseite sind
alle Flügel am Saum, am Hinterrand und an der Wurzel matt-
b1aun, die Htfl. oben und unten auch ziemlich breit am Vorderrande. An der Schlußrippe der Vdfl. in Z. 5 ist oben ein
braunes Fleckchen. Die Fransen sind lehmgelb. 13 mm. Ussuri.

17b. *Talantus* Pl. Berl. Ent. Zeitschr. 1885, p. 230 n. 24.
Die Vdfl. sind rothgelb, mit braunem, in Z. 4 und 5 einge-
zogenem Saum und einem am Vorderrande hängenden Winkel-
fleck. Der Vorderrand ist sehr schmal, der Hinterrand wenig
b1eiter braun, ebenso gefärbt ist Rippe 1 und ein von der
Wurzel in Z. 1b ziehender Strahl. Die braunen Htfl. haben
einen unformlichen, 1othgelben Querfleck und einen Punkt in
der Mittelzelle. Ihre Unterseite ist im Grunde matter, in Z. 1b
mit braunem Keil. Fransen, Bauch und Palpen sind gelb.
(Ribbe) 8 mm. Celebes.

Zur Gattung **Telesto** Bsd. — Stett. ent. Zeit. 1884,
p. 376—384.

1a. *Sangira* Pl. Berl. Ent. Zeitschr. 1885, S. 230 n. 25.
Oberseite braun. Vdfl. mit 6 paarweise stehenden, gelblichweißen Glaspunkten und einem kurzen St1ich am Vorderrande
der Mittelzelle. Die Punkte stehen in Z. 2 und 3, 4 und 5,
6 und 7. Die Htfl. haben nebeneinander 4 Glaspunkte: in
Z. 1 bis 5. Unten sind die Flügel bräunlichgrau, die vorderen
vom Hinterrande zur Mitte schwä1zlich und mit noch einem
hellen Fleck in Z. 1, die hinteren haben neben den Glaspunkten
noch gelblichweiße in Z. 1, 6, 7 und in der Mitte. Die F1ansen
sind lehmgelb, an den Vdfl. braun gescheckt. Bauch und Palpen
sind ebenfalls lehmgelb. (Ribbe.) 13 mm. Celebes.

2b. *Waga* Pl. Oberseite graubraun. Die Vdfl. haben
in Z. 2 einen gelblichweißen, viereckigen Glasfleck und darüber einen gleichen in Z. 3. In Z. 4 steht saumwärts ein
Sch1ägstrich, zurück in Z. 6 steht ein kleiner, länglicher Fleck,
darüber ein Punkt und in der Mittelzeile ein größerer, eingeschnürter Fleck. Ein kleiner, länglicher Staubfleck liegt in
Z. 1. Unten sind die Vdfl. am Hinterrande hellgrau, die hinteren
haben einen hellgrauen Mittelpunkt, daneben in Z. 1c einen
gleichen, der durch eine Linie mit einer Bogenreihe von Punkten
und Strichen hinter der Mitte zusammenhängt. Die Fransen

sind schmutzigweiß und grau gescheckt. Die Fühler sind nicht halb so lang wie die gestreckten Vdfl. Die Htfl. sind wie abgestutzt. (Moschler.) 21 mm. Aburi.

17. *Gremius* Fahr. Beim ♂ ist der Mittelzellenfleck der Vdfl. in 2 kleine, übereinander stehende getheilt, die Glaspunkte vor der Spitze sind unbeständig und der schmutzigweiße — oder lehmgelbe — Fleck in Z. 1 ist sehr klein. 17 mm.

23 b. *Ahriman* Oberth. Memoir. 1884, p. 166 n. 69, t. 6, f. 5. — Pl. Nachtr. — Oberseite graubraun. Die Vdfl. haben in Z. 1 einen weißen Fleck, dicht über diesem in Z. 2 einen gleichen Glasfleck, vor der Spitze in schräger Linie dicht übereinander 4 Punkte und in der Mittelzelle 2 kleine Flecken übereinander. Unten sind die Vdfl. dunkelgrau, die Htfl. hellgrau. Fransen und Palpen sind weiß 15 mm. Nuchur.

24 b. *Ypsilon* Saalm. Lep. von Madagasc. 1884, p. 110 n. 244. — Pl. Nachtr. — Oberseite dunkelbraun. Die Vdfl. sind am Vorderrande rostfarbig bestäubt, ein gleichfarbiger Staubfleck befindet sich auf der Mitte von Z. 1, über diesem steht ein größerer orange Fleck in Z. 2, der saumwärts den kleineren Fleck der Z. 3, wurzelwärts den getheilten Fleck der Mittelzelle über sich hat und so die Figur eines Y bildet. 3 schmale, orange Fleckchen stehen vor der Spitze. Unten sind die Vdfl. am Vorderrande, die hinteren ganz rehbraun, letztere mit lichten Flecken in Z. 2, 3, 6 und 7. Die Fransen der Vdfl. sind graubraun, die der Htfl. orange. 13 mm. Madagascar.

Zur Gattung **Isosteinon** Feld. — Stett. ent. Zeit. 1884, p. 385, 386.

1 a. *Masuriensis* Moore. — Pl. Nachtr. Oberseite schwarz. Vdfl. auf der Mitte mit einem großen, weißen Glasfleck, welcher aus einem großen, rhombischen der Mittelzelle, einem keilförmigen in Z 3, einem großen, langen in Z. 2 und einem kleinen, schmalen in Z. 1 zusammengesetzt ist. Vor der Spitze stehen 3 weiße Fleckchen übereinander. Unten sind die Vdfl. dunkelbraun, am Vorderrand und Saum graustaubig, das weiße Fleckchen in Z. 1 ist noch gegen den Hinterrand vergrößert. Die Htfl. sind unten ganz grau und braunstaubig, gegen den Saum in Z. 2, 3, 6 und 7 mit weißen Fleckchen. Die Fransen sind schwarz und weiß gescheckt. (Moschler.) 14 mm.

Gattung **Astictopterus** Felder.

Die Fühler sind ungefähr halb so lang wie die Vdfl., theils etwas kürzer oder länger, ihre Kolbe ist mäßig stark, gespitzt, aber nicht hakenförmig umgebogen. Das dritte Palpenglied ist spitz kegelformig und überragt das starkborstige Mittelglied weit. An den Wurzeln der Fühler befinden sich Haarlockchen. Der Korper ist verhältnißmäßig nicht stark. Die Vorderschienen haben Blättchen, die Hinterschienen, End- und Mittelspornen aber keinen Pinsel. Die ziemlich ausgedehnten Flugel sind einfach schwarz, schwarzbraun oder braungrau, ohne Punkte, Flecken oder Binden, die vorderen haben beim ♂ weder Umschlag noch Narbe.

A. Vdfl. fast dreieckig.
    a. Htfl. am Hinterwinkel wenig vortretend.
5. *Diocles* Moore. — Pl. Stett. entom. Zeit. 1882, p. 315. (Hesperia.)
    b. Htfl. am Hinterwinkel abgerundet.
3. *Subterranea* Hpf. — Pl. Stett. entom. Zeit. 1884, p. 385. (Isosteinon.)
    ◯ Fühler über ¹/₂ so lang wie die Vdfl.
3. *Jama* Feld. Wien. ent. Monatsschr. 1860, p. 401 n. 29.? Pl. Nachtr. 20 mm. Malacca.
    ◯◯ Fühler ¹/₂ so lang wie die Vdfl.
4. *Melania* Pl. Berl. Entom. Zeitschr. 1885, p. 230, n. 26. 18 mm. Malacca.

B. Vdfl. gestreckt.
    a. Htfl. am Hinterwinkel abgerundet.
18. *Forensis* Weym. — Pl. Jahrb. d. nass. Ver. für. Naturk. 1884, p. 24. (Antigonus.)
    b. Htfl. am Hinterwinkel stumpfeckig.
    ◯ Vorderrand der Vdfl. bis zur Spitze schwach gerundet.
6. *Fuscula* Snellen. — Pl. Nachtr. 23 mm. Ind. Archipel.
    ◯◯ Vorderrand der Vdfl. vor der Spitze eine kurze Strecke fast gerade.
17. *Kethra* Pl. Jahrb. d. nass. Ver. für Naturk. 1884, p. 24. (Antigonus.)

Zur Gattung **Cyclopides** Hüb. — Stett. ent. Zeit. 1884,
p. 389—397.

19b. *Argenteostriatus* Pl. Oberseite einfach schwarzbraun. Unten sind die Flügel schwarzgrau, am Saum goldgelb gefleckt. Die Vdfl. haben am Vorderrande zwischen den Rippen feine, weiße Linien, die Htfl. einen breiten Silberstreif von der Mittelzelle zum Saum, eine schmale Linie in Z. 1c und gelbe Linien in Z. 1b, 2, 3, 7 und am Vorderrand. Bauch und Palpen sind schwarz. 12 mm. Natal.

Zur Gattung **Sapaca** Pl. Stett. ent. Zeit. 1884, p. 35, 36.

1b. *Zambesina* Westw. Thes. Ox. 1874, p. 183, t. 34, f. 9 (Oxynetra). — Pl. Nachtr. — Die weißen Palpen sind an der Spitze schwarz. Der Halskragen ist weiß, oben in der Mitte roth. Der Rücken ist schwarz, weiß gefleckt. Der weiße Hinterleib ist oben an der Wurzel und an der Spitze roth, hat eine breite und 2 schmale, schwarze Halbbinden und solche Mittellinie. Die Beine sind weiß, die Vorderhüften roth. Die Flügel sind schwarz, mit großen weißen Glasflecken, die Vdfl. haben 2 in der Mittelzelle: einen in der Mitte und einen am Ende. Unter ersterem steht ein kleiner Fleck im Winkel von Z. 2 und ein großer in Z. 1, an welchem saumwärts noch ein Punkt hängt. Unter dem zweiten Mittelfleck steht ein großer in Z. 2, ein kleinerer steht in Z. 3 und ein großer, ovaler, viertheiliger vor der Spitze. Die Htfl. haben auf der Mitte einen großen Fleck, der von den dicken, schwarzen Rippen in 3 große und 3 kleine Felder zertheilt wird. Unten ist noch an den Flügelwurzeln ein weißer Fleck. 19 mm. Zambesi.

Zur Gattung **Leucochitonea** Wlgr.? Stett. ent. Zeit. 1884, p. 36—40.

11b. *Pampina* Pl. Die Flügel sind weiß, mit schwarzgescheckten Fransen und auf der Oberseite gegen das Ende geschwärzten Rippen, zwischen denen mit Ausnahme von Z. 5 der Vdfl. kleine, schwarze Winkel stehen. Unten haben die Vdfl. vor der Spitze am Vorderrande einen grauen Fleck, die Htfl. vor der Mitte einen Winkel. Oben ist der Korper, die Flügelwurzeln und der Innenrand der Htfl. schwärzlich. 15 mm. Buenos Ayres.

Zur Gattung **Pyrgus** Hüb. Mitth. des naturw. Vereins von Neu-Vorpomm. 1884.

9. *Staudingeri* Sp. — Christ. Memoir. 1884, p. 106 n. 66, t. 6, f. 7. — Pl. Nachtr.

Zur Gattung **Antigonus** Hüb. Jahrb. des nass. Vereins für Naturk. 1884, p. 20—35.

46b. *Brigidella* Pl. Oberseite schwarzbraun, Vdfl. nur mit 3 Glaspunkten vor der Spitze im Winkel, Htfl. am Saum vom Hinterwinkel bis R. 3 schmal orange, die Fransen bis

R. 6. Unten sind die Vdfl. so wie die Wurzelhälfte und der Vorderrand der Htfl. braun, die andere Fläche der Htfl. ist orange, in ihr stehen an der Grenze des braunen Wurzelfeldes zwischen zwei großen braunen Flecken 2 kleine schmale, ein kleiner Fleck steht nahe am Saum. (Ribbe.) 15 mm. Njam Wjam.

49b. *Sezendis* Pl. Berl. Entom. Zeitschr. 1885, S. 230. Die Oberseite ist braun, sehr fein grau bestäubt. Die Vdfl. führen 7 weiße Glaspunkte: einen in Z. 3, drei im Winkel vor der Spitze, zwei übereinander in der Mittelzelle und einen darüber am Vorderrand. Unten sind die Htfl. hell blaugrau, mit braunen Staubflecken, braunlichem Vorderwinkel und Vorderrand. Die Fransen der Vdfl. sind in Z. 1, die der Htfl. fast ganz weiß. Bauch und Brust sind hell blaugrau, die Palpen weiß. (Ribbe.) 14 mm. Ceylon.

51b. *Zorilla* Pl. Oberseite schwarzbraun. Die Vdfl. haben nur 2 kleine Glaspunkte: in Z. 6 und 8 vor der Spitze, beim ♂ einen ziemlich breiten Umschlag. Unterseite röthlichbraun, mit undeutlicher, bindenartiger Zeichnung. Der Saum ist bei den Vdfl. in Z. 1 wenig eingezogen, bei den Htfl. schwach wellig. (Ribbe.) 13 mm. Panamà.

Zur Gattung **Tagiades** Hüb. Jahrb. des nass. Vereins für Naturk. 1884, p. 39.

17b. *Chacona* Pl. Die Oberseite ist einfach schwarzbraun, die Unterseite der Flügel braun, die vorderen haben vor der Spitze in Z. 7 und 8 je einen grauen Punkt, die hinteren sind am Saum graufleckig. Leib und Palpen sind unten grau. (Ribbe.) 16 mm. Panamà.

24b. *Utanus* Pl. Berl. Entom. Zeitschr. 1885, S. 230. Die Oberseite ist graubraun, die Flügel mit undeutlichen braunen Querbinden. Die Vdfl. haben einen Glaspunkt in Z. 3 und drei vor der Spitze, von denen der in Z. 6 stark vorgerückt ist. Auf der braungrauen Unterseite haben die Htfl. am Ende der Mittelzelle einen braunen Fleck und in Z. 2 einen kleinen, in Z. 3 einen größeren Punkt. Gestalt wie Ravi Moore. (Ribbe.) 21 mm. Malacca.

32b. *Neira* Pl. Berl. Entomol. Zeitschr. 1885, S. 230. Der Kopf, der Rücken und der Anfang des Hinterleibes sind oben schwarz, der übrige Theil sowie die Unterseite des Leibes nebst den Palpen weiß. Die Vdfl. sind oben schwarz, unten braungrau, in Z. 2 bis 8 steht je ein weißes Fleckchen oder ein Punkt, zwei stehen in der Mittelzelle und noch einer am Vorderrande. Die Htfl. sind oben an der Wurzel und am

Vorderrande breit schwarz, am Saum schmäler und ungleich schwarz, auf oder hinter der Mitte bis zum Innenrand weiß. Zuweilen verschwindet die weiße Faibung fast ganz bis auf einen kleinen Wisch am Innenrande nahe am Hinterwinkel, dagegen tritt der weiße Doppelfleck in Z. 1 auf der Unterseite der Vdfl. scharfer hervor Unten ist die Wurzel der Htfl. blaulichweiß, der Vorderrand und der Saum wie oben schwarz und ein großer schwarzer Fleck in Z. 6 ragt vom Vorderrand in die weiße Fläche hinein. (Ribbe.) 20 mm. Aru.

35b. *Kowaia* Pl. Beil. 'Entom. Zeitschr. 1885, S. 231. Kopf, Rücken und Hinterleib sind oben schwarz, Leib und Palpen unten weiß. Die Vdfl. sind oben schwarz, unten braungrau, in Z. 2 und 3 stehen kleine, weiße Querflecken, in Z. 6, 7 und 8 Punkte: der erste steht weit saumwärts, die anderen beiden stehen übereinander. In Z. 4 und 5 stehen sehr kleine weiße Punkte. Die Htfl. sind oben auf der Wurzelhalfte und am Vorderrand breit schwarz, etwas mit Grau gemischt, von der Mitte zum Saum und Innenrand weiß, auf Rippe 2, 3 und 4 mit schwarzen Saumflecken. Auf der Unterseite sind die Htfl. gegen die Wurzel blaulichweiß, der schwarze Vorderrand ist schmaler, neben demselben stehen 2 schwarze Flecken im weißen Felde und am Saum stehen noch bis an Rippe 1b schwarze Staubfleckchen. (Ribbe.) 21 mm. Neu-Guinea.

35c. *Menanto* Pl. Berl. Entom. Zeitschr. 1885, S. 231. Die Oberseite des Korpers ist schwarz bis auf die Spitze des Hinterleibes, welche wie die Unterseite weiß ist. Die Vdfl. sind oben schwarz, unten schwarzgrau, vor der Spitze stehen 3 Glaspunkte im Winkel, von denen zuweilen der mittlere fehlt. Die Htfl. sind oben zur größeren Hälfte gegen die Wurzel und den Vorderrand schwarz, am Hinterwinkel bis in Z. 3 breit weiß — die Fransen und in Z. 4 und 5, — auf den Enden der Rippen 2 und 3 mit schwarzen Flecken. Unten sind die Vdfl. am Vorderande breit geschwarzt, der breite weiße Saum ist mehr gegen den Vorderwinkel verlangert und am Rande schwarz gefleckt. Die andere Flache ist der Oberseite entsprechend mattblau, an der Wurzel grau bestäubt, an der Grenze zum weißen Saum in Z. 4, 5 und 6 mit 3 braunen Flecken in gerader Linie. 19 mm. Malacca.

39. *Trichoneura* Feld. Ein Exemplar von Malacca ist auf der Unterseite der Htfl. blaulichweiß statt ockergelb, dabei fleckenlos, nur am Vorderrande breiter geschwarzt. (Ribbe.)

40b. *Vincula* Pl. Dunkel rothlichgrau. Vfl. mit einer braunen Binde durch die Mitte und einer solchen zwischen dieser und dem Saum. In letzterer stehen 2 kleine weiße

Spitzpunkte. Die Wurzel ist braun bestäubt. Die Htfl. sind ähnlich gezeichnet, doch dunkler und verwaschener. Unten sind die Flügel zeichnungslos, gegen den Vorderrand verdunkelt. Die Fransen sind braun. Der Leib ist unten aschgrau. (Ribbe.) 16 mm. Panama

43b. *Editus* Pl. Berl Entomol. Zeitsehr. 1885, S. 231. Schwarz. Vdfl. in Z. 2 und 3 mit übereinander stehenden, weißen Glasflecken, einem knapp damit zusammenhängenden in der Mittelzelle, einem kleinen am Vorderrande, einem etwas größeren in Z. 5 gegen den Saum und einem Punkt in Z. 1 nahe am Hinterwinkel. Die Htfl. haben einen eiförmigen, lehmgelben Fleck in der Mittelzelle. (Ribbe.) 30 mm. Aru.

50b. *Area* HS i. l. — Pl. Berl. Ent. Zeitschr. 1885, S. 231. Schwarz Die Vdfl. haben ein lockeres Band von 5 weißen Glasflecken in schräger Richtung von der Mitte des Vorderrandes zum Hinterwinkel, es besteht aus 2 kleinen Flecken in Z. 1 und am Vorderrande, 2 größeren in Z. 2 und der Mittelzelle und einem kleinen, etwas vorgerückten in Z. 3. In Z. 4 und 5 stehen unbeständige Punkte, vor der Spitze 3, von denen der in Z. 6 etwas vorgerückt ist. Die zeichnungslosen Htfl. haben hellgrau und schwarz gescheckte Fransen. 22 mm. Bengalen, Celebes.

59. *Celebica* Feld. Bei einem Exemplar sind die weißen Glasflecken der Vdfl. bedeutend größer wie Felder's Bild sie zeigt, der Fleck auf den Htfl. ist nicht ockergelb und bindenartig, sondern weiß und gerundet.

62b. *Kirmana* Pl. Berl. Entom. Zeitschr. 1885, S. 231. Oben sind Kopf und Rücken schwarz, der Hinterleib grau, unten ist alles weiß. Die Vdfl. sind schwarz, Z. 1 hat oben 2 weiße Punkte übereinander, unten einen Querstrich. In Z. 2 steht ein weißer Halbmond, davon entfernt stehen in Z. 3 und 4 zwei kleine Schrägflecken übereinander, ebenso weiter saumwärts 2 Punkte in Z. 5 und 6, dann rückwärts 2 solche in Z. 7 und 8. In der Mittelzelle steht am Vorderrande ein Punkt. Die Htfl. sind oben an der Wurzel, am Vorderrand und am Saum breit schwarz, auf der Mitte zum Innenrand weiß, gegen den Vorderrand mit einem weißen Mondfleck. Unten ist der Saum der Htfl. schwarzfleckig, die Wurzel grau. Die Fransen der Htfl. sind schwarz und weiß gescheckt. 19 mm. Malacca.

Zur Gattung Ismene Swains. — Stett. ent. Zeit. 1884, p. 51—66.

2b. *Radiosa* Pl. Berl. Ent. Zeitschr. 1885, S. 232. Die Oberseite der Flügel ist beim ♂ glänzend grün, mit schwarzen

Rippen und zwischen diesen auf den vorderen von Z. 2 oder 3 an mit weißlichen Strahlen. Beim ♀ sind die Flügel oben isabellweiß, mit braunen Rippen. Der Innenrand der Htfl. ist bei beiden, beim ♂ auch der Vorderrand, bräunlich. Unten sind die Flügel grünlich- oder gelblichweiß, die Rippen der vorderen sind geschwarzt, die der hinteren dunkelgrün gesäumt. Beim ♀ sind die Vdfl. vom Hinterrande bis zur Mitte weiß. Der Korper ist oben hellbraun, grün behaart, unten nebst den Palpen ockergelb. (Ribbe.) 25—26 mm. Celebes.

2 c. *Imperialis* Pl. Oben ist der Körper dunkelblau, die etwas schimmernden Flügel sind heller, gegen den Saum schwärzlich, die Rippen sind schwarzblau. Unten ist der Leib schwarzblau, Bauch und Palpen sind orange. Alle Flügel sind dunkelblau, mit ovalem, hell-grünlich-blauem Mittelfleck und etwas entfernt davon einem Kreis ebenso gefarbter, breiter Strahlen zwischen den Rippen. Nur der Hinterrand der Vdfl. hat einen rothlichgrauen Anflug. (Ribbe.) 36 mm. Celebes.

6 a. *Tolo* Pl. Oberseite braun. Die Htfl. sind gegen den Hinterwinkel in Z. 1 mennigroth, wurzelwärts etwas abgeblaßt. Die Fransen sind gegen den Hinterwinkel ebenfalls roth. Die Vdfl. sind nächst der Wurzel am Vorderrande rothlich behaart, beim ♂ haben sie vor der Mitte einen großen, dunkelbraunen Filzfleck und dahinter etwas lichtere Färbung. Unten sind die Flügel matter braun, auf der Mitte blau schimmernd, gegen den Saum röthlich gemischt, beim ♂ ist der Hinterrand der Vdfl. breit weißlich, beim ♀ grau. Das Roth am Hinterwinkel und Innenrand der Htfl. ist ausgedehnter, Bauch und Palpen sind unten roth, die Beine ebenso behaart, am Rücken der Hinterschienen befindet sich beim ♂ ein weißer Haarkamm, am Knie ein solcher Pinsel, am Vorderrande der Htfl. ein starker Buckel. (Ribbe.) 22—25 mm. Celebes.

33 b. *Salanga* Pl. Berl. Entom. Zeitschr. 1885, S. 232. Oberseite schwarzbraun, Leib und Flügelwurzeln sind dunkelgrün behaart. Unten sind die Flügel schwarzgrün, die vorderen gegen den Hinterrand bräunlich, die hinteren gegen den Hinterwinkel mit einem weißen Staubfleckchen. 24 mm. Aru, Malacca.

34 a. *Ribbei* Pl. Dunkelbraun, mit grau untermischter Rückenbehaarung. Unten sind die Vdfl. am Vorderrand und am Saum blau bestäubt, am Hinterrand hellbraun, die Htfl. ganz blau bestäubt, mit einer schmalen, hellblaustaubigen, dem Saum gleichlaufenden, von den dunklen Rippen durchschnittenen Binde hinter der Mitte vom Vorderrand bis Rippe 1b. Die grauen

Palpen sind an den Augen weiß gerandet. (Ribbe.) 26—27 mm. Ceram.

Zur Gattung **Pyrrhopyga** Hüb. — Stett. ent. Zeit. 1879, p. 520—538.

6. *Hephaestos* Möschler. Bei einem von Herrn C. Ribbe erhaltenen Exemplar spielt die blaue Bezeichnung in's Grünliche. Vor dem Saum der Vdfl. zieht eine Reihe solcher Staubflecken hin, ohne sich dem Glasfleck in Z. 3 zu nähern. Die blaue Schrägbinde ist — wie überhaupt bei dieser Art — weit von der glashellen Mittelbinde entfernt, an der Unterseite ist kaum eine Spur derselben. Auf der Unterseite der Htfl. ist die äußere grunblaue Binde gegen ihren Anfang in Z. 6 ziemlich breit. Kopf und Halskragen sind schwarz, mit einigen grünen Haaren gemischt. Die Spitze des Hinterleibes und der Afterbüschel sind ebenfalls schwarz.

18 b. *Minthe* Godm. Proc. zool. Soc. 1879, 14, 4. — Pl. Nachtr. — Dunkelbraun. Die Vdfl. haben ein trüb rothbraunes Schrägband nächst der Wurzel, eine rostgelbe, vollkommen keilformige Mittelbinde und 2 rostgelbe, gleich große vereinigte Flecken in Z. 3 und 4. Spitzflecken fehlen. Die Htfl. sind am Innenrand breiter, am Saum schmäler braun, die rothgelbe, von den braunen Rippen durchschnittene Fläche wird durch einen braunen, fast gleichbreiten, etwas kappenformigen Streif ungleich getheilt.

28 b. *Iphimedia* Weym. i. l. Glänzend schwarzgrün. Die Vdfl. haben eine breite, glashelle Mittelbinde von der Mittelzelle bis in Z. 1c und ein schmales, fünffleckiges Band vom Vorderrand bis in Z. 4. Am Hinterrande sind sie nächst der Wurzel rothgelb behaart, ihre Fransen sind schwarz. Die Htfl. haben einen großen Glasfleck in Z. 7 und einen solchen daneben in der Mittelzeile, 2 kleine stehen entfernt davon in Z. 2 und 1c nebeneinander, alle sind weiß. Unten sind die Htfl. an der Wurzel schwefelgelb, ihre Fransen sind weiß. Die Schulterdecken haben 2 orange Flecken. Wurzel und Mittelglied der Palpen sind roth. Die letzten Hinterleibsringe sind roth, mit schwarzen Einschnitten. 23 mm. Brasilien.

29 b. *Parima* Pl. Der Kopf ist braun, mit weißer Einfassung, der Rücken oben rostgelb, der Hinterleib braun und weiß geringelt. Die Brust ist braun, Vorderbrust und Palpen sind weiß. Die Flügel sind schwarz, die vorderen haben nächst der Wurzel eine rostgelbe Schrägbinde, durch die Mitte ein dreitheiliges breites, gegen den Hinterrand verschmälertes weißes, glashelles Band, in Z. 3 und 4 gebogene Querstriche und vor

der Spitze im Bogen 4 zusammenhängende Glasflecken. Die gestreckten, am Saum zweimal ausgebuchteten Htfl. haben weiße Fransen und oben nächst der Wurzel und dem Innenrand einen ausgedehnten, rostgelb behaarten Fleck. 20 mm. Surinam.

Gattung **Ploetzia** Saalm.

Fühler beim ♂ mehr, beim ♀ weniger als $^1/_2$ so lang wie die Vdfl., die schlanke Kolbe mit ungebogener Endborste, an der Wurzel kein Haarlockchen. Die Palpen sind vorgestreckt, das kurze conische, dünn beschuppte Endglied wird von den Haaren des Mittelgliedes bedeckt. Die Zunge ist kurz und schwach. Der Korper ist kraftig. Die Schienen der Vorderbeine haben Blättchen, die der Mittel- und Hinterbeine nur je ein Paar verkümmerte, von der Behaarung verdeckte Sporne. Die gestreckten Vdfl. haben beim ♂ weder Umschlag noch Narbe, ihre Mittelzelle ist etwas über $^1/_2$ so lang. Rippe 5 entspringt in der Mitte zwischen 4 und 6. Die Htfl. sind weniger gestreckt, am Saum gerundet. Rippe 5 fehlt.

1. *Amygdalis* Mabille, Bull. Soc. zool. 1877, p. 234. — Saalm. Lep. v. Madag. 1884, p. 115 n. 265. — Pl. Nachtr. Die Oberseite ist bräunlichgrau, nur auf der Stirne zwischen den genäherten Fuhlerwurzeln ist eine weiße Querlinie. Unten sind die Vdfl. bis an das Ende der Mittelzeile ganz braungrau, von dort erstreckt sich diese Färbung einen Theils am Vorderrande bis zur Spitze, anderen Theils im Bogen zum Saum. Das davon freibleibende, an dem fast linearen Saum lehnende Dreieck ist rosenröthlich hellgrau, mit 2—3 braunen Schrägstrichen zwischen den Rippen. Die Fransen sind braungrau. Die Htfl. sind unten ganz hellröthlichgrau, nur am Vorderrande bräunlich bestäubt und mit solchem Keil in Z. 1b oder einem lichteren Schleier durch die Mitte von der Wurzel zum Saum. In der Mitte der Flügel steht ein kleiner, brauner, ovaler Ring und eine in Z. 5 winkelig gebrochene Reihe solcher gegen den Saum. Die Unterseite des Leibes ist hellgrau, die Palpen sind fast weiß. ♂ 21 mm, ♀ 27 mm. Madagascar.

Vereins-Angelegenheiten.

Der Sitzung am 7. Januar wohnte Herr Hauptmann Hering aus Rastatt bei. Aus dem Vortrage der seit der letzten Sitzung eingelaufenen Vereins-Correspondenz ergab sich manches Interessante, z. B. die Mittheilung des nachstehenden Schreibens an den Unterzeichneten:

Oxford, 22. December 1885.

My dear Dohrn

On this the 80th anniversary of Birthday it is with great pleasure that I send you kind greeting and with my sincere wishes for your good health and that you may still be spared for many years to pursue your studies in a science which has been a solace and delight to us both.

Believe me to remain

yours very truly

J. O. Westwood.

Der Celeberrimus Professor Hopeanus, jetzt auch Ehren-Präsident der London Entom. Soc., hat natürlich keine Ahnung davon, daß ich bei meinem ersten entomologischen Besuche in England (vor mehr als 30 Jahren) für seine vorragende Bedeutung mehr als eine Lanze gebrochen habe, weil mir seine Landsleute damals auf sein Epoche machendes Werk „An introduction to the modern classification of insects (London 1839)" bei weitem nicht den hohen Werth zu legen schienen, den ihm Erichson in seinem „Jahresbericht über 1838" (1840 S. 8—10) in der anerkennendsten Weise ausspricht. Da in England unter den Entomophilen die Lepidopteristen bei weitem das größte Contingent stellen, und unter ihnen die strenggläubigen Britishers, so war es begreiflich, daß Westwood's treffliche Leistungen in den anderen Ordnungen unbekannter geblieben waren, als ich es damals für gerecht und billig hielt. Um so schmeichelhafter war dem Unterzeichneten das überraschende Zeugniß der freundlichen Theilnahme des berühmten Altmeisters.

Sofern Westwood in seinen Arcana und seinem Thesaurus oxoniensis auch im Gebiete der Paussiden, meiner Lieblingsfamilie, Bahnbrechendes geleistet hat, war es ein eigenes Zusammentreffen, daß in den letzten Wochen eine ansehnliche Privatsammlung dieser feinen Gruppe durch Kauf in meinen Besitz überging. Ich werde darüber in einem Artikel berichten.

Seite 4 dieses Heftes ist übersehen worden, unter den dem
Vereine am 9. November 1884 beigetretenen Mitgliedern
Herrn Pr.-Lieut. Wolff vom 34. Regim. hier in Stettin
aufzuführen.

Herr Eisenbahn-Secretär G. Schulz, früher hier, jetzt in
Berlin ist seit einer Reihe von Jahren Vereinsmitglied.

Als neue Mitglieder wurden in der heutigen Sitzung aufgenommen die Herren:

Professor Dr. Leimbach in Sondershausen.

Charles Brongniart in Paris.

Grigori Jefimowitsch Grum - Grshimailo, Naturforscher, derzeit in Petersburg.

Georg Duske, Bankbeamter in Petersburg.

Die Adresse des Kaufmanns Herrn Grentzenberg in
Danzig ist nicht B. (wie im Mitgliederverzeichniß von 1885
steht) sondern Robert Gr.

Herr Fr. Eppelsheim in Grünstadt ist nicht Landrichter
sondern Oberamtsrichter.

Herr Reutti in Karlsruhe ist Großh. Gerichts-Notar.

Dr. C. A. Dohrn.

Rosenberg 4,
von
C. A. Dohrn.

. Als Nachtrag zu Rosenberg 3 (Jahrg. 1884 S. 84) möge
Folgendes dienen.

In einer Sendung des geehrten Collegen, Herrn von
Mülverstedt, finden sich als neuer Beleg für die bei Rosenberg (Westpreußen) vorkommenden „Zwergformen" zwei Exemplare von Calosoma sycophanta L. von nur 18 mm Länge (bei
9 mm Breite).

Da Schaum in den Insecten Deutschlands die Länge auf
11—14 Linien angiebt — was für Linien ist nicht angegeben,
ich nehme an, daß rheinisches Maß gemeint ist — so ergiebt
sich, daß die Rosenberger Sykophanten mitunter in sehr zier-
liebem Duodezformat ausgegeben werden. Notabene paradirten
neben den beiden Zwergen auch normale Exemplare von 29 mm
Länge.

Einem mittelgroßen Stücke fehlt auf den grünen Flügeldecken jeder Goldschimmer.

Von Cryptocephalus laetus F., der hier bei Stettin meines Wissens noch nicht gefunden worden, lagen mehrere Stücke vor. Desgleichen von Carabus catenulatus, der hier nicht vorkommt.

Besonders interessant war mir auch ein Exemplar von Miscodera arctica Payk., das mir vorläufig zu beweisen scheint, daß dies zierliche Thierchen überall (ich habe Stücke aus Labrador, Lappland, Petersburg und vom Bernina) nur einzeln vorkommt, wahrend es in den funfziger Jahren an einer verhältnißmäßig kleinen Stelle hier bei Stettin in einem Kieferwalde zu Hunderten unter Moos im Winterschlafe gefunden wurde. In den letzten Jahren ist es auch nur sehr vereinzelt gefangen worden, und bisher nie im Sommer.

Paussidische Nachreden

von

C. A. Dohrn.

Der Ankauf einer seit Jahren mit Vorliebe cultivirten Sammlung von Paussiden giebt mir Anlaß, daran eine Besprechung der darin befindlicher Arten unter den ihnen zugetheilten Namen zu knüpfen. Als mir neue Art macht sich ante omnia bemerkbar:

P. (Platyrhopalus) *Simonis* Dhn.

P. depressus, rufo-picens, antennarum clava lata brunnea fere plana externe spinis tribus acutis, prothorace brevi rotundato ruguloso, subbituberculato, elytris nigris parallelis, parce punctatis, sutura, margine apicali nec non quatuor lituris linearibus versus apicem fulvorufis, pedibus brunneis.

Long. $6^{1}/_{2}$ mm. Lat. $2^{1}/_{2}$ mm.

Patria: Hongkong, China.

Wer den P. aplustrifer Westw. besitzt, oder aus der Beschreibung und Abbildung (Arcana II, t. 88, f. 3) kennt, wird leicht einsehen, daß die vorliegend diagnosirte Art in mancher Beziehung an Westwood's, beinah von allen übrigen Paussiden habituell abweichendes Thier erinnert. Kein anderer Paussus besitzt diese eigenartige Fuhlerbildung. Aber wenn P. Simonis auch seinen Platz zunächst dem P. aplustrifer zu nehmen hat, so weicht er doch specifisch darin erheblich ab, daß bei *aplustrifer* die Antennenzähne in der Mitte der Keule stehen und der Fühler in eine fast stumpfe Ecke verläuft, während bei *Simonis* die Antenne deutlich hinter den beiden Mittelzähnen in einen kleineren aber scharfen Eckzahn ausgeht. Auch ist der Thorax bei Simonis weit einfacher abgerundet, schmäler als der bei *aplustrifer*, dessen Beschreibung (l. c. p. 163) mit „angulis posticis semicirculariter emarginatis" genauer ist als die Abbildung in diesem Punkte.

Die Eigenthümlichkeiten der S c u l p t u r, namentlich des Antennenbaues, sind bei der neuen Art so charakteristisch, daß ich mich unbedenklich zur Beschreibung nach diesem e i n - z e l n e n Stück entschließen konnte. Ob die angegebene F ä r b u n g bei anderen Exemplaren sich ebenso zeigen wird, ist eine andere Frage; das schmutzige Rothbraun der Antennen, der Beine, die Zeichnung der Flügeldeckenstriche gegen den Apex hin, sind vielleicht der Veränderung unterworfen — aber bei fast allen Paussiden residirt ja das Punctum saliens in der merkwürdigen Conformation der Antennen, und diese genügt hier - ausreichend.

P. *Mellyi* Westw.

Diesem mir bisher aus Siam zugegangenen, von Westwood aus Malabar beschriebenen P. wird „China borealis" als Vaterland zugetheilt, was mir nicht eben glaublich dünkt. Das Exemplar soll von Vesco stammen, und dieser als geschickter Sammler bekannte, französische Marinearzt hat es vielleicht zusammen mit anderen chinesischen Sachen eingesandt, und dadurch die irrige patria veranlaßt. Das Thier hat einen zu auffallenden tropischen Habitus.

P. (Orthopterus) *Smithi* Mc. Leay.

Daß der auf der Etikette so bezeichnete und mit Afrique méridionale versehene n i c h t der ächte *Smithi*, auch nicht etwa dessen Var. concolor ist, daran war gar nicht zu zweifeln. Aber das schlechte Licht der trüben Novembertage, als ich das vorliegende Thier zuerst vor Augen bekam, und sein bedauerlich fragmentarischer Zustand (es hat nur e i n e schief aufgeklebte Flügeldecke) waren Schuld daran, daß ich anfänglich es offenbar unterschätzt hatte. Er ist wirklich und ohne Widerrede ein richtiger Vetter des Smithi, aber so zerbrochen, daß es schwerlich der Mühe lohnt, ihn genau zu beschreiben. Nur andeuten will ich, daß er auf dem Apex der Flügeldecke die gelbe Hakenzeichnung der anderen 3 Orthopterus hat, die sich

aber nicht (wie bei O. Lafeitei) an der Sutur hinaufzieht. Sonst
würde er mit letzterem noch die meiste Aehnlichkeit haben
— beide messen in der Länge 7 mm — aber er ist ganz
entschieden schmäler, da sein Thorax nur 3 mm breit ist, der
von Lafertei aber 4 mm mißt. Einstweilen mag er in collectione
als *laceratus* figuriren; vielleicht gesellt sich ein vollkommenes
Exemplar zu diesem verstümmelten; dann wird sich eher feststellen lassen, ob seine hellere Färbung specifisch oder eine
bloß immature ist.

P. nova species.

Sie konnte bei genauerer Untersuchung nicht auf das Patent
der Neuheit Anspruch machen, und ihre Patria Bengal
stimmte vollkommen mit Westwood's Platyrhopalus angustus.
Amicissimus Oxoniensis hat vollkommen Recht gehabt, in seinen
Arcana II, p. 190 die schwarze Triangelzeichnung der Elytra
als eine bisweilen „almost obsolete" zu bezeichnen, denn auf
einem Kaschmir-Exemplare meiner Sammlung fehlt sie total,
auf einem Stücke aus Central-Indien ist sie nur durch einen
dunklen Punkt vertreten. Dagegen zeigt sie sich deutlich auf
dem jetzt vorliegenden, nur daß sie eher einer Querbinde mit
unbestimmten Rändern als einem Triangel gleicht, wie solchen
die Tafel 68, f. 3 der Arcana H präsentirt.

P. *sphaerocerus* Afzelius.

Ein schönes, sauber präparirtes Exemplar dieses originalen
Kerlchens mit seiner lichtgelben Wachskugel als Fühlerkeule,
aus der ein braunes Dörnchen vorragt, war nicht nur ein willkommener Geselle dem bisherigen einsiedlerischen Vertreter,
sondern gab auch als genauere Patria die Mission Addah. Ich
kenne deren Lage nicht, vermuthe aber, daß sie an der von
Engländern stark frequentirten Küste von Sierra Leone (Sherbro,
Freetown) liegt.

P. sp. (Abyssinia, Raffray)

war leicht als P. planicollis Raffr. festzustellen, da ich von
diesem geschickten Explorator Abyssiniens eine Mehrzahl von
Typen erhalten habe.

P. *sinicus* Westw.

war ebenfalls sofort zu constatiren, da ich durch Andrew
Murray's Liberalität die typischen Exemplare geschenkt erhalten
hatte, die noch von Capt. Champion's erster Entdeckung dieses
schwarzen Gesellen bei der Besitznahme Hongkongs durch
England herrührten. Mein verehrter College Bowring hatte

später vergeblich alle Mühe aufgeboten, das Thierchen wieder
aufzufinden. Es ist offenbar der schwarze asiatische Doppel-
gänger des gelben afrikanischen P. Cuɪtisi. Das bringt mich
nothwendig auf

P. Shuckardi Westw.

Mit diesem verhält es sich beinah so wie mit dem P.
(Arthropt.) *Mc. Leayi*, nur mit dem Unterschiede, daß unter
den vielen Mc. Leayi, die mir bisher unter diesem Namen in
den Sammlungen gezeigt wurden, kein einziger ächter war,
während doch unter den vielen angeblichen Shuckardi hin
und wieder einzelne acht sind. So auch hier, wo unter 9
(oder eigentlich 10) Curtisi Westw. wenigstens einer der
ächte Shuckardi war. Als zehnter Shuckardi, d. h. Curtisi
marschirt nehmlich ein Exemplar mit der Etikette P. Jousselini auf, mit Angabe „Natal, Schaufuß“. Da der Name Jousselini und die Patria verschiedene Handschrift zeigen, so will ich
zu Ehren Bonelli des Zweiten annehmen, daß er den Deter-
minationsbock nicht geschossen hat. Denn das Thier ist ein
unzweifelhafter *Curtisi*, und würde soweit dem Vaterlande nicht
widersprechen, während P. *Jousselini* Guérin aus Pegu (Hinter-
Indien) beschrieben ist.

Ich selber habe Jahre lang die P. Shuckardi und Cuɪtisi,
beides Natalesen, mit einander verwechselt, und bin erst durch
Raffray von der feinen aber durchgreifenden Differenz beider
Arten überzeugt worden. Wer den schlanken, geraden Fühler
von *Shuckardi* mit dem kürzeren, meist krummen, im Endgliede
deutlich kolbigen von *Curtisi* vergleicht, wird beide Arten auf
den ersten Blick differenziren, von einzelnen Abweichungen in
der Thoraxbildung abgesehen.

P. (Lebioderus) Goryi Westw.

Das Exemplar beweist als Einhorn, daß die Paussiden
gleich den Holzbocken eher einen Defect an Beinen als an
Antennen verschmerzen können, aber zum Glücke sind bereits
zweihörnige vorhanden, denen er als bescheidene Folie zu
besserer Geltung hilft.

P. (Pleuropterus) hastatus Westw.

An der reinen Schonheit dieses Kaffern habe ich nichts
auszusetzen und an seinem Namen gewiß nichts, da das Exemplar
von mir selber herrührt. Ein Deteɪminator von Paussiden moge
gewarnt sein, diese saubere, für einen Paussiden auffallend buɴt
colorirte Art nicht mit P. Westermanni Westw. (Arcana II,

p. 9, tab. 50, f. 1) zu verwechseln, dessen Thorax abgerundete Seiten hat, wahrend *hastatus* eckige zeigt. Als Patria des *Westermanni* giebt Westwood l. c. Java an, mein Exemplar stammt von Ceylon.

P. *laevifrons* Westw.

Mit diesem Namen waren 2 Exemplare etikettirt, eins von 10 mm (Senegal), eins von 12 mm (Camerun). Das kleinere war ein richtig bestimmtes, und mir ganz annehmbar, denn die ächten „Senegalenser" werden (wie die ächten Capenser) von Jahr zu Jahr seltener in den Preislisten der Herren Groß-lieferanten, weil ihre Käferjager und Mottenmissionare immer moglichst in neu aufgeschlossene Gebiete verschleudert werden, um funkelnagelneue Bestien zu entdecken: darüber verschwinden allmahlich manche ehrenwerthe alte Namen an der Insecten-borse.

War mir also der Zehn Miller schon recht gewesen, so war mir der Cameruner Zwölf Miller sogar ein überraschend willkommener, denn er wies sich als ein leiblicher Bruder des von mir in dieser Zeitung 1882, S. 106 vom Tanganyika be-schriebenen P. centurio aus. Er stimmt genau mit dem be-schriebenen Typus, und ich hätte höchstens den dort angegebenen Kriterien noch beizufügen, daß die Fühlerkeule bei P. *centurio* von denen der habituell verwandten Arten (laevifrons, niloticus, procerus) sich auf den ersten Blick durch ihre ungekerbte, nicht discusformige, cubisch massive Form sondert.

P. *dentifrons* Westw.

Als Senegalenser kann auch er auf das eben motivirte Pràdicat „brauchbar" Anspruch machen, muß sich aber ge-fallen lassen, daß Chevrolat's Name cornutus wegen der Prioritat vorgezogen wird.

P. *spinicoxis* Westw.

Gegen die Benennung dieses Natalesen ist nichts einzu-wenden. Aber daß von
P. *Latreillei* Westw. und von
P. *Klugi* Westw.
von jedem fünf Exemplare aufmarschiren, erinnert mich an Molières
Quoiqu'en dise Aristote et sa docte cabale —
Je n'y vois que du feu —
und zwar nicht bloß in dieser Decade, sondern dies synony-mische Hollenfeuer begreift (für mich natürlich nur) auch noch

die Arten, Abarten, Spielarten, oder wie man sie taufen oder wiedertaufen will, runcinatus, Olcesi.

P. *laetus* Gerst.

Zwar erhielt ich den Typus des abyssinischen P. A f z e l i i Westw. nicht wie so viele andere Typen meiner Sammlung vom berühmten Monographen selber, aber durch die freundliche zuverlässige Zwischenband Bonvouloir's, so daß ich für meine Person der im Thesaurus oxoniensis von Westwood p. 91 ausgesprochenen Ansicht beitrete (gestützt auf die mir jetzt aus Abyssinien vorliegenden Exemplare), daß *laetus* mit Afzelii synonym ist.

P. *Plinii* Thomson.

Naeh der Beschreibung in Arch. ent. I, p. 403 hat dem Autor ein auffallend großes Exemplar von 6 mm vorgelegen, während mein Typus von P. c u l t r a t u s Westw. nur $4^1/_2$ mm mißt. Aber mir liegen so viele Stücke aller Zwischengrößen vor, daß ich über das Prioritätsrecht von *cultratus* gar kein Bedenken habe.

P. *granulatus* Westw.

Es ist mir nicht recht erklärlich, wie es zugegangen, daß dieser Paussus schon 1849 von Westwood in den Proceed. Linn. Soc. von Natal beschrieben worden, und daß mir Herr Gueinzius in der umfangreichen Sendung Natalesen, die ich 1850 von ihm erhielt und welche durch ihren Reichthum von großen und kleinen Paussiden (Smithi, hastatus, alternans, Humboldti, paussoides, spinicoxis, Dobrni, cultratus, cucullatus, Klugi, Germari, Schaumi etc.) die schätzbare Basis meiner durch mancherlei spätere Glücksfälle ziemlich ansehnlich gewordenen Sammlung geworden, dennoch keinen einzigen *granulatus* gesandt hatte. Erst später kaufte ich ihn bei Higgins und zu so billigem Preise, daß sich daraus der einfache Schluß ergab, das kleine aber durch seine helle Färbung auffallende, nicht leicht zu übersehende Thier müßte doch in der Natal-Gegend keineswegs selten sein. Und daß Gueinzius ein Paussus-Nimrod aus dem ff war, liegt doch auf der Hand! Auch in seiner späteren Sendung war diese Art nicht vertreten.

P. *cucullatus* Westw.
P. *Burchellianus* Westw.
P. *Chevrolati* Westw.

Gegen die beiden ersten aus Natal und gegen den dritten aus Abyssinien ist nichts zu erinnern, als allenfalls die leichte

Correctur, daß der zweite sub nomine B u r c h e l l i figuiirt. Im
Kataloge Gemminger-Harold fehlt er, weil ihn Westwood erst
1869 in den London Transactions beschiieben hat. Ob die
ihm beigefügte Ameisenwirthin authentisch ist, muß ich dahin-
gestellt sein lassen. Sie scheint sehr ahnlich, wenn nicht identisch mit derjenigen zu sein, welche einem Paussus turcicus
aus Syrien als Wirthin beigegeben ist. Aber
Davus sum, non Formica-Mayr.

P. *Audouini* Westw.

Er ist etikettirt „Benguela typ. Westw." Da mir die
Art fehlte, so war er natürlich ein Benvenuto. Aber er wußte
mein „willkommen" nicht eben zu schätzen, denn bei dem
Versuch, ihn von einer Nadel ohne Spitze zu losen, verübte
er eine schnöde „itio in partes" und figurirt jetzt als ein zwar
noch kenntlicher, aber unschöner Leimsieder. Er gehort übrigens
zu der verdächtigen Sippschaft der P. Klugi.

P. (Pentaplatarthrus) *paussoides* Westw.

ist selbstverständlich mehr als ausreichend vertreten.

P. *Favieri* Fairm.

desgleichen in Exemplaren aus Frankreich, Spanien und Marocco.
Desgleichen

P. *turcicus* Friv.

mit griechischen und kleinasiatischen Repräsentanten.

P. *Hardwicki* Westw.

in einem, leider einhörnigen Exemplar, doch immer noch präsen-
tabler als

P. *cognatus* Westw.

dem alles und jedes Gefühlsorgan abhanden gekommen ist.
Er hatte (wohl aus Bescheidenheit als Pauvre honteux) keine
Etikette, aber ein Typus vom Autor verhilft ihm zu seinem
hoffentlich richtig fixirten Namen.

*
*

Soweit das Visum repertum über praeter propter hundert
und etliche dreißig Exemplare der blaublütigen Sippschaft, die
alle aus den drei Erdtheilen Europa, Asien und Afrika stammen.
Mit den bisher noch unbesprochenen 31 australischen Exemplaren will ich kürzeren Prozeß machen. Die 2 P. b r e v i s
Westw. sind richtig bestimmt, die 3 P. W i l s o n i dürfen als
solche gelten, obschon der eine außer seinem bescheidenen

Längenmaß von nur 11 mm gegen das gewöhnliche (15 mm) auch noch im Thoraxbau etwas abweicht. Aber ich habe mich anderweit[*]) schon ausfuhrlich über die Schwierigkeiten der Determination dieser Australier ausgelassen, und finde am allerwenigsten in den gegenwartigen kurzen und trüben Wintertagen Anlaß, dies dornige Kapitel in Angriff zu nehmen. Daß z. B. als P. *Mac Leayi* vier Exemplare angegeben sind, von denen kein einziges richtig ist, wenn mir Herr W. Mac Leay einen typus verus des ächten Mac Leayi Donovan geschickt hat, das ist gewiß. Ebenso wenig stimmt P. Hopei mit dem mir von Westwood determinirten, oder der als Phymatopterus piceus Westw. getaufte mit der Beschreibung in den Arcana. Doch wäre dieser vermeintliche „Pechvogel" ganz unverwerflich, wenn er bei späterer Collationirung in klaren Tagen meine vorläufige Vermuthung bestätigt, daß er W. Mac Leay's P. (Arthr.) *Howitti* ist, von dem meine Sammlung nur ein Exemplar besitzt. Acht von den mir ohne Namen mit Nummern aus dem Museum Godeffroy gesandten P. (Arthropterus) halte ich nach authentischen Stücken von W. Mac Leay für dessen schöne Art Mastersi, aber nicht einmal diese Nummern stimmen untereinader.

Einstweilen also mögen sie, zusammt den P. Klugi und Latreillei, im Limbus Infantum verbleiben bis auf bessere Muße und helles Wetter.

Stettin, Anfang December 1885.

Dr. C. A. Dohrn.

Exotisches
von
C. A. Dohrn.

---

326. Platynodes *Westermanni* Westw.

Im Jahrg. 1875 S. 219 dieser Zeitung habe ich nachgewiesen, daß Chaudoir sich mit seiner Negation dieser Gattung in schwer begreiflicher Weise getäuscht hat. Meine Behauptung, daß auch Westwood und Lacordaire in Betreff der angeblich gleichmaßigen, nicht erweiterten Tarsen beider Geschlechter im Irrthum gewesen, stützte sich damals allerdings nur auf ein

---

[*]) Stettiner entomol. Zeitung 1882 S. 254.

einziges männliches Exemplar aus Monrovia, und dies eine Stück hatte obendrein kein Abdomen. Jedoch waren Kopf, Thorax und die Vorderbeine so vollkommen erhalten, daß auch Putzeys nach Ansicht des Torso meiner Ansicht vollkommen beitrat.

Nunmehr ist mir (freilich mit dem seltsamen Schreibfehler „aus Guatemala", offenbar verwechselt mit Guinea) ein tadelfreies ♂ zugegangen und stimmt auf das genaueste mit jenem Torso aus Monrovia.

Beide Mannchen zeigen gleichmäßig, daß die 4 erweiterten Glieder der Vordertarsen seitlich braunroth gerändert und nur auf dem Discus blankschwarz sind, so wie auch die Sohlen weit langere rothbraune Behaarung haben, als die kürzere der Weibchen.

327. Iresia *bimaculata* Klug.

Von dieser Art sagt Klug in der Diagnose (Jahrb. S. 9) „elytris rugosis, obscure viridibus", und fügt nachher in der Beschreibung hinzu: „die Färbung der Deckschilde viel weniger lebhaft (als bei I. binotata)". Mein Exemplar aus Bahia hatte sie eher bläulich schillernd, als grün, und jetzt liegt mir ein Stück vor (aus Parà), welches einfach braunroth ist und dessen Flügeldecken weder grünen noch blauen Schimmer zeigen. Ohne Beihülfe der Lupe würde man kaum die hellere Farbe des Wurzelgliedes der Antennen bemerken können.

Inhalt:

Ausgegeben: Anfang Februar 1886.

Entomologische Zeitung

herausgegeben

von dem

entomologischen Vereine zu Stettin.

Redaction:
C. A. Dohrn, Vereins-Präsident.

In Commission bei den Buchhandl.
Fr. Fleischer in Leipzig und R. Friedländer & Sohn in Berlin.

No. 4—6.   47. Jahrgang.   April—Juni 1886.

Verzeichniss auf einer Reise nach Kashgar gesammelter Curculioniden.*)

Von

Johannes Faust.

Brachyderinae.

Blosyrus

Schönherr.   Disp. meth. pag. 99.

B. depressus n. sp.   Breviter ovatus, depressus, niger, squamulis cinereis et subalbidis variegatus, breviter albosetosus, antennis tarsisque rufo-brunneis; fronte plana, canaliculata; rostro brevi, late impresso, tenuiter caniculato; articulo secundo funiculi primo fere dimidio longiore; prothorace transverso, lateribus ante medium rotundato-ampliato, inaequaliter obsolete rugoso, subcarinato; elytris basi emarginatis, breviter ovatis, postice obtusissime rotundatis, inaequaliter punctato-substriatis, interstitio 4° postice tuberculis tribus subalbidis vix elevatis notatis; femoribus subalbido-annulatis.   Long. 6, Lat. 3,5 mm.

Murree et Sind Valley.   2 Exemplare.

Durch die auf dem Rücken flach gewölbten Flügeldecken ausgezeichnet.   Die schwach erhabenen Tuberkeln auf den Flügeldecken hat depressus mit variegatus Redtenb. von Kaschmir gemeinsam, bei letzterem sollen aber die Decken tief

---

*) Vom verstorbenen Dr. F. Stoliczka gesammelt und mir vom Museum in Calcutta zur Bearbeitung übergeben.

punktirt-gestreift, kugelig gewölbt und die 2 ersten Geißelglieder
gleich lang sein.

Fühler schlank. Deckenbasis wenig breiter als die des
Thorax, die Seiten von den schaifen Ecken ab schräg gerundet
erweitert, in der Mitte doppelt so breit als der queie Thorax
— dieser doppelt so breit als lang — auf dem Rücken sehr
flach gewolbt, mit kaum vertieften Streifen aus ziemlich großen
Punkten, die Spatien leicht gewölbt und mit einer unregelmäßigen Reihe weißer, wenig abstehender Borstchen, Spatium
4 auf der hinteren Hälfte mit 3 sehr flachen, weißlich beschuppten Beulen, von denen die hinterste auf der abschüssigen
Stelle die höchste ist, Spatium 2 und 3 mit je einer kaum
bemerkbaren Beule, welche mit der vordersten auf Spatium 3
eine schräge Binde bilden. Beine weniger dicht, Brust und
Abdomen glänzend, mit graugelben länglichen Schüppchen und
ebenso gefärbten Härchen bedeckt.

Catapionus
Schönherr. Gen. Cure. VI. 2. p. 245.

C. basilicus Boh. Sch. loc. c. p. 247.

Sind Valley. 1 ♂.

Die Beschreibung stimmt gut auf das vorliegende ziemlich
abgeriebene Exemplar mit nur noch wenigen erhaltenen grünen
Schuppen, so daß keine Veranlassung vorliegt, dasselbe für
eine von dem mir in natura unbekannten basilicus Boh. Sch.
verschiedene Art zu halten.

Sitones
Germar. Ins. Spec. nov. p. 414.

S. crinitus Oliv. Ent. V. 83, p. 382, t. 35, f. 550.
Sirikol bis Panga. Wenige Exemplare.

S. callosus Gyll. Sch. II. p. 105.
Sirikol bis Panga, Murree. Mehrere Exemplare.

Thylacites
Germar. Ins. Spec. nov. p. 410.

T. noxius n. sp. Ovatus, parum convexus, niger dense
einereo-squamosus ac breviter setosus, antennis pedibusque
nigro-piceis; oculis semiglobosis; rostro lateribus parallelis, subplano, canalicula antice abbreviata, postiee non-
nunquam in frontem ascendente instructo, disperse punctato;
articulis 2 primis funiculi aequilongis, primo paulo cras-
siori; prothorace quadrato, basi apiceque truncato, subcylindrico, inaequaliter remoteque, lateribus subrugoso-

punctato, canalicula media antice abbreviala; elytris ovatis,
concinne punctato-striatis, interstitiis parum convexis, sub-
rugosis, setosis; pedibus mediocribus. Long 6—6,5,
Lat. 2.5—3 mm.

Sinikol bis Panga. Mehrere Exemplare.

Kopf etwas mehr, Rüssel weniger gewolbt, die vor der
flachen Spitzenausrandung abgekürzte scharf eingeritzte Mittellinie reicht gewöhnlich in gleicher Stärke bis zur Stirne, selten
und dann feiner bis zum Scheitel hinauf. Thorax von der Basis
bis vor die Spitze mit parallelen oder sehr schwach gebuchteten
Seiten, dann etwas verengt; feinere und grobere Punkte —
letztere reichen nur bis zum vorderen Ende der vorne abge-
kürzten Mittellinie, werden aber an den runzligen Seiten großer
und tiefer — sind über die Oberfläche zerstreut, jeder Punkt
— auch auf Kopf und Rüssel — trägt ein kurzes, feines, anliegendes Borstchen. Die Borstchen auf der Rüsselspitze, auf
einem kleinen Hocker hinter den Vorderhüften, auf Brust,
Flügeldecken und Abdomen sind länger und schräg abstehend.
Die Punktstreifen der Flügeldecken sind bald mehr bald weniger
vertieft, die Spatien gewolbter oder flacher, Streifen 9 von den
Hinterhüften ab eine kurze Strecke nach hinten mehr vertieft,
6 und 8 schon unterhalb der Schultern abgekürzt. Tarsenglied 3 breiter als 2 und namentlich beim ♂ mit deutlich
schwammiger Sohle, Krallen frei, breit gespreizt. Unterseite
ebenso dicht beschuppt als die Oberseite.

Bei gut erhaltenen Stücken ist der ganze Körper mit
runden, etwas gewolbten, dicht aneinanderliegenden, weißgrauen,
etwas glänzenden Schuppen gleichmäßig besetzt.

> ♂. Abdomen flach gewolbt, die 2 ersten Segmente flach
> vertieft; Analsegment flach, an der Spitze breit gerundet.
> ♀. Abdomen hoch gewolbt, Analsegment spitz gerundet,
> mit einem eingedrückten Strich jederseits an der Basis.

T. nubifer n. sp. Elongato-oblongus, minus convexus,
niger, griseo et brunneo-squamosus, brevissime setosus,
antennis tarsisque nigro-piceis; oculis majoribus; rostro
parallelo, profunde abbreviatim canaliculato, apice utrinque
linea abbreviata impressa, cum capite disperse punctato;
prothorace quadrato, lateribus rotundato, dorso canali-
enlato; elytris elongato-oblongis, basi apiceque magis,
lateribus minus rotundatis, subtiliter remoteque punctato-
striatis, interstitiis planis, apice tantum setis brevibus
reclinatis obsitis. Long. 6,5—7, Lat. 2—2,3 mm.

Dras, Kargil, Leh. Wenige Exemplare.

Bekleidung, Kopf, Rüssel, Antennen sind denen der vorhergehenden Art sehr ähnlich; die gestreckte Form, der seitlich gerundete Thorax und die nur hinten auf der schräg abschüssigen Stelle der Decken abstehenden kurzen Börstchen kennzeichnen besonders die neue Art.

Punktirung von Kopf und Rüssel etwas grober, die vertiefte Mittellinie des Russels ebenso veränderlich als bei noxius, dagegen ist am Seitenrande zwischen den Fühlereinlenkungen ein vertiefter Strich, auf der Stirne am Innenrande der Augen gewohnlich 2 punktirte Langsstriche bemerkbar. Thorax so breit als lang, die Seiten in der Mitte bald mehr bald weniger gerandet, der Hinterrand nicht breiter als der Vorderrand, die vertiefte, vorne abgekürzte Mittellinie nicht so scharf, in der Mitte sehr fein oder ganz unterbrochen. Deckenstreifen flach eingeritzt, nur die an den Seiten etwas vertieft, die Punkte in ihnen weitlaufig, die Spatien flach, mit nebeneinanderliegenden runden, flachen, in der Mitte leicht vertieften Schuppen bedeckt und ‧mit eingestreuten, nur bei starker Vergrößerung sichtbaren, sehr kurzen, anliegenden, weißlichen Schuppenbörstchen, welche auf der abschussigen Stelle langer sind und schräg abstehen. Beine etwas länger als bei noxius.

Xylinophorus
Faust. Deutsche Ent. Zeitschr. 1885, p. 177.

X. prodromus Faust loc. cit.
Sirikol bis Panga. 2 Exemplare.

Phacephorus
Schönherr. Gen. Cure. VI. 1. p. 244.

Ph. russicus Faust. Deutsche Ent. Zeit. 1885, p. 181.
Ohne genaue Fundortsangabe. 1 Exemplar.

Leptomias. *)
Leptomias Jekel in litt.

A genere Orthomias Faust (Entom. Nachr. 1885, p. 72) scapo antennarum mediam partem oculorum attingente, scrobe haud abbreviata, margini inferiori oculorum adhaerescente diversus est.

Typus: Pachynotus angustulus Redtenb.

L. bimaculatus n. sp. Ovatus, parum, convexus, piceus, luteo-squamosus et reclinatim setosus, antennis dilutioribus; fronte rostroque parum convexis, canaliculatis, hoc an-

---

*) Diese Gattung besitze ich auch aus Lepsinsk (Turkestan).

trorsum paulo angustato; prothorace lateribus post medium
rotundato, antrorsum magis angustato remote obtuseque
granulato, dorso canaliculato; elytris ovatis, postice acute
rotundatis, basi lateribus tantum anguste marginatis, dorso
minus convexis, postice declivibus, punctato-striatis, interstitiis convexis, alternis parum altioribus, dense luteo-
squamosis, utrinque post medium macula transversa albi-
diore notatis; femoribus incrassatis, ante apicem subalbido
annulatis; corpore subtus alutaceo, opaco   Long. 6,2—7,
Lat. 2,5—3 mm.

Murree.   In Mehrzahl.

Das ♀ dieser Art hat ein zugespitztes Analsegment, mit
stumpfer Längsfalte auf der Spitzenhalfte und an der Basis
beiderseits einen kurzen eingedrückten Stich; das ♂ ist mir
unbekannt.

Scheitel hoch, Stirne wie der Rüssel flach gewölbt, erstere
zur Rüsselbasis eingesenkt, letzterer so lang als breit, zur
Spitze etwas verengt, hier dreieckig ausgeschnitten, der Ausschnitt hinten durch einen concentrischen Eindruck begrenzt,
in welchen die bis auf den Scheitel reichende feine, vertiefte
Mittellinie reicht.   Augen rund, gewölbt, ihr Oberrand mit einer
deutlichen Furche umgeben.   Geißelglied 1 kaum länger und
etwas dicker als 2, beide doppelt, die übrigen so lang als breit,
7 an der Spitze breiter als die vorhergehenden.   Thorax so
lang oder nur wenig kürzer als breit, Vorderrand schmäler als
der fein erhabene Basalrand, die Seiten etwas hinter der Mitte
gerundet, flach gekornt, stellenweise gerunzelt, die Korner zur
Spitze hin kleiner, die durchgehende vertiefte Mittellinie mitunter furchenartig.   Schildchen äußerst klein, aber deutlich.
Decken fast doppelt so lang als breit und doppelt so breit als
der Thorax, die Seiten in der Mitte wenig, zur Basis kurz
gerundet, vom Spitzendrittel ab verengt und spitz zugerundet,
Rücken flach gewölbt, hinten steil abfallend; die feinen Streifen
mit ziemlich dicht gestellten, größeren, eingedrückten Punkten,
Streif 9 bis vor die Spitze tiefer eingedrückt, die Spatien etwas,
die Sutur hinten sowie meist die Spatien 2 und 4 wenig mehr
erhaben, alle mit einer Reihe abstehender, etwas nach hinten
gerichteter Börstchen; die Börstchen auf Rüssel, Kopf und
Thorax kürzer und nach vorne geneigt.

Unterseite fein lederartig gerunzelt, matt und ebenso dicht
beschuppt als die Oberseite, die Schuppen nur flacher als die
auf den geschwollenen Schenkeln; Vorderschienen innen mit 7
bis 8 größeren spitzigen, die mittleren mit kleinen Zähnchen,
die hintersten mit schwer sichtbaren Körnchen.

Die Schuppen auf Thorax und Decken sind dicht gestellt, etwas glanzend lehmfarbig, die auf Kopf und Rüssel kleiner und weniger dicht, bei einem Exemplar hinter den Augen mit graulichem Schimmer; auf den Decken steht etwas hinter der Mitte auf den Spatien 2, 3, 4 ein querer weißlicher Fleck, welcher vorne und hinten durch einen dunklen Schatten abgehoben wird.

Große und Zeichnung dieser Art stimmt annähernd mit der von Cneorhinus lituratus Redtenb. aus Kaschmir überein; bei diesem soll aber die helle Deckenmakel von einem dunklen Haken umrandet sein, die vertiefte Mittellinie des Rüssels schon auf der Stirne verschwinden, der Rüssel erhabene wenn auch kurze Seitenkiele besitzen und die Unterseite glänzend und sparsam beschuppt sein.

L. audax n sp. Praecedente similis sed griseo-squamosus, prothoracis elytrorumque lateribus (his interrupte) albido-squamosus, etiam antennis pedibusque crassioribus, fronte convexa, rostro antrorsum haud angustato, prothorace lateribus in medio rotundato, dorso inaequaliter impresso, non tuberculato, elytris basi evidenter marginatis, ante apicem impressis distinguendus est. Long. 6—7,5, Lat. 2,3—3,1 mm.

Ihelam Valley. 1 ♂♀.

Die Weibchen dieser und der vorigen Art haben gleiche Größe, gleiche Form und Wölbung des Thorax und der Decken, dagegen sind bei audax die Stirne gewölbter, der Rüssel parallel, auch etwas länger, die Decken vor der Spitze eingedrückt, wodurch die beiden letzten Spatien wulstig abgehoben werden, außerdem ist Färbung und Zeichnung eine andere, wenn auch nicht scharfere. Wahrend die breit weißen Thoraxseiten in's Auge fallen, treten die zweimal unterbrochenen weißen Deckenseiten weniger hervor, am meisten jedoch der mittlere Theil gleich hinter der Mitte, weil derselbe hinten durch eine nach außen verengte dunkle Makel auf Spatium 3, 4, 5, 6 begrenzt ist, von dem vorderen Theil wird er durch einen entgegengesetzt gerichteten, aber viel weniger dunklen keilformigen Schatten getrennt. Borsten auf den Decken kürzer als bei bimaculatus.

Beim etwas schmäleren ♂ sind sämmtliche Schienen innen mit spitzen, die hintersten in der Mitte wadenformig verdickt und mit feineren spitzen Zähnchen besetzt; Analsegment hinten sehr stumpf gerundet und die vorderen Schenkel etwas weniger gekeult als die des ♀.

L. Jekeli n. sp. Oblongus (♂), oblongo-ovatus (♀),
niger, terreno-squamosus et reclinatim setosus, antennis
unguiculisque fuscis; fronte rostroque depressis, canaliculatis, hoc paulo attenuato, abbreviatim bicarinato; prothoracis lateiibus post medium rotundato, tuberculato,
canaliculato; elytris basi tenuiter marginatis, oblongo-
ovatis, postiee rotundato-acuminatis, apice deoisum acuto-
productis, dorso paulo depressis, punctato-striatis, interstitiis convexis, post medium macula obliqua dilutiore
ornatis; corpore subtus subnitido, minus confertim squamoso. Long. 7—8, Lat. 2,3—3 mm.
Murree. 1 ♂♀.

Namentlich durch gestrecktere Form und die an der Spitze
nach unten schnabelformig vorgezogenen Deckenspitzen von
b i m a c u l a t u s zu unterscheiden.

Stirne wie der Rüssel flach, dieser beiderseits vor den
Augen mit einem kurzen Längskiel und innerhalb desselben
flach eingedrückt. Thoiax wie bei b i m a c u l a t u s geformt,
aber kiaftiger tuberkulirt, beim ♂ leicht gerunzelt. Decken
tiefer punktirt-gestreift, Spatien gewölbter als bei b i m a c u l a t u s,
beim ♀ die Naht auf der Mitte des Rückens flach, erst hinten
auf der abschüssigen Stelle gewolbt und erhabener als die
ubrigen Spatien und bei beiden Geschlechtern in die oben erwahnte Spitze endigend. Von der Seite gesehen ist der Seitenrand der Decken vor der Spitze ausgebuchtet, wodurch die
Spitze selbst nach unten gezogen erscheint.

Die Oberfläche ist mit erdfarbigen runden Schuppen dicht
bedeckt, hinter der Mitte auf Spatium 2 bis 5 mit einer schräg
nach vorne gerichteten, wenig helleren Makel, alle Spatien mit
einer Borstenieihe wie bei b i m a c u l a t u s. Die Schuppen auf
der glanzenden Unterseite stehen nicht so dicht als diejenigen
auf der Oberseite und haben stellenweise metallischen Glanz.

♂. Rücken der Hinterschienen flach ausgebuchtet, Analsegment flacher gerundet.
♀. Hinterschienen gerade, Analsegment spitzig gerundet
und mit einem Längskiel auf der Mitte.

Ein ♀ dieser Art erhielt ich schon früher als aus Ostindien stammend von Herrn Jekel zugeschickt, nach welchem
ich mir erlaubt habe, diese Art zu benennen.

C n e o r h i n u s l i t u r a t u s Redtenb., von welchem ich ein
typisches ♂ gesehen, hat feinere Sculptur, andere Färbung und
Zeichnung, namentlich aber ist die innere Spitenecke der Hinterschienen nicht wie in der Beschreibung — Hüg. Kaschmir IV.

2. p. 543 — gesagt staik einwärts gebogen, sondern in einen stumpfwinkligen Lappen ausgezogen.

L. invidus n. sp (♂). Oblongus, convexus, niger, griseo-squamosus et reclinatim breviter setosus; rostro lateribus parallelo, subplano, canaliculato, apice late impresso; prothorace antrorsum angustato, lateribus basin versus rotundato, dorso subtilissime punctato, basi linea abbreviata impressa, lateribus remote obtuseque tuberculato; elytris oblongis, postice longe attenuatis et minus declivibus, concinne punctato-striatis, interstitiis subconvexis; femoribus anticis incrassatis. Long. 8,5, Lat. 2,5 mm.

Sind Valley. 1 Exemplar.

Etwas großer als der afrikanische **angustus***) Faust; Fühler und Beine viel länger und kräftiger, Thorax nicht in der Mitte sondern dicht vor der Basis gerundet erweitert. Größer als **Jekeli**, mit ebenfalls längeren Fühlern und Beinen, ganz anders sculptirtem Thorax, hinten lange nicht so steil abfallenden Decken.

Stirne leicht, Rüssel noch weniger gewölbt, dieser kürzer als breit, an der Spitze eingedrückt, mit einer bis auf die Stirne reichenden vertieften Mittellinie. Augen kurz, oval. Fühlerschaft zur Spitze keulenformig, Geißelglied 1 dicker und langer als 2, dieses so lang als 7, etwas länger als 3, die übrigen kürzer aber immer noch beinahe so lang als breit. Thorax fast so lang als breit, zur fein gerandeten Basis gerundet erweitert, hinter dem Vorderrande quer aber flach eingedrückt. Decken an den Seiten flach und regelmaßig gerundet, dreimal so lang als breit, in der Mitte um $1/3$ breiter als der Thorax, die an den Seiten stärker erhaben gerandete Deckenbasis wenig breiter als die Thoraxbasis, der Länge und Breite nach gewölbt, hinten allmälig schiäg abfallend; die Punkte in den feinen vertieften Streifen nicht dicht aber ziemlich groß, eingedrückt, die Spatien gewolbt, mit einer unregelmäßigen Reihe kurzer, fast anliegender Bórstchen. Unterseite nicht dicht punktirt. Das mannliche Analsegment an der Spitze flach gerundet, ziemlich dieht schräg abstehend behaart.

Oberseite mit kleinen aschgrauen Schuppen ziemlich gleichmäßig besetzt, die Thoraxseiten? oder 2 helle nicht scharf begrenzte Langsbinden? — das Exemplar ist nicht gut erhalten — weißlich.

---

*) In den Ent. Nachrichten 1885 als **Molybdotus** beschrieben, muß aber zu **Leptomias** gezogen werden.

L. Stoliczkae n. sp. Elongatus (♂) vel oblongus ♀, minus convexus, nigro-piceus, fusco-griseo-squamosus et reclinatim longius setosus, antennis tarsisque dilutioribus; oculis breviter ovatis, convexis, rostro plano, late impresso, canaliculato, apice interdum depresso; prothorace quadrato (♂) vel transverso (♀), lateribus aequaliter rotundato, dorso punctato, lateribus ruguloso; scutello minutissimo; elytris lateribus vix rotundatis, apice posticeque paulatim, hinc sinuato-angustatis et plus minusve acute productis, dorso parum convexis, postice perpauca declivibus, punctato-striatis, interstitiis parum convexis; femoribus incrassatis. Long. 9—10, Lat. 2,5—3,5 mm.

Murree. In Mehrzahl.

Die hinten vor der Spitze sehr flach gewölbten Decken und ihre stumpf ausgezogene Spitze charakterisiren diese Art, deren ♂ dem angustus-♂ in der Form sonst nahe steht. Vom invidus-♂ unterscheidet sie sich durch gestreckte Form und flachere Wölbung hauptsächlich. Abgesehen von der eigenthümlichen Form der Flügeldeckenspitze hat die neue Art auf den ersten Blick Aehnlichkeit mit dem europaischen Brachyderes incanus L.

Stirne sehr wenig gewölbt. Rüssel mit parallelen Seiten, so lang als breit, an der Basis breit niedergedrückt, hinter dem dreieckigen Spitzenausschnitt mit einem flachen, nicht immer gleich deutlichen Eindruck, die vertiefte Mittellinie reicht, auf der Stirne feiner werdend, bis zum Scheitel; Fühlerfurche nach hinten nicht erweitert, über derselben vor den Augen mit einem flachen, zuweilen undeutlichen Eindruck. Fühlerschaft länger, die relative Länge der Geißelglieder wie bei der vorigen Art. Thorax an den Seiten gleichmäßig gerundet, Sculptur des Rückens durch die Beschuppung verdeckt, an den Seiten schwach gekörnt oder runzlig, auf dem Rücken ohne vertiefte, zuweilen sogar mit Spuren einer erhabenen Mittellinie. Scutellum meistentheils als sehr kleines Dreieck wahrnehmbar. Deckenbasis gemeinsam ausgerandet und namentlich an den Seiten deutlich gerandet, die Ecken der Basis als kleines stumpfes Zähnchen vortretend, Seiten vor der Spitze deutlich zusammengerafft, wodurch die ohnehin ausgezogene Spitze etwas wulstig hervorgedrangt wird; auf dem Rücken flach gewölbt, die hintere ohnehin flache Wolbung beim ♂ noch flacher als beim ♀, Sculptur der Decken wie bei invidus und angustus, die Sutur hinten nicht erhabener als die Spatien, auf dem Rücken des ♀ sogar meist etwas niedergedrückt. Beine ebenso lang und kräftig als bei **invidus**. Abdomen bei abgeriebenen Stücken fein quergerunzelt.

Der Körper ist gleichmaßig dicht mit braungrauen Schuppen bedeckt, die Schuppen der Oberseite rundlich, etwas gewölbt, die der Unterseite oval, flach und gefiedert, die Börstchen auf der vorderen Hälfte des Körpers kürzer und fast anliegend, diejenigen auf der hinteren länger und abstehender, auf den Deckenspatien nicht oder sehr unregelmäßig gereiht

♂ schmaler, Analsegment zur Spitze wenig verengt und hier beinahe abgestutzt.

♀ breiter, Analsegment nach hinten zu spitz verengt, an den Seiten der Basis mit eingedrückter Linie.

L. verrucicollis n. sp. Oblongus (♂) vel oblongo-ovatus (♀), minus convexus, terreno-squamosus et reclinatim setosus; fronte rostroque planis, canaliculatis, hoc lateribus parallelis, quadrato; antennis brevibus; prothorace parum transverso, antrorsum angustato, lateribus pone basin ampliato-rotundato et subito contracto, dorso parum depresso, undique verrucis e 3 vel 4 granulis minutissimis compositis, interdum confluentibus obsito; elytris postice sinuato-angustatis, punctato-striatis, interstitiis alternis vix convexioribus; pedibus brevioribus. Long. 6,2—6,5, Lat. 2—3 mm.

Murree. 1 ♂♀.

Rüssel und Stirne beim ♂ ganz flach, beim ♀ noch an der Basis breit und flach eingedrückt, nur wenig kürzer als breit, die feine vertiefte Mittellinie ist nur schwer bis auf den Scheitel zu verfolgen, die nicht dicht aneinander gelegten Schuppen bilden nicht ganz regelmäßige Längsreihen, wodurch der Rüssel schwach längsgerunzelt erscheint. Augen fast halbkugelig. Fühlerfurchen anfänglich zur Rüsseloberkante etwas erweitert, dann in gleicher Breite zum Unteraugenrand verlaufend. Geißelglied 1 nur wenig länger, 2 und 7 so lang, die übrigen kürzer als breit. Thorax beim ♂ vor der Basis nur wenig schmaler als die Deckenmitte, mit sehr flachem Eindruck hinter dem Vorderrande, der Rücken flachgedrückt, ohne oder nur mit angedeuteter vertiefter Mittellinie, ziemlich dicht mit kleinen flachen Wärzchen oder flachen Körnchen mit eingestochenem Punkt wie bei **Thylacites scobinatus** Kol. bedeckt. Decken beim ♀ reichlich um die Hälfte breiter als der Thorax und doppelt so lang als beim ♂, mindestens dreimal so lang als breit, Basis an den Seiten stärker gerandet, die Seiten wenig, zur Basis mehr, zur Spitze ausgeschweift, die Spitze selbst gemeinsam flach gerundet, der Rücken flach gewölbt, hinten beim ♂ sehr schräg, beim ♀ steiler abfallend, die Streifen und die mittelgroßen Punkte in ihnen flach, an den Seiten tiefer eingedrückt, die Spatien etwas gewölbt, die abwechselnden nur wenig höher und beim ♂ breiter, alle mit unregelmäßig gereihten, hinten länger und mehr abstehenden Börstchen. Schenkel verdickt, aber nicht keulenförmig.

Die Schuppen sind auf dem ganzen Körper rundlich und etwas gewölbt, weshalb die Oberfläche ein gekörneltes Aussehen erhält; auf dem Abdomen stehen die Schuppen weniger dicht.

Hinterschienen des ♂ wie bei audax nach innen wadenförmig verdickt, dann bis zur Spitze ausgebuchtet und mit spitzigen Zähnchen besetzt.

Otiorhynchinae.

Otiorhynchus
Germar. Ins. Spec. nov. p. 343.

O. (Arammichnus) russicus Stierl. Mittheil. Schweiz. Ent. Gesellsch. 1883, Heft 8 u. 9, p. 142.

Sirikol bis Panga. In Mehrzahl.

O. (Tournieria) amoenus n. sp Ovatus, parum nitidus, brunneus, pilis longioribus adpressis luteis sat dense vestitus, antennis pedibusque dilutioribus; rostro brevi, antrorsum angustato, tenuiter carinato, scrobe abbreviata; fronte lata, foveola oblonga impressa; antennis mediocribus, articulis 2 primis funiculi aeque longis; prothorace oblongo, lateribus vix rotundato, punctato-granulato, medio carinulato; elytris ovatis, prothorace vix duplo latioribus, punctato-substriatis, interstitiis planis punctatis, sutura postice tumidis; femoribus muticis, tibiis anticis rectis. Long. 4,5, Lat. 2,1 mm.

Ohne genauere Fundortsangabe. 1 Exemplar.

Stirne zwischen den Augen fast doppelt so breit als der Augendurchmesser und wie der Rüssel ziemlich dicht punktirt, dieser kürzer als breit, Augen schwach gewölbt. Fühlerschaft etwas mehr gekrümmt als bei Esan Stierl., Geißelglied 1 und 2 verlängert, gleich lang, die folgenden so lang als breit, Keule so lang als die 4 letzten Geißelglieder und nicht dicker als die Schaftspitze. Thorax länger als breit, fast cylindrisch, die Seiten schwach gerundet, kräftig gekörnt, die Körner eine glatte, nach vorne abgekürzte erhabene Mittellinie freilassend, jedes Korn abgeflacht und mit einem schräg eingestochenen Punkt, deren jeder ein längeres feines, graugelbes Härchen trägt, die

Härchen viel dünner als die auf den Decken, concentrisch gelagert und die Kornelung verschleiernd. Decken nicht hoch
gewölbt, mit wenig vertieften Punktstreifen, die Spatien $2\frac{1}{2}$ mal
so breit als die Streifen, mit feinen eingedruckten Punkten und
in jedem derselben mit einem pfriemenformigen, lehmfarbenen,
nach hinten gerichteten Härchen, die Naht auf der abschüssigen
Stelle etwas geschwollen. Unterseite so fein punktirt als die
Deckenspatien.

Die neue Art ist zwischen irregularis Stierl. (Türkei)
und Esan Stierl. (Yssik-Kul) zu stellen, hat mit ersterer die
anliegende Behaarung gemeinsam, ist aber durch längere und
dickere Haare, conischen Rüssel, die beiden gleich langen ersten
Geißelglieder, granulirten Thorax und andere Deckensculptur
zu unterscheiden.

Ptochus
Schönherr. Disp. meth. p. 188.

Pt. percussus n. sp. Oblongus, convexus, niger, nitidus,
cinereo-squamosus et breviter setosus; fronte plana, latis-
sima, rostroque antrorsum parum angustato subtiliter strigosis, hoc antice longitudinaliter subimpresso, interdum
leviter carinato; articulo 2° funiculi 1° parum longiore;
prothorace brevi, fere cylindrico, basi angustiore, profunde minus crebre punctato; scutello parvo rotundato,
squamoso; elytris elongato-ovatis, apice acute rotundatis,
convexis, punctato-striatis, interstitiis subplanis; pedibus
elongatis, femoribus spina parva armatis, anticis clavatis,
unguiculis liberis. Long. 4—4,5, Lat. 1,2—2 mm.

Murree. 1 ♂♀.

Von der Form des rufipes Sch , aber größer, mit schwarzen
Fühlern und Beinen, hinten mehr zugespitzt, mit runden Schuppen
ziemlich dicht und außerdem namentlich auf den Decken mit
nicht langen, dickeren, schrag nach hinten gerichteten, an der
Spitze etwas verdickten und leicht gebogenen Börstchen besetzt.

Augen größer als bei rufipes, aber ebenso gewölbt, die
flache Stirne zwischen ihnen fast dreimal so breit als der Augendurchmesser, die feinen Langsrunzeln auf Kopf und Rüssel lassen
bei einem Exemplar eine kurze Kiellinie auf der Spitzenhalfte
des Rüssels frei. Fuhlerschaft leicht gekrümmt und zur Spitze
etwas verdickt, Geißelglied 2 bei rufipes um $\frac{1}{3}$ kürzer, bei
percussus etwas länger als 1. Thorax wie bei rufipes
quer, die Seiten aber kaum gerundet, dicht vor der Basis schnell
verengt und ausgeschweift, die Punktirung nicht sehr dicht,
immerhin die Entfernung der auf dem Rücken groberen Punkte

kleiner als die Punkte selbst; zugespitzte Börstchen auf Rüssel, Kopf und Thorax sind nach vorne gerichtet. Decken wie überhaupt die Oberseite mit kleinen runden, gelbgrauen Schüppchen ziemlich dicht besetzt, die Punkte in den wenig vertieften Streifen — nur Streif 9 mehr vertieft — so groß als die auf dem Thorax, aber nicht so tief und nur durch schmale Brückchen getrennt, die Spatien mit einer nicht ganz regelmäßigen Reihe feiner eingestochener Punkte. Beine mit anliegenden Borstenhaaren besetzt, Vorderschenkel gekeult. Abdomen fein und weitläufig punktirt, weniger dicht beschuppt, die Schuppen länglich, fein gefiedert, mit eingestreuten, anliegenden, pfriemenformigen Borsten.

Das ♂ unterscheidet sich vom ♀ durch schmälere Flügeldecken, etwas weniger keulige Schenkel und weniger gewolbtes Abdomen.

Pt. afflictus n. sp. Oblongus, minus convexus, piceobrunnens, subnitidus, luteo-squamosus et setosus, antennis pedibusque dilutioribus; oculis parvis, convexis; fronte rostroque subtiliter strigosis; articulis primis 2 funiculi aeque longis; prothorace brevi, subcylindrico, ante basin angustato, fortiter punctato; scutello punctiforme; elytris ovatis, dorso minus convexis, antice profunde punctatostriatis, interstitiis hinc convexis, cum granulis minutissimis remotisque uniseriatim ac setis erectis longioribus obsitis; pedibus elongatis, gracilibus, femoribus subclavatis, spina minuta armatis, unguiculis liberis. Long. 3,5, Lat. 1,2 mm. Murree. 2 ♀.

Auch diese Art hat den Habitus des langbeinigen **rufipes** Sch. Augen noch kleiner als beim sibirischen **deportatus** Sch. und mehr gewölbt; Stirne viel breiter als bei diesem, etwa so breit als bei **percussus**, aber mindestens viermal so breit als der Augendurchmesser, flach und wie der Rüssel längs nadelrissig, dieser wie bei **percussus** geformt. Thorax sehr wenig langer als bei letzterer Art und ebenso geformt, dagegen die Punktirung gröber und tiefer, bei einem Exemplar eine Langsrunzel hervordrängend. Decken beim ♀ mit deutlichen, stumpf abgerundeten Schultern, an den Seiten hinter der Mitte etwas verbreitert, dann verengt und gemeinsam spitz gerundet, auf dem Rucken wenig gewölbt, auf der Basalhalfte die Streifen mehr vertieft und die Spatien gewolbt, diese auf abgeriebenen Stellen bei starker Vergrößerung mit einer nicht ganz regelmäßigen Reihe feiner entfernter Körnchen, aus welchen längere abstehende, schwach verdickte Haare entspringen. Die Schuppen

haben dieselbe Form und sind ebenso dicht gestellt als bei
percussus. Beine sehr dünn, die Schenkel kaum verdickt.

Arhines
Schönherr. Gen. Cure. II. pag. 465.

A. brunneus n. sp. Oblongus, modiee convexus, brunneus, parce luteo-squamosus et longe hirsutus; fronte impressa; rostro confertim rugoso-punctato, abbreviatim
carinato; antennis mediocribus, articulo 1º funiculi 2º
sensim longiore, clava elongata acuminata; prothorace fere
quadrato, lateribus rotundato-ampliato, confertim sat profunde punctato; scutello elongato; elytris oblongis, humeris
obtuse angulatis subcarinatis, dorso subdepressis, posterius
convexioribus, apice abrupte declivibus, sutura ante apicem
plus minusve profunde sinuatis, concinne punctato-striatis,
interstitiis subplanis minutissime remoteque punctatis; femoribus clavatis; corpore subtus punctato, sat dense squamoso
et piloso. Long. 6—8,5, Lat. 2,3—3 mm. ·
Ihelam Valley. In Mehrzahl.

Durch die lange abstehende Behaarung zeichnet sich brunneus von languidus und postumus Sch. besonders aus.

Stirne zwischen den großen etwas gewölbten Augen flach
und eingedrückt, mit einer vertieften Linie in diesem Eindruck.
Rüssel flach, mit parallelen Seiten, an der dreieckig ausgeschnittenen Spitze etwas niedergedrückt und wie die Stirne
längsgerunzelt. Fühlerkeule so lang als die 5 letzten Geißelglieder, schmal, das dritte Keulenglied abgesetzt, schmäler als
das zweite, das letzte scharf zugespitzt. Thorax fast so lang
als in der Mitte breit, Hinterrand etwas breiter als der Vorderrand, die Seiten in der Mitte gerundet erweitert, nach vorne
geschweift und etwas halsförmig verengt, die ziemlich tiefen
Punkte etwas größer als die Spatien zwischen ihnen. Schildchen
dichter und heller behaart als die Decken. Diese über die
rechtwinkligen abgerundeten Schultern fast doppelt so breit als
der Thorax, Seiten parallel, hinten im letzten Fünftel gemeinsam
gerundet, auf der Basalhälfte flach, auf der Spitzenhälfte mehr
gewölbt; innerhalb der Schultern mit einem breiten Eindruck,
welcher diese etwas kielförmig abhebt, die Naht an der Spitze
beim ♂ kurz und flach, beim ♀ tiefer und breiter ausgebuchtet,
durch welche Ausbuchtung die Spitze etwas dornartig nach
hinten vortritt.

Die ganze Oberseite ist mit anliegenden, lehmgelben,
pfriemenförmigen Härchen sehr spärlich, Rüssel, Kopf und
Thorax außerdem mit kürzeren, die Decken mit viel längeren

abstehenden Haaren bedeckt; Hinterbrust und Abdomen dichter mit weißlichen, kurzen, gefiederten Schüppchen bedeckt, zwischen welchen spärliche, feine, wenig abstehende Borstenhärchen entspringen. Beine einfach und schräg abstehend behaart, die Schenkel kräftig gekeult (beim ♂ kräftiger), alle, namentlich aber die vorderen mit einem kleinen Körnchen als Anfang einer Zahnbildung.

Analsegment des ♀ gewölbt, spitz gerundet, beim ♂ flach, an der Spitze abgestutzt und mit einem flachen Längseindruck.

Coxigetus
Desbrochers des Loges. Monogr. des Phyllobiides p. 743.
Faust. Deutsche Ent. Zeitschr. 1885, p. 167.

C. eroptus n. sp. Oblongus, nigro-piceus, undique griseo-squamosus, supra cervino-nebulosus, antennis pedibusque piceis; fronte cum rostro late longitudinaliter impressis, illa puncto impressa, hoc bicarinato, apice paulo depresso; prothorace trapeziforme, basi bisinuato, angulis posticis acutis, dorso parum depresso, remote punctato; elytris prothoracis basi latioribus, humeris obliquis, convine punctato-striatis, interstitiis planis, punctis glabris et pilis brevissimis interjectis; femoribus parum incrassatis, posticis evidenter dentatis. Long. 5—7.2, Lat. 1.8—3 mm.

Ihelum Valley. In Mehrzahl.

Annähernd von der Form des sellatocollis Faust aus Turkestan, aber von anderer Färbung und ohne abstehende Borsten.

Rüssel nur sehr wenig schmäler als der Kopf hinter den sehr großen mäßig gewölbten Augen und bis auf die Stirne rinnenartig flach vertieft, die Ränder dieser Rinne kielförmig, der Grund derselben mit feiner unbeschuppter Mittellinie — beim ♀ gegen die Spitze hin erhaben —, welche in einem tiefen Stirnpunkt endigt; Rüsselspitze schmal, dreieckig ausgeschnitten, hinter dem Eindruck etwas niedergedrückt und weniger dicht beschuppt. Fühlerschaft im Basaldrittel etwas gebogen, wenig zur Spitze verdickt, Geißelglied 1 und 2 verlängert, gleichlang, die übrigen wenigstens so lang als breit, Keule lang, an beiden Enden kegelförmig zugespitzt. Thorax fast so lang als an der zweibuchtigen Basis breit, nach vorne geradlinig verengt, Vorderrand gerade, die Wimpern unter den Augen kurz, Hinterecken spitzwinklig, etwas nach außen gerichtet. Mittellappen breit gerundet, Ecken zur Basis hin abgeflacht, mit weitläufigen Punkten, welche die Beschuppung durchbrechen. Schildchen rund, flach, dicht weißgrau beschuppt. Decken über die Schultern fast doppelt so breit als der Thoraxvorderrand, Schultern stumpfwinklig, schräg abfallend, Seiten parallel, im hinteren Viertel gerundet, flach gewölbt, hinten schräg abfallend, die Wölbung an den Seiten gleich hinter den Schultern lang und flach ausgebuchtet, die aus dichten Punkten bestehenden Streifen wenig vertieft, Spatien flach, mit kleinen zerstreuten, schwarzen Punkten, welche wie auch die auf Thorax und Abdomen ein kleines anliegendes Schuppenborstchen tragen. Nur auf der Naht vor der Spitze bemerkt man gegen das Licht wenige abstehende Borstchen.

Die Unterseite des Körpers ist dicht mit runden, weißgrauen, aneinanderliegenden Schüppchen bedeckt, während die Faibung der Oberseite variirt; hier sind graue Schuppen vorherrschend, Thoiaxrücken und 2 breite, nicht scharf begrenzte Seitenbinden sowie Nebelflecke auf den Deckenstreifen sind rehfarbig; mitunter dehnt sich auf den Decken die dunklere Farbung aus, erfaßt die Spatien in ihrer ganzen Breite, wird intensiver, ohne jedoch regelmäßige und scharfe Zeichnungen erkennen zu lassen.

Beim kleineren schmäleren ♂ ist Abdominalsegment 1 und 2 flach gediückt.

C. spec.? Long. 3,5, Lat. 1,2 mm.

Zwischen Leh und Yarkand. 1 Exemplar.

Das einzige vorliegende Stück ohne Tarsen und Antennen entzieht sich einer genaueren Beschreibung. In der Form steht es dem turkestanischen trepidus Faust nahe, nur ist Stirne und Rüssel gewölbter, letzterer stark conisch und ganz ohne vortretende Pterygien; Thorax nach hinten weniger erweitert, schwächer trapezformig, der Mittellappen der Basis mehr gerundet, die Hinterecken nur nach hinten vorgezogen.

Eremninae.

Synolobus.

Alae nullae, unguiculi libeii; metasternum inter coxas brèvissimum; pars intercoxalis lata, apice truncata; prothorax basi truncatus, lobis ocularibus produclis et ciliatis; scutellum nullum; rostrum capite haud angustius, apice triangulariter excisum, scrobe superna; scapus prothoracis maiginem anticum parum supeians; clava oblongo-ovata.

Trotz der verrundeten Schultern stoßen Epimeren und Episternen der Mittelbrust in einem Punkte zusammen. Fühlerschaft cylindrisch, zur Spitze wenig verdickt, die zwei ersten Geißelglieder veilängert. Vorderhüften in der Mitte der Vorderbrust. Trochanterenborste vorhanden. Vorderschienen innen flach, zweibuchtig, 4 Hinterschienen zur Spitze dicker und hier außen und innen spitz dreieckig ausgezogen, alle an der Innenecke mit einem Dorn.

Von Canoixus Roelofs und Ptochidius Motsch. durch nicht zweibuchtige Thoraxbasis, fehlendes Scutellum und verrundete Schultern, von Calomycterus Roelofs durch gezähnte Schenkel, ganz anders geformte Schienen und kürzeren Fühlerschaft, von Corigetus Desbr. durch deutliche Augenlappen, fehlende Schultern und Scutellum sowie durch die sehr kurze Hinterbrust — kürzer als der Mittelhüftendurchmesser — zu unterscheiden.

S. *periteloides* n. sp. Ovatus, parum convexus, piceus, squamulis terrenis dense vestitus et setosus; antennis, tibiis tarsisque brunneis; fronte abbreviatim canaliculata; rostro antrorsum angustato, subplano, carinato; prothorace lateribus subrecto, margine antico in medio parum emarginato, remote fortiterque punctato; elytris ovatis, obsolete punctato-striatis, dorso minus convexis, postice valde declivibus; femoribus dente parvo acuto armatis. Long. 4,5, Lat. 1,7—2 mm.

Dras, Kargil, Leh. Wenige Exemplare.

Dem Peritelus griseus Oliv. in der Form sehr ähnlich. Stirne und Rüssel flach, dieser kürzer als breit, an der Spitze tief dreieckig ausgeschnitten und mit den wenig entwickelten Pterygien fast nicht breiter als die Stirne zwischen den flachgewolbten, am Innenrande fein umfurchten Augen, auf dem Rücken mit einer feinen Kiellinie, welche in einem länglichen Stirnpunkt endigt, unten vom Kopf durch einen Quereindruck abgesetzt; Fühlergruben kurz oval, nach hinten wenig convergirend. Geißelglied 1 und 2 gleich lang, jedes von ihnen so lang als 3, 4 und 5 zusammen, diese sowie 6 und 7 an Länge gleich, kürzer als breit. Thorax beim ♂ so lang, beim ♀ kürzer als breit, Vorder- und Hinterrand gleich breit, Seiten sehr wenig gerundet, Rücken vor dem Scutellum mit einem kurzen und flachen Eindruck; Prosternalvorderrand tief ausgebuchtet. Deckenstreifen sehr fein, die Punkte in ihnen nicht so groß als die auf dem Thorax, flach und nicht dicht, Streifen 9 und 10 nähern sich bei den Hinterhüften; Spatien flach oder kaum gewölbt, mit regelmäßigen Reihen feiner, eine längere Borste tragender Punkte, die Borstchen pfriemenförmig, an der Spitze schwach gekrümmt.

Der ganze Körper dicht mit erdfarbenen und bräunlichen, kleinen, runden Schüppchen bedeckt, an den Seiten mit meist

10

recht undeutlichen weißlichen Flecken auf den Punktstreifen.
Schenkel verdickt, alle mit kleinem dornformigen Zahn.

S. distans n. sp. Magis convexus; a praecedente
praeterea fronte latiori, haud caniculata, rostro antrorsum
magis attenuato, non carinato, articulo 1º funiculi 2º
sensim longiore, prothorace lateribus magis rotundato,
post marginem anticum transversim impresso, lobis ocularibus modice productis, setis brevioribus distinguendus
est. Long. 4,6—5, Lat. 2—2,2 mm.

Pankong Valley. 1 ♂♀.

Das etwas kleinere und schmälere ♂ hat weniger breite
Stirne und ist auch nicht so hoch gewolbt als das ♀. Das
Schuppenkleid ist einfarbig grau.

Heteroptochus. *)

Gen. Synolobo affinis sed prothorace lobis ocularibus
haud ciliatis, humeris elytrorum plus minusve indicatis,
processu intercoxali ovato-acuminato, coxis anticis magis
prope margini antico piosterni sitis, tibias 4 posticis
apice nec dilatatis nec mucronatis differt.

Die neue Gattung gleicht auffallend manchen Ptochus,
z. B. percussus, gehört aber wie auch die voiige Gattung
durch die entwickelten Augenlappen und oberständigen Fühler-
fuichen zu den Eremniden, mit vor den Augen nicht abgesetzt verengten Rüssel zu den Cyphiceriden und ist zunächst mit Calomycterus Roelofs verwandt, unterscheidet
sich aber von diesem durch den schmalen zugespitzten Abdominalfortsatz. Die Beine sind Ptochusbeine, nur sind die 4 Hinterschienen an der Spitze nicht gerade abgestutzt, sondern an der
Außenecke abgerundet, mit kurz aufsteigendem, fein bewimperten
Talus.

H. Pascoei n. sp. Oblongus, convexus, ater, nitidus,
squamis cinereis augustis sparsim obsitus, erecto-setosus,
antennis ferrugineis; rostro bievissimo, antrorsum vix
attenuato, longitudinaliter late impresso, in fundo interdum
carinato, obsolete rugoso-punctato; fronte inter oculos
foveola impressa et plus minusve transversim depressa;
antennis gracilibus, scapo mediam partem prothoracis
attingentibus, clava elongata acuminata; prothorace sub-
quadiato, lateiibus parum rotundato, basin versus magis
attenuato, foitter sat dense punctato; elytris oblongo-

---

*) Ich besitze Vertreter dieser Gattung aus Tenasserim (Ostindien)
und Australien.

ovatis, convexis, postice valde declivibus, humeris vix
indicatis, fortiter striato-punctatis, interstitiis exterioribus
magis convexis; femoribus paulo incrassatis, spina parva
acuta armatis. Long. 4—4,5, Lat. 1,6—1,8 mm.

Murree. Einige Exemplare.

Ganz von der Form des Ptochus percussus. Scheitel
gewölbt, Stirne flach, mit einer eingedrückten kurzen Längslinie und einem flachen, nicht immer deutlichen Quereindruck
zwischen den Augen. Rüssel viel kürzer als breit, an der
Spitze mit den kaum vorragenden Pterygien fast so breit als
der Kopf mit den ovalen, wenig gewölbten Augen, und mit
spitz dreieckigem, fein erhaben gerandetem Ausschnitt an der
Spitze, welcher durch 2 tiefe concentrische Eindrücke hervorgehoben wird, die Seitenkanten der Längsvertiefung stumpf
kielförmig, die Seiten vor den Augen mit einem Längseindruck,
welcher eine scheinbare Verlängerung der tiefen kurzovalen
Fuhlergruben bildet und zuweilen noch von einem feinen Längskiel durchzogen ist; dieser Eindruck ist übrigens seiner ganzen
Länge nach von oben sichtbar. Fühlerschaft etwas gekrümmt,
Geißelglied 1 und 2 fast gleich lang und länger als 2 der
folgenden Glieder zusammen, jedes von diesen noch doppelt
so lang als breit, Keule fast so lang als die 3 letzten Geißelglieder zusammen. Thoraxpunkte viel dichter, gröber und tiefer
als die auf der Stirne, an den Seiten noch dichter und Körner
bildend. Decken vorne fast breiter als die Thoraxbasis, die
Schultern an der Vereinigungsstelle von Streifen 6 und 9
(namentlich beim breiteren ♀) mit einem stumpfen Körnchen.

Lange zugespitzte und abstehende Borsten stehen einreihig
auf den mit feinen länglichen Schuppen spärlich besetzten und
leicht gewolbten Deckenspatien, die Punkte in den Streifen der
elliptischen Decken noch größer als die auf dem Thorax und
nur durch schmale Stege getrennt, welche nicht selten auf die
Spatien übergreifen; die Streifen beim ♂ kaum, beim ♀ deutlich
breiter als die Spatien. Hinterbrust und Abdomen an den Seiten
mit gröberen zerstreuten Punkten.

Platytrachelus
Schönherr. Gen. Curc. VII. 1. p. 48.

P. propinquus n. sp. Totus niger, squamulis laete
virescentibus dense vestitus, setulis albidis squamiformibus
adpressis obsitus; rostro longitudinaliter late profunde impresso canaliculatoque; articulis 2 primis funiculi elongatis,
aequelongis; prothorace transverso, lateribus rectis, lobo
mediano basali minus acuto; scutello parvo rotundato,

nigro, nitido; elytiis prothoracis basi paulo latioribus, humeris obtusis, lateribus parallelis, postice rotundato-acuminatis, apice ipso deorsum acute productis, punctato-substriatis; femoiibus dente parvo acuto armatis. Long. 6, Lat. 2,4 mm.

Muriee. 1 Exemplar.

Von den beiden bisher beschriebenen Arten **pistacinus** Boh. Sch. und **chloris** Pasc. durch den tief gefurchten unge-kielten Rüssel und die beiden gleich langen ersten Geißelglieder der überhaupt kürzeren Antennen sofort zu unterscheiden. Mit **chloris** hat die neue Art die nicht umfurchten Augen ge-meinsam, weicht aber schon durch die gezähnten Schenkel ab.

Rüssel in seiner ganzen Breite längsgefurcht, diese Furche zur dreieckig ausgeschnittenen Spitze hin tiefer, im Grunde mit einer feinen vertieften Mittellinie, welche in einem Stirnpunkt endigt. Geißelglieder 3—7 höchstens so lang als breit, die ganzen Fühler mit länglichen flachen Schuppen und schuppen-förmigen Börstchen ziemlich dicht bedeckt. Augenlappen des conischen Thorax mäßig vorragend, spitz gerundet, Rücken mit nicht dichten eingestochenen Punkten. Die schräg ab-fallenden Schultern durch einen kurzen flachen Eindruck inner-halb und eine langere Buchtung unterhalb derselben leicht her-vorgehoben, Seitenrand bei den Hinterhüften breit, vor der Spitze kurz ausgebuchtet, durch welche letztere Bucht die Decken-spitze etwas schnabelformig nach unten gezogen erscheint, die Punktstreifen nur an den Seiten leicht vertieft, die Spatien flach, mit unregelmäßigen Reihen feiner Pünktchen, welche eine kurze, fest anliegende Schuppenborste tragen.

Chloëbius
Schönherr. Disp. meth. p. 211.

Chl. immeritus Boh. Sch. Gen. Cnrc. II. p. 645.

Kogyar. 1 Exemplar.

Cleoninae.

Bothynoderes
Schönherr. Disp. meth. p. 147.

B. libitinarius n. sp. Oblongus, parum convexus, ater, nitidus, glaber, capite post oculos, coxis 4 anticis, parte media sterni albido-pilosis; fronte deplanata, foveolata; rostro prothorace breviori, obtuse carinato utrinque obsolete abbreviatim impresso; prothorace subquadrato, lateribus antrorsum angustato apiceque constricto, cum capite rostro-que subtiliter punctato, ante scutellum impresso, punctis majoribus adsperso; scutello parvo rotundato; elytris prothoracis basi latioribus, humeris callosis, apice singulatim subrotundato, punctato-substriatis, interstitiis planis, subtilissime punctatis; pedibus gracilibus. Long. 10,5—18,5, Lat. 4—6,8 mm.

Sanju. 4 Exemplare.

Die an sämmtlichen 4 Stücken gleich gut erhaltene Behaarung der Unterseite und der Beine schließen die Annahme, es seien die Stücke abgerieben umsomehr aus, als bereits früher ein unbeschuppter Cleonus aus Persien als Mecaspis glabratus Faust beschrieben wurde.

Die neue Art hat mit abgeriebenen B. Dohrni Faust große Aehnlichkeit, ist aber glänzender, die Stirne flacher, Rüssel zur Spitze weniger verengt, Rüsselkiel stumpfer, Fühlergeißel dünner, die größeren Punkte des doppelt punktirten Thorax feiner, ohne Spur einer erhabenen Mittellinie, Deckenbasis nicht gemeinsam ausgerandet, Schultern rechtwinklig (nicht schräg abfallend) und beulig vortretend, Schenkel und Schienen viel schlanker.

Thoraxbasis flach, zweibuchtig, fast gerade abgestutzt, der Eindruck vor dem Scutellum flach. Die feinen Punktstreifen auf den Decken nach hinten flacher, die Punkte in ihnen nicht dicht, zuweilen länglich, hinten undeutlich, die flachen Spatien bei starker Vergrößerung sehr dicht und fein punktirt, bei gewöhnlicher Vergrößerung fein gekornt, stellenweise an den Seiten sind flache Querfältchen bemerkbar. Thorax unten mit unregelmäßigen Eindrücken und wie die Brust dicht punktirt, mit eingestreuten großen Punkten. Abdomen feiner, so fein und dicht als die Decken punktirt.

Kopf hinter den Augen, Mitte der Hinterbrust, Basis des Abdominalfortsatzes, Spitze des Prosternums zwischen den Vorderhüften und die Hinterbrustepisternen bei den Hinterhüften dicht mit schuppenformigen gefiederten Haaren, Prosternalvorderrand oben und unten, sein Hinterrand unten sowie Spitzenrand der 4 letzten Abdominalsegmente mit weißen kurzen Seidenhaaren dicht gewimpert, die 4 Vorderhüften innen mit dichten weißlichen Wollhaaren; jeder größere Punkt an den Thoraxseiten und auf der Hinterbrust mit einem weißen Seidenhärchen.

Conorhynchus

Motschulsky. Mém. Ac. Petr. 1859—60, p. 39—40.

C. pulverulentus Zubk. Bull. Mosc. 1829, p. 167, t. 5, f. 7. Var. elytra subcylindrica *subcylindricus* Faust.

Dras, Kargil, Leh. 1 Exemplar.

Dieselbe schlanke Varietät dieser südrussischen Art besitze ich vom See Rang-Kul. Sie nähert sich in der Form dem nigrivittis Pall., ihr fehlt aber die für nigrivittis charakteristische feine erhabene Thoraxmittellinie, jederseits von 3 kleinen nackten schwarzen Pünktchen flankirt; dagegen ist die dunkle Seitenbinde des Thorax am Vorderrande durch einen wieder für pulverulentus charakteristischen weißen Strich begrenzt. Außer den mehr parallelen Flügeldecken finde ich keine specifischen Unterschiede vom typischen pulverulentus.

Cyphocleonus
Motschulsky loc. cit.

C. scutellatus Bohm. Nouv. Mém. Mosc. I, p. 130. Gyll. Sch. Gen. Curc. II, p. 181.
Kogyar. 3 Exemplare.

Mecaspis
Schönherr. Disp. meth. p. 57.

M. obsoletus Gyll. Sch. Gen. Curc. H, p. 182. — Var. *sinuatus* Faust. Stett. ent. Zeit. 1885, p. 165.
Sirikol bis Panga. 2 Exemplare.

Hyperinae.

Hypera
Germar. Mag. Ent. IV, p. 335.

H. imbecilla n. sp. Ovata (♂) vel breviter ovata (♀), minus convexa, nigra, griseo-piloso, antennarum scapo basi funiculoque ferrugineis; fronte depressa, foveola parva insculpta; rostro prothorace breviori, parum curvato, punctato; articulis 2 primis funiculi aequelongis; prothorace latitudine maxima breviore, lateribus ante medium rotundato, dense punctato; elytris basi sensim emarginatis, remote punctato-substriatis, interstitiis planis, coriaceis, sutura interstitiisque alternis vage brunneo-maculatis. Long. 5,5—6,3, Lat. 2,3—3,2 mm.
Sind Valley. Wenige Exemplare.

Die Art ist neben die persische chlorocoma Boh. Sch. zu stellen, von welcher sie durch andere Färbung, ungekielten Rüssel und fein punktirt gestreifte Decken zu unterscheiden ist; mit H. Barnevillei Cap. hat sie die Form der Flügeldecken gemeinsam.

Stirne flach, mit einem kurzen eingedrückten Strich zwischen den Augen. Rüssel nur wenig länger als der Kopf, an der

Spitze sparsamer punktirt und glänzend. Thorax an der Basis gerundet, Seiten bis zur Rundung vor der Mitte divergirend, an der Spitze schnell verengt, Vorder- und Hinterrand gleich breit. Außenecken der Deckenbasis nach vorne gezogen, die Seiten von hier schräg, dann gerundet, vom hinteren Drittel ab verengt und zugespitzt gerundet, mit der größten Breite im Spitzendrittel, beim ♀ mit kaum, beim ♂ mit etwas mehr vertieften Punktstreifen, die Spatien flach, lederartig, gerunzelt und punktirt, die Sutur auf der schräg abfallenden hinteren Wölbung mit wenigen weißen, etwas abstehenden Härchen. Abdomen fein lederartig, gerunzelt und punktirt. Beine ganz wie bei H. Barnevillei Cap.

Phytonomus
Schönherr. Disp. meth. p. 175.

Ph. sinuatus Cap. Revis. II, p. 217.
Sirikol bis Panga. 3 Exemplare.

Die Art variirt insofern als die helle, von der anstoßenden hellen Deckenfarbung gewöhnlich nicht verschieden gefärbte Naht zuweilen in größerer Ausdehnung schwarz wird. Die vorliegenden Stücke gehören beiden Färbungen an. Stücke mit vorne und hinten abgekürzter schwarzer Naht habe ich selbst in Astrachan gefunden.

Ph. variabilis Hrbst. Käf. VI, p. 263, t. 80, f. 1.
Sirikol bis Panga. 3 Exemplare.

Apioninae.

Apion
Herbst. Natursyst. Käf. VII, p. 100.

A. coeleste n. sp. Oblongo-ovatum, convexum, coeruleum, nitidum, corpore subtus, antennis pedibusque nigris; fronte striolata; rostro tenui, curvato; antennis subbasalibus, tenuibus; prothorace cylindrico, punctato, canaliculato; elytris obovalibus, convexiusculis, punctatosulcatis; unguiculis basi dentatis. 2,25 mm.
Sind Valley. 3 Exemplare. ♀.

Von oben gesehen ist coeleste sehr leicht mit blauen Astragali Payk. zu verwechseln. Die Hauptunterschiede liegen für die neue Art in den naher zur Rüsselbasis eingelenkten Antennen, etwas kürzeren und namentlich auf dem Rücken höher gewölbten Decken sowie in der schwarzen Färbung der Unterseite.

Stirne etwas flach, mit zerstreuten größeren Punkten und

einer oder mehreren Stirnfurchen. Rüssel glänzend glatt, mit wenigen in Reihen gestellten Punkten, beim ♀ etwas länger als Thorax und Kopf zusammen. Thorax ebenso geformt und grob punktirt als bei Astragali. Decken kürzer, von der Seite gesehen viel höher gewölbt und hinten steil abfallend — wie bei brunnipes Sch. —, die ziemlich scharfrandigen und im Grunde kettenartilg punktirten Streifen tief, die gewölbten Spatien mit einer unregelmaßigen Reihe sehr von einander entfernter Punkte.

Rhynchitinae.

Rhynchites
Herbst. Natursyst. Käfer VII, p. 123.

Rh. ursulus Roelofs. Ann. Soc. ent. Belg. 1874, p. 142.
Murree. 1 Exemplar. ♀.

Das Vorkommen einer japanischen Species im Westen von Central-Asien war zu auffallend, als daß die Vermuthung, es hier mit einer neuen Species zu thun zu haben, nicht sehr nahe gelegen hätte, umsomehr mir ursulus Roelofs nur aus der Beschreibung bekannt ist. Trotz eingehenden Vergleiches mit der recht genauen Beschreibung konnte ich für das ♀ von Murree keine weiteren Unterschiede feststellen als in der Sculptur des Thorax. Derselbe soll bei ursulus „une ligne médiane obsolète" besitzen — ob vertieft, glatt oder erhaben ist aus der Beschreibung nicht zu ersehen — während bei dem mir vorliegenden Exemplar der Thorax einen tiefen und breiten Längseindruck in der Mitte trägt, welcher den Vorderrand bei weitem nicht, den erhabenen Basalrand beinahe erreicht. Da das ♀ von Murree augenscheinlich nicht ganz erhärtet und ausgefärbt — hell gelbbraun mit etwas metallischem Glanz — ist, so glaube ich diesen abweichenden Eindruck als einen zufälligen ansehen zu sollen.

Rh. solutus n. sp. Virescente-aeneus, subnitidus, dense flavescente-pubescens et parce quamquam brevi erecto-pilosus; rostro, antennis tarsisque nigris; fronte lata, confertim punctata; rostro elongato, parum curvato, supra utrinque punctato-sulcato, sulcis in antennarum insertione interruptis; prothorace quadrato, densissime punctato; elytris elongato-quadratis, punctato-striatis, interstitiis punctis inaequalibus sat dense obsitis. Long. 3,8—4,8, Lat. 2—2,6 mm.

Sind Valley. Mehrere Exemplare.

Durch den breiten Kopf und die doppelte Behaarung mit **ursulus** und **plumbeus** Roelofs verwandt.

Kopf reichlich dreimal so breit als die Rüsselbasis. Augen gewölbt. Rüssel beim ♂ so lang, beim ♀ länger als Kopf und Thorax, an der Basis weniger, an der Spitze mehr verbreitert, mit 2 scharfen bis zur Spitze reichenden punktirten Furchen, welche zur Fühlereinlenkung hin flacher und hier auch unterbrochen sind, an der Basis sich vereinigen und hier einen Kiel hervorheben. Die ersten 5 Geißelglieder der dünnen Antennen gleich lang, jedes derselben fast doppelt so lang als jedes der beiden folgenden, diese gleich lang und noch um die Hälfte länger als breit. Thorax cylindrisch, Vorderrand schmäler als der leicht gerundete Hinterrand, die Seiten wenig gerundet, oben hinter dem Vorderrande quer und nicht tief eingedrückt. Scutellum oval, mit vertiefter Mittellinie, dicht anliegend behaart. Decken um $1/_3$ breiter als der Thorax, Seiten parallel, Schultern kurz gerundet, auf dem Rücken flach gewölbt, innerhalb der Schultern wenig niedergedrückt, flach punktirt-gestreift, die Streifen gegen die Spitze noch flacher und feiner, fast erlöschend, Spatien flach, mindestens zweimal so breit als die Streifen; die feineren Punkte, aus welchen die greise, anliegende Behaarung entspringt, ziemlich dicht, die spärlichen mehr oder minder gereihten größeren Punkte — auch die auf Kopf und Thorax — tragen ein kurzes bräunliches, fast senkrecht aufstehendes Haar. Schenkel ziemlich kräftig und wie die fein auch dicht punktirte Unterseite des Korpers mit greisen, fast anliegenden Haaren bedeckt, welche die Grundfarbe durchschimmern lassen.

Einzelne Exemplare zeigen einen messingfarbenen Schimmer auf dem Thorax.

Cioninae.

Cionus

Clairville. Ent. helv. I, p. 64.

C. dependens n. sp. A C. simile rostro tenuiori magis attenuato, dimidia parte basali carinato, fronte foveolata, oculis magis approximatis, prothorace antrorsum minus angustato, lateribus vix rotundato, scutello magis acuminato, elytris oblongis lateribus fere parallelis, episternis metathoracis femoribusque nigro-maculatis diversus est. Long. 4,5, Lat. 2,8 mm.

Sind Valley. Wenige Exemplare.

Die verhältnißmäßig scharfen Schultern, die gefurchte Stirne, die genäherten Augen, die gemakelten Schenkel und

Hinterbrustepisternen hat dependens nur mit dem kurz viereckigen Gebleri gemeinsam, unterscheidet sich aber von
letzterem durch längeren Körper, anders geformten und unge-
makelten Thorax, dunneren und gekielten Rüssel, größere Augen
sowie kräftiger gezähnte Schenkel.

Rüssel von der Wurzel bis zur Spitze gleichmäßig und
sehr deutlich verdünnt, beim ♂ etwas, beim ♀ viel langer als
Kopf und Thorax, bis zur Fühlereinlenkung sehr dicht und fein
punktirt; Fühler und Krallenglied rothlich, erstere beim ♂ im
Spitzendrittel, beim ♀ in der Mitte des Rüssels eingefügt.
Thorax kürzer als breit, nach vorne fast geradlinig verengt,
hinter dem Vorderrande quer eingedrückt, vor dem Schildchen
flach niedergedrückt, die Mitte quer gewolbt. Schildchen länglich,
spitz dreieckig, mit dem Thorax gleich gefarbt oder wenig
dunkler. Decken etwas langer als breit, Seiten parallel, Schultern
ziemlich scharf und nicht schräg abfallend wie bei similis,
sonst wie bei diesem gezeichnet.

Außer einer dunklen Makel gegen die Spitze der Hinterbrustepisternen findet sich noch am Kopf dieser Episternen eine
weniger in's Auge fallende Makel, welche sich auf die Mittelbrustepimeren fortsetzt. Schenkel mit einem weißlichen Ringe
uber dem kräftigen Zahn und beiderseits dieses Ringes ange-
dunkelt.

Zygopinae.

Lisporhinus.

Rostrum crassiusculum, cylindricum, apice parum
deplanatum; sciobes submedianae, obliquae; antennae
7-articulatae, scapus oculos haud attingens, articulo primo
funiculi elongato; oculi mediocres, ovati, subcontigui;
prothorax basi bisinuatus; scutellum distinctum; elytra
pygidium fere totum obtegentia, prothorace haud latiora;
femora dentata, hand incrassata; tibiae unguiculatae, tarsi
elongati unguiculis simplicibus, divaricatis; coxae anticae
parum distantes; prosternum apice emarginatum, ante
coxas triangulariter impressum; segmentum secundum
abdominalis 3° paulo longius; episterna metathoracis an-
gusto-cuneata.

Die Gattung gehört mit keilförmigen Hinterbrustepisternen,
mit den nur einen Theil des Kopfes einnehmenden Augen und mit
ungefurchtem Prosternum zu den Sphadasmides Lac. Außer
der Gattung Sphadasmus gebören noch Ilacuris und die
mir unbekannte Gattung Tyriodes Pasc. in diese Gruppe.

Letztere hat dicht zusammenstehende Augen und gezähnte
Krallen, Ilacuris breiter getrennte Augen und das Prosternum
keinen Eindruck. Mit Sphadasmus hat Lisporhinus die
meiste Aehnlichkeit, bei ersterem sind jedoch die 2 ersten
Geißelglieder verlängert, Thoraxbasis mit einem Falz versehen,
Hinterbrust länger, die Schenkel außen gekielt.

Hinterbrust zwischen den Hüften nicht länger als der
Mittelhüftendurchmesser; Schenkel überall fast gleich dick, die
hinteren erreichen nur eben die Körperspitze; Schienen an der
Außenecke mit einem Hornhaken; Tarsenglied 1 verlängert,
so lang wie das Krallenglied, 2 kürzer, 3 kurz und nicht breit
zweilappig, die Spitzenhalfte desselben mit weißlicher Schwamm-
sohle. Fuhlerschaft kaum kürzer als die Geißel, Keule eiformig,
ihr erstes Glied hornig.

L. Stoliczkae n. sp. Ovatus, parum convexus, piceo-
niger, subtus dense griseo-squamosus, supra brunneo pilosus et squamis griseis fasciatim obsitus; antennis rufo-
testaceis, tarsis brunneis; rostro longitudine latitudineque
femorum anticorum aequali, dense punctato, basi carinulato; prothorace conico, lateribus ante apicem sinuato-
angustato, lobo antescutellari obtuse producto, basi utrinque
fere truncato, dorso gibboso, dense punctato, griseo-
maculato; scutello ovato, squamoso; elytris prothoracis
basi arcte applicatis, breviter cuneatis, dorso basi profunde transversim impressis, subpunctato-striatis, interstitiis planis, punctato-granulatis, griseo-trifasciatis; femoribus granulato-punctatis, spina acuta armatis. Long. 4,3,
Lat. 2,5 mm.

Muriee. 1 Exemplar.

Kopf unten sowie die Augenränder grau beschuppt, auf
dem Scheitel mit brauner, dreieckiger Makel, viel feiner als
der Thorax und wenig feiner als der gerade Rüssel punktirt;
die feine erhabene Mittellinie wird zur Mitte hin flacher und
geht von hier bis zur Spitze in eine glatte, breite, unpunktirte
Mittellinie über. Thorax kaum so lang als an der Basis breit,
auf dem beulig gewolbten Rücken eine abgekurzte, unpunktirte
Mittellinie, welche vor dem etwas eingedrückten Antescutellar-
lappen verschwindet; 4 Makeln am Vorderrande, von welchen
die 2 äußeren mit der hellen Unterseite zusammenhangen, 4
am Hinterrande, von welchen die 2 inneren sich zu einem nach
vorne offenen Halbkreise vereinigen, gelblichgrau beschuppt.
Decken von der Basis an bis zur Mitte weniger, dann bis zur
Spitze mehr gerundet verengt, auf dem Rucken gleich hinter
dem queren Basaleindruck — erstreckt sich über die Sutur

und jederseits die 3 ersten Spatien — am höchsten gewölbt,
zur Spitze flach abfallend, vor der Spitze — jede einzeln äußerst
flach gerundet — durch einen flachen Eindruck schwielig; eine
Binde über den Basaleindruck nebst Schildchen, eine zweite,
nach vorne geknickte, in der Mitte über die ganze Breite
reichende und eine dritte an der Spitze, aus einer kurzen
Strichmakel auf Spatium 3 sowie einer längeren auf 2 und 4
bestehend, gelblichgrau beschuppt; alle Schuppen schmal, stab-
förmig, meist zur Spitze etwas verbreitert und nicht dicht gestellt, die der Unterseite dichter, breiter und flacher. Alle
Schienen wie bei Sphadasmus camelus an der Wurzel gebogen, die 4 vorderen dann gerade, die hinteren innen zwei-,
außen einbuchtig.

Baridinae.

Baris
Germar. Ins. Spec. nov. p. 197.

B. *consulta* n. sp. Oblongo-ovata, atra, opaca, niveo
maculata; antennis ferrugineis; rostro prothoracis longi
tudine, confertim punctato; prothorace oblongo, conico,
antice tubulato, basi leviter bisinuato dense punctato,
utrinque niveo-bimaculato; scutello breviter ovato, niveo;
elytris punctato-striatis, interstitiis planis, punctis uniseriatim clathratis, tertio quatoque macula nivea sub-
basali, alteraque transversa pone medium in interstitiis
1, 2, 3, 4 ornatis; corpore subtus sparsim, prosterno
ante coxas, epimeris mesosterni, episternis metasterni
densius niveo-squamosis; femoribus vix incrassatis. Long.
4, Lat. 1,8 mm.

Ihelam Valey. 1 ♂, 1 ♀.

Verwandt mit der javanischen interrupta Sch. sowie
mit der ostindischen 7-guttata und 9-maculata Motsch.,
letzterer aber am nächsten stehend, von ihr durch mindere
Breite, dünneren und etwas längeren Rüssel, längere Fühler
und Beine, feiner sculptirten Thorax, ohne glatte Mittellinie und
andere Deckenzeichnung zu unterscheiden. Bei 9-maculata
zeigt nur Spatium 4 gleich hinter der Basis eine weiße Strichmakel und die Quermakel dicht hinter der Mitte umfaßt nur
die Spatien 2, 3 und 4.

Rüssel vom Kopf durch einen Quereindruck abgeschnürt,
beim ♂ kaum kürzer, beim ♀ etwas länger als der Thorax,
gegen die Spitze dünner, etwas gebogen, auf der Basalhälfte
dichter und kräftiger, zur Spitze sparsam und fein punktirt,

bis zur Fühlereinlenkung — beim ♂ im Spitzenviertel — mit
glatter Mittellinie; Kopf nur bei der Rüsselbasis mit zerstreuten
Punkten, sonst unpunktirt. Geißelglied 1 so lang als die 3
folgenden zusammen, diese nahezu von gleicher Länge, die
übrigen kürzer als breit und allmälig breiter werdend, Kenle
kurz, oval. Thorax deutlich länger als an der Basis breit,
diese zweibuchtig, die Seiten nach vorne gerundet verengt, an
der Spitze halsformig abgesetzt, dieser halsförmige Theil auf
der Unterseite in der Mitte mit 2 undeutlichen Längskielen, an
den Hinterecken mit einer keilförmigen, an den Vorderecken
mit einer viereckigen weißen Makel, welche letztere mit dem
ebenso dicht beschuppten Prosternum vor den Vorderhüften
zusammenhängt, während erstere ihre Fortsetzung auf den
Mittelbrustepimeren und Hinterbrustepisternen findet; die sehr
dichten Punkte auf dem Rücken kaum großer als die auf der
Rüsselbasis. Decken kaum breiter als die Thoraxbasis, Schultern
sehr schräg abfallend, der Schulterwinkel nur angedeutet, von
hier allmälig verengt, die scharfen Streifen im Grunde fein
kettenartig punktirt, die Spatien flach, mit dichten flachen, die
ganze Breite einnehmenden Punkten, deren Vorder- und Hinterrand feine Querrunzeln bilden und welche ein nur bei starker
Vergroßerung sichtbares, anliegendes, dunkles Schuppenbörstchen
tragen. Pygidium senkrecht, dicht und fein punktirt.

Die Schuppen an den Thoraxseiten keulenformig, auf den
übrigen Theilen länglich oval, stellenweise mit flach längs-
eingedrückter Mitte; Schuppen auf den Schenkeln dicht haar-
förmig, die auf dem nicht dicht und ziemlich fein punktirten
Abdomen kurz borstenformig. Seiten der Hinterbrust nur etwas
weniger dicht beschuppt als ihre Episternen.

Beim vorliegenden, wohl nicht ganz ausgefärbten ♀ sind
Kopf, Rüssel und Vorderschenkel röthlich, die Decken an den
Seiten und hinten rothbraun, die Makeln nicht schneeweiß
sondern rothlichgelb.

Der Gesang der Cicaden.
Von
C. V. Riley.
(Uebertragen aus dem Journal Science VI, p. 264, Sept. 1885.)

———

Es giebt kaum interessantere Gegenstände des Studiums, als das der Tone der Insecten und der verschiedenen Mechanismen, durch welche sie hervorgerufen werden. Sie interessiren den entomologischen Beobachter, und es ist schwierig, dieselben in der Musik schriftlich so auszudrücken, daß sie auf Instrumenten wiedergegeben werden können. Mr. S. H. Scudder hat in dieser Beziehung einige glückliche und interessante Versuche gemacht. Ich selbst habe die Tone einer Anzahl von Species genau studirt und einige meiner Beobachtungen darüber veröffentlicht.

Bemerkenswerth waren mir besonders bei den richtigen Zirpern, wie bei den gewöhnlichen Baumheimchen und Grillen, die Abweichungen sowohl in Hohe wie Charakter des Tones, der von dem Alter der Exemplare und der Beschaffenheit der Atmosphare, — ihrer Feuchtigkeit, Dichtigkeit oder Temperatur —, abhängig ist. Dennoch wird, bei Gleichmäßigkeit dieser Bedingungen, der Ton von derselben Art durchgängig derselbe und leicht erkennbar sein.

Einige Bemerkungen über *Cicada septendecim* dürften nicht uninteressant erscheinen, da diese Art neuerdings so viel Aufmerksamkeit hervorgerufen hat. *) Ich habe nirgend gefunden, daß die Töne sehr sorgfaltig und detaillirt beschrieben worden waren, und ich mache auch keinen Anspruch darauf, sie musikalisch abzuwägen. Vor siebzehn Jahren beschrieb ich dieselben im Allgemeinen folgendermaßen:

Nähert man sich einem von Cicaden heimgesuchten Walde, so vernimmt man ein gemischtes Geräusch wie von einer Dreschmaschine und einem fernen Froschteich. Wenn gestört, ahmen sie den Schrei junger Schlangen- oder junger Vogelnestlinge in ahnlichen Umständen nach. Auch können sie ähnlich wie das Heimchen zirpen und ein sehr lautes schrilles Gekreisch hervorbringen, welches 15—20 Sekunden währt, allmalig an Starke zunimmt und sich wieder abschwächt.

———

*) Vergl. S. 370 des vorigen Jahrgangs. C. A. D.

Drei Haupttöne verursachen in ihrer Zusammenwirkung das allgemeine, oben beschriebene Gerausch.

Erstens der bekannte *phar-r-r-r-aoh*-Ton, welcher am meisten während der frühen Reife des Männchens, besonders von einzelnen Mannchen oder wenn solche nur in geringer Anzahl vorhanden, gehört wird. Er variirt in Hohe und Umfang nach den eben erwähnten Bedingungen, denen die Insecten-Melodisten unterworfen sind. Die Dauer wechselt zwischen 2 und 3 Sekunden, und der *aoh*-Schluß ist ein etwas melancholisches Herabstimmen des allgemeinen höchsten Tones, und auch etwas verschieden in Höhe, Deutlichkeit und Dauer. Bei sehr klarer Luft und in gewisser Entfernung erinnert ein besonderer Klang an das Pfeifen eines Schnellzuges, der in einiger Entfernung einen kurzen Tunnel passirt. Befindet man sich in genügender Nähe, so wird der vollendete Charakter des Tones die meisten Personen eher an das Quaken gewisser Frösche, als an etwas anderes erinnern. Ich habe diesen Ton so leise und tief und ohne den *aoh*-Schluß gehort, daß er demjenigen gleichkam, welchen im Spatherbst Oecanthus latipennis *Riley* ausstößt, wenn Alter und Schwäche des Insectes den Ton kurzen.

Zweitens der starkste Ton, welcher unzweifelhaft von dem Volke mit dieser Species in Verbindung gebracht wird und „Gekreisch" genannt werden kann. Fitch beschreibt ihn durch die Laute „*tsch-e-e-E-E-E-E-E-e-ou*, die nach einander ausgestoßen, bis zur Dauer einer viertel oder halben Minute verlangert werden; die betäubend schrillen Mitteltöne sind besonders laut und durchdringend für das Ohr, nehmen gegen den Schluß hin ab und ersterben." Dr Fitch irrt sich hinsichtlich der Dauer und ich habe denselben Irrthum begangen, wenn nicht ein noch großer Umfang vorhanden, als der, welcher meine nachfolgenden Beobachtungen bestimmt hat. *) Doch ist es wahrscheinlicher, daß unser Gedachtniß irrte; denn, wie ich in diesem Jahre feststellte, währt der schrille Ton gewöhnlich nur 2—3 Sekunden, gelegentlich wohl langer, und wiederholt sich in Zwischenräumen von 5 zu 5 Sekunden. Derselbe wird selten von einzelnen Männchen, oder von einer geringen Anzahl derselben ausgestoßen, sondern er ist in der Hohe der Saison der herrschende Ton, und erschallt unisono; nämlich die auf irgend einem Baume oder in einem Geholze versammelten Männchen werden gleichzeitig dazu getrieben, so daß die Durch-

---

*) Seit ich dies schrieb, hörte ich bei zwei Gelegenheiten diesen Ton bis zu 20 Sekunden dauern, doch ist dies ganz abnorm und ich habe keinen anderen Beweis dafur, daß er von Cicada septendecim kam, als die Jahreszeit (20. Juni).

dringlichkeit desselben bisweilen betäubend ist. Im Charakter gleicht er dem der Hundstags-Cicade (Cicada pruinosa Say), und ist in seinem höheren und lauteren Klang dem Geschrill dieser Species nicht unähnlich, aber keineswegs so scharf und anhaltend. Dies ist der Ton, welcher in der Entfernung das Dreschmaschinengeräusch verursacht, und mich oft an das quere Durchsägen einer Holzklobe mit einer Kreissäge in einer Säge-mühle erinnerte.

Drittens der aussetzende zirpende Ton, der aus 14—15, aber gewöhnlich über 22 scharfen Noten, bisweilen Doppel-noten, besteht, welche im Ganzen über 5 Sekunden dauern. Dieser Ton gleicht so sehr dem gewöhnlich von der Scheun- oder Rauchschwalbe hervorgebrachten, daß eine Beschreibung des einen ziemlich gut auf beide paßt. Wenngleich klarer und von großerer Höhe, ähnelt dieser Ton auch dem von Microcentrum retinerve Burm., den ich mit dem Geräusch einer hochgestimmten hölzernen Kinderknarre, wenn sie langsam ge-dreht wird, verglichen habe. Die obenbeschriebenen Töne sind, soweit ich erkennen konnte, von großerer Höhe aber von ge-ringerem Umfang bei der kleineren Art, Cassinii.

Die anderen, von dem Insect bei einer Störung hervor-gebrachten Töne sind ein nicht seltener kurzer Schrei wie der eines Hühnchens und verhältnißmäßig unwichtig: dennoch könnte Niemand dem Gesange dieses Insects Gerechtigkeit widerfahren lassen, ohne die drei besonderen Noten in Betracht zu ziehen, welche ich zu beschreiben versucht habe und welche sich in den Waldern mischen, wo diese Species gewohnlich ist, ob-gleich das wellenförmige Gekreisch bei weitem das durch-dringendste ist und am leichtesten in der Erinnerung bleibt.

Note: In Betreff der auf der vorigen Seite bezeichneten Laute „phar-r-r-aoh" und „tsch-e-e-E-E-E-E-e-ou" ist zu erinnern, daß sie nach dem englischen Original beibehalten wurden. Im Deutschen wurde namentlich der zweite in „i" fur e und „au" fur ou umgelautet werden mussen.   C. A. D.

Einiges über Form und Farbenschutz in Anwendung auf Calocampa Solidaginis Hb.

Von
August Hoffmann in Hannover.

Nach den, durch Charles Darwin gegebenen Anregungen ist über Form und Farbenschutz viel geschrieben worden; die besten Forscher haben sich mit dem Thema beschäftigt und die oberflächlichsten Abschreiber haben dasselbe ausgenutzt.

Das Studium der Insekten, das heißt die Beobachtung derselben in freier Natur, nicht etwa ein Bücherstudium oder das Zusammentragen einer mehr oder minder großen Sammlung, bietet dem Beobachter unendlich viel Interessantes in dieser Hinsicht. Viele der treffendsten Beispiele liefert gerade das Insektenreich!

Wenn ich aus der Fülle derselben eines herausgreife und mich in der vorliegenden kleinen Arbeit nur mit *Calocampa Solidaginis* beschäftige, so geschieht das, weil die Arten der Gattung Calocampa, wenn sie als Beispiele für Form und Farbenschutz erwähnt werden, gewöhnlich nur mit einer Bemerkung wie „versteinertem oder morschem Holze ähnlich" abgethan werden, während nichts davon gesagt wird, wie sie diese Aehnlichkeit zu ihrem Vortheil auszunutzen wissen. Ferner, weil Solidaginis, obgleich über ein weites Gebiet verbreitet, doch nur local auftritt, weshalb nicht jeder Sammler Gelegenheit hat, die Art zu beobachten, welche gerade als besonders interessantes Beispiel gelten kann.

Den ersten Anlaß zu dieser Arbeit gab mir der Besuch eines werthen Freundes, welcher mir im August vorigen Jahres zu Theil wurde, als ich mich gerade auf dem Oberharze aufhielt. Dieser Herr, ein tüchtiger Sammler, hatte Calocampa Solidaginis noch nicht in der Freiheit gesehen, war daher höchst überrascht von der eigenthümlichen Geschicklichkeit dieser Art seine Verfolger zu täuschen, und brauchte eine gewisse Zeit, um sein Auge an Beispielen, welche ich ihm zeigte, für diese interessante Jagd einzuüben.

Damals schon kam mir der Gedanke, daß eine Besprechung der Gewohnheiten des Thieres, die ich seit Jahren aufmerksam beobachtet habe, vielleicht Manchem willkommen sein würde.

Um diese Gewohnheiten, die gewissermaßen durch Form und Farbe bedingt werden, in's rechte Licht zu stellen, führe ich hier zunächst die einschlägigen Stellen aus der kurzen, aber sehr scharfen Charakteristik der Gattung Calocampa von Julius Lederer an; derselbe schreibt in seinem Werke „Die Noctuinen Europas" p. 154:

„Vorderflügel lang und schmal, grau oder holzbraun, mit dunkleren, längsstreifigen Schattirungen, ebenfalls- (wie Xylina) versteinertem Holze ähnlich. Querlinien unbestimmt; runde Makel klein und undeutlich oder ganz fehlend, Nierenmakel mit scharfem Kern und dunklerer Beschattung an der Außenseite. Wellenlinie scharf, mit W-Zeichen in der Mitte und scharfen Pfeilstrichen an dessen Innenseite. Franzen kurz, wellenrandig. Hinterflugel ebenfalls wie bei voriger Gattung (Xylina) asch- oder braungrau, mit helleren Franzen. Die Schmetterlinge erscheinen zu gleicher Zeit mit den vorigen (Xylina), tragen aber die Flügel ganz verschieden, gegen den Saum zu der Länge nach gefaltet und fest an den Leib angeschmiegt und gleichen, da sie auch den Hinterleib etwas abstehend halten, im Sitzen ganz einem dürren Aestchen."

Also die Aehnlichkeit mit einem dürren Aestchen ist es, welche dem ruhenden Falter Schutz vor seinen Verfolgern gewährt. Unzahlige Spannerraupen sind, wie bekannt, durch solche Aehnlichkeit geschützt und auch- bei vielen Schmetterlingen, sowohl bei Tag- als Nachtfaltern ist eine Aehnlichkeit mit Baumrinde, verwittertem oder versteinertem Holze leicht erkennbar. Ich brauche Beispiele wohl nicht anzuführen, sie sind ja allgemein bekannt und vielfach besprochen worden. In allen Fallen dient diese Aehnlichkeit wohl sicher zum Schutze des Thieres, doch will es mir scheinen, als ob Calocampa Solidaginis, wie überhaupt die zur Gattung Calocampa gehörigen Arten, sich ganz besonders dieses Schutzes bewußt wären, und darauf hinzuweisen ist eben ein Hauptzweck dieser Arbeit.

Calocampa Solidaginis bewohnt in Deutschland besonders die Gebirge, kommt aber auch im nordöstlichen Flachlande als var. Cinerascens Stgr. vor. Ich hatte nur Gelegenheit, die Art auf den Mooren des Oberharzes zu beobachten, wo ihre Raupe im Juni und Juli auf Vaccinium lebt und wo der Falter von Mitte August bis Anfang September alljährlich in großer Menge erscheint, ein Zeichen, daß die dortigen Verhältnisse den Bedürfnissen des Thieres vollkommen entsprechen; den Wald meidet die Art. Die öden Moorflächen, welche zumeist dicht mit Vaccinium und Calluna bestanden sind, und aus denen ver-

krüppelte Birken und mit langen Bartflechten behangene Tannen
hier und da aufragen, sind ihre eigentliche Heimath. Dort
findet man den Falter überall an abgestorbenen Tannen-
stümpfen, vermöge seiner Form und eigenthümlichen Haltung
ein kleines abstehendes Aestchen oder ein Stückchen Flechte
nachahmend. Selten sitzt er an moosigen Steinen, fast nie an
Stammen lebender Tannen.

Das Auffallendste ist aber, daß er allen Verstecken die
Stämme der Vogelbeerbaume vorzieht, mit denen die Land-
straßen bepflanzt sind, welche die Moore durchziehen und zwar,
wie mir scheint, einer Eigenthümlichkeit der Rinde halber.
Diese ist von den Unbilden des Wetters meist stark zerrissen,
dicht mit Flechten bedeckt und die abblätternden Rinden-
theilchen haben die Eigenthümlichkeit, dütenförmig aufgerollt
vom Baume abzustehen. Einer solchen Rindendute sieht nun
der Falter im ruhenden Zustande zum Verwechseln ähnlich,
und diesen Umstand benutzt das Thier zu seinem Schutze.

Da findet man nun oft an einem verwitterten Stamme
drei, auch vier der Thierchen sitzend, den Kopf tief in die
Flechten gedrückt, den Hinterleib weit abstehend aufgerichtet
und die langsgefalteten Flügel wie einen schützenden Mantel
um denselben geschlagen. In dieser Stellung unbeweglich ver-
harrend, trotzt das Thier seinen Feinden, die es verschlingen
wollen, sowie den eisigen Nebeln und den rauhen Gebirgs-
stürmen, welche schon meist Anfang September den kurzen
Sommerfreuden des Oberharzes ein Ende machen. Berührt
man es, so läßt es sich fallen, dabei aber immer die Form
eines abgebrochenen Aestchens oder Rindenstückchens bewahrend,
selbst auf die Nadel gespießt giebt es die Verstellung nicht auf.

Nur ganz ausnahmsweise sucht es wohl einmal sein Heil
in der Flucht. Einmal beobachtete ich ein Thier, welches von
einem Baume aufgescheucht nach einem anderen flog, denselben
einige Male umkreiste, dann anflog und ängstlich auf- und ab-
laufend sich eine ganz zerrissene, mit Flechten bedeckte Stelle
zum neuen Ruheplatz aussuchte, wo es sofort die gewohnte
schützende Stellung mit hoch aufgerichtetem Hinterleibe ein-
nahm. Danach mußte das Thier doch eine Vorstellung davon
haben, daß es sich auf diese Weise am besten den Blicken
seiner Verfolger entziehen konnte.

Stellenweise sind die alten verwitterten Chausseebäume
durch jüngere, mit glatter Rinde ersetzt, welche zur Stütze
mit Weidenruthen an daneben eingeschlagene Pfähle gebunden
sind. In solchen Fällen bietet weder der Baum noch der glatte
Pfahl dem Thiere den nöthigen Schutz, und da ist es besonders

interessant zu beobachten, wie sich auch unter solchen Umständen das Thier zu helfen weiß. Es setzt sich dann meist
dicht unter oder auch auf die Knoten der Weidenruthen, deren
kurz abgeschnittene, abstehende Spitzen eine gewisse Aehnlichkeit mit seinem Körper haben.

Immer tritt das Bestreben hervor, etwaige Verfolger durch
die Wahl eines Ruheplatzes in scheinbar gleichartiger Umgebung zu täuschen, und nur selten trifft man ein Thier, welches
diese Vorsichtsmaßregeln außer Acht gelassen hat, so daß es
leicht in die Augen fällt; das ist dann meist ein abgeflogenes,
lebensmüdes Geschöpf, dem nicht viel an der Erhaltung seines
Daseins zu liegen scheint.

Nach dem Gesagten mag es fast scheinen, als ob ich
Calocampa Solidaginis ganz besondere geistige Fähigkeiten zu-
sprechen wollte, das ist nicht der Fall. Was ich geschrieben
habe, ist nur das Resultat von vielen hundert Beobachtungen,
denn so oft ich zur Solidaginis-Zeit auf dem Oberharze war,
habe ich es gewissermaßen als einen Sport betrachtet, das
Thier, welches übrigens auch an den Koder geht, am Tage
in seinen Verstecken aufzusuchen. Es ist jedoch vielleicht ein
Fehler, diejenigen Schutzmittel, welche unseren Sinnen am auf-
fälligsten erscheinen, auch als am wirksamsten für die Thiere
zu betrachten. Wir verlassen uns dabei natürlich zumeist auf
unser Gesicht, und sagen von einer Art, welche anderen Dingen
ähnlich sieht und unser Auge dadurch täuscht, „das Thier ist
gut geschützt", wobei wir, mit gewohnter Ueberhebung, nur
zu leicht geneigt sind, zunächst uns selbst und dann die Vögel
mit ihrem scharfen Gesicht als die einzigen Verfolger des
Thieres zu betrachten, während man gewiß noch viele andere
Factoren in Betracht ziehen muß, welche aufzufinden unsere
Sinne nur nicht scharf genug sind. Für den bei den Insekten
selbst sowie bei einer sehr großen Anzahl ihrer Verfolger so
stark ausprägten Geruchssinn, fehlt uns fast jeder Maßstab.
Wir können uns nur eine ungefähre Vorstellung von der Schärfe
desselben machen, wenn wir sehen, wie sich dadurch die Geschlechter finden, oder wie ein Koder wirkt, indem er Thiere
aus großer Entfernung heranzieht.

Viele Feinde der Insekten, nicht nur die Schmarotzer
allein, stellen diesen nach, indem sie dem eigenen Geruchssinn
folgen. Gegen solche nützen schützende Aehnlichkeiten nichts.
Immerhin ist es aber möglich, daß auch gegen diese Feinde
manchen Insekten wirksame Schutzmittel gegeben sind, indem
ihnen Gerüche anhaften, welche abschreckend oder täuschend
wirken, wie ja auch grelle Farben abschreckend wirken sollen.

Mancher Beweis ist auch hierfür gebracht, es ist aber doch wohl noch nicht sicher festgestellt, ob Schreckmittel und Widrigkeitszeichen, so wirksam sie auch in einzelnen Fällen sein mögen, im Allgemeinen eine so große Rolle spielen, als ihnen die Theorie zuschreibt. Unser Urtheil ist eben zu unsicher, weil unsere Sinne meist nicht für die Ergründung solcher Verhältnisse ausreichen und uns gewiß leicht zu Trugschlüssen verleiten. Sicher haben die Schmetterlingsraupen die schlimmsten Feinde unter den Insekten selbst, in den Ichneumonen und sonstigen Schmarotzern, die gewiß nur dem Geruche folgend die Raupen aufsuchen.

Ich erinnere mich, einmal die Raupe von Bombyx Crataegi L, welcher auf dem Oberharze als var. Ariae Hb. vorkommt, mit Hülfe eines Ichneumon gefunden zu haben. Ich kannte diesen Gesellen, welchen ich häufig aus Crataegi-Puppen erzogen hatte, kann aber leider seinen wissenschaftlichen Namen nicht angeben. Ein solcher Ichneumon flog einmal wenige Schritte vor mir auf einen Vaccinium-Busch, dessen Laub so dicht war, daß ein Blick in das Innere ganz unmöglich erschien. Er lief unruhig tastend und witternd auf dem Laubwerk umher und bemühte sich offenbar, dasselbe zu durchdringen. Dieses Gebahren weckte in mir die Vermuthung, daß im Innern des Busches eine Crataegi-Raupe sitze. Ich bog die Zweige auseinander und fand richtig dicht am Boden die Raupe; ein Beweis, daß der Ichneumon, nur dem Geruche folgend, das so gut versteckte Thier gefunden hatte.

Ob und wie sich Raupen gegen solche Feinde schützen, ist, wie gesagt, für uns schwer zu ergründen. Ich wollte mit dieser Abschweifung nur andeuten, wie vielseitig Schutzmittel sein müssen, um durchaus wirksam zu sein, und wie vorsichtig man die Bezeichnung „gut oder schlecht geschützt" anwenden muß. —

Zu den ungelösten Räthseln in diesem Kapitel gehört auch noch das eigenthümliche Verhältniß, in welchem oft Raupe und Falter gewisser Schmetterlingsarten zu einander stehen. Manche Raupe zeigt die wunderbarsten Schutzmittel in Form und Farbe, während der daraus entstehende Falter uns in dieser Hinsicht unbeschützt, ja oft sogar dem Auge auffällig erscheint. Zuweilen findet auch gerade das gegentheilige Verhältniß statt, so bei Calocampa Solidaginis, deren braune, mit schwefelgelben Seitenstreifen versehene Raupe am Tage offen und frei auf den Vaccinium-Büschen sitzt und somit weithin sichtbar ist, während der Falter durch Form und Farbe sowie durch seine Gewohnheiten uns außergewöhnlich gut geschützt erscheint.

Wer Gefallen an Spekulationen findet, kann sich leicht mit Worten über solche Schwierigkeiten hinweg setzen; wer aber keine Neigung dazu hat, muß in den meisten Fällen seine Unwissenheit offen eingestehen.

Entomologische Notiz.

Mitgetheilt von Dr. **Heinrich Gressner** in Burgsteinfurt.

Eine in hiesiger Gegend gefangene *Saperda carcharias* L. zeigt eine merkwürdige Anomalie in der Duplicität des r e c h t e n F ü h l e r s.

Das erste (Wurzelglied) und zweite Glied des „Doppel-fuhlers" ist gemeinschaftlich, ein-fach. Mit dem dritten Gliede beginnt die Duplicität. Aus einem gemeinschaftlichen Fuße ent-springen zwei Aeste *) (Fig. 1), von denen der vordere einen regelrechten kleinen, der hintere und kräftiger entwickelte indeß einen größeren, weniger ge-lungenen Bogen beschreibt (Fig. 2) Die Kreuzungsstelle der beiden Aeste liegt im fünften Fuhlerglied (bezw. im dritten jedes Astes — cfr. Fig. 3). Der vordere Ast läßt an der Kreuzungsstelle bei dem entsprechenden Glied eine durch Druck resp. durch Reibung entstandene schwache Auskehlung erkennen. Sehr bemerkenswerth an unserer Anomalie ist nun die That-sache, daß die beiden Aeste wieder verwachsen. Das drittletzte Glied des Doppelfuhlers ist das Verwachsungsglied. Anscheinend sieht es aus, als ob der hintere Ast allein normalgliedrig sei. Bei schärferer Betrachtung indeß gestaltet sich die Sache anders: Auch der vordere Ast ist in einer frühen Entwicklungsphase — während des Puppenstadiums — entschieden f r e i und normal (also von der Dichotomie an 9gliedrig) entwickelt ge-wesen. Allein spater ist, wahrscheinlich wegen Raummangels, eine Hemmungsbildung eingetreten. Das vorletzte, drittletzte und viertletzte Glied des qu. Astes verkrüppelte, während das letzte Glied desselben mit dem drittletzten Glied des hinteren

---

*) Note der Redaction. Die Figur 1 ist im Holzschnitt beige-geben, das Blatt mit den übrigen Figuren (2 bis 6) ist in das Archiv des Vereins hinterlegt worden und kann auf Ersuchen an Vereins-mitglieder mitgetheilt werden.　　　　　　　　　　　　C. A. D.

Fühlers — nach vorhergegangener dichter Berührung der entsprechenden Theile — verwuchs. Fig. 4—6 zeigen die betreffenden Glieder des in seinem Endtheil verkrüppelten Astes bis zur Verwachsungsstelle von verschiedenen Seiten betrachtet. Die entgegengesetzte Wachsthumsrichtung der Haare auf der rechten und linken Hälfte des hammerformigen Stückes (Fig. 6 i), ferner die an mehreren circumscripten Stellen angeordneten langen Borsten lassen keinen Zweifel darüber aufkommen, daß wir es in dem vorderen Aste mit einem ursprünglich normal entwickelten, durch spätere Biegungen und Verwachsungen mißgestalteten Organ zu thun haben.

Cassen-Abschluss pro 1885.

Einnahme:

An Cassen-Bestand vom vorigen Jahre......... ℳ	3.25.
Für Zeitungen des Vereins eingenommen ...... „	1964.35.
Zahlung von der Pomm. Provinzial-Zuckersiederei	
à Conto unseres Guthabens............... „	740.—.

Summa: ℳ 2707.60.

Ausgabe:

Honorar an den Vereins-Secretair,	
Portis, Bureau-Materialien, Boten-	
dienste etc. .... ℳ 815.18.	
Druckkosten für die Zeitung...... „ 1035.99.	
Buchbinder-Rechnungen.......... „ 393.35.	
Feuer-Versicherungs-Prämie bis 1890 „ 135.—.	
Miethe für das Vereinslocal ...... „ 300.—.	

Summa: ℳ 2679.52.

Bestand pro 1886: ℳ 28.08.

Stettin, den 31. December 1885.

Gillet de Montmore, Vereins-Rendant.

Lepidopterologisches aus Livland.

Von

C. A. Teich in Riga.

Das Jahr 1885 war bei uns hinsichtlich der abnormen Witterung eines der ungünstigsten, welche ich erlebt und zwar nicht allein in entomologischer Hinsicht. Zuerst von Mitte Mai bis Anfang Juli tropische Hitze ohne Regen, sodaß die Vegetation auf den sandigen, hoher gelegenen Stellen erstarb; dann vom 8. Juli an bis zum December mit Ausnahme weniger Tage fortwährend Regen, welcher von einer Reihe von Gewittern eingeleitet wurde, sodaß die tiefer gelegenen Stellen vollständig unter Wasser gesetzt wurden und zwar in solchem Grade, daß eine Menge der günstigsten Fangplatze nicht einmal in Wasserstiefeln erreicht werden konnte, man hatte dann bis an die Brust im Wasser waten müssen. Es steht zu befürchten, daß eine Reihe werthvoller Arten auf Jahre hinaus selten sein werden, wenn sie nicht ganz vernichtet sind.

Etwas war jedoch bis zu dem endlosen Regen vorzüglich gediehen: Ungeziefer aller Art. Kreuzottern vollauf, Mücken und Bremsen aber waren zu Millionen vorhanden. Mußten wir doch, als wir am späten Nachmittage des 22. Juni auf sumpfigem Terrain einen Waldweg passiren wollten, von unserem Vorhaben abstehen und einen Umweg machen: es umsummten uns Tausende jener Blutsauger, sodaß Sehen und Athmen unmöglich wurden. Derartiges hatte ich selbst im russischen Lappland, das auch an diesen holden Zweiflüglern gerade nicht arm ist, nicht erlebt.

Trotzdem haben wir einige Beobachtungen gemacht, die vielleicht von allgemeinerem Interesse sein dürften.

Ende Juni trat die Raupe von *Moma Orion* Esp. so häufig an Eichen auf, wie ich es vorher nie gesehen; wenn man mit dem Netz die unteren Aeste abstreifte, hatte man eine ganze Gesellschaft dieser Thiere darin.

Im letzten Drittel des Juni hatte das Meer zahllose *Gnoph. Rubricollis* L ausgespult, die theilweise noch lebten. Woher stammen die Thiere? Der nächste Flugplatz ist, soviel mir bekannt, von dem Ort, wo sie ausgespült aufgefunden wurden, ca. $1\frac{1}{2}$ Meile entfernt.

P. Brassicae L. wird auch bisweilen in Mehrzahl am Strande gefunden, sowie verschiedene Kaferarten.

Agrotis Hyperborea Zett. fehlte, wie auch 1881 und 1883, dagegen war das Thier 1882 und 1884 vorhanden, sodaß es beinahe scheint, als habe es eine zweijahrige Entwicklungszeit, wie es von E. Ligea L. beobachtet ist.

Von *Agrotis Cinerea* Hb., einer bei uns bisher nicht beobachteten Art, wurden 2 Stücke gefangen, die aber von der gewöhnlichen Cinerea ziemlich auffallend abweichen. Die Vorderflügel sind schwarzbraun, die Zeichnungen wenig deutlich, die zweite Querlinie weniger gezackt. Die Hinterflügel sind schwarzgrau, an der Wurzel etwas heller. Der Thorax ist grau, unter der Lupe sieht man, daß er mit schwarzen und weißen Haaren bedeckt ist; Leib und Füße sind ebenfalls sehr dunkel. Ich möchte das Thier, von dem Herr Bang-Haas bemerkte, daß ihm diese Form noch nicht vorgekommen sei, als var. *Livonica* bezeichnen.

Von *Cat. Pacta* L. fingen wir am 8. September eine merkwürdige Abänderung, leider nur in einem Exemplar. Schon die Flugzeit ist auffallend. Pacta fliegt von der Mitte des Juli an bis etwa zur Halfte des August; die im August gefangenen Stücke sind aber bereits nicht mehr zu gebrauchen. In der zweiten Augusthälfte ist das Thier verschwunden. Das erwähnte Stück fingen wir aber, wie gesagt, am 8. September (alten Styles). Die Vorderflügel sind viel greller gezeichnet, das Roth der Hinterflügel ist sehr blaß, die weißen Fransen sind schwarz und zwar sehr scharf durchschnitten. Die Unterseite ist sehr duster, indem die weißen Binden wie schwärzlich angeraucht erscheinen, wie überhaupt das Schwarz sich stark ausgebreitet hat. Die Hinterflügel zeigen statt des lebhaften Roth kaum einen röthlichen Anflug und die schwarze Binde erreicht den Innenrand. Der Hinterleib ist nicht roth, sondern grau. Dennoch dürfte das Thier nur eine zufällige Aberration sein, die durch die abnormen Witterungsverhaltnisse dieses Jahres entstanden ist.

Von *Ellopia Prosapiaria* L. hatte man bei uns bis jetzt nur die rothe Stammform gefunden. In diesem Jahre fanden wir aber, und zwar im Kiefernwalde ein Stück, das zwischen der Stammform und der var. Piasinaria Hb. zu stehen scheint. Das Grün ist dunkler, als das der Prasinaria, mit einem sehr schwachen Stich in's Rothliche, die Querlinien sind nicht weiß, sondern rothlich, treten aber wenig hervor, Fransen und Vorderrand sind ebenfalls rothlich.

Cid. Taeniata Stph. klopften wir in mehreren, freilich zum Theil unbrauchbaren Exemplaren von Tannen. Sie sitzt an schattigen Stellen in den Aesten und fährt beim Klopfen wie ein Pfeil heraus.

Botys Cilialis Hb. war an einer einzigen Stelle zwischen Gebüsch auf einem sumpfigen Grasplatze nicht selten; leider stand derselbe spater langere Zeit fußhoch unter Wasser, so daß die Brut zu Grunde gegangen sein dürfte.

Crambus Heringiellus HS. flog an lichten, mit Haidekraut, Vaccinien und Ledum bewachsenen Waldstellen ziemlich häufig, während er bisher immer nur spärlich gefunden wurde.

An ahnlichen Stellen flog *Cleod. Cytisella* Curt. Sie trieb sich in Unmasse im Sonnenschein auf Farrkrautwedeln herum.

Gelechia Distinctella var. *Tenebrosella* nov. spec.? Hiervon lagen 5 Exemplare vor. Dieselben weichen so sehr von Distinctella ab, daß sie vielleicht einer neuen Art angehören. Alle Flügel schmaler als bei Distinctella, die Vorderflügel gelblichgrau, nicht kupferig schimmernd, die Punkte wie bei Distinctella, aber nicht weiß aufgeblickt, kein lichter Querstreif, die Fransen grau, ohne schwarze Schuppen, die Palpen außen hellbraun, innen gelblich, das Endglied grau, der Scheitel gelblich, die Füße grau, ohne die hellen Flecke der Distinctella. Die Thiere wurden Mitte Juli aus dem Binsendach einer Fischerhutte am Ufer der Aa geklopft.

Gelechia Bergiella nov. spec. Im Juli. Größe $4^3/_4$ Linien. Im Kemmernschen Laubwalde am Köder gefangen. Bei Lutilabrella Mn. Mit schmalen, langgestreckten Flügeln. Vorderflügel ockergelblich, etwas glänzend, hinter der Mitte ein bräunliches Fleckchen, sonst zeichnungslos. Hinterflügel weißgelblich, alle Flügel mit gelblichen Fransen. Das Mittelglied der Palpen kurz und anliegend beschuppt, so lang wie das Endglied, einfarbig gelblich, von derselben Farbe sind Leib und Fuße. Das Gesicht heller gelblich. Die Fühler gelblichgrau, unten fein weiß gefleckt. Ich habe die Art nach meinem Freunde und früheren Gefährten, Professor Berg in Buenos Ayres, der sich seinerzeit um die Erforschung der Fauna baltica verdient gemacht hat, benannt.

Lita Luridella nov. spec. Bei Halonella. Der Vorderrand der Vorderflügel von der Wurzel an stark convex, von der Mitte an gerade. Die Spitze rundlich. Farbe einfach gelbbraun, etwas metallisch glänzend. Die Hinterflügel blasser, alle Fransen von der Farbe der Vorderflügel. Die Palpen dunkel, mit ziemlich kurzem Endgliede; Leib, Fühler und Füße dunkelbraun. Große wie Psilella.

Endlich habe ich noch an einigen Puppenarten, namentlich an *Cuc. Gnaphalii* eine unliebsame Erfahrung gemacht. 1884 hatte ich ca. 40 Puppen dieses werthvollen Thieres, erzog aber daraus keinen einzigen Falter. Ein Pilz hatte alle Thiere ruinirt. Um den Missethäter namentlich kennen zu lernen, befragte• ich die mir zu Gebote stehende Ljteratur. Da stellte sich denn heraus', daß es eine Empusa war, aber weder E. muscae noch E. radicaus, sondein eine andere, wahrscheinlich noch unbeschiiebene Art. Die Basidien wachsen aus der Puppe, deren Inhalt verzehrt und deren Schale spater ganz vom Pilz ausgefullt ist, durch das Cocon hindurch und sehen röthlich-grau aus. Bei E. muscae und radicans sind sie weiß. Um zu sehen, ob andere Puppen ebenfalls würden durch den Schmarotzer zu leiden haben, säete ich die Sporen auf Puppen von Mam. Brassicae aus, aber ohne Erfolg, denn nach längerer Zeit krochen aus den vollständig bestäubten Puppen ganz muntere Schmetterlinge aus. Wohl aber werden andere, ebenfalls in Cocons ruhende Puppen, wie Cuc. Scrophulariae, Cid. Sagittata auch vom Pilze zerstört, so daß es scheint, als konnten nur in Cocons liegende Puppen vom Pilze angegriffen werden.

In diesem Jahre fand ich wieder gegen 40 Raupen von *Cuc. Gnaphalii.* Um nun die zu erwartenden Puppen moglichst vor den Schmarotzern zu schutzen, glühte ich den zu verwendenden Sand längere Zeit, auch das Moos brühte ich mit kochendem Wasser ab und hielt das Puppenglas sorgfältig verbunden. Nach einigen Wochen zeigte sich der Pilz trotzdem und ich biachte jetzt die Cocons in einen Raupen-Zuchtkasten, dessen Seitenwände aus feinem Drahtgeflecht bestehen, so daß die Luft durchziehen konnte. Damit scheint das rechte Mittel gegen die Empusa gefunden zu sein, denn die übrigen Puppen sind bis jetzt gesund geblieben. Da nun die Gnaphalii-Raupen, wenn sie in Glasern gehalten werden, ebenfalls leicht zu Grunde gehen, wahrscheinlich in Folge desselben Pilzes, so scheint daraus hervorzugehen, daß letzterer nur in dumpfer, stagnirender Luft gedeihen kann, was übrigens bei anderen Pilzarten auch der Fall ist.

Ich mochte diesen Pilz, falls er nicht schon beschrieben ist, *Empusa Puparum* nennen.

Riga, 2. Januar 1886.

The Insects of Betula in North America.

By Anna Katharina Dimmock, Cambridge, Mass.
(„Psyche", Januar—Marz 1885.)

Von

H. B. Möschler, Kronförstchen bei Bautzen.

———

Durch die Freundlichkeit der Verfasserin liegt mir obige Abhandlung vor und ich denke den deutschen Lepidopterologen, welche sich für die Biologie der nordamerikanischen Lepidopteren interessiren, einen kleinen Dienst zu erweisen, wenn ich die bisher in Nordamerika als auf Birke lebend beobachteten Insekten hier aufzähle. In der fleißigen Arbeit von Frau Dr. Dimmock sind bei den einzelnen Arten, besonders bei den Schmetterlingen Notizen über die übrigen Futterpflanzen der Raupen, deren Erscheinungszeit, Häutungen etc. unter genauer Anführung der Citate gegeben, welche ich hier nur in einzelnen Fällen erwähne. Bei einigen Schmetterlingsarten, welche auch in Nordamerika fliegen, deren Raupen in Europa an Birke leben, in Nordamerika aber noch nicht an derselben beobachtet wurden, ist dies erwähnt. Ich bezeichne diese Arten mit *.

Schließlich füge ich der Liste noch einige ebensolche Arten bei, welche der Verfasserin unbekannt waren.

Es ist kein Zweifel, daß sich die Liste der in Nordamerika auf Birke lebenden Insektenarten später ansehnlich vergrößern wird, führt doch Kaltenbach schon in seinen **Pflanzenfeinden** aus der **Classe der Insecten 1874** für Europa **270** an Birke lebende Arten auf.

In dem erwähnten Verzeichniß werden aufgeführt:

Orthoptera.

Phaneroptera Curvicauda Deg. — *Caloptenus femur-rubrum* Deg. — 2 spec.

Rhynchota.

Eriosoma Tessellata Fitch. — *Callipterus betulaecolens* Ril. u. Mon. — *Calaphis Betulella* Walsh. — *Athysanus Variabilis* Fitch. — *Ath. Abietis* Fitch. — *Ath. Minor* Fitch. — *Ath. Fenestratus* Fitch. — *Thelia Univittata* Harr. — *Euchenopa Binotata* Say. — *Bythoscopus Seminudus* Say. — *Tingis Juglandis* Fitch. — 11 spec.

Diptera.

Mallota Posticata Fb. — *Lonchaea? Polita* Say. — 2 spec.

Hymenoptera.

Tremex Columba L. — *Croesus Latitarsus* Nort. — *Xyphidria Attenuata* Nort. — 3 spec.

Coleoptera.

Ips fasciatus Ol. — *Ips Sanguinolentus* Ol. — *Trogosita Corticalis* Melsh. — *Thymalus Fulgidus* Ev. — *Dichelonycha Elongatula* Schh. — *Macrodactylus Subspinosus* Fb. — *Ceruchus Piceus* Web. — *Chrysobothris Sexsignata* Say. — *Elater nigricollis* Hbst. — *El. Protervus* Lec. — *Melanotus Communis* Gyll. — *Mel. Parumpunctatus* Melsh. — *Campylus Denticornis* Kb. — *Telephorus Bilineatus* Say. — *Phellopsis Obcordata* Kb. — *Nyctobatis Pensylvanica* Deg. — *Centronopus Calcaratus* Fb. — *Diaperis Hydni* Fb. — *Hoplocephala Bicornis* Fb. — *Bolitotherus Bifurcus* Fb. — *Meracantha Contracta* Beauv. — *Dendroides Canadensis* Latr. — *Dendr. Concolor* Newm. — *Aphrastus Taeniatus* Gyll. — *Clytus?* — *Bellamira Scalaris* Say. — *Gracilia Minuta* Fb. — *Tylonotus Bimaculatus* Hldw. — *Syneta Tripla* Say. — *Gonioctena Pallida* L. — *Gon. Plicata* Fb. — 31 spec.

Lepidoptera.

Rhopalocera.

Papilio Turnus L. Raupe außer an Betula noch an verschiedenen Bäumen.

* *Vanessa Antiopa* L. In Nordamerika bisher nur an Salix, Populus, Ulmus gefunden.

Limenitis Artemis Dr. Raupe auch an Populus und Crataegus.

Heterocera. Sphingidae.

Smerinthus Excaecatus Abb.-Smth. In Massachusetts lebt die Raupe nicht selten an niederen Sträuchern von Betula alba, sie hat viel von Paıasiten zu leiden. Aus einem einzigen Ei dieser Art wurden mehr als 30 kleine Hymenopteren gezogen! Raupe noch auf verschiedenen Bäumen.

Ceratomia Amyntor Hb. Raupe auch an Ulmus.

Bombycidae.

Spilosoma Isabella Abb.-Smth. Raupe polyphag.

Spilosoma Virginica Fb. Die polyphage Raupe verschmäht auch Fleischnahrung nicht, Riley fütterte sie von der letzten Häutung bis zur Verpuppung mit todten Mantis carolina.

Hyphantria Textor Harr. Raupe polyphag.

Orgyia Leucostigma Abb.-Smth. Ebenso.

Phobetrum Pithecium Abb.-Smth. Ebenso.

Limacodes Scapha Harr. Raupe außer an Betula alba an Juglans und Pyrusarten. Die Excremente sind eigenthümlich tassenförmig gebildet und haben eine tiefe Aushöhlung. Gestört, entwickelt die Raupe einen schwer zu beschreibenden Geruch.

Cossus spec. Lintner fand die Raupe einer wahrscheinlich noch unbeschriebenen Art in dem Holz von Betula alba v. populifolii.

Clisiocampa Americana Harr. Raupe an verschiedenen Laubholzern.

Clisiocampa Sylvatica Harr. Ebenso.

Anisota Senatoria Abb.-Smth. Raupe auch an Quercus und Rubus.

Hyperchiria Io. Raupe polyphag, diese sowie die beiden folgenden Arten erscheinen im Süden in doppelter Generation.

Platysamia Cecropia L. Raupe polyphag.

Telea Polyphemus Cr. Ebenso.

Callosomia Promethea Dr. Ebenso.

Attacus Luna L. Ebenso. Im Süden in doppelter Generation.

Drepana Lacertinaria L. — *Prionia Bilineata* Pack. Raupen beschrieben. Daß die nordamerikanische Art mit Drep. Lacertinaria synonym ist, wird auch von dortigen Autoren zugegeben. (Siehe meine Arbeit über die Europa und Nordamerika gemeinsam angehörenden Lepidopteren. Verhandl. der zool.-bot. Gesellsch. Wien, 1885, p. 286.)

Drepana (Platypteryx) spec. Eine von der Verfasserin auf Betula alba gefundene und erzogene Raupe lieferte eine noch nicht festgestellte Art.

Coelodasys Unicornis Abb.-Smth. Raupe an verschiedenen Laubholzern, sowohl dürre als grüne Blattränder nachahmend.

Notodonta Tremula Clk. — *Dictaea* L. Die Verfasserin zieht mit vollem Recht Phaeosia Rimosa Pack. zu dieser Art als Synonym. Meine beiden Exemplare von Rimosa unterscheiden sich nicht im geringsten von Tremula Clk.

Not. Concinna Abb.-Smth. Raupe an verschiedenen Laubhölzern.

Datana Ministra Dr. Ebenso. Die Eier sind oft mit Larven kleiner Hymenopteren besetzt.

Noctuidae.

Charadra Deridens Guen. Raupe auch an Ulmus und Quercus.

Charadra Propinquilinea Gt. Raupe auch an Quercus, Acer und Juglans.

Acronycta (Apatela) *Occidentalis* Gt. & Rb. Raupe auch an Prunus, Pyrus und Ulmus.

Acronycta Spinigera Guen. Raupe auch an Rubus.

Acronycta Vulpina Gt. Raupe auch an Populus.

Acronycta Americana Harr. Raupe an verschiedenen Laubhölzern.

Acronycta Dactylina Grt. Raupe auch an Salix.

Acronycta Brumosa Guen. Raupe auch an Salix und Populus.

Acronycta Xyliniformis Guen. Raupe auch an Rubus.

* *Orthosia Instabilis* Fahr. Die von europäischen Autoren angegebenen Futterpflanzen werden angeführt.

Catocala Relicta Wlk. Diese Vertreterin unserer Fraxini L. lebt als Raupe außer an Betula auch noch an Populus, wahrscheinlich auch an Acer.

Brephos Infans Meckl. Raupe jedenfalls an Betula, um welche der Schmetterling im ersten Frühjahr fliegt.

Geometridae.

Acidalia (Ephyra) *Pendulinaria* Guen. Raupe auch an Comptonia asplenifolia gefunden.

* *Numeria* (Anagoga) *Pulveraria* Hb. — *Ellopia Californiata* Pack. Raupe an Corylus.

Endropia Armataria HS. Diese Art wurde von der Verfasserin aus dem Ei erzogen. Die Eier waren an Zweige von Ribes und Acer gelegt. Die Raupen wollten Blätter von Ribes indeß nicht fressen und wurden mit Betula, Acer und Pyrus malus erzogen.

Eugonia Autumnaria Werneburg. — *Eug. Magnaria* Guen. Raupen an Betula alba und lutea, nach Packard auch an Castanea vesca. Es ist der Verfasserin entgangen, daß Alniaria L. nicht diese, sondern die von Borkhausen als Tiliaria beschriebene, von Hübner als Canaria abgebildete Art ist.

Paraphia Subatomaria Guen.

Amphidasys Cognataria Guen. An verschiedenen Laubhölzern, Raupen in grüner und in grau- bis schwarzbrauner Varietät. Die grünen Raupen findet man an Ribes, Salix und Spiraea, die an Birken lebenden sind grau.

Boarmia (Cymatophora) *Crepuscularia* Guen. Häufig · an Betula alba.

Cidaria (Rheumaptera) *Hastata* L. Raupe nach Packard auch an Myrica gale.

* *Cheimatobia* (Operophtera) *Boreata* Hb.

Tortricina.

* *Teras Niveana* Fab.

* *Teras Ferrugana* S. V. Packard erzog diese Art aus einer von Pinus strobus geklopften Raupe, welche wohl nur zufällig an diesen Baum gekommen war.

Tortrix (Cacoecia) *Rosaceana* Harr. Raupe polyphag.

Tortrix (Cacoecia) *Cerasivorana* Fitch. Raupe auch an Prunus cerasus.

* *Tortrix* (Lozotaenia) *Musculana* Hb.

Eccopsis Zelleriana Fernald. Raupe an Betula alba v. populifolia.

Eccopsis ?Permundana var. Die Raupe der Stammart lebt nach Clemens an Spiraea.

* *Penthina Capreana* Hb.

* *Penthina Dimidiana* Sod.

Penthina Albeolana Z.

Penthina (Sericoris) *Urticana* Hb.

Grapholitha (Paedisca) *Solicitana* Wlk. Raupe an Betula alba v. populifolia.

Grapholitha (Paedisca) *Transmissana* Wlk. Raupe in den dürren Katzchen von Betula alba.

* *Grapholitha* (Paedisca) *Similana* Hb.

Tineina.

Argyresthia Goedartella L. Raupe unter der Rinde und in den jungen Trieben von Betula.

Cryptolechia Confertella Wlk.

Nach dieser Zusammenstellung sind in Nordamerika die Raupen von 63 Arten Schmetterlingen als an Birke lebend bekannt.

Hierzu dürften noch folgende Arten treten:

Sesia Culiciformis L. — *Zeuzera Pyrina* L. *(Aesculi* L *)* — *Orgyia Antiqua* L. *(Nova* Fitch, *Badia* Hg. Edw.*)* — *Acronycta Auricoma* L. — *Biston Hirtarius* Clk. *(Ursaria* Wlk.*)* — *Pempelia Fusca* Haw. — *Tortrix Ministrana* L.

Vereins-Angelegenheiten.

Der Sitzung am 11. Februar fehlte das treueste und beständigste Mitglied, der noch übrige letzte der Stiftungsgenossen des Vereins, unser verehrter Senior, Professor Hering. Er starb am 1. Februar einen sanften Tod an Altersschwäche im sechs und achtzigsten Jahre. Ein ausführlicher Nekrolog bleibt vorbehalten. Seine prachtvolle Schmetterlings-Sammlung wird hoffentlich in wissenschaftliche Hände kommen.

Der Verein hat auch den im Februar 1885 erfolgten Tod des tüchtigen Entomologen E. C. Rye in Chelsea (London) zu bedauern.

Als neue Mitglieder sind dem Vereine beigetreten:

Herr Dr. Sievers in Petersburg.
- Ed. Lefèvre in Paris.
- Carl Krzepinsky, Kais. Königl. Postmeister in Böhmisch Brod.
- Dr. med. W. G. Dietz in Hazleton, Pennsylvanien.

Daß der „Schriften-Austausch" mit gelehrten Gesellschaften seine Sonnenseite hat, darüber kann kein Streit sein und unsere Vereinsbibliothek dient als schlagender Beweis. Aber er hat auch die Schattenseite, daß er uns von manchen kleineren, für wissenschaftliche Entomologie (für welche unser Verein ausschließlich seine Mittel in's Feld führt) wenig oder gar nichts leistenden Gesellschaften alle ein oder zwei Jahre einen mageren Jahresbericht einträgt, der außer meist unerheblichen Personalien nichts entomologisches enthält, dagegen aber unsere Artikel den dortigen Entomophilen gratis ohne Abonnement zur Disposition stellt. Diese unbillige Procedur ist schwerlich zu rechtfertigen, und deshalb beschloß die Versammlung, das Präsidium zu ermächtigen, den Schriftentausch mit solchen entomologisch unproductiven Vereinen fallen zu lassen.

In der Sitzung am 25. März wurden als neue Mitglieder in den Verein aufgenommen:

Herr A. G. Glama in Petersburg.
- Des Gozis in Montluçon.
- C. Jourdheuille, Richter in Troyes.

Von Herrn L. Conradt war aus Orenburg Nachricht eingegangen, daß er als Begleiter des Herrn Grum-Grshimaïlo mit ihm die große Excursion über Taschkent und Margelan (bis dahin 3800 Werst) nach dem inneren Hoch-Asien angetreten hat. Er hofft, im Falle gesunder Heimkehr mir ein gutes Resultat vorzeigen zu können.

Dr. C. A. D o h r n.

N e k r o l o g.

Am 1. Februar dieses Jahres ist in Stettin einer der ältesten unserer deutschen Entomologen, der

Prof. Herrmann Conrad Wilhelm Hering

im 86. Lebensjahre gestorben. Geboren am 5. November 1800 zu Büche bei Marienflies in Pommern, wo sein Vater evangelischer Prediger war, genoß er seine Gymnasialbildung in Stargard i. Pomm. und trat nach dreijahrigem Studium in Halle im Jahre 1822 in das damalige Seminar zu Stettin ein, womit zugleich die Stellung eines Hülfslehrers am Gymnasium verbunden war. Dieser Schule, dem Stettiner Marienstiftsgymnasium, hat er 54 Jahre lang mit Eifer und Pflichttreue seine Kräfte gewidmet, wurde 1827 zum Oberlehrer, 1837 zum Professor befordert, feierte, nachdem er 1866 den rothen Adlerorden IV. Klasse erhalten, im Jahre 1872 unter allseitiger Verehrung und vielfachen Liebesbeweisen sein 50jahriges Dienstjubiläum, wurde 1875 von der Universitat Greifswald wegen seiner hervorragenden Leistungen auf dem Gebiete der Geschichte und Alterthumskunde der Provinz Pommern, für welche er als literarisches Organ die hochangesehene Zeitschrift „Baltische Studien ins Leben rief, zum Doctor der Philosophie honor. caus. ernannt, empfing 1876 eine Allerhochste Anerkennung durch Verleihung des Kronenordens III. Klasse und schied zu Ostern desselben Jahres hochgeachtet von allen Amtsgenossen und geliebt von einer großen Anzahl dankbarer Schüler in allen Altersklassen aus dem activen Dienstverhältnisse ·aus.

Nicht allein an Jahren war sein Leben reich, es hat auch seinen vollen Inhalt an allerlei Menschenschicksal gehabt; das ihm beschiedene Leid hat er mit der ihm eigenen Frommigkeit und mit rührender Ergebung getragen, während er sich seines bescheidenen Gluckes, als eines großtentheils selbst errungenen und darum für die Welt auch nicht gerade glänzenden, mit Anspruchslosigkeit und Dankbarkeit erfreute. Der obige kurze

Abriß seines Lebenslaufes läßt schon errathen, daß er auf verschiedenen Gebieten thätig war. Bei der ihm eigenen Arbeits-
lust, der zahen Ausdauer, die er den so verschiedenartigen
Gegenstanden seines Interesses widmete und vor Allem bei den
liebenswürdigen Eigenschaften seines geradsinnigen Charakters
sowie seines unversiegbar freundlichen Gemüthes konnte es
nicht Wunder nehmen, daß seiner Aussaat auf diesen Gebieten
die reiche Ernte an Anerkennung, Verehrung und Liebe seiner
Mitbürger aus allen Berufsklassen nicht gefehlt hat. Sie zeigte
sich nicht bloß während seines langen Lebens auf der Hohe
seines Schaffens, sondern trat besonders auch in den Tagen
seines letzten Krankseins und namentlich nach seinem Tode
in der mannigfachsten und freundlichsten Weise zu Tage.

Was er als Lehrer, als Forscher auf dem Gebiete der
Pommerschen Geschichte, als Förderer des Gartenbaues in
Stettin, und als ein begeistertes Mitglied des Freimaurerbundes,
in welchem er unter der ungetheilten Hochachtung der Brüder
die hochsten Ehrenstellen dauernd inne hatte, gewirkt hat und
gewesen ist, mogen Andere an anderer Stelle hervorheben, und
haben es zum Theil schon in ergreifender und wohlthuender
Weise gethan; für die Leser dieser Zeitung hat das Alles nur
die Bedeutung eines schmückenden Rahmens. Für sie sind in
erster Linie die entomologischen Bestrebungen des Verstorbenen
von Interesse.

Ursprünglich vielleicht nur eine willkommene Zuflucht und
ein Trost unter dem Drucke schmerzlicher Familienereignisse
und selbst finanzieller Sorgen, die ihm in Jugend und Alter
nicht erspart wurden, und eine erfrischende Erholung nach
mühevoller Erfüllung seiner Berufspflichten auf dem Katheder
und am Schreibtische, gestaltete sich seine Liebe zur Natur
und ihren Wundern zu einer eifrigen Beschäftigung mit den
Lepidopteren, welche dann auch bald und frühzeitig eine Quelle
der Befriedigung für seinen wissenschaftlichen Forschungstrieb
wurde. Sein lebendiges Interesse für die Schmetterlinge und
ihre Entwicklung aus früheren Standen ist ihm sein langes
Leben hindurch treu geblieben und hat, wie das so leicht und
eigentlich auch ganz ordnungsgemäß bei Jedem geschieht, dem
einmal der Sinn für irgend ein noch so kleines Gebiet der
großen Naturlehre aufgegangen ist, alle seine anderen Neigungen
überdauert, bis die in den letzten Monaten rasch abnehmende
Sehkraft ihrer Bethätigung eine schmerzliche und unüberwind-
liche Schranke setzte. Bei der außerordentlichen Mittheilsamkeit
und liebenswürdigen Geselligkeit des Verstorbenen konnte es
nicht ausbleiben, daß er seine eigene Begeisterung auch Anderen

einzuflößen suchte und verstand. So regte er, selbst ein tüchtiger, unermüdlicher und glücklicher Sammler, manche jugendliche Kraft zu gleichem Streben und Thun an, unterwies sie mit immer bereiter Zuvorkommenheit und Umsicht, weihte sie uneigennützig in manches kleine Geheimniß der Stettiner Jagdgründe ein und hat die Freude und Genugthuung gehabt, daß unter seiner Führung und gleichsam unter seinem Schutze während vieler Jahre in Stettin eine stattliche, gegenwärtig leider arg gelichtete Anzahl von Lepidopterologen sich zusammen fand, welche mit vereinten Kräften die Pommersche Fauna durchforscht haben. Für Jeden, der diesem Kreise angehört hat, werden die häufigen Excursionen, welche in der heiter anregenden Gesellschaft Herings in die hauptsächlich von ihm zuerst und eifrigst durchforschten Umgebungen Stettins unternommen wurden, gewiß zu den freundlichsten und angenehmsten Lebenserinnerungen gehören.

Wie Hering in seiner Heimat einen Kreis gleichstrebender Genossen um sich zu sammeln wußte, hatte er auch nach auswärts hin reiche und zum Theil innige Beziehungen mit der Mehrzahl der Lepidopterologen nicht bloß Deutschlands angeknüpft. Es mag wohl innerhalb der letzten 40—50 Jahren kaum ein namhafter unter ihnen gewesen sein, mit dem er nicht in lebhafter Correspondenz und einem äußerst fruchtbaren Tauschverkehr gestanden hatte. Seine alljährliche sommerliche Ferienzeit benutzte er, wenn es ihm irgend möglich war, auch bis in sein hohes Alter dazu, mit manchem seiner Freunde die Gebirge Steiermarks, Tyrols oder der Schweiz zu durchstreifen, und immer brachte er reiche Ausbeute heim nicht bloß für seine Sammlung, sondern auch für seinen Geist, sein Herz und sein Gemüth. Wie gerne und hübsch wußte er dann von seinen Erlebnissen zu erzählen und von Allem mitzutheilen, was er in sich aufgenommen! und wer hätte ihm, dem immer Freundlichen, nicht gerne und aufmerksam zugehört!?

Von seinen verstorbenen Genossen wollen wir außer Zeller, mit welchem noch durch einen Zeitraum von funfzehn Jahren in inniger Freundschaft verbunden in Stettin zu leben ihm vergönnt war, unter den Stettinern nur Miller und Büttner, unter den auswärtigen vor Allen Schläger, Lederer, Herrich-Schäffer, v. Heyden, Rössler, v. Heinemann, Nickerl, Pfaffenzeller und den Münchener Hartmann nennen. Die noch lebenden auswärtigen Freunde werden nicht weniger, als die in seiner Heimatstadt ihn Ueberlebenden, dem Geschiedenen unfehlbar ein freundliches und liebevolles Andenken bewahren.

Er war einer der Mitbegründer des 1837 gestifteten Stettiner entomologischen Vereins, des ersten in Deutschland, zu dessen Vorstandsmitgliedern er bis zu seinem Tode gehörte. Manche werthvolle Beobachtung über die Macropteren Pommerns, denen er sein Interesse vorzugsweise zuwandte, hat er in seinen anfangs ziemlich reichlich fließenden Beiträgen für die Stettiner entomologische Zeitung niedergelegt, indeß scheint eine leise Mißstimmung, wie sie aus einer Bemerkung bezüglich der großen Zerstückelung einer von ihm früher eingereichten Arbeit herausklingt (Jahrg. 1880, S. 309), seinen Eifer dafür eine lange Zeit gelähmt zu haben, bis er dann in den Jahrgängen 1880 und 1881 derselben Zeitschrift eine Uebersicht der Macropteren Pommerns als letzte entomologische Arbeit veröffentlicht hat.

Seine hinterlassene Sammlung (5000 Species ungefähr in mehr als 20,000 Exemplaren excl. Doubletten und Exoten) ist im Ganzen schön gehalten und wenigstens an Macropteren reich an selten zum Theil wohl kaum noch sonst erhältlichen Arten. Sie soll zum Vortheil seiner hinterbliebenen hochbetagten Schwester verkauft werden und verweisen wir in dieser Beziehung auf die betreffende Anzeige in diesem Hefte.

Zum Schlusse lassen wir eine Uebersicht der vom Prof. Heiing verfaßten, beinahe ausschließlich in dieser Zeitschrift veröffentlichten entomologischen Arbeiten folgen:

1) Naturgeschichte der Psyche Muscella.
   Isis 1835. XI. p. 927.
2) Mittheilungen aus dem Gebiete der Lepidopterologie.
   Stett. ent. Zeit. 1840. 1.
3) Die Falter Preußens.
   Stett. ent. Zeit. 1840. 1.
4) Die Pommerschen Falter.
   Stett. ent. Zeit. 1840. 1. 1841. 2. 1842. 3.
   1843. 4.
5) Xylina somniculosa (Metamorphose).
   Stett. ent. Zeit. 1841. 5.
6) Lithosia arideola.
   Stett. ent. Zeit. 1844. 5.
7) Anzeige von Eversmann: Fauna Lepid. Volgo-Uralensis.
   Stett. ent. Zeit. 1845. 6.
8) Lepidopterologische Beiträge.
   Stett. ent. Zeit. 1846. 8.
9) Sphinx Nerii und Cclerio in Deutschland 1846.
   Stett. ent. Zeit. 1847. 8.
10) Bemerkungen über einige Species aus dem Genus Lithosia.
    Stett. ent. Zeit. 1848. 9.

11) Arsilonche, Simyra Büttneri.
   Stett. ent. Zeit. 1858. 10. 12.
12) Nachwort zu v. Kronheim's Aufsatz über Oeligwerden
   der Schmetterlinge.
   Stett. ent. Zeit. 1861. 10. 12.
13. Die Geometriden Pommerns.
   Stett. ent. Zeit. 1880. 7. 9.
14. Rhopaloceren, Sphingiden, Bombyciden, Noctuinen
   Pommerns.
   Stett. ent. Zeit. 1881. 1. 2. 3. 4. 6. 7. 9.

Stettin.   Dr. S c h l e i c h.

Kata-logisches und unlogisches.
Von
C. A. Dohrn.

Seite 12 dieses Jahrgangs habe ich berichtet, daß mich
mein verehrter Freund und College Dr. Geo. H o r n in Philadelphia mit dem neuesten Kataloge der nordamerikanischen
Käfer von Samuel H e n s h a w beschenkt hat, und mir vorbehalten, über diesen Katalog spater zu berichten.

Der Umstand, daß dem vierten Hefte des gegenwärtigen
Jahrgangs der Zeitung wieder ein Repertorium der 8 Jahrgänge
von 1879 bis 1886 beigelegt werden soll, welches voraus-
sichtlich etwa 6 Bogen in Anspruch nimmt, feiner das für den
vorliegenden Jahrgang bereits vorhandene oder in Aussicht ge-
stellte Artikel-Material macht es mir gebieterisch zur Pflicht,
diesen Bericht nur in quasi aphoristischer Form zu geben.

*

Niemand wird sich darüber wundern, daß englische Grund-
anschauungen auch in amerikanischer Behandlung der Naturwissenschaften, mithin auch der Entomologie zu Tage treten,
wobei außerdem politische große und kleine Thatsachen erheblich mit hinein geredet haben. Es wird kaum bestritten
werden, daß Napoléon's Continentalsystem und dessen zeit-
weiliges Absperren der englischen Entomologen von den Leistungen der festlandischen die unvermeidliche Folge hatte, daß
Stephens, Haworth und andere verdiente Pioniere unserer
Wissenschaft in Systematik, Nomenclatur etc. ihre eigenen
Wege gingen, daß es langer Jahre bedurfte, bevor die mancherlei

Divergenzen zwischen englischen und nichtenglischen Lepidopterologen und Coleopterologen leidlich ausgeglichen wurden.

Da war es denn für die nordamerikanische Käferwissen-
schaft ein eigenthümliches Glück, daß sie gleich von Anbeginn
immer einzelne Vorkämpfer aufzuweisen hatte, die sich allgemeiner Geltung erfreuten. Den Reigen begann der hoch-
verdiente Say; Harris, Melsheimer, Haldeman, Major
Leconte und vor allem sein hochbegabter Sohn Dr. John
Leconte waren die berufenen Meister im Bewältigen der immer
aus neuen Districten des ungeheuren Territoriums zuströmenden
Materiales. Und John Leconte's trefflichster Schüler und treuer
Mitarbeiter, Dr. Geo. Horn gilt zur Zeit — und hoffentlich
noch auf lange hinaus — für den Primus Pilus der nordamerikanischen Legio coleopterologica. Henshaw erkennt seinen
gewichtigen Beirath bei dem Kataloge pflichtschuldigst an.

Es wäre, wenn auch nicht löblich, so doch begreiflich
gewesen, wenn nach Analogie der altenglischen Britishers auch
die amerikanischen Käferliebhaber sich nicht bloß auf das
Sammeln eingeborener Arten beschränkt, sondern für diese auch
ihre eigene Systematik und Nomenclatur erfunden hätten. Aber
vor diesem pseudopatriotischen Verstoß gegen die kosmopolitischen
Segensregeln der Mutter Isis hat sie der Umstand beschützt,
daß ihre Protagonisten Dr. Leconte und Dr. Horn Europa be-
reist und europäische Sammlungen studirt haben.

*

Der älteste der mir vorliegenden nordamerikanischen 3
Käferkataloge ist der

Catalogue of the described Coleoptera of the United States
by Friedrich Ernst Melsheimer M. D. revised
by S. S. Haldeman and J. L. Leconte. Washington 1853.

Da er durch die nachfolgenden außer Geltung gekommen
ist, so will ich mich begnügen, auf einige Punkte hinzuweisen,
in denen seine systematische Anordnung von der damals in
europäischen Katalogen adoptirten abwich.

Auf die Cicindelidae, Carabidae, Dytiscidae, Gyrinidae
folgten nicht wie sonst gebräuchlich die Staphylinidae — diese
waren ganz an den Schluß verwiesen — sondern die Phala-
cridae, Anisotomidae und andere Clavicornia; hinter die Lathri-
diidae sind die Erotylidae eingeschaltet, dann folgen die Myceto-
phagidae, Dermestidae, Byrrhidae, hierauf die Throscidae und
auf sie die Histeridae. Ihnen folgen die Lamellicornia, die mit
den Coprophagen begannen; dann werden hinter Bolbocerus
die Lucaniden eingeschaltet und hinter Sinodendron folgten

Phileurus und die Dynastiden, auf diese die Melolonthiden, darauf Valgus, Osmoderma, Trichius, Gnorimus und durch Cremastochilus schlossen sich die Cetoniden an. Darauf Buprestidae, Eucnemidae, Elateridae, die Malacodermen, Cleriden, Ptiniden. Erst hier fand Rhysodes seinen Platz, und an ihn schlossen sich Platypus und die Tomiciden, die unmittelbar zu den Curculionidae hinüberleiteten. Diese begannen mit Dryophthorus, schlossen mit Apion und darauf folgten die Cerambycidae. Hinter ihnen stehen die Chrysomelidae, die zwar mit Orsodacna und Donacia beginnen, aber hinter Lema die Hispiden und Cassiden, dann die Galeruciden stellen, und mit den Cryptocephaliden abschließen. Hierauf die Coccinellidae, dann die Endomychidae, darauf die Tenebrionidae, Melandryidae, Mordellidae, Stylopidae, Meloidae, Lagriidae, Salpingidae, Anthicidae. An Xylophilus schließen sich die Scydmaenidae, Pselaphidae und die Clavigeridae vermitteln schließlich den Uebergang zu den Staphylinidae, als der letzten Familie.

*

Der Titel des zweiten Kataloges lautet
Check List of the Coleoptera of America, North of Mexico
by G. R. Crotch, M. A. Salem 1873.

In dem kurzen Vorworte sagt Crotch in seiner beliebten dictatorisch lakonischen Manier, die Tauschliste stehe in Verbindung mit einer Liste von Dr. Leconte — zahlreiche Aenderungen in der Synonymie beruhten auf Vergleichen, welche Leconte in Europa angestellt und in manchen Artikeln zusammen mit Dr. Horn festgestellt habe. Fur gewisse Umstellungen (wonach z. B. Coccinellidae, Erotylidae und Endomychidae in der Clavicornreihe ihren Platz fanden) ubernehme er selber die Verantwortung und habe das in vorausgesandten Artikeln motivirt. Für Dr. Horn's Beihulfe müsse er ganz besonders dankbar sein.

*

Bekanntlich war Crotch einer der schneidigsten Vorkämpfer für das prioritätische Prinzip und dies Verdienst soll ihm nicht verkümmert werden, wennschon er es nicht selten mit einseitiger Unfehlbarkeit geubt hat. Mithin begegnen wir in dem vorliegenden Kataloge außer den erheblichsten Umwälzungen in der Gruppirung der Familien gegen den Melsheimer'schen *)

*) Auf die Carabiden und Wasserkäfer folgen Trichopterygidae, dann Staphylinidae, Pselaphidae, Silphidae und zwischen die übrigen Clavicornen sind Endomychidae, Erotylidae, dann hinter die Nitidulidae die Coccinellidae und erst hinter Elmidae und Heteroceridae die

auch allerlei verwegenen Neuerungen, z. B. Cistela Geoffr., womit Byrrhus F. gemeint ist, was natürlich zur Folge hat, daß *Cistela* F. in Pseudocistela Crotch umgetauft werden muß. Auch Bruchus L. fällt dem Crotch-Fanatismus zum Opfer und soll fortan *Mylabris* Geoffr. lauten; Xantholinus Serv. muß Gyrohypnus Leach Platz machen, Eretes Lap. schlägt Eunectes Er. aus dem Felde, Silpha L. soll für die Arten eintreten, die anderweit unter Necrophorus F. gelten, dafür sollen die bisher unter Silpha F. begriffenen den Gattungs-namen Peltis Geoffr. führen, weshalb natürlich Peltis Illig. in Ostoma Laich. umgeschmolzen wird. Diese wenigen Bei-spiele greife ich aus einer großen Zahl heraus.

*

Der dritte, neueste Katalog führt den Titel:

List of the Coleoptera of America, North of Mexico by Samuel Henshaw, Philadelphia American Entom. Society 1885.

Da er gleich dem von Crotch die aufgeführten Arten mit einer fortlaufenden Zahl bezeichnet, so kann man daraus ent-nehmen, wie fleißig in den 12 Jahren die beschreibende Cole-opterologie in Nordamerika gearbeitet hat. Aus den 7450 Species in Crotch sind bei Henshaw bereits 9238 geworden. In dem kurzen Vorwort sagt er, daß er genau die Classification von Leconte und Horn (Washington 1883) befolgt hat, und daß der Katalog der speciellen Beihülfe des Letzteren sich zu erfreuen hatte.

Da ich bei den 2 früheren Katalogen angedeutet habe, in welchen Punkten sie wesentlich von der in Europa ange-nommenen Systematik resp. Nomenclatur abwichen, so constatire ich gerne, daß eine Zahl früherer Divergenzen jetzt beseitigt

---

Histeridae gestellt — darauf folgen die Lucanidae, diesen die Scara-baeidae — hinter Geotrypes die inzwischen entdeckte neue Gattung Pleocoma *Leconte* — hinter den den Schluß der Lamellicornien bildenden Cetoniden die Buprestiden, darauf die Throsciden, als erste Gattung der nun folgenden Elateriden Cerophytum, Melasis und die übrigen Eucnemiden; zu den Elateriden werden schließlich auch Cebrio und Scaptolenus gerechnet. Hinter Malacodermen und Clerier folgen unmittelbar die Spondylidae (Parandra) und die Cerambycidae. Dann die Spermophagidae, Chrysomelidae, nach alter Tradition mit Donacia beginnend und mit den Cassiden schließend. Die zunächst folgenden Tenebrionidae folgen im wesentlichen der hergebrachten europäischen Rangordnung, nur daß die Pythidae erst hinter Oedemera und Myc-terus folgen, und daran schließen sich direct die Curculioniden, welche mit Trigonoscuta beginnen, mit Stenoscelis schließen, und dann zu den Scolytidae übergehen. Darauf machen Anthribidae und Bren-thidae den Schluß.

ist. Die bei Melsheimer erwähnte abnorme Stellung der Throsciden (zwischen Byrrhiden und Histeriden), die auch Crotch bereits naturgemäß zwischen Buprestiden und Elateriden untergebracht hatte, behält diese richtigere Stelle. Die Coccinelliden und die Erotyliden, die bei Melsheimer noch hinter den Chrysomeliden standen, behalten den von Crotch ihnen innerhalb der Clavicornien angewiesenen Platz. Abweichend von der alten Reihenfolge stehen die Elateriden vor den Buprestiden und diese vor den Lamellicornien. Am meisten Widerspruch wird es wohl finden, daß hinter den Meloiden (und Stylopiden) die Rhinomaceriden, Otiorhynchiden und auf diese die Curculionidae, darauf die Brenthidae, Calandridae, Scolytidae und als letzte die Anthribidae folgen. Aber die Rückkehr zu Bruchus Linné, Byrrhus F. statt der von Crotch ausgegrabenen Mumien *Cistela* und *Mylabris* Geoffroy ist von mir mit Freuden begrüßt worden.

*

Es wundert mich doch, daß ich in dem neuesten Kataloge die Gattung Leconte's Pleocoma, die in Crotch' Checklist hinter Geotrypes stand, auch bei Henshaw an derselben Stelle finde. Professor Gerstaecker hat schon 1883 in der Stettiner Zeitung nachgewiesen, die Gattung gehore zu den Melolonthiden; und daß dies auch in Nordamerika für richtig gehalten wird, ersehe ich aus No. 9 Vol. I der Entomologica Americana 1885. Auch fällt mir auf, daß die Species Pleocoma Staff Schauf., welcher Crotch den Namen *adjuvans* substituirt hatte, bei Henshaw verschwunden ist. Es kann mir nicht einfallen, für so thoricht erfundene Namen, wie „Staff" oder „Knownothing" Thomson die Lanze einlegen zu wollen, aber in unserer Republik kann ein jeder Namengeber auf eigene Gefahr seine Geschmacklosigkeit verewigen, wenn es ihn danach gelüstet — niemand hat das Recht, eine Thatsache für ungeschehen zu erklären.

*

Schließlich noch eine Bitte um Belehrung. In allen mir bekannten europäischen Katalogen — auch noch in dem Berliner von Stein und Weise 1877 — finde ich den bekannten, kosmopolitischen Wasserkäfer als Eunectes sticticus Linné aufgeführt. Ebenso heißt er im Melsheimer p. 29. Im Crotch p. 22 lautet es: Eretes Lap. (Eunectes Er.) sticticus L. Im Henshaw ebenso, nur mit Weglassung von Eunectes. Daß ich im Gemminger-Harold II p. 462 Eunectes und als Synonym *Eretes* Cast. finde, würde mich noch nicht stören — wenn ich aber in Castelnau's Hist. nat. d. Coléoptères I. p. 160 Eunectes

Erichson und darunter als Synonym *Eretes* Lap. finde, so muß mich das doch in der That stutzig machen. Welchen Grund hätte Herr Laporte, comte de Castelnau gehabt, s e i n e Gattung Eretes, wenn prioritätsberechtigt, dem Erichson'schen Eunectes unterzuordnen? Ja, selbst im alphabetischen Register seines Werkes wird man Eretes vergeblich suchen!

Literatur.

Die Kleinschmetterlinge der Provinz Brandenburg und einiger angrenzenden Gegenden mit besonderer Berücksichtigung der Berliner Arten von Ludwig Sorhagen. Berlin, bei Friedländer. 1886.

Dies neue Werk verdient in vollem Maße die Beachtung aller Sammler von Micropteren, denn es führt nicht nur die große Anzahl von 1167 in der Mark gefundenen Arten auf, unter denen manche sind, die man in Norddeutschland nicht vermuthet hätte, sondern bringt auch eine Fülle von auf langjähriger Beobachtung beruhenden Notizen, die besonders fur die Biologie der kleinsten Aiten von Werth sind. Außerdem hat der Verfasser die einschlägigen Arbeiten auch der Englander und Fianzosen in umfassender Weise benutzt, so daß man nicht leicht vergebens bei ihm nach Belehrung suchen wird. Wenn unter diesen Bemerkungen, die ausdrücklich als von anderen stammend bezeichnet sind, sich·manche befinden, die kaum ganz richtig sein durften, so trifft dafür den Veifasser natürlich kein Vorwurf. So wird z. B. p. 221 angegeben, daß die Raupe von Hypatima binotella (moussetellá Hb.) wicklerartig an Lonicera lebe, was wohl sicher Verwechselung mit Brachmia moussetella ist. Ebenso ist es wohl Verwechselung mit Stephensia brunnichiella, wenn unter den Futterpflanzen der Elachista magnificella p. 335 auch Clinopodium angeführt wird. Ebenso wenig kann man es als einen Mangel bezeichnen, wenn der Verfasser, übrigens nicht ohne daß er seine starken Bedenken verhehlt, eine Quelle benutzt hat, die wohl nicht immer ganz lauter ist, nämlich die von Moritz angelegte märkische Sammlung in Wagenitz. Wenigstens werden aus dieser eine Reihe Arten als märkisch aufgefuhrt, deren Vorkommen in Norddeutschland doch sehr zweifelhaft ist, z. B. Hercyna alpestralis, Eurycreon aeruginalis, sulphuralis, Conchylis lathoniana. Einen besonderen Werth erhalt das Buch dann noch dadurch, daß auch sämmtliche in der norddeutschen Tiefebene und Livland vorkommenden Arten in einem Anhang aufgeführt werden und ihre Biologie kurz mitgetheilt wird. Auch unter diesen finden sich manche, vom Verfasser selbst herrührende Beobachtungen von großem Interesse, so die Angabe, daß Dichrocampha senectana, Tinea merdella, Lita praternella bei Hamburg vorkommen.

Druckfehler sind nur wenige und keine störenden stehen geblieben, Druck und Papier sind vortrefflich.

Friedland in Mecklenburg.

G. Stange.

Exotisches
von
C. A. Dohrn.

328. Cicindela *cincta* F.

Unvermuthet wird mir durch eine Sendung von etlichen Hundert Cicindeliden, die ich begutachten soll, Anlaß, auf diese erst im Jahrgange 1885 S. 383 besprochene Art nochmals zurückzukommen. Es zeigt nehmlich ein mit dem Fundort Gaboon bezeichnetes Exemplar der C. *cincta* einen besonderen Reichthum an gelben Zeichnungen auf Thorax und Flügeldecken.

Dejean giebt in seiner lobenswerthen Beschreibung des Thorax der Art (Spec. p. 40) an: „on aperçoit quelques poils blanchâtres sur ses bords latéraux". Von diesen weißgelben Randhärchen sieht das gewöhnliche Auge auf den meisten Exemplaren nichts, indessen auf einem meiner Stücke sind sie allerdings durch die Lupe zu bemerken. Auf dem jetzt in Rede stehenden Exemplare stehen sie aber nicht vereinzelt, sondern so dicht gereiht, daß schon das bloße Auge sie deutlich wahrnimmt.

Die weißgelbe Randeinfassung der Flügeldecken reicht bei den meisten Stücken kaum bis zu der Schulter — hier aber umfaßt sie die ganze Schulterecke bis zur Stelle, wo der Thorax angefügt ist.

Nun folgen gleich hinter der Basis, ein Millimeter hinter dem Rande, in der Mitte zwischen Naht und Seitenrand 2 kleine Punktstriche, dann etwas tiefer, ziemlich dicht neben der Naht, 2 größere Längsstriche. Von diesen 4 Zeichnungen ist meines Wissens noch nie Erwähnung geschehen.

Darauf erst folgen die bereits auch anderweit bekannten 6 Zeichnungen in der von Dejean l. c. genau specialisirten Reihenfolge.

Das interessante Exemplar befindet sich in der Sammlung des Herrn Sanitätsrath Dr. Ruge.

329. Cicindela *viridis* Raffray.

In ganz analoger Weise zeigt in meiner Sammlung ein Stück dieser schonen abyssinischen Art, welche (nach Raffray Ann. de France 1882, Bull. p. XVII) mit „maculis quatuor plus minusve conspicuis" der Elytra ausgestattet sein soll, 2 große, 4 kleinere Striche und 4 Punkte, alle gleichmaßig hellgelb.

330. Cicindela (Ophryodera) *rufomarginata* Boh.

Einmal im Fahrwasser dieser Zeichnungs-Varianten will ich diesen Anlaß benutzen, um noch einiges dem hinzuzufügen, was ich über diese schone Art im Jahrgange 1883 S. 357 dieser Zeitung gesagt habe.

Mir liegen jetzt 4 Exemplare vor, 2 ♂ und 2 ♀, und das erste, was ich an der Boheman'schen Beschreibung Ins. Caffr. I. p. 8 zu ergänzen habe, ist, daß die 2 Mannchen deutlich erweiterte Vordertarsen im Vergleich gegen die schlankeren der Weibchen haben. Ferner giebt B. die Länge auf 21 mm, die Breite auf 7 mm an. Nur eins meiner Weibchen hat dies Maß, das zweite ist schon ein wenig kürzer und schmäler, aber die beiden ♂ messen nur 19 mm Long. und 5$\frac{1}{2}$ mm Lat.

Ich glaube kaum, daß man sich aus B.'s Worten bei Beschreibung der Flugeldeckenzeichnung

> intra apicem denique macula magna, semilunari, cum
> linea suturali etiam connexa

eine exacte Vorstellung der Zeichnung machen kann, wenigstens nicht derjenigen, welche meine 4 vorliegenden Stücke aufzeigen. Bei allen geht nehmlich die gelbe Nahtlinie bis zum Apex, wo sie in eine Binde von 1 mm Breite ausläuft, die sich bei 3 Exemplaren in einer Länge von 4 mm am Außenrande der Elytra hinaufzieht und dann gleichsam abgebrochen aufhört. Das macht entschieden den Eindruck eines gelben Ankers auf purpurbraunem Grunde. Nur bei dem vierten Stücke, einem ♂ aus der Holub'schen Ausbeute, setzt sich diese Marginalbinde noch hoher hinauf fort, bis da wo die sogenannte Circumflex-Binde, die den überwiegend meisten Cicindelen gemeinsam ist, beginnt. Diese letztere Binde findet sich ganz deutlich nur bei diesem einen Exemplar, bei einem zweiten ist sie noch sichtbar, aber nur schwach; bei dem dritten ist sie auf 2 gelbe Punkte reducirt, und bei dem vierten fehlen auch diese. Jenes am meisten durch Zeichnung vorragende ♂ hat auch die von B. angegebene „macula angusta in ipsa basi (elytrorum)" und sein darauf folgendes „interdum deficiente" trifft bei den 3 anderen zu, die keine Spur davon zeigen.

331. Cnemida *retusa* F.

Die Beschreibung in dem Systema Eleutheratorum II p. 133 beginnt mit den Worten: „Trich. Delta minor". Danach ist nicht zu bezweifeln, daß das gemeinte Thier, wenn auch nicht kürzer, jedenfalls doch schmäler war, als der in Bezug genommene Trichius. Zunächst habe ich zu bemerken, daß mir außer den mit allen Angaben von Fabricius und Burmeister (Handh. IV. A. S. 379) übereinstimmenden Exemplaren ein Stück vorliegt, welches ohne alle gelbrothe Zeichnung einfach schwarz ist. Dies und der Umstand, daß Germar in seinen Insectorum Species bei Butela lacerata p. 99 nicht auf *retusa* sondern auf die weit abweichendere R. *lineola* Bezug nimmt, hat mich auf den Gedanken gebracht, daß Germar derzeit die R. (Cnemida) *retusa* nicht besessen haben wird. Ich wäre garnicht abgeneigt, retusa und lacerata für Varietaten derselben Art zu halten, da auch Burmeister seine Beschreibung von lacerata damit beginnt: „ebenso gestaltet und gefärbt, wie die vorige Art (scil. retusa) aber größer". Die hinterher angegebenen Differenzen fallen nicht sehr in's Gewicht. Ueberdies scheint dafur auch noch zu sprechen, daß Burmeister bei Cn. *lacerata* ebenfalls einen Nigrino mit den Worten bezeichnet: Var: Fasciis elytrorum obsoletis vel nullis.

Cn. retusa soll in Cayenne, lacerata in Brasil zu Hause sein — ich besitze eine unzweifelhafte *retusa* aus Minas geraes.

332. Lutera *luteola* Westw.

Zu dieser im Jahrgang 1875 der London Ent. Transactions p. 236 beschriebenen Art habe ich noch folgendes zu bemerken. Westwood giebt Borneo (Wallace) als Vaterland an. Ich erhielt eine größere Anzahl des Thieres aus Bangkok. Zwar erreicht keines meiner Exemplare die Lange, welche Westwood auf $8^3/_4$ lin (welche?) angiebt: zum Glück befindet sich auf der Tafel VIII. l. c. neben dem vergroßerten Thier ein Strich, welcher die Länge bezeichnet; aber auch danach muß das Borneo-Exemplar massiver gewesen sein (18 mm) als die mir aus Bangkok vorliegenden, deren größtes nur 15 mißt, während kleinere daneben nur 12 und 13 mm zeigen. Die 2 schwarzen Punkte auf der Stirn sind (mit einer Ausnahme) bei allen vor-

handen, die v i e r auf dem vorderen Discus des Thorax sind
bei einigen Exemplaren auf 2 beschränkt, bei anderen auf 6
erweitert. So sind auch außer den von Westwood angegebenen
2 Makeln auf dem Discus und den 2 subapicalen der Elytra
(die nur bei einem Exemplar fehlen) noch bei einzelnen Stücken
mehrere sichtbar. Die auf den Schenkeln und den Rändern
der Segmente sein sollenden dunklen Makeln sind meist vorhanden, aber nicht immer.

Dies sind offenbar keine specifischen Kriterien; daß fast
alle Bangkok-Exemplare s c h w a r z e Schienen und Tarsen haben
— Westwood bezeichnet sie mit castaneo-brunneis — scheint
mir auch keine wesentliche Abweichung, da einzelne Stücke
d u n k e l b r a u n e zeigen. In Form und Zahnung der Beine bemerke ich ebenso wenig wie Westwood sexuelle Differenzen.
Seine Angabe: „Tarsi ungue *unico* integro, altero acute bifido“
ist offenbar Druckfehler statt u n o.

333. Leptura *variicornis* Dalman.

Die Frage liegt nahe: „was will dieser e u r o p ä i s c h e
Saul unter den e x o t i s c h e n Propheten?“ aber ich hoffe, meine
Antwort wird das genügend aufklären.

Einige Monate vor seinem am 15. November 1883 erfolgten Tode hatte mich der verewigte Dr. John Leconte durch
eine kleine Käfersammlung überrascht.

Sie enthielt in einem Flaschchen etwa 100 Arten in Spiritus,
zum Theil in nicht gerade musterhaftem Zustande; als Localität,
wo die Sachen gesammelt, war angegeben:

Cross Lake to Cumberland House,
also westlich von Winnipeg Lake in Brittisch Amerika.

Da es mir an undeterminirten Arten aus Nordamerika
nicht fehlt, so wird man es erklärlich finden, daß ich mich
zunächst damit begnügte, die Sendung zu spießen resp. aufzu-
kleben, um sie vorläufig übersehen zu konnen. Es ergab sich
nun im Ganzen nicht eben viel erbauliches: offenbar waren die
Sachen vorher schon gesichtet, die interessanteren herausgesucht,
der Rest wieder in die Spiritusflasche gethan worden.

Anderweite Arbeiten hielten mich seither davon ab, mich
genauer mit dieser Sendung zu beschäftigen. So ist es gekommen, daß ich erst heute*) bei dem Mustern der dairn befindlichen Cerambyciden auf das Exemplar von Leptura *variicornis* besonders aufmerksam wurde.

Da in meiner Sammlung nur Exemplare dieser Art aus

---

*) Am 24. März 1886.

dem nordöstlichen Rußland vorhanden sind, so befragte ich zuerst Gemminger-Harold über das Habitat, fand aber nur Curonia und Germania borealis. Nun wandte ich mich an' Haldeman, dann an die 3 Katalogschreiber Melsheimer, Crotch, Henshaw — überall dasselbe negative Resultat; die Art fehlt anscheinend in Nordamerika.

Nun ist es aber im höchsten Grade unwahrscheinlich, daß Leconte ein so auffallendes, leicht kenntliches Thier wie Lept. *variicornis* sollte aus reinem Versehen unter ungespießte Cross Lake Käfer gemischt haben, auch ist bei der Lage von Cross Lake nicht an Einschleppung durch Schiffe zu denken; mithin halte ich es für ausreichend naheliegend, die von Haldeman angeführten 7 Bockkäfer, welche Noıdamerika mit Europa gemeinsam hat, noch um diesen achten zu vermehren.

Mit der sehr pracisen Beschreibung Dalman's und mit meinen aus Rußland stammenden Exemplaren stimmt das vorliegende in allen wesentlichen Punkten ausreichend.

Nur in der von Dalman sehr genau bezeichneten Färbung der Antennen hat der Canadier etwas von der europäischen Tunche abweichendes. Dalman sagt:

Antennae coıpore breviores, articulis 3 baseos, tribusque apicis, nigris; 4, 5, 6 et 8 basi luteis apice nigris, septimo toto nigro.

Der Canadier hat 1, 2, 3 schwarz, 4, 5 schwarz, mit kaum bemeıkbarem, dunkelgelbem Schimmer an der Basis, 6 hellgelb, mit ganz kurzem Schwarz am Apex, 7 zwar überwiegend schwarz, aber deutlich gelbem Fleck an der Basis, 8 ganz und gar rothgelb, 9 und 11 ganz mattschwarz, aber 10 mit demselbem Fleck an der Basis wie 7.

Auf ein eınigermaßen geubtes Auge machen dıe vorleuchtend gelben Glieder 6 und 8 einen eigenen Eindruck, wenn man das amerikanische Exemplar neben die mongolischen stellt. Es wäre interessant, wenn diese Abweichungen auch bei später gefangenen Stücken sich bestätigten. Daß es keine specifischen Krıterien sind, liegt auf der Hand.

Centralasiatische Lepidopteren.

Von

Dr. O. Staudinger.

Im 42. Jahrgang dieser Zeitung (1881) lieferte ich einen Beitrag zur Lepidopteren-Fauna Central-Asiens. Es ist meine Absicht, später eine Aufzählung aller in diesem hochinteressanten Gebiet gefundenen Lepidopteren zu geben, woraus hervorgehen wird, daß der bei Weitem größte Theil der Schmetterlinge des eigentlichen Europa's auch in Central-Asien vorkommt. Wahrscheinlich ist sogar die Wiege der meisten europäischen Arten hier zu suchen, und verbreiteten sich die meisten Arten von Central-Asien aus über Nord-Asien und Europa, welches letztere ja, geographisch betrachtet, nur die große westliche Halbinsel des ungeheuren asiatischen Continents ist. Jedenfalls ist Central-Asien als der Kern des palaearctischen Faunengebietes anzusehen, und so sehr viele neue Arten auch gerade in diesen früher ganz unzugänglichen Regionen entdeckt wurden, so ist doch keine einzige dabei, die einen sogenannten „exotischen" Character hat. Solche „exotische" Formen hat das eigentliche Europa in seinem mediterraneen Gebiet verschiedene; ich erinnere nur an Charaxes Iasius, Danais Chrysippus, Pseudophia Tirrhaea etc. Auch an der südöstlichen Grenze des palaearctischen Faunengebietes treten exotische Formen im Papilio Maackii etc. auf.

Da nun gerade jetzt Central-Asien noch von verschiedenen Sammlern eifrig durchforscht wird und jahrlich eine Anzahl dort bisher noch nicht gefundener Arten entdeckt werden (so erhielt ich auch Papilio Alexanor, Cigarites Acamas etc. im letzten Jahre von dort), so ist es besser, mit der General-Aufzählung der dortigen Arten noch zu warten. Inzwischen werde ich hier eine Anzahl neuer Arten oder Localformen von Central-Asien beschreiben. Ich bedaure hierbei nur, daß meine Sammler mir meist gar keine Angaben über die Höhen, in denen die betreffenden Arten vorkommen, machten. Auch die Flugzeit ist bei manchen Arten nicht angegeben, so wie die Localitäten selbst ziemlich unbestimmt begrenzt sind.

Papilio Machaon L. var. *Centralis* Stgr. Papilio Machaon ist wohl die weit verbreitetste Art ihrer Gattung, da sie nicht nur im ganzen palaearctischen Gebiet (mit Ausnahme des nördlichsten Theiles), sondern auch im indischen und neoarctischen **Faunengebiet** voikommt. Die in letzteren beiden Gebieten vorkommenden Machaon-Formen sind zum Theil unter eigenem Namen beschrieben und als verschiedene Arten angesehen worden. So Macilentus Jans. aus Japan, Oregonius aus Nordamerika etc ; doch sind diese fast weniger von typischen europäischen Machaon verschieden als die vorliegende var. Centralis, die ich besonders aus der Umgegend von Margelan, aber auch aus der von Samarkand erhielt. Es sind dies alle zugleich Zeit-Varietäten, d. h. Stücke der zweiten Generation, die dort im Juni oder Juli fliegen, während die erste Generation im April und Mai fliegt. Die Stücke der ersten Generation aus Central-Asien sind von den europäischen gar nicht zu unterscheiden. Auch fing ich in Süd-Europa, besonders auf der Insel Sardinien, Stücke der zweiten Generation von Machaon, die der var. Centralis sehr nahe kommen. Das Characteristische dieser Varietät besteht besonders darin, daß das Gelb sehr vorherrscht und die schwarzen Zeichnungen mehr oder minder verdrängt oder überdeckt hat. So ist namentlich der schwarze Basaltheil der Vdfl. *) fast ganz gelb überdeckt und der bei typischen Machaon schwaize Basal- und Innenrandstheil der Htfl. fast ganz gelb. Außerdem ist der Hinterleib bei den ♂ fast ganz gelb; das eine meiner Stücke zeigt nur auf den ersten Ringen oben die verloschenen Spuren eines schwarzen Streifens. Bei den ♀ ist der obere Theil des Hinterleibes stets schwarz und auch seitlich nach unten sind die schwarzen Streifen, wenn auch zuweilen nur schwach, vorhanden. Bei den Machaon der zweiten Generation aus Süd-Europa ist dies ähnlich, doch führen die ♂ hier stets noch einen deutlichen schwarzen Dorsalstreifen bis an's Ende des Hinterleibes.

Parnassius Discobolus var. (aberr.) *Insignis* Stgr. Im vorigen Jahre erhielt ich aus dem südlichen Alai eine größere Anzahl von Discobolus, die sich zum Theil durch folgende Merkmale von den früher beschriebenen Stücken so auszeichnen, daß sie wohl einen Namen verdienen. Sie sind meistens sehr groß, haben sehr große lebhafte, rothe Augenflecke der Htfl. und auf den Vdfl. 2—3 rothe Flecken am Vorder- und einen (oft sehr großen) am Innenrande. Dann zeigen sie vor dem Außenrande der Htfl. sehr große, dreieckige, schwarze Flecken, die öfters in einer Binde zusammengeflossen sind. Endlich steht noch vor dem breiten glasigen Außenrande der Vdfl. eine (ofters fast vollständige) Glasbinde, die von

---

*) Ich kürze Vorderflügel stets in Vdfl., Hinterflügel in Htfl. ab.

dem Außenrand durch eine scharf gezackte weiße Fleckenbinde getrennt ist. Es kommen natürlich Uebergänge dieser var. Insignis zu Discobolus vor; doch sticht diese schone Form sehr wesentlich von den typischen Discobolus ab.

Parnassius Delphius Eversm. var. *Infernalis* Stgr. aberr. *Styx* Stgr. und var. *Namanganus* Stgr. Parnassius Delphius ist eine nach den verschiedenen Localitaten sehr variable Art; es ändern auch die verschiedenen Localformen an derselben Localität stark ab, so daß alle Uebergänge zu einander vorkommen. Die typischen Delphius Eversm. sind zweifelsohne diejenigen Stücke, die mir Haberhauer aus dem Dsungarischen Ala Tau (es giebt eine Anzahl von Ala Tau-Gebirgen) sandte, und die ich in dieser Zeitschrift 1881, p. 278 kurz erwähnte. In typischen Stücken haben sie, wie in der Eversmann'schen Abbildung, fast ganz verdunkelte Vdfl. der ♂ (das ♀ kannte Eversmann nicht). Doch erhielt ich auch hellere Stücke von derselben Localität, und namentlich sind die ♀ heller. So hat ein ♀ nur die beiden dunklen Außenbinden der Vdfl.; die dritte (innere) Binde hängt nur als langer Fleck am Vorderrande an. Der größte Gegensatz zu diesen typischen Delphius ist die von meinem Schwiegersohn Bang-Haas in der Berl. Entom. Zeitschr. 1882, p. 163 als Staudingeri beschriebene Art, welche sicher nur eine Localform von Delphius ist, wie dies die später entdeckten, jetzt zu beschreibenden Localformen beweisen. Staudingeri stammt von den südlich von Samarkand gelegenen Alpen, die mir Haberhauer als das Hazret-Sultan-Gebirge bezeichnete; doch soll letzteres noch südlicher liegen. Diese etwas größere Form hat das meiste Weiß und meist scharfe schwarze Querbinden der Vdfl. Aus den Alpen bei Osch sandte mir der junge Haberhauer 1882 eine Delphius-Form, welche zwischen den typischen Delphius und Staudingeri steht, und die ich als var. Infernalis versandte und hier als solche kurz beschreibe. Die Stücke sind durchschnittlich so groß wie Staudingeri, haben scharfe schwarze Querbinden, die aber meist breiter als bei Staudingeri sind, und die bei einigen ♂ fast alles Weiß auf den Vdfln. verdrängen. Auch die helleren Stücke von Infernalis unterscheiden sich von Staudingeri sofort durch einen viel breiteren, dunklen Außenrand aller Flügel. Die dunklen Stücke unterscheiden sich von Delphius durch die schärfer durch Weiß (Hell) getrennten dunklen Binden, besonders auch den meist breiteren dunklen Außenrand der Htfl. An der Basis der Unterseite der Htfl. haben diese Infernalis meist deutliche rothe Flecken, die aber zuweilen auch fast ganz fehlen. Daß bei Infernalis, wie auch bei Delphius und den meisten Parnassius-

Arten die rothen Augenflecke zuweilen gelb werden, bemerke
ich hier nur nebenhei. Die Delphius-Form, die Herr Taneré
von seinem Sammler Rückbeil 1884 in Anzahl aus dem Kuldja-
District erhielt, gehört auch zu dieser var. Infernalis, obwohl
sie ganz auffallende Aberrationen zeigt, und einzelne Stücke
den typischen Delphins, andere den (bald zu beschreibenden)
var. Namanganus sehr nahe kommen. Ein kleiner Procentsatz
dieser Kuldja-Infernalis ist vorwiegend schwarz, zwei ♂ fast
ganz schwarz. Bei dem einen dieser ♂ tritt die helle (weißliche) Farbung nur noch am Vorderrande der Vdfl. ganz wenig
und verloschen auf, sonst sind nur noch die Fransen schmal
weißlich, besonders auf den Htfln. Bei dem anderen schwarzen
♂ tritt die weißliche Farbung etwas mehr auf, so auch in der
Basalhälfte der Htfl. Sonst treten auf den letzteren nur die
beiden rothen, dunkler schwarz umrandeten Augenflecken und
die beiden schwarzen blaulich bestäubten Analflecken auf.
Unter den letzteren stehen bei dem weniger dunklen ♂ (das
Herr Tancré meiner Sammlung abzutreten die Güte hatte) noch
zwei kleine, ganz schwarze Fleckchen. Diese sehr auffallende
schwarze Aberration verdient als aberr. Styx einen eigenen
Namen zu führen, da sie sich gewiß, den beiden vorliegenden
Stücken ähnlich, wiederholen wird. Andere mit diesen zusammen gefangenen Stücke bilden einen Uebergang dazu, da
sie auch vorwiegend schwarz gefarbt sind. Diese Stücke führen
aber auf allen Flügeln hinter der Flügelmitte eine ziemlich
scharf abgeschnittene helle Querbinde, und auch vor dem Außenrande noch eine helle (theilweise verloschene) Querlinie (Binde)
Ich besitze auch drei (2 ♂ und 1 ♀) 1874 von Alpheraki im
Kuldja-District gefangene Delphins (das eine mit Juldus, 10,000'
bezeichnet), die von den Rückbeil'schen Stücken verschieden
sind, und die ich nur als größere dunkle Stücke zu den typischen
Delphius ziehen kann. Das dunkelste, vorwiegend auch schwarze
♂ hat auf den Vdfln. keine breite weiße Querbinde (aber weiße
Flecken in der Mittelzelle), und auf den Htfln. ist diese weiße
Querbinde nicht so scharf abgeschnitten und besonders noch
von einer weißen Mondfleckenbinde, wie meist bei den typischen
Delphius, gefolgt. Ich vermuthe, daß diese Alpheraki'schen
Stücke auf anderen Gebirgen (Alpen) gefunden wurden, da es
mir kaum möglich erscheint, daß in verschiedenen Jahren dieselbe
Art an derselben Localität so verschieden auftreten kann.

Als Delphins var. Namanganus beschreibe ich nun
noch eine 1884 in größerer Anzahl von den Alpen bei Namangan
(durch Haberhauer) erhaltene Form, die auch unter sich sehr
abändert. Einzelne Stücke sind kaum von Staudingeri zu unter-

scheiden, andere erscheinen auf den ersten Anblick denen von
var. Infernalis oder gar Delphius ziemlich gleich zu sein. Von
letzteren unterscheiden sie sich aber sofort durch 4 schwarze,
meist blau gekernte Randflecke (Augen) der Htfl. Beim typischen
Delphius sind nur die untersten beiden schwarzen Randflecke
vorhanden, die hier meist schwach blau gekernt sind. Bei
Staudingeri sind die 4 schwarzen vor dem unteren Theile des
Außenrandes auch fast stets deutlich vorhanden, doch sind sie
hier niemals blau gekernt. Bei Namanganus sind die unteren
beiden (größten) Flecken fast stets sehr stark blau gekernt (oft
vorherrschend blau, schwarz gerandet) und bei manchen Stücken
sind auch die oberen kleineren schwarzen Flecke schwach blau
gekernt. Außerdem zeigt Namanganus in den Htfl. meist 3
sehr große rothe (Augen-) Flecke, von denen der rothe Innenrandsfleck bei allen anderen Delphius-Formen meist ganz fehlt
oder doch nur selten sehr rudimentar auftritt. Dann sind diese
rothen Flecken bei Namanganus meistens nur sehr schwach,
schwarz umrandet, bei einigen Stücken fast gar nicht. Doppelt
auffallend ist daher eine Namanganus-♂-Aberration, wo die
beiden sonst bei allen Delphius-Formen rothen Augenflecke
völlig schwarz sind. Mit Ausnahme dieser Aberration, die
überhaupt kein Roth hat, zeigen alle anderen Namanganus an
der Basis der Htfl. auf deren Unterseite 2—3 meist sehr große
rothe Flecken.

Parn. Mnemosyne L. var. *Gigantea* Stgr. Diese in manchen
Stücken geradezu prachtvolle Localform unserer europäischen
Mnemosyne erhielt ich aus allen Orten des russischen Turkestan,
wo die beiden Haberhauer für mich sammelten, so von Margelan,
Osch, Usgent, Namangan und Samarkand. Die meisten Stücke
wurden Ende Mai, einige aber im Juli gefunden; letztere
sicherlich sehr hoch, auch die Ende Mai gefangenen Stücke
wohl nur im Gebirge. Diese var. Gigantea ist, wie es schon
der Name sagt, weit größer (meistens) als die Mnemosyne sonst
bekannter Localitäten Europa's und Vorder-Asiens. Einige
Stücke führen über 60 mm Flügelspannung und erreichen daher
die Größe kleinerer Parn. Apollo. Außerdem zeichnet sich
var. Gigantea durch zwei große, intensiv schwarze Flecken in
der Mittelzelle der Vdfl. aus. Auch auf den Htfln. sind die
schwarzen Flecken, zumal bei den ♀, öfters sehr groß und zuweilen die beiden unteren in einer schwarzen Halbbinde zusammen geflossen. Die meisten Stücke zeigen in dem glas-
artig durchsichtigen breiten Außenrand der Vdfl. eine Reihe
weißer Flecken, wodurch sich die var. Nubilosus Chr. aus
Nord-Persien besonders characterisirt. Aber abgesehen davon,

daß bei einzelnen besonders schönen Gigantea (von Osch und
Usgent) diese weißlichen Flecken ganz (oder fast ganz) fehlen,
ist Gigantea durch die Große und die großen schwarzen Flecken
der Vdfl. sofort von Nubilosus zu trennen. Die Stücke von
Samarkand kommen den Nubilosus am nächsten, sind aber auch
noch wegen ihrer Größe besser zu Gigantea zu ziehen. Uebrigens
bemerke ich, daß die Nubilosus besonders characterisirenden
weißen Randflecke auch zuweilen bei Schweizer Stücken auftreten, und daß meine Mnemosyne aus Griechenland und aus
dem silicischen Taurus zu Nubilosus zu rechnen sind. Daß
auch bei einzelnen Gigantea-♀, ebenso wie bei einzelnen Mne-
mosyne-♀ (und meinem Nubilosus-♀ aus dem Taurus) auf den
Htfln. vor dem Außenrande schwarze (Halbmond-) Flecke
(bindenartig) auftreten, bemerke ich noch nebenbei.

Pieris Krueperi Stgr. var. *Prisca* Stgr. Diese von mir vor
26 Jahren aus Griechenland beschriebene neue Art wurde
seitdem in Klein-Asien, Nord-Persien und Central-Asien aufgefunden. Die centralasiatischen Stücke sind auf der Oberseite
fast gar nicht von denen anderer Provenienzen zu unterscheiden;
dahingegen unterscheiden sie sich von den typisch griechischen
(und kleinasiatischen) Krueperi so constant und auffallend, daß
sie wohl verdienen, einen Namen zu führen. Der wesentliche
Unterschied dieser var. Prisca beruht darin, daß bei - ihr auf
der Unterseite (besonders der Htfl.) die hellen Theile rein weiß
(nicht gelblich oder grünlich angeflogen) und die dunklen (gelb-
grünen) Zeichnungen dunkler, mehr grau oder schwarzlich gemischt sind. Die Stücke der ersten Generation von Prisca sind
von denen der zweiten Generation in ähnlicher Weise verschieden wie bei Krueperi. Die der ersten, die schon in
niedrigen Gegenden Anfang April fliegen (in höheren Anfang
Juni), haben eine vorherrschend gelbgraue Unterseite der Htfl.,
bei denen nur ein Fleck in der Mittelzelle und der Außenrandstheil (breit) weiß ist. Aber am Außenrande selbst stehen
wieder (bei den ♀ große) grüngraue, durch Gelb getrennte
Flecken (Fleckbinde). Bei den Stücken der zweiten Generation
von Prisca, die Ende Mai (oder in höheren Gegenden Mitte und
Ende Juli) fliegt, ist die Unterseite fast ganz weiß, nur mit ein
Paar grüngrauen Flecken (bei den ♀ in einer Binde vereint) nach
außen und gelbgrauem Außenrande. Stücke aus Nord-Persien
(Schahrud) stehen zwischen beiden Formen, aber doch etwas
naher zu den centralasiatischen, weshalb sie besser zu dieser
var. Prisca zu ziehen sind.

Pier. Canidia Sparm. var. *Palaearctica* Stgr. Cramer bildete
diese Art 1779 als Gliciria aus China ab; sie wurde aber schon

11 Jahre früher **von Sparrmann als** Canidia beschrieben, **wahr**
scheinlich auch nach Stücken aus China, wo sie sehr gemein
zu sein scheint. Ebenso scheint sie überall in Nord-Indien
(wohl nur in höher gelegenen Theilen) vorzukommen **und zwar**
sind diese indischen Stücke meist den chinesischen ganz ähnlich.
Aus Central-Asien erhielt ich diese Art erst 1883 aus der **Um-**
gegend von Margelan, wo sie Herr Maurer im Mai fing, **da**
Haberhauer dieselbe wohl früher für Rapae oder Napi gehalten
und deshalb nicht gefangen hatte. 1884 sandte letzterer mir
davon auch Stücke aus der Umgegend von Namangan **ein.**
Diese turkestanischen Stücke sind nicht nur durchschnittlich
viel kleiner, sondern zeigen auch viel weniger schwarze **Zeich-**
nung, weshalb sie sehr wohl einen Namen als Localform (var.
Palaearctica) verdienen. Mein kleinstes Stück mißt nur **36,**
mein größtes 45 mm Flügelspannung. (Meine kleinste Canidia
mißt 45, meine größte 53 mm). Die kleinen Stücke haben **auf**
den sonst ganz weißen Htfln. nur am Ende des Vorderrandes
einen meist kleinen (zuweilen noch verloschenen) schwarzen
Flecken, erst bei den größeren Stücken treten feine schwarze
Randstrichelchen oder Randflecken auf, deren bei typischen
Canidia stets 4—5 große bei beiden Geschlechtern vorhanden
sind. Auf den Vdfln. ist die schwarze Apical- (und **Außen-**
rand-) Zeichnung bei Palaearctica weit schwächer (schmäler),
bei einem kleinen Stucke ist sie fast verloschen. Von **den**
beiden schwarzen Außenflecken ist der untere bei den ♂ **auf**
der Oberseite stets fehlend (wie auch bei Canidia), aber auch
der obere ist hier öfters ziemlich verloschen **und fehlt bei**
einem kleinen ♂ ganz. Bei den ♀, wo bei Canidia beide
Flecken stets groß und tief schwarz auftreten, ist der untere
bei den kleineren Stücken auch öfters ganz rudimentär, während
die größeren auch beide deutlich zeigen. Ich glaube, daß die
großen, mehr gezeichneten Stücke der var. Palaearctica vielleicht der zweiten Generation angehören mögen. Aus Kaschmir
besitze ich ein kleineres ♂ der Canidia, das fast eher zur **var.**
Palaearctica gehort, da es auch auf den Htfln. am Außenrande
nur einige sehr verloschene schwarze Strichelchen zeigt. Auf
der Unterseite der Htfl. sind große Stücke zuweilen fast rein
weiß (gelblich), kleinere aber stets mehr oder minder stark
schwarz bestäubt. Der Basaltheil des Vorderrandes ist stets
schmal gelb. Herr Lederer glaubte früher, daß meine Pieris
Krueperi eine Localform der Canidia sein könne; jetzt haben
sich beide Arten nebeneinander in Central-Asien vorgefunden.

Pieris Ochsenheimeri Stgr. Diese sehr interessante Art erhielt ich erst **1884,** wo sie die beiden Haberhauer in Anzahl

Ende Juni bei Namangan, jedenfalls hoch in den Gebirgen ge
fangen hatten. Auch Maurer sandte mir in demselben Jahre
ein im Alai-Gebirge (südlich von Margelan) gefangenes ♀ ein.
Wahrscheinlich ist dies der Stammvater unserer europäischen
Pieris Napi; doch ziehe ich es aus manchen Gründen vor,
dieselbe als eigene Art zu beschreiben. Ochsenheimeri ist im
Durchschnitt kleiner als Napi und hat 30—39 mm Flügel-
spannung. Die ♂ haben stets einen breiten schwarzen (weißlich
bestäubten) Apex der Vdfl. und einen solchen gezackten Außen-
rand, worin die fast überall schwarz bestäubten Rippen münden.
Dasselbe findet ähnlich aber geringer bei dem Außenrande der
Htfl. statt. Dann haben die Ochsenheimeri-♂ stets einen mehr
oder minder breiten schwarzen Vorderrand der Vdfl. und zwischen
Medianast 2 und 3 (in Zelle 3) einen meist großen schwarzen
Flecken. Diese viel starkeren schwarzen - Zeichnungen bei
Ochsenheimeri-♂ machen in Verbindung mit der kleineren Statur
einen so anderen Eindruck von Napi und dessen verschiedenen
Varietaten, daß ich es vorziehe, letztere als eine bereits ge-
nügend von ersterer (aber von ihr stammender) Art anzusehen.
Die Napi, die ich von Saisan und Lepsa erhielt, bilden keine
Uebergänge zu dieser Ochsenheimeri, sondern sind Napi die
zur var. Bryoniae Uebergänge bilden. Allerdings kommen die
♀ dieser dsungarischen Ala Tau Napi, die besonders den nor-
wegischen Bryoniae fast gleich sind, den Ochsenheimeri-♀ nahe.
Doch sind letztere nur weiß und schwarz gefärbt, ohne allen
gelblichen Anflug, auch sind die oft vorherrschenden dunklen
Zeichnungen nicht (wie stets bei Bryoniae) grau (grüngrau)
angeflogen. Nur selten sind die Ochsenheimeri-♀ vorwiegend
weiß, mit schwarzen Rippen, schwarzem Apex und schwarzen
(2) Flecken der Vdfl. Meist herrscht die schwarze Zeichnung
vor, doch bleiben stets am Ende oder hinter der Mittelzelle
ein weiße Flecke im Flügel stehen, was bei der var. Bryoniae
(so) nie der Fall ist. Auf der sehr variablen Unterseite sind
beide Geschlechter gleich gezeichnet und gefärbt. Meistens ist
hier die Grundfarbe weiß, nur zuweilen wird sie auf den Htfln.
und im Apex der Vdfl. gelblich, in verschiedenen Nuancen.
Die Rippen sind hier meist breit grüngrau, bei einigen Stücken
auf den Htfln. so stark, daß diese vorherrschend grüngrau gefärbt sind. Bei anderen sind die Rippen im Außentheile der
Htfl. nur ganz schmal grau. Der Kopf mit den Fühlern und
Palpen, der Thorax mit den Beinen und der Hinterleib sind
von den gleichen Theilen von Napi kaum zu unterscheiden.

    Col. Hyale L. var. *Alta* Stgr. Ich erhielt diese Form in
Anzahl von Haberhauer und Maurer aus dem Alai-Gebirge, wo

sie von Mitte bis Ende Juni in einer bedeutenden Höhe gefangen wurden. Bei einem Stück fand ich die Notiz „Kara Kasuk (Paß) 10,000′ hoch“. Die Stücke sind durchschnittlich alle groß, mit sehr breitem schwarzen Apex und Außenrand der Vdfl., in dem eine mehr oder minder bieite gelbe Flecken reihe steht. Auch die Htfl. haben einen ziemlich breiten schwarzen Außenrand, vor dem nach innen meist noch eine mehr oder minder vollständige schwarze Fleckenreihe steht. Die Grundfarbe der ♂ ist ein blasses Schwefelgelb, zuweilen ist dieselbe fast weißgelb. Auf den Htfln. tritt die graue Bestäubung vor dem Innenrande so stark auf, wie dies sehr selten bei Hyale anderer Localitäten ausnahmsweise der Fall ist. Die Unterseite der var. Alta-♂ ist lebhafter gelb als die unserer deutschen Hyale. Die Alta-♀ lassen sich nur durch ihre Größe und ihren breiten schwarzen Außenrand aller Flugel von anderen Hyale-♀ unterscheiden. Diese beiden Momente, sowie die blaßgelbe Färbung und das reichliche Grau auf den Htfln. trennen die ♂ sofort von allen anderen Hyale. Die Hyale, welche in den niedrig gelegenen Gegenden vorkommen, gebören fast alle zu der citrongelben var. Sareptensis.

Pol. Caspius Led. var. *Transiens* Stgr. Lederer beschrieb zuerst Pol. Caspius nach einem verflogenen ♂ und nennt die Vdfl. dieser Art „kupferroth mit schwachem violetten Schiller“. Gerade so wird dies Stück abgebildet und daraus ist diese Art durchaus nicht zu erkennen. Später sagt er, daß das abgebildete ♂ „etwas geflogen“ sei, und daß „frische Exemplare einen schonen violettblauen Schiller“ hätten. Hiernach ist diese nordpersische Art, welche jetzt in allen größeren Sammlungen veibreitet ist, sofort zu erkennen. Leider muß Lederer, als er später frische Stücke erhielt, dies Caspius-Original fortgegeben haben, da es in seiner Sammlung nicht steckte. Von Haberhauer erhielt ich 1881 eine größere Anzahl im Juli bei Samarkand (in den südlich davon gelegenen Gebirgen) gefangener Stücke dieser Art, die auf der Oberseite fast gerade so wie die nordpersischen Caspius aussehen. Nur führen sie meist am Innenwinkel der Htfl. 1—2 röthliche Flecke vor dem Außenrande, die den persischen Caspius stets fehlen. Desto verschiedener sind sie auf der Unterseite, wo sie auf den ersten Blick den Phoenicurus Led. weit ähnlicher sehen, da die Htfl. hier hell gelb- oder aschgrau mit rothen Randflecken sind. Bei den persischen Caspius sind sie dunkler gelbbraun, mit bräunlichen Randflecken, die nur sehr selten in das Rothliche übergehen. Auch die Unterseite der Vdfl. ist bei der var. Transiens lichter giau, mit mehr Gelbroth nach außen hin als bei Caspius.

Polyommatus Sultan Stgr. n. sp. Diese kleine Art wurde
mit der vorigen zusammen im Juli in den südlichen Gebirgen
bei Samaikand gefangen, die Haberhauer mir als das Hazret
Sultan Gebirge angab. Ich erhielt nur 12 gute ♂ und 3 ♀
davon. P. Sultan ist etwas kleiner als Caspius und sieht dieser
Art auf der Oberseite fast gleich. Nur schillert dieselbe an
der Basalhälfte aller Flügel mehr violettblau als violettroth und
der schwarze (nicht schillernde) Außentheil ist breiter. Die
Htfl. haben ein kürzeres Schwänzchen als bei Caspius; die
Fransen sind wie bei dieser Art schneeweiß. Die Unterseite
von Sultan ist schmutziger (dunkler) gelbgrau als bei Caspius,
auf den Htfln., besonders nach der Basis zu, etwas grünblau
angeflogen. Die auf der Basalhälfte der Htfl. stehenden 6—7
Augenflecke sind ähnlich, obwohl etwas verschieden. Die
Augenfleck-Reihe steht aber bei Sultan bedeutend mehr nach
innen, und zwischen ihr und der äußeren Fleckreihc steht eine
Reihe dreieckiger weißer Flecken, die bei Caspius nur dann
auftreten, wenn die innere Augenfleck-Reihe ganz oblitterirt ist.
Die äußere Fleckreihe ist ähnlich wie bei Caspius, aus schwarzen
Doppelflecken bestehend, die durch eine verloschene rothbraune
Linie getrennt sind. So nahe diese Sultan auch der Caspius
stehen mag, so kann sie doch niemals als eine Localform davon
angesehen werden, da diese ja als var. Transiens an derselben
Localität vorkommt. Auch macht die Unterseite einen sehr
verschiedenen Total-Eindruck, und die auf allen Flügeln weit
mehr nach innen gerückte Augenfleck-Reihe, die stets weit
kürzeren Schwänzchen etc., trennen Sultan genügend von
Caspius.

Pol. Sarthus Stgr. n. sp. Von dieser neuen Art erhielt
ich im vorigen Jahre nur 4 Stücke (3 ♂ 1 ♀) von den Herren
Haberhauer und Maurer, die sie im südlichen Alai Gebirge,
wohl beim Kara Kasuk Paß gefangen haben. Auf der Oberseite sieht Sarthus auch dem Caspius ganz ähnlich, nur steht
im Innenwinkel der Htfl. ein rother Fleck, lebhafter als bei
der var. Transiens, und fehlen hier die Schwänze durchaus.
Die Oberseite der Flügel haben einen starken, violett röthlichen
(nur auf den Htfln. mehr blauen) Schiller, der fast bis zum
Außenrande geht, und diesen nicht, wie bei Caspius, breit
schwarz läßt. Die weißen Fransen von Sarthus sind besonders
auf den Htfln. der ♂ fein schwarz gescheckt. Ganz verschieden
ist die vorherschend gelbrothe Unterseite der Vdfl. gefärbt.
Sonst führen dieselben ähnliche schwarze Augenflecken wie bei
den vorigen Arten. Dasselbe ist auf den gelbgrauen Htfln. der
Fall, deren Basis grünlich angeflogen ist. Vor dem Außen-

rande steht (zwischen den schwarzen **Doppelflecken**) eine rothe
Fleckreihe, ähnlich wie bei Caspius var. Transiens, dem die
Unterseite der Htfl. sehr nahe kommt. Das absolute Fehlen
der Schwänzchen und die rothe Unterseite der Vdfl trennen
Sarthus sofort von allen nahen Arten.

Pol. Phoenicurus Led. var. *Iliensis* Stgr. Mein Freund
Alpheraki hat diese Phoenicurus-Varietat vom Kuldja-District
in seinen „Lépidoptères du District de Kouldja" p. 44 so ausführlich beschrieben, daß ich eigentlich nur ihre Verschiedenheit
von den anderen Phoenicurus-Formen zu constatiren und ihr
einen Namen zu geben brauche. Von der Große der typischen
persischen Phoenicurus unterscheidet sie sich besonders durch
die violettrothe, und nicht blaue, Oberseite der ♂. Noch
auffallender ist die meist bei Iliensis auftretende rothe Außenbinde auf der Oberseite aller Flügel. Diese ist bei den ♀
scharf von der schwarzgrauen Grundfärbung abgeschnitten, so
daß diese dadurch den Pol. Athamantis-♀ sehr ähnlich sehen.
Auch ist die Unterseite dieser var. Iliensis viel lichter, weißgrau, als bei Phoenicurus. Durch alle diese von Phoenicurus
angegebenen Unterschiede unterscheidet sie sich auch von deren
weit großerer Varietat Margelanica, die ich in dieser Zeitschrift
1881 pag. 282 kurz skizzirte. Nur zuweilen haben die ♂
dieser var. Margelanica (die ich auch von Osch und Namangan
erhielt) auch auf der Oberseite eine ahnliche rothe Umsäumung,
was bei den ♀ niemals vorkommt. Aber auch diese Marge-
lanica-♂ unterscheiden sich sofort durch die Große, die mehr
violettblaue Färbung und die dunklere Unterseite von den var.
Iliensis-♂.

Lycaena Argiades Pall. var. *Decolor* Stgr. Aus der Um-
gegend von Margelan erhielt ich 1883 eine kleine Anzahl von
Argiades, die der kleineren ersten Generation var. Polysperchon
Bergstr. angehören. Sie unterscheiden sich von diesen im
Wesentlichen nur durch ein ganz anderes Blau der ♂, das bei
dieser var. Decolor ein lichtes Grünblau ist, während es bei
Polysperchon und Argiades violettblau ist. Auch ist bei diesen
Decolor der schwarze Außenrand etwas breiter und scharfer
und die Unterseite ohne allen gräulichen Anflug, grauweiß.
Das einzige mir vorliegende Decolor-♀ zeigt gar keine blaue
Beimischung auf der dunklen Oberseite, nur vor dem (be-
schädigten) Außenrande der Htfl. stehen 3—4 fein blau umzogene Augenflecke. Argiades mit ähnlicher grünblauer Färbung
erhielt ich als zufalliges Vorkommen auch aus Wien, Ungarn
und von Bulgarien. Vielleicht kommen diese stets großeren
Stücke in den letzteren Ländern an einzelnen Localitaten auch

constant vor. Die mir vorliegenden 6 ♂ aus diesen Ländern zeigen auf der Unterseite der Htfl vor dem Außenrande keine Spur von rothen Flecken, weshalb sie danach zu der aberr. Coretas Ochsenh. gezogen werden müßten. Sie mögen als aberr. (eventuell auch var.) Decolorata bezeichnet werden.

Lyc. Argiva Stgr. (Argus var.?) Von dieser Art (oder Localform) besitze ich 3 ♂ und 1 ♀ aus dem Alai, 2 ♂ und 1 ♀ aus „Margelan", die auch wohl aus dem südlich davon gelegenen Alai-Gebirge stammen, und ein ♂, welches am 10. Mai bei Namangan gefunden wurde. Diese Argiva kommt der so sehr variirenden Argus L. sehr nahe und mag vielleicht auch nur eine Form derselben sein. Allein sie ist von allen Argus-Formen, die ich aus Central-Asien und vielen anderen Localitäten habe, doch so verschieden, daß ich sie vor der Hand als eine davon getrennte Art ansehe, so schwer es auch ist, die Unterschiede festzustellen. Die Stücke sind von mittlerer Größe, eher klein zu nennen. Von der überall in den Ebenen (Steppen) Central-Asiens sowie auch Rußlands vorkommenden Argus var. Planorum Alph. unterscheiden sich die ♂ leicht durch einen etwas breiteren schwarzen Saum und durch schwarze Augenflecke, die vor diesem Saum auf den Htfln. stehen. Auch die Argiva-♀ zeigen diese Augenflecke durch Blau abgegrenzt und fast ohne jeden Anflug von Roth, welches sonst bei den Argus-♀ hier stark auftritt. Zwei meiner Argiva-♀ sind auf der Oberseite ohne allen blauen Anflug, das dritte ♀ zeigt einen solchen ganz schwach an der Basis der Flügel. Besonders auffallend ist die Unterseite, wo auch das Roth am Rande meist ganz verschwindet, nur bei den ♀ und einem ♂ tritt es auf den Htfln. etwas stärker hervor. Die schwarzen Randaugen der Htfl sind wie bei Argus mehr oder minder silbergrün (oder blau) bestreut. Die vor diesen Randzeichnungen bei Argus stehenden (größeren) dreieckigen schwarzen Flecke sind bei Argiva fein linienartig. Besonders auch durch dieses letztere Merkmal unterscheiden sich diese Argiva sofort von einer Argus-(oder Aegon-) Form, die ich in Mehrzahl aus den südlich von Samarkand gelegenen Gebirgen erhielt, und welche vielleicht die sehr ungenügend beschriebene var. Maracandica Ersch. sein mag. Freilich zeigen meine ♀ keine Spur von Blau, während das ♀ von Maracandica auf der Oberseite vorzugsweise blau sein soll Doch ist es bekannt, daß Argus-♀ überall blau auftreten können. Jedenfalls kann erst ein sehr reiches Material von Argus und allen ähnlichen Formen aus Central-Asien Sicherheit über die Artberechtigung dieser Argiva geben.

Lyc. Zephyrus HS. var. *Zephyrinus* Stgr. Diese Form erhielt ich besonders aus der Umgegend von Samarkand und Namangan, wo sie Ende Mai flog, aber auch von Usgent und Osch, wo sie Mitte Juni gefangen wurde. Zephyrinus-♂ unterscheiden sich auf der Oberseite von Zephyrus besonders durch einen etwas breiteren schwarzen Außenrand, vor dem auf den Htfln. meist schwarze Flecken stehen, die bei einem Stück sogar zu langen schwarzen Wischen gewoiden sind. Auch zeigen sie einen oft nur sehr schwachen schwarzen Mittelpunkt auf allen Flügeln, der bei Zephyrus niemals vorkommt. Zephyrinus-♀ sind oft an der Basis der Htfl. blau, was bei meinen Zephyrus-♀ nie der Fall ist, sonst fuhren sie vor dem Außenrande der Htfl. meist schwarze, nach innen roth begrenzte Flecke, die durch eine weißliche Linie vom schwarzen Außenrand getrennt sind. Auf der Unterseite sind bei Zephyıinus alle schwarzen- (Augen-) Flecke größer, auch die schwarzen Randflecke. Die ıothen Flecke sind dagegen kleiner und treten niemals bindenformig wie bei Zephyrus auf. Nur bei einem Stück finden sich in ein bis zwei der schwarzen Randflecken der Htfl. blaue Schüppchen, die auch bei Zephyrus selten vorkommen. Jedenfalls macht die bei Zephyrus auch ziemlich variable Unterseite einen recht verschiedenen Eindruck von der bei Zephyrinus.

Lycaena Eversmanni Stgr. n. sp. Diese neue Art scheint überall in den Gebirgen in einer Hohe von 1500—2000 Meter bei Margelan, Osch, Namangan und Samarkand im Juni und Juli vorzukommen. Sie hat im Durchschnitt die Große von mittleren Argus und meine Stücke zeigen 23 bis 30 mm Flugelspannung Durch die mehr oder minder silbergrün bestreuten schwarzen Randflecke auf der Unterseite der Htfl., sowie den Mangel der schwarzen Basalflecken der Vdfl. ist Eversmanni am besten zur Argus-Gruppe zu stellen, wenn sie auch auf der Oberseite davon ganz verschieden ist. Diese Oberseite ist dunkel, mehr oder minder blau (grünblau) ange flogen, bei den ♂ mehr als bei den ♀, dıe zuweilen ganz dunkel bleiben. Aber auch manche ♂ sind oft vorherrschend dunkel und das Blau tritt nur als fein aufgestreut auf; aḥnlich wie bei manchen Minima, wo die Färbung aber mehr blaugrün ist. Nur ausnahmsweise ist fast die ganze Flügelflache der ♂ blau, aber dann steıs mit breitem, nicht scharf begrenzten schwarzen Außenrande der Vdfl. und schwarzen Randflecken vor dem der Htfl. Diese dunklen Randflecken kommen bei allen Stücken mehr oder minder deutlich vor, aber nur bei einigen ♀ sind sie nach innen schwach rothgelb begrenzt. Die Fransen sind rein weiß. Auf der braungrauen Unterseite zeigen die Vdfl.

einen großen, weiß umzogenen, schwarzen Mittelfleck. Dahinter steht unfern des Außenrandes eine Reihe von 6—7 meist sehr großen schwarzen, weiß umzogenen Flecken, und vor dem Außenrande eine Reihe schwarzer, durch Weiß getrennter Doppelflecken, ohne alles Roth. Auf den Htfln. ist die Zahl und Stellung der Flecke denen von Argus etc. ganz ähnlich, doch treten die rothgelben Randflecke nur sehr wenig hervor, weit weniger als bei Argus und Zephyrus. Von den schwarzen Randflecken sind stets einige mehr oder minder silbergrün angeflogen; nur bei einem unten stark aberrirenden (breite schwarze Streifen bildenden) ♂ fehlen sogar die schwarzen Randflecken ganz. Ich glaubte zuerst in dieser Eversmanni die mir unbekannte Subsolanus Eversm. zu erkennen, doch stimmt Eversmann's Beschreibung in manchen Punkten gar nicht, so hat Subsolanus auch auf der Unterseite der Vdfl. rothe Randflecke. Meine Lucifera Stgr. vom Altai hat auf der Unterseite viel kleinere Flecke, eine stark spangrün angeflogene Basis und vollständig silbergrüne Randpunkte. Sonst fehlen ihr auf den Vdfln. auch die rothen Randpunkte, und es war nur ein Irrthum Lederer's, der Lucifera als Subsolanus in seiner Sammlung hatte, der mich veranlaßte, in meinem Catalog erstere Art als Synonym zu letzterer zu ziehen.

Lyc. Sieversii Chr. var. Haberhaueri Stgr. Diese Localform der nordpersischeu Sieversii wurde Ende Mai bei Namangan wie Samarkand in Anzahl gefangen. Sie ist durchschnittlich weit großer, mit breiteren schwarzen Außenrändern und größeren Flecken auf der Unterseite. Während hier bei Sieversii stets ein silbergrüner Fleck vor dem Außenrande der Htfl. vorhanden ist, fehlt dieser öfters bei Haberhaueri ganz oder ist doch sehr rudimentär. Doch kommen auch noch, wie zuweilen bei Sieversii, am Innenwinkel 1—2 ganz kleine, silbergrüne Fleckchen vor. Ferner ist am Außenrande der Htfl. auf der Oberseite bei Sieversii meist ein schwarzer Flecken sehr hervorgehoben, während dies bei den schwarzen Randflecken von Haberhaueri nicht der Fall ist. Doch kommen alle Uebergänge vor und stehen die Stücke von Samarkand den nordpersischen naher als die von Namangan.

Lyc. Panaegides Stgr. (Panagaea var.?) und var. Cytis var. Alaica Stgr. So verschieden typische kleinasiatische Panagaea von typischen persischen Cytis sind, so bin ich doch bei der vorliegenden Panaegides in Zweifel, von welcher dieser beiden Arten es eine Localform ist, oder ob sie als eine davon getrennte Art betrachtet werden muß. Ich beschreibe zunächst als Panaegides Stücke, die im Juli mit typischen Cytis zusammen in den Gebirgen bei Samarkand gefangen wurden. Das Zusammenvorkommen beider Formen schließt es eigentlich aus, daß man die eine als Localform der anderen ansehen kann, und deshalb könnten diese Samarkand-Panaegides auch höchstens als Localform von Panagaea angesehen werden. Doch ist es ja möglich, daß beide Formen, wenn auch bei Samarkand, so doch an verschiedenen Orten unter sehr verschiedenen LocalVerhältnissen gefunden sein können. Sie haben die Größe der letzteren und sehen ihnen auch auf der Oberseite ähnlich, nur haben die ♂ weit weniger Blau, das meist nur auf die schwarzen Flügel schwach aufgestreut ist, wie sonst bei dunklen ♀ mancher Lycaena-Arten. Auf der Unterseite der Htfl. fehlt bei Panaegides jede Spur des rothen Randfleckens von Panagaea; an der Stelle desselben steht ein meist tiefer schwarzer Flecken. Auch sind die verlosсheneren Randflecken bei Panaegides viel kleiner als die scharf ausgeprägten bei Panagaea. Ferner stehen die Augenflecken bei Panaegides so ziemlich in einer Reihe, wahrend bei Panagaea 1—2 Augenflecken ganz aus der Reihe (nach außen) gerückt sind. Dieser Umstand sowie die kleineren Randflecken ohne alles Roth bestimmen mich, in Panaegides eher eine eigene (bereits fertige) Art zu sehen. Auch bei den großen Randaugen der Vdfl. ist das mittlere Auge bei Panaegides weniger nach außen gerückt als bei Panagaea. Diese typischen Panaegides haben eine sehr helle, gelbgraue Unterseite. Aus dem Alai erhielt ich eine kleinere Art, die auf der Oberseite fast ebenso wie Panaegides aussieht; also die ♂ sind vorherrschend dunkel, mit wenig Blau. Bei diesen aber erkennt man fast stets noch auf den Vdfln. die für Cytis so characteristischen 3—4 schwarzen Punkte. Typische Cytis haben ganz blaue Flügel mit breiten schwarzen Außenrändern und diesen schwarzen Punkten, die nur sehr selten ganz fehlen. Die Cytis-♂ von Samarkand sind auch vorherrschend blau, aber mit weniger (oft fehlenden) schwarzen Punkten der Oberseite. Dahingegen sind die Cytis auf dem Alai (bei Margelan) meist verdunkelt und bilden ganz allmälige Uebergänge zu den oben erwähnten Panaegides ahnlichen Stücken. Auch auf der Unterseite sind sie sonst in allen Stücken den Panaegides ähnlich, nur daß sie hier eine dunkelgraue statt hellgraue Grundfärbung haben. Ich möchte alle diese Stücke aber doch lieber als Cytis Varietät ansehen, obwohl sie eigentlich Cytis mit Panaegides verbinden. Ich nenne sie Cytis var. Alaica. Erst weiteres, genauer an Ort und Stelle beobachtetes Material wird Aufschluß über diese Formen geben können.

Lyc. Iris Stgr. Diese neue Art erhielt ich in Anzahl aus

den Gebirgen bei Margelan und Samarkand, wo sie im Juli gefangen wurde. Sie hat die Größe mittlerer Astrarche (die Flügelspannung der vorliegenden Stucke differirt von 19—25 mm) und in beiden Geschlechtern eine äbuliche braunschwarze Oberseite, aber ohne alle rothe Randflecken. Von der kleinen braunen Anisophthalma Koll. und der größeren braunen Miris Stgr. unterscheidet sie sich auf der Oberseite sofort durch einen großen tiefschwarzen Mittelfleck der Vdfl. Die Htfl. zeigen öfters blaue Strichelchen vor dem Außenrande, die zuweilen eine vollständige blaue Striichreihe bilden. Bei einem ♀ ist dieselbe sogar doppelt und auch auf den Vdfln. zeigen sich hier Spuren blauer Außenrandsflecke. Solche Stücke sehen dann oben Hyrcana-♀ sehr ähnlich. Die Unterseite von Iris ist meist dunkel gelbgrau, zuweilen aber licht weißgrau. Auf den Vdfln. steht hinter dem großen Mittelfleck eine sehr gebogene Reihe meist großer schwarzer Flecke, die, wie stets, weiß umsäumt sind. Vor dem Außenrande aller Flügel steht eine doppelte Reihe weißer, durch Schwarz getrennter Striche. Auf den Htfln. stehen hier noch vor dem Innenwinkel zwei schwarze, meist vollständig silbergiün bedeckte Flecken (Striche). Sonst führen die Htfl. die gewohnlichen Augenflecke, die nach außen in einer sehr stark eingebogenen Reihe stehen. Die Fransen sind an ihrer äußeren Hälfte schneeweiß, nur bei einem kleinen ♀ sind sie hier schmutzig gelbweiß. Durch den tiefschwarzen Mittelpunkt der braunen Vdfl. und die silbergrünen Randflecke der Htfl. ist Iiis von allen bekannten Arten sofort getrennt.

Lyc. Rutilans Stgr. Diese interessante neue Art erhielt ich eist kürzlich in 12 meist nicht ganz reinen Stücken vom südlichen Alai, wo sie im Juni (oder Juli) von Haberhauer und Maurer gefunden wurden. Diese Ait hat die Große der vorigen und steht ihr auch dadurch nahe, daß sie in beiden Geschlechtern eine dunkle Oberseite hat, die hier aber einen mehr oder minder lebhaften goldbraunen Glanz zeigt. Auch hat sie auf den Vdfln. einen tiefschwarzen Mittelfleck (Mond) wie Iris. Die Htfl. zeigen aber vor dem Außenrande niemals blaue Strichelchen, sondern meist schwarze verloschene Flecken, die nach innen zuweilen rothbraun begrenzt sind. Die äußere Hälfte der Fransen ist auch weiß, aber meist etwas dunkel angeflogen: bei einem kleinen ♀ sind die Fransen der Vdfl. sogar, bis auf die weiße Spitze am Apex, ganz grau. Auf der asch- oder gelbgrauen Unterseite sind die Flecken dieselben wie bei Iris. Doch sind die schwarzen Augenflecken meist großer, besonders auch die schwarzen Randflecken der Vdfl., und die Htfl. führen vor dem Innenwinkel ein Paar verloschene rothgelbe Randflecken, die bei Iris niemals vorhanden sind. Unter diesen stehen die 2—3 schwarzen Flecke, welche auch mehr oder minder silbergrün bestreut sind. Jedenfalls steht diese Lyc. Rutilans der Iris sehr nahe und kann sich vielleicht (durch Zwischenformen) später als eine auffallende Localform davon herausstellen, obgleich ich dies nicht für wahrscheinlich halte. Denn abgesehen von der braunglänzenden Oberseite macht auch die Unterseite durch die rothen Randflecken etc. einen ganz verschiedenen Eindruck.

Lyc. Pretiosa Stgr. Diese Art erhielt ich in Anzahl aus der Umgegend von Margelan und Namangan. Sie steht der Sinensis Alph., deren Große sie auch hat (20—29 mm) sehr nahe, und gehört also mit Tengstroemi Ersch., Anthracias Chr. und Rhymnus Ev. in eine ganz besondere Gruppe. Die Oberseite ist in beiden Geschlechtern braunschwarz, mit weißgescheckten Fransen. Nur dadurch, daß letztere etwas stärker weißgescheckt sind, unterscheidet sie sich hier von Sinensis. Die Färbung der Unterseite ist braun- (oder oliv-) grau. Auf den Vdfln. zeigen die Stücke meist einen kleinen weißen Fleck in der Mittelzelle und zuweilen einen weißen Querstrich am Ende derselben. Stets zeigen sie vor der oberen Hälfte des Außenrandes eine gewellte weiße Querlinie, ähnlich wie die bei Sinensis. Weiter vor dem Außenrande steht eine Reihe von 5—7 schwarzen Fleckchen, die nach innen weiß, nach außen gelb begrenzt ist. Vor dem Außenrande selbst steht eine feine weiße Limballinie, welche ebenso wie die schwarze Fleckreihe der Sinensis stets fehlt. Auf den Htfln. steht hinter der Basis am Vorderrande ein kurzer weißer Strich, dann stehen vor und hinter der Mitte je eine stark gewellte weiße Querlinie, anders wie bei Sinensis, und vor dem Außenrande eine ähnliche Fleckreihe und eine weiße Limballinie wie auf den Vfln. Außerdem sind die Rippen besonders nach außen licht, gelblich angeflogen; so daß die Unterseite der Htfl. einen ziemlich bunten schonen Eindruck macht. Jedenfalls ist Pretiosa in dieser Gruppe der oben eintonig schwarzbraunen Arten die am reichsten gezierte Art. Der oben dunkle Hinterleib hat, wie bei anderen Arten, eine weißliche Bauchseite.

Lyc. Pheretiades Ev. var. *Pheretulus* Stgr. und var. *Pheres* Stgr. Die typischen Pheretiades Ev. stammen vom Tarbagatai (Noor-Saisan-Gebiet) und wurden von Alpheraki fast genau so auf dem Juldus (Tian-Schan) im Kuldja-District in einer Höhe von 7—11000′ gefunden. Sie haben (die ♂) eine prächtige grünblaue Oberseite (mit ähnlichem Grün wie das von Damon), und eine braungelbe Unterseite der Htfl., mit weißen Flecken und breitem silbergrünen (spangrünen) Basaltheil. Aus den

Gebirgen bei Osch und später vom Alai, sicher aus bedeutender
Hohe, erhielt ich eine ganz verschiedene Localform dieser
Pheretiades, die ich hier als var. Pheretulus kurz beschreibe.
Auf der Oberseite sehen die ♂ (auch die ♀, die aber bei allen
diesen Formen ziemlich gleich sind) fast ganz wie Orbitulus aus
den Central-Alpen Europa's aus. Sie haben schmutzig graugrüne,
breite dunkle Außenränder und große schwarze Mittelpunkte
der Flügel, die bei Pheretiades meist nur auf den Vdfln. kleiner
auftreten. Die Unterseite der Htfl. ist gewohnlich schmutzig
gelbgrau und die weißen Flecken fuhren meistens schwarze
Punkte, besonders stark bei den ♀, was übrigens auch bei
Pheretiades vorkommt. Doch kommen auch Pheretulus vor,
bei denen die weißen Flecken ganz ohne schwarze Punkte sind,
so wie ich ein Stück habe, wo selbst diese weißen Flecken
fast verschwunden sind. Da der Basaltheil von Pheretulus genau
so schön silbergün glänzend als bei Pheretiades ist, auch der
Außenrandsfleck von Orbitulus ganz fehlt, so mag ich diese
Pheretulus nicht als Varietat zu letzterer Art ziehen, so ahnlich
sie derselben auf der Oberseite ist. Doch halte ich es fur
nicht unwahrscheinlich, daß Pheretulus die Stammform von
Orbitulus und Pheretiades mit allen ihren Varietaten sein kann.

Aus den Gebirgen bei Namangan und vom südlichen Alai
erhielt ich eine weitere Varietät von Pheretiades, die auf der
Oberseite fast gerade so gefärbt ist, nur hat sie einen größeren
schwarzen Mittelflecken der Vdfl. und auch stets einen solchen
kleineren auf den Htfln. Diese im Ganzen etwas größere Form,
die ich var. Pheres nenne, unterscheidet sich besonders durch
eine sehr lichte, fast grauweiße Unterseite. Auf derselben
treten bei den Stücken von Namangan die weißen Flecken fast
gar nicht mehr hervor, so daß hier die Htfl. öfters einfach
weiß mit grünem Basaltheil sind. Bei anderen Stücken sind
aber die schwarzen Punkte (die in den weißen Flecken stehen)
deutlich vorhanden, was fast stets bei den Alai-Pheres der Fall
ist. Bei diesen treten auch zuweilen vor dem Außenrande eine
Reihe dunkler Mondflecken auf. Ein großes Stuck, das ich
durch Herrn Taneré vom Kuldja-District erhielt, gehort zu
dieser var. Pheres, wahrend die von Alpheraki im Kuldja-
District, aber sicher auf anderen Gebirgen gesammelte Stücke,
alle typische Pheretiades sind. Die ♀ dieser Pheres und Pheretulus haben zuweilen hinter dem schwarzen Mittelfleck eine
Reihe von 3—4 weißlichen Flecken, die ja auch ahnlich bei
Orbitulus und sehr selten bei Pheretiades vorkommen. Das
eine meiner Pheres-♀ vom Alai hat die Htfl. stark spangrün
angeflogen.

Lyc. Eros Ochs. var. *Amor* Stgr. Ich erhielt diese Localform von Eros in Anzahl aus dem Alai (südlich von Margelan
gelegenen Gebirgen), von Osch, und von den Gebirgen bei
Samarkand Die typischsten, von Eros abweichendsten Stücke
erhielt ich aus der letzteren Localität, während manche
Stücke vom Alai mitten zwischen diesen var. Amor und Eros
stehen. Diese typischen Amor sind im Durchschnitt etwas
großer als die Eros der europäischen Alpen und unterscheiden
sich besonders durch ein ganz anderes Blau der ♂. Dies ist
bei Amor nicht grünblau, sondern violettblau, fast wie bei
Icarus, wenn auch etwas weniger violett. Der schwarze Außenrand ist bei den Samarkand Amor schmäler als bei Eros, ohne
jede Spur von schwarzen Randflecken auf den Htfln., welche
sich bei einigen Alai-♂ vorfinden. Die Samarkand-♀ zeigen
nur zuweilen auf den Htfln. schwache rothe Randflecken, während
solche bei den Alai- und Osch-♀ meist stark auch auf den
Vdfln. auftreten. Die Unterseite von Amor ist etwas dunkler,
mehr gelb, bei den ♀ oft braungrau Auch sind hier bei den
Alai-Stücken die Flecken meist größer, auch die rothen Randflecken; während dies bei den typischen Amor von Samarkand
kaum der Fall ist. Da ich auch von Margelan (Alai) einige
den Samarkand-Amor fast gleiche Stücke erhielt, so vermuthe
ich, daß diese großen blauen Stücke vielleicht niedriger und
auf anderem Boden (Kalkboden?) vorkommen dürften. Die
centralasiatischen Eros aus dem Dsungarischen Ala Tau sind
den europaischen fast ganz gleich.

Lyc. Venus Stgr. Diese prächtige neue Art erhielt ich
erst vor Kurzem aus dem südlichen Alai in 10 ♂ und 6 ♀
eingesandt. Die Art muß zwischen Eros (Eroides) und Candalus
gestellt werden und kommt ersterer, auch hinsichtlich der Größe,
am nachsten Meine Lyc. Venus messen 26—30 mm Flügelspannung. Die Farbe der ♂ ist ein prachtvoll glanzendes
Grünblau, viel lebhafter schillernd als bei Eros, aber nicht ganz
so grünlich, mehr blau. Der Außenrand ist schmaler schwarz
als bei Eros (Eroides), nur bei wenigen Stücken wird er breiter,
ist dann aber nach innen nicht so scharf begrenzt wie bei
Eroides. Auf den Htfln. treten zuweilen schwarze Fleckchen
vor dem Außenrand auf, die nicht wie bei Eros mit dem
schwarzen Außenrand zusammenhängen Bei zwei Venus tritt
sogar hinter diesen schwarzen Fleckchen noch eine schwarze
Wellenlinie auf, so daß diese schwarzen Fleckchen blau umrandet erscheinen. Auf den Vdfl. steht noch ein ganz schwacher
schwarzer Mittelstrich (Mondfleck). Die äußere Halfte der
Fransen ist weiß, nur bei den ♀ wird sie auf den Vdfln. auch

weißgrau. Von den ♀ haben 4 Stücke starke rothe Randflecke auf allen Flügeln, wie solche niemals bei Eros (Eroides) und nur ausnahmsweise bei Icarus vorkommen. Das ♀ hat diese rothen Randflecke nur klein, und beim letzten sind sie auf den Vdfln. ganz verschwunden. Die Unterseite der ♂ ist asch- oder gelbgrau, die der ♀ meist braungrau. Der Basaltheil der Htfl. ist meist stark grünblau glanzend angeflogen, nur bei 2 ♀ ist dies fast gar nicht der Fall. Sonst sind hier alle Flecke (Zeichnungen) denen von Icarus (und Eros) so ähnlich, daß eine Beschreibung ganz unnöthig ist. Die ♀ haben meist sehr starke rothe Randfleckbinden, wahrend dieselben bei den ♂ weit schwächer auftreten und bei dem einen ♂ auf den Vdfln. fast ganz fehlen. Der weißliche Wisch der Htfl. zieht meist bis in die Mitte und noch darüber, in die Flügel hinein; nur dem oben fast ganz dunklen ♀ fehlt er ganz. Letzteres würde mir daher als richtiges Venus-♀ etwas verdächtig vorkommen, allein zu den centralasiatischen Icarus paßt es gar nicht, da es auf den Vdfln. sehr große Augenzeichnungen hat. Auch steht die Augenfleckenreihe weit gebogener als bei Icarus und das Stück hat wie noch 2 weitere Venus-Pärchen 3 statt 2 Basalflecken der Vdfl. (das eine ♀ hat deren gar 4). Durch die ganz andere Farbung der ♂ kann Venus mit Icarus nie verwechselt werden; von der gleich großen Eroides wird sie auch durch die (freilich weit weniger verschiedene) Färbung, die schwarzen Ränder und die starken rothen Randzeichnungen der ♀, von der viel kleineren Candalus auch durch dieselben Momente getrennt.

Lyc. Phryxis Stgr. Diese eigenthümliche Art hatte ich bisher in meiner Sammlung zwischen Escheri und Bellargus gestellt. Ich glaube indessen jetzt, daß sie sich besser an meine oben beschriebene Zephyrus var. Zephyrinus anschließt. Ich erhielt sie in Anzahl, und von fast allen Localitaten, wo gesammelt wurde. Bei Margelan und Namangan wurde Phryxis Ende Mai gefunden, bei Osch Ende Juni und bei Samarkand Anfang Juli. Wahrscheinlich sind sie an den letzteren beiden Localitaten bedeutend hoher gefangen. An Größe ändern die Stücke sehr ab; durchschnittlich sind sie so groß wie kleine Bellargus, doch mißt mein kleinstes Stück 21. mein größtes 30 mm. Die ♂ haben eine lichtblaue Färbung, die eher milch- als violettblau genannt werden kann, und die der von Amanda etwa am nächsten kommt, mit der Phryxis sonst gar nichts gemein hat. Sie haben einen scharfen (schmalen) schwarzen Außenrand und auf den Htfln. meist eine Reihe schwarzer Flecken vor demselben. Die weißen Fransen sind ganz schwach dunkel gescheckt, nur bei einem ♂ bleiben sie fast ganz weiß. Dies ♂ zeigt auch ausnahmsweise auf den Vdfln. einen weißlichen Mittelfleck. Die braunschwarzen ♀ zeigen stets einen etwas schwärzeren Mittelfleck der Vdfl., sowie meistens schwärzere Flecken vor dem Außenrande der Htfl., die nur in seltenen Fällen noch innen schwach rothgelb begrenzt sind. Die Unterseite ist dunkel (bräunlich) grau und auf den ersten Blick der von Bellargus am ähnlichsten. Doch fehlen zunächst auf den Vdfln. stets die beiden Basalflecken von Bellargus. Sonst sind die Flecken ebenso, aber der Mittelfleck und die Fleckenbinde sind bei Phryxis meist sehr groß. Auch auf den Htfln. sind die schwarzen, weiß umrandeten Flecken meist größer als bei Bellargus. Eine große Eigenthümlichkeit bei Phryxis ist der Mittelflecken, der meistens ganz weiß und nur selten (wie bei fast allen anderen Arten) schwarz gekernt ist. Letzteres ist nur bei 2 kleinen ♀ meiner Sammlung der Fall, während ein ♂ nur die Spur eines schwarzen Kernes zeigt. Die rothgelben Randflecke der Htfl. sind oft sehr matt gelb. In den dahinter stehenden schwarzen Außenrandsflecken findet man zuweilen grünblaue Schüppchen, doch zu wenig, um einen glanzenden Eindruck wie bei den Arten der Argus-Gruppe hervorzubringen. Jedenfalls ist Phryxis mit keiner mir bekannten Art zu verwechseln, doch sehe ich eben aus der Beschreibung von Lyc. Sarta Alph., daß dieselbe mit meiner Art vielleicht identisch ist. Ich vermuthe dies besonders aus dem Umstand, daß seine Sarta auch einen weißen Fleck auf der Unterseite der Htfl. hat, und daß er auch von mir ein Pärchen dieser Art erhalten hat. Aber die Abbildung dieser Art ist dann vollig mißlungen, und scheint (mit Ausnahme des weißen Fleckes) eher eine Eros var. Amor zu sein. Jedenfalls ist meine Beschreibung dieser Art, wenn sie auch mit Sarta Alph. zusammenfallen sollte, nicht überflüssig.

Lyc. Kindermanni Ld. var. *Juldusa* Stgr. var. *Iphigenides* Stgr. und var. *Melania* Stgr. Ueber die sehr schwierigen Arten und Localformen der Damon-Gruppe habe ich in meiner Arbeit über die Lepidopteren Kleinasiens mich bereits weitläufig ausgelassen. Hier beschreibe ich einige neue mir damals unbekannte centralasiatische Formen. Die von Alpheraki auf dem Juldus- (Tian Schan) Gebirge gefangene und von ihm beschriebene Form von der var. Iphigenia verdient entschieden durch einen eigenen Namen von ihr getrennt zu werden und ich nenne sie var. Juldusa. Die ♂ dieser Form haben einen viel breiteren schwarzen Außenrand als die typischen nordpersischen Iphigenia; ihr Grünblau ist weniger rein, mit Schwarz

bestreut und sie zeigen einen schwachen schwarzen Mittelmond
der Vdfl. Auf der Unterseite sind sie lichter grau, die Basis
der Htfl. ist mehr grau angeflogen und der weiße Streifen ist
zuweilen nur ganz schwach. Die Juldusa-♀ zeigen auf der
der Oberseite aller Flügel rothe Randflecken, die allen meinen
persischen Iphigenia-♀ fehlen. Auf der Unterseite von Juldusa-♀
treten diese rothen Randflecken merkwurdigerweise nur auf
den Vdfln. auf. Dahingegen tritt auf den bräunlichen Htfln.
der weiße Stich schärfer als bei Iphigenia-♀ auf. Als Iphigenides beschreibe ich eine Form, von der ich leider nur
4 reine ♂ erhielt, von denen 3 Ende Mai bei Namangan, das
vierte in den Gebirgen bei Margelan gefangen ist. Diese sehen
auf der Oberseite fast genau wie große persische Iphigenia
(von Schakuh) aus. Auf der Unterseite aber haben sie rothgelbe Randflecken der Htfl., viel größere schwarze, weiß um-
randete Augenflecken und einen weniger hervortretenden weißen
Langsstrich. Dadurch sieht die Unterseite ganz verschieden aus,
selbst bei dem ♂, das die schwachsten rothgelben Randflecken
hat, welche bei den anderen Stücken sehr stark auftreten.
Noch auffallender ist die dritte Localform, von der ich nur 2
frische ♂ aus dem südlichen Alai erhielt, die ich als var.
Melania beschreibe. Diese Stucke sind so groß wie die Iphigenides, aber mit weit grünerem Blau und sehr breitem, tief-
schwarzem Außenrande aller Flügel. Auch die Rippen sind
schwarz und in dem breiten schwarzen Außenrande der Htfl.
stehen am Innenwinkel 2—3 blaue Ringe (die schwarze Augenflecke bilden). Auf der Unterseite sind diese Melania den
Iphigenides ähnlich, aber sie zeigen nicht nur am Außenrande
der Htfl. 6—7 gesattigtere gelbrothe Flecken, sondern sie fuhren
auch deren 3—4 schwächere vor der Mitte des Außenrandes
der Vdfl. Da die Unterseite der Htfl. dunkler, gelbgrau ist,
tritt der weiße Langsstrich hier sehr deutlich auf; die Augenflecken sind auch viel größer als bei Iphigenia. Wenn var.
Juldusa mit dem ebenso breiten schwarzen Außenrand und
var. Iphigenides mit den großen Augen- und rothen Randflecken
nicht sehr gute Uebergänge von Iphigenia zu Melania bildeten,
konnte man letztere gewiß für eine davon verschiedene Art
halten.

Lyc. Actis var. *Actinides* Stgr. Diese Localform von Actis
ist ganz analog der var. Iphigenides gebildet. Auf der Oberseite ist sie von typischen kleinasiatischen oder nordpersischen
Actis nicht zu unterscheiden. Diese ist bei dem vorliegenden
ganz frischen ♂ aus dem südlichen Alai tief violettblau, mit
feinem schwarzen Limbalrand und weißen Fransen. Die asch-

graue Unterseite macht hingegen einen völlig von Actis verschiedenen Eindruck, da alle Flecken sehr groß sind, noch
größer als bei Iphigenides und Melania, und am Außenrand
aller Flügel rothe Randflecke stehen. Letztere sind zwar bei
dem vorliegenden einzigen ♂ nicht staik entwickelt (6 auf
den Hinter-, 2—3 auf den Vorderflügeln), doch unterliegt es
keinem Zweifel, daß sie bei anderen Exemplaren stärker auftreten werden. Aber selbst wenn die rothen Flecken ganz
verschwinden sollten, so machen die sehr großen schwarzen,
weiß umrandeten Augen- und die Randflecken der Unterseite
schon einen ganz anderen Eindruck. Der Basaltheil der Htfl.
bei Actinides ist weit stäiker spangrün angeflogen als bei Actis
und darin steht noch (in der Mittelzelle) ein großer schwarzer
Punktfleck, der allen meinen Actis fehlt. Der weiße Längsstrich ist in seinem äußeien Theile deutlich vorhanden, der
innere Theil geht in dem grünen Basaltheil verloren. Ich
zweifle nicht daran, daß Actinides wie Iphigenides und die
folgenden Varietäten von gewissen Autoren als eigene Arten
angesehen werden; doch sind meiner Ueberzeugung alle nur
nach demselben Piincip gebildete Local- oder besser die Stamm
formen der weiter westlich vorkommenden Arten.

(Fortsetzung folgt.)

Beschreibung einer neuen Oedionychis-Art von der Insel Creta.
Von
Martin Jacoby.

Vor einiger Zeit kam ich in Besitz einiger auf der Insel
Creta gesammelten Phytophagen, unter denen sich auch eine
Art Oedionychis befand. Da diese Gattung der Gruppe der
Physapoden mit angeschwollenem Klauengliede bis jetzt nur von
Amerika sowie sehr vereinzelt von Madagascar und Siam bekannt ist, so war ich uberrascht, dieselbe so weit nördlich und
dem europaischen Gebiete angehörend vorzufinden. Die Insel
Creta ist allerdings bis jetzt wohl kaum giündlich entomologisch
erforscht, und es wird sich spater herausstellen, ob die hier
beschriebene Haltica-Art vereinzelt oder in Gesellschaft noch
anderer Europa bis jetzt fremd gewesener Formen dort vorkommt. Die mir in 2 Exemplaren vorliegende Art weicht in

generischer Beziehung durchaus nicht von ihren südamerikanischen Verwandten ab; sie ist aber die kleinste mir bekannte
Oedionychis, und ist außerdem durch die rauh punktirte, wenig
glänzende Oberfläche ausgezeichnet. Eine genauere Angabe
des Fundortes liegt leider nicht vor.

Oedionychis cretica spec. nov.

Hellgelblich; die Basis des Kopfes, 2 Flecken des stark
punktirten Halsschildes und 5 Flecken der Flügeldecken dunkelbraun; letztere stark punktirt, mit einer mehr oder weniger
deutlichen Längsrippe nahe dem Außenrande.

Länge 1$^1/_2$ Linie.

Der Kopf äußerst fein gekörnelt, deutlich punktirt, die
Punkte mäßig dicht, der Hinterkopf in Gestalt eines dieeckigen
Fleckens, dunkelbraun, vorne gelblich; die Scheitelbeulchen
schmal und quer gestellt; Oberlippe und die Palpen gelblich.
Das Halsschild reichlich dreimal so breit als lang, der Seitenrand fast gerade, die Oberfläche ziemlich gewölbt, nur längs
des Seitenrandes deutlich abgeflacht, mit grober und theilweise
in einander fließender Punktirung, hellgelb, jederseits ein dunkelbrauner Fleck, zwischen beiden zuweilen ein anderes kleineres
und helleres Fleckchen; das Schildchen dreieckig, hellbräunlich.
Flügeldecken nach hinten etwas eiweitert, ebenso dicht und
stark punktirt als das Halsschild und von derselben Grundfarbe;
von den 5 Flecken befindet sich der kleinste auf der Schulterbeule, ein größerer langlicher Fleck gleich unter der Basis
neben dem Schildchen, ein anderer von querer Gestalt in der
Mitte neben dem Außenrande und die 2 letzten hinter der
Mitte, von diesen ist der innere Fleck der größte und reicht
bis hart an die Naht, während der kleinere äußere sich in
einer Linie mit dem mittleren befindet. Die Brust ist pechbraun, die übrige Unterseite sowie die Beine gelblich; der Metatarsus der Hinterbeine ist so lang oder kaum länger als das
folgende Glied und das Klauenglied ist stark angeschwollen und
von rothlicher Farbe. Die Fuhler sind ziemlich robust und
reichen nicht bis zur Hälfte der Flügeldecken, ihr drittes und
viertes Glied ist gleich lang, das zweite bedeutend kürzer, die
Endglieder kurz und dick; das Prosternum ist zwischen den
Hüften deutlich verschmälert und gewölbt.

London, April 1886.

Ueber entomologische Systematik

hat sich unser geschätztes Mitglied, Herr Robert Mac-Lachlan in seiner Präsidial-Rede in der London Entomological Society am 20. Januar 1886 in mehrfach interessanter Weise ausgesprochen, so daß ich glaube, auch unsere Leser werden den betreffenden Theil seiner Adresse, von befreundeter Hand übertragen und mir mitgetheilt, gerne hier wiedergegeben finden.

Dr. C. A. Dohrn.

*

Es ist in früheren Ansprachen, die der Präsident an die entomologische Gesellschaft gehalten, Sitte gewesen, über die speziellen Vereinsangelegenheiten hinauszugehen, und zufolge einer früher gebräuchlichen Praxis eine Uebersicht der Hauptresultate der vorjähiigen Arbeiten englischer und ausländischer Entomologen zu geben. Ich brauche kaum zu sagen, daß die Wiederholung derartiger Uebersichten, wenigstens für einen Einzelnen, praktisch unmöglich geworden, und selbst wenn möglich, würde das Resultat einen gewöhnlichen Band unserer Transactions füllen. Ein anderer Gebrauch war der: einen oder mehrere speziellere Gegenstände in Betracht zu ziehen. Diesem Gebrauche schließe ich mich bei dieser Gelegenheit an. Natüilich trug ich mich eine Zeitlang in Gedanken mit der Wahl eines Gegenstandes und verfiel vorläufig auf die systematische Entomologie unter ihren verschiedenen Gesichtspunkten. Ich hatte von Studenten der systematischen Entomologie abschätzig reden horen, ja dies Studium selbst wurde die niedrigste Gattung der entomologischen Studien genannt, und ich muß bekennen, daß in dieser Bemerkung, wenigstens zum Theil, etwas wahres enthalten ist. Zu gleicher Zeit fühlte ich aber, daß der darin eingeschlossene Tadel, auf die Systematiker im allgemeinen angewendet, mehr als grobe Ungerechtigkeit ist.

Die so vorläufig gefaßte Idee hat die folgenden Bemerkungen veranlaßt, und ein Zufall veranlaßte die Entscheidung. In der letztjährigen Schlußnummer des Standard*) war eine anonyme Uebersicht der „Wissenschaft des Jahres." In Aitikeln ohne Unterschrift ist man bisweilen in Verlegenheit, darüber zu urtheilen, ob derselbe für die speziellen Zwecke eines besonderen Journals geschrieben ist, oder ob er die individuelle Meinung des Schreibers wiederspiegelt. In dem erwähnten

---

*) Eine der vorragenden Londoner politischen Zeitungen. Red.

Artikel erregten einige Bemerkungen um so mehr meine Auf-
meiksamkeit, als der Schreiber und ich in den meisten Punkten
einig zu sein schienen.

Hier folgt die betieffende Stelle: „Die Naturforscher der
neueren Schule zeigen weniger Inteiesse für das Sammeln als
ihre Vorganger. Sie verachten halb und halb die „Arten-
Machei" und sind ganz allein für die Entwicklung, die Anatomie
und die philosophischen Gesichtspunkte des Studiums. Das ist
in so weit gut, als es die Zoologie und die Botanik über die
Routine der bloßen Museums-Aibeit — das Aufbewahren, Eti-
qvettiien, Katalogiren und Klassifiziren — eihebt. Aber es
ist andererseits unheilvoll, da es einfach jede Erwerbung dem
Darwinismus dienstbar macht, ohne dabei die Thatsache in
Rechnung zu bringen, daß ohne die Kenntniß der Arten, durch
welche Daiwin zu seinen ersten Resultaten gelangte, jeder
Foitschritt gefahilich ist. Der Botaniker, welcher über die
Vertheilung, der Zoologe, welcher uber die Verwandtschaft
zwischen unteigegangenen und bestehenden faunae philosophiit,
kann sich leicht irren, wenn er nicht genau mit den modernen
Arten bekannt ist, die wohl in der Theorie veranderlich sein
mogen, die aber für alle praktischen Beispiele beständig sind.
Fossile Formen ohne Kenntniß der lebenden Formen vergleichen
wollen, heißt einfach den Irrthum aufsuchen. Dies ist aber
augenblicklich die Gefahr, welcher die jüngere Schule auf der
Jagd nach einer moglichst großen Menge vorläufiger Schlüsse
entgegeneilt. Die biologische Wissenschaft ist bei uns in einem
Uebeigangsstadium. Der alte Styl schwindet und der neue ist
noch nicht völlig ausgebildet."

In verschiedenen Hindeutungen dieses kurzen Citats scheint
mir ein besonderer Grad von Wahrheit zu liegen, und kein
billiger Mann kann sich von der allgemeinen Haltung dieser
Bemerkungen verletzt fuhlen. Besonders treffend fand ich die
Bemerkung über die Tendenz: „jede neue Entdeckung in der
Natuiwissenschaft dem Darwinismus dienstbar zu machen." Ich
weiche Niemandem in der Hochachtung vor unserem großen
Philosophen, und Keinem in Wärme der Anhänglichkeit an die
umfassenden Giundsätze der Evolution. Ich halte dafür, daß
diese Prinzipien vor allen auf sie gemachten Angriffen sicher
sind; die Zeiten, wo man sie veilachte, sind längst vorüber,
und die noch übrig bleibenden Gegner bewundern sie, trotz
ihres Zweifels oder ihrer abweichenden Meinung. Aber nehmen
wir, um des Arguments willen, an, daß diese Prinzipien an-
gieifbar sind, so wird ihnen von deren Gegnern kein Schade
zugefugt, sondern von ihren zu enthusiastischen Verehrern,

welche ihnen jede Erwerbung dienstbar zu machen suchen, ohne Darwin's Schule durchgemacht zu haben. Und ich behaupte kühn, daß Darwin's erste Schule, die eines Systematikeis, nicht das unwichtigste Moment war, denn eine gute systematische Aibeit in der Naturgeschichte verlangt einen bestimmten Grad von Fleiß, Forschung und vor allem Sorgfalt, welcher, wahrend er dem wissenschaftlichen Gebrauch der Geisteskraft Raum laßt, dennoch verhindert, Alles der Einbildungskraft unterzuordnen. Gerade wie Darwin in seiner fiüheren Laufbahn ein Spezialist und Systematiker war, so sind es auch die meisten unserer berühmtesten philosophischen Naturforscher gewesen, und einige von ihnen sind es noch. Nach meiner Meinung ist kein Gegenstand so geeignet, die Fähigkeiten eines Aspiranten in irgend einem Zweige der Naturgeschichte darzuthun, als eine monographische Abhandlung über eine spezielle Gruppe, und ich kann mit größter Leichtigkeit in deiartigen Werken über mir bekannte Gegenstände den Grad von Sorgfalt des Verfassers unterscheiden, — wieviel eigenes und wieviel überkommenes, wieviel solides oder oberflächliches darin enthalten ist, — und wenn meine Beobachtungen iichtig sind, wird schließlich der Ruf der meisten Natuiforscher in direktem Verhältniß zu dem Grade stehen, in welchem ihre systematischen Arbeiten die Probe der Zeit bestehen. Bei systematischen Arbeiten verlangen nicht allein die Thiere selbst eine sorgfältige und sehr eingehende Behandlung, sondern, was ebenso wichtig ist, auch die ganze, den Gegenstand betreffende Literatur muß sorgfaltig studirt werden, und dies allein muß einen Grad von Vorbereitung fur nachfolgende und vielleicht umfassendere Studien geben, der nur wohlthätig sein kann. Deshalb empfehle ich jenen jüngeren Mitgliedern der Gesellschaft, die nach künftigem Ruhm streben, irgend eine spezielle Gruppe vorzunehmen, sie tüchtig durchzuarbeiten und die Ergebnisse zu veroffentlichen. Man wird mir entgegnen, daß die Literatur jeder Gruppe jetzt eine so kolossale Ausdehnung erreicht hat, daß sie im Vergleich zu der fiüherer Jahre erschreckend ist. Ich theile diese Meinung nicht. In früheren Jahren war es schwierig, die als vorhanden bekannte Literatur befragen zu konnen, heutzutage giebt es kaum ein Werk, welches nicht in einem oder mehreren unserer großen natuigeschichtlichen Museen gefunden werden kann, und obgleich die gangbare Literatur enorm sein mag, und auch zweifellos enorm ist, hat doch der Student soviel Hilfe im Wege der verzeihlicher Weise so genannten Schlussel und Auszüge, daß, wenn er hinlänglichen Scharfsinn besitzt, dieselben für sich zu benützen, jede der-

artige Sorge bei näherer Bekanntschaft schnell schwindet. Bei
einer ausschließlich systematischen Arbeit ist aber ein be-
schränkender Einfluß fast unausbleiblich, etwas was vor allem
anderen vermieden werden muß; und ich empfehle daher den
Anfängern ernstlich, wenn sie ihre Arbeitsfähigkeit am Studium
eines speziellen Gegenstandes zeigen, nicht dessen verwandt-
schaftliche Beziehungen aus den Augen zu verlieren.

Alle systematische Arbeit (einschließlich der beschreibenden)
sollte dahin zielen, unterrichtend zu wirken; wenn nicht, so
sehe ich keine Nothwendigkeit dafür ein. Und sie sollte so
weit unterrichten, um in den meisten Fallen denen verstandlich
zu sein, welchen nicht die identischen Materialien vorliegen;
wozu sollten sonst Beschreibungen und Zeichnungen nützen?
Ebenso gut könnten wir anzeigen, daß wir in Museen und
Piivatsammlungen eine gewisse Zahl neuer Gattungen oder Arten
haben, ihie Namen veroffentlichen, die Specimen etiquettiren
und dann aus allen Welttheilen Entomologen dahin einladen,
um sie zu sehen, wenn sie ihre eigenen Materialien damit vergleichen wollen.

Die letzte Bemerkung bringt mir den Gegenstand über
„Typen" in gefährliche Nähe. In meinem 1880 geschriebenen
Werk über europäische Trichoptera kommt in der Vorrede die
Bemerkung vor, daß Zweck und Ziel jeder beschreibenden Arbeit
in der Zoologie dahin gehen sollte, Verweisungen auf Typen in
den meisten Fällen unnöthig zu machen, und somit unterrichtend
zu sein. Ich bin aber keiner von denen, die die Nothwendigkeit
oder Rathsamkeit, Typen zu untersuchen, als durchaus entbehrlich ansehen. Mir scheint, daß man, um sie ganz entbehrlich
zu machen, nicht allein eine vollkommene Kenntniß des als
vorhanden Bekannten besitzen, sondern auch nothwendig das
vorhandene Unbekannte vorhersehen müßte; — ersteres wäre
möglich, letzteres streift an die Unmöglichkeit. Doch fürchte
ich, daß ein beträchtlicher Theil der beschreibenden Arbeit
derait ist, daß er die Untersuchung der Typen zu seiner Er-
läuterung nothig macht, und ebenso in vielen Fällen, wo größere
Sorgfalt bessere Resultate ergeben hatte. In solchen Fallen
wären die Beschreibungen besser unterblieben. Es ist zu befürchten, daß sogenannte Beschreibungen häufig nur zu dem
Zweck, Typen zu schaffen, geschiieben wurden, in einigen
Fallen sogar in der bestimmten Absicht, damit einen Geldwerth
festzusetzen, oder auch außerdem mit dem sentimentalen Gedanken, den Ruf einer Sammlung zu veimehren. Es existirt
auch ein sehr volksthümliches Mißverstandniß über die Bedeutung
des Wortes „Typus". Der rein systematische Entomologe ver-

steht unter „Typus" oder „Typen" das Exemplar oder die Exemplare, (denn es ist immer wünschenswerth, eine Art nach mehr als einem Exemplar zu beschreiben, selbst auf die Gefahr hin, zwei Arten zu vermischen), nach welchen eine Art ursprünglich beschrieben wurde. Nehmen wir nun einen bestimmten Fall. Ein Entomologe besucht ein bestimmtes Museum oder eine Sammlung und verlangt ein gewisses Insekt zu sehen. Es wird ihm gezeigt, und ihm dabei gesagt, daß es der „Typus" ist, aber zum Erstaunen des Custoden, oder des Eigenthümers der Sammlung, bestreitet er entschieden die Wahrheit dieser Behauptung. Dies ist ein bloßes Mißverständniß. Der zu Hause festgebannte Systematiker sieht in dem Ausdruck „Typus" nur das Exemplar, dem ein gewisser Name angehangt worden; der Feld-Naturforscher sieht in ihm die Hauptmerkmale der Art, seinen eigenen Beobachtungen gemäß. Ich mochte mit dem Feld-Naturforscher in solchem Falle ausrufen:

„Wenn man so in sein Museum gebannt ist
Und sieht die Welt kaum einen Feiertag,
Kaum durch ein Fernglas, nur von weiten,
Wie soll man sie durch Ueberredung leiten?"

Der Ausdruck „Typus" wird auch von Sammlern miß braucht, welche, nachdem sie ihre Kästen ausgeräumt und die Namenzettel hineingelegt haben, einen Typus als etwas betrachten, was ihnen früher fehlte und einen dieser Namen repräsentirt; es ist ein Mißbrauch, der aber von ihrem Standpunkt aus vielleicht zu rechtfertigen ist, und daher keiner weiteren Erwähnung bedarf. Ein anderer Gegenstand, der in Beziehungen zur Typenfrage steht und gerade meinen speziellen Zweig der Entomologie sehr wesentlich berührt, verlangt unsere Aufmerksamkeit. Ich meine damit die unheilvolle Praxis, Namen ohne Beschreibungen zu veröffentlichen, welches für nachfolgende Schreiber eine Menge von Verdrießlichkeiten und Verwirrungen im Gefolge hat. Eine andere, beinahe ebenso verwerfliche Praxis ist die, unbeschriebene Exemplare in Sammlungen zu benennen, (besonders wenn die Sammlungen wichtig sind); solche Namen werden oft unachtsamerweise veröffentlicht und rufen Verwirrung hervor.

Indem ich den jüngeren Mitgliedern dieser Gesellschaft ein systematisches Studium dringend anempfehle, möchte ich dabei auf die Thatsache aufmerksam machen, daß die Insekten-Fanna unserer eigenen Inseln noch durchaus nicht völlig bearbeitet worden ist. Vieles ist bis jetzt noch nicht anders als oberflächlich berührt worden und bedarf einer ernstlichen Durchsicht. Wir lasen kürzlich von 100 neuen britischen Diptera-

Arten und der Schreiber jenes Artikels versicherte mich, daß er nach seinei Meinung bei etwas eingehender Forschung, diese Zahl aus dem Mateiial seiner eigenen Sammlung auf 200 hatte biingen konnen. Um aber eine einzelne britische Insekten-gruppe ordentlich zu bearbeiten, muß man nicht allein eine Kenntniß der gesammten euiopaischen Insekten-Fauna haben, sondein auch der der palaearktischen Region, soweit es die' spezielle Gruppe betrifft. Man hat schon von „fünf" Vierteln der Erdkugel gesprochen, ich glaube, unseie Entomologen eikennen jetzt unbewußt ein „sechstes" Vieitel an. Bei ver-schiedenen Gelegenheiten habe ich in unseren „Transactions" und sonst noch bemerkt, daß man eine Scheidelinie ziehen müßte zwischen den britischen und den europaischen Insekten. Eine solche Grenze ergiebt sich aus einem zufälligen lapsus, und ihr Vorhandensein muß denen jenseits des Kanals höchst wundeilich vorkommen.

Denken Sie aber nicht, daß ich geneigt bin, die große Klasse unserer Entomologen gering zu schätzen, die aus Noth-wendigkeit oder Wahl sich nur mit den Erzeugnissen unserer eigenen Inseln beschaftigen. Möglicherweise ist vielleicht kein anderer Theil der Erdkugel von gleicher Ausdehnung, dessen Insekten-Fauna in so erschöpfender Weise bearbeitet worden ist, und gewiß in keinem Lande so viel gethan worden und wird noch so viel gethan, um die Lebensgeschichte der ein-heimischen Insekten zum Vortheil der entomologischen Wissen-schaft im allgemeinen auszuarbeiten, obgleich dies unglücklicher-weise zu sehr auf die Lepidopteren beschrankt wird.

Ich hätte schon vorhin sagen sollen, daß es für den an-gehenden Systematiker auf jeden Fall beinahe nothwendig ist, die Entomologie seines eigenen Landes oder Distriktes kennen zu lernen, und besonders wo das Land oder der Distrikt eine verschiedene physikalische Gestaltung zeigt. Ja, ich behaupte sogar, daß dies einigen unter uns, die sich besonders mit exotischen Insekten beschaftigen, vortheilhaft gewesen wäre. Sie hätten dann besser auf die Ausdehnung schließen können, bis zu welcher eine Art sich oitlieb und, — man verzeihe mir den unwissenschaftlichen Ausdruck, — zufällig verändern kann. Viele unserer britischen Lepidopteren-Sammler, die es schwierig finden, ihie Sammlungen um neue einheimische Arten zu ver-mehren, und die ihre besonderen Gründe haben, ihre Bekannt-schaft nicht über diese Inseln auszudehnen, haben kürzlich angefangen, Varietaten oder lokale Bedingungen zu häufen; mun kann sich durch eine Inspektion einer unserer wichtigen britischen Sammlungen von dem Resultat überzeugen. Was

auch für Wunderlichkeiten bei Varietäten vorkommen mogen,
wir wissen doch, daß die Specimen einer und derselben Gattung
angehören. Nehmen wir zum Beispiel unsere gewohnliche
Tigermotte (Arctia caja), und setzen wir den Fall, sie sei kein
britisches oder auch nur europäisches Insekt, und, sagen wir,
zehn, oder funfzehn der hervorragendsten Varietaten kommen
zu uns zu verschiedenen Zeiten und aus verschiedenen Gegenden,
zum Beispiel in dem Himalaya. Es würde mich sehr über-
raschen, wenn nicht aus diesen zehn oder funfzehn sogenannte
neue Arten fabrizirt würden, was hatte vermieden werden
können, wenn der exotische Systematiker eine ordentliche Schule
als britischer Entomologe durchgemacht hätte, oder, als er sie
beschrieb und benannte, hätte ihm einfallen müssen, daß sie
aus Analogie alle Formen oder Varietaten einer Art sein
konnten. Unglücklicherweise sucht die Majoritat der britischen
Entomologen niemals, ihre Kenntniß weiter auszudehnen und
andererseits haben die mit exotischen Insekten verkehrenden
Entomologen den einheimischen Erzeugnissen zu wenig Aufmerksamkeit geschenkt.

Ich habe in den vorangegangenen Bemerkungen zu zeigen
versucht, daß die systematische Entomologie, wenn gewissenhaft
verfolgt, nach meiner Ansicht durchaus nicht auf eine bloße
Arten-Fabrikation hinausläuft; ebenso wenig verdient die reine
Museums-Arbeit Spott. Beide konnen und sollten im Gegentheil
einen wichtigen Einfluß auf die philosophische Naturgeschichte
ausüben.

Es liegt nicht in meiner Absicht, mich bei dieser Gelegenheit
über die Verwandtschaft der inneren Anatomie, Embryologie
und Physiologie mit der systematischen Seite unseres Gegenstandes auszulassen. Es wäre freilich wünschenswerth, daß
ein Systematiker die Elemente dieser Gegenstande kennen sollte,
und in Fallen, wo es sich um die bestrittene Stellung von
einzelstehenden Formen handelt, sind mehr als bloße Elemente
erforderlich. Ich beabsichtige auch nicht, die fossile Entomologie zu berühren, ein Gegenstand, der in letzter Zeit durch
die Entdeckung Silurischer Insekten eine große Wichtigkeit ge-
wonnen hat. Ebenso wenig ist es meine Absicht, eine Analyse
der gegenwärtigen Stellung der ökonomischen Entomologie zu
geben. Bei einer künftigen Gelegenheit dürfte ich wohl einen
oder mehrere dieser Gegenstande aufnehmen, denn es laßt sich
über einen und über alle sehr viel sagen.

Intelligenz.

Ausgegeben: E n d e A p r i l 1 8 8 6.

Entomologische Zeitung

herausgegeben

von dem

entomologischen Vereine zu Stettin.

Redaction: In Commission bei den Buchhandl.
C. A. Dohrn, Vereins-Präsident. Fr. Fleischer in Leipzig und R. Friedländer & Sohn in Berlin.

No. 7—9.   47. Jahrgang. Juli—September 1886.

Centralasiatische Lepidopteren.

Von

Dr. O. Staudinger.

(Schluß.)

Lyc. Poseidon var. *Poseidonides* Stgr. Vier ♂ vom südlichen Alai sowie eins von den südlich von Samarkand gelegenen Gebirgen, letzteres am 12. Juli gefangen, sind auch nur durch ihre Unterseite von Poseidon verschieden. Alle zeigen dasselbe schone matte Blau der Oberseite wie Amasiner Poseidon, das Samarkand-Stück ist sehr groß, die Alai-Stücke sind wie die Amasiner oder etwas kleiner. Auf der etwas dunkleren (braun-) grauen Unterseite treten alle Flecke, auch der weiße Längsstrich der Htfl. stärker auf. Nur die Htfl. zeigen deutliche rothe Randflecke (7—8), die bei den Alai-Stücken stärker auftreten als bei dem Samarkand-♂; letzteres hat dafür größere schwarze Flecke. Am Außenrand der Vdfl. steht eine Doppelreihe verloschener schwärzlicher Flecken, von denen bei einem Alai-♂ die inneren nach außen schwach gelb angeflogen sind, so daß hier also wahrscheinlich auch rothgelbe Flecken auftreten konnen.

Lyc. Phyllis Chr. var. *Phyllides* Stgr. Diese Form erhielt ich in geringer Anzahl aus den Gebirgen von Namangan, Osch, Margelan und Samarkand. Bei Samarkand und Namangan flogen sie von Mitte bis Ende Mai, während mein einziges ♂ von Osch am 6. Juli gefangen wurde. Auf der Oberseite sind sie den nordpersischen Phyllis sehr ähnlich, aber nicht so silbergrüngrau, sondern mehr silbergrau, ohne grünen Anflug. Auch haben die ♂ meist einen schärfer abgeschnittenen, breiteren dunklen Außenrand aller Flügel. Die Fransen sind an ihrer äußeren Hälfte bei beiden Geschlechtern weiß, während sie bei Phyllis-♀ grau sind. Auch zeigen meine 3 Phyllides-♀ oben rothe Randflecke, das eine auf allen Flügeln, die anderen nur schwach auf den Htfln. Auf der gelbgrauen Unterseite treten nun in beiden Geschlechtern rothe Randflecke auf allen Flügeln öfters sehr stark auf. Nur bei den Samarkand-Stücken, die sich (wie in ähnlichen Fällen stets) den nordpersischen am meisten nähern, sind diese rothen Randflecke schwächer und fehlen auf den Vdfln. fast ganz. Die schwarzen Augenflecken, die bei Phyllis recht groß sind, sind bei Phyllides nicht (wie bei den vorigen Varietäten) größer, im Gegentheil bei den Uebergangsstücken von Samarkand eher kleiner. Auch tritt der weiße Längsstreif der Htfl. bei Phyllides-♂ viel weniger hervor, weil Phyllis eine dunklere Grundfärbung hat. Ebenso sind die Htfl. bei Phyllis an ihrem Basaltheil lebhafter spangrün angeflogen als die von Phyllides. Jedenfalls sehen typische Phyllides von Osch und Namangan durch ihre sehr starken rothen Randflecke und den rudimentären weißen Längsstrich so verschieden von Phyllis aus, daß man sie, ohne die Samarkander Uebergänge, gewiß für eine eigene Art ansehen könnte.

Lyc. Charybdis Stgr. Diese neue Art erhielt ich aus der Umgegend von Margelan und Namangan, wo sie Mitte April gefangen wurde. Charybdis steht der Cyllarus am nächsten, hat etwa dieselbe Größe (22—28 mm), und die ♂ führen dasselbe Lichtblau der Oberseite. Doch hat Charybdis stets einen schmalen, scharf begrenzten, schwarzen Außenrand (Limballinie). Die dunklen Charybdis-♀ sind nur wenig mit blauen Schuppen nach der Basis zu bestreut. Ganz verschieden ist die Unterseite bei Charybdis, dunkler braungrau, ohne die schöne spangrüne Färbung der Basalhälfte der Htfl. Die letztere tritt bei Cyllarus aus Central-Asien sogar stärker als bei den europäischen auf, wenn auch bei den Cyllarus von Namangan nicht so stark wie bei denen von Lepsa und Saisan, wo sie fast den ganzen Flügel einnimmt (var. Aeruginosa Stgr.) Die Stellung der Augenflecke, die bei ein und derselben Art oft wesentlich abändert, ist im Ganzen dieselbe, nur sind sie bei Charybdis meist größer, besonders die beiden Augenflecke der Vdfl., die zwischen dem ersten und dritten Subcostalast stehen. Auch die kleineren Augenflecke der Htfl. sind meistens größer und zahlreicher vorhanden als bei Cyllarus; nur bei einer Aberration sind die Htfl. völlig ohne Augenflecke und auch der Mittelfleck (Stiich) ist ganz rudimentär geworden. Jedenfalls wird Charybdis durch die dunklere Unterseite ohne Grün sofort von Cyllarus getrennt Die noch unbeschriebene Lyc. Scylla vom Amur ist großer, hat einen sehr breiten, unbestimmt begrenzten schwarzen Außenrand der Oberseite, und eine aschgraue Unterseite, die an der Basis der Htfl. etwas grün ist. Die Augenfleckenreihe der Vdfl. verläuft gerader, besteht aus kleineren Flecken und zeigt am Innenrande stets ein Doppelauge, das niemals bei Charybdis und selten bei Cyllarus vorkommt.

Lyc. Iphicles Stgr. Von dieser großen Art, die vielleicht die Urform von Jolas sein kann (Haberhauer sandte sie mir als Jolas), erhielt ich nur 3 im Alai (am 13. Juni) gefangene ♂, ein am 10. Juni bei Osch gefangenes ♂ und 2 am 6. Juli bei Samarkand (in den Gebirgen) gefangene ♀. Sie haben die Größe der gewöhnlichen Jolas (34—38 mm), die ♂ zeigen aber ein weit glänzenderes Himmelblau, wahrend Jolas-♂ violettblau sind. Dann hat Iphicles breite weiße Fransen und am Innenwinkel der Htfl. stehen 2—3 kleine schwarze Flecken vor dem Außenrande. Die Rippen verlaufen an ihren Enden schwarz in den schmalen schwarzen Außenrand, fast genau so wie bei Jolas. Ganz verschieden ist die Oberseite der Iphicles-♀ von denen der Jolas-♀, nämlich licht braungrau, ohne alle Spur von blauem Anflug. Der Außenrand ist vor den weißen Fransen schmal schwarz, nach innen nicht schaif begrenzt. Vor demselben stehen am unteren Theile der Htfl. 3—4 dunkle, nach oben weißlich begrenzte Flecken. Die Unteiseite ist der von Jolas sehr ahnlich, welche ja auch hinsichtlich der lichteren oder dunkleren Grundfärbung, der Zahl und Große der Augenflecke etc. ziemlich stark abandert. Die Htfl. von Iphicles zeigen an ihrem Basaltheil meist weniger Grün; doch besitze ich auch Jolas, die gar kein Grün haben. Ebenso sind die „Randschatten" (wie sie Alpheraki statt Randflecken bezeichnend nennt) bei Iphicles meist viel verloschener, auf den Vdfln. ganz fehlend, doch besitze ich auch Jolas, wo sie auf allen Flügeln ganz fehlen. Aber die Oberseite von Iphicles ist in beiden Geschlechtern so stark von der von Jolas verschieden, daß man diese muthmaßliche Urform der letzteren Art ganz gut als eigene Art ansehen kann.

Polycaena (nov. genus) *Tamerlana* Stgr. Diese sehr interessante neue Art wurde 1882 von Haberhauer jun. bei Osch entdeckt und in der ersten Hälfte des Juli wahrscheinlich ziemlich hoch gefunden. Später erhielt ich auch Stucke vom Alai und Namangan, die dort Ende Juni gefangen wurden.

Daß diese Art eine neue Gattung bilden müsse, sah ich sofort;
ich glaubte es sei eine Lycaenide, vielleicht eine Art Ver-
bindungsglied zwischen Polyommatus und Lycaena und nannte
sie daher Polycaena. Herr Dr. Schatz, der das Thier im vorigen
Jahre zu seinem hochverdienstlichen Werk „Die Familien und
Gattungen der Tagfalter" (welches als II. Theil und Fortsetzung
meiner „Exotischen Tagschmetterlinge" erscheint) untersuchte,
erkannte alsbald, daß es eine unzweifelhafte Erycinide sei. Da
im ganzen ungeheuren palaearctischen Faunengebiet bisher nur
eine einzige Erycinide, Nemeobius Lucina L., bekannt war
(wahrend im neotropischen Gebiet weit über 1000 Arten vorkommen), so hatte ich bei dieser Art gar nicht an eine Erycinide gedacht, zumal diese Tamerlana nicht nur kleiner und
zarter gebaut als Nem. Lucina ist, sondern auch eine ganz
andere Zeichnungsanlage der Flügel hat.   Die Eryciniden unterscheiden sich von den Lycaeniden constant durch den Bau der
männlichen Vorderfüße (außer manchen anderen Unterschieden,
die aber bei der großen Verschiedenheit der oft sehr merkwürdigen Gattungen dieser beiden Familien nicht constant sind).
Bei den Eryciniden sind diese Vorderfüße der ♂ so verkümmert,
daß nur ein klauenloses, unbedorntes Tarsenglied vorhanden ist.   Außerdem bildet die Hüfte (coxa) dieses Vorder-
fußes noch eine Verlängerung bei den Eryciniden, was bei den
Lycaeniden niemals vorkommt.   Bei letzteren sind die Vorderfüße der ♂ ziemlich von gleicher Lange wie die des ♀, haben
aber auch nur ein Tarsenglied.   Dies trägt aber an seinem
Ende meist eine oder zwei Klauen und ist auf alle Fälle der
ganzen Länge nach bedornt, was bei den Eryciniden nie
der Fall ist; bei diesen ist es nur behaart.   Daß die Subcostal-
rippe der Htfl. bei den Eryciniden gegabelt ist, was bei den
Arten der palaearctischen Lycaeniden nie vorkommt, sowie
das Vorhandensein einer kurzen Praecostalrippe erwähne ich
nur noch nebenbei.

Von Nemeobius unterscheidet sich Polycaena durch ihren
zarteren Bau, durch längere, etwas anders geformte Flügel und
durch eine mehr gefleckte als gebänderte Zeichnung.   Die Vdfl.
bei Polycaena haben einen convexen Außenrand und keinen
so spitz verlaufenden Apicaltheil wie die dreieckigen Vdfl. von
Nemeobius.   Auch die Htfl. von Polycaena sind nach außen
weit mehr abgerundet, besonders auch am Innenwinkel, wo
Nemeobius einen fast rechten Winkel bildet.   Bei Polycaena-♂
wird in der Mitte des Außenrandes fast ein stumpfer Winkel
gebildet.   Die Fühler sind bei Polycaena im Verhältniß länger
und dünner, ebenso ist das Tarsenglied der Vorderfüße des ♂

länger und dünner, auch die anderen Fußtheile sind (wie das ganze Thier) dünner bei Polycaena. Die Praecostalis zweigt sich von der Costalis in einem fast rechten Winkel bei Polycaena ab, wahrend sie sich bei Nemeobius in einem ganz spitzen Winkel nach vorn abzweigt. Der Kopf mit 'den Palpen sowie der Thorax etc. sind bei Polycaena langer behaart als bei Nemeobius, was schon darauf hinweist, daß erstere eine Gebirgsart ist, bei denen gewohnlich eine längere Behaarung stattfindet.

Polycaena Tamerlana ist durchschnittlich kleiner als Nem. Lucina; meine Stücke messen 24 bis 31 mm, die meisten 25 bis 26 mm. Die Grundfärbung dieser sehr variablen Art ist schwarzgrau, das aber meist auf der Basalhälfte der Flügel bei den ♂ dunkel aschgrau wird, während bei einigen ♀ die Grundfarbe völlig gelbroth wird. In der Mittelzelle der Vdfl. stehen zwei große tiefschwarze Flecken, dahinter steht eine stark S-formig gebogene Querreihe (zusammenhängender) schwarzer Flecken. An diese stoßt eine bei den ♂ oft nur schwache, unregelmäßige, gelbrothe Querbinde, welche nach außen mit kleineren schwarzen, meist weiß begrenzten Punktflecken ein- gefaßt ist. Diese weißen Punktflecken sind am Vorderrande stets vorhanden (bei einem ♀ nur 2) und gehen öfters bis zum Innenrand (7) hinunter; bei einem ♀ setzen sie sich sogar vor dem ganzen Außenrand der Htfl. fort, während diese sonst nur höchstens 1—2 ganz schwache weiße Pünktchen am Vorder- rande zeigen. Sonst sind die Htfl. ganz ähnlich wie die Vdfl., mit gelbrother Binde, die beiderseits mit schwarzen Flecken- reihen eingefaßt ist und 2 sehr kleinen dunkleren Flecken in der Mittelzelle. Der Außenrand aller Flügel ist stets mehr oder minder breit grauschwarz, die Fransen sind stark schwarz und weiß gescheckt. Wahrend bei einzelnen ♂ die rothe Binde fast ganz verschieden ist, verbreitert sich dieselbe bei den ♀ fast stets nach innen zu und bei einigen ♀ ist die Oberseite aller Flügel vorherrschend roth, nur der Basaltheil, besonders der Htfl. bleibt dunkel. Die Färbung der Unterseite ist grau- gelb, bei den ♀ ist sie auf den Vdfln. gelbroth. Alle oberen schwarzen und weißen Punkte (Fleckzeichnungen) treten hier viel schärfer und getrennt auf. Die Fühler sind stark schwarz- weiß geringelt, die langen Haare des Kopfes (und der Palpen) 'sind licht und dunkel gemischt, meist nur an den Enden dunkler. Der auf der Oberseite ganz dunkle (schwarze) Hinterleib ist auf der Unterseite licht, grau oder gelbgrau. Die Beine sind gelbgrau, an den Tarsen kaum dunkel geringelt. Des Inter- esses wegen bemerke ich hier noch, daß ich eine den europäischen ganz gleiche Nem. Lucina L. aus Namangan erhielt, die dort am 16. April gefangen wuide. Ich erhielt nur dies Stück aus Central-Asien

Polyc. Tamerlana var. *Timur* Stgr. Herr Taneré sandte mir von seinem Sammler Ruckbeil im Kuldja-Distiict gefundene Polycaena, die auf den ersten Blick als eine von Tamerlana verschiedene Art aussehen und die ich hier als var. Timur beschreibe. Bei dieser Form haben beide Geschlechter eine gelbrothe Grundfarbe, die reiner und greller auftritt als bei den oben erwähnten, ihnen sonst ganz ähnlichen rothen Tamerlana-♀, die als Aberrationen bei Osch voikommen. Namentlich geht das Roth bei Timur noch weiter zum Außenrand hin, so daß letzterer nur schmal und scharf abgeschnitten schwarz auftiitt, was bei den rothen Tamerlana-♀ nicht der Fall ist. Dann zeigen alle Timur auf der Oberseite nur am Vorderrande der Vdfl. 1—2 weiße Punktflecke, nur auf der Unterseite treten zuweilen noch einige darunter, sowie am Vorderrande der Htfl. (aber dann nur sehr matt und mehr gelblich) auf. Die Unterseite ist in beiden Geschlechtern bei Timur (wie auch die Oberseite) völlig gleich; die der Vdfl. rothgelb, mit starker schwarzer Fleckzeichnung, die der Htfl. schmutziggelb (graugelb), mit breiten grauen Rippen und größeren schwarzen Flecken als bei Tamerlana. Sonst sind Fühler, Kopf Hinterleib etc. ziemlich gleich gefärbt.

Mehtaea Arduinna Esp. aberr. *Fulminans* Stgr. und var. *Evanescens* Stgr. Ich eihielt einige 30, Mitte Mai bei Samarkand gefangene Stücke einer auffallenden Localform von Arduinna, die sehr leicht als eine ganz davon verschiedene Art angesehen werden können. Doch fanden sich bei diesen Stücken auch Uebergänge zu Arduinna vor, die den nordpersischen Arduinna fast ganz gleich sind, wie ich andererseits unter einer größeren Anzahl von nordpersischen Arduinna auch ein Stück dieser dort als Aberration auftretenden Fulminans erhielt. Unter Fulminans bezeichne ich solche Stücke, bei denen die schwarzen Zeichnungen zum größten Theil verschwunden sind, so daß dieselben vorherrschend rothbraun, und zwar viel lichter und greller als die typischen Arduinna gefärbt sind. Nur die mittlere schwarze Fleckbinde der Vdfl. so wie die Außenrandszeichnungen bleiben mehr oder minder schwarz; alle andeien schwaizen Zeichnungen fehlen oder sind nur theilweise angedeutet. Auf der Unterseite der Vdfl. fehlt auch diese mittlere Fleckbinde fast ganz und in der rothgelben Querbinde vor dem Außenrande der Htfl. sind die schwarzen Flecken fast ganz verschieden. Die Stücke aus Nord-Persien und Samarkand, die einen Uebergang zu dieser var. oder vielleicht besser aberr. Fulminans bilden, versandte ich fälschlich als var. Rhodopensis Freyer. Diese Rhodopensis, die aus der europäischen Türkei stammen soll, woher ich keine Arduinna besitze, ist höchstens durch ihre Größe von der typischen russischen Arduinna Esp. zu unterscheiden, wenigstens zeigt die Abbildung keinen weiteren Unterschied. Sie hat sogar sehr viel schwarze Zeichnung und eine tiefbraune Grundfärbung, während die nordpersischen Arduinna ein viel feurigeres Braunroth haben und die schwarze Zeichnung bei ihnen theilweise zu verschwinden anfängt. So ist besonders die dritte Querbinde, von außen an (mit dem Außenrande) gerechnet, fast stets völlig fehlend. Diese „falsche" Rhodopensis, die also einen Uebergang zur Fulminans bildet, bezeichne ich hiermit als var. Evanescens. Zu ihr gehören die nordpersischen Stücke, die Samarkand-Stücke, so weit sie nicht zur aberr. Fulminans zu zählen sind und auch meist die wenigen Stücke der Arduinna, die ich von der Umgegend Margelan's erhielt. Ein Stück vom Alai (Margelan), vielleicht höher gefangen, ist eher zu Arduinna zu ziehen, doch kommen natürlich alle Uebergänge vor. So finden sich auch unter den Arduinna von Saisan Uebergänge zu dieser var. Evanescens vor. Auch die Arduinna, welche Kindermann bei Diarbekin fing, gehören dieser var. Evanescens an.

Mel. Trivia Schiff. var. *Catapelia* Stgr. Ich erhielt aus der Umgegend von Samarkand eine größere Zahl von Trivia, die sich alle durch eine fast ganz weiße Grundfärbung der Unterseite der Htfl. (und des Apex der Vdfl.) unterscheiden. Typische Trivia haben stets eine (stroh-) gelbe Unterseite der Htfl. Außerdem zeigt diese var. Catapelia schwächere, theilweise verschwindende, schwarze Zeichnungen der Oberseite und greller schwarz- und weißgescheckte Fransen. Jedenfalls ist diese Samarkand-Form von den Trivia aller anderen Localitäten, die ich besitze, so constant verschieden, daß sie einen Namen führen muß, wenn auch einzelne Stücke aus Syrien, Klein-Asien und Nord-Persien dieser Catapelia nahe kommen.

Mel. Didyma O. var. *Turanica* Stgr. Als solche bezeichne ich Stücke die Ende Mai, Anfang Juni bei Margelan, Osch, Usgent etc. gefangen wurden, und die der südrussischen var. Neera am nächsten kommen und zu ihnen übergehen. Sie unterscheiden sich davon durch meist stärkere schwarze Zeichnung, besonders am Außenrande. Die Turanica-♂ führen oft hellere (gelbliche) Flecken am Vorderrande der Vdfl. und die ♀ sind hier öfters ganz weißlich und durchschnittlich auf den Vdfln. heller (mit dunkleren schwarzen Zeichnungen) als Neera-♀.

Bei der sehr großen Variabilität der Mel. Didyma (von der
ich bereits gegen 300 Stücke in meiner Sammlung stecken
habe) kommen aber auch zu dieser var. Turanica alle. Uebergänge vor, so daß sie, wie alle anderen Didyma-Varietäten,
eine durchaus nicht scharf begrenzte Localform ist.

      ·   *Mel. Saxatilis* Chr. var. *Fergana* Stgr. (Alph.?) und var.
Maracandica Stgr.   Mein Freund Christoph entdeckte diese Art
zuerst bei Schahkuh in Nord-Persien in einer Hohe von 10000
bis 12000 Fuß. Er beschrieb sie in den „Horae Soc. Ent.
Ross. X. p. 28 (1873)" als Mel. Didyma var. Saxatilis. Sie
ist aber eine von Didyma sicher verschiedene Art, die in
Central-Asien in verschiedenen Formen, die ich bisher als Mel.
Fergana und var. Maracandica versandte, voikommt. Alpheraki
führt **Fergana Stgr.** in litt. in seiner vortrefflichen Arbeit
über die Lepidopteren des Kuldja-Districts (1881) auch nur
ohne Beschreibung auf, denn er sagt nur, daß sie meiner Athene
nahe steht. Christoph hat daher nicht ganz Recht, wenn- er
in den Romanoff'schen Mémoires sur les Lépidoptères Tom. II.
p. 201, wo er die Artverschiedenheit seiner Saxatilis von
Didyma anerkennt, sagt: „Staudinger zieht sie aber, und mit
Recht, als Localvarietät zu seiner Maracandica und benannte
sie Persica". Denn Christoph's Name Saxatilis muß als der
älteste dieser Art verbleiben, und als Localformen dieser nordpersischen Art beschreibe ich jetzt die var. **Fergana** vom
Alai und.den Gebirgen bei Osch, so wie die var. **Maracandica**
von den südlich bei Samarkand gelegenen Gebirgen. Mel.
Saxatilis aus Nord-Persien hat auf der Oberseite die großte
Aehnlichkeit mit der größeren Athene Stgr. von Saisan, auch
kleineren blassen zeichnungslosen Didyma-Varietäten sieht sie
ofters ähnlich. Sie unterscheidet sich davon sofort durch eine
andere, weit weniger schwarz gefleckte Unterseite, besonders
aber dadurch, daß der ·sonst helle Basaltheil und die Mittelbinde der Htfl. bei Saxatilis mehr oder weniger (oft sehr stark)
schwarz bestreut sind. Aus dem südlich von Margelan gelegenen Alai-Gebirge erhielt ich nun 1880 eine Melitaea, die
ich als Fergana versandte, und die ich· bald als eine Localform
der Saxatilis erkannte. Diese var. Fergana ist durchschnittlich
etwas großer und lebhafter braunroth gefärbt, besonders sind
letzteres Stücke, die ich erst 1885 aus dem südlichen Alai erhielt. Dann sind diese Fergana, besonders die ♂, weniger
schwarz gezeichnet, wenn auch nicht selten die .hinter der Mitte
der Vdfl. gelegene schwarze Fleckenbinde bei ihnen viel stärker
als bei Saxatilis auftritt. Auf der Unterseite sind die Htfl.
dieser Fergana fast eintonig grau- oder weißgelb, ohne die

deutlichen braunrothen Querbinden der Saxatilis. Nur bei den
Fergana vom südlichen Alai (die auch auf der Oberseite bedeutend lebhafter braunroth sind) ist diese Unterseite vorherrschend gelbroth, wodurch die rothbraunen Binden auch kaum
hervortreten. Diese Stücke zeigen auch nur wenig schwärzliche
Bestäubung an der Basis und am Innenrande, während eine
solche bei den anderen Stücken oft sehr breit am Innenrande
auftritt. Nur ganz ausnahmsweise ist auch die Mittelbinde wie
bei Saxatilis schwärzlich bestäubt und tritt nur dadurch hervor.
Die anderen schwarzen Fleck- und Strichzeichnungen sind ebenso
verloschen oder theilweise noch mehr als bei Saxatilis. Bei
der var. Maracandica, die Anfang Juli in den Gebirgen
südlich von Samarkand gefangen wurde, ist die Ober- und
Unterseite noch weit weniger gezeichnet als bei Fergana. Die
Oberseite führt nicht selten nur eine schmale dunkle Randzeichnung bei den ♂ und eine kurze Fleckreihe hinter der
Mitte des Vorderrandes der Vdfl. Bei den Maracandica-♀ ist
die Randzeichnung ziemlich breit und stehen darin, besonders
auf den Vdfln., weißgraue Flecken, wie solche bei Fergana-♀
nicht vorkommen. Die Unterseite der Htfl. ist ziemlich eintonig
weiß- oder röthlichgrau, mit noch verloschenerer schwarzer
Zeichnung als bei Fergana und fast stets ohne schwärzliche
Bestäubung an der Basis. Dahingegen tritt hier die röthliche
Außenbinde meist etwas deutlicher hervor. Die Fergana-♂ von
Osch sind auf der Oberseite fast ebenso zeichnungslos wie var.
Maracandica, aber lebhafter braunroth (wie die Stücke vom
südlichen Alai) und auf der Unterseite mehr schwarz gemischt.
Letzteres ist namentlich bei den ♀ von Osch der Fall, die sehr
große schwarze Randflecken zeigen, und deren Vdfl. auch auf
der Oberseite stark schwarz gezeichnet sind. Deshalb ziehe
ich sie zu Fergana, doch bilden sie hier mit den Süd-Alai-
Stücken eine Unter-Varietät.

Mel. Acraeina Stgr. Diese von allen mir bekannten Meli-
tacen ganz verschiedene Art erhielt ich in einer kleinen Anzahl
leider meist geflogener Stücke, die Ende April bei Kokand gefangen wurden. Sie haben die Große der Fergana (kleiner
Didyma) und das kleinste ♂ mißt 35, das größte ♀ 50 mm
Flügelspannung. Die Grundfarbung ist ein ganz lichtes Stroh-
oder Ockergelb, das mehr oder minder braunlich, besonders
nach dem Außenrande zu angeflogen ist. An schwarzer Zeichnung ist stets ein feiner Limbalrand und davor mehr oder
minder große schwarze Flecken vorhanden, die bei den ♀ mit
dem Limbalrand zusammenhängen, so daß ein ziemlich breiter,
nach innen scharf gezackter Außenrand auftritt. Bei den ♂

sind diese schwarzen Flecken bei einzelnen Stücken sehr klein, punktförmig, bei anderen werden sie größer, dreieckig (oder oval), an den Limbalrand anhängend. Bei einem ♂ tritt auf den Htfln. noch vor den hier großen Außenrandsflecken eine verloschene schwarze Zackenbinde auf. Sonst sind die Htfl. in beiden Geschlechtern zeichnungslos, nur bei einigen ♀ tritt noch nach der Basis zu unregelmäßige schwarze Bestäubung auf und bei einem ♀ stehen noch 2 schwarze Flecken zwischen Subcostalast 1, 2 und 3. Auf den Vdfln. hängt bei $^2/_3$ des Vorderrandes eine Halbbinde von 4 tiefschwarzen Flecken, die nur zuweilen (besonders bei den ♂) deutlich getrennt sind und die 2 ♂ völlig fehlen. Darunter steht vor dem Innenrande ein tiefschwarzer Flecken und die ♀ haben noch in der Mittelzelle die bei den Melitaeen gewöhnlichen schwarzen Zeichnungen. Die Unterseite der Htfl. ist bei den ♂ blaßgelb, bei den ♀ fast weiß, mit feinen schwarzen Querzeichnungen (Strichbinden etc.) mehr oder weniger versehen, bei den ♀ meist stärker. Einige ♂ sind auf der Unterseite aller Flügel völlig zeichnungslos. Die Vdfl. sind unten bei den ♀ rothbraun, mit weißlichem Vorder- und Außenrande und den oberen schwarzen Zeichnungen. Zuweilen ist zwischen dem schwarzen Innenrandsfleck und den oberen Flecken ziemlich viel schwarze Bestäubung. Bei den ♂ sind die gelben Vdfl. nur etwas bräunlich angeflogen, sonst auch mit den auf der Oberseite befindlichen schwarzen Zeichnungen. Die weißgelblichen Fransen sind schwach dunkel gescheckt. Die Fühler sind ungeringelt, weißlich, mit oben schwarzen, unten braun gefärbten Kolben. Die weißlichen Palpen sind nach der Spitze zu bräunlich. Auch die Beine wie der Hinterleib sind licht weißgelb, bei den ♀ mehr weißlich, bei den ♂ mehr gelblich. Melitaea Acraeina, die ich deshalb so nannte, weil sie viel Aehnlichkeit mit gewissen Acraea-Arten zeigt, soll nach Herrn Weymer der (mir leider auch nicht in der Beschreibung jetzt zugänglichen) Robertsii Butl. ähnlich sein. Doch glaube ich kaum, daß sie mit der letzteren, sicher nicht palaearctischen Art identisch sein kann.

Mel. Parthenie Bkh. var. *Sultanensis* Stgr. Ich erhielt diese Form in einer ziemlichen Anzahl aus der Umgegend von Samarkand, wo sie Ende Mai gefangen wurde. Sie hat die Größe der europäischen Parthenie Bkh., ist aber meist weit lichter branngelb und schwächer schwarz gezeichnet. Besonders die mittleren Querlinien sind bei einzelnen Stücken nur ganz rudimentar. Ein Paar Stücke haben aber genau so dicke schwarze Binden wie unsere europäischen Parthenie. Die ♀ sind zuweilen ganz licht graugelb. Ein aberrirendes ♂ ist tief schwarzbraun.

Die Unterseite ist nur wenig lichter, aber auf den Vdfln. weit zeichnungsloser als bei Parthenie. Jedenfalls machen diese var. Sultanensis im Ganzen einen von typischen Parthenie recht verschiedenen Eindruck.

Mel. Minerva Stgr. var. *Pallas* Stgr. Als ich diese Art in dieser Zeitschrift 1881 p. 289 beschrieb, hatte ich nur Stücke vom dsungarischen Ala Tau und Margelan (nördliches Alai-Gebirge) vor mir. Seitdem erhielt ich Minerva auch von Osch, Usgent, Namangan und im vorigen Jahre aus dem südlichen Alai in Stücken, die von denen des Ala Tau so verschieden sind, daß sie vollauf Berechtigung haben, einen Namen zu führen, und nenne ich sie var. Pallas. Als typische Minerva betrachte ich die Stücke vom Ala Tau, die durchschnittlich großer und bedeutend stärker schwarz gezeichnet sind als die von allen anderen genannten Localitäten. Die typische var. Pallas vom Süd-Alai ist durchschnittlich ziemlich viel kleiner, lichter gelbroth, weit weniger schwarz gezeichnet, mit greller weiß und schwarz gescheckten Fransen. Ferner zeigen diese Pallas vor dem Ende des Vorderrandes der Vdfl. meist 1—2 lichte (gelbweiße) Flecken, die den typischen Minerva-♂ fehlen und bei den ♀ nur schwach angedeutet sind. Die lichten, zuweilen sehr zeichnungslosen Vdfl. der Pallas-♀ sind bei einigen Stücken in der Mitte schon grüngrau und gelb marmorirt, wie dies bei typischen Minerva nicht vorkommt. Auf der Unterseite ist var. Pallas (wie auch auf der Oberseite) sehr variabel. Die Grundfarbe der Htfl. ist meist lichter gelblich, nicht selten fast weiß. Die äußere braune Fleckbinde ist meist schwächer, aus kleineren, ganz isolirt stehenden, braunen Flecken bestehend, die bei einigen Stücken sehr rudimentär werden. Sehr andern auch die schwarzen Randstriche vor der Limballinie ab, die bei einigen Stücken fast verschwinden, bei anderen sehr stark, halbmondformig auftreten. Die früher von Margelan beschriebenen Minerva stehen dieser var. Pallas näher als den typischen Ala Tau-Minerva, während die Stücke von Usgent den letzteren näher stehen. Die der anderen Localitaten bilden Mittelformen, kommen aber meist der var. Pallas näher.

Argynnis Pales Schiff. var. *Generator* Stgr. Die centralasiatischen Pales, die ich in Menge vom Alai (Margelan), Osch, Usgent, Namangan, Tianschan (Alpheraki) und vom dsungarischen Alä Tau erhielt, sind doch von den europäischen und denen vom Altai wie Taibagatai so verschieden, daß sie besser einen eigenen Namen führen. Da ich vermuthe, daß sie die Stammform aller anderen Pales-Varietäten sind, nenne ich sie Generator. Sie sind durchschnittlich etwas größer und breitflügeliger als Pales. Besonders aber sind die Generator-♂ weit greller braunroth und weniger schwarz gezeichnet. Auch die ♀ sind blasser, mit weniger Schwarz, und zeigen nur selten die grüngraue Färbung der aberr. Napaea Hb., und dann nur auf den Vdfln. Sie zeichnen sich noch durch weißliche Randflecke der Htfl., die meist nur am Innenwinkel stehen aus. Die Unterseite ist bei den ♂ braunroth und gelb gemischt wie meist bei Pales; bei den ♀ ist sie grünlicher gelb, mit weniger Rothbraun als bei Pales. Ich versandte diese Stücke bisher als var. Isis, doch können sie dazu nicht gezogen werden. Isis Hb. ♂ ist auf der Oberseite eine gewohnliche, stark schwarz gezeichnete Pales, deren Htfl. auf der Unterseite vorherrschend gelb sind. Wahrscheinlich ist dies Bild nach einer zufalligen unten so gelben Aberration gemacht, wie ich sie ähnlich einzeln aus den Alpen erhielt, obwohl niemals so gelb. Die Pales vom Altai und Tarbagatai sind unten auch gelber als gewohnlich, und da sie oben auch ziemlich stark schwarz gezeichnet sind, konnen sie als var. Isis gelten. Das weit später publicirte Isis Hb. ♀ ist eine gewöhnliche große, etwas dunkle Pales; paßt also ebenso wenig auf diese var. Generator.

Arg. Hecate Schiff. var. *Alaica* Stgr. Diese Form, welche ich in einer kleinen Anzahl aus dem Alai erhielt, ist kaum größer als österreichisch-ungarische Hecate, aber weit lichter (brennender) rothbraun, und mit weit kleineren schwarzen Zeichnungen. Durch die letztere Eigenthümlichkeit unterscheidet sie sich auch von der (weit) großeren var. Caucasica vom Caucasus, Kleinasien, Macedonien und Andalusien, zu welcher ich auch das einzige vom Ala Tau erhaltene ♀ rechnete. Auch ist diese var. Alaica noch etwas lichter (feuriger) rothbraun als die var. Caucasica.

Melanargia Parce Stgr. und var. *Lucida* Stgr. Ich erhielt in den letzten Jahren eine bei Margelan, Osch, Usgent und Namangan in größerer Anzahl (im Juni) gefundene Melanargia, die ich hier als Parce beschreibe und von der ich es zweifelhaft lasse, ob man sie als eine Local- (Stamm-) Form von Suwarovius oder als eigene Art ansehen will. Sie ist von Japygia und allen deren bisherigen Localformen verschieden genug, um als eigene Art gelten zu konnen; wenn ich auch vermuthe, daß gerade sie die eigentliche Stammform aller bisherigen Japygia-Varietaten ist. Parce hat durchschnittlich die Größe dieser Japygia-Varietäten, obwohl die Stücke an Große recht verschieden sind, von 48—60 mm Flügelspannung. In der Mittelzelle der Vdfl. steht eine öfters fast verloschene, nach außen convexe, schwarze Querlinie, die bei Japygia und var.

fast stets gezackt und gerade ist. Die schwarze (sehr unregel mäßige) Schrägbinde hinter der Flügelmitte ist fast stets sehr viel breiter als bei Japygia und var.; nur zuweilen wird sie bei Suwarovius-♀ auch fast so breit. Die Binden (Zeichnungen) vor dem Außenrande aller Flügel sind fast stets ebenso schwarz wie bei den typischen Japygia aus Sicilien, also weit schwärzer als bei den anderen Varietaten, besonders als bei Suwarovius. In Folge dessen sind auch die weißen Flecken vor dem Außenrande kleiner. Auf den Htfln. unterscheidet sich Parce stets dadurch, daß bei ihr die schwarze Binde hinter der Mittelzelle aufgelöst ist, d. h. sie enthält eine Anzahl weißer Flecken. Von letzteren finden sich nur sehr selten bei Japygia schwache Spuren in dieser hier ganz voll schwarzen Binde vor. Dann sind die Rippen weit dicker schwarz als bei Japygia und var. Die (recht variable) Unterseite der Parce ist der von Japygia sehr ahnlich, nur ist der Querstrich der Mittelzelle der Vdfl. auch hier wie auf der Oberseite ungezackt, nach außen convex.

Von Samarkand und aus dem südlichen Alai erhielt ich eine Localform, die einen sehr verschiedenen Eindruck macht, und die ich var. Lucida nenne. Dieselbe ist weit weniger schwarz gezeichnet als Parce, sogar weniger als die lichteste Varietat von Japygia, Suwarovius, und macht dennoch einen ganz anderen Totaleindruck. Dies kommt besonders daher, weil bei Lucida sogar die schwarzen Striche, welche bei Parce auf den Htfln. die Mittelbinde bilden, verloschen sind (bei einem ♂ fehlen sie fast ganz), während Suwarovius hier eine volle schwarze Querbinde hat. Die schwarze gezackte Linie vor dem Außenrande (welche mit dieser und den schwarzen Rippen die weißen Randflecke bildet) ist bei der var. Lucida weniger stark gezackt, auf den Vdfln. meist garnicht. Auch steht sie dem Außenrande naher, so daß dadurch die meisten Randflecken kleiner werden. Die var. Lucida ist durchschnittlich auch etwas kleiner als Parce; mein kleinstes ♂ mißt sogar nur 40 mm.

Der Umstand, daß ich von Saisan und Lepsa (Ala Tau) nur typische Mel. Suwarovius erhielt, die auch von Alpheraki im Kuldja-District in Menge gefangen wurden, spricht schließlich sehr dafur, diese Mel. Parce mit ihrer var. Lucida als eigene Art anzusehen.

Erebia Meta Stgr. und var. *Gertha* Stgr. Es ist eine eigenthümliche Erscheinung, daß fast alle centralasiatischen Erebia-Arten von den europäischen so verschieden sind, daß man kaum weiß, wo man sie am besten neben den letzteren anreiht, ob-

wohl sie meist einen ganz „europäischen Habitus" zeigen. Es
scheint dies zu beweisen, daß die Erebien Europas (die ja fast
alle nur der Alpen-Fauna angehören) für sich entstanden sind,
und nicht wie so viele andere Arten von Asien nach Europa
einwanderten. Ereb. Meta erhielt ich in kleiner Anzahl aus
den Gebirgen bei Osch. Sie ist wohl am besten vor Manto
Esp. (Pyrrha) oder bei Ceto Hb. einzureihen, deren ungefähre
Größe sie auch hat. Die Stücke messen 36—43 mm. Sie
haben die gewohnliche dunkel-schwarzbraune Grundfarbe der
europaischen Arten, und führen auch, wie diese meist, vor dem
Außenrande aller Flügel eine Reihe brauner, schwarz gekernter
Augenflecken. Aber diese Augenflecken sind doch anders wie
bei allen europäischen Arten. Die inneren schwarzen (runden)
Flecken sind niemals·weiß gekernt und jeder ist, rund
herum, fast gleichmäßig breit rothbraun umzogen,
welches letztere bei den europäischen Arten nur bei einzelnen
Flecken ausnahmsweise der Fall ist. Außerdem sind diese
Flecken besonders auf den Htfln. klein und stehen sie (5—6
an der Zahl) dort meist sehr weit getrennt von einander. Auf
den Vdfln., wo sie etwas größer sind, beruhren sich die rothbraunen Umrandungen zuweilen. Auf der Unterseite treten
diese Augenflecken fast gerade so auf, nur daß hier zuweilen
auf den Vdfln. (besonders bei den im Uebrigen ganz ähnlichen
♀) das Rothbraun der Ringe etwas auslauft und der Außentheil, in dem die Flecken stehen, rothbraun angeflogen ist.
Außerdem steht auf der Unterseite der Htfl. zwischen den
Augen und der Mittelzelle eine Reihe weißer Querstrichelchen,
die auf den Rippen selbst liegen. Bei den ♀ und einigen ♂
befindet sich zwischen diesen weißen Rippenstrichen noch mehr
oder minder weiße Bestaubung, so daß bei diesen Stücken eine
(unregelmäßige) schmale weiße Querbinde gebildet wird. Bei
einigen ♂ dagegen treten die weißen Rippenstrichelchen nur
sehr verloschen auf, so daß sie zumal bei abgeflogenen Stücken
fast zu fehlen scheinen. Die Fühler sind nach oben deutlich
geringelt, nach unten (seitlich) sind sie ganz weißlich; die dunkle
(schwarze) Kolbe ist an der Spitze etwas braun. Der Kopf
(mit den lang behaarten Palpen) und Leib sind schwarz, die
Beine lichter (weißgrau), ungeringelt.

Aus Namangan erhielt ich diese Art in größerer Anzahl
in einer Localform, die ich var. Gertha nenne. Diese Form
ist durchschnittlich so groß wie Meta, obwohl das kleinste ♂
nur 33 mm mißt. Bei dieser Gertha tritt das Rothbraun auf
der Oberseite weit starker auf und bildet auf den Vdfln. fast
stets eine zusammenhangende (nicht scharf begrenzte) Außen-

binde, in der die (4—5) schwarzen Flecken stehen. Auch auf den Htfln. ist die rothbraune Umrandung weit breiter, nicht gleichmäßig breit, sondern etwas in die Länge gezogen. Auf der Unterseite sind diese Augenflecke der Htfl. aber wie bei Meta, während sie auf den Vdfln. stets in einem oft breiten rothbraunen Außenrandstheil stehen. Bei den ♀ ist hier sogar meist der ganze Vdfl. rothbraun. Auch tritt bei diesen auf den lichteren (braungrauen) Htfln. die weißliche Querbinde starker auf, und nicht selten sogar noch ein kleiner verloschener weißlicher Wisch am Ende der Mittelzelle.

Da diese Erebia Meta und var. Gertha keiner bekannten Art nahe steht, ist sie auch mit keiner zu verwechseln.

Ereb. Mopsos Stgr. Diese neue Art erhielt ich in Anzahl aus den Gebirgen bei Namangan, wo sie (wie fast alle alpinen Arten) im Juli flog. Mopsos ist etwa so groß wie die vorige Art (das kleinste Stück mißt 33, das größte 42 mm) und sehen sich auch die ♂ auf der Oberseite sehr ähnlich. Die Oberseite zeigt auch vor dem Außenrande eine Reihe ungekernter schwarzer Flecken (3—5 auf jeden Flügel), die meist etwas breiter (und länglicher) rothbraun umrandet sind als bei Meta, so daß sie nicht selten wie in einer rothbraunen Binde stehen (fast stets so auf den Htfln. der ♀). Mopsos-♀ haben fast ganz rothbraune Vdfl., auf denen nur die Ränder und die Rippen schmal dunkel bleiben, und worin die schwarzen Randflecken sich besonders scharf abheben. Zuweilen sind diese letzteren ganz verloschen, lichter umrandet. Auch bei den ♂ tritt zuweilen diese braune Färbung auf den Vdfln. auf, aber viel verloschener, mit breiteren dunklen Rippen und Strichen und stets breitem dunklen Außenrande. Auf der braunschwarzen, etwas grau gemischten (besonders bei den ♀) Unterseite stehen auf den Htfln. die oberen, hier viel kleineren schwarzen Randflecken. Bei einem ♂ fehlen dieselben ganz, bei anderen ♂, wie fast bei allen ♀ tritt vor denselben eine ganz schmale verloschene weiße Querbinde (niemals vollständig) auf, die aber anders wie bei Meta, aber gerade so wie bei manchen Stygne-♀ ist. Bei einigen Mopsos-♀ ist diese stets sehr verloschene weißliche Staubbinde ziemlich breit. Auf den Vdfln. sind die schwarzen Randflecken bei den ♂ stets schwach braun umrandet, während die Unterseite der Vdfl. bei den ♀ (auch wie die Oberseite) vorherrschend braun ist, aber mit breiteren graubraunen Außenrändern (und Rippen). Die schwarzen Randflecken, die im Braun stehen, sind hier fast stets etwas lichter umrandet. Diese Ereb. Mopsos steht nur der vorigen Meta nahe, von der sie sich im weiblichen Geschlecht sofort durch

die ganz braune Oberseite der Vdfl. unterscheidet. Diejenigen
Mopsos-♂, bei denen die Vdfl. nicht auch braun angeflogen
sind, unterscheiden sich (wie alle Mopsos überhaupt) durch die
kleinen schwarzen, niemals roth umsäumten Randflecke auf
der Unterseite der Htfl.

    Ereb. Radians Stgr. Diese neue Art erhielt ich zuerst
aus den Gebirgen bei Osch, dann aus denen bei Usgent, wo
sie Ende Juli flog. Im vorigen Jahre erhielt ich sie auch aus
dem südlichen Alai. Sie ist zwischen Ocnus Ev. und Sibo
Alph. zu stellen und hat mit diesen beiden Arten Aehnlichkeit.
Sie hat etwa die Größe dieser Arten oder großer Lappona
(36—42 mm), hat aber breitere (und kürzere) Flügel als letztere
bekannte Art. Auf der (gewöhnlichen dunklen Erebien-) Oberseite führt sie 4—5 meist breite braune Längsstreifen vor dem
Außenrande aller Flügel. Diese braunen Streifen verlaufen auf
den Htfln. nach innen spitz, wahrend sie nach außen abgerundet (convex) sind. Sie sind hier also gerade umgekehrt
wie bei Sibo, wo die (längeren und schmäleren) braunen Randstreifen spitz in den Außenrand verlaufen. Bei Radians sind
sie stets ziemlich weit vom Außenrande entfernt und erstrecken
sich nie ganz bis zur Mittelzelle. Auf den Vdfln. bleibt der
Innenrand breit dunkel und der erste braune Randstreifen beginnt fast stets erst oberhalb der ersten Subcostal-Rippe. Nur
bei einem ♂ ist auch unter derselben braune Färbung. Meist
ist auf den Vdfln. der ganze obere Theil bis zur Mittelzelle
und diese selbst braun, nur die Rippen bleiben mehr oder minder
breit dunkel. Die Mittelzelle ist nur bei einem ♂ ganz dunkel,
das auch sehr schmale und schwache braune Außenrandsstreifen
aller Flügel zeigt, und als eine Aberration aufzufassen ist. Auf
der Unterseite der Htfl. (und des Apicaltheiles der Vdfl.) ist
Radians eigenthümlich grauschwarz gemischt, fast genau so
wie bei Er. Kalmuka Alph. ♀, einer Art, die auch zu dieser
und den beiden oben erwähnten zu setzen ist. Die braunen
Randstreifen der Oberseite treten auch auf der Unterseite, aber
weit schwächer auf, nur bei der erwähnten dunklen Aberration
fehlt das Braun hier ganz. Die Rippen sind nach außen meist
lichter, weiß, und vor den braunen Flecken steht auch öfters
eine meist sehr verloschene weißliche (Flecken-) Querbinde
(Linie). Die Unterseite der Vdfl. ist braun, mit breitem dunklen
Innenrand, weißgrauem Vorder- und Außenrand (besonders
Apicaltheil) und dunkleren weiß bestäubten Rippen. Die sehr
kurzen Fühler sind grauweiß, mit schwarzer Kolbe nach unten und
innen. Der Kopf und die Palpen sind lang schwarz behaart,
zuweilen sind die Haare an den Spitzen grau. Der Leib ist

schwarz, die Füße sind grau. Er. Radians ist von Sibo (die eine ganz verschiedene Unterseite hat) durch die breiteren kürzeren, nach innen spitzen braunen Randstreifen der Htfl. sofort zu unterscheiden. Ocnus und Kalmuka haben ganz dunkle Htfl., die bei letzterer Art einen grauweißen Außenrand führen.

Ereb. Myops Stgr. var. *Tekkensis* Stgr. Ich beschrieb diese Art in dieser Zeitschrift nach 3 geflogenen ♂ vom dsungarischen Ala Tau. Erst im vorigen Jahre erhielt ich Er. Myops wieder in einer kleinen Anzahl und in beiden Geschlechtern aus der Umgebung von Margelan. Diese Stücke sind denen vom Ala Tau fast völlig gleich und die Geschlechter sind nicht wesentlich von einander verschieden. Einem ♂ fehlt im Apex der Vdfl., nur auf der Oberseite, der schwarze Augenfleck, während dieser bei einem anderen ♂ die punktförmige Spur einer weißen Pupille zeigt.

Aus dem Achal Tekke-Gebiet erhielt ich 2 ♀, die eine kleine Localform dieser Myops repräsentiren, und die ich als var. Tekkensis bezeichne. Auf der Oberseite sind sie den Myops ganz ähnlich, nur ist der Apicalfleck etwas größer, tiefer schwarz und etwas lichter, braungelb umrandet. Auch führt er bei dem einen Stück einen kleinen weißen Punkt in der Mitte. Auf der Unterseite sind bei Tekkensis die Htfl. viel dunkler, fast eintonig schwarzbraun und sehr wenig grau bestäubt. Bei dem einen Stück tritt nur eine schmale (etwas gezackte) dunklere Mittellinie hervor, während beide die gelben, meistens schwarz gekernten Augenflecken vor dem Außenrande zeigen. Bei Myops ist diese Unterseite stark graubraun und gelbgrau marmorirt und läßt sich meist eine breitere dunklere Mittelbinde und dahinter eine lichtere verloschene graugelbe Binde erkennen. Auf der sonst gleichen Unterseite der Vdfl. steht unter dem hier großen schwarzen, gelb umrandeten und weißgekernten Apicalauge ein kleiner schwarzer, breit gelb umzogener Punktfleck. Letzterer kommt aber auch (größer) bei Myops vor und hat sogar eines meiner Margelan-Myops deren zwei untereinander stehen. Fast vermuthe ich, daß das von Christoph bei Kisil Arvat (im Achal Tekke-Gebiet) am 18. April gefangene ♂, das er als Ereb. Maracandica Ersch. aufführt, diese meine Ereb. Myops var. Tekkensis ist, denn ich glaube kaum, daß die hochalpine Maracandica Ersch. aus Central-Asien in den trocknen Sand- und Stein-Gefilden von Achal Tekke vorkommen kann.

Diese Maracandica Ersch. ist eine von Myops sehr verschiedene größere Art, die auf ihren dunklen Flügeln einen sehr großen rothbraunen Flecken nach außen zeigt, und zwar auch auf den Htfln. Ferner ist das in diesem Flecken der Vdfl. stehende schwarze Apicalauge stets sehr groß weiß gekernt. Auch führt die Unterseite der Htfl. 7—8 scharfe weiße Punktflecken vor dem Außenrande. Ich besitze ein typisches Stück dieser Maracandica von Erschoff, und erhielt diese schöne Art im vorigen Jahre in Anzahl aus dem südlichen Alai, wo sie Anfang Juli wohl in bedeutender Höhe gefangen wurde. Die bisher wohl unbekannten Maracandica-♀ haben größere braune Flecken, besonders auf den Vdfln., wo derselbe in die Mittelzelle und zuweilen am Vorderrande fast bis zur Basis sich fortsetzt, so daß der Vdfl. vorherrschend braun ist. Dann haben sie eine lichtere, mehr grau bestäubte Unterseite der Htfl., die bei den ♂ weit dunkler ist.

Satyrus Briseis L. var. *Fergana* Stgr. und var. *Maracandica* Stgr. Diese im ganzen mittleren und südlichen palaearctischen Faunengebiet sehr verbreitete Art kommt in so verschiedenen Localformen vor, daß es nothwendig ist, dieselben zu bezeichnen und zu benennen. Bisher hat nur eine weibliche Aberration, bei der die weißen Bindenzeichnungen bräunlich werden, als aberr. Pirata einen Namen erhalten. Als typische Briseis muß die deutsche Form aufgefaßt werden, nach der Linné die Art beschrieb, die nicht nur die kleinste sondern besonders die dunkelste Form ist. Die weiße Binde der Htfl. ist hier stets verloschen, nicht scharf begrenzt, und öfters so dunkel überflogen, daß sie kaum zu erkennen ist. Ebenso sind die weißen Flecken der Vdfl. hier viel kleiner als bei allen anderen Formen, die unteren zuweilen fast fehlend. Linné muß jedenfalls ein Stück zur Beschreibung vor sich gehabt haben, wo diese weißen Bindenzeichnungen fast ganz verloschen waren, da er ihrer in seiner allerdings kurzen Diagnose gar nicht erwähnt. Letztere lautet: alis subdentatis supra fuscis viridi-micantibus; primoribus ocellis duobus; subtus nigro-bimaculatis. Ich glaube daher, daß man gut thut, die größere südeuropäische Form mit breiter, scharf begrenzter, rein weißer Binde der Htfl. und großer weißer Fleckbinde der Vdfl. als eine wesentlich verschiedene Form als var. Meridionalis zu bezeichnen. Natürlich kommen hier, wie so häufig bei anderen Localformen, Uebergangsstücke vor, wie ich solche selbst in Ligurien fing. Das einzige Stück von Briseis, das ich aus der Umgebung von Paris habe, scheint auch ein der var. Meridionalis näher kommendes Uebergangsstück zu sein, da es nicht eben groß ist, ziemlich breite weiße Zeichnung hat, die aber etwas gelblich und nicht so rein weiß wie bei typischen Meridionalis ist. Diese var. Meridionalis besitze ich vom ganzen Mittelmeergebiet, Klein-Asien,

Caucasus und dem nördlichen Central-Asien (Saisan und Lepsa).
Nur bei dieser Varietät kommt die braune Abänderung des ♀,
aberr. Pirata vor. Eine andere ziemlich auffallende Localform
erhielt ich aus Nord-Persien und dem nahen Achal Tekke-Gebiet,
und nenne ich diese var. Hyrcana. Diese hat auch reine
weiße Querbinden, die aber weit schmaler als bei der var.
Meridionalis sind. Besonders auffallend ist aber die weiße Fleckbinde der Vdfl., da in dieser bei den ♂ der untere schwarze
Augenfleck fehlt und die unteren 4 Flecken wenig an Größe
von einander verschieden sind. Gerade der dritte Fleck von
unten, in dem sonst der schwarze Augenfleck steht und ‚der
meist bedeutend langer als die anderen ist, ist bei dieser Hyrcana der kürzeste. Auch bei meinem einzigen ♀ dieser Form,
wo das Auge vorhanden ist, ist der weiße Flecken kürzer.
Nun besitze ich zwar auch ein ♂ aus Griechenland und ein
anderes aus Brussa, wo der schwarze Flecken fehlt und wo
auch die unteren weißen Flecken ziemlich gleichmäßig breit
sind, doch sind dies eben Aberrationen der var. Meridionalis,
die sich auch durch die weit breitere weiße Binde der Htfl.
sofort von der var. Hyrcana unterscheiden. Auch ist die Unterseite der Htfl. bis zu der äußeren dunklen Binde bei den ♂
dieser var. Hyrcana stärker bräunlich angeflogen als dies je
bei denen der var. Meridionalis der Fall ist. Die durchbrochene
dunkle Basalbinde (oder Basalflecken) tritt hier sehr scharf
und dunkel auf.

Die Briseis, die ich in größerer Anzahl aus der Provinz
Fergana, besonders von Margelan erhielt, und die ich hier als
var. Fergana bezeichne, sind auf der Oberseite kaum von
der var. Meridionalis verschieden. Es haben diese meist recht
großen Stücke gewöhnlich vor dem Außenrande der Htfl. weißliche Flecke, doch kommen solche auch bei einzelnen var.
Meridionalis vor. Dahingegen weichen sie auf der Unterseite
durch einen starken bräunlichen (ockerbraunen) Anflug der
ganzen Htfl. und des Apicaltheiles der Vdfl. wesentlich ab.
Dann zeigen alle diese var. Fergana auch auf der Unterseite
der Htfl. die weißliche braun (oder ockergelb) angeflogene
Mittelbinde ziemlich deutlich, was allerdings auch bei Meridionalis öfters der Fall ist. Die durchbrochene dunkle Basalbinde
tritt meist nur verloschen, oft sehr schwach auf, ebenso die
äußere dunkle Binde, die fast stets nur bräunlich ist. Diese
var. Fergana bilden einen Uebergang zu der var. Maracandica,
von der ich freilich nur ein Paar aus der Umgebung von
Samarkand erhielt. Bei dieser Form ist der breite, schwarze
Außenrand der Htfl. besonders beim ♀ sehr schmal geworden,

da der **Außenrand** selbst ziemlich breit weißlich wird, **nur die** Rippen verlaufen durch denselben schwarz. Beim ♀ wird sogar der **Außenrand der Vdfl.** weißlich. Dann haben diese var. Maracandica eine sehr helle, sehr wenig gezeichnete Unterseite, gelblich weiß, mit bräunlichen Schattirungen. Die durchbrochene dunkle Basalbinde fehlt durchaus, nur die äußere Begrenzung derselben, besonders des oberen Theiles ist durch eine schwache **bräunliche** Schattenlinie (Binde) angedeutet. Die äußere dunkle Binde tritt beim ♂ schwach bräunlich hervor; beim ♀ sind nur ganz schwache Spuren davon zu entdecken. Auch auf der ebenso lichten Unterseite der Vdfl. treten die Zeichnungen viel matter bräunlich auf. Die schwarzen Augenflecken sind hier sogar bräunlich und nur beim ♂ tritt die schwarze Farbe als Flecken am Innenwinkel auf. Als ich diese var. Maracandica erhielt, hatte ich noch keine Stücke der var. Fergana bekommen und glaubte eine zeitlang, daß es eine von Briseis verschiedene Art sein könne, einen so ganz anderen Eindruck macht sie. Auch heute noch würden gewisse Autoren hierin sicher eine verschiedene Art sehen, und sind allerdings auch wenige Localformen so verschieden, wie diese Maracandica von typischen deutschen Briseis.

Sat. Sieversi Chr. var. *Sartha* Stgr. Bevor mein Freund Christoph diese interessante neue Art aus dem Achal Tekke-Gebiet erhielt und in den Mémoires sur les Lépidoptères par N. M. Romanoff II, p. 167, Pl. XV, fig. 1 a, b, publicirte, hatte ich Stücke davon erhalten. Diese waren Ende Juni bei dem Dorfe Jordan südlich von Margelan durch Herrn Maurer gefangen; leider sandte er mir nur ♂ ein. Auch Christoph erhielt nur ♂ seiner Sieversi, von Achal Tekke, und auch ich besitze von letzterer Localität nur 2 ♂. Die Fergana-Stücke dieser Art haben eine deutliche weiße, nach außen bräunlich angeflogene Querbinde der Htfl., die mindestens doppelt so breit ist wie die fast in Flecken aufgelöste ganz schmale Binde bei den Tekke-Sieversi. Auch auf den Vdfln. dieser Fergana-Form, die ich var. Sartha nenne, sind die weißen Flecken größer und zahlreicher, so daß sie einen bindenförmigen Eindruck wie bei Bischhoffi etc. machen. Christoph spricht bei seiner Sieversi von d r e i in diesem Bindenraum vorhandenen großen schwarzen ungekernten Augenflecken; doch ist dies ein Irrthum, denn Sieversi hat, wie alle ähnlichen Arten, deren nur z w e i große, und sehr ausnahmsweise tritt dann noch ein drittes, sehr kleines Auge auf. Die Unterseite der var. Sartha ist der von Sieversi fast gleich und der von Bischhoffi und Staudingeri sehr ähnlich. Sie ist dunkler als die der letzten

und etwas lichter als die der ersten **Art**. Wenn mein **Freund**
Christoph, der seine Sieversi auch mit diesen beiden ihr unten
so ähnlichen Arten vergleicht, sagt, daß sie die „schönste"
davon sei, so sieht man daraus so recht, wie für einen eifrigen
Entomologen meist das Neue und Seltene auch als das Schönste
erscheint. Denn jedem anderen unbefangenem Menschen wird
Sat. Bischhoffi mit ihren prachtvollen ockerrothen Htfln.
nicht nur weit schöner als die mit dunklen Htfln. versehene Sieversi, sondern als die schönste Satyrus-Art überhaupt
erscheinen.

Sat. Huebneri Feld. var. *Josephi* Stgr. und var. *Dissoluta*
Stgr. Felder beschrieb diese Art zuerst aus dem westlichen
Himalaya (Lahoul etc.) Später beschrieb sie Moore aus Kaschmir
als Cadesia, doch muß dieser Name wahrscheinlich als Synonym
zu Huebneri gezogen werden, da die als Cadesia beschriebenen
Stücke derselben typischen Huebneri-Form angehören werden.
Von Haberhauer erhielt ich diese Art in Anzahl aus dem Alai
und den südlich von Samarkand gelegenen Gebirgen, wo sie
Ende Juli flog. Diese Stücke scheinen mir von Huebneri der
Abbildung und Beschreibung nach sehr gut als Localform getrennt werden zu können und nenne ich sie var. Josephi
(nach dem Vornamen des tüchtigen Sammlers Haberhauer sen.,
der so viele neue Arten entdeckte). Bei Huebneri sind die
gelbbraunen Querbinden (Außenbinden) aller Flügel in ihren
oberen Theilen weit lichter weißlich. Bei Josephi tritt hier
nur auf den Vdfln nach innen weißliche Färbung (als ein dreieckiger weißer Flecken) auf; auf den Htfln. niemals. Hier ist
diese Binde besonders am oberen Theile meist sehr scharf gezackt, was bei Huebneri in weit geringerem Maße der Fall
ist. Die beiden schwarzen Augenflecke in der braunen Binde
der Vdfl. sind bei Josephi stets auf beiden Seiten scharf weiß
gekernt, bei Huebneri sind sie blau. Daß bei Josephi zuweilen
noch ein dritter kleiner schwarzer Fleck zwischen den beiden
großen oder unter dem unteren auftritt, ist unwesentlich. Dann
ist bei Huebneri die Basalhälfte der Vdfl. ganz eintönig dunkel
und schneidet die braune Binde diesen Theil scharf ab. Bei
Josephi ist dieser dunkle Basaltheil stets mehr oder minder
bräunlich gemischt (öfters vorwiegend) und die braune Binde ist
selten scharf nach innen begrenzt (bei den Stücken von Samarkand fast stets). Auf den Htfln. sind die Rippen im dunklen
Basaltheil von Josephi meist gelb angeflogen (bei Stücken vom
Süd-Alai kaum). Alles oben Gesagte gilt nur von den ♂, da
Felder nur das ♂ seiner Huebneri beschreibt. Bei den Josephi-♀
sind die Vdfl. gelbroth, nur der Außenrand (schmal), die beiden

(großen) Augenflecken und ein (meist dreieckiger) Flecken am Vorderrande hinter der Mittelzelle sind schwarz. Der Vorderrand selbst ist (wie beim ♂) grau. Auch auf den Htfln. sind Josephi-♀ vorherrschend rothbraun, öfters nur mit schwarzem Außenrand, meist noch mit einem größeren (unregelmäßigen, nach außen gezackten) schwarzen Fleckstreifen am Vorderrande hinter der Mittelzelle, der sich bei einem Stück (mit dunkel angeflogenem Basaltheil) ganz verloschen bindenförmig bis zum Innenrand fortsetzt. Auf der grau und weiß gemischten Unterseite der Htfl. mit weißen Rippen und 3 schwarzen Querlinien, von denen die äußerste stark gezackt ist, scheinen beide Formen fast gleich zu sein.

Als var. Dissoluta bezeichne ich Stücke, die ich in kleinerer Anzahl von Usgent und Osch erhielt. Diese sind durchschnittlich etwas kleiner, vor allem aber noch weit weniger schwarz gezeichnet als die var. Josephi. Die Vdfl. sind in beiden Geschlechtern nicht nur so zeichnungslos wie bei Josephi-♀, sondern ihr Basaltheil ist meist licht graugelb, weit lichter als der übrige rothbraune Theil. Auch die Htfl. sind lichter und nur einige var. Dissoluta zeigen in deren Mitte eine unregelmäßige und meist noch verloschene schwarze Zackenlinie (Binde) als übrig gebliebene Begrenzung des verloren gegangenen dunklen Basaltheiles. Auf der Unterseite der Htfl. treten die weißen Rippen meist weniger hervor.

Die von Alphèraki aus dem Kuldja-District (vom Juldus-Gebirge 8—10,000 ' hoch) beschriebene Sat. Regeli ist wahrscheinlich auch nur eine Huebneri-Varietät, wo die rothbraunen Binden (Färbung) weiß geworden sind. Das Weiß ist meist etwas rauchbraun, zuweilen gelblich angeflogen. Bei Regeli, die Rückbeil aus dem Kuldja-Gebiet sandte, ist es sogar weit stärker, schon halb braun angeflogen. Da die Unterseite dieser Regeli meiner Josephi völlig gleich ist, so ist die bereits von Alpheraki ausgesprochene Meinung, daß Regeli und Josephi Formen einer Art seien, wohl sicher richtig. Huebneri mit ihren Varietäten (Josephi, Dissoluta und Regeli) steht besonders wegen der Unterseite der Geyeri HS. am nächsten, obwohl diese, nicht nur wegen ihrer fast ganz grauen Oberseite, sondern auch wegen anderer Form einzelner Zeichnungen als eine sicher davon verschiedene Art angesehen werden muß.

Sat. Actaea Esp. (Cordula Fabr.) var. *Cordulina* Stgr. var. *Alaica* Stgr. und (Parthica Led.) var. *Nana* Stgr. Aus der Umgegend von Margelan erhielt ich Cordula, die, nur etwas kleiner als die europäischen Stücke, eine Art Uebergang zu der wenig davon verschiedenen var. Bryce O. aus Süd-Rußland machen. Durchschnittlich noch kleiner und auch sonst ziemlich verschieden sind Stücke, die mir in Anzahl aus der Umgegend von Samarkand von Haberhauer gesandt wurden, wo sie von Mitte Juni bis Ende Juli flogen. Ich beschreibe dieselbe hier als var. Cordulina. Das kleinste dieser Cordulina mißt 43, das größte 52 mm, während Cordula meist 50—60 mm groß sind. Sie sind etwas matter (lichter) grauschwárz als Cordula und führen stets in den Vdfln. zwei kleinere, große, weiß gekernte Augenflecken, zwischen denen meist die beiden weißen Punkte stehen, welche aber einigen Stücken ganz fehlen. Nur bei einigen ♀ stehen diese beiden Augenflecken in gelblichem Grunde; gelbe Binden wie bei Cordula-♀ kommen hier nicht vor. Auf der Unterseite sind die Cordulina-♂ dunkel, grau und schwarz, die ♀ licht gelb und grau gemischt, stets ohne weiße Querbinden, wie solche bei Cordula in der Regel vorkommen. Immerhin ist die var. Cordulina eine gut zu unterscheidende, aber nicht auffallende Localform von der Actaea var. Cordula Fahr.

Von der besonders auf der Unterseite so auffallenden var. Parthica Led. aus Nord-Persien erhielt ich nur ein ♂ aus dem südlichen Alai. Dasselbe hat auf der Oberseite der Vdfl. ein fast blaues Apicalauge und auf deren Unterseite ist es vorherrschend dunkel. Die schöne gelbbraune Färbung der var. Parthica tritt hier nur ganz schwach in der Mittelzelle auf. Ob eine größere Anzahl von Stücken dieser Localität zur Aufstellung einer besonderen Localform berechtigen, muß ich unentschieden lassen. Sollten die Stücke fast alle so wenig rothbraun auf der Unterseite sein und ein fast blindes Apicalauge haben sowie auch eine etwas danklere Unterseite der Htfl., so könnte diese Form als var. Alaica bezeichnet werden. Von Achal Tekke (Askhabad) erhielt ich eine Anzahl sehr kleiner Parthica (38—45 mm), die stets nur ein sehr kleines, schwach weißgekerntes oder blindes Apicalauge der Vdfl. haben, und die ich als var. Nana bezeichne. Bei meinem einzigen ♀ ist das Auge etwas licht umrandet und darunter befindet sich etwas verloschene bräunliche Färbung. Auf der Unterseite führen die Vdfl. mindestens so viel rothbraun als typische Parthica, während die Htfl. bei var. Nana lichter und mehr weiß gezeichnet sind.

Epinephele Haberhaueri Stgr. und var. *Maureri* Stgr. Ich erhielt diese Art in Anzahl aus dem Alai und den Gebirgen bei Osch, wo sie im Juli gefangen wurde. Einige Stücke, die ich aus den Gebirgen südlich von Samarkand erhielt, sind wie fast alle Arten von Samarkand von den gleichen aus dem östlichen Fergana etwas verschieden. Noch verschiedener sind Stücke, die ich aus dem südlichen Alai von Herrn Maurer erhielt, und die ich als var. Maureri beschreiben werde. Ep. Haberhaueri steht der Kirghisa Alph. am nächsten; beide Arten stehen der Ep. Narica var. Naricina Stgr. am nächsten und sind zwischen dieser und der auch verwandten Capella Chr. aus Nord-Persien einzureihen. Haberhaueri sind durchschnittlich etwas kleiner als Kirghisa (30 — 40 mm), mit ganz ähnlicher Zeichnung, aber viel dunkler. Die Htfl. sind ganz dunkel, mit weißlichen oder graugelben Fransen, wie bei den meisten Epinephele-Arten, während die von Kirghisa braungelb, mit breitem dunklen Außenrande sind. Letzterer ist bei den Kirghisa-♀ auch meist ganz licht gelbgrau angeflogen. Nur äußerst selten tritt bei den ♂, meist bei den ♀ von Haberhaueri hinter der Mittelzelle der Htfl. etwas bräunliche Farbung auf. Die gelb- oder weißgraue Unterseite der Htfl. ist der von Kirghisa sehr ähnlich, mit drei gezackten schwarzen Querlinien, von denen die erste (basale) meist ganz rudimentär oder verschwunden ist und auch die äußere (die eigentlich mehr eine Schattenlinie ist) öfters nur schwach auftritt. Im Innenwinkel stehen (wie bei Kirghisa) zwei schwarze, gelb umzogene Augenflecken, die meistens ganz fein weiß gekernt sind. Diese Augenflecke sind oft ziemlich groß, zuweilen aber auch recht klein, so bei den (auch sonst fast zeichnungslosen) drei ♂ von Samarkand. Ein ♂ aus dem Alai zeigt hier nur ein kleines (oberes) Auge. Zuweilen stehen auch noch im Vorderwinkel der Htfl. ein oder zwei (bei einem ♂ große) schwarze Augenflecke. Die dunklen Vdfl. von Haberhaueri führen einen mehr oder minder großen gelbbraunen Discus, während die von Kirghisa vorherrschend braungelb sind. Die ♂ haben unter der Mittelzelle den schrag vom Innenrand nach außen gerichteten, breiten sammetschwarzen Streif (ganz ähnlich wie bei Naricina), den die meisten Epinephele-Arten, wenn auch sehr verschieden entwickelt, zeigen. Ferner haben die Vdfl. fast stets zwei schwarze Augenflecke am Ende der gelben Färbung (oder vor dem breiten dunklen Außenrande). Der obere (größere) Fleck ist gewöhnlich weiß gekernt, der untere (kleinere) niemals, und dieser fehlt auch nicht selten ganz, besonders auf der Unterseite. Sehr selten tritt zwischen beiden ein dritter oder gar noch ein vierter schwarzer Fleck auf, der dann am oberen anhängt, nur bei 2 Stücken steht er oberhalb des unteren. Auf der Unterseite sind die Vdfl. vorherrschend gelbbraun (bei einem ♀ weißgelb), mit grauen Rändern und einer meist nur unvollständigen, etwas gewellten schwarzen Querlinie hinter der Mitte. Der obere

Augenfleck ist stets, der untere sehr häufig vorhanden, letzterer wird zuweilen fast so groß wie der obere und ist bei 2 ♀ auch sogar deutlich weiß gekernt.

Bei der etwas kleineren var. Maureri aus dem südlichen Alai sind auch die Vdfl. fast ganz, bei einzelnen ♂ vollständig dunkel. Der sammetaitige schwarze Querstreif ist schmaler und tritt nur wenig hervor, die schwarzen Augenflecken sind meist nur sehr schmal gelblich umrandet. Das obere ist nur ausnahmsweise (bei 2 ♀) weiß gekernt, das untere fehlt, besonders auf der Oberseite meistens. Auch die Fransen dieser var. Maureri sind dunkler, ofters genau so dunkel wie die Flügel selbst. Wenn die ♂ auf den Vdfln. braune Färbung zeigen, so ist dieselbe stark dunkel bestreut, ebenso ist dies bei den vorherrschend gelbbraunen Vdfln. der ♀ der Fall. Bei diesen ist der äußere Theil, in dem die beiden Augenflecke stehen, weit lichter, formlich bindenartig vom inneren Theil getrennt. Merkwürdigerweise zeigen die ♀ (auch ein ♂) auf den Htfln. mehr Gelbbraun als Haberhaueri, in Form einer verloschenen Halbbinde hinter der Mitte. Auf der Unterseite ist diese var. Maureri im Wesentlichen der von Haberhaueri gleich; natürlich ändern hier die Stücke auch ziemlich stark ab.

Obwohl ich auch von der auf den ersten Blick so ganz verschieden aussehenden Ep. Kirghisa Alph. eine Anzahl typischer Stücke aus der Umgegend von Samarkand (Ende Mai gefangen) erhielt, so halte ich es doch nicht für ausgeschlossen, daß Haberhaueri sich als eine alpine Localform davon erweisen kann. Einstweilen, wo directe Uebergänge und genauere Beobachtungen über die letztere Art fehlen, ist es besser, sie als eigene Art anzusehen.

Epin. Hilaris Stgr. Ich erhielt diese kleinste aller mir bekannten Epinephele - Arten zahlreich aus dem Alai und den Gebirgen bei Osch, wo sie im Juli, wahrscheinlich sehr hoch, gefangen wurde. Auch von Usgent und Samarkand erhielt ich Stücke, die letzteren sind wieder von denen der anderen Localitäten verschieden. Die Stücke haben eine Flügelspannung (Größe) von 27—33 mm, sind also theilweise kleiner als große Coenon. Pamphilus L. Die Vdfl. sind braungelb oder gelbbraun; bei einigen Stücken fast kastanienbraun, bei anderen fast lehmgelb. Sie zeigen einen dunklen schwarzgrauen Außenrand, einen lichtgrauen Vorderrand und auch häufig einen mehr oder minder grauen Innenrand. Besonders auffallend ist der öfters sehr große schwarze Augenfleck im Apex, der auf der Oberseite nur selten ganz schwach weiß, auf der Unterseite stets stark weiß gekernt ist. Nur auf letzterer zeigen 2 Stücke ein ganz kleines, an den großen Augenfleck hängendes zweites schwarzes Fleckchen. Haufig tritt noch hinter der Mitte eine verloschene, nach außen einen spitzen Winkel bildende dunkle Querlinie auf; auf der Unterseite stärker als oben. Statt des dunklen sammetartigen Streifens anderer Epinephele-Arten tritt hier bei den ♂ eine lichtere, glänzend graue Behaarung unter der Mittelzelle am Basaltheil des Innenrandes auf, die einen ganz eigenthümlichen fleckartigen Eindruck macht. Die Htfl. sind ganz dunkel, mit etwas lichteren grauen Fransen. Nur sehr selten tritt hinter ihrer Mitte die Spur einer bräunlichen Färbung auf; auffallender ist dies nur bei einem ♀ der Fall, aber auch bei diesem ist das Braun dunkel angeflogen. Die rauchgraue Unterseite der Htfl. ist meist mit zahlreichen dunkleren Schuppen bestreut und zeigt fast stets drei deutliche (gezackte) dunkle Querlinien. Die Stücke von Samarkand unterscheiden sich besonders durch weit dunklere, vorherrschend grau angeflogene Vdfl. Hilaris steht der mir in Natur unbekannten Pulchella Feld. aus dem westlichen Himalaya, für die ich sie zuerst hielt und als solche versandte, am nächsten. Doch ist Pulchella Feld. nicht nur ziemlich viel größer (der Abbildung nach), sondern es fehlt der Felder'schen Art die sexuelle Auszeichnung auf den Vdfln. der ♂, wie er dies ausdrücklich betont. Felder hätte aber den eigentlichen, ziemlich anffallenden, seidenartig grauen Basalfleck, den Hilaris zeigt, sicher nicht übersehen. Durch diesen Fleck so wie die weit geringere Größe unterscheidet sich auch Hilaris sofort von allen bekannten palaearctischen Arten.

Epin. Cadusina Stgr. var. *Laeta* Stgr. und var. *Monotoma* Stgr. Diese früher von mir aus dem dsungarischen Ala Tau in dieser Zeitschrift beschriebene Art, die wahrscheinlich die centralasiatische Stammform der persischen Cadusia Led. ist, erhielt ich in einer ziemlich verschiedenen Form von den Gebirgen bei Osch, Samarkand und aus dem südlichen Alai. Dieselbe hat, auch im männlichen Geschlecht, vorherrschend braungelbe (ofters braune) Vdfl., auf denen der sammetartige dunkle Querstreif nicht nur scharf, sondern nach außen (auf den Rippen) stark gezackt auftritt. Recht gelbe var. Laeta-♂ sehen auf den Vdfln. denen der größeren Kirghisa sehr ähnlich, doch fehlt ihnen fast stets das untere (Anal-) Auge der letzteren Art. Auch einzelne auf den Vdfln. besonders helle Haberhaueri-♂ sind leicht mit manchen var. Laeta zu verwechseln. Doch haben diese stets etwas größeren Haberhaueri einen schmalen, nicht nach außen gezackten Sammetstreifen. Die etwas größeren var. Laeta von Samarkand bilden wieder eine Untervarietät,

da sie nicht nur **auf** der Oberseite meist dunkler, sondern
auf der Unterseite alle lichter und weit eintoniger
(weniger schwarz bestreut) sind. Das eine ♂ von dort ist auf
der Oberseite ganz dunkel, wie Cadusina, und unterscheidet
sich **nur** durch die lichtere eintönigere Unterseite davon Da
die Samarkand-Stücke sich von allen Cadusina und den anderen
var. Laeta sofort durch ihre eintönige Unterseite unterscheiden,
kann man dieser Localform ganz gut einen eigenen Namen
geben, und nenne ich sie var. **Monotoma**.

Epin. Lycaon Hufn. var. *Intermedia* Stgr. und var. *Cata-
melas* Stgr. Die fast überall gemeine Ep. Lycaon ist eine an
Größe, Art der Behaarung, Färbung etc. sehr veränderliche
Art. Die großen auf den Vdfln. der ♂ lang lichter behaarten
Stücke des südöstlichen Europas sind schon längst als var.
Lupinus Costa beschrieben worden. In den niedriger (heißer)
gelegenen Gegenden Central- und Klein-Asiens so wie Süd-
Rußlands (nach Alpheraki) kommt nun eine Zwischenform vor,
die ich var. Intermedia nenne. Die Stücke sind weit großer
als typische deutsche Lycaon und fast ebenso lang behaart als
die noch etwas größeren Lupinus, aber dunkler und meist mit
einem breiteren (kürzeren) Sammetstreifen (mehr Flecken) der
Vdfl. Auch auf der Unterseite der Htfl. sind sie fast stets
weit lichter (mehr weißgrau), besonders die Stücke von Samarkand, als Lycaon, fast ebenso wie typische Lupinus. Ich besitze diese var. Intermedia von Samarkand, Margelan; auch je
ein Stück von Saisan und Lepsa (wahrscheinlich an anderen
heißeren Gegenden gefangen) muß ich hinzu nehmen. Ebenso
werden Stücke von Amasia und vom Achal Tekke-Gebiet am
besten hinzu gezogen, obwohl die Amasiner Stücke auf der
Unterseite dunkler sind. Aus dem südöstlichen Altai (Omifluß)
erhielt ich durch Herrn Tancré von Rückbeil gesammelte Lycaon,
die nur wenig größer und wenig langer behaart als Lycaon,
eine viel dunklere Unterseite haben, und die ich als var. Cata-
melas versandte. Ganz ähnliche Stücke erhielt ich auch von
Irkutsk. Die Unterseite der Vdfl. ist hier auch breiter und
dunkler umrandet, doch tritt die rothgelbe Färbung des Discus
noch vorherrschend auf. Bei 2 größeren ♂, die mein Freund
Christoph Mitte Juli bei Raddefskaja im Amurgebiet fand, ist
auch die Unterseite der Vdfl. ganz dunkel, nur das eine Stück
zeigt noch ganz verloschene bräunliche Färbung. Sollte diese
größere ganz dunkle Amur-Form constant sein, so verdient sie
mit eigenem Namen, als Pasimelas bezeichnet zu werden.

Coenonympha Caeca Stgr. Diese interessante kleine Art
wurde in geringer Anzahl Mitte Juli auf den Gebirgen bei

Namangan, wahrscheinlich in bedeutender Höhe gefangen. Die
Größe (22—30 mm) ist die kleinerer Pamphilus und ist Caeca
auf der Oberseite auch genau so licht ockergelb gefärbt, nur
hat sie gar keine dunkleren Ränder und fehlt die Augenzeichnung
vollständig, auch auf der Unterseite. Nur die Fransen sind
lichter weißgrau, sonst ist die Oberseite von Caeca völlig eintönig ockergelb. Auf der Unterseite gleicht Caeca fast ganz
der var. Isis Zetterst. von Typhon (Davus), nur fehlt die Augenzeichnung völlig und die Vdfl. sind vorherrschend ockergelb
wie auf der Unterseite. Es ist bei ihnen nur der Apex grüngrau und vor demselben steht am Vorderrande ein meist sehr
verloschener weißlichgrauer Längsfleck, der sich niemals bindenformig bis fast zum Innenrande wie bei Typhon (meist) oder
var. Isis fortsetzt. Auch fehlt diese weißliche Färbung einigen
Stücken völlig und tritt sie nur bei einem ♀ sehr deutlich,
nach innen scharf begrenzt, fleckförmig auf. Die Unterseite
der Htfl. bei Caeca ist dunkler, weniger grüngrau als bei Isis,
mehr graubraun, nur nach der Basis hin grüngrau, wie oft bei
Typhon. Hinter der Mitte führt sie aber genau dieselbe unregelmäßige, öfters nur aus 1—2 Flecken bestehende, gelbweiße Binde wie bei var. Isis und Typhon. Es ist daher nicht
unmöglich, daß diese Caeca als Varietät (oder Stammform) zu
Typhon gehören kann, obwohl sie kaum halb so groß und
viel lebhafter ockergelb gefärbt ist. Auch der gänzliche Mangel
von Augenflecken bei den 24 Stücken (mit 5 ♀), die ich davon
erhielt, ist sehr auffallend, obwohl sonst das Verschwinden einzelner (und ausnahmsweise aller) dieser Augenflecke bei den
Satyriden nicht selten vorkommt.

Thymelicus (Hesperia) Stigma Stgr. Diese neue Art erhielt
ich in Anzahl aus der Provinz Samarkand, wo sie Ende Juni,
wohl ziemlich hoch im Gebirge, gefangen wurde. Sie steht
der gleich großen Actaeon Esp. am nächsten und sieht in
beiden Geschlechtern fast ganz wie Actaeon-♀ aus, nur führt
sie am Schluß der Mittelzelle auf der Querrippe einen kurzen
(ziemlich breiten) schwärzlichen Strich. Der sammetschwarze
Querstrich der Vdfl., den alle ♂ der anderen palaearctischen
Thymelicus-Arten mehr oder weniger entwickelt führen, fehlt
hier ganz. Vor dem bei Stigma stets ziemlich breit dunklem
Außenrande steht eine Querreihe lichterer gelblicher Flecken,
wie bei Actaeon-♀, welche den inneren ockergelben (etwas
grünlich angeflogenen) Theil begrenzen. In diesem sind die
Rippen meist deutlich dunkel angeflogen Letzteres ist auch
auf den Htfln. der Fall, die rings herum dunkel umrandet sind.
Sonst sind sie auch (grünlich) ockergelb, öfters mit sehr ver-

loschenen lichteren gelben Flecken vor dem dunklen Außenrande, fast wie auf den Vdfln. Auf der ockergelben Unterseite der Vdfl. ist die Basalhalfte des Innenrandes breit schwarz,
der Apex meist etwas grüngrau und die obere lichte Fleckreihe tritt besonders bei den ♀ auch hier schwach in sehr
kleinen Flecken auf. Die Unterseite der ockergelben Htfl. ist
bei den ♂ nur zuweilen ganz schwach grünlich, bei den ♀
öfters stark weißgrau angeflogen.

Pyrgus (Syrichthus) *Proteus* Stgr. (Proto Esp. var.?)
Ich erhielt diese Art in Anzahl von Margelan, doch wurde sie
hier wohl nur im Alai im Juli gefunden. Ferner erhielt ich
sie von Osch, wo sie Ende Juni, und von Namangan, wo sie
Ende Mai gefangen wurden (alles natürlich nach den Angaben
der Herren Haberhauer, von denen ich sie erhielt). Auch aus
der Provinz Samarkand besitze ich ein ♂, das ich hierher
rechne. Diese Proteus ist der Proto Esp. am ähnlichsten, aber
durchschnittlich etwas größer, obwohl mein kleinstes Stück nur
25 mm, mein großtes 33 mm mißt. Ich würde diese Proteus
ziemlich zweifellos als eine Proto-Form ansehen, wenn ich
einmal nicht ziemlich typische Proto auch von Samarkand erhalten hätte, und wenn mir mein in diesen Arten competenter
College Herr Hofrath Dr. Speyer nicht über diese Fergana-
Proteus Folgendes geschrieben hattte: „Ihre var. Proteus kann
ich nur entweder für Staudingeri var. oder für eigene Art
halten. Von Proto ist sie durch die bei letzteren viel stumpfer
und dickere Fühlerkeule sicher verschieden." Letzteres ist nun
allerdings bei typischen Proto der Fall, doch scheinen gerade
meine Proteus auch in der Form der Fuhlerkeule ihrem Namen
Ehre zu machen, denn ich habe Stücke aus der Provinz Fergana
erhalten, deren Fühlerkeule ich nur für fast ebenso kurz und
dick als die von Proto ansehen kann. Andererseits haben meine
für Proto gehaltene Stücke aus der Provinz Samarkand auch
anscheinend eine weniger stumpfe Fühlerkolbe als typische Proto.
Aber selbst wenn diese Kolbenform bei den angegebenen Arten
eine ganz constante wäre, was mir nicht der Fall zu sein
scheint, so ist sie doch (für manche Augen wenigstens) schwer
zu erkennen. Sie scheint mir ein ebenso unzuverlässiger Art-
Unterschied zu sein, wie die entschieden oft sehr veränderliche
Flügelform bei ein und derselben zweifellosen Art. Proteus
sieht auf der Oberseite der Proto sehr ähnlich, ist aber durchschnittlich dunkler, weniger grünlich bestaubt. Einzelne Stücke
sind fast schwarz, andere ziemlich dicht grüngrau bestaubt.
Die auch bei Proto unter sich an Größe und Zahl veränderliche weiße Fleckzeichnung ist es ebenso bei Proteus, nur sind

die meisten weißen Flecken hier stets größer und auffallender, weil die Grundfarbe meist dunkler ist. Die meist schwache bindenartige weißliche Fleckzeichnung vor dem Außenrande (besonders der Htfl.) fehlt bei einigen Proteus-♀ ganz, aber auch ein Proto-♀ aus Beirut zeigt kaum eine Spur davon. Bei einem Proteus-♂ aus dem Alai sind die Fransen schön bräunlich roth, schwach dunkel gescheckt, aber auch bei 3 von mir als Proto angesehenen ♂ von Samarkand ist dies, wenn auch viel schwächer der Fall. Die Unterseite der Htfl. (und Apicaltheil der Vdfl.) ist bei Proteus meist braunröthlich gefärbt, oft sehr stark, bei einzelnen Stücken ist sie aber nur gelb oder weißgrau, schwärzlich bestäubt, ohne allen röthlichen Anflug. Aber auch einzelne Proto haben hier kaum Spuren eines röthlichen Anfluges. Die veränderliche weiße Zeichnung der Unterseite verhält sich wie die der Oberseite, sie tritt bei Proteus fast stets viel stärker (in größeren Flecken) auf; sonst ist sie in der Anlage genau wie die von Proto.

Ich hielt diese Proteus zuerst für eine Localform der Staudingeri Speyer und versandte sie als solche. Es ist mir jetzt doppelt interessant, daß auch der Autor der letzteren Art sie eventuell für eine solche zu halten geneigt ist. Die typischen Staudingeri stammen von Saisan und wurden ganz ebenso bei Lepsa und im Kuldja-Gebiet gefunden. Auch in Nord-Persien wurde Staudingeri bei Schahrud von Christoph in ganz ähnlichen Stücken gefunden. Diese Form (Art) ist weißlicher bestreut und mehr weiß gezeichnet, besonders tritt die bindenartige Fleckzeichnung vor dem Außenrande stets schärfer und meist vollständig auf. Die Unterseite ist bei Staudingeri durchschnittlich weit seltener und weniger röthlich angeflogen als bei Proteus und Proto; nur bei einem der Speyer'schen Originale (einem ♂) ist sie stark braunrothlich, ebenso wie meist bei den beiden anderen Formen. Hinsichtlich der Costalfalte der Vdfl. bemerke ich, daß sie sowohl bei Proto wie Proteus als auch Staudingeri gleich ist, obwohl sie bei allen drei Formen an Länge und Breite ziemlich abändert. Leider vergleicht Herr Dr. Speyer seine Staudingeri nur mit der Antonia und Poggei, welche beiden Arten, auch sonst von ihr sehr verschieden, schon durch den Mangel der Costalfalte sich von ihr trennen. Mit der weit naheren Proto wird Staudingeri garnicht verglichen. Ich möchte nun fast die Ansicht aussprechen, daß sowohl Staudingeri als Proteus nur Localformen von Proto sind. Letztere ist die Form Süd-Europas und Vorder-Asiens, Staudingeri ist die hellere weißere Form (der heißeren Tiefebenen) Nord-Persiens und des nördlichen Central-Asiens, und Proteus die größere Gebirgsform

Central-Asiens. Die kleinere, der Proto ganz ähnliche Form von Samarkand steht in der Mitte zwischen dieser und Proteus, da sie ebenso große weiße Fleckzeichnung führt. Gerade von Samarkand erhielt ich auch Stücke, die einen guten Uebergang von Staudingeri zu Proteus bilden, und die wahrscheinlich in tiefer und heißer gelegenen Thälern gefangen sind.

Pyrg. Antonia Speyer var. *Gigantea* Stgr. Diese schöne, nach Stücken aus dem Saisan-Gebiet beschriebene Art erhielt ich aus der Provinz Fergana (Margelan, Osch und Usgent) in Anzahl in meist sehr großen, auch sonst etwas verschiedenen Stücken. Die größte var. Gigantea, wie ich diese Form nenne, mißt 43 mm, während die größte der Saisan-Antonia deren nur 34 mißt. Die weißen Flecken sind auch im Verhaltniß viel größer und besonders tritt auf der Unterseite der Htfl. vor dem Saum bei der var. Gigantea meist noch gelbe, die schwarzen Randflecken nach außen (bei einem Stück auch nach innen) begrenzende gelbe Färbung auf.

Pyrg. Nobilis Stgr. Diese schöne neue Art erhielt ich nur aus der Provinz Samarkand, wo sie Anfang Juli, wahrscheinlich auch ziemlich hoch, gefangen wurde. Sie ist etwas großer als Tessellum, fast wie Gigas, 30—37 mm. Die Costalfalte der männlichen Vdfl. ist kurz wie bei Tessellum, bei Gigas ist sie länger. Die Fühlerform ist wie bei diesen Arten. Die dunkle Oberseite ist sehr stark grüngrau bestäubt, fast ganz so wie bei typischen Poggei. Die weiße Fleckzeichnung ist ähnlich wie bei Proto, auch wie bei Tessellum, nur daß die bei letzterer Art so stark entwickelte weiße Randzeichnung bei Nobilis fast vollig fehlt oder (besonders auf den Htfln.) nur theilweise verloschen auftritt. Die weiße Fleckbinde in der Mitte der Htfl. tritt meist recht stark (in größeren Flecken) auf, zuweilen aber (besonders bei den ♀) ist sie auch bis auf einige Flecken verschwunden. Die Fransen sind besonders nur an ihrer Basalhälfte sehr deutlich hell und dunkel gescheckt, an ihrer äußeren Hälfte tritt dies viel schwächer, zuweilen fast gar nicht auf, so daß sie hier ganz weißlich sind. Die Unterseite ist sehr licht, weißgrau, fast wie bei Nomas, doch bleiben die Vdfl. sowie der Basaltheil und die Außenbinde der Htfl. dunkler, erstere schwarz, letztere gelb- oder grüngrau, mehr oder weniger weißlich angeflogen. Die Htfl. führen eine meist sehr breite weiße Mittel- (Fleck-) und Außenbinde.

Durch diese helle Unterseite, sowie durch die gleichfalls sehr helle, weniger weiß gezeichnete Oberseite unterscheidet sich Nobilis sofort von Tessellum, var. Nomas, Poggei und der viel dunkleren Gigas, der sie sonst vielleicht am nächsten steht.

Doch kann es keine etwa hell gewordene Localform davon
sein, da Gigas, abgesehen von manchen anderen Unterschieden,
durchgehends stark schwarz und weiß gescheckte Fransen hat,
auch auf der Unterseite, wo die von Nobilis fast völlig unge-
scheckt weißlich sind. Pyrg. Tessellum erhielt ich auch aus
Osch in Stücken, die den typischen südrussischen sehr nahe
kommen, nur sind sie etwas dunkler und die äußere weiße
Punktreihe tritt nicht so stark auf. Auch haben sie auf beiden
Seiten stark schwarz und weiß gescheckte Fransen.

Pyrg. Orbifer Hübn. var. *Lugens* Stgr. Manche Stücke von
Orbifer, die ich aus der Provinz Fergana (Margelan, Osch,
Namangan) erhielt, sehen von den typischen ungarischen Stücken,
wie sie Hübner abbildet, so verschieden aus, daß man (ohne
Uebergänge) sie leicht für eine davon verschiedene Art halten
könnte. Sie sind durchschnittlich ziemlich viel größer (bis
27 mm) und dunkler, weniger gezeichnet. Besonders werden
die weißen Randpunkte meist sehr rudimentär und fehlen
manchen Stücken bis auf einzelne schwache Spuren ganz. Nur
mein einziges ♀ dieser Form aus Margelan zeigt sie ziemlich
stark. Bei 2 ♂ aus der Provinz Samarkand sowie bei einzelnen
Fergana-♂ treten sie auch ziemlich deutlich auf, doch sind
diese durch die Größe und tieferes Schwarz der Oberseite von
typischen Orbifer stets ziemlich verschieden. Auf der Unterseite der Htfl. sind diese var. Lugens fast stets dunkler, grüngrau, nur ein ♂ von Samarkand ist röthlich, wie meist die
typischen Orbifer. Die weißen Flecken treten bei Lugens hier
sehr groß auf.

Dipteren von den Cordilleren in Columbien.

Gesammelt durch Herrn Dr. **Alphons Stübel.**

Beschrieben von

V. v. Röder in Hoym (Herzogthum Anhalt).

Diese kleine Sammlung von Dipteren ist durch Herrn Dr. Alphons Stübel in den Jahren 1868—77 auf einer Reise längs der Cordilleren von Ecuador, Peru und Bolivia gesammelt. Es sind dies wohl bis jetzt die höchsten Punkte auf der Erde, wo man Dipteren gefunden hat; es ist mir wenigstens nicht bekannt, daß von einem hoheren Gebirge Dipteren beschrieben sind. Herr Baron von Osten-Sacken hat in seinen „Western Diptera" einige hohe Punkte von Gebirgen angegeben, wo sich noch Dipteren aufhalten, aber diese Hohen-Angaben erreichen noch lange nicht die Hohe der Cordilleren von Ecuador, wo es noch in einer Höhe von 4490 Meter (über 14000 Fuß) an der Grenze des ewigen Schnee's Dipteren giebt. Die klimatische Lage von Ecuador, gerade unter dem Aequator, ermöglicht allein noch in solchen Hohen das Leben von Insecten. In anderen Himmelsstrichen, die nicht unter dem Aequator liegen, ist natürlich die Hohen-Linie für Insecten etc. eine um vieles tiefere, da auch die Schnee-Linie weiter herunter geht in höheren Breiten. Man nehme nur einmal den Titicaca-See an, der an der Grenze von Bolivia und Peru in einer Hohe von 3842 Metern über dem Meeresspiegel nach Ritter's geographischen Lexicon liegt. An den Ufern dieses See's fliegt noch eine Art der Gattung Pangonia, von welcher es in Deutschland keine einzige giebt, da alle Arten dieser Gattung nur in südlicheren Klimaten (in Süd-Europa und den wärmeren Gegenden anderer Erdtheile) zu finden sind. Es ist daher diese kleine Arbeit zugleich ein Beitrag zur Insecten-Geographie, wenn man es so nennen will. Die Hohen-Angaben in Metern sind durch Herrn Dr. A. Stübel bei den einzelnen Dipteren nach ihren Fundorten angegeben, und lasse ich hier die einzelnen Arten folgen. —

Sciara americana Wied. Von Bogota nach Popayen. Höhe 4000 Meter.

Sciara cognata Walk.? Paramo. 3600 Meter Höhe.

Sciara marginalis n. spec.

Nigra; thorace cinereo, vittis quatuor latis nigris; abdomine nigro; alis hyalinis; margine anteriore alarum usque ad finem nervi longitudinalis teitii fusco; nervis longitudinalibus quinto et sexto, quartoque in furca, fuscis. Long. 8 mm. Patiia: Bogota nach Popayen (Columbien).

Diese Sciara zeichnet sich durch ihre Flügelzeichnung vor allen anderen aus. Schwarz. Fühler schwarz, so lang wie der Kopf und Thorax; Thorax grau, mit 4 breiten schwarzen Rückenstriemen; Brustseiten schwarz, grau bestaubt; Hinterleib schwarz, hell behaart; Flügel sehr groß und breit, länger als der Hinterleib. Der Vorderrand der Flügel ist bis zum Ende der dritten Längsader braun gesäumt. Die Gabel der vierten, die fünfte und sechste Längsader braun gesaumt. Der übrige Theil der Flügel ist glashell. Die erste Längsader etwas über die Basis der Gabel der vierten Längsader reichend; die fünfte und sechste Längsader eine sehr lange Gabel bildend, sehr kurz gestielt. Kleine Querader mindestens viermal länger als der steile Ursprung der vierten Längsader. Vorderrandszelle stark erweitert. Der Stiel der Gabel der vierten Längsader etwas länger als die Gabel. Schwinger und Beine schwarz. (Ich habe die Bezeichnung der Adern Schiner's Fauna austr. II pag. 418 entnommen.)

Sciara spec.? Santiago. (Von Pasto nach Sebonday.) Columbien.

Sciara spec.? Antisana. 4100 Meter Höhe. (Quito.)
Sciara spec.? Antisana. 4100 Meter Hohe. (Quito.)
Sciara spec.? Cerro del Altar. Ecuador.
Sciara atra Mcq. Canelos Bannos. Ecuador.
Mycetophila spec. Cerro del Altar. Ecuador.

Flügel gelblich, mit einem Fleck über der kleinen Querader und der Basis der dritten Langsader. Kleine Querader langer als das Basalstück der dritten Längsader. Gabel der vieiten Längsader sehr kurz gestielt. Um das Exemplar vollstandig zu beschreiben, ist es zu schlecht erhalten.

Mycetophila spec. Cerro del Altar. Ecuador.
Simulia spec.

Aus Chapaja, Peru; ist in jenen Gegenden eine Landplage, indem sie durch Stechen belästigt.

Plecia funebris Fahr. Von Bogota nach Popayen. Columbien.
Plecia costalis Walk. ♂.

Walker beschreibt diese Art in den „Insecta Saunders" pag. 422 aus Columbien. Die Beschreibung ist sehr kurz gehalten, aber es laßt sich daraus erkennen, daß das mir vor-

liegende Exemplar von Cerro del Altar (Ecuador) diese Art
ist. In der Beschreibung ist noch folgendes zu bemerken. Die
Flügel sind graulich glashell und besitzen ein dunkles Randmal.
Der übrige Körper ist schwarz. Die Beine sind sehr lang,
glänzend schwarz und zottig kurz behaart. Die Schenkel gegen
die Spitze verdickt. Sonst mit Walker's Beschreibung überein-
stimmend.

Dicranomyia spec.? Cerro del Altar. Ecuador.

Limnobia ocellata n. sp.

Limnobiae triocellatae O. S. similis, sed pictura alarum
diversa. Thorace brunneo, lineis indistinctis obscurioribus, ornato; alis flavescentibus, duobus ocellis apiceque diversis maculis
ornatis. Venula transversa marginali juxta apicem primae venae
longitudinalis sita. Long. 6 mm. Patria: Cerro del Altar.
(Ecuador.)

Diese Art gleicht sehr der Limnobia triocellata O. S., doch
ist die Flügelzeichnung eine andere. Untergesicht nebst Schnauze
braun. Fuhler und Taster schwarz; Thorax rothlich braun,
mit undeutlichen dunkleren Striemen; Brustseiten röthlich, über
den Hüften weißlich schimmernd; Hinterleib bräunlich roth;
die Genitalien mit 2 stumpfen, hornartigen geraden Klappen.
Flügel gelblich, mit 2 rundlichen Augenflecken; einer an der
Basis der zweiten Längsader (Praefurca), ein zweiter am Ende
der Praefurca, wo die dritte Langsader beginnt, so wie verschiedene größere und kleinere Flecken gegen die Flügelspitze
hin. Am Randmal befindet sich ein großer Fleck, mit einem
hellen Ausschnitt unter dem Randmal; weiter hin gegen die
Flügelspitze beginnt eine aus verschiedenen großen und kleinen
Flecken bestehende Zeichnung, die unter sich, wie auch durch
die Quer- und Längsadern mit einander verbunden sind. In
der vierten Hinterrandszelle ein dunkler Fleck, die vierte und
fünfte Langsader nebst der hinteren Querader dunkel gesäumt.
2 Flecke befinden sich noch in der Nahe der Basis an dem
Vorderrand der Flügel in der Costal- und Subcostal-Zelle.
(Auch an der hinteren Querader in der zweiten Basalzelle ist
die Andeutung eines kleinen dunklen Fleckes.) Die Rand-
querader steht nahe an der Spitze der ersten Längsader. Beine
gelblich.

Limnobia spec.? Cerro del Altar. Ecuador.

Tipula moniliformis n. spec.

Tipulae moniliferae Lw. similis, sed alis flavescenti-hyalinis
diversa. Rufo-brunnea; antennis moniliformibus; thorace brunneo;
abdomine rufo, apice brunneo, hypopogio minus crasso. Long.
16 mm. Cerro del Altar, in altitudine 3800 Meter.

Der Tipula monilifera Lw. sehr ähnlich, aber durch die
hellgelblichen glashellen Flügel verschieden. An den Fühlein
sind die beiden Schaftglieder rothlichgelb, und diese Färbung
setzt sich auch noch auf das erste Geißelglied fort, auf den
nächsten aber geht sie in braun über. Die beiden Schaftglieder sind kurz, das zweite Schaftglied läuft nach oben in
eine kurze Spitze aus. Die Geißelglieder haben alle, mit Ausnahme des ersten, an der Basis einen verdickten schwarzen
Knoten, welcher nach unten besonders hervortritt und doit mit
gewohnlich drei, oberhalb mit einer sehr langen Wirtelborste
besetzt ist. Zwischen diesen Knoten sind die Glieder stiel-
förmig lang und auf beiden Seiten mit Haaren besetzt. Die
Fühler haben mit dem Schaft zusammen 13 Glieder, die Geißelglieder werden gegen die Spitze hin nur wenig kürzer. Die
Schnauze ist röthlich; die peitschenförmigen Taster sind braun.
Thorax dunkelbraun, ohne kenntliche Striemung. Hinterleib
röthlich, gegen das Ende hin gebraunt; Hypopogium nicht sehr
dick, mit zwei hinten aufgerichteten Lamellen und hinter diesen
mit einer behaarten Apophyse. Flügel glashell, hellgelblich
gefärbt. Schwinger rothlichgelb, mit dunklem Knopf.

Rhyphus fasciatus n. spec.

Capite occipiteque cinereo-pollinoso; thorace cinereo-pollinoso, vittis tribus rubidis; scutello cinereo-pollinoso; abdomine
valde depresso, brunneo, flave variegato; pedibus flavis. Alis
dilute flavidis; macula stigmaticali badia; fascia in cellula tertia
posteriore finita et macula ante apicem fuscis. Nervis trans-
versis badie marginatis; apice et margine postico subnebulosis.
Long. 5 mm. Patria: Paramo in altitndine 3200 Meter. (Cordilleren von Columbien.)

Kopf ganz grau bestäubt, nur das Untergesicht gelblich.
An den Fühlern sind die beiden ersten Glieder gelbbraun, die
übiigen schwarz; Thorax grau bestäubt, mit 3 röthlichen Längsstriemen, von welchen die mittelste durch eine sehr feine hellere
Linie getheilt ist. Die Mittelstrieme erweitert sich am Vorderrand, erreicht aber den Hinterrand des Thorax nicht; die beiden
Seitenstriemen beginnen erst kurz vor der Quernaht und erreichen den Hinterrand des Thorax auch nicht. Brustseiten
überall grau bestäubt, ebenso das Schildchen. Hinterleib bräunlich,
mit verschiedenen gelben Flecken, die an den beiden ersten
Ringen regelmäßig sind, an den übrigen Ringen aber dem
Hinterleib ein buntes Aussehen geben. Beine gelb; Schenkel
und Schienen au der außersten Spitze etwas gebräunt. Tarsen
gegen das Ende verdunkelt. Flügel verwaschen gelblich; das
Randmal dunkel kastanienbraun, eine braune Querbinde geht

von dem Randmal aus bis an das Ende der dritten Hinterrandszelle und überschreitet noch diejenige Querader etwas, welche
die Discoidalzelle nach vorn abschließt; 'ein anderer brauner
Fleck befindet sich vor der Flügelspitze. Die Queradern dunkelbraun eingefaßt; die Bräunung um'die Flügelspitze nach hinten
zu allmählich verwaschen werdend.

Verschiedene schlecht conservirte Dipteren, unter welchen
Orphnephila, Limnosina etc. von Antisana (Ecuador), gesammelt in einer Hohe von 4490 Meter (über 14000'Fuß) an
der Schneegrenze der Cordilleren.

Acanthomera Frauenfeldi Schin.

Aus der Gegend von Riobamba (Ecuador) und von Canelos
Bannos (Ecuador). Diese Art ist sehr in der Größe verschieden,
♀. Es kommen Exemplare von 20 bis zu 35 mm Größe vor.

Pangonia basilaris Wied.

Professor Bellardi hat schon in dem „Saggio di Ditterologia
messicana" jene beiden Arten, welche Wiedemann unter dem
Namen Pangonia basilaris beschrieben hat, für zwei verschiedene
Arten erkläit. Die eine nennt er Pangonia Wiedemanni Bell.
zum Unterschied von der anderen, der Pangonia basilaris Wied.
Der Unterschied beider Arten besteht in der Färbung der Flügel,
welche bei Pangonia basilaris Wied. das Wurzeldrittel einnimmt
und bis zu den Queradern geht, welche die Basalzellen abschließen. Dagegen ist bei Pangonia Wiedemanni Bell. nur
die äußerste Wurzel der Flügel schwarz gefärbt. Von Rio
del Cinto (Mindo), 1500 Meter hoch gefunden (Ecuador). Ein
sehr abgeriebenes Exemplar.

Pangonia atripes n. spec.

Atra; haustello dimidium corporis acquante; ocellis distinctis,
oculis pilosis. Thorace saturate piceo; prothorace duabus parvis
rufis maculis, ornato; pectore et lateribus thoracis flavidehirsutis. Scutello piceo, apice rufo. Abdomine piceo, segmentorum apice rufo-cingulato. Pedibus atris. Alis dilute cinereis;
cellula postica prima clausa, nervi cubitalis ramo superiore
appendiculato. Long. 21 mm. Patria: Bolivia. Ex regione
lacus Titicaca, in altitudine 3842 Meter.

(Die Fühler fehlen.) Untergesicht sehr schnauzenförmig
vorgezogen, pechschwarz, glänzend, an den Seiten röthlich
schimmernd. Rüssel ungefähr von der halben Länge des Korpers.
Augen behaart, Punktaugen vorhanden. Thorax pechschwarz,
glänzend, vorn mit 2 kleinen rothgelben Flecken, auch oberhalb
der Flugelwurzel schimmert die rothgelbe Farbe durch. Der
Seitenrand des Thorax und die Brustseiten sind gelb behaart,
ebenso die Unterseite des Kopfes. Schildchen pechschwarz,

rothgelb gerandet. Hinterleib pechschwarz, mit rothgelben
Rändern an den Segmenten Die Behaarung scheint an den
Hinterrandern der Segmente goldgelb gewesen zu sein, ist aber
fast abgerieben. Beine glanzend schwarz; die Hüften haben
lange gelbe Behaarung; an den Schenkeln ist dieselbe sehr
kurz, gelb Flügel graulich glashell; der voidere Ast der
Gabeluug von der diitten Langsadei mit einem kurzen Aderanhang. Erste Hinterrandszelle vor dem Flügelrand geschlossen;
vierte offen

Die Ait hat viel Aehnlichkeit mit Pangonia longirostris
Mcq (Macquait Diptèies exotiques Suppl. II. pag. 12), ist aber
gioßer als diese. Da Macquart dieser Art den Namen P.
longiiostiis g+geben hat, Wiedemann aber denselben Namen
schon in seinen „Außeieurop zweifl Ins." Bd. II. p. 621 fur
eine Pangonia longiiostris vergeben hat, so schlage ich vor,
damit eine verschiedene Benennung dieser beiden Arten stattfindet, die Macquait'sche Art Pangonia nigripes n. spec. ==
Pangonia longirostris Mcq zu nennen.

Diclisa maculipennis Schin.

Die Exemplare von Cerro Munch igne (Columbien) weichen
in sehr wenigen Stücken von der Schiner'schen Beschreibung
in der „Novara Reise" (Dipt. p. 104) ab. Der Thorax dieser
Exemplare ist mehr braun behaart; die Beine sind ganz braunroth.

Tabanus spec.? *nigripalpis* Mcq. var.?

Long. 6 lin. ♀.

Dem Tabanus nigripalpis Mcq. sehr ähnlich, doch läßt sich
bei diesem Exemplar nichts über die Zeichnung am Thorax
und Hinterleib angeben, da es vollständig abgerieben ist. Die
Fuhler sind schwarz; das dritte Glied hat einen sehr großen
Zahn an der Basis; die Taster schwarz. Flügel dem Tabanus
calopterus Schin. ähnlich. Die beiden Basalzellen an der Basis
etwas gebräunt; die Flügelspitze glashell; eine schwarzbraune
Binde geht von dem Randmal über die Discoidalzelle, berührt
noch die zweite Unterrandszelle an der Basis und läßt in der
Discoidalzelle einen glashellen Fleck frei. Die dritte Längsader
bis zur Gabel, die von der Discoidalzelle ausgehenden Adern,
die nächste aus der hinteren Basalzelle und die beiden Adern,
welche die Analzelle umgeben, sind braun gesaumt. Es ist
moglich, daß die in „Macquart's Dipt. exot." Suppl. I. p. 40
als variété zu Tab. nigripalpis Mcq. angeführte Art mit dieser
gleich ist, doch läßt sich darüber nichts bestimmtes sagen, weil
dieses Exemplar nicht gut erhalten ist. - Aus Rio del Cinto
(Mindo), Ecuador.

Tabanus auribarbis Mcq.

(Macquart Diptères exotiques Suppl III. p. 12.) Macquart hat in seiner Beschreibung nicht erwähnt, daß der Bauch schwarz und an den Hinterrändern des zweiten bis vierten Ringes auf beiden Seiten ein kleines weißes Fleckchen, weiß behaart ist. Die Art ist mit dem Tabanus argyrophorus Schin. (Novara Reise Dipt. p. 90) verwandt; aber bei dieser Art sind die Taster gelb, während sie bei Tabanus auribarbis Mcq. schwarz sind. Von Cerro del Altar (Ecuador).

Volucella obesa Fabr. Von Nanegal in Ecuador und aus Peru.

Phalacromyia argentina Bigot.

Var. lateribus thoracis testaceis; scutello apice nigro-setoso; pedibus piceis.

Sonst stimmt die Art mit der Beschreibung von Ms. Bigot. Von Paramo. 3600 Metèr (Cordilleren von Columbien).

Eristalis montanus n. spec.

Niger, pube longiuscula nigricanti vestitus; frons lata, nigricantibus pilis instructa; oculi birti; antennae rufo-ferrugineae; facies pilis polline dilute lutescentibus hirta, vitta media rufa; thorax unicolor, vitta media cinerea et striga suturalis dilute cane micantes; scutellum lateritium nigre-pilosum; abdominis segmentum secundum lateritium, praeditum in medio fascia nigra longitudinali divisa et dilatata in triangulum ante marginem posteriorem; segmentum tertium lateritium, praeditum in medio fascia longitudinali nigra divisa et ante marginem posteriorem cum fascia transversa nigra conjuncta. Margo posterior secundi, tertii quarti segmenti aurantiacus; venter lateritium; femora basi picea, apice ferruginea; tibiae ferrugineae; tarsi ferruginei apice fusci; alae dilute flavescentes. Long. 12 mm. Patria: Paramo. 3600 Meter (Cordilleren von Columbien).

Kopf schwarz; Augen behaart; Stirn breit und graulich schwarz behaart; Untergesicht grau bestäubt und gelblich behaart, die Mittelstrieme röthlich; Fühler rothgelb, Borste nackt. Thorax schwärzlich, von der Mitte des Vorderrandes geht eine graue Längsbinde etwas bis über die Mitte, in welcher sich eine schwache schwarze Langsstrieme befindet, an der Quernaht sind zu beiden Seiten 2 graulichweiß schimmernde Querstriche. Die Behaarung des Thorax ist grauschwarz, der Seiten- und Hinterrand desselben und die Brustseiten sind gelbroth, letztere unten graulich bestäubt; die Behaarung der Brustseiten ist rothgelb. Schildchen gelbroth (ziegelroth ist der richtige Ausdruck für lateritius), grauschwarz behaart. Erster Hinterleibsring schwarz, grau bestäubt; zweiter auf beiden Seiten gelbroth, an der Basis mit einer sehr schmalen schwarzen

Vorderrandsbinde, welche die Seitenränder nicht erreicht. Von dieser Binde geht ein schwarzes Längsband zum Hinterrande, wobei es sich zu einem Dreieck erweitert, dessen Hinterrand auf beiden Seiten den Seitenrand des Ringes nicht erreicht. Der dritte Hinterleibsring hat auf beiden Seiten auch einen gelbrothen Fleck; dieser Fleck ist in der Mitte durch ein schwarzes Langsband getrennt, welches mit einer schwarzen Querbinde am Hinterrand des Ringes verbunden ist. Vierter Ring ganz schwarz; der letzte Ring an der Basis schwarz, am Ende glanzend schwarz. Der Hinterrand des zweiten, dritten und vierten Ringes ist sehr schmal pomeranzengelb gerandet. Bauch gelbroth, der erste Ring und der Anfang des zweiten Ringes grau bestaubt. Schenkel von der Basis bis über die Halfte pechschwarz, an der Spitze rothbraun; Schienen rothbraun; Tarsen rothbraun, gegen das Ende zu gebrännt. Die Hinterschenkel sind etwas erweitert, die hinteren Schienen gebogen. Die Behaarung der Beine ist gelblich. Flügel mit gelblich durchscheinender Färbung. Schwinger gelb?

Bei 2 anderen Exemplaren ist der gelbrothe Fleck am dritten Hinterleibsring sehr undeutlich und nur durchscheinend zu nennen.

Jurinia notata Walk. ♂. Insecta Saunders pag. 267.

Walker beschreibt nur das ♀; die vorliegende Art von Riobamba und dem Chimborazo (Ecuador) scheint das andere Geschlecht (♂) zu sein. Nach der Walker'schen Beschreibung ist nur ein kleiner Unterschied zwischen beiden Geschlechtern, indem das Schildchen des Männchens rothgelb ist, während es bei dem Weibchen pechschwarz sein soll. Wegen dieses geringen Unterschiedes glaube ich, daß man es hier mit ein und derselben Art zu thun hat.

Saundersia nigriventris Mcq. Aus Columbien.

Saundersia (Hystricia) varia Walk.

Walker hat diese Art aus Columbien in den Insecta Saunders. pag. 268 unter obigem Namen beschrieben. Das Exemplar ist ein ♀ aus Calcitpungo in Riobamba's Umgebung (Ecuador).

Saundersia (Micropalpus) peruviana Mcq.

Ein Exemplar aus Riobamba's Umgebung (Calcitpungo), Ecuador.

Gonatorrhina n. gen.

Antennae porrectae triarticulatae; articulus primus parvus, secundus longior, tertius duplo longior; seta nuda; oculi birti; epistoma inclinatum, inferne distincte prominens, vibrissis duabus longioribus et aliquot brevioribus instructum. Palpi elongati.

Proboscis exserta, horizontalis, filiformis, basi medioque geniculata, segmenta abdominis macrochetis dorsualibus et marginalibus praedita. Alae cellula posteriore prima aperta et remota ab apice alarum, vena longitudinali quarta ad flexum paulum sinuata.

Diese neue Gattung erinnert sehr an die Gattung Siphona Meig. und Spiioglossa Dol. Besonders große Aehnlichkeit hat sie mit ersterer Gattung wegen des geknieten Rüssels; die Augen sind aber bei Gonatorihina behaart. Spiroglossa hat einen spiralförmigen Rüssel. Andere Gattungen wie Aphria und Rhamphina konnen deshalb nicht mit in Vergleich gezogen werden, weil bei ihnen der Rüssel nicht in der Mitte gekniet und zurückgeschlagen ist.

Gonatorrhina paramonensis n. spec.

Olivacea; fronte piominenti, vitta media nigra; epistomate inferne prominenti flavescenter micante, brunneo colore resplendente inferne setis instructo. Antennis nigris, articulo primo parvo, secundo longiore, tertio duplo longiore; seta nuda. Oculis brunneo-hirtis. Palpis elongatis flavis. Proboscide exserta, nigra, horizontali, filiformi, basi medioque geniculata. Thorace supra olivaceo, lateribus flavescentibus; scutello olivaceo. Abdomine olivaceo flavesceuter micante, macrochetis segmentorum dorsualibus et marginalibus praedito. Femoiibus polline cinerascentibus; tibiis paulum luridis; tarsis nigris; alis dilute brunneo-cinereis. Long. 8,4 mm. Patria: Paramo. 3600 Meter (Cordilleren von Columbien).

Olivengrün schimmernd. Stirn vorstehend, mit schwarzer Mittelstrieme, an den Seiten mit längeren und kürzeren Borsten, welche ungeordnet etwas auf das Untergesicht übertreten. Fuhler schwarz, abstehend; das erste Glied kurz, das zweite länger, das dritte doppelt so lang als das zweite; Borste nackt; Untergesicht gelblich schimmernd, mit braunen Reflexen; am Mundrand ist dasselbe vorgezogen. Die Beborstung an den beiden Seiten des Untergesichtes reicht von dem Mundrand bis ungefähr zur Mitte desselben hinauf. Augen behaart; Taster weit aus der Mundhohle hervorragend, gelb. Rüssel schwarz, weit hervorragend, fadenförmig, an der Basis und in der Mitte gekniet, die eine Hälfte zurückgeschlagen, ohne Saugefläche an der Spitze. Thorax (bräunlich) olivengrün schimmernd, mit den Anfängen von 4 Striemen an der Basis, die Seiten des Thorax sind gelblich schimmernd. Auf dem Thorax befinden sich längere schwarze Borsten neben feiner schwarzer Behaarung. Brustseiten olivengrün, grau bestäubt; Schildchen olivengrün, mit 4 Borsten am Rande, von welchen die mittelsten kreuzweise übereinander gerichtet sind, auf der Mitte mit längeren und kürzeren schwarzen Borsten. Hinterleib olivengrün, an den Seiten seidenartig, gelblich schimmernd. Die Macrocheten befinden sich vom zweiten Ringe an auf der Mitte und am Hinterrand der einzelnen Ringe. Bauch seidenartig, gelblichgrau schimmernd. Schenkel gelblichgrau schimmernd und schwarz beborstet; Schienen gelblich durchscheinend; Tarsen schwarz. An der inneren Seite ist der Metatarsus der vorderen Tarsen mit einer sehr feinen dichten Behaarung besetzt, welche gegen die Basis an Länge zunimmt. Die Endglieder sind etwas erweitert, der Metatarsus fast so lang wie die übrigen Tarsenglieder zusammen. Flügel bräunlich grau gefärbt; diese Farbung ist am Anfang etwas stärker, gegen die Flügelspitze zu wird sie mehr verwaschen. Die Beugung der vierten Längsader am Anfang etwas geschwungen, dann fast gerade zum Vorderrand gehend; die erste Hinterrandszelle weit offen und entfernt von der Flugelspitze mündend. Hintere Querader etwas geschwungen, kleine Querader weit vor der Mitte der Discoidalzelle stehend. Schwinger dunkelgelb, mit etwas hellerem Knopf.

Hystrichodexia n. gen.

Diese neue Gattung gehört zu den Dexinen und steht der Gattung Hystrisyphona Bigot sehr nahe. Sie unterscheidet sich aber von derselben durch den kurzen Rüssel, welcher nicht viel länger als der Kopf ist, während Hystrisyphona einen weit vorgestreckten Rüssel von fast Korperlange haben soll. So laßt sich die obige Gattung nicht gut mit dieser vereinigen. Als echte Dexine ist bei Hystrichodexia die Fühlerborste behaart, und erinnert durch den mit dornartig sehr starken Macrocheten besetzten Hinterleib an die Gattung Hystricia.

Hystrisyphonae proxima. Seta antennarum plumata; articulo tertio antennarum paulo longiore secundo. Hypostomate vix prominente. Carina faciali inter antennas elavata. Genis inter oculos latis Haustello vix porrecto. Scutello abdomineque macrochetis spinosis munitis. Pedibus longis. Cellula posteriore prima ab apice alarum remota, aperta.

Hystrichodexia armata n. spec.

Capite cinereo, genis sericeis, ore setoso; antennis rufis, articulo tertio antennarum paulo longiore secundo; seta plumata; palpis rufis. Thorace cinereo subtiliter nigre-striato. Scutello nigro, latertie micante, setis validis nigris spinosis. Abdomine lateritio, linea dorsali nigra et macrochetis validis nigro-spinosis; munito. Pedibus longis rufis. Alis infuscatis. Long. 12 mm. Cerro del Altar (Ecuador).

Stirn grau, mit einer schwarzen Mittelstrieme, die auf beiden Seiten von einer Reihe starker Borsten eingefaßt ist Unter diesen Borsten sind am Hinterkopf 2 sehr lange zurückgebogene und unter den anderen mehrere starkere nach vorwärts gerichtete. Untergesicht und Wangen seidenartig glänzend. Backen ziemlich weit unter die Augen herabgehend Die kielformige Leiste auf der Mitte des Untergesichtes erhaben. Fühler roth; das dritte Glied ein wenig langer als das zweite; Borste gefiedert; Taster roth; Rüssel glanzend schwarz, am Anfang der Saugeflache rothlich schimmernd. Mundrand und Taster schwarz beborstet. Thorax grau schimmernd, mit undeutlichen schwarzen Striemen; die Borsten auf der Oberflache derselben schwarz. Brustseiten grau schimmernd. Schildchen schwarz, ziegelroth durchscheinend, mit schwarzen steifen Borsten dicht besetzt. Hinterleib ziegelroth, mit einer schwarzen Rückenstrieme, dicht besetzt mit starken steifen Borsten wie die Hystricia-Arten. Bauch ziegelroth, mit starken steifen Borsten, besonders nach dem Ende zu besetzt. Beine lang, roth. An der Unterseite der Vorderschenkel befinden sich lange, kammartig gereihte schwarze Borsten; an den Mittel- und Hinterschenkeln sind die Borsten in 2 Reihen auf der Unterseite geordnet. Schienen an der Außenseite mit langeren und kürzeren schwarzen Borsten besetzt; die hinteren Schienen etwas gebogen. Metatarsen aller Beine lang, die der vorderen Beine etwas kürzer als die anderen Glieder zusammen; die der Mittel- und Hinterbeine so lang wie die anderen Tarsenglieder. Flügel rauchgrau; erste Hinterrandszelle etwas vor der Flügelspitze mündend, weit offen; hintere Querader doppelt geschwungen; Schüppchen rauchgrau.

Blepharicnema splendens Mcq. Canelos Bannos (Ecuador).

Chalcomyia n. gen. (χαλκός et μυῖα.)

Diese neue Gattung, welche zu den Muscinae gehört, bildet mit der Gattung Gymnostylina Mcq. und Rhynchomyia R. Desv. einen Uebergang zu den Tachinarien, weil diese 3 Gattungen wie jene eine nackte Fuhlerborste haben. Wegen des Fehlens der Macrocheten auf dem Hinterleibe sind sie aber zu den Muscinen zu stellen, zu welchen auch Schiner schon die beiden letzten gebracht hat. Die 3 Gattungen unterscheiden sich von einander wie folgt:

Untergesicht vorspringend, an den Seiten

    ungewimpert . . . . Rhynchomyia.*)

---

    *) Rondani stellt Rhynchomyia zu den Tachinarien, siehe Prodromus IV. p. 69.

Untergesicht senkrecht, an den Seiten fein
    gewimpeit . . . . 1.
      1. Hinterleib nackt . . . . . Gymnostylina.
      Hinterleib behaart, am Ende mit
        längeren Haaren besetzt . . Chalcomyia.

Chalcomyia n. gen.

Gymnostylinae similis. Seta nuda. Series orales setarum tenuium usque ad medium fere faciei ascendentes. Macrochetae abdominis nullae; segmenta abdominis pilosa, ultimum atque paenultimum apice longis pilis exstructa. Cellula posterior prima alarum aperta, angulus venae quartae longitudinalis breviter appendiculatus.

Chalcomyia elegans n. spec.

Coerulea, sub-virescens, metallico nitore. Frons nigro-opaca, setarum ordinibus duobus praedita. Antennis nigricantibus, tertio paulo longiore secundo. Seta nuda. Setis oris tenuibus usque ad medium hypestomatis ascendentibus. Palpis nigris. Genis chalybaeis. Thorace cupreo colore, lineis quatuor aterrimis ad suturam interruptis. Scutello atro, margine viride micante, in medio linea atra longitudinali diversa. Abdomine chalybaeo-virescenter micante, albe nitente, incisuris nigris et tenuissima linea dorsali nigra, praedito. Pedibus piceis. Alis dilute hyalinis, praeditis brunneis maculis tribus, quae inter se hoc modo conjunctae sunt. Una macula, ad basim alaram posita, cum altera conjuncta est super nervo transversali medio, tertia super nervo transversali exteriore; tertia macula divisa est in utroque nervi transversalis fine in puncta duo, inter se conjuncta per nervum transversalem subtiliter limbatum. Nervo transversali exteriore sinuato. Long. 12 mm. Habitat in Riobamba (Ecuador).

Stirn mattschwarz, auf beiden Seiten mit einer Reihe starker Borsten versehen, die bei vorliegendem Exemplar nach innen gekrümmt sind. Fühler schwarz; drittes Glied ein wenig länger als das zweite. Borste nackt; Wangen unter die Augen herabgehend, blau schimmernd. Mundborsten vorhanden, aber nicht sehr stark, und als feine Börstchen bis ungefähr zur Mitte der Gesichtsleisten reichend. Taster schwarz. Thorax kupferroth, mit 4 sammetschwarzen Längsstriemen, die an der Quernaht unterbrochen sind; das mittelste Paar weit vor dem Hinterrand endigend; die seitlichen etwas weiter reichend. Die Beborstung des Thorax ist schwarz und besteht aus langeren und kürzeren Borsten. Brustseiten schwärzlich, mit blaugrünem Glanz zwischen den beiden Paaren der vorderen Beine. Schildchen schwarz, mit einem grünglänzenden Rande, der in der Mitte durch eine schwarze Längslinie getrennt ist; der hintere Rand des Schildchens mit mehreren starken schwarzen Borsten besetzt. Hinterleib schon blaugrün glanzend, mit weißen Reflexen. Die Hinterränder der einzelnen Ringe schmal schwarz gesäumt, mit einer feinen schwarzen Rückenlinie. Macrocheten nicht vorhanden. Auf der Oberseite des ersten und zweiten Ringes befindet sich eine feine anliegende schwarze Behaarung, ebenso auf der Oberseite des dritten Ringes. Erst am Rande des dritten Ringes beginnt eine langere schwarze Behaarung, welche den letzten Ring ganz einnimmt. Bauch blaugrün schimmernd. Beine pechschwarz. Flügel verwaschen glashell, mit braunen Flecken. Der erste Fleck an der Basis der Flügel vom Vorderrand aus sich etwas bis über die hintere Basal- und die Analzelle erstreckend, verbindet sich mit einem kleinen Fleck vor dem Randmale. Dieser letztere Fleck verbindet sich über der kleinen Querader wieder mit einem Fleck zusammen, der sich bis in die Discoidalzelle erstreckt. Die hintere Querader ist sehr schmal gesäumt und hat an ihren beiden Enden eine fleckenartige Erweiterung dieser Säumung, wodurch der vorher erwähnte Fleck gebildet wird. Hintere Querader geschwungen. An der winkligen Beugung der dritten Längsader ein kleiner kurzer Aderanhang. Flügelschüppchen rauchgrau.

Calliphora semiatra Schin.

Patria: Paramo. 3600 Meter (Cordilleren von Columbien).

Die Exemplare von Paramo sind größer als die in Schiner's Novara Reise (Dipt.) pag. 308 angegebenen. $5^1/_2$ lin.

Hydrotaea Stuebeli n. spec. ♀.

Hydrotaea cyaneiventris Mcq.?

Macquart Diptères exotiques IV. Suppl. pag. 203.

Macquart hat im V. Suppl. Dipt. exot. pag. 108 nochmals eine Hydrotaea cyaniventris aus Neu-Holland beschrieben; er hat also 2 Arten in ein und derselben Gattung denselben Namen gegeben. Damit nun die beiden verschiedenen Arten auch durch ihren Namen unterschieden werden, habe ich die eine Art, welche wahrscheinlich die Macquart'sche aus Chile ist, nach dem Entdecker dieser Art in den Cordilleren von Columbien, Herrn Dr. Alfons Stübel, benannt. Es sind 2 ♀, welche zu Paramo in einer Höhe von 3600 Meter gefangen sind. Dieselben stimmen mit der kurzen Macquart'schen Beschreibung überein; nur hat Macquart vergessen, daß die Augen behaart sind. Der Kopf schwarz, an den Seiten weiß schimmernd, ein weißer Fleck oben zwischen den Fühlern; die Fühlerborste nackt. Der Thorax ist blau, in's Grünliche schimmernd, mit 4 schwärzlichen Striemen. Schildchen blau; Hinterleib blau,

grünlich schimmernd; Beine schwarz. Flügel an der Basis
etwas geschwärzt. graulich glashell; die vierte Langsader neigt
sich vorn etwas zur dritten; hintere Querader geschwungen.
Länge 4$^1/_2$ lin. (10 mm).

Anthomyia spec.? Aus Paramo (Columbien).

Ephydra obscuripes Lw. Von Cocha di Colta (Ecuador).

Ueber eine neue Bücherpest.
Von
Dr. H. A. Hagen.*)

Heutzutage hat Jeder Bücher, selbst wenn er sie niemals
liest. Es ist eine ausgemachte Mode geworden — je mehr
Bücher, desto größer die Weisheit, desto feiner die Bildung.
Der Gipfelpunkt wird in Frankreich erreicht, wo man als
Zimmerdekoration große Bibliotheken kaufen kann, in welchen
die hervorragendsten Klassiker nur durch schön verzierte Bücherrücken repräsentirt werden, die in Schränken mit Glasthüren
aufgestellt sind. Die Schlüssel dazu sind aber regelmäßig verlegt; thatsächlich können die Schränke auch gar nicht geöffnet
werden. Aber selbst da, wo Bücherspinde wirkliche Bände
enthalten, ist es interessant zu beobachten, welche Autoren
niemals herausgenommen werden In deutschen Privatbiblio-
theken ist der Einband von Klopstock's „Messias" unweigerlich
so frisch wie möglich, und in England und Amerika habe ich
Milton's „Verlorenes Paradies" oft in sehr schöner Beschaffenheit
gesehen. Als ein Beispiel vom Gegentheil erinnere ich mich
aus meiner Jugendzeit eines alten hervorragenden Naturforschers,
der aus meiner Bibliothek einen Band herausnahm, dessen Einband und Blätter in Fetzen waren, und dann ausrief: „So sehe
ich Bücher gern!" Das Buch handelte von Wanzen, und meine
wissenschaftlichen Verdauungsorgane waren damals von vor-
trefflicher Beschaffenheit.

Später interessirte es mich, in Bibliotheken Bücher in
ähnlicher Verfassung auszusuchen, um daraus auf den Geschmack

*) Eine kleine Humoreske, übertragen aus Boston Evening Trans-
script vom 13. März 1886. Der Autor hat bei der Mittheilung des
Originales die handschriftliche Note beigefügt: „Vorgelesen im Donners-
tags-Club vor alten Herren, die Scherz von mir erwarteten."

C. A. D.

und die Lieblingsstudien der Eigenthümer zu schließen. Der erste Preis konnte einem Exemplar von Pepy's Memoiren gegeben werden, das im echten Billingsgate*)-Zustande fettdurchtrankt war, und sich in einer Jugendbibliothek befand.

Wie dem auch sein mag, jedenfalls hebt kein Besitzer von Büchern sein Eigenthum von Anderen, außer ihm selbst, zerstören zu lassen. Bis neuerdings hatte ich geglaubt, daß die schadlichsten Bücherfeinde „meine speziellen Freunde, die Insekten", wären, aber ich sehe nun meinen Irrthum ein. Eine sehr interessante Publikation, „Die Bücherfeinde" von William Blades in London, welche in den letzten fünf Jahren drei Auflagen erlebt hat, zeigt endgültig, daß, wenigstens in Alt-England, die Menschen bei weitem schlimmere Bücherfeinde sind. Mr. Blades führt alles auf, was Bücher beschadigen kann — Feuer, Wasser, Gas, Hitze, Staub, Nachlässigkeit und Unwissenheit. Dann kommen zwei kurze Kapitel über den Bücherwurm und andere Würmer, auf welche Kapitel über Buchbinder und Sammler folgen. Das kleine Bändchen enthält Thatsachen, die jedes Lesers gerechtes Erstaunen und Ekel hervorrufen werden. Ein reicher Schuhmacher, John Bagford, einer der Gründer der antiquarischen Gesellschaft, ging im Beginn des letzten Jahrhunderts von Bibliothek zu Bibliothek, und riß die Titelblatter aus den seltensten Büchern jeder Größe heraus. Er sortirte sie nach Nationalitaten und Stadten, und bildete auf diese Weise über hundert Folio-Bande, die nun im britischen Museum aufbewahrt werden. Andere sammeln reich vergoldete und illuminirte Initialen auf Pergament, Blumenverzierungen vom 12. bis 15. Jahrhundert, die alle auf starkes Cartonpapier aufgezogen werden. Ein Mr. Proeme sammelt nur Titelblätter, die er in sinnloser Weise klassifizirt. Einer seiner Bände enthält grobe oder wunderliche Titel, die von der Dummheit oder Selbstschatzung ihrer Autoren zeugen. Gewiß konnen die armen Wanzen nicht mit solchen Rivalen konkurriren, einige unternehmungslustigere ausgenommen, die, anscheinend für den Westen bestimmt,**) sich durch 80 Folianten von patriotischen Werken durcharbeiten, so daß diese einem Fernrohr in einer Weise gleichen, von der Chrysostomus und seine Kollegen sich nichts träumen ließen.

Vor beinahe sechs Jahren wurde ich eingeladen, auf der Versammlung der Bibliothekare in Boston eine Mittheilung über

---

*) Billingsgate, bekannter Fischmarkt in London. C A. D.

**) „Apparently bound West" lege ich mir hoffentlich richtig als den energischen Fanatismus aus, mit welchem die agrarischen Pioniere allmahlich von Osten nach Westen vordrangen. C. A. D.

die Bibliothekenpest zu machen. Nach einer Durchsicht über
die mir damals zu Gebote stehende Literatur kam ich zu dem
Schluß, daß in Nordamerika nur zwei Insekten, die Anobien
und die Termiten als sehr gefährlich und schädlich zu betrachten
sind. Das Anobium ist ein kleiner Käfer, der auch alte Mobel
und alte Bilderrahmen zerstort. Alle, welche die Schwäche
haben, ihrer Liebhaberei für alte Mobel zu fröhnen, werden
oft mit Verdruß kleine runde Oeffnungen in ihren Schätzen bemerkt haben, aus welchen ein feiner mehlartiger Staub in
kleinen Häufchen auf den Fußboden fällt. Als Knabe beobachtete ich selbst einen solchen Fall, aber mein rechtes Ohr
juckt immer stark bei der Erinnerung daran. Eine Cousine
von mir, Liebhaberin und glückliche Besitzerin solcher alten
Kostbarkeiten, hatte sich entschlossen, dieselben stets eigen-
handig abzustäuben. Ich war unartig genug gewesen, in einen
dieser Staubhaufchen das Datum mit meinem Finger zu schreiben.
Als ich vierzehn Tage spater ihr die noch unberührte Schrift
unverschämt zu zeigen wagte, erhielt ich mit bewunderns-
würdiger Treffsicherheit die einzige Anerkennung für meinen
Dienst —

> „Use every man after his desert, and who should' scape
> whipping."

> „Jeder nach Verdienst behandelt — wer wäre da vor
> Schlägen sicher?"

> Hamlet zu Polonius.

Ich gab aber doch diese Art von chronologischem Protokoll auf.

Drei Zusatze zu meinem Bericht vor den Bibliothekaren
sind publizirt worden, sie enthalten aber nur vereinzelte Falle
und nichts von allgemeiner Wichtigkeit. Natürlich hatten die
erwähnten Insekten Bücher beschadigt, und da Jeder liebt, seine
eigene kleine Pest zu haben, so waren die Neu-Hinzugekommenen
mit einem gewissen Nachdruck aufgeführt worden. Ich habe
den Gegenstand während dieser letzten sechs Jahre sorgfaltig
verfolgt und konnte eine hubsche Liste von Namen geben, die
mehr oder weniger wunderlich zusammengesetzt sind. Vor
sechs Jahren war ein Theil der Publikationen über Bücherpest
hier noch nicht zu haben. Inzwischen habe ich die wichtigsten
derselben durch die offentliche Bibliothek erhalten, welche in
splendider Weise Bücher verschreibt, die von Gelehrten für
ihre Studien gebraucht werden.

In der That sind die lästigen Geschöpfe zahllos: „Misery
acquaints a man with strange bed-fellows." Vielleicht ist das
Wort lastig hier nicht ganz zutreffend, da jene Bettgenossen
den eindringenden Fremden entschieden als lästig betrachten

mögen. Da aber dergleichen philosophische Ansichten jedes legitime Museums-Geschaft ruiniren würden, so bleiben wir bei unserer gewohnten Unhoflichkeit gegen alle Eindringlinge.

Eines Morgens bat mich Mr. R. T. Jackson, der geologische Assistent im Museum, um Rath und Hilfe gegen eine neue Pest, die in seinem Departement ausgebrochen. Steine und Petrefakten waren unberührt, dagegen waren sämmtliche neue Etiketten, die während des letzten Jahres geschrieben worden, mehr oder weniger beschädigt oder beinahe zerstört. Dies ist natürlich eine ernste Gefahr für eine Sammlung, da jedes Specimen an seinem Werth einbüßt, wenn die Lokalitat oder der wissenschaftliche Name verloren geht.

Im letzten Jahr hatte man eine neue Art von Etiketten, die auf vortrefflichem Kartonpapier gedruckt waren, gewählt. Die Steine werden in kleinen viereckigen, offenen Kästen aufbewahrt; die Etikette wird in der Mitte um den Stein geschlagen, in der Weise, daß das untere Ende unter dem Stein liegt, um sich nicht zu verschieben; das frei überhängende Ende giebt die Lokalität und den Namen an und gewährt einen leichten Ueberblick über den Inhalt der Sammlung. Seit dem letzten Winter schien nun die obere Hälfte auf beiden Seiten abgeschabt, so daß die Schrift dadurch beschadigt und in einigen Fallen ganz verschwunden ist. Auch die untere Halfte der Etikette war in gleicher Weise so weit beschädigt, als sie nicht von dem Stein bedeckt wurde; die untere Seite der unteren Hälfte war ganz unberuhit, wahrscheinlich, weil sie von dem Boden des Kastens geschutzt wurde, gegen welchen sie die Wucht des Steines preßte. Der Schaden ist sehr beträchtlich, da die ganze Sammlung mit neuen Etiketten versehen werden muß. Eine sorgfaltige Untersuchung fuhrte zur Entdeckung eines Insektes, das zu der Familie Lepisma gehörig, in Kästen und Schränken lebt. Die alten Etiketten von gewohnlichem Schreibpapier waren niemals angegriffen, und man vermuthete deshalb, daß die Appretur der neuen Namenzettel die Insekten anzog. Professor C. L. Jackson fand auch wirklich die neuen Zettel auf beiden Seiten mit Stärke überzogen und unzweifelhaft reizte dieser Ueberzug die Lepisma. Diese Thatsache erschien mir etwas räthselhaft, denn seit mehr als einem Jahrhundeit wußte man, daß Anobium, die größte Bibliotheken-Pest, keine Starke liebt. Es wuide deshalb empfohlen, beim Binden der Bücher nur reinen Stärkekleister zu verwenden, natürlich auch mit Zusatz von Flussigkeiten von mehr oder weniger unangenehmem Geruch; und nun zieht ein neuer Kunde die Stärke allen anderen Dingen vor! Nebenbei

gesagt, ist es übrigens eine wunderliche, aber sehr gewöhnliche
Ideenassociation, daß Substanzen, die dem Menschen widerlich
riechen, auch den Insekten unangenehm sind. Aber der tugend-
hafte Verächter von Roquefort und Limburger Käse würde
sogleich enttauscht werden, wenn er mit einer gewohnlichen
Lupe einen fröhlichen Karneval von Maden in diesen anrüchigen
Leckerbissen entdeckte.

Die den Etiketten so schädliche Lepisma ist ein echt
amerikanisches Insekt, das Professor Packard als L. domestica
beschrieben hat. Es gehört zu einer kleinen Insekten-Gruppe
mit dem wohlklingenden Namen Thysanoura, von denen mehr
als ein halbes Dutzend von Arten in den Vereinigten Staaten
bekannt ist. Die hauptsächlichste in Europa gefundene Art ist
L. saccharina, noch besser bekannt unter dem Namen „der
kleine blaue Silberfisch". *) Man findet ihn in dunklen Orten
und Winkeln in der Nähe von Vorräthen; er läuft sehr schnell
und ist so weich, daß er durch die leiseste Berührung zerquetscht wird. Ganz unbegründet hat er in Europa immer als
von Amerika importirt gegolten. Er ist dort seit mehr als
zweihundert Jahren bekannt, sein Vorkommen vor der Entdeckung Amerika's kann freilich nicht nachgewiesen werden.
Der ganze Korper des Insektes ist mit sehr feinen irisirenden
Schuppen bedeckt, die als zartes Probestück für Mikroskope
gebraucht worden sind und ihm den volksthümlichen Namen
„Silberfisch" gegeben haben.

Wenn wir alle Fälle zusammenstellen, finden wir sogleich,
daß alle Schaden, mit Ausnahme derer an Papier und den
damit verwandten Gegenständen, an Seide, Kleidungsstücken
und Musselin-Vorhängen geschehen, welche alle ohne Ausnahme
gestärkt oder mit einer Appretur versehen waren, und daher
leichter zerfiessen oder benagt werden konnten. Zweitens sind
Bücherrücken mehr oder weniger schwer beschädigt worden;
aber hierbei ist gerade eine Menge von Kleister verwendet
worden. Die Goldschrift auf Büchern wird gewohnlich dadurch
gemacht, daß man Gold auf den Kleister thut und die heißen
Messing-Lettern in den Rücken hineinbrennt. Man versicherte
mich, daß in einem Falle nur das Gold von den Buchstaben
verschwunden sei. Es ist kein Wunder, daß Seide und Papier-
tapeten zerfressen worden sind; hoffen wir aber, daß die jetzt
gebrauchliche Industrie, Papiervorhange einzig aus Arsenik zu
machen, die Lepisma in gastfreundlichere Quartiere treiben wird.

---

*) In Deutschland auch bekannt unter dem Namen „Zuckergast."
C. A. D.

Auch in Frankreich und in Neu Süd-Wales ist bemerkt
worden, daß die Etiketten in Sammlungen zerstört worden sind;
dieselben waren sämmtlich gestärkt. In England sind Kupferstiche zerstört worden, ebenso Briefe, die zerstreut oder in
Haufen lagen, und Regierungs-Urkunden in England, Neu Süd-
Wales und in Boston. Ich denke, daß viele der anwesenden
Herren finden werden, daß die am meisten schurkische Art
von Zerstörung die an Rechnungsbüchern vorgenommenen Ra-
suren sind.

Nach allen diesen Thatsachen scheinen Karten, Kupferstiche, Photographie-Sammlungen und Herbarien, selbst Kataloge
in augenscheinlicher Gefahr zu schweben. Sehen wir uns aber
die besprochenen Schäden genauer an, so finden wir sogleich,
daß derartige Papiere, wenn fest zusammengepreßt, nicht von
Lepisma berührt wurden, und daß auf diese Weise eine große
Zahl von Unfällen vermieden werden kann. Kupferstiche und
Landkarten, die unter zu scharfem Druck leiden würden, werden
in einfachen Kartonschachteln vollkommen sicher sein. Doch
müssen diese vollkommen schließen, damit Lepisma unmöglich
Eingang finden kann.

Insektenpulver, wenn in die Winkel und Nischen gestreut,
in denen Lepisma bemerkt worden ist — z. B. in Cambridge
hinter dem Küchenherde oder Küchenbrettern, — tödtet sofort
die, welche von dem Pulver getroffen werden, und ich möchte
daher anempfehlen, dasselbe in die seidenen Kleider, oder
Schränke und Schiebladen, in denen sie aufbewahrt werden,
einzustreuen. Werthvolle Kupferstiche würde ich auf der Rückseite mit gewohnlichem Papier umkleben, den Kleister dazu
aber mit Insekten-Pulver oder Tinktur mischen lassen. Somit
halte ich Lepisma für ungefahrlich, — falls die nothige Sorgfalt
angewendet wird, der Gefahr vorzubeugen.

Die gefährlichsten Bücher- und Papierfeinde sind die Termiten, weil sie alles zerstören und im Dunkeln arbeiten. Ich
hatte schon früher das Vergnügen, einen Bericht über diesen
Gegenstand abzustatten, dem ich noch einige Thatsachen hinzufügen will, die während der letzten Jahre zu meiner Kenntniß
gekommen sind. Die gewöhnlichen Termiten der westlichen
Halbkugel finden sich überall, von Manitoba bis zum mexika-
nischen Golf, und vom atlantischen bis zum stillen Ocean. Auf
den Bergen in Colorado, Washington Territory und Nevada
steigen sie bis zu 5000, und selbst über 7000 Fuß. Natürlich
ist es unmöglich, sie auszurotten; sie müssen sich· aber bescheiden, wenn sie mit den Menschen zusammenleben wollen.
Ihre Zerstörungen dürfen nicht gewisse erlaubte Grenzen über-

schreiten. Jeder ist an die nöthige Vorsicht gewöhnt, um sein Eigenthum gegen Feuer zu schützen; träfe man unablässig dieselben Vorsichtsmaßregeln gegen Zerstorung durch Termiten, so wäre damit alles geschehen, was Menschen zu thun möglich ist. Wir verwahren natürlich sehr kostbares Eigenthum in feuerfesten Gebäuden; eine ähnliche Vorsorge wird nothig sein, um sehr werthvolles Eigenthum z. B. Bibliotheken gegen Termiten zu schützen. In steinernen oder Ziegelgebäuden müßten alle Baumstümpfe oder Wurzeln aus den Kellern bis zu einer Tiefe von 6 Fuß herausgenommen werden, bevor der Boden derselben sorgfaltig cementirt wird. Von außen sollte das Gebäude mit einer tiefen, freien Fläche umgeben sein; keine Blumenbeete, Sträucher oder Epheu, da der dazu nöthige Dünger eine große Anziehung für die Termiten bildet.

Große Städte, wenigstens die meisten derselben, sind gewiß in geringerer Gefahr. So bin ich sicher, daß die sogenannte Back Bay in Boston von Termiten frei sein wird, falls sie nicht duich hübsche Parks und ähnliche Anlagen eingeführt werden. Die älteren Stadttheile Boston's sind durchaus nicht frei von dieser Pest, aber die Eigenthümer von beschädigtem Eigenthum mögen aus sehr begreiflichen Gründen nicht gerne davon reden. Ihr Vorhandensein im sogenannten „dungeon" des State House wurde schon vor vier Jahren in den Zeitungen mitgetheilt. Da nichts geschehen ist, um das Eindringen dieser Pest in anderen Theilen des Gebäudes zu verhüten, so ist es sehr wahrscheinlich, daß sie sich weiter verbreitet hat. Die Zeitungsnachricht über das plötzliche Zusammenbrechen der holzernen Pfahle, welche die Fahnen und Standarten tragen, sieht sehr verdächtig aus; vielleicht wissen die Termiten darum. In dem „dungeon" wurden nur die Steuereinschätzungs-Papiere des Staates aufbewahrt, und als ich sie sah, waren die Termiten schon bis zum zwanzigsten Jahre dieses Jahrhunderts vorgediungen. Einer anderen Zeitungsnachricht zufolge, — ich weiß nicht, ob sie wahr ist, — waren auch die Archive des Gesundheits-Amtes, wie die Notiz besagt, ihrer Erhaltung wegen, in dem „dungeon" aufgestellt worden. Da das State House auf einem Platze steht, der früher ein schoner Garten war, so ist es sehr möglich, daß unausgegrabene Baumstümpfe die Ursache der Pest sind.

Der erst zu nehmende, wichtigste Schritt wäre, herauszufinden, von wo die Termiten in das „dungeon" kommen und ihren Gangen außerhalb des Gebaudes zu folgen. In der That wurde vor zwei Jahren eine Bill vor den gesetzgebenden Korper gebracht, in der eine lumpige Summe für diesen Zweck verlangt wurde, aber sie wurde auf den Tisch gelegt. In einer französischen Pensionsanstalt, die ebenfalls von Termiten überfallen war, fiel plötzlich der Fußboden des Speisesaales mit den Tischgästen zwei Etagen hinab. Es ist erfreulich zu hören, daß Keiner Schaden nahm, und sie nur, wie berichtet wird, auf einen Tag den Appetit verloren. Sänke der gesetzgebende Körper eines Tages in einer ebenso sanften Weise hinab, so dürfen wir vielleicht hoffen, daß er durch dieses argumentum a posteriori über die Pest aufgeklärt wird. Wirklich ist das State House nicht das einzige Gebäude in jenen Stadttheilen, das von Termiten heimgesucht wird Vor einigen Monaten mußte ein alter Junggeselle, der in einem Hause in der Nähe von Mt. Vernon Street wohnt, alle beschädigten Bauhölzer aus den Mauern herausnehmen und sie durch neue ersetzen lassen. Als ihn ein Verwandter darauf aufmerksam machte, daß dies ziemlich gefährlich sei, antwortete er: es sei ihm durchaus nicht unbequem, da er nur alle 10 Jahre diese Ausgabe zu machen habe. In engen Höfen in der Nachbarschaft des State House stehen einige krank aussehende Bäume, die wahrscheinlich alte theure Lieblinge der Eigenthümer sind; sie sehen ganz so aus, als ob sie etwas von Termiten wüßten. Wie dem auch sein mag, ich halte keine Bibliothek für gefährdeter, als die im State House und man hat mir gesagt, daß dieselbe sehr seltene Bücher enthält, die nur schwierig oder auch gar nicht wieder zu ersetzen sind. Allerdings scheint das Athenäum in der Nähe des State House zuerst in einer ziemlich gefährlichen Lage zu sein, da es auf der einen Seite an einen alten Kirchhof stößt. Das sehr solide Gebäude aber, welches sehr hohe und, wie ich glaube, gewölbte Fundamente hat, macht eine Gefahr für die Bibliothek sehr unwahrscheinlich. Dennoch ist es vernünftig, immer an die Pest zu denken, und oft eine Revision in den Theilen der Bibliothek vornehmen zu lassen, die wenig oder nur selten gebraucht werden. Die öffentliche Bibliothek scheint in keiner Gefahr zu sein, doch kenne ich ihre Umgebungen nur sehr unvollkommen. Nach all' diesen finsteren Prophezeihungen darf ich sagen, daß Keiner glücklicher sein würde als ich, wenn sie für immer unbegründet blieben, und die Bibliothekare sagen könnten:

Wat's Hecuba to him — or he to Hecuba!

Vereins-Angelegenheiten.

Die Sitzung am 6. Mai wurde vom Unterzeichneten zunächst durch die Mittheilung eröffnet, daß unser Mitglied, Herr B. Endrulat (früher in Glückstadt) schon im verwichenen Jahre verstorben. Auch den Professor in Freiburg, Dr. Leop. Heinr. Fischer haben wir verloren. Wer in Hagen's Bibliotheca entom. I. 238 das Verzeichniß von Fischer's entomologischen Leistungen (17 Nummern) liest, unter denen sich das für damalige Zeit bedeutende Werk: Orthoptera Europaea, Leipzig, Engelmann, 1854, befindet, wird es schmerzlich bedauern, daß F. aus gebieterischen Gründen von der Beschäftigung mit der Entomologie gänzlich Abstand nehmen und sich ausschließlich mit Mineralogie beschäftigen mußte. Selbst in den gewissenhaften Referaten der Carolina Leopoldina sind seine entomologischen Leistungen mit Stillschweigen übergangen.

Ein Brief des Theologen Herrn G. Rosenberger aus Kursieten (Kurland) vom 8. April brachte uns die Trauerbotschaft, daß sein Bruder, Pastor in Ringen (Kurland) im Mai vorigen Jahres verstorben. Es lautet eine Stelle in diesem Briefe:

„Wunderbar war es, wie während der Beerdigungsfeier, als der reich mit Blumen geschmückte Sarg schon in die Gruft gesenkt war, eine Macroglossa stellatarum, ein in hiesiger Gegend ziemlich seltenes Thier, während der Funeralien in die offene Gruft bis auf den Sarg flog und sich darauf blitzschnell in die Lüfte erhob. Es war, als ob dies Thierchen als Repräsentant der Lieblinge des Heimgegangenen von ihm Abschied nehmen wollte."

Der Reisebericht des Herrn L. Conradt (vergl. S. 177 d. Ztg.) war durch zwei Briefe aus Perowsk und Taschkent vermehrt worden. Die Reise war durch das Passiren des theilweise mit Eis bedeckten Syr Darja gehemmt worden. Von Margelan werden weitere Nachrichten versprochen. Von da ab ist die Weiterreise eine Perspective auf 3500 Werst zu Pferde unter Begleitung von Kosaken und Führern. Den kühnen Exploratoren möge Isis günstig und gnädig sein!

Dr. C. A. Dohrn.

Lepidopterisches.
Von
G. Stange.

Agrotis pronuba. In seinen Schmetterlingen Nassau's erwähnt Rossler öfter, daß die Farbe der Schmetterlinge verdunkelt wird, wenn man die schon begonnene Entwicklung der Puppe durch Kälte künstlich hemmt. Um die Richtigkeit dieser Bemerkung zu prüfen, setzte ich einige noch im October durch Zucht erhaltene Puppen von pronuba etwa 3—4 Wochen der Winterkälte aus, als die Entwicklung der Schmetterlinge schon begonnen hatte, und erhielt dadurch einen auffällig gefärbten Schmetterling, während die übrigen Puppen starben. Derselbe hat ganz dunkel braungraue, ziemlich stark seidenglänzende Vorderflügel, mit noch dunklerem Außenrand und hellerem Innenrand. Von der Zeichnung ist nur der schwarze Fleck nahe der Spitze, die Nierenmakel und der Raum zwischen Nieren- und Ringmakel als brauner Fleck sichtbar, während die letztere selbst mit dem helleren Vorderrande zusammenfließt. Das Gelb der Unterflügel ist viel trüber und schwach mit Grau gemischt, die schwarze Außenbinde dagegen matter, so daß der ganze Unterflügel weniger grell gezeichnet erscheint. Daß aber nicht bei allen Arten durch Kälte Verdunkelung bewirkt wird, bewiesen mir eine Anzahl Cidaria tristata, die dadurch gar nicht verändert wurden. Namentlich waren die beiden dunklen Punkte auf jedem Hinterleibsring stets deutlich sichtbar und fand keine Annäherung an luctuata Hb. statt.

Agrotis rubi-florida. Rössler stellt in den Schmetterlingen Nassau's p. 9 die Vermuthung auf, florida könnte eine nordliche, einbrütig und dadurch kräftiger gewordene Race der rubi sein, die sich dann wieder nach Süden verbreitet habe. Diese Ansicht scheint mir irrig zu sein, denn rubi hat hier zwar in der Regel zwei Generationen im Jahre. Aber gerade auf einem kalten Moosmoore, wo ich florida bis jetzt allein gefunden habe, hat auch rubi wenigstens oft nur eine Generation, ohne daß sich deshalb der Schmetterling der florida nähert. Dort fing ich am 6. Juli 1884 am Koder ein großes ♀, von dem ich eine Anzahl Eier erhielt. Die daraus erhaltenen Raupen lieferten, trotzdem sie im Zimmer mehr Wärme hatten als draußen auf dem Moor, nur zum Theil bis Anfang October die auffällig

kleinen (ca. 12 mm Vorderflügellänge) matt gezeichneten Falter.
Ein Theil dagegen uberwinterte, wurde schon im Februar in's
warme Zimmer genommen und lieferte doch erst von Mitte
Mai ab, wo sich rubi schon im Freien bald entwickelt, die
großen (bis 16 mm Vorderflügellänge) lebhaft gezeichneten
Schmetterlinge. Aber keiner hatte die breiteren Vorderflügel
und die aus grau und rosa gemischte Grundfarbe der florida;
dagegen besaßen alle den schwarzen Punkt an der Spitze der
Zapfenmakel, der florida stets fehlen soll. Ich halte florida
uberhaupt fur eine gute Art, namentlich auch wegen der abweichenden Färbung der jungen Raupe vor und in der Ueberwinterung, von der ich allerdings nur 4 Stück in Händen gehabt habe. Diese waren aber alle entschieden rothgelb gefärbt,
wahrend alle Raupen von rubi, die ich gesehen habe, dunkel
braunroth waren und auf dem Rücken ein breites weißgraues
Band hatten, was wieder den Raupen von florida fehlte. Endlich
treten zwar bei beiden Arten die Anfänge der Dorsalen und
Subdorsalen als kurze gelbe Striche auf dem Nackenschilde
hervor, aber bei florida sind sie viel deutlicher.

Cidaria affinitata var. *turbaria.* Die Art ist hier in mehreren
Erlenbruchen um Lychnis diurna etwa vom 18. Mai bis in die
ersten Junitage häufig; die Raupe findet man von Ende Juni
an nur kurze Zeit erwachsen und die Puppe liegt meist länger
als ein Jahr. Nach einer gütigen Mittheilung von Speyer fliegt
dagegen die Stammart bei Rhoden einen vollen Monat später
und dem entsprechend findet man dort die Raupe von Mitte
Juli bis in den September; die Puppe liefert aber meist nach
der ersten Ueberwinterung den Schmetterling. Es scheint also
ein Beispiel von localer Gewohnung einer Art vorzuliegen.
Puppen, die ich durch die Güte Speyer's erhielt, lagen hier
zwei Winter und lieferten dann Schmetterlinge, die schon einen
Uebergang zur var. turbaria bildeten.

Eupithecia pusillata. Eine einzelne, von Wachholder ge-
klopfte Raupe lieferte ein Exemplar der aberr. laricis, was
nach Speyer durch kleineren Mittelmond von der Stammart
noch mehr abweicht, als typische Stücke dieser Abart. Leider
habe ich seitdem nie wieder eine Raupe von pusillata an Wachholder gefunden und kann somit nicht angeben, ob die Abart
wirklich eine ständige, durch das Futter hervorgerufene ist.

Eupithecia nanata. Aus dem Ei erhaltene Raupen fütterte
ich mit Vaccinium oxycoccus, das sie sehr gern nahmen, indem
sie die Blatter von oben abschabten. Die Schmetterlinge erschienen sämmtlich noch Ende Juli und unterscheiden sich von
den von Calluna gezogenen Exemplaren der Frühlingsgeneration

durch weniger vorspringende Ecke des Mittelfeldes und ein-
tonigere Färbung, indem die das Mittelfeld außen begrenzende
helle Binde dunkler geworden ist und gegen den Innenrand
fast ganz verlischt. Darin stimmt mit ihnen ein aus Livland
stammendes ♂, jedenfalls der Frühlingsgeneration; noch verloschener ist aber ein Elsasser ♀ der Sommergeneration gezeichnet, indem nicht nur die weißlichen Stellen dunkler, sondern
zugleich die dunklen Stellen heller geworden sind. Das Stück
gewinnt dadurch eine gewisse Aehnlichkeit mit scopariata.

Eupithecia innotata. Am 16. August 1884 fing ich auf
Haidekraut ein ♀, welches eine kleine Anzahl Eier absetzte.
Die Räupchen fütterte ich der Bequemlichkeit wegen mit Artemisia vulgaris, deren Blätter sie von oben abschabten, und erhielt im nächsten Jahre 3 Schmetterlinge. An derselben Stelle
klopfte ich am 3. Juli des folgenden Jahres eine halbwüchsige
Raupe von Rosen, die den Schmetterling am 4. August lieferte.
Alle 4 Stücke sind kleiner wie die gewöhnlichen innotata, wenn
auch immer noch größer als mein kleinstes Stück von Artemisia campestris, rein grau ohne jede bräunliche Beimischung
und verloschener gezeichnet. Sie bilden also einen trefflichen
Uebergang zu 5 als tamarisciata erhaltenen Tiroler Stücken,
die aber größer (doch nicht so groß wie meine größten hiesigen
innotata) und noch weniger gezeichnet sind; zwei sind sogar
fast einfarbig. Drei fraxinata der Sommergeneration aus der
Pfalz und eine fraxinata aus Landsberg a. W., die wahrscheinlich
der Frühlingsgeneration angehört, sind ebenso verloschen gezeichnet, aber mehr bräunlich, nähern sich also in der Farbe
wieder mehr der ächten innotata. Am meisten weichen aber
6 Exemplare der tamarisciata aus Baden ab, welche der Sommergeneration angehören. Dieselben sind so groß wie die mit
Artemisia vulgaris gezogenen innotata, und ebenso verloschen
gezeichnet wie die tamarisciata der Frühlingsgeneration, haben
aber breitere und gelbgraue Vorderflügel. Es ist also wohl
mit größter Wahrscheinlichkeit die Ansicht von Rössler und
Speyer als die richtige anzunehmen, daß innotata, fraxinata und
tamarisciata nur Modificationen derselben Art sind. Räthselhaft
bleibt dabei nur, daß die Sommergeneration der innotata verhältnißmäßig so selten gefunden wird.

Eupithecia trisignaria war vor einigen Jahren als Raupe
hier so gemein, daß sie erst die Blüthen und Samen, dann die
Rinde und schließlich die Blätter der Angelica abfraß. Ja ich
traf sogar einige Raupen, die aus Mangel auf Artemisia campestris übergesiedelt waren und, nach den frischen Fraßspuren
zu urtheilen, wirklich davon gefressen hatten. Merkwürdig ist,

daß die sonst rein grüne Raupe fast regelmäßig auf dem Rücken dunkler, manchmal fast schwarz gefärbt wird, wenn sie auf Dolden lebt, deren Stiele stark mit Blattläusen besetzt, also dunkler geworden sind (cfr. Dietze, Stett. entom. Zeit. 1872, p. 199).

Eupithecia actaeata. Von dieser Art erschienen mir im heißen Sommer 1884 mehrere Exemplare noch in demselben Jahre, ein Stück schon am 2. August nach kaum 14tägiger Puppenruhe, ein besonders großes Stück am 21. October.

Crambus margaritellus fliegt hier allerorts an moosigen Stellen, in zahllosen Mengen aber auf einem kleinen Sphagnum-Moor. Dort allein fange ich auch fast alljährlich ein oder das andere Stück einer meines Wissens sonst noch nicht beobachteten Abart. Die Vorderflügelstrieme ist nämlich nicht weiß, sondern gelbbraun, wie der Innenrand, und zwar gegen die Spitze hin in zunehmendem Maße, während der Anfang der Strieme nur bei sehr ausgesprochenen Exemplaren der Abart ebenfalls gelbbraun wird.

Salebria formosa. Ein sonst normales gezogenes ♂ hat auf den Hinterflügeln statt 8 nur 7 Aeste, indem statt 3, 4, 5 nur 2 vorhanden sind. Das Stück bildet also einen Uebergang zur Gattung Pempelia, ein Beweis, wie Recht Wocke gethan hat, beide zusammen zu ziehen.

Conchylis dipoltella. Die Raupe lebt hier und zwar, soweit ich beobachten konnte, ausschließlich in den Blüthen von Tanacetum, während ihre sonstige Futterpflanze Achillea garnicht von ihr bewohnt zu sein scheint. Es ist das also wieder ein Beweis für ganz locale Gewohnheiten einzelner Arten.

Conchylis Kindermanniana. Die Raupe lebt hier Anfang October zwischen den Blüthen von Artemisia campestris in kurzen Gespinnströhren, die sie, um zu fressen, gelegentlich zu verlassen scheint; wenigstens traf ich sie öfter ganz frei an der Pflanze. Die Angabe, daß sie im Mai in den Endtrieben leben soll, möchte ich fast für Verwechselung mit moguntiana halten.

Conchylis mussehliana. Die Raupe fand ich im Spätherbst zusammen mit der von Botys fuscalis in Gespinnströhren zwischen dem Samen der Euphrasia odontites, während die der Sommergeneration einmal zahlreich in dem Samen von Pedicularis gefunden wurde.

Sericoris rooana de Graaf. Ein Exemplar dieser bisher nur in Holland und Dänemark gefundenen Art fing ich hier am 27. Juli auf einer Hutung zwischen Erlen.

Sericoris dissolutana Z. i. l. Vor einigen Jahren erhielt

ich eine **Sericoris** unter diesem Namen von Zeller bestimmt, und auch Büttner erwähnt sie in seiner Fauna als in Pommern vorkommend. Da sie seitdem meines Wissens nicht publicirt ist, beschreibe ich sie nach 6 Exemplaren (4 ♂, 2 ♀), von denen ein Pärchen frisch ist, die übrigen mehr oder weniger geflogen sind. Die neue Art ist zwischen bifasciana und bipunctana einzuordnen, hat aber mit beiden wenig Aehnlichkeit. Die Größe ist etwas über bifasciana, Vorderflügellänge 6—7 mm, Kopf grau, von wechselnder Dunkelheit, Gesicht und Oberseite der stark behaarten Palpen heller, das Endglied derselben mit weißlicher Spitze, wie bei den verwandten Arten. Thorax dunkelgrau, nach hinten mit einzelnen weißlichen Schuppen gemischt, Schulterdecken an der Spitze weißgrau, Hinterleib grau, der Afterbusch des ♂ wenig abstechend heller. Alle 6 Füße dunkel- und weißgrau geringelt, Vorder- und Mittelschienen dunkler, Hinterschienen heller, die Mittelsporen stehen den Endsporen näher als der Wurzel. Der Haarbusch des ♂ an der Wurzel der Schiene nur durch längere Behaarung angedeutet. Vorderflügel bei beiden Geschlechtern von gleicher Form, aber etwas wechselnder Breite, mit geschwungenerem Vorderrand und weniger scharfer Spitze als bifasciana. Die Vorderflügel sind dunkelgrau, zuweilen fast schwarz, mit etwas bräunlicher Beimischung im Mittelfelde, und führen zwei hellere Binden. Die vorderste ist breiter, wie bei bipunctana und gegen die Wurzel ebenso begrenzt, gegen das Mittelfeld bei einem ♂ fast geradlinig abgeschnitten, bei den anderen gegen die Mitte etwas vorspringend, in der Mitte durch eine nicht überall deutliche dunkle Linie getheilt. Die Farbe ist sehr wechselnd; bei den hellen Stücken ist sie fast rein weißgrau, mit nur wenigen eingesprengten dunkleren Schuppen, bei einem sehr dunklen ♂ fast von der Grundfarbe und nur an den Rändern heller. Die zweite Binde entspringt am Vorderrande zwischen dem zweiten und dritten Häkchenpaar und zieht von da schräg nach dem Innenwinkel, so daß das Mittelfeld am Innenrande breiter wie am Vorderrande ist. Sie ist gegen das Mittelfeld nicht immer, gegen die Spitze nie deutlich abgegrenzt. Letztere ist wieder dunkler, aber bei den einzelnen Exemplaren in sehr verschiedener Stärke, weißgrau gewellt. Die Vorderrandshäkchen doppelt, an Deutlichkeit sehr wechselnd. Die Franzen sind vor einer scharfen Theilungslinie lichter, hinter derselben dunkler grau, am Innenwinkel, wo sich die helle Binde auf sie fortsetzt, weißlich, nur ganz wenig gefleckt. Bei den dunkelsten Stücken sind sie an der Stelle, wo sonst der Augenpunkt steht, zweimal licht durchschnitten, und dann stehen auch auf der Flügelfläche doit ein Paar abstechend hellere Punkte. Die Unterflügel sind wie bei bipunctana gestaltet, dunkelgrau, Franzen etwas heller, namentlich gegen die Spitze hin, die Theilungslinie scharf, dunkel. Die Unterseite ist grau, die Vorderflügel sind dunkler als die Hinterflügel, die Vorderrandshäkchen schimmern deutlich durch.

Die Raupe ist nach einer gütigen Mittheilung von Herrn Hauptmann Hering in Pommern an Ledum gefunden, muß aber noch andere Futterpflanzen haben; denn hier fliegt der Schmetterling einzeln Ende Juni und Anfang Juli in trockenen Kiefernwäldern. Sonstige Fundorte sind noch nach Herrn Hauptmann Hering Swinemünde, Misdroy und Alt-Damm.

Argyresthia dilectella lebt als Raupe keineswegs bloß in den Knospen von Wachholder, sondern miniıt die Nadeln genau ebenso wie etwas früher abdominalis und etwas später aurulentella. Alle drei Arten bohren sich von oben in die Nadeln ein und diese entfärben sich vollständig, da das Blattgrün bis auf wenige Reste weggefressen wird; der Koth liegt dann lose in den Nadeln.

Coleophora salicorniae. Die Raupe lebt am süßen See in der Nahe des Dorfes Seeburg bei Eisleben, nicht Merseburg, wie Wocke angiebt, Anfang October sehr häufig in der Futterpflanze, ohne sich äußerlich zu verrathen. Mitte October kommt sie heraus und benutzt dann theilweise eine ausgefressene Stengelspitze als Sack, oft aber bleibt sie auch ganz unbekleidet und geht direct in die Erde. Hochst eigenthümlich ist ihr Ueberwinterungsgespinnst. Es besteht nämlich aus einer bis etwa 8 mm langen festen, außen dicht mit Sand bedeckten seidenen Rohre; an derselben befindet sich dann noch eine zuweilen ebenso lange lockere, mit nur wenig Sandkörnern bedeckte Anhangsrohre.

Coleophora absynthii. Wocke giebt an, daß die Raupe sich durch eine Blüthe durchfresse und dieselbe an ihrem Sack befestige. Das ist aber nicht ganz ıichtig. Vielmehr bildet sie ihıen Sack ebenso wie artemisicolella aus einer Blüthe; wird dann die Rohre, in der die Raupe lebt, zu eng, so vergroßert sie dieselbe und sprengt damit die Blüte auseinander, die nun den eigentlichen Rohrensack immer loser umgiebt und schließlich ganz abgestreift wird, was im engen Behälter oft lange vor der Ueberwinterung geschieht. Ganz ebenso bildet Col. artemisiae ihren Sack zuerst aus einer Blüthe; wird diese zu eng, so spinnt sie eine zweite daran, und zwar zuweilen so, daß die Längenaxen eine gerade Linie bilden. Mit dem weiteren Wachsthum der Raupe wird dann auch die Veıbindung der

Blüthen gesprengt, und diese umgeben als lockere Hülle den Röhrensack.

Coleophora apicella Stt. Die Raupe der in England an Stellaria graminea lebenden Art entdeckte schon Dietze beim Suchen nach Eup. pygmaeata bei Hamburg in dem Samen von Cerastium triviale (cfr. Stett. ent. Zeit. 1874, p. 219). Hier lebt sie anfangs in, dann an dem Samen von Cerastium auf torfigen Hutungen oft häufig, und man erhält sie am leichtesten, wenn man Anfang Juli die Samen tragende Futterpflanze ohne Auswahl einsammelt. Die Schmetterlinge erschienen mir im geheizten Zimmer von Mitte Februar bis zum 7. August, ja ein Paar Säcke lebten noch nach einer zweiten Ueberwinterung.

Cemiostoma lotella. Die Raupe dieser auf dem Continent noch nicht beobachteten Art kommt auf einem Moosmoore Ende Juni und Mitte August in den Blattern von Lotus major, der dort zwischen Schilf wuchert, in großer Menge vor. Einzelne Augustraupen liefern noch in demselben Jahre den Schmetterling, bei der Mehrzahl überwintert die Puppe in langlichem, weißseidenem Gespinnst. Die Mine ist anfangs ein dunkler, kreisrunder, undurchsichtiger Fleck, in dem die Raupe sich auch später, wenn sie nicht frißt, aufhält. Von dort aus frißt sie das Chlorophyll zuerst strahlenformig weg; spater minirt sie das ganze Blatt aus, das nun zu einer weißen Blase wird, greift wohl auch gelegentlich noch ein zweites Blatt an. Der Schmetterling dürfte wegen seines ziemlich stark buschigen Kopfes hinter scitella einzuordnen sein.

Platyptilus similidactylus. Die Schmetterlinge der Sommergeneration sind meist ziemlich erheblich kleiner als die des Frühlings, etwas schmalflügeliger und matter, d. h. mehr grau statt gelbbraun (ein ♂ sogar weißgrau) gefarbt und gezeichnet. Doch kommen auch Exemplare vor, die sich von denen der Fruhjahrsgeneration nicht unterscheiden.

Platyptilus farfarellus. Die Raupe der zweiten Generation lebt in den Bluthen von Senecio vernalis und verpuppt sich auch daselbst. Die Schmetterlinge sind meist etwas dunkler und kleiner als die der ersten Generation.

Oxyptilus leonuri habe ich im Jahre 1883 in ziemlicher Anzahl, seitdem nicht wieder gezogen, und da die Exemplare fast ganz gleich sind, halte ich ihn sicher für eine gute Art. Doch ist die hintere Querlinie auf dem Vorderlappen der Vorderflügel ebenso gestaltet wie bei obscurus. Die in die Franzen des Hinterzipfels hineinragenden Schuppen scheinen zahlreicher als bei den nächsten Arten, von denen ich freilich nur gefangene Exemplare vergleiche; ein Stück von teucrii, welches anschelnend gezogen ist, hat sie ebenso stark. Die Palpen sind wie bei teucrii und obscurus.

Leioptilius brachydactylus. Die junge, aber schon gehäutete Raupe findet man im August in schattigem Laubwald häufig und fast gesellig an der Unterseite der Blätter von Lampsana communis, sehr selten Lactuca muralis; doch wird sie leicht übersehen, weil die Blätter meist von Schnecken, deren Fraß dem der Raupe gleicht, arg mitgenommen sind. Schon Ende August hört sie auf zu fressen und verändert ihre bisherige grünliche Farbe in weißlichgelb. Im nächsten Frühling läßt sie sich dann leicht mit in einen Blumentopf gesäter Lampsana oder auch Salat zur Entwicklung bringen, ist aber oft von Schmarotzern besetzt.

Wladiwostok.
Von
C. A. Dohrn.

Meinen Artikel „Unst" (S. 186 dieser Zeitung Jahrg. 1884) durfte ich wohl mit der Behauptung beginnen, die meisten meiner günstigen Leser würden von seiner geographischen Bedeutung so wenig wissen, wie ich davon gewußt hatte, ehe ich die lepidopterische Jagdgeschichte des Herrn Mac Arthur auf dieser Ultima Thule extrahirte.

Aber von Wladiwostok setze ich wie billig voraus, daß meine werthen Collegen gleich mir diesmal geographisch ausreichend gesattelt sind, folglich wissen, daß es ein Städtchen im Amurgebiet ist, an der Nordgrenze von Korea — vielleicht für den Augenblick noch ein ärmliches Nest, aber mit einer unfehlbar günstigen Zukunft wegen seiner Centralposition am stillen Ocean den japanischen Inseln gegenüber, ungefähr in derselben nördlichen Breite wie Corsica und Newyork.

Dr. Staudinger hat schwerlich einen begründeten Widerspruch zu befürchten, wenn er S. 193 dieses Jahrgangs die Ansicht ausgesprochen hat, daß in Central-Asien die Wiege der meisten europäischen Lepidopterenarten zu suchen ist, was ich unbedenklich auch auf die Käfer und andere Insecten verallgemeinere. Auch darin hat er Recht, daß im Norden von Central-Asien, in dem sogenannten paläarktischen Gebiete die exotischen Formen fehlen. Das wurde mir recht deutlich bestätigt durch den Erwerb einer Käfersendung, welche mir kürzlich aus Wladiwostok zuging, und die ich hier cursorisch besprechen will. Da sie aus der Raffbeute eines Nicht-Sachverständigen besteht, so hat sie natürlich nur einen bedingten Werth, ist aber gerade dadurch interessant, daß sie zu dem Nachweis beiträgt, welche Arten in dem ungeheuren Gebiet von Nord-Europa vom atlantischen bis an den stillen Ocean allgemein verbreitet sind.

‘Sehr brauchbar für meinen Zweck fand ich ein Verzeichniß von Motschulsky *) im Bulletin de Moscou 1859, IV, p. 487 unter dem Titel:

„Catalogue des insectes rapportés des environs du fleuve Amour depuis la Schilka jusqu'à Nikolaëwsk examinés et énumérés par V. M."

Der darin bezeichnete District begreift zwar ein ausgedehnteres, etwas nördlicher belegenes Territorium, aber ich fand nur wenige Arten unter den mir aus Wladiwostok vorliegenden, welche nicht darin verzeichnet sind. Umgekehrt hat der Katalog eine reiche Zahl mehr, die ich nicht erhielt.

*

Gleich bei der ersten und einzigen Cicindela, welche mir aus Wladiwostok vorlag, gerieth ich in Zweifel. Motschulsky beginnt sein Verzeichniß mit C. *sylvatica* L. und läßt darauf C. *restricta* Fischer folgen. Diese letztere finde ich nicht im

---

*) Daß Motschulsky ein Autodidact war, daß es ihm an ausreichender Kenntniß der alten Sprachen gebrach — auch sein Deutsch und Französisch war nichts weniger als grammatisch fehlerfrei — darüber kann kein Streit sein. Daß er ein sehr gutes, scharfes Auge besaß und ein vortreffliches entomologisches Gedächtniß für kleine schwierige Formen, ist mir aus persönlicher Erfahrung bekannt. Eine Vorneigung zu panslavistischen Uebertreibungen wird man bei ihm gewiß nicht in Abrede stellen können. Aber gegen die etwas abschätzige Art, mit welcher ihn Graf Mannerheim von oben herab tractirte, und vollends gegen die Berliner Versuche, Motschulsky's Leistungen vollständig zu annihiliren, ist nur einfach zu sagen, daß Mannerheim im Wesentlichen zugeben mußte, sich übereilt zu haben, und daß ein Blick in den Catalogus Gemminger-Harold genügt, um festzustellen, wieviele Species von Motschulsky darin figuriren. Bei der nicht eben sauberen Art, mit welcher M. sammelte, bei dem (in Rußland doppelt gefährlichen) Hin- und Hertransportiren seiner Sammlungen ist leider allerdings zu befürchten, daß ein erheblicher Theil seiner Typen zu Grunde gegangen ist. Aber wenn auch gegen den Systematiker und gegen den Gattungsmacher Motschulsky vieles mit Fug und Recht einzuwenden ist, der Specieskenner Motsch. war sehr respectabel und keineswegs über die Schulter anzusehen. Mithin war sein Verzeichniß gerade für den vorliegenden Zweck mir eine willkommene Beihülfe, und durchaus nicht zu unterschätzen.

Gemminger-Harold, weder als eigene Art noch als Synonym einer anderen, und vermuthe deshalb, daß Fischer sie so in literis benannt hat. Dagegen erwähnt Motschulsky auch nicht der C. gemmata Fald. aus China borealis, welche der Münchener Katalog als var. von C. sylvatica aufführt.

Es ist allerdings auffallend, daß Faldermann in seiner Beschreibung der *gemmata* (Col. Bung. 1835, p. 14) der anscheinend naheliegenden Beziehung zu *sylvatica* mit keiner Silbe eiwähnt. Auch sagt er am Schlusse (p. 15) ausdiücklich: „unicum specimen extat in Museo Acad. Petropol." Schon aus diesem Grunde abstrahire ich ganz von der *gemmata*, bei welcher die Circumflexbinde weder die Naht, noch den Rand der Elytra berühren soll.

Vergleiche ich nun das Wladiwostok-Exemplar mit meinen Stücken von C. *sylvatica*, so zeigt sich auf den ersten Blick dasselbe Kriterium, welches bei der Streitfrage: „Cic. hybrida der Cic. maritima Dej. gleich, oder von ihr verschieden?" schon soviel Staub aufgewirbelt hat. Bei C. sylvatica zieht sich die innere Hälfte der Circumflexbinde in dunnerer Linie abwärts nach der Naht in der Richtung gegen den Apex; bei dem Wladiwostok-Exemplar bleibt die Binde durchaus wagerecht.

Der weiße Schulterfleck, bei sylvatica von oben kaum wahrzunehmen, aber von der Seite deutlich sichtbar, und dann rückwärts nach oben hin in einen deutlichen Bogenstrich verlaufend, fehlt bei dem Wladiwostok-Stück an der unteren Schulter ganz, und von dem Bogenstrich ist nur auf der linken Flügeldecke ein schwaches Rudiment zu sehen.

Auch die 2 Apexflecke hinter der Circumflexbinde sind eiheblich schwächer markirt.

Da ich aber von C. fusciatopunctata Germ. türkische und kleinasiatische Stücke besitze, bei denen die Circumflexbinde wesentlich wagerecht gebildet ist, so glaube ich, daß der Katalog Gemminger-Harold Recht gehabt hat, dieselbe als Local-Varietat von sylvatica aufzufassen; das Exemplar aus Wladiwostok mag sich ihr anschließen, wenngleich seine Querbinde nicht so grob und plump gerathen ist.

*

Da Motschulsky die verzeichneten Carabus mit C. granulatus L. beginnt, und gleich darauf C. Maeander Fisch. folgen laßt, so möchte ich daraus schließen, daß er zu den Varietäten des *granulatus* nicht nur (wie der Münchener Katalog) den *parallelus* Fald., sondein auch den *duarius* Fisch. zieht, womit ich für meine Person ganz einverstanden bin, da meine von

Fischer, Mannerheim Ménétriés und Gebler stammenden Exemplare von C. *parallelus, duarius, dauricus* sämmtlich vom Grundtypus des *granulatus* nur in Einzelheiten divergiren, die mir keinen specifischen Werth zu haben scheinen.

*

Wladiwostok lieferte mir außer solchem C. granulatus ein Exemplar (aber nur eines) von C. tuberculosus Dej. (strophium Fisch.), welche Art bei Motschulsky fehlt. Das Exemplar ist dadurch auffallend, daß der Thorax ein gleichmäßig helles Kupferroth ohne dunklere Mitte zeigt, und daß die Längslinie dieser Mitte nur an der Basis schwach sichtbar ist, auf dem Discus aber völlig verschwindet. Dagegen sind die Hinterecken etwas deutlicher vorgezogen als bei meinen anderen Exemplaren, auch sind die Elytra nach rückwärts mehr verbreitert. Aber das sind offenbar nur individuelle Eigenthümlichkeiten.

*

Motschulsky zählt (mit Einschluß der Coptolabrus) acht Carabus auf; ich erhielt von Wladiwostok nur noch einen derselben, den C. Schrenki, leider in einem bedauerlich unvollständigen Zustande mit defecten Fühlern und nur einem tadelfreien Beine. Schade um das schöne und seltene Thier!

Von C. canaliculatus Adams, der bei M. fehlt, waren zwei lädirte Stücke vorhanden.

*

Von seinen 3 Arten Calosoma [oder wie er in unzeitiger Gelahrtheit schreibt Callisoma*)] erhielt ich nur das massiv imposante C. aeneum, aber auch dies unicum war fühlerlos.

*

Zur genaueren Prüfung und Vergleichung der außerdem noch von Wladiwostok gekommenen Carabicinen (ungefähr 20 bis 30 Arten) fehlt es mir für jetzt an Zeit; nur das läßt sich ohne weiteres Bedenken feststellen, daß von den Arten, welche Motschulsky aufführt, Chlaenius pallipes Gebl. in mehreren Stücken mitgekommen ist; ferner ist Dolichus flavicornis F., den M. nicht anführt, in der schwarzen und in der rothgesattelten Form vorhanden, und eine reiche Zahl von Pterostichus lepidus F. in allen Farben, den ich ebenfalls bei M. nicht bemerke, falls er nicht unter anderem Namen figurirt. **)

---

*) Vermuthlich fallen die meisten fatalen Druckfehler des Verzeichnisses nicht Motschulsky, sondern der mangelhaften Moskauer Correctur zur Last. C. A. D.

**) Ein leidlich conservirtes Stück von Abax confluens Fischer soll nicht unerwähnt bleiben.

Daß Motschulsky's Pseudophonus g r i s e u s mit unserem gemeinen, mehrfach vorhandenen Harpalus griseus Panz. identisch ist, unterliegt keinem Zweifel. Sowohl dieser wie auch sein gemeiner Vetter H. p u b e s c e n s Müller (ruficornis aut.) sind stärker als wünschenswerth vertreten. Ein noch massiverer Harpalus bleibt der Besprechung noch vorbehalten.

*

Das vorhandene Material aus den übrigen Familien gestattet mir, mich darüber kürzer zu fassen. Wasserkäfer sind gar keine mitgekommen, weder Hydrocantharen, noch Hydrophiliden. Die wenigen Curculioniden gingen in den Besitz meines Freundes Faust über. Von Sternoxen waren nur zwei Arten darunter, die zierliche grünglanzende Poecilonota v i r - g a t a Motsch. mit ihren schwarzen Punkten, und eine Buprestis r u s t i c a L. ohne rothe Abdominalsegmente, während M. nur B. *punctata* F. verzeichnet. Von Elateriden ein einziger Melanotus, dem japanischen l e g a t u s Cand. sehr ähnlich, vielleicht mit ihm identisch, da er nur etwas gestreckter ist. Von Malacodermen nur zwei Lyciden in je einem Exemplar, Lygistopterus sanguineus L. und flabellatus Motsch. Von Brachelytren kein einziger.

*

Weniger düiftig ist es mit den Lamellicornien aus Wladiwostok bestellt. Zwar weiß ich es dem Sammler Dank, daß er nicht in die Unsitte mancher seiner Collegen verfallen ist, die aus Kuhfladen und Roßäpfeln mit wenig Witz und viel Behagen in kürzester Zeit Centurien von gemeinen Mistfinken zusammenscharren; indessen muß es auffallen, daß M. in seinem Verzeichniß nur 3 Arten Aphodius, keinen Onthophagus, keinen Geotrupes aufführt, während ich 2 Stück Aphodius (in 2 Arten), 2 Onthophagus und 2 schon stahlblaue Geotrupes (*impressus* Gebl. var.?) vor mir habe. Eine Serica sp., 8 Stück der rosenzerfressenden Weltbürgerin Phyllopertha h o r t i c o l a L., mehrere Trichius f a s c i a t u s L. (M. glaubt ebenso wenig wie ich an das Synonym bimaculatus Gebl.), s u c c i n c t u s Pallas (den M. mit dem nirgends charakterisirten Gattungsnamen Pseudotiichius begnadigt) vor mir sehe. Bleiben noch die Cetoniden, auf welche der Wladiwostokker mit antisemitischem Fanatismus gefahndet zu haben scheint, da sie in Masse vorhanden sind. Aber leider hat die am zahlreichsten vertretene Art den Spiritus nicht vertragen und ich bin über sie noch nicht ganz im Klaren. Motschulsky spricht nur von 3 Arten Glyciphana, *fulvistemma*, *variolosa* und *viridiopaca*. Von diesen kann es keine sein, wenn die Exemplare meiner Sammlung richtig bestimmt sind, was ich annehmen darf, da variolosa von Motschulsky selber stammt, fulvistemma von Blessig, viridiopaca von Solsky herrührt. Es könnte (nach der auf manchen Exemplaren noch deutlichen Zeichnung der weißen Punkte und einzelnen Spuren von Behaarung) Glyciphana jucunda Fald. sein, aber auf den meisten Exemplaren fehlt jede Behaarung und jede Zeichnung. Auch was die Glyc. *viridiopaca* anbetrifft, bin ich nur auf die, allerdings gewichtige Autorität von Solsky angewiesen, da mir Schrenk's Reise nicht zu Gebot steht. Ich muß aber bekennen, daß der Name viridiopaca, falls richtig, ein recht ungeschickt gewählter wäre, denn von grün ist bei den mehr als 30 mir vorliegenden Stücken gar nicht die Rede, sie sind durch die Bank sämmtlich kupferroth, und auch an ihnen kann man deutlich die entstellende Wirkung des Alkohol constatiren.

Noch ist einer hübschen Hoplia zu gedenken, die in 5 Stücken vorliegt, hellbraun mit dunkler Querbinde auf der hinteren Mitte der Elytra, von der ich vor Jahren ein Exemplar aus Korea von Bowring erhielt, aber keinen Namen.

*

Als einziger Repräsentant der Clavicornien figurirt Silpha carinata Illig., aber in 2 so großen Exemplaren, wie ich in meiner Sammlung nur ein annähernd massives aus Baiern besitze. Motschulsky führt die Art nicht auf.

*

Sehr bescheiden sind auch die Heteromeren vertreten. Außer einer Allecula sp. (die von M. angeführte A. *fulvipennis* kann es nicht sein, da die vorliegende dunkel schwarzgrün ist) präsentiren sich nur eine Melandrya, die ich von Solsky aus Irkutsk ohne Namen erhielt und ein Exemplar der hübschen Lytta suturella Motsch. Dafür, daß sie nur einfühlerig ist, entschädigt sie offenbar durch einen fast bis auf den Apex reichenden blaugrünen Nahtstreif, während meine Sammlungs-Exemplare ihn kaum auf der Basalhälfte führen. Außerdem sind nur noch einige Stücke von Anoncodes (M. schreibt zweimal Anancodes) croceiventris Motsch. vorhanden, welche Ait M. in seinem Verzeichniß beschreibt.

*

Die ritterliche Horde der Langhörner beginnt mit einem äußerst kurzhornig verstümmelten Prionus insularis Motsch. (sein Verzeichniß hat ihn nicht), weiset demnächst 2 tadelfreie Leptura variicornis Dalman auf, 3 Monohammus (wahrscheinlich

Rosenmuelleri Cederjhelm, den M. anführt, und der im Münchener
Kataloge als var. unter sutor L. figurirt), 4 Exemplare von
Aromia moschata L. var. *ambrosiaca* Stev. mit dem rothen
Halsschilde, und ein Exemplar von Mesosa myops Dalman.

*

Außer 3 einzelnen Chrysomela, in deren einer ich die
Chr. quadriangulata Baly zu erkennen glaube, liefert Wladiwostok zwar noch einen reichen Segen von Phytophagen, vielleicht anderthalb Centurien, aber ihre Nomenclatur ist fabelhaft
leicht herzustellen, sintemal sie sammt und sonders auf den
Namen guttata Gebler zu taufen sind. Es begreift sich bei
dieser Masse von großen und kleinen, broncebraunen und stahl-
blauen Individuen leicht, wie Gebler dazu gekommen ist, derselben Art auch noch den Namen *musiva* zu ertheilen.

*

Ziemlich ebenso schnell ist mit den Coccinelliden fertig
zu werden. Außer den 2 Exemplaren der prahlerischen Ithone
hexaspilota Hope ist nur ein auffallend großes Exemplar der
Hippodamia variabilis Goeze und ein gewöhnliches der Cocc.
18-punctata Scopoli zu registriren, um dahinter zu einer
respectablen Heerde von Leis axyridis Pallas zu gelangen.
Wenn man im Münchener Kataloge (XII. S. 3772) nicht weniger
als achtzehn Synonyma hinter *axyridis* verzeichnet findet, so
ist das ein greifbares Symptom der Variabilität. Dennoch würde
ich vielleicht gestutzt haben, die rothgelben theils ohne Punkte,
theils mit wenigen oder vielen Punkten (M. hat sie als *19-signata*
Fald) mit den glänzend schwarzen rothgefleckten (conspicua
Fald.) verbinden zu sollen, hätte mir nicht vor Jahren Gebler
aus Daurien Exemplare von *axyridis* gesandt, die ziemlich ausreichend die Extreme verbinden.

*

Schließlich habe ich noch als versäumt nachzuholen, daß
ein Exemplar (und obendrein ein tadelloses) als einziger Vertreter der Lucaniden zu verzeichnen ist, der zierliche Cyclo-
phthalmus subaeneus Motsch., der in seinem Verzeichniß als
Prismognathus steht.

Massenmord.
Eine Notiz von C. A. Dohrn.

Auf meinen wiederholten Reisen durch das entomologische Europa, wobei ich eine erhebliche Zahl großer und kleiner Kafersammlungen zu mustern Gelegenheit hatte, bemerkte ich oft genug, wenn ich an die Gattung Chlaenius kam, daß die meisten Exemplare der Chl. *caelatus* Weber und *sulcicollis* Paykull die patria Stettin trugen. Ich selber habe davon wohl mehrere Centurien hier gefangen (meist im Winterlager unter Moos im Kiefernwalde) und im Laufe von mehr als 40 Jahren an meine Tauschfreunde ausgeschleudert. Gewohnlich wurde ich von ihnen auch befragt: „ob denn hier nicht auch Chl. *quadrisulcatus* Illiger zu haben sei?" mußte es aber fast immer verneinen, weil dieser Chlaenius nicht wie seine Vettern im Winter die Wiesen verläßt, um Schlaf zu halten, sondern höchst wahrscheinlich dazu die hoheren Stellen der Wiesen, namentlich die Baumwurzeln der Erlen in den großen Brüchen benutzen wird, wo er in gewöhnlichen Jahren vor hohem Wasser geschützt ruhig bis zum Frühjahr ausschlafen kann.

Aber der überlange Winter von 1885—86 und das endliche gewaltige Schmelzen der Schnee- und Eismassen Mitte April hatten für die armen Quadrisulcaten die verhängnißvolle Folge, daß die meilenbreiten Wiesen zwischen Stettin und Alt-Damm plotzlich sich in ein einziges Meer verwandelten, und wenig oder gar keine Stellen in diesem Flutenschwall unbespült blieben.

Aehnliches ist zwar schon vor mehreren Jahren geschehen, und auch damals haben aufmerksame Sammler auf dem Damme, der beide Stadte verbindet, eine angeschwemmte Anzahl des viergefurchten vielbegehrten Kafers erbeutet.

Aber in diesem Frühjahr sind offenbar zwei Umstände zusammen gekommen, die den Sachverhalt wesentlich umgestaltet haben.

Erstens nehmlich muß das Thier im vorigen Sommer eine ungewohnlich starke Generation gehabt haben und in viel größerer Zahl als gewöhnlich vorhanden gewesen sein.

Zweitens muß das rasche Aufthauen und der Eisgang die Schläfer dermaßen überrascht haben, daß sie von den Fluten weggerissen und nicht eher auf festen Boden abgesetzt wurden, als bis sie an den erwähnten Damm kamen.

Nun war unter den (zur Zeit zu meiner großen Freude
zahlreicher gewordenen) jungen Käferanten Stettin's die Tradition
von „Chlaenius an den Damm gespült" noch zu lebendig, als
daß sich das alte Sprichwort nicht bewährt hätte: „wer hängen
soll, ersäuft nicht", hier freilich mit der tragischen Modification
„wer gespießt werden soll — —."

Angeblich sollen über 1000 Exemplare dem Alkohol oder
Cyankali verfallen sein.

Das wird wohl für etliche Jahrzehnte ausreichen, den bisherigen hohen Curs des 4-sulcaten-Papieres etwas zu erniedern.

Leider bleiben aber die anderen beiden Chlaenier, *caelatus*
und *sulcicollis*, namentlich der erste „stark gefragt." Und die
mit ihnen oft gemeinschaftlich erbeutete Miscodera *arctica* Payk.
ist wieder avis rara geworden!

Es wäre interessant zu constatiren, ob auch an anderen
Orten Chlaen. quadrisulcatus in außergewöhnlich starker Anzahl
erbeutet worden.

Ende April 1886.

Aus Briefen von P. C. Zeller.
Mittheilungen von A. von Homeyer. *)

Als älterer Mann „aber junger Schmetterlings-Jäger" hatte
ich den Vorzug, Zeller kennen zu lernen und mit ihm corres-
pondiren zu dürfen. Zeller's Briefe waren für mich Instruktions-
Lehrbriefe. Ich bin ihm dafür unendlich dankbar, Zeller wurde
dadurch im wahren Sinne des Wortes mein lepidopterologischer
Lehrer, wie ehedem Dr. Wocke in Breslau.

Jetzt, wo Zeller todt ist, und ihm eine allgemeine Verehrung und stille Trauer folgt, hat man über Zeller in der

*) Schon im vorigen Jahre hatte unser verehrter Herr College
mir diesen Artikel eingesandt; damals hatte ich das redactionelle
Bedenken, daß bei allem unzweifelhaften Interesse für Relicta Zelleriana
es zu erwägen sei, nicht allen seinen zahlreichen Correspondenten
gleichsam ein Recht auf analoge Publication einzuräumen — Herr
v. Homeyer war mit diesem Bedenken durchaus einverstanden. Jetzt
nach Verlauf eines halben Jahres stellt es sich aber als unbegründet
heraus, und ich habe um so weniger Anlaß, den Artikel noch ferner
unbenutzt aufzubewahren, als er für die Lepidopterophilen vielerlei
werthvolle Notizen und Winke enthält.

Dr. C. A. Dohrn.

Stettiner Zeitschrift Manches publicirt, um das Andenken an diesen Hauptgelehrten wach zu halten. Ich habe Alles mit dem größten Interesse gelesen, auch den Brief an Wiesenhütter. Dabei kam ich auf den Gedanken, daß ja auch ich bezügliches Material hätte, „viele Instruktionsbriefe", und indem ich sie durchlas, meine ich, daß dieselben auch für einen größeren Fachkreis manches Interessante bieten. Ich glaube auch durch das Publiciren derselben nicht indiscret zu sein, indem ich nicht annehmen kann, daß der eine oder andere genannte Herr sich verletzt fühlen kann, selbst bei Meinungsverschiedenheiten.

Ebenso glaubte ich einige Bemerkungen anknüpfen zu dürfen. Besprochen sind dieselben mit Freund Zeller vielfach, und meine Ansichten haben zu meiner großen Freude immer die Zustimmung des Lehrers und großen Meisters gefunden. Dieselben sind alle der Praxis entnommen. Vielleicht findet der eine oder andere Lepidopterologe etwas Brauchbares für den Fang darunter, was mich sehr freuen würde, da auch ich nicht, wie der große Meister „ein Geheimnißkrämer" bin.

Grünhof, den 25. December 1877.

Aus Wiesenhütters Schreiben scheint hervorzugehen, daß Sie in der Schweiz gewesen sind. Da Sie als Ornithologe und als mehrjähriger wissenschaftlicher Lepidopterologe einen guten Blick für das, was wahre Species ist, haben, so erlaube ich mir, Sie aufzufordern, eine Reise in die Schweiz zur Aufklärung über die Species Coenonympha Arcania und Satyrion zu verwenden, die Staudinger, wie ich denke, unrechtmäßiger Weise in eine Art zusammenzieht. Staudinger schrieb mir, seine var. Darwiniana habe ihn dabei geleitet. Diese „allein" komme im Macugnagua-Thale vor, was ich so frei bin, nicht zu glauben. Um aber sicher zu gehen, müßte man alles, was von Arcania-Satyrion dort zu erlangen ist, zusammenfangen und nach einer solchen Ausbeute einen ausführlichen Artikel schreiben. So etwas halte ich für mehr werth als Tauschartikel oder nova species zu greifen. — Ich hoffe, daß derjenige, der Staudingers Revier gewissenhaft und mit naturhistorischem Blick absucht, die Ansicht, die ich Entomol. Zeitung 1877 S. 308 über die specifische Verschiedenheit der Arcania und Satyrion ausgesprochen habe, bestätigen werde. Widerlegt er sie überzeugend, so werde ich mich seiner und Staudingers Ansicht ohne Widerstreben fügen.

P. C. Zeller.

Grünhof, den 7. Januar 1878.

Nach Ihrer Mittheilung sind Sie 1876 in Samaden gewesen. Daß Sie dem nicht infallibeln Staudinger nicht nachgehen wollen, thut mir leid. Ich kann es aber nicht mißbilligen, daß Sie die schon einmal besuchte Gegend wieder besuchen wollen, um sie genauer zu erforschen; habe ich es doch mit Bergün ebenso gemacht! Sonst hätte ich es gern gesehen, wenn Sie mir nachgegangen wären, und die an der Zahl 1000 (so hoch schätze ich die Artenzahl an der oberen Albula) fehlenden 300 und etliche um eine erhebliche Ziffer verringert hätten, was keine Hexerei wäre, wenn Sie drei Monate darauf verwenden, Raupenzucht betreiben und die Hohen besteigen wollten. — Wenn Sie aber nach Samaden fahren, so können Sie ohne den geringsten Umweg von Chur aus den Weg über den Albula-Paß nehmen und sich dabei mein schönes Revier ansehen.[1] — Uebrigens habe ich mich gerade nach Bergün weisen lassen, um nicht nach dem von so Vielen abgesuchten Engadin zu gehen. Es versteht sich, daß viele Arten des oberen Inn-Thales mit denen der oberen Albula übereinkommen. Letztere sind nun im ersten Heft der Zeitung beendigt, und so wird die Schwierigkeit der Bestimmung von Engadiner Micropteren nicht zu schwer sein. Die (1876) von Ihnen bemerkte Motte mit dem stummelflügeligen ♀ wird Exap. duratella (Hdn.) sein. Ich fing sie bei Bergün nicht, weil ich nur bis nach Mitte August (theilweise krank) dort blieb, weshalb ich das ♀ nicht besitze.[2] Für manche andere Art bin ich nicht hoch genug gestiegen.

P. C. Zeller.

---

[1] Dies hatte ich schon 1876 gethan. Ich machte dort aber nicht Halt, „eben weil hier Zeller gesammelt hatte," ich also nur die Nachlese hatte. Dieserhalb bevorzugte ich Samaden mit seinem ungemein geschützten und gleichmaßigen Klima, herbeigeführt durch die sich gegen Süden vorlagernden Celerina-Felsen, welche die kalten Maloga-Strömungen bei Samaden vorbei führen, ohne den Ort selbst auszukühlen.

[2] Exap. duratella (Hdn.) wurde von mir bei Samaden vielfach gefangen. Dieselbe fliegt vom 10. bis Ende Juli. Die Männchen waren besonders zahlreich auf den blumigen Wiesenstrecken zwischen Samaden und Piz Padella, aber die Weibchen fehlten mir längere Zeit. Ich erhielt sie durch Streifen mit dem Netz. Man muß diesen Fang gegen Abend kurz vor Sonnenuntergang beginnen. Tags sitzen die Weibchen tief unten, gegen Abend aber klettern sie auf die höheren Krautpflanzen, und verharren an den oberen Spitzen, um den um diese Zeit freiwillig herumschwarmenden Männchen Gelegenheit zu geben, sie zu finden. Man fangt dann auch die Thiere gewöhnlich in copula. Wird das „einzelne Weibchen" mit dem Giftglase im Netze verfolgt, so „hüpft" es, um sich der Verfolgung zu entziehen.

Grünhof, den **14**. Januar **1878**.

Wenn Sie Zeit und Lust behalten, in diesem Jahre auch die obere Albula zu besichtigen, und über irgend etwas nähere Auskunft wünschen, so bitte ich, mich dreist zu fragen. — Sie haben ganz Recht, daß ich kein Geheimnißkrämer bin, sondern womoglich die Sammler so anweise, daß sie die Stelle, wo eine ihnen erwünschte Art zu haben ist, durchaus finden müssen. —

' Durch Dr. Killias, den Präses des Graubündner Vereins, erfahre ich, daß eine Aufzählung aller Graubündner Arten, etwa **1500**, in dessen Schriften beabsichtigt wird, wobei also nicht bloß die Beobachtungen der einheimischen Lepidopteristen, sondern auch die der fremden berücksichtigt werden, welche ungeachtet der Beschränktheit ihres dortigen Sammelns bei weitem mehr geleistet haben, als die Landeskinder. — Ohne Zweifel wird man auch Ihre Arbeiten benutzen. [3])

Den Sammler Hnateck in Sils Maria kennen Sie wohl schon. Ich weiß von ihm nur, daß er Schmetterlinge verkauft, aber ein Geheimnißkrämer [4]) ist.

Ich war in der Schweiz wohl mit dem Käscher versehen, habe ihn aber, weil ich einmal an die Scheere gewöhnt bin, nur sehr selten angewendet. Das war gewiß unrecht; denn ich hätte entschieden mehr Arten aufgefunden, auch wohl reichlicher gefangen, so z. B. in Bergun auch wohl Exap. duratella-♀, das Sie mit dem Netz streiften. [5])

---

[3]) Dies ist (mit vielem Dank meinerseits) geschehen.

[4]) Ich muß den alten nunmehr verstorbenen Hnateck in Schutz nehmen. Ja, er war ein großer Geheimnißkramer, aber die fremden Sammler haben ihn erst dazu gemacht. Hnateck mit seinen lokalen Erfahrungen ist sehr mißbraucht und ausgebeutet worden. Er hat mir daruber Wunderdinge erzahlt. Spater „daheim" habe auch ich einschlagıge Erfahrungen gemacht.

[5]) Es freut mich, daß Zeller dem Kascherfang seine Vortheile zugesteht. Das einzig Richtıge nach meiner Ansicht ıst er. Man muß die Thiere alsdann mit einem weithalsigen Cyankali-Glas aus dem Netz herausfangen. Dies thue ich jetzt nicht nur bei Micros, Eulen, Tagschmetterlingen, sondern auch bei jedem Schwarmer. Von circa 80 also gefangenen Cıneata-Schwarmern entwischte mir nur 1 Stück. Ganz abgesehen von der Schwierigkeit des Fanges mit der Scheere im Fluge, worin übrigens Zeller wie Wiesenhutter eine kaum glaubliche Fertıgkeit haben, hat die Scheere den Nachtheil, daß dıe Thiere doch unmittelbar im Moment des Zusammenklappens der Scheere, auch wenn man rasch den lınken Zeigefinger darunter legt und die Gaze anspannt, oft eın wenig „rutschen", und dabei den Schopf des Thorax abscheuern. Dies passırt namentlich gern bei fluchtıgen Tortrıces. — Hiervon gıebt jede Sammlung (auch die Zeller'sche) den Beweis.

Die Churer: Killias, Caflisch, Bazzigher sollen jetzt den Obstkoder anwenden und dadurch sonstige Seltenheiten in Menge gefangen haben. [6]) Ich mache Sie also darauf aufmerksam, wenigstens die Lampe [7]) am Fenster, wie Wocke, anzuwenden. Ich war zwei Mal mit Aepfeln versehen, ohne sie zu gebrauchen. [8]) Herr Zeller-Dolder stellte einmal seine sehr schlau

---

[6]) Dies schrieb Zeller am 14. Januar 1878. Jetzt ist dieser Fang allgemein bekannt. Derselbe hat sich ja sehr bewahrt. Ich wendete denselben mit großem Erfolg in dem aequatorialen Westgebiet Afrika's in der von mir gegründeten Station Pungo Andongo, also hoch oben in den Bergen an, und war namentlich zur Regenzeit d. h. zur Zeit der permanenten Regen der Fang sehr ergiebig, also von Ende Februar bis Mai, und dann noch bis zum 1. Juli hin, während er im Juli und August, der eigentlichen trockenen Jahreszeit, sehr unbedeutend war.

[7]) Zur Regenzeit machte ich in Afrika auch mit dem Lampenlicht vorzüglichen Fang. Dieser Fang ist aber für die Gesundheit sehr gefahrbringend. Da man immer das Fenster öffnen muß, und so mit verschiedenen „kalten und warmen" Luftströmungen „heraus und herein" zu thun hat, die Abends beim Kassimbo-Nebel das Tula-Fieber bringen; um so mehr, als man sich bei dem Fang der so reichlich in die Hütte fliegenden „hochinteressanten" Insekten leicht echauffirt. Leider weiß ich davon zu erzahlen, ich leide immer noch an den Nachwehen des scheußlichen Tula-Fiebers. — Ich fing übrigens namentlich Noctuen (Agrotis, Hadenen, Mamestra resp. nahe Verwandtes), doch auch viele Spinner, und selbst (doch nur ausnahmsweise) Schwärmer. Auch die Gottesanbeterinnen flogen herein und setzten sich mit Vorliebe auf das hellerleuchtete weißleinene Tischtuch. Dort versammelten sich natürlich auch Eulen. Anfänglich waren die Mantis wie geblendet, dann fingen sie an, sich zu putzen, und dann — auf die Eulen Jagd zu machen. Sie kriechen vorsichtig schleichend an die flatternde Eule heran (es giebt ja Nachtschmetterlinge, die vom Lichte geblendet, immer auf derselben Stelle flattern), und schnellen den Vorderleib, sich dabei mit den Hinterfußen festhaltend, vor, wobei die Eule mit den Vorderfüßen ergriffen wird, wobei fast a tempo das Maul mit zubeißt. — Neuerdings ist der Lichtfang viel auf dem Ortler namentlich durch Wiskott betrieben worden, und hat derselbe auch Agrotis culminicola mehrfach geliefert — Ich fing einmal mit Erfolg auf Bernina-Haus mit gewöhnlichem Licht hinter der Fensterscheibe namentlich Spanner. Gewöhnlich ist der Lichtfang um $10^{1}/_{2}$ Uhr vorbei.

[8]) Dies war vom guten Zeller ein großer Fehler. Möge er mir diese Worte im Grabe verzeihen. Ich habe sie ihm schon bei Lebzeiten in Grünhof gesagt, und der mir so wohlbefreundete Zeller war mit der kleinen Zurechtweisung einverstanden. Curo (Celerina) und ehedem Hnateck und Professor Dr. H. Frey (Zürich) haben die Apfelkoderei im Engadin mit großem Erfolg betrieben. Wenn man den alten Hnateck Abends spät mit der Laterne in den Lärchenwaldungen herumschleichen sah, wovon viele Leute, auch die Postillone zu erzählen wußten, so köderte er mit Aepfeln. „Das ist", so sagte er mir, „mein Geheimniß." — Natürlich verrieth ich ihm, daß auch ich dieses Geheimniß kenne. Hnateck hat auf diese Weise alle seine Agrotis speciosa und sincera gefangen. Jetzt glaube ich, darüber sprechen zu dürfen.

eingerichtete Falle [9]) beim Weißenstein die Nacht über auf, aber
ohne den geringsten Erfolg. Ich glaube, die beste Zeit für
diesen Fang ist der Herbst, [10]) wenn es wenig Blumen mehr
giebt. Zu früherer Zeit möchte wohl das Beschmieren von
Stiauchern mit Honig [11]) das beste sein. Von Kindermann weiß
ich, daß er auf letztere Art in Sibirien Noctuen in Menge gefangen hat, und von dem Studenten Petersen in Dorpat, daß
er in Columbien seinen Hauptfang an Nachtfaltern an einem
faulen Fisch [12]) gemacht hat.

P. C. Z e l l e r.

N o t i z.

Im Jahrgang 1884 S. 404 hatte ich die Bemerkung ausgesprochen, daß im Münchner Kataloge Band VI zwar Chevrolat
als Autor von Beschreibungen der Gattung Calopteron in dem
Jahrgange 1869 der Annales Soc. Entom. aufgeführt sei, aber
daß in dem ganzen Jahrgange die gedachten Beschreibungen
nicht zu finden.

Herr Jules Bourgeois giebt darüber in den Comptes rendus
p. 148 der Annales 1885 die erklärende Auskunft, daß der
Artikel von Chevrolat erst 1870 in den Annales p. 67 steht.
Vermuthlich hatte Chevrolat den Artikel bereits 1869 einge-
reicht und die Münchner Redaction brieflich davon in Kenntniß
gesetzt. So erklärt sich, daß im Kataloge keine Seitenzahl
angegeben werden konnte.

Aus der Bezugnahme des Herrn Bourgeois auf seinen
hierher einschlagenden Artikel Annales 1883 p. 377 ergiebt
sich nun, daß das von mir 1884 l. c. erwähnte Calopteron

[9]) Diese Falle und „ihre Unbrauchbarkeit" kenne ich auch. Ein
sehr schlauer Herr wendete sie bei Wiesbaden ofters mit fast Null-
Erfolg an.
[10]) Im Allgemeinen ja, aber man kann auch in anderen Monaten
guten Fang machen. Eine Beeintrachtigung habe ich in Deutschland
nur „bei Lindenblüthe" erfahren.
[11]) Ja, ausgezeichnet. Ich habe diesen Fang von Herrn Tetens
(Bornich) kennen gelernt, der also mit Vorliebe die sogenannte Koder-
schmiere anwendet.
[12]) Den Fang mit Fischen habe ich in Afrika Tages betrieben.
Er ist besonders gut für einige Charaxen in Anwendung zu bringen.
Die Neger dörren gern kleine Weißfische auf Steinen in der Sonne;
dies nun sind für Charaxen Hauptfangplatze.

aus **Samana** (Haiti) nicht mehr unter dieser Gattung figurirt, sondern unter der Gattung **Thonalmus** Bourgeois als *dominicensis* Chevrol. aufgefuhrt ist.

Einem oder dem anderen meiner Tauschfreunde weide ich es wohl unter dem Namen *elegans* in coll. mitgetheilt haben, was ich zu berichtigen bitte.

Dr. C. A. D o h r n.

Auszug aus brieflichen Mittheilungen
von
L. Conradt.

P e r o w s k (Turkestan), 10. März 1886.

— — Meine flüchtige Karte aus Orenburg werden Sie erhalten haben; ich kann Ihnen jetzt wieder schreiben, da wir verurtheilt sind, uns mehrere Tage hier aufzuhalten. Die kleine Stadt Perowsk liegt (etwa noch 600 Werst von Taschkent entfernt) am Fluß Syr Darja, und ehe dieser nicht seine Eisdecke gesprengt und das Wasser der von ihm überschwemmten nächsten Stationen sich nicht verlaufen hat, (was etwa in 4 bis 6 Tagen zu erwaiten), können wir nicht weiter fahren.

In Orenburg, wo wir vom 26. bis zum 28. Febiuar verweilten, hatten wir für die Weiterreise einen Verdeckschlitten, Pelzdecken, hohe Filzstiefel, Thee, Zucker etc. eingekauft, und fuhren dann mit der Troika (Dreigespann) ohne Unterbrechung Tag und Nacht weiter, mit Pferdewechsel auf den 3—4 Meilen auseinanderliegenden Poststationen. Moigens und Abends wurde Thee getrunken, Mittags etwas Schinken oder Conserven genossen. Hinter Oienburg ging es erst durch Kosackensteppen, dann auf die südlichen Ausläufer des Ural bis zur kleinen Stadt Orsk, die gerade auf der Grenze des europaischen und asiatischen Rußlands liegt. Von da betiaten wir die unendlichen Kirgisensteppen, die sich bis Perowsk ausdehnen, über 1000 Werst, deren erste Hälfte eine ununterbrochene Schneeflache war, über die unsere Tioika meistens im sausenden Galopp einherjagte. In der Stadt Irgish mußten wir aber für die zweite Hälfte der Reise unseren Schlitten mit einem Halbverdeckwagen (Tarantaß) veiwechseln. Anfangs ging es holpeiig genug über schlechten gefrorenen Weg, nachher, wo fast kein Schnee mehr war, wurde der Weg weich und besser; naturlich ging es nun

nicht mehr so rasch fort. Bei gutem Wege legt man die
Strecke nach Taschkent (über 1200 Werst) in 12 Tagen zurück.

Am 8. Marz trafen wir in Perowsk ein, wo wir nun fest
liegen. Unterwegs trafen wir oft große Karawanen von Kameelen
an, die von Kirgisen gefuhrt wurden Die Wohnungen der
Kirgisen und der bereits im eigentlichen Turkestan heimischen
Sarthen sind primitiv genug, niedrige Erdhäuser, wogegen die
Häuser der großen Kosackendörfer bis an die asiatische Grenze
hin sehr vortheilbaft abstachen, sauber aus Holz oder massiv
und weiß abgeputzt.

In der Erde und unter Steinen und Baumrinde habe ich
bisher etwa 60 Käfer gefangen, kleine Arten, Stapbylinen,
Cleonus, Aphodius, Silpha, auch kleine Carabicinen.

Taschkent, 19. März 1886.

Wie ich Ihnen mittheilte, mußten wir mehrere Tage in
Perowsk bleiben, weil der Syr Darja oberhalb ausgetreten und
die Postverbindung unterbrochen war. Als das Wasser etwas
gefallen, fuhren wir weiter auf einer besonderen Art Wagen,
Arba genannt. Sie bestehen aus einem länglichen Holzgeflecht
auf 2 hohen, 8 Fuß Durchmesser habenden Holzrädern. Dies
Gefährt ist so leicht, daß ein Pferd selbst schwere Lasten ganz
leicht ziehen kann, auch durch Wasser, da die Räder so hoch
sind. In einer Arba, die ein Verdeck von Rindengeflecht hatte,
saßen wir Beide mit unserem Gepäck, und auf einer offenen
Arba war unser Tarantaß befestigt. So hatten wir 108 Werst
bis zur Station Julek zurückzulegen, immer durch Wasser, oft
über 3 Fuß tief, natürlich nur im Schritt; einmal mußten wir
bei einem tiefen Graben erst die vom Wasser fortgerissene
Brücke wieder herstellen, kurz es war eine umständliche, mitunter gefährliche Fahrt. Am ersten Tage konnten nur 20
Werst zurückgelegt werden, am zweiten gar nur 13. Am
dritten Tage fuhren wir der Brief- und Gepack-Post nach, die
auf fünf Troika's vor uns fuhr und den Weg bahnte. Vor
ihnen fuhr eine Arba mit Menschen, welche das über Nacht
2 Zoll stark gefrorene Eis der überschwemmten Wege an den
tiefen Stellen erst durchschlagen und die weggerissenen Brücken
wieder herstellen mußten. So kamen wir am vierten Tage in
Julek an, und fuhren nun wieder in unserem Wagen mit Post-
pferden über die Stadte Turkestan und Tschimkent nach Taschkent. Hinter Tschimkent hatten wir noch 2 Nebenflüsse des
Syr Darja zu passiren, den Bugun in unserem Tarantaß; bei
dem Arys mußten wir aber auf eine Arba steigen, die von
8 Kirgisenpferden gezogen wurde; dann folgte unser leerer

Wagen durch das 5 Fuß tiefe reißende Wasser. Darauf wurde ein kleines Gebirge überschritten und von dessen Kammhohe hatten wir einen wunderschönen Blick in die grüne Ebene mit Tausenden von prächtigen Tulpenstauden, während die Kuppen der Berge noch von Eis und Schnee glänzten.

Gestern am 18. März erreichten wir Taschkent, wo wir bei einem Bekannten des Herrn Grum-Grshimaïlo wohnen. Die Stadt ist schon und sehr ausgedehnt: sie muß im Sommer mit ihren herrlichen Baumreihen, Platzen und großen Gärten einen herrlichen Anblick bieten, man glaubt in einer großen Stadt Europa's zu sein.

Ich fand hier unter Steinen, im Grase, unter Rinde etliche 30 Arten Käfer, Wanzen, auch einige Schnecken, im Ganzen gegen 150 Stück.

In 3 oder 4 Tagen werden wir nach Margelan gehen, von da werde ich Ihnen nochmals schreiben.

Margelan, 11. April 1886.

— — — In Taschkent blieben wir 8 Tage; ich fing bei schönem Wetter eine Anzahl Cicindelen (turkestana, maracandensis, decempustulata), verschiedene Arten Lethrus, Cetonia marginata, Staphylinen, Silphiden, Histeriden, Copris, Onthophagus, Aphodius, Brachinus, Broscus, Rüsselkäfer, auch kleine Wasserkäfer. Den 27. März fuhren wir von Taschkent über Kokand nach Margelan, wo wir den 29. März Nachts ankamen. In Kokand besah ich das alte Schloß des letzten Chan von Kokand, eines angeblich sehr grausamen Tyrannen, der im Laufe seiner Regierung Hunderttausende hat hinrichten lassen. Das Schloß muß in seiner enormen Größe mit seinen bunt glasirten Kacheln prachtvoll gewesen sein; da sich aber die jährlichen Reparaturkosten auf 20,000 Rubel beliefen, so laßt man es jetzt verfallen.

Von Kokand bis Margelan ist herrliches Ackerland, die ganze Gegend ist mit Bäumen bepflanzt und sehr bevölkert; nach Meinung der Sarthen ist hier früher das Paradies gewesen. Das ganze Land wird mehrmals jährlich durch Kanäle und Gräben gut bewässert, man baut Weizen, Reis, Gerste, Baumwolle, Obst, Wein, Luzern; es wird viel Seidenbau getrieben, die Eingeborenen tragen sehr bunte seidene schone Gewänder, das Volk ist ordentlich und reinlich, man sieht nur männliche Bedienung in Haus und Hof, Küche und sogar in der Kinderstube.

Die russische Regierung thut sehr viel für Turkestan, das Land ist blühend. Ein gutes Pferd kostet 20—30, ein Esel

5—10, eine Kuh 10—15 Rubel. Das Obst ist billig, herrliche Granaten das Stück 1—2 Kopeken, ebenso das Pfund Weintrauben; auf den Dorfern kauft man ein Huhn für 5 Kopeken. Ich lernte hier einen von der Regierung angestellten deutschen Garten-Director kennen, und seine deutsche Frau, sehr liebenswürdige Leute.

Von meinem Fenster aus sehe ich bei klarem Wetter den majestätischen Alai vor mir liegen, mit seinen mit ewigem Schnee gekronten Gipfeln. Wir werden über ihn nach Kashgar reiten, auch chinesisches Land betreten, dann in einem großen Bogen nach Maigelan zurückkehren und Diis faventibus etwa Ende August nach Absolvirung von etwa 3500 Werst zu Pferde unter Begleitung von Kosacken und Fuhrern einen famosen Spazierritt absolvirt haben.

Bis hierher habe ich schon einige Tausend Käfer gesammelt, und wenn darunter auch, wie leider zu vermuthen, nicht wenig gemeines Zeug steckt, so werden doch auch brauchbare und seltene Aiten nicht fehlen. So fand ich letzthin wieder eine andere Art Lethius, eine ungehörnte sp. Oryctes, mehrere sp. Buprestis, schöne Cicindelen, 8 sp. Blaps, eine mir unbekannte Melolonthe, sehr große Cleonus, viele Staphyliniden, Elateriden, Melasomen, Meloe etc.

Vor meiner Rückreise ist dies mein letzter Brief. — —

Leopold Conradt.

Nachtrag zu Phthoroblastis Trauniana Schiff. und Regiana Z.
Von
August Hoffmann in Hannover.

Durch gütige Vermittelung des Heirn Hauptmann Hering in Rastatt eihielt ich von Herin Dr. Schleich in Stettin Anfang Mai dieses Jahres eine Anzahl Cocons von *Phthoroblastis Regiana*, welche meist schon Puppen enthielten, doch befand sich auch noch eine lebende Raupe dabei, welche ihren Cocon veilassen hatte, wodurch ich Gelegenheit erhielt, einige vergleichende Bemeikungen zwischen dieser und der in meinem Aufsatz Stett. ent. Zeit. 1885 pag. 310 beschriebenen *Trauniana*-Raupe zu machen.

Die Raupen beider Arten, wenn auch in Foim, Farbe und

Zeichnungsanlage sehr ähnlich, sind ganz gut zu unterscheiden. Ich nehme auf meine Beschreibung der Trauniana-Raupe Bezug und führe hier nur die Punkte an, in welcher die Regiana-Raupe von derselben abweicht.

Letztere ist etwas größer und gedrungener als Trauniana. Der ebenfalls herzförmige Kopf zeigt schwarze Punkte an den Mundwinkeln. Nackenschild wenig dunkler als der Körper, durchsichtig, so daß man den Kopf, wenn derselbe zurückgezogen ist, deutlich dadurch erkennen kann. Die schräg gegeneinander gestellten Doppelpunkte auf der Hohe des Rückens sind **nicht** stärker als die übrigen Punktreihen, (was bei Trauniana entschieden der Fall ist). Die Luftlöcher deutlich, fein schwarz, stehen genau zwischen zwei der längslaufenden Punktreihen. Die Afterklappe dunkler als die Grundfarbe.

Wie mir Herr Hauptmann Hering mittheilte, werden die Cocons von Regiana alljährlich bei Stettin unter der Rinde eines Ahornbaumes (Acer platanoides oder pseudoplatanus) gefunden, sicher leben also die Raupen in den Früchten dieses Baumes.

Die Zucht von Phthoroblastis Trauniana aus den Früchten von Acer campestris ist mir in diesem Frühling besser gelungen als im vorigen Jahre, und zwar aus dem einfachen Grunde, weil ich die Raupen gut unter einer auf Sand ruhenden Glasglocke verwahrt habe, während ich sie bei meinem ersten Versuch in einem Glaskasten hielt. Die Raupe hat nämlich eine merkwürdige Geschicklichkeit sich durch die engsten Ritzen zu zwängen, bei meiner ersten Zucht ist mir daher sicher manche Raupe entwischt, indem sie sich zwischen Kasten und Deckel durchgearbeitet hat.

Ich hatte den Raupen dieses Mal außer verschiedenen Stückchen Baumrinde auch ganz morsches Lindenholz mit in ihren Behälter gelegt, und da haben sie es alle vorgezogen sich in dieses morsche Holz einzubohren, statt auf einer Rindenfläche ein Gespinnst anzulegen. Bevor die Falter ausschlüpften, schoben sich die Puppen, wie Sesienpuppen, zur Hälfte aus dem morschen Holzklotz hervor. Die Raupe ist also außergewöhnlich vielseitig in der Anlage ihres Winterlagers.

Sic transit gloria

von

C. A. Dohrn.

Zu dieser lamentabeln Ueberschrift ist zwar nicht das sonst herkömmliche „mundi" zu ergänzen, doch aber ein Theil der Welt, nehmlich der Käferwelt.

Alte Sammler — und ich darf mich wohl unbestritten zu den sehr alten zählen — verfallen ganz naturgemäß mit der Zeit in allerhand Irrthümer.

Einer derselben besteht darin, daß sie in dem Bewußtsein, eine allmählich respectabel gewordene Sammlung zu besitzen, bei Zusendung von Preis-Verzeichnissen nur ziemlich oberflächlich darin blättern, meistens nur die mit höheren Preisen begnadigten Species in's Auge fassen, und sich dabei beruhigen, wenn sie finden, daß sie die theure Bestie in 1 oder 2 Exemplaren besitzen.

Seit einiger Zeit fiel mir aber bei dem Verkehre mit jungen Anfängern der Uebelstand auf, daß ich nach und nach von gewissen gewöhnlichen Arten (hiesigen oder doch leicht im Tausche zu erlangenden) nicht bloß die Dupla weggegeben hatte, sondern auch die Exemplare in der Sammlung bis auf 1 oder 2 Repräsentanten, natürlich immer in der Idee, gelegentlich die Lücke wieder auszufüllen.

Aber da ich selbst nicht mehr sammle, wird aus diesem „gelegentlich" nichts, so daß ich auf den Gedanken kommen mußte, bei irgend einem Preis-Verzeichnisse doch einmal die „Ergänzungs-Operation" näher in's Auge zu fassen.

Kürzlich erhielt ich nun das

Preis-Verzeichniss über Coleopteren aus dem palaearctischen Faunengebiete.

R. Schreitter, Graz, Sparbersbachgasse 38.

Auf meine Erkundigung bei einem sachverstandigen Freunde, wieweit auf richtige Bestimmung der Arten, gute Haltung der Exemplare etc. zu rechnen, erhielt ich befriedigenden Bescheid, und wurde dadurch zu nachstehenden Bemerkungen veranlaßt.

Ob unter die „palaearctischen" Käfer noch andere Ungebörige gerathen sind als die 3 Chilenen, Carabus (Ceroglossus) gloriosus, Buqueti, Valdiviae lasse ich ungesagt; jedenfalls werden sich die Käufer nicht ärgern, denn es sind prachtvolle Thiere, und der Preis. (20 Zehntel Mark für das Stück) ist ein spottbilliger.

Vor mehr als 30 Jahren hatte der verstorbene Professor Peters von seiner Reise nach Mossambik eine reiche Zahl des reizenden Onthophagus rangifer *Klug* an das Berliner Museum heimgebracht, und sie wurden mit 2 Thalern (6 Mark) verkauft. Auf meine Frage „weshalb man bei der vorrathigen Menge das hübsche Thier nicht billiger abgäbe?" replicirte Papa Klug: „man muß eine so schone Art nicht gemein machen!" Ich schuttelte über dies Princip den Kopf, indeß es war vielleicht nur Scherz — dagegen war es aber Ernst, daß Klug bei mehr als einer Gelegenheit mit Ankäufen seltener Insecten die geringfugige Summe im Museumsbudget überschritten und aus seiner eigenen Tasche bezahlt hatte, mithin vollkommen berechtigt war, seine Auslage anderweit zu decken.

Gewiß ist es dem Herrn General von Kraatz-Koschlau sehr zum Verdienst anzurechnen, daß er mit Aufwand großer Kosten es dahiń gebracht hat, die herrlichen Ceroglossus „gemein zu machen."

Es sind aber nicht die Arten von 10—150 Zehntelmark, die mich zu der Ueberschrift dieses Artikels veranlaßt haben, nein gerade in den niedrig angesetzten Arten hat sich eine gewaltige Preisveränderung herausgebildet, und dies ist ein nicht genug zu lobender Unterschied von jetzt gegen früher.

Bei der unvermeidlichen Concurrenz, welche sich die Herren Insectenhändler untereinander machen, haben die Anfänger eine unschätzbare Gelegenheit, (die vor 40, 50 Jahren in diesem Maße gar nicht existirte), sich für eine verhältnißmäßig recht geringe Summe in den Besitz von Typen der neuesten Gattungen zu setzen, und das ist die unzweifelhaft beste Basis, auf die sich leicht und ermuthigend weiter bauen laßt.

Belege hierzu finden sich in dem Verzeichniß von Schreitter zu Hunderten; nur sehr selten stieß ich auf Ausnahmen, wie zum Beispiel bei Zuphium olens, das 20 kosten soll, während Z. Chevrolati zu 8 angeboten wird. Früher habe ich manches Z. olens im Tausche weggeben können, Chevrolati aber nie. Auch Carabus Schoenherri fiel mir auf, der mit verus ausgezeichnet und mit 150 angeboten wird; ich habe ihn ofter an Freunde zu einer Zeit weggegeben, wo ich noch kein einziges Exemplar von C. macrocephalus besaß, der jetzt für 20 angeboten wird. Trichonyx sulcicollis galt für eine Seltenheit, als ich ihn vor langen Jahren am Fuße einer alten Eiche zwischen schwarzen Ameisen fing — jetzt wird er für 3 angeboten. Und Chennium bituberculatum, von dem Dr. Schaum in den vierziger Jahren mir zu sagen wußte, in welchen Museen die einzig existirenden 4 Exemplare sich befanden, ist jetzt auch für 3 zu haben. Das heißt doch wohl „Sic transiit!"

Ueberflüssig zu bemerken, daß mir Herr Schreitter persönlich nicht bekannt ist; auch habe ich von anderen Seiten über die Preise und Käfer-Lieferungen der Herren Merkl, Dobiasch, Bau und Anderer nur empfehlende Berichte vernommen, so daß es zu meiner Freude den Anschein hat, als beschäftige sich die jetzige jüngere Generation wieder eifriger mit Insecten als die, ihr vorhergehende, bei welcher über den 80 Kernliedern die frischen jungen Augen bedenklich blödsichtig geworden waren, mithin die Insectenhändler auch mit den feinsten Arten zu billigsten Preisen kein Geschäft machen konnten.

Nachschrift zu den Dipteren von den Cordilleren in Columbien
von
V. v. Röder in Hoym (Herzogthum Anhalt).

Herr Dr. Williston hat schon den Gattungsnamen Chalcomyia an eine Syrphiden-Gattung (Bulletin Brooklyn entom. soc. vol. VII. February 1885 pag. 133) vergeben. Ich habe dieses bei der Errichtung meiner Gattung Chalcomyia übersehen, welches dadurch zu entschuldigen ist, daß ich obigen Gattungsnamen noch nicht in dem neuesten Universal Index to Genera in Zoology by S. H. Scudder fand. Ich nenne deshalb die neue Gattung zum Unterschied von obiger Syrphiden-Gattung (Chalcomyia) „**Metallicomyia elegans**" n. sp." und bitte diesen Namen für die auf pag. 268 der Stett. entomol. Zeit. 1886 aufgestellte Gattung anzuwenden.

Einladung zur Stiftungsfeier

am

Sonntag, den 10. October, Mittags 12 Uhr,

im **Vereinslocal.**

Verschiedene thatsächliche und persönliche Gründe, von mir dem Vereinsvorstande vorgetragen und von ihm einstimmig genehmigt, veranlassen mich, die statutenmäßig auf den 6. November fallende Stiftungsfeier bereits auf den 10. October anzuberaumen und die geehrten Mitglieder dazu einzuladen.
Stettin, im Juni 1886.

Dr. **C. A. Dohrn,**
Vereins - Präsident.

Ausgegeben: Ende Juni 1886.

Entomologische Zeitung

herausgegeben

von dem

entomologischen Vereine zu Stettin.

Redaction:
· C. A. Dohrn, Vereins-Präsident.

In Commission bei den Buchhandl.
Fr. Fleischer in Leipzig und R. Friedländer & Sohn in Berlin.

No. 10—12.   47. Jahrgang.   Octbr.—Decbr. 1886.

Ueber einige von Herrn Eberh. v. Oertzen in Griechenland gesammelte Käfer.

Von
L. Ganglbauer in Wien.

Julodis Oertzeni Gglb.

Julodis ruginota Mars. (L'Abeille II, 1865, p. 54) ist mit intricata Redtb. (Russeg. Reise II, p. 982, Taf. A, fig. 10) identisch. Die kleinasiatische Julodis intricata Mars., welche von Lederer auch bei Astrabad und von E. von Oertzen auch auf der Insel Syra gesammelt wurde, hat mit der Redtenbacher'schen Art wenig Verwandtschaft und muß einen neuen Namen erhalten. Als solchen schlage ich Julodis Oertzeni vor.

Phaenops cyanea F. var. *aerea* Gglb.

Die von Krüper und Oertzen in Kleinasien (Smyrna) und Griechenland gesammelte Phaenops unterscheidet sich von unserer cyanea durch hellere oder dunklere Erzfarbe. Diese Varietät macht den Eindruck einer besonderen Art, ist aber factisch nur durch die Färbung von der typisch blauen oder blaugrünen cyanea verschieden.

Coraebus Oertzeni n sp.

Grün erzfarbig, blaugrün oder blau metallisch, die letzten 2 Fünftel der Flügeldecken dunkler blau oder schwarzblau, mit weißlich behaarten, zackigen Querbinden. Nach vorn wird die dunkler blaue Partie durch eine in der Mitte unterbrochene

Zackenbinde begrenzt; hierauf folgt eine stark zackige vollständige Querbinde, dann eine nach vorn convexe Bogenbinde
und in der Mitte zwischen dieser und der Spitze der Flügeldecken eine gleichfalls durch weißliche Pubescenz gebildete
Quermakel. Kopf mit eingedrückter Stirne. Halsschild jederseits innerhalb der Hinterwinkel mit einem scharfen Bogen-
leistchen, das nach vorn bis über die Mitte reicht. Innerhalb
dieses Leistchens ist das Halsschild jederseits mehr oder minder
flach eingedrückt, seine Seiten sind fein gekerbt. Flügeldecken
auf der vorderen Partie sowie der Kopf und Halsschild kräftig,
nicht sehr gedrängt, aber etwas runzelig punktirt. Prosternum
ohne Kinnplatte. Abdominalsegmen'e an der Basis jederseits
mit dichter greiser Behaarung. Long. 11—14,5 mm. Morea,
Kumani.

Diese Art hält in vieler Beziehung die Mitte zwischen
Coraebus bifasciatus Ol. und undatus F. Im Gesammthabitus,
in der Färbung und in der Punktirung erinnert sie an bifasciatus,
durch viel schmälere, zackige Querbinden und durch den Besitz
eines Bogenleistchens innerhalb der Halsschildseiten ist sie mit
undatus näher verwandt. Während aber bei diesem das Bogen-
leistchen gegen die Basis des Halsschildes verschwindet, ist es
bei Oertzeni gerade an der Basis am stärksten ausgebildet.
Charakteristisch für die Art ist das Auftreten einer pubescenten
Makel zwischen der letzten Bogenbinde und der Spitze der
Flügeldecken.

Vesperus creticus n. sp.

Mit Vesperus Xatarti Muls. durch die Körperform und
Punktirung äußerst nahe verwandt und vielleicht nur als Localform desselben aufzufassen. Kopf und Halsschild sind aber
sowie der übrige Korper rothlichgelb, die Fühler sind schlanker,
die Hinterschienen viel länger als bei Xatarti. Long. 20 mm.
Creta.

Herr E. von Oertzen. fand nur ein ♂ auf Creta. Bisher
war aus dem östlichen Mittelmeergebiet nur eine Vesperus-Art,
V. ocularis Muls. von Smyrna bekannt. Dieselbe unterscheidet
sich nach der Beschreibung von creticus durch andere Kopf-
bildung, kaum punktirten Halsschild und an der Spitze ausge-
randetes fünftes Abdominalsegment.

Exotisches

von
C. A. Dohrn.

334. Trichogomphus *Milon.* Oliv.

Den Irrthum Olivier's (Ent. I, p. 19), der als Vateiland
der Art, die er aus Francillon's Sammlung beschreibt, Brasilien
angiebt, hat Burmeister in seinem Handbuch (V. S. 220) schon
durch die Angabe berichtigt, daß die Trichogomphus „Ostindien
und die Philippinen" bewohnen, und für Tr. *Milon* aus der
Hope'schen Collection die Philippinen näher bezeichnet. Mir
liegt jetzt ein authentisches Exemplar aus Perak vor, einem
District von Malacca, gegenüber der Nordseite von Sumatra.
Es zeigt im Wesentlichen alle von Olivier und Burmeister angegebenen Kriterien des Thoraxbaues und seiner Unebenheiten,
nur sind die hinteren Voisprünge neben dem nach vorne über-
gebogenen Horn auf unbedeutende Höckerchen reduciit. Dagegen zeigt sich gerade zwischen diesen Höckerchen in der
Mitte der grob gestrichelten Auskehlung eine eihohte Stelle,
hinten 2 mm hoch, die nach vorn allmahlich abnimmt, aber
durch sanftes Verlaufen in die glatte Stelle der vorderen Hälfte
des Thorax dieser ein nach beiden Seiten abfallendes Ansehen
verleiht, ganz abweichend von der gefurchten Mitte normaler
Exemplare. Lusus naturae!

335. Cetonia (Pachnoda) *marginella* F.

Das von Fabricius und Burmeister mit Sierra Leone bezeichnete Vaterland kann ich durch ein von befreundeter Hand
mitgetheiltes, zuverlassig 'vom Congo stammendes Stück auf
diesen eiheblich südlicheien Wohnplatz erweitern, ungeachtet
es mir auffällig bleibt, daß ich bei den mehrfachen Sendungen
aus Monrovia die Ait nie eihalten habe — um so auffälliger,
als die Pachnoda euparypha Geistäcker aus Mossambik eine
habituell so nahe stehende Art ist, daß ich „keinen pommerschen
Grenadier" gegen den ins Feld führen würde, der sie für eine
Localiasse von P. marginella hält.

Der musterhaften Beschreibung Burmeister's (Handb. III.
513) habe ich nur wenig beizufügen, was mein Congo-Exemplar
betrifft. Das Kopfschild hat (von vorn betrachtet) einen schwarzen
Rand. An den glanzend grünen Beinen sind alle Stacheln am
Apex der Schienen, die 3 Zähnchen an den Voiderschienen

und sämmtliche Krallen blankschwarz. Da die Flügeldecken nicht ganz bis zur Afterklappe reichen, so kann man noch auf der Oberseite des vorletzten Segmentes eine weißfilzige Querbinde wahrnehmen, die nur in der Mitte unterbrochen ist.

336. Ancylonotus *tribulus* F.

Auch für dies zuerst am Gabun (nach Fabricius und Olivier) dann am Senegal (nach Castelnau) gefundene Stachelböckchen kann ich das Vorkommen am Congo bestätigen. Fabricius (dessen Beschreibung Olivier anscheinend nur übersetzt hat) sagt in dem Syst. Entom. p. 170 über die Art: „Apex elytrorum acuminatus denticulo brevi acuto." Dies könnte leicht (wie bei vielen anderen Lamia) so gedeutet werden, als endige die Naht in einem (genauer 2) Dornchen. Das ist aber dahin zu präcisiren, daß der Apex der Elytra leicht ausgeschnitten ist, in den meisten Fällen also jede Decke 2 Dörnchen zeigt, ein ganz kleines an der Naht, ein deutlicheres an der anderen Ecke des Ausschnittes. Ich erwähne dieses Punktes, von welchem Castelnau gar nicht spricht, weil bei dem Congo-Exemplar dieser Ausschnitt auf ein solches Minimum reducirt ist, daß man ihn kaum bemerken würde, wäre er nicht auf den anderen Stücken (vom Gabun und Senegal) so markirt, daß man deshalb zuerst das vom Congo für eine andere Species halten mochte. Aber es ist das gewiß nur eine locale Differenz.

337. Sternotomis *virescens* Westw.

Alle guten Dinge sind drei, und zur Bekräftigung dieser Wahrheit paradirt auch dieser Prachtbock am Congo. Er weicht aber, soviel ich sehen kann, auch in gar nichts von meinen Exemplaren aus Sierra Leone ab, so daß ich mich hier auf die Frage beschränken kann, ob nicht Coquerel's St. *Dubocagei*, welche im Münchener Kataloge als eigene Art aufgeführt wird, richtiger als var. zu virescens zu ziehen wäre? Das Vaterland Angola widerstreitet dem gewiß nicht, und an meinen Exemplaren von Dubocagei kann ich außer der blaugrünen Färbung keinen haltbaren Unterschied bemerken. Coquerel vergleicht seine Art mit *pulchra* Drury, die viel kleiner und wenig ansehnlich ist; die prachtvolle *virescens* wird ihm nicht bekannt gewesen sein.

338. Coptolabrus *longipennis* Chaud.

Bekanntlich hat ihn Chaudoir (Ann. de France 1863 p. 449) nach einem einzigen Stück aus Nord-China beschrieben; er charakterisirt ihn l. c. einzig und allein durch Vergleich mit

C. *elysii* Thomson. Das ist insofern auffallend, als es scheinbar
nahe lag, das Thier mit C. smaragdinus Fischer zu vergleichen, wie dies auch Thomson mit seinem C. elysii (Ann.
de France 1856 p. 337) gethan hat.

Als mir nun von einer Naturalienhandlung in Hamburg
C. longipennis angeboten wurde, war es natürlich, daß ich
für meine Sammlung diese ihr noch fehlende Art zu erwerben
wünschte und ich ersuchte um Zusendung.

Aber ich fand mich unangenehm enttäuscht, als ich unter
dem Namen *longipennis* zwei unverkennbare Exemplare des an
sich zwar schönen und noch leidlich seltenen, aber bei mir
ausreichend vertretenen C. smaragdinus erhielt.

Die Ansicht meines verehrten Collegen, des Herrn Assi-
stenten Ganglbauer am Wiener Reichsmuseum: „C. *longipennis*
sei nur eine schwer haltbare Varietät von C. *smaragdinus*"
scheint mir zweierlei wider sich zu haben. Erstens giebt
Chaudoir die Länge auf 37 mm an — das entspricht wohl
einem großen C. elysii, aber smaragdinus erreicht wenigstens
in den mir vorliegenden Exemplaren noch nicht 30 mm.
Zweitens heißt es vom Prothorax „le milieu des côtés est
également anguleux, mais la partie antérieure des côtés n'est
nullement arrondie." Also ein Prothorax, der in der Mitte
eckig austritt, aber dessen Vordertheil nicht abgerundet, sondern
geradlinig ist. Unter meinen *smaragdinus* hat nur ein einziges
Stück einen Prothorax, dessen Randmitte einen sehr schwachen
Ansatz zu einer Ecke zeigt, aber auch von diesem Eckchen
bis nach dem Kopf ist der Rand abgerundet. Und von
keinem smaragdinus könnte man sagen, was Chaudoir seinem
longipennis beilegt, daß die Elytra „carrés aux épaules" sind.

Der jetzige Besitzer der ehemals Chaudoir'schen Carabicinen
— wenn ich nicht irre Herr Réné Oberthür — könnte allein
die Streitfrage endgültig entscheiden.

339. Opisthius *indicus* Chaud.

Dicht hinter C. longipennis beschreibt Chaudoir diese Art
und giebt an, daß das einzige ihm bekannte Exemplar (im
brittischen Museum) aus Nord-Indien stamme. Ich kann dies
unbestimmte Habitat genauer pracisiren, da ich ein Stück aus
Sikkim und eines aus Darjeeling besitze.

340. Ithone *hexaspilota* Hope.

Die Beschreibung Hope's in Gray's Zoolog. Misc. p. 30
lautet lapidarisch genug:

Coccinella 6-spilota. Rubra, thorace macula laterali
flava elytrisque sex maculis nigris notatis. Long. lin.
4¹/₂; lat. 4¹/₂.

Mulsant citirt sie, nennt die Art sexspilota (Spec. p. 235),
hat aber nur ein ♀ gesehen, giebt (wie Hope) Nepaul als
Vaterland. Motschulsky beschreibt sie vom Amur als Leis
mirabilis in Schrenk's Reise, die mir nicht zur Hand ist, ich
darf aber annehmen, das von Solsky unter letzterem Namen
in den Horae ross. erwähnte Thier in mehreren Exemplaren
vor mir zu haben. Wie veränderlich es ist, und wie wenig
manche dieser Varietäten sich aus der lapidarischen Diagnose
Hope's und der wortreichen Beschreibung Mulsant's erkennen
lassen, geht ausreichend daraus hervor, daß von meinen 7
Exemplaren nicht zwei mit einander stimmen. Bei 5 von ihnen
hat das Gelbroth der Zeichnungen auf den schwarzen Flügeldecken eine gewisse Gleichmäßigkeit, die nur untergeordnete
Differenzen zeigt; bei dem sechsten sind die gelben Zeichnungen
bis auf je 3 kleine Randfleckchen verschwunden, bei dem
siebenten fehlen auch diese und die Elytra sind rein blankschwarz. Doch bleibt auch bei diesen beiden auf der Unterseite das Abdomen und die innere Hälfte des Umschlages der
Decken gelbrothlich.

Die Besprechung der drei Congokäfer unter 335, 336 und
337 hat die angenehme, magnetische Folge gehabt, daß aus
derselben Localitat noch ein kleiner Nachschub sich eingestellt
hat. Wenn er nun auch dem ersten an Zahl um das Zehn-
fache überlegen war, so stand er ihm doch an Bedeutung in
mancher Beziehung nach. Abgesehen von der Kosmopolitin
Necrobia violacea L., die man nach dem Münchener Kataloge
in der alten wie in der neuen Welt finden kann — ein Fundort in Afrika ist freilich nicht angegeben —, bestätigen die
meisten der übrigen Congokäfer nur die altbekannte Wahrheit,
daß Afrika verhältnißmaßig für sein ungeheures Areal am
monotonsten bevölkert ist, analog etwa wie Australien, und
für beide Erdtheile durch die großen Wüsten im Innern erklärlich. Anfänglich haben die Herren Entomographen sich
nicht recht entschließen können, Thiere aus weit auseinanderliegenden Fundortern für identisch zu halten und unbedenklich
darauf los getauft, wenn das eine Exemplar aus Senegambien
stammte, und ein anderes, verzweifelt ähnliches, aus Abyssinien
kam — das mußten ja doch zwei verschiedene Arten sein!!
Aber durch bessere Exploration und reicheres Material ist

schon mancher dieser Doppelnamen auf einen einzigen reducirt worden und gewiß mit Recht. So zum Beispiel halte ich (um auf die vorliegenden Congokäfer zu kommen), den in 7 Exemplaren erschienenen Dineutes punctatus Aubé für identisch mit dem alteren D. *aereus* Klug aus Aegypten, von welchem Aubé selbst bemerkt, daß er auf den Inseln des Cap Vert vorkommt. Apate terebrans Pallas (muricata F.) wird wohl mit afrikanischen Bauholzern von den Portugiesen nach Brasilien übergefuhrt worden sein, hat sich dort aber völlig eingebürgert, und ich habe in meiner Sammlung mehr amerikanische Repräsentanten als afrikanische. Scarabaeus (Ateuchus) Lamarcki Mac-Leay ist zur Zeit noch ein durchaus ungewaschener Mistfink, und muß sich auf bessere Muße gedulden, bis ich ihn paiademaßig gesäubert habe; dann wird sich erst positiv feststellen lassen, ob er nicht etwa Sc. *Cuvieri* Mac-Leay. ist, dessen supersubtile Differenz (nach Harold) darin besteht, ob das kleine Excrementum auf der Stirn ein Hockerchen oder ein Längsleistchen ist. Copris sp. ♀, von mir noch nicht gedeutet, da meine Sammlung zu wenig Material in dieser Gruppe besitzt. Onthophagus gazella F. ♂ ♀. Anomala sp. durch Große, Form und Färbung an praticola F. und die mexicanische suturalis Chevr. erinnernd. Pachnoda sp. leidet ebenfalls an schmieriger Unsauberkeit, später wird über sie zu reden sein. Diplognatha gagates F., die richtige „Afrikanerin für Alles" von Abyssinien bis zum Senegal. Von Clavicornen nur ein kleines Exemplar von Gymnocheila squamosa Gray. Eine zierliche Buprestis hatte mich bei oberflächlichem Anblick an Psiloptera *suspecta* und *vana* aus dem Kafferlande erinnert, muß aber späterer Bestimmung vorbehalten bleiben. Den Tenebrio ohne viel Federlesen für den durch europäische Schiffe zum Kosmopoliten gemachten picipes Herbst zu erklaren, erlaubten mir nicht seine dicken Antennen: gegen T. *guineensis*, der massivere Fuhler hat, protestirt seine Thoraxform und der Glanz seiner Oberseite Wahrscheinlich ist es *foveicollis*, den Thomson in seinem Archiv II, 90, das mir nicht zur Hand ist, beschrieben hat, denn an der Basis des Halsschildes bemerkt man zwei deutliche Grübchen. Das andere Heteromeron vom Congo ist aber ein Kleinod, Praogena nigripes, von welcher der Beschreiber Maeklin in seiner Monographie p. 73 sagt, er habe nur ein einziges Exemplar aus dem Leydener Museum ohne Vaterlandsangabe vor sich gehabt. Da ich nun in meiner Sammlung aus einem früheren Geschenk meines liberalen Collegen Dr. Pipitz bereits ein Stück ohne Namen, ebenfalls vom Congo, vorfand (wodurch also die *incerta sedes* im Münchener Kataloge

beseitigt ist), so veranlaßte mich dies, nach langer Zeit wieder
einmal die Maeklin'sche Monographie durchzulesen. Das Resultat
war nun das erfreuliche, daß durch Maeklin's sorgsame Beschreibung der Name Pr. nigripes für die Congo-Art festgestellt
wurde. *) Die Curculionen beschränken sich auf zwei Arten
Lixus, deren eine ich unbedenklich für L. coarctatus Klug
(rhomboidalis Boh.), die andere für einen Zwerg von L. an-
guinus L. erkläre; ich habe so winzige Exemplare bereits
aus Algerien.

Bei den Prioniden, welche jetzt an die Reihe kommen,
präsentirt sich ein stattliches Macrotoma serripes F. Ob
Fabricius gerade diese Art gemeint hat, darüber bin ich
freilich nicht sicher, denn er sagt Spec. Ins. p. 205: „Thorax
ater, pedes omnes spinis acutis validis serrati.“ Nun ist jedoch
der Thorax des Congobockes nicht schwarz sondern rothbraun,
und die Beine sind nicht bloß wie gewöhnlich, sondern unten
und oben stachlig. Da paßt aber Olivier desto besser, wo
es Entom. IV, 66, p. 19 lautet: „Le corcelet est noir brun —
toutes les pattes ont plusieurs rangs de dentelures épineuses.“
Auch Olivier's Abbildung zeigt die Beine oben und unten be-
stachelt. Demnächst folgen zwei Ceroplesis Thunbergi Fåhr.
und C. quinquefasciata F. Ueber die letztere mochte ich
einige Bemerkungen machen.

342. Ceroplesis *quinquefasciata* F.

Unbedenklich ist es nur ein Schreibfehler, daß Fabricius
die im Namen und in der Diagnose (Ent. syst. I, 2. S. 281)

---

*) Außerdem konnte ich nebenher constatiren, daß eine vor Jahr
und Tag aus Akem (Guinea) gekommene Art meiner Sammlung nicht
in der Monographie stand. Sie gehort zu der Section „A. Prosterno
postice inter coxas anteriores tuberculato“ und ich nenne sie

341. Praogena *illustris* Dhn.

Pr. supra splendide viridimicans, subtus rufescenti-brunnea,
antennis nigris, femoribus rufis, tibiis tarsisque nigris, pronoto
subquadrato, leviter transverso, punctato, elytris modice convexis,
versus apicem angustatis et aureo-marginatis, subtiliter punctato-
striatis, interstitiis planiusculis.
Long. 16 mm. Lat. hum. 5 mm.
Patria: Guinea.
Diese Art ubertrifft durch ihr glanzendes Metallgrün die anderen
grünen Praogena bei weitem und der Rand der Elytra zeigt gegen
den Apex hin einen feinen Goldschimmer. Der Thorax ist allerdings
nicht strict viereckig, sondern mehr ein Rechteck, dessen Apexseite
sich nach vorn etwas rundet. Die Unterseite (Kopf, Thorax und Abdomen) haben eine gelbbraune Grundfarbe mit einem purpurschillernden
Hauch darüber.

richtig bezeichneten **fünf** Fascien in der Beschreibung zu „tribus" macht. Der Münchener Katalog führt die Art als variatio unter C. ca pensis L. auf. Ich bin indessen der Ansicht von Fåhraeus, welcher sie in den Ins. Caffr. Nachtr. 1872 p. 42 als eigene Art aufführt, und dazu die C. *taeniata* Perroud als Synonym zieht.

Jeder, dem eine größere Zahl Ceroplesis vorgelegen hat, wird mir zugeben, daß sie in der Form wenig, desto mehr und verwirrender aber in der Färbung variiren, und daß es deshalb sehr begreiflich ist, wenn der Catalogus monacensis nur Linné's C. ca pensis als Art gelten lassen will, und *pectoralis* Oliv., *quinquefasciata* F., *rubro cingulo* Voet., und *taeniata* Perroud als var. bezeichnet.

Ich möchte aber auf das „fasciis tenuioribus" in der Fabrici'schen Beschreibung denselben Accent legen wie Fåhraeus, der l. c. sagt „fasciae 5 angustae, minus distinctae, nur müßte ich auch hier noch den Vorbehalt machen, daß ich minus distinctae für schmäler, nicht etwa für undeutlicher erklärte.' Gerade das fadenartige scharf bestimmte in den Querbinden (tenuioribus) der quinquefasciata sondert sie in meinen Augen specifisch von den unbestimmt breiteren Binden der C. capensis L. und pectoralis Oliv. Und das mir vorliegende Congo-Exemplar ist ein recht charakteristischer Belag dazu.

Von Phytophagen war nur ein Stück der aus Monrovia (Liberia) früher in Mehrzahl gekommenen Pachytoma g i g a n t e a Illiger zu verzeichnen.

Stettin, im Juli 1886.

———————

Lepidopterologisches.
Von
Dr. **M. Standfuss** in Zürich.

Wer je Gelegenheit findet, in einer unserer größeren europäischen Lepidopteren-Sammlungen, etwa in der meines verehrten Freundes Max Wiskott in Breslau, oder des Herrn Dr. O. Staudinger in Blasewitz-Dresden, die Varietäten, um den gewöhnlichen zoologischen Sprachgebrauch anzuwenden, [*]) genauer zu vergleichen, der dürfte sich davon überzeugen, wie auch diese Formen — die von so Vielen für durchaus regellose und willkürliche Bildungen gehalten werden — ganz bestimmten Gesetzen folgen; Gesetzen, die sich oft nicht nur bei der gleichen Art, sondern auch durch ganze Genera's hindurch constant erweisen. Wenn die variatio in den weit überwiegenden Fällen entweder in einer Zunahme oder in einer Abnahme der der gewöhnlichen Form eigenthümlichen Zeichnungselemente besteht, so zeigt sich bei genügendem Material von Varietäten auf das Deutlichste, daß diese Zu- und Abnahme der Zeichnungselemente von bestimmten gleichen Herden auf der Flügelfläche ausgeht und gewisse Grenzen nicht zu überschreiten pflegt, so daß diese Grenzen leicht fixirt werden können.

Als sehr charakteristisches Beispiel möchte ich hier die Arten des Genus Vanessa F. nennen, welche C-album L. und polychloros L. nahe stehen. Indeß auch in den so stark zur Variation neigenden Genera's Melitaea F. und Argynnis F. lassen sich gewisse Gesetze erkennen; freilich aber werden diese hier durch die größere Anzahl der Zeichnungselemente um Vieles complicirter.

Auch kommt es vor, daß sich bei einer Art zwei verschiedene Variationsgesetze finden.

Diesen mehr oder weniger schwankenden Formen stehen andere Varietäten gegenüber, welche sich ungemein fest zeigen, so Thais var. Honoratii B. und etwa die von Limenitis Populi L. durch Esper (31, 1) und Freyer (343) abgebildete Varietät u. a. m.

---

[*]) In dem Catalog der Lepidopteren des europäischen Faunengebietes von Dr. O. Staudinger und Dr. M. Wocke Dresden 1871 ist für diesen Begriff der Ausdruck „aberratio" gebraucht, während das Wort variatio des eben citirten Werkes mit dem zoologischen Begriff der Race gleichbedeutend ist.

Auch aus den Heteroceren ließen sich Parallelen anführen. Es sei aus dieser Gruppe hier nur eine der sehr constanten Varietäten näher berührt, da ich diese dies Jahr in einigen Stucken erzogen habe. Es ist dies die auffallende und schone schwarze Form von Aglia tau L., welche ich mit dem Namen varietas lugens (mihi) belegen mochte.

Die älteste Abbildung dieses prächtigen Thieres findet sich, soweit mir bekannt ist, in Ernst et Engramelle Papillons d'Europe, Paris 1779—1792, pl. CXXIX, fig. 175 h et 175 i. Ein ♀, welches im April 1780 in einem Walde bei Frankfurt a. M. gefangen wurde. Leider liegt mir das Werk zur Vergleichung nicht vor.

Eine weitere Abbildung, ebenfalls ein ♀, bringt Esper Tom. HI, Tab. V, Fig. 8. Der Leib dieses Stückes ist sehr licht gemalt, so licht, wie ich ihn niemals bei var. lugens sah und ebenso sind auch die dunklen Farbentone der Flugel ungemein fahl.

Die dritte Abbildung endlich, ein ♂, zeigen die Annales de la société entomologique de France 1858, p. 707, Pl. 14, fig. 8; den Exemplaren gleich. welche ich dies Jahr erzog.

Das Original ist in der Nähe von Saint-Germain gefangen. Sonst sind mir als Fundorte dieser Varietät noch die Insel Rügen und ein Theil Thüringens bekannt, sowie Mühlhausen im Elsaß. Wie schon bemerkt, ist diese Varietät in ihrer Zeichnung ungemein constant.

Beim ♂ ist oberseits von der Grundart abweichend der schwarze Costal- und Außenrand der Vorderflügel. Von letzterem zieht sich bei meinen dunkelsten Stucken noch leichte schwarze Schattirung bis dicht an den Augenfleck heran. Auf den Hinterflügeln ist außer dem constant schwarzen Außenrand stets auch die übrige Flügelfläche stark schwarz schattirt, namentlich nach dem Dorsalrande zu.

Unterseits ist auf den Vorderflügeln gewöhnlich lediglich der Außenrand schwarz (der Dorsalrand ja auch stets etwas bei normalen Stücken); der Costalrand nur bei den dunkelsten Exemplaren. Die Hinterflügel sind aber durchgängig stark schwarz angeflogen, nur das tau-Zeichen bleibt hell, so daß dieses sehr grell hervorsticht. Den Flügeln entsprechend sind Fühler, Füße und Körper ebenso mehr oder weniger in's Schwarze ziehend.

Das ♀ ist oberseits wesentlich mehr in's Auge fallend, da hier das Schwarz auf den Vorderflügeln weit ausgedehnter auftritt. Es bleiben nur um den Augenfleck nach der Flügelbasis und Flügelspitze zu geringe Reste der normalen Flügelfarbe. Die Hinteıflügel sind wie beim ♂ nur am Costal- und Außenrand veıdunkelt, indeß zeigt auch hier die übrige innere Flügelfläche eine Faıbenveränderung, namlich einen eigenthümlichen graugıünen Ton, der nur bei der rothlichen weiblichen Form weniger auffallt.

Die Unterseite ist durchaus der des ♂ entsprechend, ebenso die Färbung der Fühler, Füße und des Körpers.

Die Raupen dieser Varietät zeigten von denen der Grundart auch nicht die geringste Abweichung.

Es sei mir nun des Weiteren gestattet 4 zwitteıige Bildungen von Aglia tau L. näher zu charakterisiren, von denen 3 gewiß von ungemeiner Seltenheit sind, weil sich in ihnen wundeıbarer Weise die Grundform mit der eben geschilderten Varietät gemischt hat.

1. (62 mm Spannweite.) Ein ♀ von männlichem Flügelschnitt; die Flügel also breiter und am Außenrande nicht so ausgeschweift als beim normalen ♀.

Die schwarze Färbung ist sehr ausgedehnt, so daß auf den Vordeıflügeln nur sehr wenig Braun um den Augenfleck sichtbar ist. Dieses Braun ist fast so tief als bei männlichen Individuen. Auf den Hinterflügeln das Schwarz nur am Außen- und Vorderrande, nicht ausgedehnter als bei der schwarzen Varietät stets der Fall zu sein pflegt. Die zwitterige Bildung kommt an den Genitalien deutlich zum Austrag. Der ſchon bei dem frisch entwickelten Thier vollkommen verkümmerte und kein Ei enthaltende Leib zeigte im Leben am oberen Rand der vulva eine deutlich penisaıtige Bildung. An dem todten Thiere ist diese Bildung durch Zusammentrocknen unkenntlich geworden. Der Thorax ist grauschwarz behaaıt, der Hinterleib dunkelbraun. Die Unterseite gleicht der beschriebenen schwarzen Form, doch zeigt auch sie einen deutlichen Stich in's Rothbraune, wie es beim ♂ die Regel ist.

2. (65 mm Spannweite.) Zwitterige Mischung eines normalen ♂ mit einem schwarzen ♀ und zwar, oberflächlich betrachtet, so, daß der linke Vorderflügel und die rechte Seite einem normalen ♂, der linke Hinterflügel einem schwarzen ♀ angebören.

Auf der ıechten Seite der Fühler, die Deckschuppe des Thorax, die Füße und die Flügel ober- wie unterseits die eines normalen rothen ♂.

Der Leib zeigt auf dieser Seite eine deutliche männliche Haftzange, ist aber übrigens sehr viel starker als ein normaler männlicher Leib.

Auf der linken Seite der Fühler nur nach oben mit Kammzähnen, nach unten ohne Zahne. Die Deckschuppe des Thorax
und die Füße graubraun. Der Vorderflügel oberseits normal
rothbraun, nur führt, etwa parallel mit dem Costalrand den
Augenfleck oben berührend, ein 2 Millimeter breiter, schwarzer
Strahl von der Flügelwurzel bis zum Außenrande.

Unterseits zeigt der Vorderflügel nach der Flügelspitze zu
und am Außenrand da und dort unregelmäßig eingesprengte,
schwarze Zeichnungselemente; mehr nach dem Augenfleck zu
sogar einige hell gelbgrau gefärbte Stellen, das heißt also die
Zeichnung eines normalen ♀, so daß sich in diesem Individuum
drei Formen gemischt zeigen. Ueberwiegend das normale ♂,
untergeordnet das schwarze ♀ und noch untergeordneter das
normale lichte ♀. Der linke Hinterflügel zeigt, **dem kamm-
losen Hinterrand des Fühlers entsprechend,** oben und unten die
gewöhnliche Zeichnung des schwarzen ♀. Nur unterhalb des
Augenfleckes und nach dem Dorsalwinkel zu ist oberseits etwas
braunrothe männliche Zeichnung eingesprengt.

Unterseits ist nur, ziemlich in der Mitte des Außenrandes
dicht an den Franzen ein kleiner lichter Fleck. Der Hinterleib zeigte sich an dem lebenden Thier auf dieser Seite prall
mit Eiern gefüllt, beim Eintrocknen hat sich der Leib zu Folge
dessen nach der anderen Seite gekrümmt. Die Haftzange ist
auf der linken Seite stark verkümmert.

Unterseits führt den Leib entlang ein graubrauner etwa
1½ mm breiter Theilungsstreifen, jedenfalls eine Andeutung
der angestrebten Bildung eines geschnittenen Zwitters. Auch
oberseits zeigt sich auf dem Leibe links da und dort dunkle
Zeichnung, rechts nicht.

3. (82 mm Spannweite.) Zwitterige Kombination eines
schwarzen ♂ mit einem normalen lichten ♀.

Links ober- und unterseits in Flügeln, Füßen, Thorax und
Leib varietas lugens-♂, nur der Fühler nach unten fast ohne
Kammzahne.

Rechts der Fühler nach oben ganz ohne Kammzähne, nach
unten die Kammzahne stark verkürzt, theilweise fehlend. Der
Vorderfuß licht braun und wesentlich langer als der linke, die
anderen beiden Füße der dunklen männlichen Form angehörend.
Die Schulterdecke die eines lichten gelben ♀.

Die Flügel beide schmäler als auf der linken Seite und
der Vorderflügel nach der Spitze stärker ausgeschweift, so wie
dies beim ♀ normal ist.

Am Vorderflügel oberseits parallel dem Costalrande bis
zum Augenfleck hin durchaus unregelmaßig die Färbung eines

lichten, normalen ♀ eingesprengt. Die übrige Flügelfläche mit schwarzer Randbinde in der gewöhnlichen Zeichnung von varietas lugens-♂.

Unterseits tritt nach der Flügelspitze zu und am Außenrand die normale weibliche Färbung unregelmäßig eingemischt auf. Der Hinterflügel zeigt oberseits, gerade umgekehrt wie bei dem Vorderflügel, in der hinteren Flügelfläche, also nach Außen- und Dorsalrand zu, von dem Vorderrand des Augenfleckes ab, sehr reichlich die normale, weibliche Zeichnung eingesprengt.

Unterseits ist dies an den gleichen Flügelstellen ebenso der Fall, aber in nicht so ausgedehntem Maße. Der Leib, im übrigen auch auf dieser Seite von ausgesprochen männlicher Bildung, zeigt hier seitlich einen lichtgelben Fleck.

4. (57 mm Spannweite.) Ober- und unterseits in allen Körpertheilen varietas lugens-♂, nur an dem Dorsalrand des rechten Hinterflügels ist unterseits unregelmäßig wenig die lichte Zeichnung eines normalen ♀ eingesprengt.

Die 4 beschriebenen Exemplare stammen von den Eiern eines ♀ und sind in der innegehaltenen Reihenfolge aus der Puppe geschlüpft, möglicher Weise also in dieser Reihenfolge als Ei im Mutterleibe gelagert gewesen.

Sollte ich nach dem Eindruck, den diese wunderbaren Geschöpfe auf mich machen, eine Muthmaßung über ihre Entstehung aussprechen — gewiß im Grunde eine durchaus werthlose und doch der Zeit in der Naturwissenschaft im höchsten Grade geübte Kunst — so würde ich vielleicht sagen, es scheine mir etwa, als sei der Bildungsstoff für 3 männliche und 1 weibliches Exemplar bei der Entstehung der 4 in Frage kommenden Eier nicht geschlechtlich individuell differenzirt, sondern unregelmäßig vermischt worden. Die Korpertheile von No. 2 und 3 z. B ergaben, in gewisser Weise combinirt, etwa ein ganzes männliches und ein ziemlich vollstandiges weibliches Individuum. Nur daß wir auch dann noch sowohl in dem männlichen wie in dem weiblichen Individuum links varietas lugens, rechts die Grundform haben. Auf No. 1 und 4 würde der Rest von weiblichem Bildungsstoff gefallen sein.

K u r t k a.
Von
C. A. Dohrn.

Diesmal wird die Ueberschrift, auch wenn der geneigte
Leser durch die Artikel „Unst" und „Wladiwostok" auf die
„geographische Fährte" gerathen ist, dennoch auf begreifliche
Nichtkenntniß stoßen, denn auch meine Ignoranz des Ortes
wurde durch Richard Andree's Allgemeinen Hand-Atlas nicht
aufgeklärt und wich erst, als ich aus dem Briefe Leopold
Conradt's vom 15. Mai gelernt hatte, daß er an diesem
Tage in die Nahe der russischen Festung Naryn gekommen
war, daß Herr Grum-Grshimaïlo einen der seine Expedition
begleitenden Kosaken dorthin beordert hatte, um Briefe zu befördern und Proviant einzukaufen, und daß Conradt diesen
Anlaß benutzt hatte, eilig noch einmal Nachricht zu geben.

Naryn liegt (nach Andree) östlich von Ferganah im 43.
Grad nördlicher Breite am Fuße des mächtigen Himmelsgebirges
Thian Schan.

Allen Respect vor der russischen Posteinrichtung, da bisher
alle Briefe aus Taschkent, Margelan, Osch und jetzt aus Kurtka-
Naryn mit musterhaftester Genauigkeit eingetroffen sind.

Meine jüngeren Herren Collegen mögen es mir schon auf's
Wort glauben, daß es vor 30, 40 Jahren mitunter recht bedenklich bei der Briefbeförderung zuging, daß ich z. B. einen
Brief mit der deutlich geschriebenen Adresse Rome (aus Paris)
erst erhielt, nachdem er mich vergeblich in Bone (Algérie)
aufgesucht hatte, daß gar ein Brief von hier nach Montpellier
den kleinen Umweg (mit zwei Monaten Zeitverlust) über die
nordamerikanischen Vereinigten Staaten hatte machen müssen.

Nun zu dem Briefe des Collegen Conradt. Er berichtet,
daß sie am 23. April in Begleitung eines Dolmetsch, 2 sarthischen
Dienern und 6 Kosaken den Weg nach Kashgar einschlugen,
am 6. Mai den Kugartpaß überschreiten wollten (10,500 Fuß),
aber beinah auf der Hohe angelangt wieder umkehren mußten,
weil ein so mächtiger Schneesturm sich erhob, daß die Führer
erklärten, sie könnten den Weg nicht finden. Am 8. Mai
wurde bei schönem, klarem Wetter ein neuer Versuch gemacht. Aber auch diesmal begrüßte sie auf der Kammhöhe
ein wahrer Orkan, zum Glück indeß ohne Schnee. Nicht ohne

Lebensgefahr ging es auf steilen schmalen Pfaden hinunter, es mußte von den Pferden abgestiegen werden, durch tiefen Schnee an gewaltigen Abgründen vorbei, wobei es nicht ganz ohne Purzelbäume abging, Gottlob ohne anderen Schaden, als daß hier und da etwas Bagage zurückgelassen werden mußte. Das meiste davon wurde von den Kirgisen zwar nachgeholt, aber da zwei Koffer ihren Verschluß gesprengt hatten, so waren dabei mancherlei Dinge (leider darunter auch Spiritus, Chinin, auch manche Insecten) verloren gegangen. Einiges wird vielleicht nachträglich noch wieder erlangt, anderes aus Naryn wieder angeschafft.

Auch ein photographischer Apparat ist mitgenommen und wird fleißig gebraucht. Ein oder zweimal in der Woche wird eine festliche Mahlzeit gehalten, Ploff genannt. Sie besteht aus Reis, der in dem Fett aus dem Schwanze des (zu diesem loblichen Zweck offenbar von Anbeginn prädestinirten) Fettschwanzschafes gekocht wird, ferner aus gehacktem Fleisch, getrockneten Pfirsichen, Rosinen und gelben Rüben, item es schmeckt prächtig. Natürlich Thee zu allen Tageszeiten.

Herr Conradt deutet auch verschiedene größere Käfer an, die er in der letzten Zeit gefangen, aber da er in den wissenschaftlichen Namen noch nicht bewandert ist, so kann ich nur vermuthen, daß er auf Synapsis Tmolus, eine große Art Dorcadiou (vielleicht Brandti Gebler?), allerlei gute Carabus, Blaps und Prosodes gerathen ist.

Ich kann nur wünschen, daß es ihm gelingen möge, unter der sachverständigen Führung des bereits durch Erfahrung glanzend bewährten Herrn Grum-Grshimaïlo die tapfer unternommene Exploration gesund und glücklich zu beenden.

Ein Beitrag zur Kenntniss der Psychiden mit spiralig gewundenen Raupengehäusen.

Von

Dr. A. Speyer.

Die Familie der Psychiden, so wenig anziehend in ihrer äußeren Erscheinung, bietet dafür dem Biologen wie dem Systematiker einen besonders ergiebigen Stoff zu interessanten und wichtigen Studien — und wenn dies von der Gesammtheit der hierher gehörigen Arten gilt, so in noch erhöhtem Maße von jener kleinen durch besondere Eigenthümlichkeiten ihrer Entwicklungs- und Fortpflanzungsgeschichte ausgezeichneten Gruppe derselben, deren wenige bis jetzt bekannt gewordene Formen unter den Namen Helicinella, Crenulella, Helix und Planorbis beschrieben worden sind. Den Anlaß zu näherer Beschäftigung mit diesen kleinen, unscheinbaren Geschöpfen gab mir eine von Herrn O. Bohatsch in Wien im Herbst 1885 erhaltene Doublettensendung, in welcher sich u. A. auch ein paar der mir bis dahin in natura unbekannt gebliebenen männlichen Repräsentanten dieser Gruppe, als Ps. helicinella HS. bezeichnet, befanden. Daß diese Bestimmung nicht richtig sein konnte, lehrte der sofort vorgenommene Vergleich mit Herrich-Schäffer's und Bruand's Abbildungen und Beschreibungen; dem eigenthümlichen Bau ihrer Fühler zufolge gehörten sie vielmehr zu Crenulella Brd. oder Helix Sieb. Aus der lebhaften über diese Differenz mit Herrn Bohatsch weiterhin geführten Correspondenz ging dann zunächst hervor, daß die mir übersandte, vom Grafen Turati in Mailand zahlreich erzogene Art, seit Jahren (wenigstens in Deutschland und Italien) für Helicinella HS. gegolten und unter diesem Namen cursirt habe. Freund Bohatsch, dem meine Mittheilung sehr unerwartet gekommen war, ließ sich die Klärung der Sache nun mit Eifer angelegen sein und zog zu dem Ende auch die Schätze des K. K. Museums in Wien zu Rathe, in welchem sich denn erfreulicher Weise auch noch vier richtige Helicinella vorfanden, die jeden etwa noch möglichen Zweifel über diese bis jetzt erst in wenigen Exemplaren bekannt gewordene Art beseitigten.

Die Verwechslung mit Helix Sieb. läßt sich überhaupt nur dadurch erklären, daß man zwar Herrich-Schäffer's colorirte Figur (Bombyc. Europ. Tab. 20, fig. 108), welche bei der

habituellen Aehnlichkeit der beiden Arten zur Noth für Helix
angesehen werden konnte, nicht aber den Text und die Abbildungen des Flügelgeaders und der Fuhlerglieder (Bd. 6,
Tab 15, fig 17, 18) beachtete, besonders aber auch wohl
durch den dazu abgebildeten, dem von Helix ganz ähnlichen
(und wahrscheinlich auch zu Helix gehörigen) Sack sich verleiten ließ, obgleich HS. selbst Mann's Angabe, daß er der von
Helicinella sei, in Zweifel zieht. Ein Blick auf die hier mit
dünnen, fadenformigen, an der Spitze (durch Behaarung) verdickt erscheinenden Kammzähnen, dort
mit breit conischen, borstigen Vorsprüngen besetzten
Fühler würde sonst genügt haben den Irrthum zu verhüten.
Auf Grund dieser Verschiedenheit hat Dr. Heylaerts (Essai
d'une Monogr. d. Psychides, 1881) Helicinella und Crenulella
— zu welcher Helix Sieb. als Varietät gezogen wird — sogar
generisch getrennt.

In allem Uebrigen stehen sich allerdings die beiden Arten
sehr nahe und näher als ich anfangs nach den Angaben und
Bildern der verglichenen Autoren und dem mir zu Gebote
stehenden spärlichen naturlichen Material vermuthete. Nachdem
aber dies Material durch eine mir auf meine Bitte zur Untersuchung anvertraute sehr interessante Sendung von hierher ge-
horigen Schmetterlingen und Raupengehausen aus der reichen
Staudinger'schen Sammlung completirt worden war, erwies es
sich, daß sowohl die kamm- als die sägezähnige*) Form ungemein variabel seien, daß weder Größe noch Farbe, Flügelschnitt und Geäder standhafte Unterscheidungszeichen abgeben,
so daß in der That nur der Bau der Fühler als in allen Fallen
sicheres Kriterium übrig bleibt. Ohne diesen zuverlässigen
Wegweiser würde ich vermuthlich in den Irrthum verfallen
sein, das unten als var.? Gracilis beschriebene Exemplar der
Staudinger'schen Sammlung dem Formenkreise von Crenulella
und Helix zuzurechnen (wie es denn auch wirklich als Helix
Sieb. eingesandt worden war), statt dem der Helicinella, und
umgekehrt eine große dunkle Crenulella vielleicht für Helicinella angesehen haben. Eine andere, bei dem jetzigen Stande
unserer Kenntnisse (jedenfalls der meinigen) noch nicht be-
antwortbare Frage ist es, ob diese und die übrigen vom Typus
mehr oder weniger abweichenden Exemplare nur Variationen
von Helicinella und Crenulella darstellen, oder nicht vielmehr
Representanten selbstständiger Arten sind.

*) Die conischen Seitenfortsätze erscheinen unter der Lupe als
eine Doppelreihe von Sagezahnen, die der Kurze wegen gewählte
Bezeichnung „sagezahnige Fuhler" wird also wohl gestattet sein.

Ich wollte mich anfänglich darauf beschränken, die erwähnte Irrung zu berichtigen und ferneren Verwechslungen der beiden Arten durch Hinweisung auf das angeführte, eben so sichere als leicht zu constatirende diagnostische Merkmal vorzubeugen. Das werthvolle, mir durch die Liberalität meiner Freunde zu Handen gekommene Material glaube ich nun aber doch nicht im rechten Sinne benutzt zu haben, wenn ich es nur zur eigenen Belehrung und nicht auch, so weit es Stoff dazu liefert, zur Forderung unserer hier noch höchst unbefriedigenden Kenntnisse verwerthe. Ich will mich auch durch das allerdings sehr gewichtige Bedenken von der Veröffentlichung dieses bescheidenen Beitrages zur Vervollständigung derselben nicht zurückschrecken lassen, daß Dr. Heylaerts in Breda, den wir jetzt wohl als die erste Autorität auf diesem Gebiete ansehen dürfen, nach einer brieflichen Mittheilung vom 7. Januar d. J., eine Abhandlung über das gleiche Thema in der Tijdschrift voor Entomologie der Nederl. entom. Vereeniging zu publiciren beabsichtigt. Es ist zu erwarten, daß die Arbeit des niederländischen Collegen, dessen Specialstudium die Psychiden schon seit einer Reihe von Jahren bilden, meine Mittheilungen großtentheils, wenn nicht ganz überflüssig erscheinen lassen wird. Indeß wird es der Wissenschaft keinen Schaden bringen, wenn dasselbe Thema von zwei Seiten zugleich in Angriff genommen wird. Mir wäre es natürlich sehr erwünscht gewesen, Heylaerts' Aufsatz vor dem Abschluß des meinigen einsehen und letzteren darnach ergänzen, berichtigen, eventuell beschneiden zu können. Es ist mir aber bis jetzt von einer wirklich erfolgten Publication desselben nichts bekannt geworden und so mag ich denn die schon sehr verzögerte Veröffentlichung der Ergebnisse meiner Untersuchungen nicht noch weiter hinausschieben. —

Da des Uebereinstimmenden zwischen der kammzähnigen und der sägezahnigen Form viel mehr ist als des Verschiedenen, so wird es zweckmäßig sein, ihre gemeinsamen Charaktere der speciellen Beschreibung vorauszuschicken, um diese dann auf die Differenzialmerkmale beschränken zu können

Es sind kleine, schwächlich gebaute Psychiden, mit schlankem, schmächtigem Körper und verhältnißmäßig großen, breiten, gerundeten, nur mit Haaren bekleideten, einfarbig grauen oder schwärzlichen Flügeln; übrigens mit allen wesentlichen Charakteren der genuinen Psychiden.

In Form und Haarbekleidung des Körpers und der Beine gleichen sie ganz den im Habitus ähnlichen größeren schlank gebauten Arten der Familie, besonders Calvella (Hirsutella H.)

und Tenella. Die lange Behaarung des Kopfes ist gerade abstehend, die Augen sind ziemlich groß, kugelig vortretend, nackt, die Fuhler von $^1/_3$ Vorderflügellänge, mit einer Doppelreihe, gegen die Spitze des Schaftes sich sehr verkürzender oder verschwindender, behaarter Seitenfortsatze. An den Beinen sind Schenkel, Schiene und Tarsus ziemlich gleich lang, nur der Tarsus der Vorderbeine etwas verlängert und länger als der der Hinterbeine. Vorderschienen ohne Anhang (Schienblättchen), Mittel- und Hinterschienen spornlos, oder an den letzteren ein paar sehr kurze, durch die Behaarung verdeckte Endsporen.*) Das erste Tarsenglied ist durch anliegende Behaarung etwas verbreitert, das letzte trägt ein paar kurze scharfe Krallen. Der Hinterleib hat die charakteristische, der eigenthümlichen Art der Begattung angepaßte Bildung aller ächten Psychiden. An seinem Ende treten die äußeren männlichen Sexualtheile als nackte, röthlichgelbe, einem etwas klaffenden flachen Schnabel ähnliche Chitinplatten frei hervor und die Afterklappen fehlen, da sie dem Eindringen des Hinterleibes in den weiblichen Sack nur hinderlich sein würden.

Vorder- und Hinterflügel haben gleiche Breite, das Verhältniß der Lange zur Breite beider Flügelpaare ist aber beträchtlichen, auch individuellen Schwankungen unterworfen. Je schmaler die Flügel werden, um so weiter treten die Hinterflügel über den abgerundeten Hinterwinkel der Vorderflügel vor, und umgekehrt. Die Flügelflache ist dicht mit feinen, angedrückten, etwas verworren liegenden Härchen bedeckt, der Vorderrand selbst trägt, wie gewohnlich, einen dichten Besatz von kurzen, vorwärts gerichteten Borstchen. Die aus steiferen, ziemlich dicht stehenden Haaren gebildeten Fransen sind mäßig lang, an den Innenwinkeln verlängert. Sie gehen leicht verloren, wie denn auch die Haarbekleidung anderer Körpertheile nur locker zu haften scheint.

Das Geäder ist, der Zartheit der Flügelmembran entsprechend, schwach und deshalb an manchen Stellen nicht immer ohne Präparation des Flugels deutlich zu erkennen. Die Vorderflügel haben 9 oder 10, die Hinterflügel 7 Adern (nach Herrich-Schäffer'scher Zahlung). Die Mittelzelle reicht auf den Vorderflügeln bis zu etwa $^3/_5$, auf den Hinterflügeln bis zur Mitte des Flügels und ist durch eine schwache, erst in der Saumhälfte der Zelle deutlicher werdende Längsader getheilt.

---

*) Nach Claus sollen sie bei Helix fehlen; ich konnte hier auch keine auffinden und bin auch bei Helicinella im Zweifel geblieben, ob was ich unter der Lupe sah Sporen oder nur starkere Borstchen waren.

Die geschweifte Dorsalader der Vorderflügel entspringt, wie bei allen Psychiden, mit doppelter, eine kleine Basalzelle umschließender Wurzel und lauft am Innenwinkel aus. Die typische Gabelung saumwärts wird dadurch gebildet, daß sie in $1/4$ bis $1/5$ ihrer Länge einen kurzen, meist schwachen Schrägast zum Innenrande abgiebt, der aber öfters schon erlischt, ehe er den Innenrand erreicht hat, zuweilen auch ganz fehlt. Eine innere Dorsalader (1b) habe ich nicht mit Bestimmtheit erkennen können. Ast 2 und 3 der Vorderflügel laufen steil abwärts zum Innenwinkel und Saum, und zwischen 3 und 4 liegt ein breiterer Zwischenraum als zwischen den ubrigen Aesten (Zelle 3 ist gioßer als die übrigen Randzellen). Ast 4 und 5 sind in Betreff ihres Abganges von der Mittelzelle sehr variabel: sie entspringen bald auf längerem oder kürzerem gemeinsamem Stiele, bald aus einem Punkte, nicht selten auch auf dem rechten Flügel desselben Individuums anders als auf dem linken.*) Auf den Hinterflugeln ist die Costalader in $1/4$ bis $1/5$ ihrer Lange durch einen kuizen Querast mit dem oberen Rande der Mittelzelle verbunden. Haftborste ziemlich lang.

Ich will die im Bau ihrer Fühler mit Helicinella HS. übereinstimmenden, von mir verglichenen Formen unter diesem Namen, die mit sägezähnigen Fühlern unter Crenulella zusammenfassen, ohne damit ein definitives Urtheil daruber abgeben zu wollen und zu konnen, ob sie wirklich nur als Varietäten der einen oder der anderen Art zu betrachten sind.

1. *Psyche helicinella* HS.

Herrich-Schäffer, Schmett. v. Europa II. Bd. 1. S. 21, VI. Bd. Tab. XVI, fig. 17, 18; Bombyc. Tab. 20, fig. 108 (1847). — Bruand, Monogr. d. Psychides p. 73, Pl. II. fig. 48a, III. fig. 48, 48' (1852). — Psyche helix ♂ Nylander, Ann. soc. entom. de France, 1854, p. 337. (Claus, Zeitschr. f. wissensch. Zoologie, 17. Bd. S. 477, 1867).

Nach brieflichen Mittheilungen Bohatsch's wurden von den 4 Exemplaren dieser Art, welche er im Wiener Museum vorfand, 2 bereits im Jahre 1836 von Grohmann, die beiden anderen von Mann in Sicilien gefangen. Mann war aber nur einmal und zwar 1858 in Sicilien und hat damals keine Säcke mitgebracht. (Es geht dies auch aus seinem in der Wiener

---

*) Daß sie bei Helicinella auch getrennt aus der Mittelzelle entspringen konnen, zeigen Herrich-Schaffer's und Bruand's Figuren. Ich habe kein Exemplar, bei dem dies der Fall wäre.

entom. Monatsschrift veröffentlichten „Verzeichniß der im Jahre 1858 in Sicilien gefundenen Schmetterlinge" hervor, wo es (III. S. 93, 1859) heißt: „Ps. Helicinella HS. Gegen Ende Mai und Anfang Juli an der Straße nach S. Maitino in den Morgenstunden einige im Fluge gefangen, auch im Palla-gutta-Thale fand ich einige ebenfalls in den Morgenstunden fliegend". Von der Auffindung eines Sackes ist keine Rede. Erst 1872 steckte Mann zu diesen sicilianischen Helicinella des Wiener Museums schneckenhausförmige, bei Livorno*) gefundene Sacke, von denen aber keiner eine vorgeschobene Puppenschale zeigt. Bohatsch vermuthet, Mann habe eines der Grohmann'schen Exemplare später an Herrich-Schäffer gesandt und demselben nach falscher Angabe oder auf gut Glück einen schneckenhausformigen Sack beigesteckt. Sei dem wie ihm wolle, soviel geht hieraus mit Sicherheit hervor, daß Herrich-Schäffer's Originalexemplar nicht von Mann selbst gefunden sein konnte und daß sein Zweifel an der Zusammengehörigkeit von Falter und Sack sehr berechtigt war. Heylaerts schieibt mir hierüber: „Der von Herrich-Schäffer erwähnte Sack, den ich selbst hier hatte, war der eines ♀ von Crenulella Brd."

Obgleich also Helicinella schon vor 50 Jahien entdeckt worden ist, ist sie doch bis jetzt in den Sammlungen so selten geblieben, daß sich wohl nur sehr wenige derselben des Besitzes iichtig bestimmter Exemplare rühmen können. Ich wurde durch die Gute meiner Freunde in den Stand gesetzt, 5 hierher — d. h. zur kammzahnigen Form — gehoiige Exemplare zu vereinigen, von denen 3 die typische Helicinella repräsentiren, die beiden anderen eiheblicheie Abweichungen von dieser, und zwar nach gerade entgegengesetzter Richtung, daibieten. Da Herrich-Schäffer nur ein einziges, wie die fehlenden Fransen zeigen, stark geflogenes Stück vor sich hatte, seine Beschreibung dazu ungenügend, die Bruand'sche aber noch viel weniger tauglich ist, die Art kennen zu lehren, so wird eine genauere nicht überflüssig sein.

Von den 3 zum Typus der Heriich-Schäffer'schen Art gehöiigen Exemplaren trägt das eine, mir von Herrn Bohatsch mitgetheilte, die Signatur: „Grohm. Sicil. 1836. Mus. Vind. Caes." an der Nadel, die beiden anderen stammen aus Lederer's, in Staudinger's Besitz übergegangener Sammlung und sind bei Palermo gefangen. Keines dieser Exemplare ist von tadelloser

---

*) In seinem „Verzeichniß der im Jahre 1872 in der Umgebung von Livorno und Pratovecchio gesammelten Schmetterlinge" (Verhandl. d. k. k. zool bot. Gesellsch. in Wien, 1873) erwähnt übrigens Mann keines Fundes von solchen Sacken.

Beschaffenheit, am wenigsten das alte Grohmann'sche, indeß ergänzen sie ihre Mängel gegenseitig Sie als typische anzusehen, berechtigt außer der wesentlichen Uebereinstimmung mit Herrich-Schäffer's Abbildung und Beschreibung auch noch der Umstand, daß Lederer die seinigen ohne Zweifel von Mann selbst erhalten hat. In Flügelschnitt und Färbung gleicht übrigens auch von diesen drei Stücken keines vollständig dem anderen, so daß schon diese wenigen Exemplare von der großen Variabilität des kleinen, zeichnungslosen Geschöpfes Zeugniß geben.

Die typische Helicinella ist größer, dunkler gefärbt, von nicht ganz so zartem Bau als Helix Sieb, mit deutlicher hervortretenden Flügeladern. Flügelspannung 14—15, Länge eines Vorderflügels 6—7 mm.

Den Bau der Fühler, als des wichtigsten Unterscheidungsmerkmales von Crenulella, will ich so genau beschreiben, als das eine bloße Lupen-Untersuchung und die gebotene Rucksicht auf Vermeidung jeder Beschadigung gestattet. Ihr Schaft ist mit anliegender, in's Gelbgraue fallender Behaarung bekleidet, das Wurzelglied klein, das zweite Glied cylindrisch, verlangert und starker als die Geißelglieder, das darauf folgende kurz, kugelig, die übrigen Glieder sind dünn, etwa doppelt so lang als dick. Die (an den getrockneten Exemplaren) mehr oder minder gebogenen, fadenformigen Kammzahne beginnen am dritten oder vierten Gliede, verlängern sich schnell bis gegen die Mitte des Schaftes und verkürzen sich von da allmahlich bis zur Spitze desselben, wo sie trotz ihrer Kürze immer noch fadenformig bleiben. Die längsten sind reichlich doppelt so lang als die Glieder auf denen sie sitzen. Sie erscheinen an ihrer Spitze mehr oder minder kolbig verdickt (vgl. HS.'s fig. 18) und diese Verdickung beginnt bald näher, bald entfernter von der Wurzel. Sie wird nämlich nur durch die nach oben dichter und stärker werdende Haarbekleidung des dünnen Kammzahnes gebildet, welche so locker haftet, daß sie leicht theilweise verloren geht und dann nur ein Rest davon an der Spitze des Fortsatzes uhrig bleibt. Bei den ganz ähnlichen Kammzahnen der Fühler von Ps. calvella und Standfussi (welche nur gedrängter stehen und sich gegen das Ende des Schaftes weniger verkürzen) ist die Spitzenverdickung ebenfalls nur eine scheinbare, durch den Haarüberzug bedingte. Herrich-Schaffer's Fuhlerbilder (VI. Tab. XVI, fig. 12 und 18) von Calvella und Helicinella, welche die Keule solide darstellen, sind also in diesem Punkte ungenau.

Die Flügelform ist, wie erwahnt, in Bezug auf das Verhältniß der Länge zur Breite und die stärkere oder schwachere

Abrundung der Winkel ziemlich variabel. Am meisten in die Länge gezogen (und sich damit der Form von Oreopsyche plumistrella nahernd) sind die Flugel des Grohmann'schen Exemplares, wo sie nahezu doppelt so lang als breit sind und die langlich-eiförmigen Hinterflugel weit über den ganz abgeflachten Hinterwinkel der Vorderflugel vortreten; am breitesten bei einem der Lederer'schen Stücke, wahrend das zweite derselben ungefahr die Mitte zwischen diesen Extremen einhält. Die Farbe ist ein eintöniges, mehr oder minder dem Schwarzen sich näherndes Rauchgrau, bei frischen Exemplaren wird sie ohne Zweifel dunkler, fast schwarz sein. Auch die Flügelmembran selbst scheint etwas gefarbt zu sein und zu dem opaken Ansehen der Flugel beizutragen. Sie sind von einer dunkleren, schwarzen Saumlinie umzogen, welche aber, wie eine weißliche Farbung des Vorderrandes der Vorderflugel, nur bei dem am besten erhaltenen, mit unversehrten Fransen versehenen Exemplare deutlich geblieben, bei den anderen, mehr geflogenen theilweise oder fast ganz verloren gegangen ist.

Den Aderverlauf zeigt Herrich-Schaffer's Figur im Wesentlichen richtig (die Wurzelzelle am Ursprunge der Dorsalader der Vorderflugel fehlt fast allen Figuren der Tafel), nur entspringen Ast 4 und 5 der Vorderflugel bei meinen Exemplaren nicht getrennt, sondern entweder gestielt (bei dem Grohmann'schen) oder auf gleichem Punkte (bei den beiden anderen Exemplaren) aus der Mittelzelle; 4 und 5 der Hinterflügel zwar getrennt, aber nahe bei einander. Der Gabelast, welchen die Dorsalader der Vorderflugel zum Innenrande sendet, entspricht nur bei einem meiner Exemplare der Figur HS.'s, bei den beiden anderen erlischt er, ohne den Innenrand ganz zu erreichen, wie das auch in Bruand's Darstellung des Geaders der Fall ist. (In Bruand's Texte p. 73 heißt es: „La bifurcation de l'interne . . . . devient presque nulle chez Helicinella"). Auch in diesem Punkte ist das Geader also variabel. Endlich bin ich im Ungewissen darüber geblieben, ob die Vorderflugel 10 in den Rand auslaufende Adern haben, wie in Herrich-Schäffer's, oder nur 9, wie in Bruand's Abbildung. Die Haarbedeckung des Flügels ist gegen den Vorderrand zu dicht um erkennen zu lassen, ob zwischen Ast 7 und der Costalader 1 oder 2 Aeste verlaufen. Uebrigens zeigt zwar HS.'s Figur 10 Adern, im Texte (II. 1. S. 21) heißt es aber: „Hinterflugel mit 2theiliger Mittelzelle und 7 Rippen; Vorderflugel mit 9 oder 10"; er scheint also selbst nicht ganz sicher gewesen zu sein. Eine Anomalie des Geaders zeigt das Grohmann'sche Exemplar darin, daß Ast 6 der Vorderflugel sich nahe dem Saume gabelig theilt, aber nur auf dem linken Flugel (welcher dadurch also eine Ader mehr erhält), auf dem rechten bleibt er einfach, wie gewohnlich.

Die Behaarung des Kopfes, der Beine und der Bauchseite des Korpers ist etwas heller gefärbt, mehr aschgrau.

Sowohl Herrich-Schäffer's als Bruand's colorirte Bilder des Falters sind nach geflogenen Originalen verfertigt, da beiden die Fransen fehlen. Das erstere zeigt den Korper viel zu robust, die Vorderflügel am Innenwinkel zu wenig abgerundet (den richtigen Flügelschnitt giebt die Aderfigur Tab. XVI, fig. 17), stellt aber im Uebrigen ein verblaßtes, breitflügeliges Exemplar von Helicinella unverkennbar dar. In Bruand's Abbildung ist der Korper ebenfalls zu plump, die Flügel sind nach außen zu wenig erweitert, die Hinterflügel zu schmal, die Fühler zu lang; das Coloiit ist gut.

Zur Rechtfertigung meines dritten Citats setze ich Claus' Excerpt aus Nylander's Aufsatz, den ich leider nicht im Original zur Hand habe, vollständig hieiher. „W. Nylander, Note sur le mâle du Psyche helix. Ann. soc. ent France 1854 p. 337. Die Diagnose von Nylander lautet: Psyche helix mas. Totus niger opacus, corpus nigro pilosum, longitudine vix 5 mm, antennae lamellis linearibus tenuibus, alae nigrae, decumbenti-pubescentes, anticae singulae fere 6,5 mm longae. Pili corporis longi, tenuissimi (microscopice examinati simplices), alarum breviores decumbentes. Antennae serie duplici instructae processum angustorum lamelliformium, altera superne altera inferne apice pilosellorum; hae lamellae lineares, longitudine variantes, majores 8, ceterae (praeter par unicum minus ad basin flagelli) minores decrescentes sensimque versus apicem antennae disparentes. Alae unicolores nigricantes, anticae posticaeque aeque longae; latitudo maxima ambarum fere 3,5 mm. — Genitalia externa parum exserta flavescentia. Folliculus fusco-cinerascens, scabridus, ter spiraliter contortus, spiris arcte contiguis, ut e latere visus formam ovoideo-conicam offerat, 6 mm altus, latitudine maxima 4,5 mm etc." *)

Das ist in der That eine ganz treffende Schildeiung des Männchens von Helicinella und die erste genauere Beschreibung seiner Fuhler, über welche HS. ganz mit Stillschweigen hinweggeht. Die Bezeichnung der Vorder- und Hinterflügel als gleich-lang wird man nicht so haarscharf nehmen düifen, und bei

---

*) Hier führt Claus auch eine Bemerkung von Bruand (Bull. entom. Ann. soc. ent. France 1854 p. 60) an: Er (Br.) habe aus Oesterreich ein ♂ von Ps. helix erhalten, welches sich vortrefflich auf die Abbildung in Herrich-Schäffer beziehen lasse.

der großen Variabilität des Flügelschnittes ist es zudem nicht
ausgeschlossen, daß Exemplare vorkommen, bei denen der
Längenunterschied zwischen Vorder- und Hinterflügeln in der
That unbedeutend wird Er ist schon bei dem mir vorliegenden,
schmalflügeligsten Stücke sehr gering Wenn also nicht noch
eine zweite, der Helicinella völlig ähnliche und nur in diesem
Punkte von ihr verschiedene Art existirt — was doch sehr
wenig wahrscheinlich ist —, so ist das Citat von Nylander's
Ps. helix mas. bei unserer Helicinella ein ganz gesichertes und
damit hatten wir denn auch die erste und bis jetzt einzige
Beschreibung ihres Sackes. —

Von den beiden erwähnten, mit Helicinella in den wesent-
lichsten Merkmalen übereinstimmenden, im Uebrigen aber recht
merklich differirenden Exemplaren ähnelt das eine, bei Albarracin (im südlichen Aragonien) gefangene in Habitus
und Färbung viel mehr einer Helix Sieb. als der Helicinella.
Es hat ganz den schmächtigen Körper und die zarten, hellen,
durchscheinenden Flügel der ersteren, ist aber erheblich größer:
Flügelspannung 15, Länge eines Vorderflügels 7 mm, also vom
Ausmaß einer ansehnlichen Helicinella. Die Flügelform ist
eigenthümlich und erinnert, wie der ungemein schlanke Körper-
bau an eine Oreopsyche tenella im verjüngten Maßstabe. Die
Vorderflügel sind am stark bauchigen Saume so breit wie bei
Helicinella, verschmälern sich aber auffallend gegen die Wurzel,
indem der Vorderrand bis gegen die sehr stark abgerundete
Spitze nicht nur ohne alle Wölbung bleibt, sondern in der
Mitte sogar ein wenig concav erscheint. Die Hinterflügel haben
die Form des Typus, sind aber im Verhältniß zu den Vorderflügeln kürzer, den Hinterwinkel der letzteren sehr wenig über-
ragend. Die Flügel sind noch durchscheinender als die einer
frischen Helix, von sehr hellem Grau, in der Membran nicht
gefärbt. Das Geader ist sehr schwach, die Mittelzelle der
Vorderflügel bis zu $^2/_3$ von deren Länge ausgedehnt. Ast 4
und 5 entspringen links aus einem Punkte, rechts auf gemeinsamem kurzem Stiele. Eine Gabelung der Dorsalader kann
ich nicht erkennen. Die Fühler sind schwächer behaart und
erscheinen deshalb dünner, ihre Seitenfortsätze aus demselben
Grunde an der Spitze weniger verdickt, einzelne der mittleren
fast einfach fadenförmig. Auch Beine und Hinterleib sind
dünner behaart. Die Fransen sind gut erhalten und dieser
Umstand spricht dagegen, die Abweichungen dieses Exemplares
auf bloße Abgeflogenheit zu beziehen, wenn auch ein Theil der
Behaarung verloren gegangen sein mag.

Das zweite Stück ist aus Algerien (Constantine,

Zach, besagt der Zettel an der Nadel) und weicht in gerade
entgegengesetzter Richtung vom Typus der Helicinella ab. Es
erreicht, mit kaum 12 mm Flügelspannung, nur die Größe
einer kleinen Helix. Die Flügel sind etwas schmaler, an den
Winkeln etwas weniger stark abgerundet als bei den typischen
Exemplaren; ihre Farbe ist ein dünnes, ein wenig in's Graue
ziehendes, die des Korpers ein ziemlich tiefes Schwarz. Sonst
finde ich keinen erwähnenswerthen Unterschied. Ast 4 und 5
der Vorderflügel entspringen auf einem Punkte, eine Gabeltheilung der Dorsalader vermag ich auch hier nicht zu erkennen. Das Exemplar ist, wie der Verlust des größten Theiles
der Fransen zeigt, ein geflogenes. Es erinnert in Farbe und
Habitus viel mehr an eine kleine Epichnopteryx pulla als die
typische Helicinella, welche Herrich-Schaffer wenig passend mit
dieser Art vergleicht, doch ist der Bau minder robust, das
Schwarz minder gesättigt als bei frischen Pulla und gleich-
maßiger über die Flügel verbreitet

    Die Variabilität von Helicinella muß eine sehr große sein,
wenn dies kleine, dunkle afrikanische und das große helle
Exemplar von Albarracin beide zu ihr gebören sollen, auch
wenn man sie als die Extreme ihres Variationskreises betrachten
wollte. Indeß betreffen die Abweichungen vom Typus doch
nur die Große, Flügelform und Farbe — Eigenschaften, welche
überhaupt und bei den Psychiden insbesondere der Variabilitat
in hohem Grade unterworfen sind. Ob die beschriebenen Stucke
also Reprasentanten eigener Arten, constanter Varietäten oder
auch nur zufällige Aberrationen sind, muß dahin gestellt bleiben.
Sie mit eigenen Namen zu belegen, scheint mir im vorliegenden
Falle aber doch zweckmaßig zu sein. Ich will das Exemplar
von Albarracin also als var.? Gracilis, das von Constantine
als var? Pusilla bezeichnen — ohne übrigens im geringsten
etwas dagegen einzuwenden zu haben, wenn diese Namen, falls
sich herausstellen sollte, daß es sich hier um bloße Aberrationen
handelt, einfach wieder gestrichen werden.

    Heylaerts schrieb mir, daß ihm außer dem von Mann bei
Palermo gefundenen nur noch ein in Oberthur's Sammlung
befindliches Exemplar von Helicinella aus Algier bekannt sei.
Die Art ist ohne Zweifel weiter über das Mittelmeergebiet verbreitet und wird häufiger gefunden werden, sobald ihre Naturgeschichte entdeckt ist. Ueber diese kenne ich nichts als
Nylander's oben mitgetheilte Angabe, nach welcher ihr Raupengehäuse dem von Helix ahnlich sein soll. Denn die von Bruand
(l. c. p. 74) erwahnten Säcke von Besançon und Dijon, aus
denen er nie einen Schmetterling erhielt, gehörten ohne Zweifel

zu Crenulella oder Helix. Man hat Nylander's Behauptung, daß er seinen Falter aus dem beschriebenen Sacke erzogen habe, in Zweifel gezogen, ich weiß nicht aus welchem Grunde. An und für sich hat es die Wahrscheinlichkeit für sich, daß zwei in ihrem letzten Entwicklungsstadium so ähnliche Arten sich auch in ihren ersten Ständen ähneln werden. Ich bedauere sehr, nur Claus' Auszug aus Nylander's Artikel und nicht diesen selbst einsehen zu konnen, da derselbe doch auch wohl über den Fundort und anderes Wissenswerthe Aufschluß geben wird. Nylander giebt seinem Sacke bei einer großten Breite von 4,5 eine Hohe von 6 mm und eine der Eiform sich nähernde Kegelgestalt. Er würde sich demnach von dem der Helix dadurch unterscheiden, daß er bei fast gleicher Breite eine viel beträchtlichere Hohe besitzt, und noch viel mehr von dem von Siebold als Planorbis beschriebenen, bei welchem das Verhaltniß der Hohe zur Breite gerade das entgegengesetzte ist. Ein so geformter Sack scheint seitdem — und das hat allerdings etwas Befremdendes — von Niemandem weiter gefunden worden zu sein. Alle mir bekannten größeren Säcke sind flacher gewunden als die gewöhnlichen von Helix, bei denen Breite und Hohe ungefahr gleich sind. Wenn Nylander's Angabe richtig ist, würde also keiner dieser Säcke zu Helicinella gebören, am wenigsten Planorbis, oder Nylander's Specimen müßte ein zufallig abnorm gestaltetes gewesen sein.

2. *Psyche crenulella* Brd.

Bruand, Mon. d. Psych. p. 76, Pl. II. fig. 49a, b, III. fig. 49 (1853). — Psyche helix, C. Th. v. Siebold, Wahre Parthenogenesis b. Schmetterl. u. Bienen (p. 36 ffg, mit Tafel), 1856 (Var.). — Hofmann, Naturg. d. Psychiden, Berl. entom. Zeitschr. IV. S. 24 (1860). — Claus, Stett. ent. Zeit., 27. Jahrg., S. 358 (1866); Zeitschr. f. wissensch. Zoologie, 17. Bd., S. 470, Taf. 28 (1867). — Apterona crenulella, Heylaerts, Ess. d'une Monogr. des Psych. I. (1881).

Schon Réaumur erwähnt in seinen Mémoires p. servir à l'hist. d. Insectes (Tome III. pl. 15, fig. 20—22) schneckenhausförmiger, sehr wahrscheinlich hierher gehöriger Säcke und giebt rohe (von Siebold l. c. copirte) Abbildungen derselben. Die Bewohner derselben waren aber angestochen gewesen und lieferten nur Parasiten. Selbst Zeller ahnte fast ein Jahrhundert spater noch nicht, daß diese Réaumur'schen Sackbewohner derjenigen Ordnung der Insecten angehorten, deren Determination

er für Oken's Isis übernommen und in so mustergültiger Weise
im Jahrgange 1838 derselben in's Werk gesetzt hat. Das
merkwürdige Thierchen blieb unbeachtet und verschollen, bis
Herr von Heyden d. Aelt. 1849 die Raupen bei Freiburg i. B.
entdeckte und Herrn von Siebold auf sie aufmerksam machte.
Sie sind dann an verschiedenen Orten Mitteleuropa's stellenweise zahlreich gefunden und durch Siebold's Mittheilungen
auch weiteren Kreisen des wissenschaftlichen Publikums bekannt und interessant geworden. Aber was man diesseit der
Alpen fand, war ausschließlich die parthenogenetische Form.
Siebold, Reutti, Hofmann u. A. erzogen aus Hunderten von
Säcken immer nur Weibchen. Erst im Jahre 1866 glückte
es Prof. Claus in Marburg (jetzt in Wien) ein paar männliche
Schmetterlinge aus Raupen zu erziehen, die ihm aus Botzen
zugesandt waren. Er gab darüber eine vorläufige Nachricht
in der Stett. ent. Zeit., dann einen ausführlichen, durch schöne
bildliche Darstellungen erläuterten Bericht in der Zeitschrift für
wissenschaftliche Zoologie l. c. Claus glaubt seine Zöglinge
trotz wahrgenommener Differenzen mit Herrich-Schäffer's Helicinella identificiren zu durfen — was wohl nicht geschehen
wäre, wenn er Bruand's Schrift hätte vergleichen konnen, die
bei aller sonstigen Mangelhaftigkeit in Bild und Beschreibung
doch wenigstens auf den ganz verschiedenen Bau der Fühler
aufmerksam macht.

Ich habe selbst längere Zeit hindurch Anstand genommen,
in Bruand's Crenulella dasselbe Thier (oder doch nur eine
Varietät desselben) zu sehen, welches mir in lombardischen,
Wiener und südfranzösischen Exemplaren unter dem (irrigen)
Namen Helicinella HS. mitgetheilt worden war, d. h. für die
von Claus beschriebene und abgebildete Ps. helix Sieb. Einer
Art, deren Flügel breit und gerundet, deren Fühler verhältnißmäßig kurz (von $^1/_3$ Vorderflügellänge) sind, deren Farbe grau
ist, „längliche, fast lancettformige Vorderflugel" und „lange
Fühler" (in der Figur haben sie mehr als $^3/_4$ Vorderflügellange!) zu ertheilen und ihre Farbe „un jaune ochreux très-
pâle" zu nennen, mochte ich doch selbst Bruand'scher Ober-
flächlichkeit nicht zutrauen. Indeß ist zu bedenken, daß Bruand
nur ein einziges, vielleicht schlecht präparirtes oder wirklich
ungewöhnlich schmal- und spitzflügeliges, vielleicht verblaßtes
Stück vor sich hatte und daß, was seine Figur von Crenulella
betrifft, analoge, wenn auch nicht so grelle Nachlässigkeiten
auch bei anderen seiner Abbildungen vorkommen. So sind
z. B. Pectinella und Helicinella ebenfalls mit zu schmalen Flügeln
und zu langen Fühlern dargestellt. Und was die Farbe an-

geht, so hat sich das „blasse Ockergelb" der Beschreibung bei der Figur in Schwarzgrau verwandelt! Die Wahrheit mag also wohl in der Mitte liegen, oder doch besagtes Ockergelb nicht ohne graue Beimischung gewesen sein. Dazu kommt denn noch, um jeden Rest von Bedenken niederzuschlagen, der Umstand, daß sich unter den mir von Herrn Bang Haas freundlich übermittelten Staudinger'schen Exemplare 2 ♂ der Lederer'schen Sammlung befinden, zu denen Herr Haas bemerkt: „Crenulella ♂ (die einzigen), von Bruand ohne Zweifel an Lederer gesandt, da Lederer viel von Bruand erhalten hat." Die Farbe dieser Stücke ist nun freilich kein reines Ockergelb, doch ein wirklich in's Ockergelbe ziehendes sehr bleiches Grau, während die Fühler nicht länger als bei Helix, die Flügel breit und gerundet sind. Nach alle dem wird man diese Exemplare mit ziemlicher Sicherheit als typische Crenulella Brd. ansehen dürfen, ich werde sie deshalb genauer beschreiben, zuvor aber die gemeinsamen Merkmale der mir vorliegenden Vertreter der Form mit sagezähnigen Fühlern angeben, die soweit sie nicht etwa specifisch verschieden sind, den Bruand'schen Namen als den älteren behalten müssen

Ich vergleiche davon, außer den beiden Lederer'schen (ohne Sacke und Angabe des Fundortes), 5 Stücke aus der Lombardei, 2 von Meran, 2 aus der Provence (Cannes) und 2 angeblich in Wien erzogene — die meisten mit ihren Sacken.

Die durchschnittliche Größe liegt unter der von Helicinella, das kleinste meiner Exemplare (Mailand e l) hat kaum 12, das größte (Cannes) 14 mm Flügelspannung. Die Flügel besonders der kleineren Stücke (Helix) sind ungemein zart und schwach gerippt, breit und stark gerundet.

Den Bau der Fühler von Helix veranschaulichen Claus' mikroskopische Darstellungen (l. c. fig. 9, 10); ich habe einen wesentlichen Unterschied auch bei den anderen Formen nicht finden können. Unter mäßiger Lupenvergrößerung (vgl. Bruand Pl. II. fig. 49a, wo aber die Behaarung der Zähne fehlt) erscheinen die conischen, breit aufsitzenden, borstig behaarten Seitenfortsätze der mittleren Glieder als Sägezähne. Sie beginnen ungefähr mit dem fünften und erreichen schon am siebenten bis neunten Gliede ihre größte Länge, verkürzen sich dann schnell und verschwinden am letzten Drittel des Schaftes. Ihre langborstige Behaarung drängt sich öfters gegen die Spitze des behaarten Vorsprunges mehr zusammen und überragt diese dann wie ein vorwärts gerichteter spitzer Endpinsel. Nach Claus' mikroskopischen Untersuchungen tragen diese Seitenfortsätze außer der erwähnten längeren Haarbekleidung auch noch eine

Menge kurzer und zarter Griffel (fig. 10) und am mittleren und oberen Theile der Antenne vereinzelte Zapfen. Claus ist geneigt, besonders die ersteren in die Kategorie der Riechfäden zu stellen, bemerkt aber, daß er an anderen Psychiden und gerade solchen, welche, wie Pulla, *) mit außerordentlicher Scharfe ihr Weibchen auswittern, sowohl die Griffel als die Zäpfchen vollstandig vermisse.

Die Farbe des Körpers und der Flügel ist ein helleres oder dunkleres reines oder in's Bleichgelbe, selbst Weißliche ziehendes Aschgrau. Die Flügel sind meist feiner behaart und durchscheinender als bei der typischen Helicinella, in der Membran nicht gefärbt, in der Form wechselnd, doch im Ganzen kürzer und die Vorderflügel von der Basis gegen den Saum starker verbreitert als bei Helicinella; die Fransen hinter einer dunklen Saumlinie gleichfarbig. Unterseite etwas lichter gefarbt als die Oberseite. Die Vorderflügel haben 10 Adern. Der Innenrandsast der Dorsalader geht in $^1/_5$ der Lange derselben ab, ist aber nicht bei allen Exemplaren deutlich und vollstandig oder fehlt auch wohl ganz. Ast 4 und 5 sind meistens länger oder kürzer gestielt, entspringen ofters aber auch auf einem Punkte oder linkerseits in der einen, rechterseits in der anderen Weise.

In Bruand's Figur (Pl. III, 49) müßten Ast 2 und 3 viel steiler herablaufen und Zelle 3 breiter sein; die von Claus stellt diese Verhaltnisse besser, doch noch nicht charakteristisch genug dar, die Hinterflügel zu schmal und ohne Haftborste. Nach beiden Autoren soll die Bifurcation der Dorsalader nicht vorhanden sein.

Die beiden Exemplare aus Lederer's Sammlung, die ich als den Typus von Crenulella betrachte, und von denen das eine stark geflogen, das andere wohl erhalten ist, sind etwas größer als die lombardische und tiroler Form (Helix), (Flügelspannung 13—13,5, Vorderflügellange 6,5 mm), nicht ganz so schwächlich gebaut, die stark behaarten Zahne der Fuhler sind etwas ansehnlicher und reichen weiter zur

---

*) Dies bezieht sich wohl auf die folgende von Siebold (Parthenog. S 30) erwahnte Beobachtung Herrn v. Heyden's: „Merkwurdig ist es ubrigens, mit welcher Scharfe gewisse Schmetterlingsmännchen ihre Weibchen auswittern. Ich sah vor mehreren Jahren eine Anzahl Mannchen der Ps. pulla ein verschlossenes Fenster meiner Stube von außen umschwarmen und mehrere sich an die Scheiben setzen, hierdurch aufmerksam gemacht bemerkte ich, daß sich Weibchen dieser Art in einer innerhalb der Stube stehenden Schachtel in der Nahe des Fensters entwickelt hatten. In der Nachbarschaft meiner Wohnung war mir kein Fundort dieser Art bekannt."

Spitze des Schaftes heran. Die Flügel sind etwas gestreckter als bei Helix, die vorderen an der Spitze stark gerundet, am Vorderrande sanft gewolbt. Ihre Farbe ist ein sehr bleiches, in's Ockergelbe fallendes, durchscheinendes Grau, mit etwas dunkleren, glänzenden Fransen Auch die Haarbekleidung des Korpers zieht in's Ockergelbe. Die Flügel sind etwas stärker gerippt als bei den kleinen Exemplaren und, wohl im Zusammenhange damit, ist der Innenrandsast der Dorsalader der Vorderflügel deutlich sichtbar. Er geht in etwa $^1/_5$ der Länge der Dorsalis, nahe der Spitze der kleinen Basalzelle, von dieser ab, und läuft bei dem besser erhaltenen Exemplare unter einem Winkel von etwa 45 ° geradlinig in den Innenrand aus; bei dem anderen Exemplare kann ich ihn nicht ganz bis zum Innenrande verfolgen. Ast 2 und 3 laufen steil herab, 4 und 5 sind bei dem einen Stück lang-, bei dem anderen kurzgestielt; auf den Hinterflügeln entspringen sie getrennt.

Von Helix Sieb unterscheiden sich diese Crenulella also durch Colorit, Große, etwas langlichere, starker gerippte Flügel und die glänzenden (bei Helix ziemlich matten) Fransen, deren auch Bruand's Beschreibung erwähnt. Auf die etwas stärkeren und naher an die Spitze des Schaftes herantretenden Zahne der Fuhler möchte ich kein großes Gewicht legen, da auch bei Helix hierin kleine Differenzen zu bemerken sind, immerhin diesen Punkt aber doch weiterer Beachtung empfehlen. Von großerer Bedeutung würde ein anderer Umstand sein, wenn er sich als constant erweisen sollte: am Ende des Hinterleibes ist nämlich nichts von den sonst bei allen Exemplaren deutlich hervortretenden äußeren Sexualtheilen zu bemerken, sie müssen, wenn nicht abgebrochen, in die lange und dichte Behaarung der Aftergegend zuruckgezogen sein.

Diesen typischen Crenulella steht in Große, Fühlerform und Habitus am nächsten ein Exemplar der Staudinger'schen Sammlung von Cannes, ähnelt ihnen durch seine Farbe aber gerade am wenigsten. Diese ist vielmehr dunkler als bei allen anderen meiner Exemplare: ein schwärzliches Grau ohne alle gelbe Beimischung. Durch diese dunkle Farbung, seine Größe (Vorderflügel etwas über 6,5 mm) und robusteres Ansehen erhalt es eine habituelle Aehnlichkeit mit Helicinella, besitzt aber in der That alle wesentlichen Kennzeichen von Crenulella. Die besonders lange Behaarung des Kopfes läßt diesen größer erscheinen. Die Flügel sind weniger durchscheinend als bei Crenulella und Helix, Ast 4 und 5 der Vorderflügel entspringen aus einem Punkte, den Gabelast der Dorsalader kann ich nicht erkennen.

Ein zweites Exemplar, welches ich von Staudinger mit der Bezeichnung: „Helicinella, Südfrankreich", erhielt, stammt wahrscheinlich ebenfalls aus der Provence. Es ist von fast ebenso dunkler, doch mehr in's Braunliche fallender Färbung, aber kleiner (Flügelspannung 12,5 mm) und hat minder breite, mehr in die Länge gezogene Flugel, die vorderen mit schrägerem, weniger bauchigem Saume und nicht so stark abgerundeter Spitze; Ast 4 und 5 derselben sind kurz gestielt. Der dazu gesteckte Sack, mit der vorgeschobenen Puppenschale, gleicht ganz dem von Helix Sieb.

Die lombardischen und tiroler Exemplare sind die kleinsten, mit stark gerundeten, nach außen sehr erweiterten Vorder- und breiten gerundeten Hinterflügeln. Die Fuhlerzahne verschwinden hier schon weit vor der Spitze des Schaftes, sie reichen kaum bis zum Anfange des letzten Drittels desselben (vergl. Claus' fig. 9). Die Flugel sind sehr zart, schwach gerippt, von meist hell aschgrauer Farbe, variiren aber auch merklich im Schnitt und hellerem oder dunklerem Colorit. Ast 4 und 5 der Vorderflügel langer oder kürzer gestielt oder aus einem Punkte. Sie stellen die Form Helix Sieb. dar, welche Claus in fig. 7 treu, nur mit zu spitzen Vorderflugeln (deren Form dagegen in der Aderfigur sehr gut gezeichnet ist), abgebildet hat. Die Wiener Stücke sind kaum ein wenig größer, sonst nicht verschieden.

Unter den hier beschriebenen Repräsentanten der sägezähnigen Form zeigt also ebenfalls keine ein abweichendes Merkmal von solcher Bedeutung, daß daraus auf specifische Verschiedenheit geschlossen werden konnte. Denn der Mangel, resp. das Nichtvortreten, der äußeren Sexualorgane bei den Ledereı'schen Crenulella, welchen man, wenn constant, allerdings als ein solches betrachten könnte, ist wohl nur ein zufälliger. Diese Exemplare sind alt und das Alter verändert bekanntlich die Farbe der Psychiden, bleicht sie wenigstens aus. Daß die ockergelbe Beimischung in dieser Weise zu erklären sei, ist allerdings nicht gerade wahrscheinlich, da sie Bruand's Original, welches vermuthlich doch nicht so alt war, in noch ausgezeichneterer Weise gezeigt haben soll. An eine provençalische Localform oder -Farbung ist auch wohl nicht zu denken, denn wie das Bruand'sche, so sind auch meine beiden vorstehend beschriebenen Exemplare, oder sicher wenigstens das gıößeıe derselben, in der Provence gefangen, dessen Farbe schwarzgrau ohne alle gelbe Beimischung ist. Wie es sich mit diesen Formen, ihren Beziehungen zu Crenulella Brd. und Helix Sieb. verhält, müssen ergiebigere Vergleiche als ich sie

anstellen kann, und besonders die Enthüllung ihrer Naturgeschichte lehren.

Diese und der weibliche Schmetterling ist, soviel ich weiß,
bis jetzt erst von Helix Sieb. mit Sicherheit bekannt und durch
Siebold, Hofmann und Claus so genau und vollständig geschildert,
von dem ersten und letzten auch durch vortreffliche Abbildungen
der Jugendformen und des Weibchens erläutert worden, daß
ich hier nicht weiter darauf einzugehen brauche. Der Be-
fruchtungsact wird ohne Zweifel in derselben Weise vor sich
gehen, wie bei anderen Psychiden. Graf Turati bemerkt·dar-
über (in einer brieflichen Mittheilung an Bohatsch): „Einige
Weibchen verlassen den Säck nicht und lassen sich von den
Männchen im Sacke selbst befruchten, andere dagegen fallen
heraus". Das Weibchen ist so zarthäutig, daß es Turati noch
nicht gelang, es auszublasen oder anderweitig aufzubewahren.

Durfen wir alle hier erwähnten Repräsentanten dieser
Form als zu einer Species gehörig betrachten und auch diejenigen hinzurechnen, von welchen bis jetzt nur denen von Helix
ganz ähnliche Säcke gefunden worden sind, so hat diese Species
eine weite Verbreitung: von Spanien im Westen bis Amasia *)
im Osten. Der südlichste Punkt (wo aber nur Säcke gefunden
wurden) ist Granada, der nördlichste Garz in Pommern —
vorausgesetzt, daß die hier von Büttner gefundenen, von Hering
(Entomol. Zeit. 1881 S. 154) unter dem Namen Epichn. helicinella aufgeführten Raupen, wie wohl kaum zu bezweifeln,
nicht zur Herrich-Schäffer'schen Art, sondern zu Helix ge-
horten. In Deutschland und Oesterreich sind mir als Fundorte
bekannt: Glogau (Zeller), Wiesbaden (Rössler), Görlitz und
Dresden (Moschler), Zwingenberg an der Bergstraße (Koch),
Freiburg i. Br. und der Isteiner Klotz (Reutti), Regensburg
(Herrich-Schäffer), Wien (auch am Fuße des Schneeberges nach
Rogenhofer), Innsbruck, Meran und Botzen (Hinterwaldner).
Außerdem bewohnt Crenulella-Helix Süd- und Mittelfrankreich,
die südliche Schweiz (Siebold) und Italien. Nach ihrem Vorkommen in Deutschland, wo sie im Osten (Garz, Glogau) viel
weiter nördlich zu reichen scheint als im Westen (Wiesbaden),
ließe sich auf eine Abgrenzung des Verbreitungsbezirkes gegen
Nordwest schließen, aber die Beobachtungen sind noch viel zu
unvollstandig, um ein Urtheil über die Verbreitung irgend wie

---

*) Ueber die hier gefundenen Raupen bemerkt Staudinger: „Psyche
Helix Sieb. Ich fand hier von Ende Mai, Juni Sacke mit lebenden
Raupen, die den deutschen Sacken ganz ahnlich sind, zog aber nichts
daraus." (Lepidopterenfauna Kleinasiens S. 175.)

zu gestatten; den östlichen Ländern Europa's, aus denen ich keinen Fundort kenne, wird sie gewiß nicht fehlen.

Die polyphage, nach Art der Coleophoren minirende Raupe von Helix wurde auf sehr verschiedenartigen, besonders krautartigen Pflanzen, von Hinterwaldner bei Meran aber auch „auf Aepfeln ziemlich häufig" gefunden Sie scheint immer nur local, mit Vorliebe an trockenen, sonnigen Stellen, an Felsen oder auf Sandboden, hier dann aber in Menge vorzukommen.

Diesseits der Alpen ist, soviel mir bekannt, bis jetzt noch nie (außer angeblich bei Wien) ein Männchen von Helix gefunden worden, die Fortpflanzung und Erhaltung der Art scheint hier also ausschließlich auf dem Wege der Parthenogenese zu geschehen. Es ist dies wohl das bemerkenswertheste Beispiel einer — wenn ich mich so ausdrücken darf — geographisch verschiedenen Art der Fortpflanzung einer Species, wenigstens bei den Lepidopteren, und die Frage, wie die auffallende Erscheinung zu erklären sein möge, liegt nahe. Räumliche Trennung der parthenogenetischen von der normal zweigeschlechtlichen Form ist, soviel ich weiß, außer bei Helix nur noch bei einigen Arten der Gattung Solenobia beobachtet worden. Nur ist hier das Gebiet der einen von dem der anderen nicht so deutlich wie bei Helix durch eine mit klimatischen Unterschieden zusammenfallende Scheidungslinie getrennt, beide finden sich mehr sporadisch, zuweilen in geringer Entfernung von einander. *) Solenobia ist, trotz ihrer weiten Trennung im Systeme, mit den Psychiden nahe verwandt, mit Helix im besonderen theilt sie auch noch die schwächliche Constitution ihrer Männchen, und gerade dieser Umstand empfiehlt sich, wie mir scheint, der Beachtung bei einem Versuche zur Erklärung der hier vorliegenden Frage.

So extrem zart und schwächlich gebauten kleinen Wesen, wie es zumal die Männchen von Helix sind, verbieten sich

---

*) Siehe darüber O. Hofmann's Naturgeschichte der Psychiden l. c. und besonders dessen Beitrag zur Kenntniß der Parthenogenesis im Jahrgang 1869 S 299 dieser Zeitschrift. Der Verfasser zieht hier Lichenella Z. mit Bestimmtheit zu Sol pineti. Ich bemerke dazu, daß der Sack der Art, welche mir als Talaeporia lichenella Z. galt und an der ich schon im Jahrgang 1846 von Oken's Isis (S. 29) und im Jahrgang 1847 der Entomol. Zeitung (S. 18) die parthenogenetische Fortpflanzung mit Bestimmtheit nachgewiesen habe, keine Aehnlichkeit mit dem (von Zeller selbst erhaltenen) von Pineti, um so größere dagegen mit dem von Triquetrella Z. besitzt. Wenn meine Lichenella als parthenogenetische Form zu einer oder der anderen gehören sollte, so kann es nur Triquetrella sein. Es ist mir auch während des langen seitdem verflossenen Zeitraumes und bei häufiger Zucht ein Männchen dieser Lichenella noch nicht zu Gesicht gekommen.

weitere Hochzeitsreisen von selbst, schon einem mäßigen Winde, Regen oder sonstigen Unbilden der Witterung würden ihre schwachen Kräfte nicht gewachsen sein. Die Copulation muß ihnen sehr bequem gemacht werden, wenn sie überhaupt zu Stande kommen soll. Darauf deutet auch der Umstand hin, daß Helix nur an einzelnen Localitäten, hier aber in betrachtlicher Zahl vorzukommen pflegt, und daß die Weibchen viel häufiger sind als die Männchen. Es scheint dies auch in wärmeren Gegenden der Fall zu sein, wenigstens gebören nicht bloß die mir vorliegenden cisalpinen, sondern auch alle mir von Wien und Blasewitz mitgetheilten, auf Capri, bei Granada und Amasia gefundenen Säcke dem weiblichen Geschlechte an. Wenn aber durchaus günstige (zumal Witterungs-) Verhältnisse dem Männchen zu Hülfe kommen müssen, um während der kurz bemessenen Zeit seines Daseins eine Gattin zu finden, so läßt es sich begreifen, daß andauernd schlechtes Wetter während der Entwicklungszeit einen großen Theil der Männchen unvermählt zu Grunde gehen lassen wird, und daß oftere Wiederkehr solchen Mißgeschickes zum völligen Aussterben derselben innerhalb eines Districtes von größerer oder geringerer Ausdehnung führen kann. Im sonnigen Mittelmeergebiet ist so etwas kaum zu besorgen, die klimatischen Annehmlichkeiten unserer cisalpinen Sommer legen dagegen die Möglichkeit eines solchen Vorganges nahe genug. An einen Ersatz des aussterbenden Geschlechtes durch Zuzug aus anderen Gegenden, wie er bei flugkräftigeren Thieren eintreten könnte, ist hier nicht zu denken, die Art wurde an der ihrer Männchen beraubten Localität dem Untergange geweiht sein, sorgte nicht die Natur durch Entwicklung der Parthenogenesis für ihre Erhaltung, wenigstens in der einen ihrer sexuellen Formen. *)

In dieser Weise würde sich die räumliche Sonderung der parthenogenetischen von der ursprünglich wohl überall zweigeschlechtlichen Form verstehen lassen — ob sie auf diesem Wege wirklich zu Stande gekommen ist, ob nicht auch andere als klimatische Factoren hier eingegriffen haben, wird sich erst

---

*) O. Hofmann, dem wir die sorgfältigsten und zuverlassigsten Mittheilungen uber die anatomischen und physiologischen Verhaltnisse der Psychiden verdanken, bezieht (auf Beobachtungen bei Nurnberg gestutzt, wo parthenogenetische und zweigeschlechtige Solenobien nahe bei einander wohnen) nach dem Wagner'schen Migrationsgesetze das isolirte Vorkommen der beiden Formen auf zufallige Verschleppung eines Weibchens vom ursprunglichen Wohnorte der Art, welches dann seine ihm ausnahmsweise innewohnende Eigenthumlichkeit, ohne Befruchtung entwicklungsfahige Eier zu legen, auf seine Nachkommenschaft vererbte (Entomol. Zeit. l. c.).

beurtheilen lassen, wenn unsere noch sehr lückenhaften Kenntnisse über die Verbreitung und die biologischen Verhältnisse dieser interessanten Thiere durch weitere Beobachtungen ergänzt worden sind. Die heikle Frage, wie die Parthenogenese selbst zu erklären sei, näher zu erörtern, würde hier zu weit führen. Das Vermögen der Fortpflanzung ohne Befruchtung ist durch vielfache Beobachtungen für eine größere Anzahl, besonders den Familien der Spinner angehöriger Arten nachgewiesen worden, wenn auch als ein nur sehr ausnahmsweise vorkommendes, auf einzelne weibliche Individuen beschränktes. Die Annahme, daß es solcher starker parthenogenetisch veranlagter Weibchen auch bei Helix von jeher gegeben haben werde, ist deshalb wohl gestattet. Aber hier findet der sehr wesentliche Unterschied statt, daß die aus unbefruchteten Eiern hervorgegangene Nachkommenschaft von Helix (wie von den Solenobien) ausschließlich Weibchen liefert, während die aus solchen Eiern anderer Arten (Bombyx mori, Arctia Caja, Orgyia ericae etc) erzogenen Falter, soweit mir bekannt, beiden Geschlechtern zu etwa gleichen Theilen angehörten.

Nehmen wir die parthenogenetische Begabung und ihre Beschränkung auf die Erzeugung einer nur weiblichen Nachkommenschaft als gegebene Facta einfach hin, ohne uns in einen Versuch der Erklärung einzulassen, so begreift sich das Weitere ohne Schwierigkeit. Die ursprünglich wohl sehr geringe Zahl der zur Fortpflanzung ohne Befruchtung befähigten Weibchen mußte mit dem Seltenwerden der Männchen stetig wachsen. Denn außer den wenigen aus befruchteten Eiern hervorgegangenen kamen nur ihre Nachkommen zur Entwicklung, und von diesen pflanzten sich wieder immer nur diejenigen fort, auf welche sich die mütterliche Anlage vererbt hatte. Das völlige Aussterben der Männchen überließ dann zuletzt der parthenogenetisch gekräftigten Form das Feld und die Erhaltung der Art allein.

Uebrigens ist damit, daß Helix-Männchen in Mitteleuropa noch nicht aufgefunden worden sind,[*] noch keineswegs der Beweis geliefert, daß sie hier absolut und überall fehlen. Bohatsch sandte mir 2 solcher Männchen nebst den Säcken (mit der vorgetretenen Puppenschale), aus welchen sie ausgeschlüpft waren,

[*] Nach einer von Claus l. c. mitgetheilten Anzeige Stainton's (Zoologist, Sept. 1853) wären auch in England männliche, aus schneckenformigen Säckchen ausgeschlüpfte Individuen von Psyche helicinella beobachtet worden. Ich weiß nicht ob diese Angabe sich bestätigt hat, wenn aber eine der beiden Arten wirklich in England vorkommt, wird es wohl eher Helix als Helicinella sein.

welche er von dem Händler Dorfinger mit der Versicherung erhalten hatte, sie seien von ihm (Dorf.) bei Wien gefunden worden. Diese Versicherung wurde in Zweifel gezogen, da es bis dahin keinem anderen Wiener Sammler gelungen war, eines männlichen Exemplares der dort im weiblichen Geschlecht garnicht seltenen Art habhaft zu werden. Es könnte aber doch sein, daß Helix-Mannchen bei Wien, wenn auch nur sehr selten oder an einzelnen besonders günstigen Localitaten, vorkämen und daß dies auch in anderen cisalpinen Gegenden der Fall wäre, besonders solchen, welche, wie Wien, relativ warme und sonnige Sommer besitzen. Die Aufmerksamkeit der Wiener Herren Collegen ist jetzt auf diesen Punkt gerichtet, Aufschluß hierüber und wohl auch andere interessante Mittheilungen dürfen wir somit hoffentlich bald, vielleicht schon von den in diesem Sommer angestellten Beobachtungen, erwarten. —

Sacke. Spiralig gewundene, denen von Helix ähnliche Raupengehäuse sind in vielen Gegenden Mittel- und Südeuropa's, in Nordafrika und Kleinasien gefunden worden. Ich vergleiche deren (außer den bekannten aus der Lombardei, Tirol, Oesterreich und Süddeutschland) 2 von Cannes (Stgr.), 1 von Livorno (Mann 1872), 3 von Capri (B. Haas), 2 von Granada (Stgr.), 1 von Gibraltar (Novara-Reise 1857) und 4 von Amasia (Stgr.). Die beiden Sacke von Cannes gehören dem mannlichen Geschlecht an, alle übrigen halte ich für weibliche, da sie den von Siebold und Claus (l. c) angegebenen Charakter der weiblichen Säcke tragen, daß die seitliche runde Oeffnung weiter als eine Spiralwindung von der unteren Mündung des Sackes entfernt liegt. Ein paar Stücke sind indeß von zu schlechter Beschaffenheit, um hierüber Sicherheit zu geben. Alle sind, wie bei Helix, nur mit Erd- und Sandkörnchen bedeckt, deren Farbe und gröbere oder feinere Beschaffenheit aber bei den einzelnen Säcken sehr verschieden und offenbar von der Qualitat des Bodens abhängig ist, welchem das Material entnommen wurde. Beachtenswerther sind die in der Große und besonders in der flacheren oder hoheren Wolbung der Säcke hervortretenden Unterschiede. Sie lassen sich hiernach in 2 Gruppen trennen.

1. Solche, welche entweder gar nicht oder nur in unwesentlichen, auch bei sicheren Helix-Säcken (deren ich, außer den gewohnlichen erdfarbigen, schwarzgraue, hellgraue und rothliche vor mir habe) variablen Eigenschaften: der Farbe und grob- oder feinkornigeren Beschaffenheit des Materiales ihrer Bekleidung, von gewohnlichen Helix-Sacken abweichen. Zu diesen gehoren die von Cannes, Capri, Amasia und einer der bei Granada gefundenen Säcke.

2. Flacher gewundene, zumeist auch ansehnlich größere
Säcke, welche aber auch unter sich wieder Verschiedenheiten
zeigen, von Livorno, Granada, Gibraltar und Tunis. Die von
Granada und Gibraltar sind etwa doppelt so groß als gewöhnliche Helix-Sacke, 2 der ersteren sehr flach, trüb ziegelroth,
der dritte ist nicht ganz so flach und erdfarbig graubraun. Zu
dem schlecht erhaltenen von Gibraltar, der mit groberen gelb-
rothlichen Sandkornchen bekleidet ist, bemerkt Bohatsch: „Diese
Sacke von Gibraltar [deren das Wiener Museum also mehrere
besitzen muß] sind alle so flach und weit großer als unsere
Helix-Säcke." Der tunesische Sack ist rothlich gelbgrau und
nicht größer als Helix, der livorneser endlich etwas hoher gewölbt als die übrigen. Dies ist der Sack, welchen (t. Bohatsch)
Mann zu seiner Helicinella gesteckt hatte; in Farbe und Beschaffenheit der Bekleidung ahnelt er dem von Gibraltar.

Daß diese flacheren und großeren Säcke einer von Helix
verschiedenen Art oder doch Localform angehören, ist sehr
wahrscheinlich. Wenn Nylander's Beschreibung des Sackes von
Helicinella richtig ist, konnen sie aber nicht zu dieser Art gezogen werden, und mit Planorbis Sieb. lassen sie sich auch
nicht vereinigen. Keiner derselben ist so flach und groß (Siebold
nennt den Sack seiner Planorbis fast dreimal so groß als den
von Helix) wie ihn die Abbildungen l. c. fig. 15—17 zeigen,
welche bei 10 mm Breite nur 5 mm Hohe besitzen, während
diese Verhältnisse bei meinen großten und flachsten Säcken
von Granada 7 und 5,5 sind. Sie sind also nicht nur viel
kleiner, sondern auch relativ höher als dort. Der etwas minder
flache erdfarbige Sack von Granada ist vielleicht identisch mit
dem von Rosenhauer ebenfalls bei Granada gefundenen großeren,
aber sonst dem von Helix ähnlichen Sacke, dessen Siebold l. c.
S. 41 gedenkt. Die Sacke von Planorbis und Helix sind zu
verschieden, um sie nur fur Localformen einer Art halten zu
können, wenn auch die bei Granada und Gibraltar gefundenen
eine Art Mittelform zwischen beiden darstellen und es räthlich
erscheinen lassen, das Endurtheil bis zur Erziehung des voll-
kommenen Insectes aus diesen mehr oder minder von einander
abweichenden Raupengehäusen zu suspendiren.

Systematische Stellung. Herrich-Schäffer, dem wir
die wissenschaftliche Grundlage unseres jetzigen Lepidopteren-
Systems verdanken, trennt bekanntlich die Psychiden der alteren
Schriftsteller (die Gattung Psyche Ochsenheimer's) nach Aus-
scheidung der schon von Zeller zu den Tineinen gezogenen
Gattungen Solenobia und Talaeporia (und unter ausdrücklicher
Erklärung, daß diese Trennung nur eine künstliche sei), in zwei

Gruppen, deren eine er als Familie Psychides unter den spinner-
artigen Macrolepidopteren stehen laßt, die andere als Familie
Canephoridae an die Spitze der Tineinen stellt. Als charak-
terische Merkmale hebt er für die erstere besonders die saumwärts gegabelte Dorsalader der Vorderflügel und das Vorhandensein nur eines sehr kurzen Sporenpaares an den Hinterschienen
der Mannchen hervor, wahrend die Dorsalader bei den Cane-
phoriden einfach bleibt und ihre Hinterschienen lang und doppelt
gespornt sind. Nach beiden Kriterien gehören also Helicinella
und Crenulella-Helix zu Herrich's Psychiden, mit denen sie denn
in der That auch im Uebrigen, in der gesammten Structur des
Männchens, der Madenform des Weibchens etc., übereinstimmen.
Sie beweisen aber auch, daß das eine der wesentlichen
Merkmale der genuinen Psychiden, die Gabeltheilung
der Dorsalader, nicht uberall leicht zu constatiren
ist, individuell sogar fehlen kann.

Eine schwieriger und bei der noch herrschenden Unsicher-
heit über die Entwicklungsgeschichte von Helicinella vorlaufig
nicht mit Bestimmtheit zu beantwortende Frage ist die nach
der systematischen Stellung der beiden Arten innerhalb der
Familie. Herrich-Schäffer hat seine Psychides nicht weiter in
Gattungen zerlegt, erkennt aber das Bedurfniß einer solchen
Auflösung seiner Gattung Psyche an. Diese ist seitdem denn
auch von Seiten mehrerer Autoren in's Werk gesetzt worden,
zuletzt und unter der eingehendsten Begrundung von Heylaerts
(Monogr. d. Psychides I 1881). Heylaerts stellt Helicinella HS.
in seine Gattung Psyche (s. str) und zwar in die letzte Gruppe
derselben, Stenophanes Heyl., wo sie Apiformis Rossi, Graslinella Bdv. etc. zur Gesellschaft hat. Crenulella Brd., zu
welcher Helix Sieb. als Varietat gezogen wird, bildet ihm die
einzige Art einer besonderen Gattung Apterona Mill., die er
auf Stenophanes unmittelbar folgen laßt. Diese Gattung Apterona
besitzt in dem eigenthümlichen Bau der männlichen Fühler ein
sie von allen anderen bekannten Psychiden scharf trennendes
Merkmal, und würde auch als eine natürliche bezeichnet werden
durfen, wenn die Schneckenhausform des Raupengehäuses ausschließlich nur ihr zukame, sägezähnige Fühler und spiralig
gewundene Säcke sich also gegenseitig bedingten. Die kamm-
zähnige Helicinella und die sagezahnige Crenulella sind sich
nun aber in allen anderen Beziehungen so außerordentlich ähnlich,
daß der Schluß auf entsprechende Aehnlichkeiten ihrer Jugendformen, wie schon erwahnt, nahe liegt. Auch abgesehen von
Nylander's Angabe bleibt eine große innere Wahrscheinlichkeit
bestehen, daß auch Helicinella einen schneckenhausförmigen

Sack besitze. Bestätigt sich diese Voraussetzung aber — wie ich glaube, daß sie es thun wird — so würde damit der Beweis geliefert sein, daß die an den Fühlern hervortretende Verschiedenheit hier von untergeordneter, für sich allein die generische Trennung der beiden Arten nicht genügend rechtfertigender Bedeutung sei. Es würde sich dann weiter fragen, ob eine Gattung Apterona*) beizubehalten, aber nicht auf die Fuhler, sondern auf Merkmale zu gründen sei, welche Helicinella und Crenulella gemeinsam von den übrigen Psychiden unterscheiden lassen. Das wäre denn zunächst die eigenthümliche Entwicklungsgeschichte, die Form der Sacke insbesondere. Aber ein auf die Jugend-Zustande allein sich stützender Gattungscharakter läßt die unabweisbare Aufgabe des Systems unerfüllt, auch solchen Arten ihren sicheren Platz anzuweisen, deren erste Stande unbekannt sind. Es bliebe also zu untersuchen, ob sich nicht auch bei den Imagines von Helicinella und Crenulella (resp. den mit spiralig gewundenen Raupengehausen versehenen Arten überhaupt) charakteristische Eigenheiten vorfinden, welche sie auch ohne Kenntniß ihrer Jugendformen bestimmen lassen So sehr nun auch diese Arten durch ihren Habitus und den gesammten Complex ihrer oben geschilderten gemeinsamen Charaktere ausgezeichnet sind, welche zusammengefaßt kaum einen Zweifel lassen werden, so findet sich doch nur ein Merkmal darunter, welches nicht auch bei anderen Psychiden vorkame, die Diagnose somit an und für sich sicherte — und dieses eine ist ein relatives und bedarf einer auf umfanglicheres Material ausgedehnten Prüfung, als es mir zu Gebote steht. Es ist dies das steilere Herablaufen der Aeste 2 und 3 und die damit zusammenhängende Breite der Zelle 3 der Vorderflügel. Wahrend bei allen übrigen mir bekannten Psychiden diese Aeste, besonders Ast 2, unter sehr stumpfem Winkel vom unteren Rande der Mittelzeile abgehen, nahert sich dieser Winkel hier mehr einem rechten, zumal bei Ast 3, und Randzelle 3 ubertrifft an Breite erheblich alle übrigen. In Herrich-Schaffer's Abbildung des Geaders von

---

*) Der auch grammatisch anfechtbare Name Millières verdankt seine Wahl (wie ich aus Gerstaecker's Jahresbericht uber die wissenschaftlichen Leistungen in der Entomologie wahrend des Jahres 1857 S. 5 ersehe) der irrigen Annahme, daß auch die Mannchen dieser Gattung ungeflugelt seien ($\overset{'}{\alpha}\pi\tau\epsilon\varrho\varsigma$ flügellos) Es ist deshalb zu bedauern, daß ihm seiner Priorität wegen der sehr wohlgewahlte und bezeichnende Staudinger's Cochlophanes, weichen muß. Daß dies ubrigens Staudinger in den Corrigenden zu seinem Cataloge pag. 423 langst selbst anerkannt hat, ist von mehreren Autoren ubersehen worden.

Helicinella ist diese Eigenheit deutlich, fast etwas zu grell, wiedergegeben; in Claus' Aderbilde von Helix (wie oben erwähnt) nicht charakteristisch genug, besonders Zelle 3 zu schmal; in Bruand's Figuren ist der Lauf der Aeste 2 und 3 ganz falsch gezeichnet. Es bedarf kaum der Erwahnung, daß individuelle Schwankungen auch hierin vorkommen, sowie daß auch bei anderen Psychidenarten diese Aeste bald mehr, bald weniger schräg zum Innenrande laufen. Von den mir bekannten Arten nähert sich Oreopsyche tenella in diesem Punkte den Apteronen am meisten, aber eine Oreopsyche für eine Apterona zu halten et vice versa wird niemandem beikommen. Wenn nun auch, wie erwähnt, bei der Variabilität des Flügelgeäders in dieser Familie, ein definitives Urtheil über die Brauchbarkeit dieses Merkmales als Gattungscharakter noch vorbehalten bleiben muß, so drückt sich doch gerade auch in ihm die nahe Verwandtschaft zwischen Helicinella und Crenulella in augenfalliger Weise aus. Es verstärkt die Gründe gegen deren generische Trennung und ermoglicht oder erleichtert es jedenfalls, die Gruppe der Psychiden mit schneckenhausförmigen Säcken — immer vorausgesetzt, daß Helicinella zu diesen gehört — auch im geflügelten Zustande genügend zu charakterisiren.

Ein so constituirtes Genus Apterona würde dann also in eine Gruppe mit kammzähnigen (processibus antennarum lateralibus filiformibus, apice piloso-incrassatis) und eine solche mit sägezähnigen Fühlern (processibus antennarum lateralibus conicis setosis) zerfallen, deren mir bekannte, ihrer systematischen Dignität nach aber mehr oder minder zweifelhaft gebliebene Formen hier unter den Namen Helicinella HS. und Crenulella Brd. zusammengefaßt und beschrieben worden sind.

Juli 1886.

Exotisches

von

C. A. Dohrn.

---

342. Chlaenius *stactopeltus* Boh.

Unter diesem Namen erhielt ich von meinem verewigten Freunde Boheman mit der Angabe „Caffraria" einen Chlaenius, den ich meiner Sammlung einverleibte; leider weiß ich nicht mehr, in welchem Jahre. Jetzt (1886), wo ich dieselbe Art

in zwei Exemplaren aus Transvaal erhalten habe, bemerke ich
erst zu meinem Befremden, daß sie weder in dem ersten Bande
der Insecta Caffraria, noch in Boheman's Nachtrage vom
11. Januar 1860 beschrieben ist; ebenso wenig findet sie sich
in den Nachträgen von Fåhraeus und im Münchener Kataloge.
Vielleicht habe ich es bloß übersehen und bitte in diesem Falle
um Belehrung.

Das Thier gehört zu den mittelgroßen Arten, ist grünlich
schwarz und hat rothgelbe Fühlerbasis und Beine. Die Form
ist die eines Chl. *sulcicollis* Payk. oder Chl. *niger* Randall mit
nach hinten verbreitertem Thorax. Die beiden kleinen rothgelben Flecke nahe dem Apex der Elytra befinden sich an
derselben Stelle wie bei so vielen anderen Chlaenius z. B.
oculatus F., vulneratus Dej, aber der nach der Basis hin ver-
breiterte Thorax giebt der vorliegenden Art einen ganz abweichenden Habitus. Long. 13 mm. Lat. 5 mm.

343. Brachinus *parvulus* Chaud.

Als Vaterland dieser Art wird von Chaudoir das Cap
angegeben. Boheman giebt dafür in den Ins. caffr. die Caffria
interior. Etwas genauer kann ich jetzt Transvaal als Heimat
bezeichnen.

344. Lagria *villosa* F.?

Das Fragezeichen wird hervorgerufen durch 3 Exemplare
Lagria aus Transvaal, mit denen ich nicht ins Klare kommen
kann. Meine Sammlung ist nicht gerade reich in dieser Gattung,
da sie nur einige 50 Arten enthalt, während der Münchener
Katalog deren 64 beschriebene aufzahlt. Aber ich glaube, wenn
Shakespear's Richard den bekannten Nothschrei ausstoßt:

A horse, a horse, my kingdom for a horse!

so sind die exotischen Käferanten im vorliegenden Falle vollständig berechtigt, „ein Konigreich" für eine gute Monographie
von Lagria zu bieten.

Natürlich wandte ich mich zunächst an den fleißigen und
gewissenhaften Beender von Boheman's Insecta caffraria, Herrn
Fåhraeus, da ich annehmen durfte, in seinem Artikel (Stockholm
Vetensk. Akad. Förhandl. 1870 p. 325) unter Lagria die gesuchte Belehrung zu finden. Aber von den 10 Arten, welche
er l. c. abhandelt, paßt höchstens die p. 329 aufgeführte
Lagria *villosa* F. und auch diese nur sehr bedingt. Denn die
ganze Beschreibung des Kieler Hofrathes beschrankt sich in
ihrer bescheidenen Durftigkeit auf folgendes:

L. villoso atra, thorace elytrisque viridibus. Habitat
ad Cap. bon. sp.

Statura et summa affinitas L. hirtae, at thorax et elytra viridia. Abdomen pedesque atra.

Noch lakonischer faßt sich Fabriz in dem Syst. Eleuth. II, p. 69, und in seiner Mantissa I, p. 93, nur daß er villoso in villosa emendirt.

Olivier (Ent. III, 49, p. 4, 1) adoptirt des Fabricius Namen und Diagnose, und fugt in der Beschreibung hinzu, die Antennen seien moniliform, der Anus roth, und die Behaarung der bronzefarbigen Kopf, Thorax und Elytra bestehe aus einem röthlichen Flaum.

Fåhraeus liefert nun l. c. folgende, allerdings erheblich vollstandigere Charakteristik:

Lagria villosa: oblonga, supra rugoso-punctata, aeneo-virescens, sat dense griseo-villosa, subtus nigricans, pectore abdomineque plus minusve virescentibus, apice abdominis interdum rufescente; antennis pedibusque nigris; capite suborbiculato, inter antennas transversim sulcato; thorace aequaliter rotundato, capite nonnihil latiore. Long. 10—12, lat. (ad hum.) $3^1/_2$—$4^1/_2$ millim.

Variat elytris fusco-coerulescentibus, aut coeruleis, sutura marginibusque purpureis, aut purpureis, sutura marginibusque viridibus, metapleuris cyaneis, nec non maculis lateralibus apicisque abdominis aeneo-violaceis.

Occurrit etiam ad promont. bonae sp. et in regionibus Africae occidentalis.

Man wird mir willig zugeben, daß es eine eigene Zumuthung ist, das „atra" bei Fabricius mit dem „subtus nigricans" bei Fåhraeus für gleichbedeutend zu halten. Dennoch muthmaße ich, daß zur Zeit von Olivier und Fabricius vielleicht durch Austausch die L. *villosa* vom Cap dasselbe Thier war, welches Beide meinten, dasselbe, welches auch in Schweden von den alteren Entomologen dafür gehalten und von Schönherr an den Grafen Dejean mitgetheilt wurde. Leider steht mir Reiche (Voyage de Galinier) nicht zu Gebot, und ich kann daher nicht sagen, aus welchen Gründen er Schönherr's L. villosa und dessen L. viridipennis für Synonym seiner L. *confusa* erklart, wie das auch der Münchener Katalog adoptirt. Das aber kann ich sagen, daß Olivier's „ano rufo" und Fåhraeus' „apice abdominis interdum-rufescente" durch ein Paar Stücke meiner Sammlung ausreichend bestätigt werden, woraus ich folgere, daß Olivier und Schonherr dasselbe Thier im Sinne hatten. Dies wird mir auch durch ein Exemplar verbürgt, welches ich von Boheman aus dem Kaffernlande als L. *villosa* erhielt.

Eine andere Frage ist aber, ob das, was Fåhraeus in seiner Beschreibung von den Worten ab „Variat elytris" bezeichnet, nur eine Variation oder eine eigene Art ist? Ich komme darauf, weil Reiche eine var. *mauritanica* beschrieben hat, die im Münchener Kataloge unter L. *viridipennis* F. figurirt, und weil ich diese *mauritanica* in einer Mehrzahl marokkanischer Stücke besitze, die vollkommen gleichfarbig, aber nicht grün, sondern dunkel veilchenblau sind.

Zwei von den mir vorliegenden Stücken aus Transvaal gleichen in Form und Farbe weit mehr dieser *mauritanica*, als den Capensern, die ich von Boheman und Anderen als villosa erhielt. Das dritte Stück ist etwas massiver, der Thorax ist dunkel goldiggrün, und eine ebenso gefarbte Querbinde, 2 mm breit, bedeckt die Basis der purpurblauen Elytra.

Auch aus der centralafrikanischen Ausbeute von Holub liegt mir ein Stück von L. *villosa*, graugrün mit rothem Aftersegment vor, desgleichen andere Arten Lagria. Ich wiederhole den Wunsch, daß die Gattung einen berufenen Monographen finde.

345. Lagria *basalis* Hope.

Selten genug hat mir der Münchener Katalog Anlaß zu Einwendungen geboten; dies opus aere perennius ist ein wahres Muster deutscher Gründlichkeit und gewissenhaften Fleißes. Um so auffallender war es mir, daß er Hope's „Synopsis of the new species of Nepaul Insects" in Gray's Zoological Miscellany bald citirt, bald vollständig ignorirt. So z. B. findet sich im Kataloge I. S. 12 Cicindela chloris, aber nicht die anderen Cicindelen (Dejeani, flavomaculata, pulchella, assimilis); in XII. S. 3764 Coccinella (Ithone) 12-spilota und 6-spilota, (Halyzia) straminea und andere Aber die 4 Lagria (S. 32 der Synopsis) wird man vergebens im Kataloge suchen.

Allerdings sind die auf 12 Seiten der Synopsis vom Reverend Hope hingeschleuderten 247 „Beschreibungen" von meist verzweifelter Kürze: dennoch ist es bisweilen möglich, das gemeinte Thier mit leidlicher Gewißheit zu erkennen. So auch im vorliegenden Falle, wo es l. c. Seite 32 lautet:

Lagria basalis. Villosa, cyaneo thorace antice parte dimidio elytrorum posticaque concolori testacea Long. lin. 8; lat. 4.

Wenn man diese oberflächlich redigirte oder schlecht corrigirte Diagnose dahin ändert:

Villosa, cyanea, parte dimidia postica elytrorum testacea so hat man eine unverkennbar ausreichende Charakteristik des

mir von Dr. Staudinger aus Darjeeling (also Nepal) zuge-
wendeten, interessanten Thieres. Nach meinem ausreichend gut
conservirten Exemplar kann ich noch folgendes hinzufügen

Die Antennen reichen etwas über den Thorax hinaus, das
erste obconische Glied ist stahlblau und glanzend, von den
übrigen ist 2 klein und blank, 3 etwas langer, 4 weniger
glänzend und länger als 2 und 3 zusammen, 5—10 klein und
mattblau, 11 so lang wie 6—10 zusammen, stumpf zugespitzt.
Wenn man die Elytra in Fünftel theilt, so sind die 2 basalen
stahlblau, etwas glanzend, die 3 apicalen testaz, schwach
glänzend, deutlich unregelmäßig punktirt. Der umgeschlagene
Rand der Flügeldecken ist blau, wie deren Oberseite, dann
zieht sich das Blau des Randes noch etwas tiefer gegen den
Apex hin. Die ganze Unterseite ist glänzender stahlblau, auch
die Beine. Long. 18 mm. Lat. 6 mm.

346. Lagria *nepalensis* Hope.

Sie folgt in der Synopsis unmittelbar auf die vorige, und
ihre Diagnose lautet da:

Villosa, thorace cyaneo elytrisque aurovirescentibus,
pedibusque nigris.
Long. lin. $6^1/_4$. Lat. 2.

Was mich bewegt, die mir in größerer Zahl vorliegenden
Lagria aus Amballa und Koolloo (zwei Orten am Fuße des
Himalaya belegen) für L. nepalensis zu halten, ungeachtet sie
nicht schwarze, sondern blauschwarze Beine haben, ist erstens,
daß es dem Reverend offenbar auf solche Kleinigkeiten nicht
ängstlich ankam, zweitens daß das Uebrige gut zutrifft, drittens
daß die Localität ausreichend übereinstimmt.

Offenbar hatte Hope nur kleinere Exemplare vor sich, ich
habe sie von 10 bis zu 14 mm Länge, und von 4 bis 5 mm
Breite. Die Stücke von Amballa sind durch aurovirescens vollkommen gut bezeichnet, die von Koolloo haben elytra purpurea.
Das „villosa" in der Diagnose kann bloß cum grano salis gelten,
es ist nur auf den Seiten des Thorax und am Apex der Elytra
bemerkbar. Diese letzteren haben schwächere unregelmaßige
Punktiiung als L. basalis, aber stärkere glatte Querrunzeln.

Nachtrag zur Bibliothek.

(Die Zahlen beziehen sich auf die Nummern des Kataloges von 1885.)

I.

Berlin: Berliner entomol. Zeitschrift. XXIX—XXX, 1. 1886.
— Entomol. Nachrichten. XXII. 1886.
Bonn: Verhandl. des naturhistor. Vereins der preuß. Rhein-
lande, Westfalens und des Regierungsbezirks Osnabrück;
herausgeg. von Dr. Ph. Bertkau. XLII.
    Ent. Inhalt. Landois: Ueber Ephestia Kühniella Zell.
    von Hagens: Ueber Coccinellen. Ueber Farben-
    varietäten bei Insecten.
    Bertkau: Ueber die Coxaldrüsen der Arachniden.
    Ueber den Bau der Augen und ein als Gehör-
    organ - gedeutetes Sinnesorgan bei den Spinnen.
    Ueber Planocephalus aselloïdes Scudd. und Limno-
    chares antiquus v. Heyd. Ueber den Duftapparat
    einiger einheimischer Schmetterlinge.
Boston: Memoirs of the Boston Society of Natural Hist. III.
No. XI. 1885.
— Proceed. of the Boston Society of Natural Hist. XXII, 4;
XXIII, 1.
— Proceed. of the American Academy of Arts and Sciences.
XX. 1885. XXI. pt. 1. 1885.
    XX: Scudder: Palaezoic Arachnida. Dictyoneura and
      the Allied Insects of the Carboniferous Epoch.
Bremen: Abhandlungen, herausgeg. vom naturwiss. Verein.
VII, 1. 1880.
    Poppe: Ueber eine neue Art der Calaniden-Gattung
      Temora Baird.
Breslau: Jahresbericht der schles. Gesellsch. für vaterländ.
Cultur. XXVIII—XXX. 1850—52.
Brooklyn: Entomologica Americana. I—II. 1885—86.
Bruxelles: Annales de la Soc. Entomol. de Belgique. XXIX,
2. 1885.
— Mémoires de la Soc. Royale des Sciences de Liège. 2. sér.
XI—XII. 1885.
    XI: van den Branden: Énumération des Coléoptères
      phytophages décrits postérieurement au catalogue
      de MM. Gemminger et de Harold. Hispides et
      Cassidides.

Lameere: Contribution à l'histoire des métamorphoses des Longicornes de la famille des Prionidae.

Donckier de Donceel: Liste des Sagrides, Ciiocérides, Clytrides, Mégalopides, Cryptocéphalides et Lamprosomides déciits postérieurement au catalogue de MM. Gemminger et von Harold

Duvivier: Catalogue des Chrysomélides, Halticides et Galérucides décrits postérieurement à la publication du catalogue de Munich.

Lefèvre: Eumolpidarum hucusque cognitarum catalogus, sectionum conspectu systematico, generum sicut et specierum nonnullarum novarum descriptionibus adjunctis.

Buenos Aires: Boletin de la Academia Nacional de Ciencias en Cordoba (República Argentina) VIII, 1, 2, 3. 1885.

Caen: Revue d'Entomologie, publiée par la Société Française d'Entomologie (Fauvel). IV. 1885.

Calcutta: Proceed. of the Asiatic Society of Bengal. VI—X. 1885.

Atkinson: Notes on Indian Rhynchota.

Forel: On Indian Ants of the Indian Museum.

— Journal of the Asiatic Society of Bengal Pt. II, LIV, I—III.

Lionel de Nicéville: Fouith List of Butterflies taken in Sikkim in October. 1884.

Atkinson: Notes on Indian Rhynchota.

Lionel de Nicéville: List of the Butterflies of Calcutta and its Neighbourhood. Description of some new Indian Rhopalocera.

Forel: Indian Ants of the Indian Museum.

Cambridge: Annual reports of the Curator of the Museum of Comparative Zoology at Harvard College. XXV. 1884—85.

— Bulletin of the Museum of Comp. Zool. XII, 2—3. 1886.

— Memoiis of the Mus. of Comp. Zoöl. IX, 3; X, 2—4 pt. 1; XIV, 1 pt. 1.

Córdoba: Actas de la Academia Nacional de Ciencias. V, 2.

Holmberg: Hymenoptera.

Danzig: Schriften der naturforsch. Gesellsch. VI, 3. 1886.

Helm: Mittheilungen über Bernstein-Insecten.

Brischke: Hymenopteren des Bernsteins.

Dresden: Correspondenzblatt des entom. Vereins „Iris". 2—3.

Stiftungsfestrede am 10. October 1886.

Werthe entomologische Genossen!

Es ist wohl keine Kunst, alt zu werden, wenn man von gesunden Eltern stammt und ein wesentlich sorgenfreies Leben innerhalb der verständigen Schranken genossen hat, deren Ueberschreitung selten oder nie ungeahnt bleibt. Dennoch ist es für den Altgewordenen schwer, zu rechter Zeit sich dessen bewußt zu werden, da im Durchschnitt, falls nicht irgend eine Krankheit ihm ein grobes Memento zuruft, seine korperlichen und geistigen Fahigkeiten sich fast nur unmerklich von Tage zu Tage veriingern, überdies nachsichtige Freunde nichts dergleichen wahrzunehmen versichern.

Aber wer nicht nach dem bekannten Straußen-Mythus den Kopf in den Busch stecken und nichts sehen will, der sollte erstens des Spruches gedenk sein:

„Das menschliche Leben wahrt siebzig, wenn's hoch kommt achtzig Jahr" und zweitens fragen: „wie viele d. h. wie wenige von meinen Jugendgenossen sind denn noch übrig?"

Da ich nun seit vier Monaten bereits das ein und achtzigste Jahr angetreten habe, so achte ich es für dringend nothwendig, diesem Umstande Rechnung zu tragen, zumal der letzte, bis in den Mai verlangerte Winter und ein mir dadurch erwachsener ziemlich lastiger Schleimkatarrh es mir dringend empfehlen, den nächsten Winter in einer milderen Gegend zu verbringen.

Hiermit lege ich also das seit 1843 geführte Präsidium des Vereins nieder.

Es wird gestattet sein, zur Motivirung dieses Entschlusses auf einige ältere und neuere Thatsachen zurückzugreifen:

In einer oder der anderen meiner Stiftungsfestreden, speciell in meinem Aitikel Neujahrsstrauß, Jahrg. 1869, S 11, habe ich besprochen, welche Motive mich im Jahre 1843 bewogen haben, die Leitung des Vereins zu übernehmen. Der Entschluß wurde mir aus dem einfachen Grunde ziemlich schwer, weil ich mir vollkommen bewußt war, wie unzureichend damals meine Vorkenntnisse in unserer Wissenschaft waren. Aber man beschwichtigte einen Theil meiner Bedenken mit dem Hinweise auf den Umstand, daß der Verein unter seinen Mitgliedern berufene Entomographen in ausreichender Zahl besitze, welche für die Zeitung bereitwillig arbeiten würden; es handele sich zunächst nur um Correspondenz und Administration des Vereins.

Als aber Dr. Schaum das Berliner Schisma inaugurirte, blieben dem Stettiner Vereine nur vorzugsweise die Lepidopterographen treu, die Coleopterologen folgten der neuen Fahne mit alleiniger Ausnahme meines alten Freundes Suffrian, der sich nicht abwendig machen ließ. Aber nach seinem Tode blieb mir nichts anderes übrig — sollten die Coleoptera nicht gänzlich unvertreten bleiben — als selber die Kaferfeder in die Hand zu nehmen.

An Stoff fehlte es mir freilich nicht, denn im Laufe der Jahre war meine Käfersammlung recht erheblich gewachsen, und durch meine Correspondenz mit Fachkennern vorragenden Ranges durfte ich, wenn auch nicht immer so doch in vielen Fällen hoffen, den Coleopterologen Neues oder doch Wenig bekanntes mitzutheilen.

Das hauptsächlich von Dr. Schaum emphatisch geschleuderte Anathema gegen „Einzeln-Beschreibungen" konnte mich nicht eben besonders abschrecken. Erstens läßt es den Fall unberücksichtigt, daß nach dem Erscheinen einer Monographie (notabene einer mustergultigen) gleich hinterher neue Arten der eben behandelten Familie irgendwo entdeckt werden können, die doch nicht so lange unbeschrieben bleiben sollen, bis wieder eine neue Monographie unternommen wird!*) Zweitens richtete sich die Spitze jener Verfehmung der Einzeln-Beschreibung angeblich gegen die krankhafte Mihi-Sucht unberufener, eitler Unsterblichkeitsjäger, denen es auf diesem Wege allerdings ofter gelingt, in den Sumpf der Synonymie, als in die angestrebte Legio Linnaeana zu gerathen!

Indessen mußte es doch wohl jedem logisch denkenden Entomologen auffallen, daß Dr. Schaum damals von der Verponung der Einzeln-Beschreibung die „auf einer Reise gesammelten Insecten" ausnahm. Aber wenn irgendwo, so sind gerade dies Einzeln-Beschreibungen *in optima forma* und ohne systematischen Zusammenhang! Dr. Schaum hatte (richtiger und weniger persönlich parteiisch) seines Onkels Germar „Reise nach Dalmatien und in das Gebiet von Ragusa 1817" citiren sollen, ein Buch, dessen vortreffliche Beschreibungen fast alle unanfechtbar sind, auch wenn sie wie naturlich, nur eine Kette von Einzelnheiten sein konnten.

Absolute Sicherheit giebt es nur in der Mathematik, die

---

*) Ganz ähnlich argumentirt schon Graf Mannerheim im Jahrg. 1854 dieser Zeitung S. 30, 46.

Zoologie muß sich mit r e l a t i v e r begnügen. Sie hat deshalb auch nicht das Recht, ihren Adepten vorzuschreiben, unter welcher Façon sie beschreibungsselig werden konnen, welcher Sprache sie sich bedienen müssen, ob sie lateinische Diagnosen zu gestellen haben oder nicht. Bei manchen Kafern reicht eine kurze Einzelnbeschreibung vollkommen aus, die Art zu erkennen, bei manchen dagegen laßt auch die langste Charakteristik einer fleißigen Monographie in Ungewißheit. Sind denn die gelahrten Herren über Art, Varietat, Aberration alle unter einen Hut zu bringen? Dubito, Attice!*)

Natürlich fand ich im Laufe der Jahre noch manchen anderen Anlaß, in der von mir redigirten Zeitung das Wort zu nehmen, anzeigend, empfehlend, kritisirend, bisweilen bloß unterhaltend Allerdings giebt es Leser, „die keinen Spaß verstehen", aber das ist zum Gluck die Minorität, und die mußte sich fugen, zumal mir von sehr berufenen Sachkennern gerade über diesen Punkt die beruhigendste beifallige Absolution ertheilt wurde.

Unser Verein weicht ja darin von allen ähnlichen Gesellschaften ab, daß wir von unseren Mitgliedern keine Aufnahmegebuhren oder laufende Jahresbeitrage einfordern, sondern es jedem freistellen, ob er das Vereinsorgan, die Stettiner Ento-

---

*) N o t e. Das „Règlement du bulletin des Annales de la Société Entom. de France" enthielt in seinem § 2 die Beschrankung·

 Les descriptions isolées n'y étant admises qu'à titre exceptionnel et seulement lorsqu'un intérêt d'actualité s'y rattache, chaque Membre ne pourra faire imprimer au Bulletin plus de douze descriptions par an.

In der Sitzung vom 27. Januar 1886 hat die Société auf den Antrag des Herrn J. B o u r g e o i s, diesjahrigen Prasidenten, beschlossen, zu gedachtem § 2 das Amendement des M. Baer anzunehmen:

 Toutefois, la Société peut, quand elle le juge utile, autoriser l'impression de descriptions en nombre supérieur.

Wenn eine gute oder mangelhafte Einzelnbeschreibung in einem Buche erscheint, welches der Entomologie gewidmet und dem entomologischen Publikum zuganglich ist, so laßt sich dagegen im Wesentlichen gar nichts einwenden. Ist die Beschreibung schlecht, so wird sie ihrem Richter oder Berichtiger nicht entgehen Schlimmer ist es, wenn sie in irgend eine politische Zeitung oder gar in ein Provinzialblattchen sich verkriecht — ich darf nur an Leptodirus Hochenwarthi *Schmidt* oder Feronia planipennis *Schaschl* erinnern — welchem Entomologen kann man es zumuthen, in dergleichen Localblattern Bescheid zu wissen? Item, man braucht noch gar kein Advocatus diaboli zu sein, um den Spieß umzukehren und auf die Frage zu gerathen, ob nicht mittelmaßige oder schlechte Monographien der Wissenschaft großeren und nachhaltigeren Schaden zugefugt haben als ephemere Einzelnbeschreibungen? Exempla sunt odiosa!

mologische Zeitung, mithalten will oder nicht. Die Thatsache, daß die Zeitung ihre Druckkosten deckt, genügt augenscheinlich als Beweis, daß es der Redaction seit Jahren gelungen ist, den Geschmack ihrer meisten Leser zu befriedigen. Und das will gerade in Deutschland etwas sagen, dem Lande, in welchem der Particularismus durch Jahrhunderte seine üppigsten Wasserschossen getrieben hat und leider noch eine Weile treiben wird. Daß es bereits im „heiligen römischen Reich" viele Liebhaber der Insecten, auch nicht wenige Männer gab, die mit Geist und Fleiß darüber schrieben, das ist bekannt — aber die germanische Vielstaaterei war ohne Zweifel der Grund, daß erst 1837 der erste entomologische Verein hier in Stettin ins Leben treten konnte. Seine Gründer verkannten — ich darf wohl sagen glücklicher Weise — die großen Schwierigkeiten, die damit verbunden waren: ihre kurzsichtige Hoffnung, alle deutschen Entomologen würden sich beeilen, einem so unbedingt der Wissenschaft förderlichen Verbande beizutreten, zog nicht in Betracht, daß ein Verein in Pommern nothwendig entweder auf Indifferenz in Sachsen, Baiern, Schwaben, in den Rheinprovinzen treffen, oder doch bald genug auf Concurrenzvereine stoßen würde. Ich kann die hier einschlagenden bedauerlichen Thatsachen als bekannt übergehen, aber ich darf ohne Ruhmredigkeit behaupten, daß der Stettiner Verein innerhalb und außerhalb Deutschlands und Europa's eine geachtete wissenschaftliche Geltung errungen und behauptet hat.

Ueber die Gründe, weshalb manches in unserer Organisation und Geschäftsleitung von denen in ähnlichen Vereinen abweicht, weshalb z. B in Stettin der Vereins-Präsident eigentlich zugleich Vereins-Secretär ist, da er die Zeitung zu redigiren und die Correspondenz zu führen hat, ist bereits an anderen Stellen ausführlich berichtet worden.

Aber hier, meine Herren, ist der Punkt, um den es sich heute handelt. Nicht daß sich in der inneren oder äußeren Lage des Vereins irgend etwas wesentlich verändert hätte — wohl aber bin ich zu der festen Ueberzeugung gelangt, daß mein zunehmendes Alter es mir in hohem Grade rathsam macht, die Leitung des Vereins jüngeren rüstigeren Händen zu übergeben.

Wenn mir meine kurzsichtigen aber gesunden Augen bisher gestattet haben, ohne Brille zu lesen und schreiben, so muß ich doch erkennen, daß mir Correcturen zu lesen mehr Mühe macht, als früher — daß das Briefschreiben mir nicht mehr so von der Hand geht, wie sonst — daß mein vordem nicht selten von Anderen beneidetes Gedächtniß für entomologische

Namen arg durchlöchert ist*) — daß diese unleugbar zunehmende Unzuverlässigkeit der Memorie in einzelnen Fallen dem Interesse des Vereins schadlich werden kann, z. B. wenn Jemand von mir Auskunft verlangt, die nach Lage der Sache nicht umgehend sondern erst spater gegeben werden konnte, wenn sie mir nicht inzwischen ganz aus dem Sinne gekommen wäre — — genug, nach meinen Begriffen von Verantwortlichkeit kann ich die fur das Vereins-Piasidium nicht ferner ubernehmen, — es muß anderweit dafur gesorgt werden, das steht fest.

Natürlich muß ich bei meinem Rücktritt vom Piasidium über das Inventarium des Vereins Rechenschaft ablegen; sie kann aber recht kurz und hoffentlich befriedigend dahin gefaßt werden, daß die Vereinsbibliothek nach der speciellen Umarbeitung von Herrn Kowalewski in guter Ordnung ist, und daß das Vereinsvermogen bei der Pommerschen Piovinzial-Zuckersiederei mit Genehmigung des Vereinsvorstandes zu 4 % zinsbar belegt bleibt. Leider ist unser vieljahriger, treufleißiger und gewissenhafter Vereins-Rendant und Zeitungs-Expeditor, Herr Gillet de Montmore, in den letzten Monaten von einem heftigen Gelenk-Rheumatismus heimgesucht worden, und sein vorgerücktes Alter scheint eine ausreichende Heilung unwahrscheinlich zu machen.

Die freundlichen Beziehungen und der Austausch der Publicationen mit den gelehrten Gesellschaften blieben ungestort.

In hergebrachter Weise werde ich demnächst aus der Vereins-Correspondenz der letzten Zeit einiges mittheilen Es schrieben die Herren:

1. Adolf Kluckauf, Staditz (Böhmen), 29. März, hat mit dem Institut Linnaea in Berlin einen Vertrag über die Ausbeute an Säugethieren, Vogeln etc. auf einer Reise durch das Innere von Brasilien und Paraguay abgeschlossen und fragt an, „ob ich in analoger Weise uber die Kaferbeute contrahiren will?" Da er einraumt: „auf diesem Gebiete noch keine besonderen Erfahrungen gesammelt zu haben", so ist mir die Ablehnung des Vorschlages aus mehr als einem Grunde ganz leicht geworden.

---

*) Für mich ist es durchaus kein unglaublicher Mythus, daß Linnaeus in seinen alten Tagen einmal seine Frau gefragt haben soll: „Liebe, was bist Du doch für eine Geborene? ich will eben an den Schwiegervater schreiben!" — Genau solche lacherliche Blößen giebt mir mein Gedächtniß dann und wann es giebt Tage, an denen ich mich durchaus nicht gleich auf Namen wie Cicindela, Zabrus, Oryctes und dergl. besinnen kann.

2. Dr. Aug. Müller, Berlin, 30. März, schreibt in derselben Angelegenheit und erwähnt speciell, daß ein Freund des Herrn Kluckauf, ein Kafersammler in Bahia, ihm einige seltene Campokafer (der Beschreibung nach Hypocephalus armatus Desm.) in Reserve behalten wolle. Herr Dr. M. wünscht zu wissen, wieviel ein solcher Käfer wohl werth sei? [— In dem neuerlich mir zugegangenen Pariser Preiskatalog von A. Boucard wird er mit 100 Francs angeboten.]

3. Dr. Pipitz, Graz, 30. März, war durch meine Sendung auf das erfreulichste überrascht und hofft, daß seine Correspondenten in Madagascar und Rio grande do Sul ihm bald Material zu einer anstandigen Revanche senden werden. Dr. Gestro (Genova) habe ihn durch interessante Sachen aus Afrika und Australien bereichert.

4. V. v. Roeder, Hoym, 29. Marz, wünscht zu wissen, ob er wohl von Professor Westwood genauere Auskunft über einige Arten der Fliegengattung Apiocera Westw. erhalten konne? [Ich habe umgehend meines alten Freundes genaue Adresse, zugleich aber als traditionell mitgetheilt, daß der celeberrimus professor Hopeanus im Punkte der Correspondenz jeweilen allerlei Nachreden begrundeten Stoff gegeben.]

5. A. Bang-Haas, Blasewitz, 13. April, dankt für die erhaltenen Determinationen. Die besprochenen Cicindela waren sämmtlich defect. Die neueren Zusendungen lieferten wenig Neues. Er mochte gern wissen, mit welchen Preisen er die Paussus (aus N. Britain und Westaustralien) in der Preisliste ansetzen kann.

6. Hofrath Dr. Speyer, Rhoden, 15. April, freut sich, daß die Verwirrung in dem Kataloge der Vereinsbibliothek (Hübner mit Herrich-Schäffer) sich günstig aufgeklart hat und bittet um zwei Opuscula von Siebold.

7. Dr. Nickerl, Prag, 18. April, sieht nun, da sich ergiebt, daß Polyplocotes longicollis Westw. (ein australischer Ptinide) bisher der Dohrn'schen Sammlung gefehlt hat, welche merkwürdigen Schätze er in harmloser Unwissenheit verschleudert hat! Er fugt drei Paussus zu geneigter Prüfung bei [— der angebliche Shuckardi war, wie gewohnlich, nicht dieser sondern Curtisi, und der vermeintliche Aithropterus M. Leayi ebenfalls unrichtig —]. Glycyphana viridiopaca Motsch. von Wladiwostok hat er vor einigen Jahren vom Bankdirector Baumgarten erhalten: sie schien ihm eine ächte Cetonia zu sein und er hatte

sie neben C. aurata eingereiht. [— Das ist sehr verzeihlich, denn bei abgeriebenen Exemplaren geht die feine Behaarung der Oberfläche so total verloren, daß sie gar nicht mehr wie eine Glycyphana aussehen.]

8. Hoffmann, Hannover, 27. April, wünschte sehr, den Artikel von Sandberg uber Metamorphosen arktischer Falter (Berl. Ent. Zeitschr. 29) zur Ansicht zu erhalten, um zu constatiren, ob darin die früheren Stände von Agrotis speciosa beschrieben sind, von der es ihm (H.) gelungen ist, ein Stück aus dem Ei zu erziehen.

9. Joh. Faust, Libau, 26. April, ist fest überzeugt, daß meine Taxe der Käfer von Wladiwostok dem Sammler eine Osterfreude bereitet, freilich eine verspätete, da ein Brief dahin die Kleinigkeit von dritthalb Monaten Zeit braucht. Mein Bericht über die Chlaenius-Ueberschwemmung hat ihn lebhaft an seinen früheren Aufenthalt in Ssamara erinnert, wo im Frühjahr bei dem Austreten der Wolga an allen aus der Ueberschwemmung vorragenden Halmen und Büschen Kafer in Unzahl zu erbeuten waren, auch seltene Arten mehrfach, die sonst nur sehr einzeln zu fangen waren.

10. Dr. E. Hofmann, Stuttgart, 1. Mai, weiß nichts von dem Sammler in Südafrika, nach welchem ich mich bei ihm erkundigt hatte: das Museum erhält seine afrikanischen Insecten alle von den württembergischen Missionaren.

11. Ganglbauer, Wien, 3. Mai, ist mit einer Revision der palaearktischen Procerus, Carabus und Calosoma beschäftigt und würde dabei gern das Material meiner Sammlung, besonders das aus Sibirien benutzen. Seit October 1885 befindet sich das entomologische Museum im neuen Gebäude.

12. V. von Roeder, Hoym, 5. Mai, sendet dipterologisches Manuscript für die Zeitung.

13. L. Fairmaire, Port sur Saone, 5. Mai, fand bei seinem Trauerfall (sein alter Schwiegervater ist entschlafen) in meinem Briefe und seinem entomologischen Inhalte tröstliche Zerstreuung. Von den Käfern aus Wladiwostok waren ihm 10 Glycyphana, 20 Chrysomela gemmata und besonders Carabus Schrenki annehmbar, der ihm noch ganz fehlt Wäre Chlaenius quadrisulcatus schon als in Frankreich vorkommend constatirt, so würde er um 60 Exemplare bitten, einstweilen genüge ihm die Halfte. Raffray hat aus dem Zululande einen ihm unbekannten

Paussus erhalten, und bittet F., ihm doch die Beschreibung meines P. centurio nach Sansibar zu schicken.

14. Stainton, Mountsfield, 7. Mai, wurde in der Sitzung der Entom. Society am 5. Mai lebhaft an mich erinnert, weil der eben aus Portugal nach London heimgekehrte College George Lewis lebende Paussus Favieri vorgezeigt hatte. Der Sitzung präsidirte der Ehren-Präsident Prof. Westwood, frisch wie ein junger Mann. Die englischen Abonnenten der Stettiner entomol. Zeitung fangen an, etwas ungeduldig nach dem ersten Quartal zu fragen. [Der bis in den April dauernde Winter und die daraus folgende Eisdecke der Oder verhinderte die Trader unseres Collegen Ivers, in loblich gewohnter Weise unsere Zeitung zu transportiren, so daß die Englander diesmal Heft 1 und 2 gleichzeitig erhielten.]

15. Dr. Nickerl, Prag, 15. Mai, singt ein einstimmiges gratias für die Sendung, die ihm 4 neue Paussus, 9 bisher fehlende Gattungen von Curculionen und noch andere schöne nova brachte. Auch von Reitter und Pipitz waren hübsche Sachen bei ihm eingelaufen.

16. M. Trente, Wiesbaden. 17. Mai, berichtet, daß Exc. von Kraatz eine neue Zusendung von chilenischen Ceroglossus erhalten hat, und proponirt mir eine Anzahl davon. [Ich kann nur sagen, daß es prachtvolle Exemplare und zu verhaltnißmäßig, namentlich im Vergleich gegen früher, recht billigen Preisen waren. Leider hat es den Anschein, daß C psittacus nicht wieder aufzufinden ist.]

17. J. von Sengbusch, Director der Commissarow-Schule in Moskwa, 19. Mai, hat meinen Brief für L. Conradt erhalten und wird ihn poste restante nach Maigelan befordern, wo L. C. auf seiner Rückreise ihn vorfinden wird.

18. Dr. H. Hagen, Cambridge (Mass.), 14. Mai. Das entom. Museum dort hat zu dem Werk von Godman Salvin uber Central-Amerika die Typen zum Geschenk erhalten.

19. Dr. Jul. Wilh. Behrens, Gottingen, 27. Mai, fragt an, ob ich über die philippinische Gruppe der Pachyrhynchen (Rüsselkafer) etwas veroffentlicht habe? [Nein, aber ich ware bereit, ein ziemlich reiches Material gerne einem Monographen zur Benutzung zu überlassen.]

20. Allard, Paris, 4. Juni, hat die Heteromeren liegen lassen, um sich in der letzten Zeit mehr mit exotischen Phytophagen zu beschäftigen. Ob ich ihm dazu Material beisteuern konne? [Mit Vergnügen, wenn es meine Zeit erlaubt, aber dergleichen Arbeiten werden mir mit zu-

nehmenden Jahren immer mühsamer und nehmen weit
mehr Muße in Anspruch als früher.]

21. Obergeometer S t a r k , München, 5. Juni, ist von seiner
Reise nach Stuttgart heimgekehrt, wo er gegen Orthoptera
Käfer eingetauscht hat, und wird ehestens wieder in der
Weiterordnung seiner Sammlung fortfahren.

22. Prof. H u b r e c h t , Utrecht, 7. Juni, sendet mir ein Vier-
gespann von Käfern aus Congo, in der Hoffnung, daß
wenigstens e i n e r davon für meine Sammlung von Interesse sein möge. [Da ich über d r e i derselben sub rubro
„Exotisches" berichtet habe, so ist damit bewiesen, daß
die freundliche Absicht gelungen war]

23. Dr. Jul. Wilh. B e h r e n s , Gottingen, 11. Juni, hat sich
entschlossen (s. No. 19), die Pachyrhynchen monographisch
zu bearbeiten.

24. Hofrath Dr. S p e y e r , Rhoden, 12. Juni, lehnt die Anzeige einer der Redaction zur Besprechung eingesandten
Schrift über Lepidoptera ab, weil er anderweit zu sehr
beschaftigt ist.

25. L. F a i r m a i r e , Paris, 14. Juni, hat bei seiner verspäteten
Heimkehr meine Sendung mit den „aimables Chlaenius
quadrisulcatus" vorgefunden, und kann noch mehr davon
gebrauchen. Carabus Schrencki war „malgré ses infir-
mités" sehr willkommen, da er bis dahin gefehlt hatte.
Seine Freunde Signoret und Bigot sind beide sehr leidend.
Das Wetter ist abscheulich, hoffentlich bessert es sich,
wenn F. zu seiner Erholung eine Reise in die Alpen
macht.

26. L Ganglbauer, Wien, 16. Juni, über die Carabus
smaragdulus, tristiculus, longipennis.

27. Dr. Erich Haase, Dresden, 19. Juni, fragt an, ob ich
ihm nachweisen könne, wo eine gute Diagnose oder Abbildung einer Pyrophorus-Larve zu finden, ferner, ob über
die Weibchen von Phengodes neuerdings etwas publicirt
ist?

28. J. F a u s t , Libau, 19. Juni, wegen der rückgesandten
Determinanda für die Collegen Pipitz und Baden. Inzwischen werde der Katalog von Donckier für ihn wohl
angekommen sein. [Ja.] Eine Zahl von Curculioniden
aus der Reise von Prshewalsky sei ihm zur Bestimmung
übergeben (80 Stück), nicht viel vorragendes, aber gut
conservirt.

29. M. S t a n d f u s s , Fluntern (Zürich), 22. Juni, Anfrage
wegen eines Artikels für die Zeitung.

30. V. v. Roeder, Hoym, 23. Juni, sendet das entliehene Oriental-Cabinet Westwood's der Vereinsbibliothek zurück, und berührt die Gabe von Tafeln über Diptera von den Cordilleren, welche Herr Dr. A. Stübel in Dresden beabsichtige.

31. A. Duvivier, Bruxelles, 23. Juni, ist jetzt wieder in seine Berufsstellung eingetreten und dankt für die freundliche Aufnahme während seines Interim's in Stettin. Er hat meine Grüße an Herrn Preudhomme de Borre ausgerichtet und soll von ihm und Herrn Keiremans beste Gegengrüße bestellen. Leider nimmt vor der Hand sein Beruf soviel Zeit in Anspruch, daß er für die Entomologie fast gar keine Muße frei behält.

32. Dr. Staudinger, Blasewitz, 24. Juni, erhielt die Separata, d. h. den Schluß, und bittet auch um den Anfang. *) Das erste Heft der diesjahrigen Zeitung hat ihm noch Prof. Heiing gesandt, er bittet um die folgenden. Ueber die Lepidoptera aus Central-Asien werde noch mehr Material besprochen werden. Anfrage, ob aus der Suppenterrine noch etliche Damaster Fortunei gerettet? [Ja, noch ein Paar.]

33. J. L. Weyers, Painan (Sumatra), 8. Mai, dankt für meinen Marzbrief und die beigelegte Paussenzeichnung. Bisher hat er noch bei seinen Abendjagden mit der Lampe in der Veranda keinen Erfolg in dieser Beziehung erzielt. Ehestens wird er sich speciell auf das Durchsuchen der Ameisennester legen, vielleicht daß das einigen Erfolg hat. Das Klima Sumatra's (W. residirt 300 Meter hoch uber dem Meere) bekommt ihm trefflich, und er ist gar nicht abgeneigt, dort weiter zu leben und sich mit Naturgeschichte zu beschaftigen, namentlich mit der Entomologie der malayischen und philippinischen Inseln; nur fehlen ihm die literarischen Hulfsbücher. Frage, ob darüber etwas in der Stettiner Zeitung veröffentlicht? [Nicht, daß ich wüßte.] Ihm wäre namentlich an Mohnike's Arbeiten gelegen.

34. Baden, Altona, 29. Juni, hat die von Faust in Libau fur ihn determinirten, durch mich beforderten Curculioniden richtig erhalten und dankt

35. Fairmaire, Faido (Tessin), 9. Juli, hat seit 3 Tagen das schonste Regenwetter, mithin die beste Zeit, mir durch

---

*) Ein Beleg zu der leidigen Vergeßlichkeit, deren ich mich angeklagt habe die Separata qu. waren richtig beiseite gelegt, aber mitzusenden ubersehen.   C. A. D.

eine Karte anzuzeigen, daß der ihm verheißene Copto-
labius smaragdinus seinem Kaferherzen wohlthun wird,
da er ihn nur in einem elenden Exemplar besitzt. Er
ist nicht reich an Pachyrhynchen, wird aber was er hat
Herrn Behrens gern zur Disposition stellen. Sein Freund
Puton begleitet ihn auf dieser Alpenreise und er wird
meine Grüße an Graf Manuel in Conflans gewissenhaft
ausrichten.

36. Hofrath Dr. Speyer, Rhoden, 17. Juli, erfreut mich
durch einen Artikel über Psychiden und würde gern die
Correctur selber machen. [Sehr schätzenswerth!]

37. Faust, Libau, 15. Juli, hat den Band von Donckier und
das Kästchen für Rosenberger wohlbehalten empfangen,
und wird das letztere sorgfältig weiter befördern. Er
bittet um die Adresse von Behrens, um ihm demnächst
seinen Bestand an Pachyrhynchen zugehen zu lassen.

38. G. Weymer, Elberfeld, 29. Juli, ist damit einverstanden,
daß sein Aitikel, den er Mitte August einzuliefern hofft,
für das erste Heft der Zeitung zurückgelegt wird, da für
das vierte Heft 1886 des Repertoriums wegen der Druck
bereits abgeschlossen werden mußte.

39. Dr. G. Horn, Philadelphia, Juli, theilt mir Separata
seiner letzten Arbeiten mit, darunter eine kritische Aufzählung der in Olivier's „Entomologie" besprochenen nordamerikanischen Arten, und Bemerkungen über Godman-
Salvin's „Biologia Centrali-Americana".

40. Dr. Pipitz, Stainz (Steiermark), 31. Juli, wird in dem
schönbelegenen Oit seine Sommerfrische bis Mitte September ausdehnen, erhielt aus Frankreich ostasiatische
Käfer und von seinem Correspondenten in Tananariva auf
Madagascar Anzeige einer Sendung.

41. G. Rosenberger, Pastorat Lesten in Curland, 17. Juli,
erhielt von der Buchhandlung Lucas in Mitau meinen Brief
und die Anzeige eines von Libau für ihn eingelaufenen
Kästchens. Er wird aber vor Eintritt des Winters nicht
nach Mitau kommen, und bedankt sich fur die Käfersendung, auch ohne sie gesehen zu haben.

42. M. Treute, Wiesbaden, 31. Juli, zeigt an, General von
Kraatz habe den Namen der neuen Varietat „chonchicus"
des Carabus (Ceroglossus) Buqueti in „castroensis" umgetauft, da sich herausgestellt, daß das Thier nicht bei
Chonchi sondern bei Castro an der Ostkuste von Chiloe
gesammelt worden.

43. Dr. H. Hagen, Cambridge, 21. Juli, hat meinen Artikel
über Wladiwostok erhalten und bemerkt über das darin
über Motschulsky Gesagte: „Ihr Urtheil über M. ist
zweifellos richtig. Er hat mich mehrfach besucht. In
Betreff seiner Arten sagte er: Ich habe gegen 8000 be-
naunt; ist auch die Halfte oder mehr synonym, so bleiben
doch mehrere Tausend mit meinem Namen — womit ich
zufrieden bin."

44. E. Heyne, Leipzig, 3. August, macht eine Auswahl-
sendung exotischer Käfer, unter denen ein sauberes Päichen
von Phaleiognathus Muelleri M. Leay aus Nord-Australien
die erste Rolle spielt. Jedoch ist mein Interesse für neue
Lucaniden nicht so lebhaft, daß ich den für das Paar
der blanken Lampiimide geforderten Preis von 250 Mark
bewilligen mochte. Est modus in iebus.

45. R. Schreitter, Graz, 5. August, sendet mir von den
bei ihm bestellten 24 Arten nur 13, „weil die anderen
leider vergriffen." Bei seltenen und theuren Arten wäre
das leichter erklärlich, da man nicht erwaiten kann, daß
sie in Mehrzahl vorräthig sind, aber bei den von mir
„zur Eiganzung" verlangten war dies unvermuthete Manco
doch etwas befremdend. Man muß freilich einräumen,
daß der Insectenhandel eines der eigenthümlichsten und
unberechenbarsten Geschafte ist: wahrend' der Käufer
als Specialist genau weiß, was er will, soll der Ver-
käufer nicht bloß in diesem speciellen Fache, sondern
noch in 20, 30 anderen genau Bescheid wissen, reiche
Voriäthe zur Auswahl haben, und das Ausgewählte zu
möglichst billigen Preisen hergeben. Psychologisch wäre
es gewiß interessant, von einem alten, erfahrenen Insectenhändler „aufiichtige Bekenntnisse" zu lesen, was für seltsame Eifahrungen er mit seinen hunderterlei verschiedenen
Kunden duichgemacht hat, jungen, grünen, alles Begeh-
renden, und alten monopolistischen Geheimkrämern, Tausch-
vorschlägen der naivsten, bisweilen nicht eben verschäm-
testen Art etc. etc.

46. Die erschutternde Nachricht, daß unser hochverehrtes
Mitglied

Edgar, Freiherr von Harold, Major a. D.

in München am 1. August nach mehrmonatlichem, schwerem
Leiden im 56. Lebensjahre sanft entschlafen ist.

Was die Coleopterologie an ihm, dem unvergeßlichen
Verfasser und Mitarbeiter des weltberühmten Münchener
Kataloges und der coleopteiischen Hefte verliert, braucht

nicht betont zu werden. Sein Nekrolog bleibt vorbehalten.

47. Dr. Nickerl, Nischburg (Böhmen), 10. August, weilt mit seiner Familie in diesem waldigen Thale des Beraunflusses, aber die Erholung in der Sommerfrische war bisher mehr als gemischt, bald unerträgliche Hitze, bald Regen und Kälte ohne Ende; einmal sogar ein Hagelwetter, bei welchem faustgroße Schlossen fielen, deren Eisklumpen noch nach 8 Tagen in den Gräben ungeschmolzen lagen. Die ganze Ernte vernichtet, 70,000 Obstbäume einer Baumschule halbseitig entrindet. Die Regentage haben wenigstens das Gute, daß allerhand australische Microlepidoptera präparirt werden können, z. B. Articerus und Polyplocotes. Eine rüsselsäuerliche Sendung an Faust sollte für ihn zusammengestellt werden, aber offizielle Reisen in Sachen des in Böhmen verheerend auftretenden *Jassus sexnotatus* Fall. waren bisher hinderlich. Meine Warnung vor dem Roßtausch mit dem Bramanen hat sich als begründet erwiesen. [Die Tauschbegriffe eines Anfängers sind natürlich allezeit confus, zumal, wenn ihm in isolirter Lage wohl gewisse Gelüste nach einzelnen Prachtarten vorschweben, die er gerne erlangen möchte, ihm aber nicht genau bekannt ist, ob sie überhaupt zu haben sind, und zu welchen Preisen oder für welche Aequivalente. Dennoch wird sich in der Regel schon bei dem ersten Tauschversuche leicht beurtheilen lassen, ob man es mit Jemand zu thun hat, dessen Desiderate auf verzeihlicher Unkenntniß oder auf angeborenem Mangel an Verschämtheit beruhen. Gegen die letztere Kategorie hilft am besten die sofortige Anwendung des französischen Kraftwortes: „contre Turc, Turc et demi!"]

48. C. Voigt, Moringen am Solling, 8. August, berichtet über seine nach langer bedenklicher Krankheit erfolgte Reconvalescenz, die ihm wieder gestattet, sich mit der schmerzlich entbehrten Käferei beschäftigen zu können. Seine frühere Stellung in Wilhelmshaven hatte ihm öfter Anlaß gegeben, Bekannten von der Marine, die nach entlegenen Stationen commandirt wurden, dringende Bitten wegen Sammelns von Insecten an's Herz zu legen. So z. B. hatte der leitende Maschinen-Ingenieur E. der Corvette . . . ihm fest versprochen, den ihm anvertrauten Kasten mit 6 Insectenflaschen von der vorhabenden großen Reise gefüllt wieder heimzubringen. Die Corvette kam

nach dritthalb Jahren und nachdem sie in China, Japan und Ausralien gewesen wieder heim, und was war das ganze Resultat? Ein einziger großer Russelkäfer aus Amboina, und dieser total zerquetscht.

49. Hugo Christoph, Kurusch, 28. Juli, klagt über den für Insectenjagd miserabeln Sommer, dessen elende Witterung aus Nebel, Regen und kalten Winden gar nicht heraus komme. Obendrein im Caucasus Schafe und Rindvieh zum besonderen Schädigen der Vegetation. Zum Glück giebt es auf 13,000 Fuß Hohe Steinfelder, auf denen für die Schafe nichts wächst, und da wenigstens kann man Parnassius Nordmanni fangen. Von Kafern herzlich wenig, namentlich von Carabus, der bei der Excursion mit Faust vor langen Jahren so reich vertreten war. Nicht mehr als 4 Carabus Fausti Dhn. wurden bisher erbeutet.

50. L. Conradt, Irkischtam, 15. Juni, wollte bereits aus dem chinesischen Kashgar schreiben, kam aber vor anderen Geschaften nicht dazu. Auf der Reise von Naryn nach Kashgar wurde der See Tschatyr-Kul (12,000 Fuß) noch mit Eis bedeckt gefunden — dafür war es in Kashgar fast unleidlich heiß, und man konnte nach Herzenslust in Pfirsichen schwelgen. Doit wurden viele Cicindelen erbeutet, auch andere Arten, aber nicht gerade viel. Von Irkischtam soll die Reise in die Nahe der bucharischen Grenze und dann über Osch heimwarts gerichtet werden.

51. Preudhomme de Borre, Brüssel, 17. August, knüpft an den Artikel von D. Sharp in den Trans. der Londoner Soc. gegen die Prioritats-Theorien von De Gozis an, um nach meiner Ansicht über diese Materie zu fragen. Er glaubt, es sei an der Zeit, gegen diese Namen-Umstürzerei eine internationale Protest-Liga in's Leben zu rufen und einen Gegen-Katalog herauszugeben. Ein beigelegter Brief von Sharp billigt diese Idee, zumal wenn die Reaction sich auf die Gattungsnamen beschränkt. [— Ich brauche nur auf den Krieg zu verweisen, den ich seit Jahren gegen die fanatischen Namen-Verbesserer und Gattungs-Fabrikanten fuhre, um zu beweisen, daß ich in der Sache ganz auf derselben Seite der Conservativen stehe; nur widerstrebt meiner Grundansicht von der Republik der Wissenschaft jedes, auch noch so gut gemeintes Tribunal, jede Liga; desto bereitwilliger würde ich aber jeden Katalog fordern, der dem gedachtnißmordenden Schwulst der neu-gebackenen Aftergattungen und dem verwirrenden Miß-brauch der Varietatentauferei energisch die Spitze bote!

Gewiß hat Jeder die unbeschränkte Befugniß, in seiner eigenen Sammlung die systematische Reihenfolge nach seinem Gutdunken einzurichten, und wenn berufene Monographen — ich denke hierbei an Schönherr, Lacordaire, Horn — die allgemein angenommene Anordnung verweifen und auf den Kopf stellen, so thun sie es nicht, ohne für diese Gewaltsamkeit in allgemein zuganglichen Schriften dem wissenschaftlichen Publikum die Gründe vorzulegen: wenn aber in neuester Zeit die Katalogschreiber mit subjectiver Willkür die hergebrachte Ordnung umsturzen, und die bisher geltende Nomenclatur in's Unkenntliche veiändern, so wiid es nicht nur erlaubt, nein sogar geboten sein, dagegen auf das nachdrücklichste zu protestiren.]

52. M. Trente, Wiesbaden, 18. August, hat dem übersandten Car. Buqueti var. *castroensis* noch einige Car Darwini var. *bimarginatus* mit rothem Rande der Elytra (von Chiloe) beigefügt.

53. Aus der Zeitung die Trauerkunde, daß unser altes, verdientes Mitglied Cail Plotz in Greifswald seinem Leben durch Cyankali ein Ende gemacht hat. Die Furcht vor nahe bevorstehendem unheilbarem Erblinden soll ihn zu dieser That der Verzweiflung getrieben haben.

54. Dr. Wilh. Jul. Behrens, Gottingen, 30. August, sendet einen Artikel für die Zeitung über antarktische Pythiden, fragt wegen Milgliedschaft an, berichtet über den Fortschritt seiner Arbeit über Pachyrhynchus und stellt die Zusendung von *Tetraodes laevis* Blanch. von Punta Arenas in der Magelhanstraße in Aussicht. — 1. September. Aus der Sendung ergiebt sich als unerwartetes Resultat, daß ich die fragliche Ait als Cardiophthalmus clivinoides Cuitis in meiner Sammlung bereits besaß. Erhalten hatte ich sie vor langen Jahren von Philippi (S. Yago) unter dem Namen C. magellanicus, aber diesen Namen hatte Putzeys in clivinoides umgeändert, und ich hatte in verba magistri das für richtig gehalten. Aber es ist durchaus moglich, daß die Behrens-Bestimmung richtig ist, denn Beschreibung und Abbildung des Card. clivinoides Curtis in Linn. Transact. XVIII. passen nicht zu dem von Putzeys so gedeuteten Thiere. Zunächst glaubte ich mir aus Lacordaire Genera I. Aufklarung holen zu konnen, allein obschon dieser Band 1854 erschienen ist, und Blanchard's Tetraodes laevis in Voyage pôle Sud 1853 steht, fehlt die Gattung in den Genera.

55. H. Hahn, Magdeburg, 2. September, berichtet, daß Sammlung und Bibliothek unseres verewigten Wahnschaffe
in den Besitz der Stadt Magdeburg für ein Kaufgeld von
4000 Mark übergegangen sind, und daß ihm das Amt
eines Conservators übertragen. Anfrage wegen Nach-
lieferung des vierten Heftes unserer Zeitung 1884, und
der folgenden Jahrgänge.

56. Dr. Geo. Horn, Philadelphia, 25. August, bemerkt, daß
er zwar den Artikel von mir, in welchem ich über das
Vorkommen von Leptura varicornis Dalm. in Canada
spreche, noch nicht gelesen hat, aber vermuthe, es sei
damit wohl L. *canadensis* Oliv. gemeint. Dr. Horn hat
darin ohne Zweifel Recht, und an meinem Irrthum ist
der Umstand schuld, daß meine 5 Exemplare von canadensis alle zu der Form geboren, deren Elytra zu $^3/_4$
schwarz sind, so daß nur das Basalviertel roth ist. Außerdem waren an dem Exemplar von Cross Lake, welches
mich zu der irrigen Ansicht verleitete, die gelben An-
nulationen der Fühler vortretend starker markirt, als an
den canadensis meiner Sammlung. Dieselbe besitzt aber
auch Exemplare aus Wladiwostok (Amur-District), welche
mir zu varicornis zu gehören scheinen, und mit dem Stück
aus Cross Lake so sehr übereinstimmen, daß man leicht
auf den Gedanken gerathen könnte, *canadensis* und *vari-*
cornis seien in der That synonym — nur daß natürlich
L. canadensis (von 1795) die Priorität vor varicornis
(von 1817) hatte. Da Schonherr alle in seiner Sammlung
befindlichen Species, von denen er in seiner Synonymia
Insectorum spricht, durch einen Stern vor der Nummer
bezeichnet, so ergiebt sich bei L. canadensis (III. 480),
daß er dieselbe nicht gehabt hat, sonst würde wahrscheinlich Dalman (482 ibid) durch den auffallenden Umstand der gelbgeringelten Antennen auf den Zusammenhang mit L. canadensis geführt worden sein.

57. Capt. Broun, Drury (Auckland, New Zealand), 23. Juli,
hat seinen Wohnsitz von Howick nach Drury verlegt. Drei
englische Meilen von da liegen waldige Hügel, auf denen
er gute, vielleicht neue Arten zu finden hofft Er hat
an Dr. G. vor längerer Zeit eine Sendung (500 sp.) geschickt, aber nichts darüber erfahren. Ob ich ihm nicht
den Gefallen thun will, danach zu fragen? Sein neuer
Katalog neuseelandischer Käfer ist beinahe fertig gedruckt;
ich soll sofort damit versehen werden.

58. Dr. Schaufuss, Dresden, 5. October, hatte einige Cetoniden vom Congo zur Ansicht und Auswahl gesandt, darunter auch eine vermeintliche Heterorh. mediana Westw. Da ich aber von dieser Art ein typisches Stück besitze, welches mit der Beschreibung in den Arcana vollkommen stimmt (mit alleiniger Ausnahme das Scutellum, dessen Westwood nicht besonders erwahnt, und das bei meinem Exemplar die rothgelbe Farbe der ganzen Unterseite zeigt), so war es zwar leicht, den Namen mediana als irrig abzulehnen, aber nicht leicht, dafür einen anderen zu substituiren, weil es sehr zweifelhaft ist, ob in der Gruppe der Heterorh. cincta, plana, recurva, etc., (gerade wie in der der africana), die durch ganz Afrika verbreiteten Localvarietäten jetzt schon zu einem durchgreifenden Schluß über die Artbegrenzung berechtigen.

59. Naturalienhandler Ernst Heyne, Leipzig, 30. September, fügt einer Bestellung von Insectennadeln zwei Exemplare der Psammodes-Species von der Delagoa-Bai hinzu, welche ich ihm kürzlich als Ps. *intricans* M. bezeichnet hatte, und welche sich von Ps. *scrobicollis* Fåhr. durch das langere Abdomen und die feinere Sculptur des Thorax leicht differenzirt. Auch Ps *punctipennis* Harold vom Congo ist der neuen Art nächstverwandt, und die letztere kann als schlagende Illustration dazu dienen, das Zulässige, ja Nothwendige der S. 358 besprochenen Einzelnbeschreibung auch nach der monographischen Arbeit unseres unvergeßlichen Haag nachzuweisen.

60. Kaufmann Rudolf Taneré in Anelam hatte schon im August nach dem Preise alterer Jahrgänge unserer Zeitung durch Postkarte gefragt, aber meine umgehende Antwort war ihm nicht zugegangen, was sich erst nachtraglich jetzt herausgestellt hat. Durch sein Schreiben vom 5. October wird die Angelegenheit nun in die richtigen Wege geleitet.

61. V. von Roeder, Hoym, 8. October, bittet um einen Band der Annales de la Soc. ent. de France aus der Vereinsbibliothek.

62. G. Semper, Altona, 8. October, hat einzelne Bände der entomologischen Zeitung in duplo, andere fehlen ihm, er fragt an wegen eines Austausches und wünscht Illiger's Magazin Band 6 und Publicationen der Bengal asiatic Society aus der Vereinsbibliothek.

63. Die Trauerkunde, daß am 13. September in Wiesbaden unser verdientes Mitglied Carl von Renard, Kaiserl.

russischer Geheimrath, Präsident der K. Gesellschaft der Moskauer Naturforscher entschlafen ist. Als Neffe des um die russische Naturkunde hochverdienten Fischer von Waldheim hat er als Secretär, Vicepräsident und Präsident der Moskauer Gesellschaft viele Jahre an der Redaction der Bulletins de Moscou mitgearbeitet.

64. Capt Broun, Drury (Auckland), 17. August, zeigt an, daß er am 14. August eine Sendung Neuseelander Käfer dem Dampfer Aorangi für London an die Adresse meines Freundes Douglas für mich übergeben hat, unter denen ich hoffentlich manches Neue und Seltene finden werde. Im October wenn nicht schon früher werde er von neuem sammeln.

65. Obergeometer Stark, München, 5. October, klagt über die Abnahme des entomologischen Studiums in Munchen durch Tod und Krankheit. Sein Sohn Eugen hat in der Nabe von Reichenhall neben vielen gewöhnlichen Kafern auch einige feinere Arten gefunden, z. B. Tragosoma depsarium, Callidium insubricum, coriaceum, Pachyta lamed, Cychrus angustatus.

66. Dr. Pipitz, Graz, 8. October, nimmt meinen Vorschlag in Betreff der zwei Centurien Turkestaner an und ersucht um die Befürwortung seines Determinationsgesuches in puncto Onthophagorum.

67. Fairmaire, Bar sur Seine, 7. October, gastirt eben als barmherziger Samariter bei einem halb Erblindeten, wird aber demnächst nach Paris heimkehren und für den Rest des Winters dort vor Anker liegen. Es freut ihn, an der Ausbeute aus Turkestan Theil nehmen zu durfen. Auf den Paussus ist er neugierig [Leider stellte er sich bei genauer Untersuchung nicht als neu, sondern als P. turcicus heraus] Seit zehn Tagen ist die Wärme auf 25° gestiegen, was um diese Jahreszeit ziemlich lastig dunkt.

*

Als neue Mitglieder des Vereins habe ich in Vorschlag zu bringen:

Herrn Dr. Wilh. Jul. Behrens in Göttingen.
- Kaufmann Rudolf Taneré in Anclam.
- v. Metzen, Landesrath in Düsseldorf.
- Dr. Flach, prakt. Arzt in Aschaffenburg.
- Leopold Conradt, Naturforscher, derzeit in Konigsberg, welcher unserer heutigen Versammlung als Gast beiwohnt.

Herrn R i e s e n , Major und Abtheilungs-Commandeur
im Ostpr. Feld-Artillerie-Regiment No. 1
in Konigsberg.

Die vorgeschlagenen Herren wurden einstimmig als Mitglieder aufgenommen. Darauf nahm Herr Professor P i t s c h
als Vereins-Senior das Wort, um zu motiviren, daß es der
mehrmonatlichen Winterreise halber nicht erforderlich scheine,
das Prasidium niederzulegen, daß Dr H. Dohrn als Vice-Präsident
gewiß die Stellvertretung übernehmen wurde, und daß eine
Aenderung des Status quo um so mehr zu widerrathen sei, als
im nächsten Jahre das 50jährige Jubilaum des Vereins bevor-
stehe. Bis dahin wäre es offenbar rathsam, in der Direction
nichts zu ändern.

Dr. H. Dohrn erkläite sich bereit, während des Winters
das Präsidium interimistisch zu ubernehmen, falls ihm gestattet
würde, wegen seiner vielen anderweiten Geschäfte manches
zu modificiren, z. B. die bisher an Donnerstagen abgehaltenen
Sitzungen auf einen anderen Tag zu verlegen, und dergleichen.

Damit erklärte sich der Vorstand einverstanden.

Der anwesende Vereins-Rendant, Herr G i l l e t d e M o n t -
m o r e erklaite, daß er zu Neujahr 1887 Stettin verlassen werde,
bis dahin aber die bisher von ihm besorgten Rendantur und
Expedition der Zeitung besorgen wolle.

Die Versammlung sprach ihm dafür und für die treuen,
jahrelangen Dienste den herzlichsten Dank aus

Herr Kaufmann S c h u l z erklaite sich bereit, von Neujahr
1887 ab die Fuhrung der Vereinskasse zu übernehmen.

Darauf wurde die Sitzung geschlossen. Herr C o n r a d t
zeigte einiges von seiner turkestanischen Ausbeute, und die Versammlung, welcher auch der Eisenbahn-Secretar Herr S c h u l z
aus Berlin beigewohnt hatte, nahm ein gemeinsames, heiteres
Mahl ein.

Dr. C. A. D o h r n.

Inhalts-Verzeichniss.

Ausgegeben: November 1886.

Repertorium

der

8 Jahrgänge (von 1879—1886)

der

Stettiner entomologischen Zeitung.

~~~~~~~~~~

(Beilage zum vierten Heft des Jahrganges 1886 der Stettiner entomologischen Zeitung)

STETTIN 1886.

—

Druck von R. Grassmann.

Entomologische Zeitung,

herausgegeben von dem entomologischen Vereine zu Stettin.

Protector des Vereins: Herr Graf Behr-Negendank,
Ober-Präsident von Pommern seit 1884.

40. Jahrgang 1879. Mit „Neujahrs-Memento an 1840" von Dr. C. A. Dohrn p. 19. 18tes Mitglieder-Verzeichniß p. 3—19. 546 S.

41. Jahrg. 1880. Mit „Neujahrszäpflein" von C. A. D. p. 3. 492 S. Ergänzungen und neue Erwerbungen der Vereinsbibliothek seit 1873 von Prof. Zeller.

42. Jahrg. 1881. Mit „Neujahrsbettel bei der Parze" von C. A. D. p. 19. 19tes Mitglieder-Verzeichniß p. 3—18. 512 S.

43. Jahrg. 1882. Mit „Neujahrs-Moral" von C. A. D. p. 34. 536 S. mit 2 Tafeln.

44. Jahrg. 1883. Mit „Neujahrs-Apokryph 1883" von C. A. D. p. 19. 20tes Mitglieder-Verzeichniß p. 3—18. 507 S. mit dem lithogr. Bilde von Prof. P. C. Zeller.

45. Jahrg. 1884. Mit „Tautologisch monotones Neujahrsprogramm für 1884" von C. A. D. p. 3—4. 492 S. mit 2 Tafeln.

46. Jahrg. 1885. Mit „Neujahrs-Weisheit Salomonis 1885" von C. A. D. p. 3. 21tes Mitglieder-Verzeichniß p. 4—18. 415 S. mit 3 Tafeln. Katalog der Bibliothek. Die Statuten des Stettiner Entomologischen Vereins, besprochen von C. A. Dohrn.

47. Jahrg. 1886. Mit „Alte Neujahrsleier 1886" von C. A. D. p. 3. Nachtrag zur Bibliothek. Repertorium der Jahrgänge 1879—1886.

I. Alphabetisches Autoren-, chronologisches Schriftenverzeichniss.

Albers, G., Senator in Hannover.
    1. Ueber den Figulus anthracinus Klug und seine afrikanischen Verwandten. 1884. 173.

Allard, E., Eisenbahn-Director in Paris.
    1. Deux Blaps nouvelles du Turkestan. 1882. 388.

Alpheraky, Sergius, in Taganrog.
    1. Ueber die Gattung Colias F. (Entgegnung auf den vom Herrn Gerichtsrath A. Keferstein in den Verb. der k. k. zool -bot. Gesellsch XXXII. public. Aufsatz) 1883. 488. Berichtigung dazu. 1884. 476.

Altum, Professor in Eberswalde.
    6. Wasmann: Der Trichterwickler. 1885. 136.

Arribalzaga, Enrique, in Buenos Aires.
    1. Neue Dipteren aus dem südlichen Gebiet der Pampa. 1881. 189.

Baily, Dr. James S., in Albany (New-York).
    1. Ueber Haarbuschel der nordamerikanischen Catocala concumbens; (ubersetzt von Prof. N. M. Kheil in Prag). 1882. 392.

Berg, C., Professor in Buenos Aires.
    7. Entomologisches aus dem Indianer-Gebiet der Pampa. 1881. 36.
    8. Revision der argentinischen Arten der Gattung Cantharis. 1881. 301.
    9. Zur Pampa-Fauna. 1883. 392.
    10. Verpuppung im Freien von Palustra Burmeisteri Berg. 1883. 402.

Bergroth, E., in Helsingfors.
    2. Bemerkung zu Hagen's Bibliotheca Entomologica, die nordische Literatur betreffend. 1881. 73.
    3. Sharp's Dytisciden. 1883. 129.

Booch-Arkossy, Hans, in Leipzig.
    1. Das Präpariren von Raupen. 1882. 390.

Bruhner v. Wattenwyl, C.
1. Ueber die heutige Aufgabe der Naturgeschichte, (mit Vorwort von C. A. Dohrn). 1881. 221.

Büttner, F. O., Lehrer in Grabow a. O., † 4. Juni 1880.
2. Die pommerschen, insbesondere die Stettiner Microlepidopteren, (mit Zusätzen von Herrn Professor Dr. Hering und Herrn Dr. Schleich). 1880. 383.

Burmeister, H. Professor in Buenos Aires.
22. Briefliche Mittheilungen. 1879. 194.
23. Die argentinischen Canthariden. 1881. 20.
24. Revision der Gattung Eurysoma. 1885. 321. (Abbildungen.)

Candèze, Dr.
1. Necrolog auf Dr. F. Chapuis; übersetzt von C. A. Dohrn. 1880. 48.

Christóph, Hugo, in Petersburg.
9. Eine Reise im westlichen Caucasus. 1881. 157.

Conradt, L.
1. Auszug aus brieflichen Mittheilungen über seine Reise nach Centralasien an C. A. Dohrn. 1886. 300.

Doebner, Professor Dr. in Aschaffenburg.
7. Ein Wort gegen die Vermehrung des Ballastes der Synonymie. 1879. 161.
8. Eine entomologisch-biologische Ausstellung. 1882. 527.

Dohrn, C. A. Dr., Dir., Präsident des Vereins.
428.   Exotisches:
    54. Pelonium Kirbyi Gray. **1879.** 184.
    55. Cetonia papalis Mohnike (Philippinen). 185.
    56. Nomenclatorisches. 186.
    57. Bruchus bivulneratus Horn (Baltimore). 187.
    58. Californische Dermestes. 187.
    59 Popillia bipunctata F. (Cap). 188.
    60. Batonota bidens F. (Brasilien). 188.
429. 61. Cyphus hilaris Perty. 247.
    62. Paromia dorcoides Westw. und P. Westwoodi Dhn. 248.
    63. Paropsis polyglypta Germ. (Australien). 248.
430. 64. Asytesta Pasc. (Arú). 364.
    65. Liparus uncipennis (Brasilien). 365.
    66. Lagria. 366.
    67. Oryctes Haworthi Hope (Nepal). 366.

12

14

502. Ueber Carabus cavernosus Friv., Schaum u. Dytiscus latissimus L. 1883. 127.
503. Nomenclatorisches. 372.
504. Rosenberg. 388 und 1884. 84.
505. Wahnschaffe: Verzeichniß der Käfer aus dem Gebiete des Aller-Vereins. 1884. 28.
506. Classification of the Coleopt. of North America by Leconte and Horn. 32 u. 113.
507. Agostinho de Souza: Revista da Sociedade de Instrucçao do Porto. 38.
508. Ein Brief Humboldt's, mit Vor- und Nachwort von C. A. Dohrn. 47.
509. Maikäfer-Pech. 85.
510. v. Hayek: Handatlas der Naturgeschichte aller 3 Reiche. 109.
511. Auctions-Notiz. 176.
512. Unst, ein lepidopterischer Lückenbüßer. 186.
513. Eine englische Versteigerung v. Schmetterlingen. 302.
514. Mittheilung von 4 Briefen Pirazzoli's. 308.
515. Eine Lesefrucht (Aus Leconte's Leben). 314.
516. Erlebnisse eines todten Neuseeländers (Anchomenus elevatus White). 318.
517. Casey: Revision der amerikanischen Cucujidae. 401.
518. Neuere Publicationen über nordamerik. Käfer. 442.
519. Relicta Zelleriana. 345 u. 413. 1885. 28.
520. Eine Lesefrucht (Instinct der Ameisen. Ein Seitenstück zu Helicopsyche). 1884. 350.
521. Ein englisches Scharmützel über Namenbildung, mit Nachwort. 410.
522. Curiosum No. II (Gegen den Verdacht, „antomologische Predigten" verfaßt zu haben). 472.
523. Besprechung eines Aufrufs von Herrn Udo Lehmann in Neudamm zu einer internationalen Vereinigung daselbst. 174.
524. Platychile pallida F. 1885. 41.
525. Lesefrucht (Hypocephalus). 47.
526. 3 Separata von Sahlberg aus dem 4. Bande der „Vega Expeditionens Vetenskapliga Jaktagelser", Stockholm. 218.
527. Riley: The Periodical Cicada. 370.
528. Zellerianum particulare. 373.
529. Eine lausige Lesefrucht. 377.
530. Katter: Monographie der europ. Arten der Gattung Meloé. 382.

17. Microlepidopteien des unteren Rheingaues, nebst einei allgemeinen topographisch-lepidopterologischen Einleitung. (Foits. v 1881. 451). 1886. 39.

Ganglbauer, L , in Wien.

. 1 Ueber einige von Herin Eberh. von Oertzen in Giiechenland gesammelte Kafer. 1886 309.

Gerstaecker, Dr. A , Piof oid d Zool in Greifswald.

24. Ueber die Stellung dei Gattung Pleocoma Lec. im System der Lamellicornier. 1883. 436.

Gillet de Montmore, Kaufmann in Stettin, Veieins-Rendant.

5—12. Kassen-Abschlüsse fur die Jahre 1879—86.

Goss, Herbert.

1. Die jüngste Entdeckung eines Blatta-Flügels in Felsen, die zur siluiischen Peiiode geboren. Aus dem Englischen von C. A. Dohrn 1885. 134.

2 Fossile Insecten. Aus dem Englischen des „Entomologist“, Juli 1885 von C. A. Dohrn. 380.

Gressner, Dr. Heiniich, in Burgsteinfuit

1. Entomologische Notiz (Fuhleranomalie bei einem Saperda caichaiias-Exemplar). 1886 166.

Gronen, D., in Coln.

1. Notiz über südameiikanische Honigbienen. 1882. 110.

Gross, Heinrich, in Steyr.

1 Zur Biologie der Cidaria taeniata Steph. und der Cidaria sciiptuiata Hbn. 1885 375.

Gumppenberg, Cail, Fieiherr von, K Post-Inspector in München.

1. Ein Beitrag zur Lepidopterenfauna des Mangfallgebietes. 1882. 489.

2. Die Flugelschuppen der Geometriden 1883. 192.

3. Auf dem Wendelstein, ein entomologischer Ausflug. 1884. 66

4. Epistola de Concilio Fiibuigensi (56 Versammlung deutscher Natuiforscher und Aeizte). 70.

Haag-Rutenberg, G., Dr. juris, auf der Giuneburg bei Frankfurt am Main.

5. Beitrage zur Kenntniß der Canthariden. 1879. 249, 287 u. 513

Hagen, Dr. Hermann in Cambridge bei Boston, Ehrenmitglied des Vereins.

112. Gerhard's systematisches Verzeichniß der Macrolepidoptera von Nord-Amerika 1879. 475.

113. Ueber die Bestimmung der von Linné beschriebenen Gattung Phryganea. 1880 97.

5. Ueber Phthoroblastis Trauniana Schiff. und Regiana Z. 1885. 310

6 Lebensgeschichte von Charagia Virescens. 313.

7. Einiges über Form und Farbenschutz in Anwendung auf Calocampa Solidaginis Hb. 1886. 161.

8. Nachtrag zu Phthoroblastis Trauniana Schiff. und Regiana Zell 303.

Hofmann, Dr. Ernst August, Custos am Museum in Stuttgart.

5. Die Raupe von Urania Leilus L. 1881. 487.

Homeyer, Alexander v., Major in Greifswald.

1. Vorkommen und Verbreitung einiger Macrolepidopteren in Vorpommern und Rügen 1884. 417.

2. Aus Briefen von P. C. Zeller. 1886 294.

Hopffer, Carl, in Berlin, Custos am entomologischen Museum.

6. Exotische Schmetterlinge. 1879 47 u. 413.

Hübner, Pastor.

1. Ueber Harpalus semipunctatus Dej = limbopunctatus Fuss. 1883. 175

2. v. Fricken's Naturgeschichte der in Deutschland einheimischen Käfer. 1880. 108.

Huene, Fr. Baron, auf Lechts bei Reval.

2. Die estlandischen Formen der Oeneis Jutta. 1879. 276.

Hutten-Klingenstein, M. von, K. K. Rittmeister in Nagy-Bossán, Neutraer Comitat (Ungarn).

1. Aufzahlung der im Jahre 1881 „an Saft" gefangenen Schmetterlinge. 1882. 202.

Jacoby, Martin, Concertmeister in London

1. Zur Kenntniß der Gattung Macrolema Baly. 1883. 125.

2. Beschreibung neuer Phytophagen. 1884. 126.

3. Priostomus nov. gen. (Halticinae). 185.

4. Beschreibung einer neuen Oedionychis-Art von der Insel Creta. 1886 215.

Jordan, Wilhelm, in Frankfurt am Main

1. Ein Fragment aus seinem Roman „Die Sebalds"; eingeleitet von C. A. Dohrn 1885. 304.

Karsch, Dr. F., Assistent bei dem Kgl zool. Museum zu Berlin.

1. Sieben neue Arachniden von St. Martha. 1879. 106.

2. Latzel's österreichische Myriapoden. 1881. 220.

Kautz, E, in Coblenz.

1. Lepidopteren-Aberrationen. 1885. 46.

Keferstein, A., Gerichtsrath a. D. † 1885.
32. Entomologische Notizen 1879. 183.
33. Aufforderung (betreffend Carabus [Zabrus] gibbus) mit Bemerkung von C. A Dohrn. 1879. 192.
34. Noten uber Zabrus gibbus. 1881. 77
35. Fragen (betreffend aus Amerika mit Blumensamen importirter Bombyx Polyphemus). 122.
36. Lepidopterisches. 381.

Kolbe, H. J., Assistent am Entomol. Museum in Berlin.
1. Bemerkungen zu Dr. Jacob Spångberg's Psocina Sueciae Fenniae (Oefversigt K. Vet. Ak. Förh. 1878, 2). 1880. 176.
2. Das Flugelgeader der Psociden und seine systematische Bedeutung 179.
3. Ueber die Linné'schen Species Phryganea flavilatera und Hemerobius lutarius. 351.
4. Ueber eine introducirte Psocidenspecies (Caecilius hirtellus M'Lachlan) 1881. 77.
5. Differenzen in dem Vorkommen einiger Psociden-Species. 236.
6. Neue Psociden des Königl. zoologischen Museums zu Berlin. 1883. 65.
7. Neue Beiträge zur Kenntniß der Psociden der Bernsteinfauna. 186.
8. Ueber die von Herrn Major von Mechow auf seiner Forschungs-Reise am Cuango gesammelten Brenthiden. 233.
9. Zur Kenntniß der Brenthiden-Gattung Centhrophorus Chevr. Madagascar's. 381.

Kraatz, Dr. G.
39. Ein Wort gegen die Vermehrung des Ballastes der Synonymie. 1879. 506.

Kuwert, A, Gutsbesitzer auf Wernsdorf bei Tharau in Ostpr.
6. Forficula auricularia und Scolopendra forficata, zwei Feinde der Lepidopteren und der Schmetterlingssammler. 1879. 508.

Landois, Dr. H., Professor der Zoologie in Münster.
1. Aufruf zur Grundung eines deutschen entomolog. Nationalmuseums zu Münster in Westfalen. 1884. 110.

Lansberge, J. W. van.
1. Matériaux pour servir à une monographie des Onthophagus. 1883. 161.

Lichtenstein, Jules, in Montpellier.

8 Die Wanderung der Blattläuse. 1879. 181.

9 Ritsemia pupifera, eine neue Schildlaus. 387.

10. Lebensgeschichte der Pappelgallen-Blattlaus Pemphigus Buisarius (Aphis) Linné. 1880. 218.

11. Wanderung des Pemphigus bursarius L. (der Pappelgallenlaus) als P. filaginis Boyer = Gnaphalii Kaltenb. und als Pseudogyna gemmans und Ps. pupifera. 474.

12. Ein neues ungeflügeltes Männchen der Coccideen (Acanthococcus aceris Sign.). 1882. 345.

13. Schlechtendalia, ein neues Aphiden-Genus. 1883. 240.

Maassen, Peter, Controle-Chef an der K. Eisenbahn in Elberfeld.

6 Bemerkungen uber Urania Ripheus. 1879. 113.

7. Bemerkungen zu der von A. G. Butler vorgenommenen Revision der Sphingiden (Trans. Zool. Soc. London 1877). 1880. 49.

8 Beitrag zur Kenntniß der Schmetterlings - Verbreitung. 158.

9. Nachtrag zur Schmetterlings-Fauna von Kissingen. 1881. 94.

Machenhauer, F., in Manchester.

1. Praparation der Libellen für Sammlungen. 1879. 539.

Mac-Lachlan, Robert.

4. Ueber entomologische Systematik. 1886. 217.

Meyer, A. B., Hofrath und Director des Museums in Dresden.

1. Ein kleiner Beitrag zu der Frage der Verwerthung offentlicher Sammlungen zu Special-Studien von Seiten nicht an denselben Angestellter. 1882. 353.

Meyrick, Edward.

1. Microlepidopteren in Australien (Entom. Monthly Magazine XV); aus dem Englischen von Zeller. 1880. 223.

Möschler, Hugo B, Gutsbesitzer in Kronforstchen bei Bautzen.

20. Nordamerikanisches (Butterflies and Moths of North America). 1879. 246 u 280.

21. Bemerkung zur systematischen Stellung von Erycides Licinus Möschl. 1880. 115

22. Rossler: Die Schuppenflügler (Lep.) Wiesbadens. 1882. 492.

23. Beiträge zur Schmetterlingsfauna von Labrador. 1883. 114.
24. Check List of the Macrolep. of America, North of Mexico; (publ. by the Brooklyn Entom. Soc. 1882). 154.
25. Fernald: Catalogue of the described Tortricidae of North America, North of Mexico. 366.
26. Nordamerikanisches (Genus Catocala). 1885. 115.
27. John Smith: Systematic position of some North American Lepid. 203.
28. Auszug aus „The Insects of Betula in North America" von Katharina Dimmock. 1886. 172.

Nolcken, J. H. W., Baron v.
  4. Lepidopterologische Notizen. 1882. 173 u. 517.

Osten-Sacken, C. R., Freiherr v., in Heidelberg.
  10. Ueber einige Falle von Copula inter mares bei Insecten. 1879. 116.
  11. Fabre: Souvenirs entomologiques; études sur l'instinct et les moeurs des insectes. 1880. 136
  12. Ueber einige merkwürdige Falle von Verschleppung und Nichtverschleppung der Dipteren nach andern Welttheilen. 326 u. 363.

Pabst, Professor, Dr. in Chemnitz.
  1. Entwicklungsgeschichte der Lasiocampa Lunigera und var. Lobulina Esp. 1884. 270.

Pagenstecher, Dr. Arnold.
  1. Dr. Adolf Roessler. (Necrolog). 1886. 19.

Petersen, W., Mag Zoologiae in Lechts (Estland).
  1. Einige Worte über Verbreitung der Heteroceren in den Tropen. 1881. 245.
  2. Sub rosa. Ein Brief Karlchen Miessnick's an Herrn Professor Glaser. (Persiflage gegen zungenbrecherische Verdeutschungen naturwissenschaftlicher Namen). 1883. 399.

Pflümer, Chr. Fr., Lehrer in Hameln an der Weser.
  1. Ein Beitrag zur Schmetterlingskunde. 1879. 157.

Plateau, Félix, Dr., Professor an der Universität in Gent.
  2. Wie man Specialist wird, übersetzt von C. A. D. 1885. 65.

Plötz, Carl, in Greifswald.
  4. Hesperiina Herr.-Sch. 1879. 175.
  5. Verzeichniß der vom verst. Prof. Dr. R. Buchholz in Westafrika b. Meerbusen v. Guinea gesammelten Hesperien. 353. 1880. 76. 189. 298 u. 477.

6. Die Hesperiinen-Gattung Erycides Hübu. und ihre Aiten. 1879. 406 u. 474.
7. Die Hesperiinen-Gattung Pyriopyga und ihre Arten. 520.
8. Die Hesperiinen-Gattung Eudamus und ihre Arten. 1881. 500. 1882. 87.
9. Die Hesperiinen-Gattung Hesperia Aut. und ihre Arten. 1882. 314. 436. 1883. 26. 195.
10. Die Hesperiinen-Gattung Phareas Westw. und ihre Aiten. 1883. 451.
11. Die Hesperiinen-Gattung Entheus Hüb. und ihre Arten. 456.
12. Die Hesperinnen-Gattung Ismene Sw. und ihre Arten. 1884. 51
13. Die Hesperiinen-Gattung Plastingia Butl. und ihie Arten. 145.
14. Die Hesperiinen-Gattung Apaustus Hüb. und ihre Aiten. 151.
15. Die Hesperiinen-Gattung Thymelicus Hüb. und ihre Aiten. 284.
16. Die Hesperiinen-Gattung Butleria Kiiby und ihie Arten. 290.
17. Die Hesperiinen-Gattung Telesto Bsd. und ihre Aiten. 376.
18. Die Hesperiinen-Gattung Isosteinon Feld. und ihre Arten. 385.
19. Die Hesperinnen-Gattung Carterocephalus Led. und ihie Aiten. 386.
20. Die Gattung Abantis Hopf. 388.
21. Die Gattung Cyclopides Hüb. und ihre Arten. 389.
22. Die Hesperiinen-Gattung Sapaea Pl. und ihre Arten. 1885. 35.
23. Die Hesperiinen-Gattung Leucochitonea Wlgr.? und ihre Arten. 36.
24. Saalmuller: Lepidopteren von Madagascar. 224.
25. Nachtrag und Beiichtigungen zu den Hesperiinen. 1886. 83.

utzeys, Jul.
19. Morio. — Platynodes. 1879. 285.
20. Baron Chaudoir's Necrolog (im Auszuge übersetzt von C. A. Dohrn).

iley, C. V.
2. Der Gesang der Cicaden (übertiagen a. d. Journal Science VI von C. A. Dohrn). 1886. 158.

Roder, Victor von, in Hoym (Anhalt)
  1. Ueber Pangonia longirostris Haidw. 1881. 384.
  2. Aphestia chalybaea n. sp. 386.
  3. Dipterologica. 1882. 244
  4. Zur Synonymie einiger chilenischer Dipteren. 510.
  5. Bemerkungen über Dolichogaster brevicornis Wied. und Nemestrina albofasciata Wied. 1883. 426.
  6. Dipteren von der Insel Portorico, erhalten durch Herrn Consul Krug in Berlin. 1885. 337.
  7. Dipteren von den Cordilleren in Columbien. 1886 257. Nachschrift. 307.

Roessler, A., Dr, Appellationsgerichts-Rath in Wiesbaden.
  5. Frey: Lepidopteren der Schweiz. 1881. 75.
  6. Ueber Dipteren in Schmetterlingsleibern. 389
  7. Welches ist das beste System der Lepidopteren? 1883 244.
  8. Die Behandlung der für Sammlungen bestimmten Schmetterlinge und ihre Erhaltung. 1884. 105 und 144.

Rosenhauer, W. G, Dr. med., Professor in Erlangen.
  11. Käferlarven. 1882. 3 u 129.

Rupertsberger, Matthias, regulirter Chorherr.
  1. Catalog der bekannten europäischen Käferlarven. 1879. 211.

Saalmüller, M., Oberstlieutenant a. D. in Frankfurt a. M.
  1. 2 neue Noctuen aus Madagascar. 1881. 214.
  2. Oecophora Schmidii n sp. 218.
  3. Neue Lepidoptera aus Madagascar. 433.
  4. Crambus Kobelti n. sp 1885 334.

Schaupp, F. G.
  1. Leconte's Necrolog (aus dem Englischen von Dr. A. Kriegel); mit Nachschrift von C. A. Dohrn. 1884. 225.

Schilde, Johannes, Bankbevollmächtigter in Bautzen.
  3 Noch einige Worte über die Verbreitung der Heteroceren in den Tropen 1881. 425.
  4. Entomologische Erinnerungen gegen die Entwicklungs Hypothese der Darwinianer. 1884 228 und 321.
  5. Kheil: Rhopaloceren der Insel Nias. 398.

Schleich, Carl Ludwig, Dr. med. in Stettin.
  8. Necrolog für Professor Heirmann Conrad Wilhelm Hering. 1886. 178.

Schmidt, C., Pfarrer in Zülzefitz bei Labes.
1. Taschenberg's Insectenkunde. 1880. 359.
Schmidt, Wilhelm, in Chemnitz.
1. Ueber Panthea Coenobita Esp 1879. 109.
Schmidt-Goebel, Dr. H. M., Professor in Wien.
9. Bibliographisches (Fabricius' Schriften). 1881. 330.
Schöyen, M. W., Lehrer am Gymnasium in Christiania
1. Pyralis secalis L 1879. 389.
2. Ueber die Synonymie und die rechtmäßige Benennung der Botys octomaculata auct. 1879. 396.
3. Prioritätsberechtigte Lepidopteren-Namen aus H.
   Ström's entomologischen Abhandlungen. 1880. 134.
Semper, Georg, Kaufmann in Altona.
2. Beitrag zur Rhopaloceren-Fauna von Australien.
   Separatabdruck aus dem Journal des Museums
   Godeffroy, Heft 14, 1879. 1879. 375.
Sharp, D., in Thornhill.
1. Bemerkungen über Dr Horn's Carabidae. Aus dem
   Englischen von Dr. Arnold Krieger. 1882. 486
2. A word of explanation (concerning a remark in
   Bergroth's account of the work „on Dytiscidae",
   E. Z. 1883. 129). 1883. 193.
3 Description of two new Carabidae from Brazil.
   1885. 401.
Smith, John B., in Brooklyn (New-York).
1. Ueber europäische und amerikanische Verwandt-
   schaften. 1885. 221.
Snellen v. Vollenhoven, Dr.
5. Einige neue Arten von Pimplarien aus Ost-Indien.
   1879. 133.
Spångberg, Jacob, Dr. an der Universität in Upsala.
2. Stål's Necrolog. 1879. 97.
Speyer, Adolf, Dr. med., Hofrath in Rhoden (Waldeck).
42. Lepidopterische Notizen. 1879. 151.
43. Neue Hesperiden des palaearktischen Fauna-Ge-
    bietes. 1879. 342.
44. Die Hesperiden-Gattungen des europäischen Fauna-
    Gebietes. II. Nachträge. Das Flügelgeader. (S.
    1878. 167) 1879. 477.
45. Lepidopterologische Mittheilungen. 1881. 473.
46.   „   Bemerkungen. 1882. 375.
47. Eine hermaphroditische Boarmia repandata, be-
    schrieben und mit einer statistischen Glosse be-
    gleitet. 1883. 20.

48. Bemerkungen über den Einfluß des Nahrungswechsels auf morphologische Veränderungen, insbesondere bei den Arten der Gattung Eupithecia. 333.

49. Die Raupe von Acronycta alni. Ein biologisches Rathsel. 419.

50. Zur Naturgeschichte der Cidaria frustata Tr. 1884. 81.

51. Romanoff: Mémoires sur les Lépidoptères Tome I. 477. Tome II. 1885. 353.

52. Lepidopterologische Mittheilungen. 81.

Srnka, Anton, Landesbuchhaltungsbeamter in Prag.

1. Exotische Notizen. 1884. 295.

Stainton, H. T.

1. Philipp Christoph Zeller. 1884. 72.

Standfuss, M., Dr. in Parchwitz (Schlesien).

1. Lepidopterologisches, mit 4 Thesen. 1884. 193.
2. Leucanitis Beckeri nova species. 272.
3. Lepidopterologisches. 1886. 318.

Stange, G, Gymnasiallehrer in Friedland (Mecklenburg).

1. Lepidopterologische Bemerkungen. 1881. 113
2.   „   Beobachtungen. 1882. 512.
3. Sorhagen: Die Kleinschmetterlinge der Provinz Brandenburg. 1886. 187.
4. Lepidopterisches. 279.

Staudinger, O., Dr. phil. in Blasewitz bei Dresden.

30. Ueber Lepidopteren des südostlichen europäischen Rußlands. 1879. 315.

31. Beitrag zur Lepidopteren-Fauna Central-Asiens. 1881. 253. 393. 1882. 35.

32. Fr. Schmidt, Kreis-Wundarzt in Wismar. 1883. 113.

33. Einige neue Lepidopteren Europas. 177.

34. Anatomische Bedenken gegen die Weiblichkeit von Papilio Zalmoxis Hew. 1884. 298.

35. Plusia Beckeri Stgr. var. Italica Stgr. und Calberlae Standfuss. 300.

36. Einige neue Lepidopteren des europäischen Fauna-Gebietes. 1885. 349.

37. Georg Adolf Keferstein. 109.

38. Pagenstecher: Lepidopterenfauna von Amboina. 114.

39. Centralasiatische Lepidopteren. 1886. 193. Schluß 225.

Stein, J. Ph. E. Friedr., Dr. in Berlin.
> 11. Die Low'sche Dipteren-Sammlung. I. 1880. 256.
> II. 1881. 489.

Struve, Oscar, Dr. in Leipzig
> 2. 3 Sommer in den Pyrenäen; mit Verzeichniß der
> dort gesammelten Macrolepidopteren. 1882. 393
> und 410.

Teich, C. A, Lehrer in Riga.
> 3. Lepidopterologische Bemerkungen. 1881. 187.
> 4. Bemerkungen uber das Vorkommen einiger Schmet-
> terlings-Arten in Livland. 1882 213
> 5. Lepidopterologische Beiträge. 1883. 171.
> 6. „ Notizen aus Livland. 1884.
> 211.
> 7. Lepidopterologische Mittheilungen aus Livland
> 1885. 130.
> 8. Lepidopterologisches aus Livland. 1886. 168.

Thurau, F., Lithograph in Berlin.
> 1. Jaspidea celsia L. in ihren Verwandlungsstufen.
> 1879. 511.

Tischbein, Oberforstmeister in Eutin.
> 11. Zusätze und Bemerkungen zu der Uebersicht der
> europäischen Arten des Genus Ichneumon. 1879.
> 20. (Fortsetzung von 1876 273.) Fortgesetzt
> 1881. 166 und 1882. 475.

Torge, Otto, Lithograph in Schoneberg (O.-L.).
> 1. Beobachtungen uber Grapholitha zebeana Ratzb.
> 1879. 382.
> 2. Naturgeschichte der Eugonia fuscantaria Hübn.
> 1880. 213.

Trimen, Roland.
> 1. Schützende Aehnlichkeiten bei Insecten (aus The
> Entomologist 1885 übertragen). 1885. 290.
> 2. Nachafferei (mimicry) bei Insecten (Entomologist
> 1885). 1885. 296.

Wackerzapp, Omar, Kaufmann in Aachen.
> 1. Cymatophora fluctuosa Hb. 1882 211.
> 2. Arnold Forster. 1885. 209.

Wehncke, E., Kaufmann in Harburg.
> 5 Neue Haliplus. 1880. 72.

Weise, Julius.
> 1. Beschreibung einiger Coccinelliden. 1885. 227.

Weyenbergh, H., Professor, Dr. in Cordova (La Plata).
> 3. Die Gattung Didymophleps m. 1883. 108.

Weymer, Gustav, Kaufmann in Elberfeld.
  7. Notizen zu dem Artikel „Exotische Schmetterlinge
    von C. Hopffer 1879. 47". 1879. 209.
  8. Exotische Lepidopteren II. (2 Tafeln). 1884. 7.
    III. (2 Tafeln). 1885. 257.
Williston, Dr. S. W., New Haven (Conn).
  1. Ueber einige Leptiden-Charaktere, mit Bemerkung
    von V. v. Roder. 1885. 400.
Woldstedt, F. W in Petersburg
  1. 2 neue russische Schlupfwespen. 1880. 174.
Zeller, Phil. Christ, Professor.
  86. Lepidopterologische Bemerkungen. 1879. 462.
  87. Ein Brief an Dr. C A. Dohrn, mitgetheilt von
    Letzterem. 1885. 250
    Zeller's entomologische Arbeiten 1883. 407.

Anonymi.

27. Mamestra Leineri var. (?) Pomerana. 1880. 46.
28. Silphomorpha africana Schauf. n. sp. 1882. 308.

II. General-Register nebst Erklärung der Tafeln.

A.

Abantis tettensis **45.** 389.

Abisara Rutherfordii **41.** 198

Abraxas adustata **41.** 312, **45.** 437, grossulariata **41.** 312, **42.** 383, marginata **41.** 170 312, silvata 312, **43.** 59, ulmata **42.** 383

Acanthococcus aceris **43.** 345.

Acanthogenius lugubris **44.** 280

Acanthomera Frauenfeldi **47.** 261.

Acentropus Newae **43.** 216, **44.** 174, niveus **41.** 389.

Achaea Chamaeleon, Duifa, hilaris, Locra, Mania, Mariaca **41.** 299.

Acherontia Atropos **41.** 62, **42.** 140, **44.** 171, medusa, Styx **41.** 62

Achroea grisella **41.** 397.

Achryson surinamum **42.** 369

Acidalia arenosaria **40.** 325, auroraria **45.** 349, aversata **41.** 310, Beckeraria **40.** 325, **43.** 58, bilinearia **41.** 170, Bischoffiaria **45.** 266, bisetata **41.** 310, commutata 311, contiguaria **45.** 264, corrivalaria **41.** 311, **45.** 389, decorata **41.** 311, **43.** 58, degeneraria **41.** 93, dilutaria, dimidiata, emarginata 310, filacearia **43.** 58, flaccidaria **40.** 325, folognearia **41.** 310, fumata 311, **45.** 436, fuscalata 266, humiliata **41.** 310, hyalinata **46.** 356, immorata **41.** 311, **43.** 58, immutata **41.** 311, incanata 311, inornata, interjectaria 310, linearia 311, lividata 310, marginepunctata 311, muricata 310, **45.**

436 349, mutata **41.** 311, nemoraria 311, ochiata 310, orbicularia 311, ornata 311, **43.** 58, osseata **41.** 93 310, **45.** 415, ossiculata **43.** 58, pa'lidata **41.** 310, **43.** 58, pendularia **41.** 311, **43.** 58, pendulinaria **47.** 175, perochraria **41.** 310, **43.** 58, perpusillaria 58, porata **41.** 311, punctaria 311, punctata 311, **46.** 92, remutata **41.** 311, **45.** 436, reversata **46.** 357, rubiginata **40.** 325, **41.** 311, **43.** 58, rubricata **41.** 311, rufaria **41.** 58, silvestraria **41.** 311, silvestrata **45.** 350, spoliata **41.** 310, squalidaria **43.** 405, strabonaria **41.** 311, stramınata 310, strigaria 311, **42.** 113, strigilaria **41.** 311, suffusata 310, tessellaria **43.** 58, trifoliana **45.** 349, trilineata **43.** 58, umbelaria 58, unio **41.** 383, virgularia 310, **45.** 266.

Acinia rufa **42.** 46.

Aciptilia paludum **41.** 173, **45.** 214, pentadactyla **41.** 173, siceliota **43.** 201, spilodactyla **41.** 473, tetradactyla 173 473.

Aciura insecta **46.** 348

Acledra modesta **42.** 41

Acnecephalum 43. 245

Acontia var albicollis **43.** 51, flavomaculata **42.** 304, lucida 363, **43.** 51, luctuosa **41.** 169, **42.** 364, solaris 363, variegata 384.

Acosmeryx Daulis, Meskini **41.** 54.

Acosmetia aquatilis, caliginosa **43.** 44.

Acraea abana **40.** 430, Abdera
41. 190, acerata 189, adriana
40. 423, Aethilla 428, Alciope
41. 190, aliteria **40.** 425, anaxo,
Calliamira 426, Circeis **41.** 190,
crassinia **40.** 421, Cynthia **41.**
189, demonica **40.** 421, Dicaea
426, Egina, eponina **41.** 190,
Eresina **40.** 429, Esebria **41.**
190, Eurita, Ipaea, Iodutta, Ly-
cia, Lycoa, Menippe 190, Mucia
40. 424, nelea 430, Neobule **41.**
190, Nicylla **40.** 424, oppidia,
orestina, orestia **41.** 190, ozo-
mene **40.** 430, Peneleos, pe-
renna, Pharsalus, pseudegina **41.**
190, radiata **40.** 429, serena **41.**
190, testacea **40.** 430, vinidia
41. 189.
Acridiidae 42. 37.
Acridium cancellatum **42.** 38,
carneipes 39, flaviventre 38, pa-
ranense 39, peregrinum, vitti-
gerum 38.
Acrisius Koziorowiczi **47.** 27
Acrobasis consociella **41.** 394,
fallonella **47.** 66, obliqua **43.**
181, porphyrella 180, rubroti-
biella **41.** 394, tumidella 394
Acroclita consequana **43.** 185.
Acrolepia assectella **41.** 429,
granitella **42.** 456, pygmaeana
41. 429, valeriella 429, **45.** 349.
Acronycta abscondita **42.** 342,
43. 214, **46.** 131, aceris **42.**
341, alni 341, **43.** 214, **44.** 419,
45. 211, **46.** 131, americana
47. 175, auricoma **42.** 95. 342,
47. 176, brumosa 175, cuspis
42. 341, dactylina **47.** 175, euphorbiae **42.** 95 342 409, le-
porina 95, ligustri 342, **45.** 426,
megacephala **42.** 341, menyan-
thidis 341, **45.** 425, var monti-
vaga **42.** 409, Myricae 409, occidentalis **47.** 175, psi **42.** 341.
409, rumicis **40.** 319, **42.** 342.
409, spinigera **47.** 175, strigosa
42. 341, **45.** 425, **46.** 131, tri-
dens **42.** 341, vulpina **47.** 175,
xylinniformis 175.
Acropteris albaria, erycinaria
41. 302.
Acrotoxa fraterculus **46.** 348
Adela australis **43.** 189, croe-

sella **41.** 427, cuprella 428, De-
geerella, fibulella, rufimitrella,
sulzella 427,- viridella 428
Adelocera pectoralis **45.** 276.
Adesmia candidipennis, Langi
41. 546, Latreillei 368, tuber-
culata 179. 183
Adexius scrobipennis **47.** 28.
Adigama Ochsenheimeri **46.**
258.
Adoretus albohispidus, albosetosus **45.** 133, phtisicus **43.** 108,
strigatus, vittaticollis **45.** 132.
Aediodes afflictalis, inspersalis
41. 306.
Aegidium alatum **41.** 43, Stein-
heili 42.
Aegithus consularis, cyanipennis
41. 152, sanguinans 152. 293
Aegocera Maenas, rectilinea **41.**
81.
Aëllopus fadus, Sisyphus **41.** 52.
Agabus fuscipennis **43.** 472, **44.**
390
Agaristidae 46. 274.
Agdistis adactyla **41.** 471, **45.**
415, Heydenii **43.** 199, Tama-
ricis 200.
Aglia tau **42.** 95 336. 382, **45.**
211. 424, **47.** 319.
Aglossa cuprealis, pinguinalis
41. 383.
Agnomonia orontes **41.** 298.
Agonis lycaenoides **46.** 273.
Agraulis fusciata **40.** 436, Juno
435, lucina 436, moneta, vanil-
lae 435.
Agrilus caeruleus **43.** 26, inte-
gerrimus 28, laticornis 25.
Agroblaps akinina **43.** 388
Agrophila sulphuralis **41.** 169,
sulphurea, trabealis **42.** 364.
Agrotera nemoralis **41.** 388
Agrotis adumbrata **42.** 418, ala,
alpestris 413, v. alpina **45.** 359,
amphitritaria **42.** 383, Ande-
reggei 412, augur 343, **46.** 222,
autumnalis **42.** 383, baja 343.
411, v. bajula 411, basigramma
421, bella 344, bifurca 423, bornicensis **45.** 260, brunnea **42.**
344, candelarum 95, **46.** 131,
candelisequa **41.** 169, **42.** 343,
45. 260, castanea **44.** 172, **46.**
131, chaldaica **42.** 411, cinerea

34

Amicta v. demissa, lutea, v. scha-
- *iskuhensis, uralensis **46.** 360
Ammoconia caecimacula, v si-
- birica **43.** 37 215, vetula **41.**
97.
Amorphocephalini 44. 237.
Amphicoma vulpes **46.** 80
Amphidasys betularia **41.** 315,
42. 382, cognataria **47.** 175
Amphientomum paradoxum
43. 268 525.
Amphigerontia bifasciata, fasciata, subnebulosa, variegata **41.**
183
Amphipyra livida **42.** 384, per-
flua 357. 384, **45.** 433, pyra-
midea **42.** 95 357 384, **45.**
433, Schrenkii **42.** 384, trago-
pogonis 357.
Amphisbatis incongruella **41.**
460, **46.** 29
Amphonyx antaeus **41.** 63, clu-
entius 67, Duponchel, Hydaspes,
Medor 63, morgani 77. rivularis
Walkeri 67.
Anacampsis anthyllidella, coro-
nilella **41.** 445, remissella 242,
sarothamnella, vetustella, vorti-
cella 445.
Anagoga pulveraria **47.** 175
Anaides fossulatus **41.** 45
Anaitis v. imbutata **45.** 366, ob-
sitaria **43.** 67, paludata **45.** 366,
plagiata **41.** 172, **43.** 67.
Anaplecta lateralis **42.** 37.
Anarsia spartiella **41.** 448, linea-
tella 448, **46.** 31.
Anarta cordigera **42.** 363, Ha-
berhaueri **43.** 50, melanopa **45.**
366, myrtilli **42.** 363, **46.** 132.
Anaspis frontalis **43.** 31.
Anastetha iaripila **46.** 147
Anastis paludata. plagiata, soro-
riata **41.** 318
Anatolica Balassogloi **43.** 245.
Anceryx Alope **41.** 63, amazo-
nica 67. 68, fasciata 63, papayae
67. 68, pedilanthi 63. 67. 68,
Pelops 68.
Anchinia laureolella **43.** 193
Anchomenus elevatus **45.** 318.
Anchonidium 47. 28, corti-
ceum, perpensum 32.
Anchylopera platanana **44.**
369.

Stett entomol Zeit 1886

Ancylonotus tribulus **47.** 312.
Ancylosis cinnamomella **41.** 395.
Anerastia lotella **41.** 395
Angerona corylaria **41.** 314,
prunaria 314 296 **45.** 437, sor-
diata 437
Angonyx Emilia **41.** 69.
Anisodactylus cupripennis **42.**
49, laevis 50, posticus **44.** 394
Anisognathus anaticeps **44.**
235. Mechowi 234.
Anisopteryx aceraria, aescula-
- ria **41.** 315.
Anisota senatoria **47.** 174.
Anobium rufipes **43.** 29
Anomala Morissaei **46.** 139
Anoncodes croceiventris **47.** 291.
Anonpheles albimanus **46.** 338.
Antheraea Dione **41.** 87.
Anthia aemiliana **42.** 322, **44.**
- 358, aenigma **42.** 326. **43.** 367,
alveolata **44.** 282, Baucis **42.**
326, biguttata 323. Burchelli 321,
Caillaudi **43.** 368, cinctipennis
42. 322, circumcincta, divisa
325, Duparqueti **45.** 177. 404,
exarata **42.** 324, foveata 324,
44. 282, gracilis **42.** 324, graphipteroides **44.** 281, intricata
43. 366, leucospilota 368, limbata **42.** 323, macilenta 326,
maxillosa **45.** 408, Mellyi **42.**
322, neonympha **43.** 368, neutra **44.** 360, omoplata **42.** 322,
portentosa **43.** 246, rugosopunc-
tata **42.** 327, septemcostata **43.**
368, **44.** 357, tetrastigma **42.**
325, Westermani **44.** 359
Anthithesia bipartitana **44.** 369.
Anthocharis belia **42.** 259, car-
damines **41.** 159, **42.** 133. 260.
279, v simplonia 259
Anthomyia 46. 347, **47.** 270.
Anthonomus curtus **43.** 432.
Anthoph. paradisea **42.** 384.
Anthrax bigradata, faunus, Gor-
gon, lucifer, oedipus, paradoxa
46. 339
Anthrenus picturatus **43.** 109.
Anticheira catomelaena **46.** 79.
Antichloris flavifrons, rufidor-
sis, solora **41.** 80
Anticl. Taczanowskiaria **42.** 383.
Antigonus brigida **40.** 361, bri-
- gidella **47.** 111, denuba, philo-

quadridens **43.** 140, sordidus **46.** 198, sulphureus 196, transversus 199, trivialis **45.** 456, viator **46.** 196, volgensis **45.** 471, **46.** 194.

Chaerocampa Aglaor, Alcides, Amadis, Anubus **41.** 68, Aristor, celerio 56, Chiron 57. 68, cretica 56, Crotonis 68, cyrene 56, Druryi 68, elegans 56, epaphus 68, equestris **46.** 273, eras, erotoides, fugax **41.** 57, gracilis 56, Hesperus, Isaon 68, Lewisii 56, Lucasii **46.** 273, maculator, Moeschleri, Nechus **41.** 68, Neoptolemus 56. 68, porcellus **42.** 95, procne **41.** 56. 70, rubiginosa **42.** 382, scrofa **41.** 57, Tyndarus 68.

Chalciope acutata, deltifera **41.** 300.

Chalcolepidius Candezei **41.** 295, **42.** 446.

Chalcomyia elegans **47.** 268

Chalcophora virginica **46.** 142.

Chalcosia macularia **46.** 274.

Chalcosoma Atlas **43.** 459

Chalicodoma 41. 137.

Charadra deridens **47.** 174, propinquilinea 175.

Charaeas graminis **42.** 346, **45.** 212. 363. 428

Charagia virescens **46.** 313

Charaxes brutus, ephyra **41.** 194, Iasius **43.** 174. Lucretius **41.** 194, Moori **46.** 269, numenes **41.** 194, polyxena, psaphon **46.** 269, Tiridates **41.** 194.

Chariclea delphinii **42.** 363, marginata 95. 363, umbra 363, **45.** 435.

Chariptera culta **42.** 95.

Chauliodus chaerophyllum **41.** 458, **45.** 348, illigerellus **41.** 458, **45.** 348, staintoniellus **43.** 194.

Chelaria huebnerella **41.** 444.

Cheimatobia borcata **41.** 319, brumata 319, **47.** 175.

Cheimatophila hyemana **41.** 404, **46.** 32, praeviella 363, tortricella **41.** 404, **46.** 32

Chelymorpha aulica, caja **42.** 382, omissa **41.** 155, variabilis **42.** 67, **41.** 156.

Chesias obliquata **41.** 218, **46.** 29, rufata **41.** 318, spartiata 318, **45.** 439.

Chilo cicatricellus **41.** 389, concolorellus **46.** 358, forficellus, mucronellus **45.** 349, phragmitellus **41.** 389, **45.** 213, spinula **45.** 415, terrestrellus **46.** 358.

Chilocorus ruficollis **46.** 230.

Chimabacche fagella **41.** 434, **47.** 67, phryganella **41.** 434.

Chironomidae 42. 45. 189.

Chironomus bonaerensis **42.** 189, proximus 45.

Chlaenius concinnus **40.** 458, festivus **41.** 368, Mellyi, nepalensis **40.** 458, pallipes **47.** 289, 4-sulcatus **44.** 390, **47.** 293, stactopeltus 359, vestitus **44.** 390.

Chlamys Holubi **46.** 148, indica **41.** 296.

Chloantha perspicillaris **42.** 352, polyodon 352, **43.** 42.

Chloëbius immeritus **47.** 148.

Chlorida cincta **45.** 277, festiva **42.** 309.

Chlorina 41. 59, megaera 68.

Chlorota diaspis **42.** 447.

Chnootriba hippodamoides **46.** 227.

Choeridium columbianum **41.** 21, oblongum **44.** 432, procerum 431.

Chondrosoma fiduciaria **43.** 60.

Choreutidae 41. 422.

Choreutis myllerana **41.** 422.

Chromonotus bipunctatus **44.** 94. 100, confluens 90, costipennis 91, hirsutulus 97, humeralis 99, leucographus 93, lagopus 101, margelanicus 97, Menetriesi **45.** 458, pictus **44.** 100, pilosellus 96, suturalis, variegatus 92, vehemens 98, vittata, Zubkoffi 92.

Chrysobothris rugosa **42.** 58, sexsignata **47.** 173.

Chrysoclista Schranckella **42.** 461.

Chrysomela anahs **43.** 156, asclepiadis 160, cerealis 155, fastuosa 152, fucata 157, gottingensis 159, guttata **47.** 292, haemoptera **43.** 148, hyperici

54

Feroniomorpha moerens 42. 51, striatula 50.
Fidonia cebraria 46. 29, clathrata 45. 415, cristataria 41. 303, fasciolaria 40. 325, 41. 317, 43. 63, Hedemanni 46. 357.
Fidonidae 46. 279.
Figulus anthracinus 45. 170
Flügelseäder der Psociden 41. 179
Flügelschuppen der Geometriden 44. 192.
Forficula auricularia 40. 508.
Formicidae 42. 71.
Fornax parvulus 42. 370.
Fossile Insecten 46. 380.
Frontina rufifrons 46. 346.
Fumea betulina, intermediella, nitidella 42. 154, nocturnella 403, Rouasti 404, 46. 361, sepium 42. 154.

G.

Galerita attelaboides, leptodera, nigrocyanea 41. 290, peregrina 291.
Galeruca nigripes 41. 147.
Galerucella lineola 43. 164.
Galerucida bombayana 41. 147, indica 146, magica 145.
Galeruciden 41. 142.
Galleria mellonella 41. 396.
Gastropacha pini 46. 30.
Gelechia arundinetella 45. 349, atriplicella 415, bergiella 47. 170, brizella 46. 348, cautella 41. 438, cinerella 45. 414, continuella 41. 440, cuneatella 438, 46. 29, desertella 45. 414, diffinis 41. 440, distinctella 438, ericetella 439, 45. 374, galbanella 41. 439, hippophaella 438, humeralis 46. 33, infernalis 41. 439, inornatella 348, interruptella 240. 439, 46. 29, longicornis 41. 440, luculella 46. 32, malvella 41. 439, mulinella 239. 439, 46. 30. 31, nigra 41. 438, nigricans 439, ochrisignella 440, 42. 116, 46. 29, pellella 41. 439, pictella 45. 414, pinguinella 41. 438, rhombella 438, rosalbella 240, sarothamnella 46.

31, scalella 32, 41. 440, senectella 45. 414, solutella 41. 440, 46. 29, superbella 31, tenebrosella 45. 349, 47. 170, terrella 45. 414, triparella 46. 32, velocella 41. 439, 45. 415, vepretella 41. 439, villella 438, zebrella 440.
Geometra alba 41. 134, autumnahs 135, fasciata 134, papilionaria 309, 42. 383, 46. 33, sponsaria 42. 383.
Geometriden Pommerns 41. 309, 42. 48 382, 44. 192, 45. 436, 46. 279, 47. 175.
Geotrupes impressus, pyrenaeus 40. 156.
Geranomyia rufescens 46. 339.
Geranorhinus rufinasus 47. 25, virens 46. 177.
Gerephemera simplex 42. 388.
Glaucopteryx tepidata 42. 48.
Gluphisia crenata 42. 338.
Gluvia Martha 40. 108.
Glyciphana fulvistemma 47. 290, jucunda 291, variolosa, viridiopaca 290.
Glymma Candezei 42. 369.
Glyphipteryx cladiella 45. 374, equitella 41. 243 450, forsterella, haworthana, oculatella, thrasonella 450.
Glyptus sculptilis 46. 147.
Gnathotriche exclamationis 40. 443.
Gnophaela morpena, parmeno 41. 195.
Gnophos ambiguata 41. 316, 43. 62, annubilata 46. 356, biafaria 41. 303, caeligaria 43. 62, dolosaria 176, dumetata 41. 94, 44. 273, glaucinaria 43. 62, mendicaria 45. 315, obscuraria 41. 316, sordaria 45. 315, spurcaria, supinaria 43. 62.
Gnophria eningae 41. 80, quadra 80, 42. 150, rubricollis 41. 166, 42. 150, 45. 423, 47. 168.
Goliathus albosignatus 43. 470, Druryi, Fornasinii 42. 496, giganteus 497, Higginsii 495, 43. 358, regius 42. 495.
Gonatorrhina paramonensis 47. 265.
Gonia chilensis 46. 345.

Herminia cribralis **42.** 366, cribrumalis **46.** 132, derivalis **42.** 95, tentacularis 366.
Hesperia abdon **43.** 320, abebalus 451, acalla **44.** 225, accius 52, Achelous **43.** 315, aconvotus **44.** 195, acraea **43.** 321, actaeon **42.** 139, adela **43.** 329, adjuncta 332, adrastus **44.** 30, aeacus **43.** 449, aeas 439, aecas 449, aegialea **44.** 51, aegita **43.** 337, aepitus **44.** 34, Aesculapius 229, aestria **43.** 336, aethra **47.** 95, Aetna **44.** 60, agricola 219, ahaton 62, Ahrendti 231, alda **43.** 326, aleta **44.** 232, aletes 35, Alice 45, aliena 229, almoda 35, aloeus **43.** 455, alternata **44.** 31, amadu 62, amana **43.** 449, amanda **44.** 197, ammonia 201, Amphissa 221, Amyntas **43.** 329, anatolica **44.** 219, anchona **43.** 337, ancilla **44.** 226, ancora 205, ancus 41, angellus **47.** 94, angulina **44.** 212, angulis **47.** 91, antiqua **44.** 223, anitta **43.** 340, antistia 320, Antoninus 343, apellus **44.** 51, aphilos 36, apicahs **43.** 324, aquilina **44.** 33, arcalaus **43.** 341, Archytas 438, argentea 336, argeus **44.** 227, Argus 33, aria **43.** 315, arogos **44.** 200, arpa 64, artona **43.** 449, aruana **47.** 103, athenion **44.** 53, attina **43.** 339, Augiades **44.** 228, Augias 206 226, augustula 227, augustus 213, Aurelius **43.** 455, aurinia **44.** 195, aurora **43.** 339, autumna **44.** 43, axius 213, balarama 46, basochesii **43.** 437, bauri **47.** 98, Beda 90, belistida **43.** 339, beraka **47.** 94, Besckei **43.** 334, beturia **47.** 94, bias **43.** 318, bimacula **44.** 195, bistrigula 39, Boisduvalii **43.** 323, bononia, borbonica **44.** 40, boseae **43.** 314, brettus **44.** 51, 204. 209, brino, brinoides **43.** 337, brunnea **44.** 46, bucephalus 217, Buchholzi **40.** 354, **43.** 330, Buddha **44.** 218, buleuta 199, bursa **43.** 453, butus 330, cabella **47.** 96, cabenta **43.** 439, caesena 340, caffraria, calpis **40.**

354, calus **43.** 439, calvina 443, camerona **40.** 356, **44.** 48, camposa **47.** 90, canenta, caniola **43.** 444, Cannae **44.** 53, Capionnieri **40.** 353, **43.** 326, caprotina 438, carmides 339, Cassander 316, catargyra 448, catena **44.** 217, cathaea **43.** 437, catilina **47.** 99, catina **43.** 337, catocala **44.** 54, catochra **43.** 342, caura 315, celsina 322, centralis 317, ceraca 323, ceramica **47.** 97, cernes **44.** 61. 200, cervus **43.** 344, cerymica 326, Chalestra 335, chemnis, chiomara 341, chlorus 446, chrysozona **44.** 228, cilissa **43.** 325, cincea 324, cinerita **47.** 93, cingulicornis **44.** 28, cinlca **43.** 444, cinna **44.** 58, cicellata **43.** 319, coanza **44.** 232, **47.** 104, colenda **43.** 328, colon **44.** 206, colorado 216, columbaria **43.** 317, columbia **44.** 210. 217, comma 215. 217, **42.** 274, commodius **44.** 50, complana 42, complanula 49, comus **40.** 355, **43** 338, concors 334, conflua 446, conformis 445, conjuncta 344, consanguis **44.** 46, conspicua 222, conta **47.** 95, coras **44.** 62. 208. 229, cordela **43.** 328, coridon 329, corisana **44.** 36, Cornelius 40, corope 42. 45, corrupta **43.** 445, corticea **44.** 56, corusca **43.** 445, corydon 329, coscinia **44.** 51, credula 46, cietura **47.** 93, Crispinus **43.** 318, cruda 339, cubana **44.** 47, cunaxa **43.** 444, cuneata 447, cynisca 332, Cyrus **44.** 39, Dacotah 63, Daendeli **47.** 96, dalima **44.** 44, Dalmani **43.** 438, dama **44.** 40, dares 208, dedecora, degener 38, Delaware 198, deleta 37, depuncta **43.** 317, derasa 316, devanes 336, Diana **47.** 93, Dido **44.** 53, diluta 37, Diocles **43.** 315, Diores 441, discors **44.** 32, dispersa 44, dissoluta **43.** 442, distigma **44.** 28, diversa **43.** 454, Dobboe **47.** 102, dolopia **44.** 30, draco 220, druna **43.** 322, DrURYi **44.** 63, Dschaka **47.** 102, dubius **44.**

31, nemorum 63, neriena 43,
Nero **43**. 445, **44**. 52. 43, ne-
roides 42, Nevada 216, niasica
47. 102, nirwana **43**. 436, ni-
tida **47**. 104, niveicornis **44**. 33,
noctis 56, nondoa **47**. 97, Nor-
toni **44**. 52, norus 36, Nostra-
damus 58, nydia **40**. 353, **43**.
326, obeda **44**. 36, obsoleta 28,
oceia 47, ochracea 197, **42**. 382,
ochrope **43**. 323, ocrinus 337,
octofenestrata **47**. 97, ohara, oli-
vescens **44**. 226, Olympia 37,
Olynthus **43**. 341, onara 339,
oneka **44**. 31, ophis 55, ophiusa
29, orasus **43**. 321, orchamus
363, origines **44**. 61, ormenes
47. 92, ornata **44**. 32, orope 42,
ortygia **47**. 95, osca **44**. 48,
osyka 57, Otho 59. 62, ottoe 196,
ozeta, ozota **43**. 442, paleae 317,
palmarum **44**. 227, pandia **43**.
331, panoquin **44**. 55, paria **43**.
315, Parthenope **47**. 91, parum-
punctata **44**. 52, parvipuncta 39,
patens **43**. 315, pavnc **47**. 100,
peckius **44**. 208, pelora **43** 334,
peninsularis 456, peratha 324,
perfida **44**. 198, Pericles 199,
perla **43**. 319, perloides 318,
pertinax 449, phacnicis **44**. 30,
Phaeomelas **43**. 315, phaetusa
342, Phedon 325, Pherylides **44**.
52, Phidon **43**. 325, philerope
44. 45, Philippina 40, Phineus
225, **47**. 101, Phocion **44**. 61,
43. 329, phorcus 451, Phylaeus
44. 206, phyllus **43**. 454, phy-
sella 448, pica 455, Piso **47**. 98,
Ploetzi **43**. 447, pocahontas **44**.
210, Pontias 222, Poutieri 38,
praba 30, prodicus **43**. 338, pruinosa 320, propertius 452, **47**. 93,
protoclea **44**. 47, proxima **47**.
95, prusius **44**. 224, psecas **43**.
339, psittacina 440, pudorina **44**.
55, pulla **43**. 315, pulvina **40**.
353, **43**. 316, pumilio **44**. 59,
punctella 52, pupillus 43, pustula
60, pygmaeus 59, pyrophorus
43. 325, pyrosa **40**. 356, **44**.
200, quadaquina 210, quadran-
gula 35, quadrata **43**. 326, quispica **47**. 90, radians **44**. 201,
Remns **43**. 317, replana 437,

reticulata **44**. 208, rezia 35, Ri-
dingsi 63, iivera **43**. 318, rona
450, Roncilgonis 451, rubida 316,
rurca **44**. 57, sabaea 48, Sabina
27, sabuleti 207, sagara 226, sa-
hus **43**. 343, sameda **44**. 39,
samoset 31, sandarac **43**. 317,
saruna **47**. 98, sassacns **44**. 221,
Saturnus **43**. 449, Savignyi 330,
Schulzi 326, sekara **47**. 90, senex
43. 449, Sergestus 331, serina
44. 231, sextilis **47**. 89, sewa
94, sita 96, silaceus **44**. 50, si-
lanion **43**. 442, silene, silius **44**.
56, simplicissima **43**. 316, simu-
lius 444, sinois, sinon 331, smaragdulus 326, Snown **44**. 64,
socles **43**. 438, Socrates 321, so-
nora **44**. 218, sperthias 227,
statius 223, stigma **47**. 252, striga
44. 55, subcordata 36, subcostu-
lata **43**. 319, subhyalina **44**.
218, **47**. 99, subornata **44**. 33,
subreticulata 213, subviridis **47**.
97, sulphurifera **44**. 34, sylva-
noides 217, sylvanus **41**. 164,
42. 300, **44**. 219, sylvatica **42**.
382, sylvestris **44**. 217, sylvi-
cola **43**. 450, tamyioides 440,
taprobanus **47**. 92, telata **44**.
51, telegonus **43**. 342, telmela
322, tenebriocosa 316, tersa **44**.
40, tertianus 26, tessellata 30,
47. 94, textor **44**. 31, thaumus
42. 139, **44**. 61, Themistocles
44. 61, Theogenis 37, thrax **43**.
327, **44**. 46, **47**. 91, Thyrsis
43. 331, tiacellia 322, traviata
47. 91, triangularis **43**. 456,
triangulum 456, trimaculatus 327,
tripuncta **44**. 40, tropica 230,
Tyrtaeus 51, Ulphila 212, Ulrica
48, umber **43**. 316, unia **44**.
32, uncas 214, uniformis **43**. 319,
unna **44**. 204, urania **43**. 341,
urejus **47**. 96, usuba 94, vaika
96, valentina **43**. 437, Vellejus
44. 36, venata **42**. 382, **44**.
197, Venezuela 223, verna 58,
verticalis 50, vestiis 57, vesuria
63, vetulina 58, vibex 204, vio-
lascens **43**. 322, viibius 448,
virgula **44**. 217, viridans 224,
vitellina 210, vopiscus **43**. 318,
vulpina 333, wakulla **44**. 31,

wama **47.** 103, wambo 97, wam-
sutta **44.** 208, warra 27, Weiglei,
Weymeri **47.** 89, wingina **44.**
204, xanthaphes **43.** 334, xan-
thosticta **44.** 49, xanthothrix
43. 335, xanippe 438, yra **47.**
94, yreka **44.** 63, Zabulon 210,
Zachaeus 209, zalma **47.** 89, zatilla 103, zela **44.** 203, Zelleii
44, Zenckei 196, zeppa 38, Zetter-
stedti 211, Zisa **43.** 446, Zola
456, zygia **47.** 94.
Hesperiina 40. 175. 406. 520,
42. 500, **43.** 87, **44.** 451. 456,
45. 51. 145. 151. 284. 290. 376.
385. 386, **46.** 35 36, **47.** 83.
Hesperocharis Marchallii, ne-
reina **40.** 83.
Heterocera 4J. 164, **42.** 245.
382, **47.** 173.
Heteroderes rufangulus **42.** 58.
Heterolepis sparsa **41.** 87.
Heteronychus Claudius **41.** 371.
Heteroptochus Pascoei **47.** 146.
Heteropoda rosea, venatoria **40.**
107
Hibernia aurantiaria **41.** 314,
45. 438, defoliaria **41.** 315, leu-
cophaearia 314, **45.** 438, margi-
naria **41.** 314, marmorinaria **45.**
438, progemmaria **41.** 314, ru-
picapraria 314.
Hilipus apiatus **42.** 62.
Himantodes 41. 66.
Himera pennaria **41.** 313.
Hippoboscidae 42. 46. 192.
Hippodamia 13-punctata **43.**
171, variabilis **47.** 292.
Hiptelia miniago, variago **43.**
44.
Hiria auroraria **42.** 383.
Hispopria coeruleipennis **46.**
399.
Hister scutellaris **41.** 368.
Holonychus inaequicollis **45.**
137.
Homalota Letzneri **41.** 285.
Homoeosoma nebulella, nim-
bella **41.** 395.
Homothetus fossilis **42.** 388.
Honigameise 43. 347.
Honigbienen, sudamerikanische
43. 110.
Hop. sericea **42.** 383.
Hoplocephala bicornis **47.** 173.

Hoporina croceago **42.** 95. 360.
Hormurus brevicaudatus **40.**
108.
Hulodes caranca **46.** 278.
Hybocampa Milhauseri **42.** 95.
337 383.
Hybopterus plagiaticollis **45.**
141.
Hybosa mellicula **44.** 106.
Hybris 45. 195.
Hydaticus transversalis **42.** 121.
Hydraena atricapilla, flavipes,
pulchella **40.** 242.
Hydrilla arcuosa **45.** 432.
Hydrocampa nymphaealis, nym-
phaeata, potamogata, stagnata
41. 388.
Hydroecia erythrostigma **43.**
42, **45.** 431, micacea **42.** 353,
43. 43, **45.** 365. 431, nictitans
42. 353. 383, **43.** 42, **45.** 431,
ochreola **43.** 42, osseola 43,
vindelicia **42.** 383.
Hydronomus sinuatocollis **46.**
178.
Hydrophilidae 42. 53.
Hydrophilus aterrimus **44.** 390,
glaber **42.** 53, piceus **41.** 368,
44. 390, setiger **42.** 53.
Hydrotaea cyaneiventris, Stuebeli **47.** 269.
Hylaspes Dohrni **46.** 246, or-
natipennis 397.
Hylithus tentyriodes **42.** 58.
Hylophila bicolorana, prasinana
42. 149
Hylurgus piniperda **40.** 505.
Hymenitis andamia, duillia, li-
bretis **40.** 416, matronalis **45.**
18
Hypanis Ilythia **41.** 194.
Hypatima binotella, inunctella
41. 450.
Hypochalcia ahenella **41.** 393.
Hypolycaena antifaunus, bel-
lina, faunus, lebona, Philippus
41. 200.
Hypanartia demonica **40.** 444.
Hypena obesalis **43.** 57, **45.**
436, proboscidalis, rostralis **42.**
366, **43.** 57.
Hypenodes albistrigatus **42.**
366, **45.** 213, **46.** 132, costae-
strigalis **42.** 366, **44.** 174.
Hypera arundinis **43.** 137, im-

becilla **47.** 150, plagiata, tri-
lineata **43.** 138.
Hypercallia citrinalis **42.** 96.
Hyperchiria Jo **47.** 174.
Hyperetes fatidicus **44.** 320,
guestfalicus 319, tessulatus 316,
43. 526.
Hyphantria textor **47.** 174.
Hypocephalus armatus **46.** 47.
Hypochalcia commaniella **46.**
363.
Hypochroma batiaria **41.** 302.
Hypogramma Oba **41.** 301.
Hypogymnius 44. 479.
Hypolimnas avia, discandra,
Wallaceana **46.** 264.
Hyponomeuta cagnagellus, evo-
nymella **41.** 430, malinellus,
padellus 429, padi 430. plum-
bellus 429, staniellus **42.** 457,
variabilis **41.** 429, **45.** 415, 20-
punctatus **41.** 429.
Hypopta caestrum **40.** 318.
Hypopyra capensis **41.** 301.
Hypotia corticalis **43.** 179, spe-
ciosalis **46.** 358.
Hyppa rectilinea **42.** 352.
Hypsa perimele **46.** 275.
Hypsidae 46. 275.
Hypsioma gemmata **45.** 181.
Hypulus quercinus **43.** 30, **44.**
390.
Hystrichodexia armata **47.**
266.
Hystrisyphone proxima **47.**
266.

I.

Ichneumon adscendens **42.** 178,
adulator 172, affector **40.** 27,
albatus 33, albiornatus 29, alius
28, brevicornis **42.** 174, brunnipes **40.** 23, caelareator **42.**
171, castanicauda 170, coerules-
cens, consimilis **40.** 22, criticus
42. 175, cuneatus **40.** 31, de-
fensorius **43.** 480, dissimulator
42. 172, erythropygus **43.** 480,
examinator **40.** 26, fasciatorius
33, faunus **42.** 180, finitimus **40.**
25, flaviceps 28, gemmatus **42.**
173, gradarius **43.** 478, guttatus
40. 20, hostificus **42.** 179, im-
mundus **43.** 475, improbus **42.**

177, infinitus **40.** 30, intermix-
tus 25, laetus **42.** 178, leuco-
melanus **43.** 480, limbatus **40.**
23, maculiferus **43.** 476, malig-
nus **42.** 173, melanobatus **40.**
31, nigrocastaneus **42.** 180, ni-
vatus **40.** 32, obscuripes **43.**
477, opacus **42.** 176, percussor
40. 21, perfidus **42.** 173, pice-
atus **40.** 24, praestigiator **43.**
479, pulcher **40.** 32, pyrenaeus
43. 478, 4-lineatus **42.** 175,
quaesitorius **43.** 178, ramiformis
42. 176, specularis 170, spira-
cularis 181, subobsoletus **43.**
476, tuberculipes **40.** 31.
Ichthyurus paradoxus **43.** 460.
Idiomorphus Hewitsoni **41.** 196,
massalia, una 195, vala 196, zi-
nebi 195.
Incurvaria capitella, Koeneriella
41. 427, muscalella 426, oehl-
manniella 427, pectinea 426
Ingura Snelleni **42.** 433
Ino (Col.) immunda, reclusa **45.**
402
Ino (Lep.) budensis **42.** 398, Geryon **45.** 254, Globulariae **41.**
165, pruni **42.** 95. 398, statices
95, volgensis 398.
Ips fasciatus, sanguinolentus **47.**
173.
Iresia bimaculata **47.** 128.
Ischnodemus Ståli **42.** 42.
Ischnoptera brasiliensis **42.** 37.
Ischyrosonyx hospes **42.** 311,
oblonga **41.** 156.
Ismene 40. 499, Aeschylus **45.**
65, Alexis 57, Anchises 65, An-
donginis 60, arbogaster 64, aquilina 53, **40.** 346, badra **45.** 59,
Benjaminei 60, Bixae 65, celae-
nus 61, certhia 59, chabrona 56,
Chalybe **40.** 364, **45.** 69, chro-
mus 57, chuza 61, consobrina 55,
contempta 56, discolor 61, Dole-
schallii 55, Ernesti 64, Etelka 52,
excellens 54, exclamationis 60,
florestan, forestan 64, forulus 60,
gentiana 62, gnaeus 58, Hanno
40. 363, **45.** 63, harisa 54, hu-
rama 56, imperialis **47.** 115,
iphis **40.** 364, **45.** 66, isulka
54, itelka, jaina 52, Jankowskii
42. 382, japonica **45.** 60, Juno

40. 364, **45.** 66, Jupiter, Jup-
piter 66, Keithloa 62, ladon 60,
Lizetta 59, malayana 57, mar-
garita 64, myia 59, necho 63,
Nestor 55, oedipodea 54, orma
40. 363, **45.** 59, pansa 64, Phidias 66, Philetas 56, Pisistratus
40. 363, **45.** 63, radiosa **47.**
114, ramanatek **45.** 58, ratek
55, Ribbei **47.** 115, Saida **45.**
62, Salanga **47.** 115, septentrio-
nis **45.** 52, stella 62, striata 51,
subcaudata 60, taminatus 57,
Tancred 62, taranis 65, thym-
bron 60, tolo **47.** 115, valma-
rum 58, vasutana 52, vitta 57,
xanthopogon 60.
Isochlora viridis, viridissima
43. 39.
Isognathus scyron **41.** 63.
Isomerus aschabadensis **45.** 459.
Isoteinon dysmephila, lampro-
spilus **45.** 385, masuriensis **47.**
109, plumbeola **45.** 386, subterranea, vitreus 385, vittatus
386.
Ithomia afrania **40.** 415, agno-
sia, alexina 413, aquinia 414,
ardea 413, asella 415, attalia 94,
crispinilla 414, cyrene, dircenna,
ilerdina 94, mellila **45.** 17. 298,
peninna **40.** 95, quintina 414,
salonino 413, soligena **45.** 16,
sylphis 413, terra, victoriua, zal-
munna 95.
Ithone hexaspilota **47.** 292. 313.
Ituna lamira, Phenarete **40.** 91.

J.

Jaera caenobita, crithea **41.** 191.
Jana cosima **41.** 85, pallida **46.**
278.
Jaspidea celsia **40.** 511, **42.**
353, **43.** 42.
Jassidae 42. 44.
Jodis lactearia **41.** 310, **44.** 354,
putata **41.** 310, putataria 170,
44. 354
Julodis Oertzeni **47.** 309.
Junonia almana, asterie **46.** 408,
cvarcte, Genoveva, laiinia, La-
vinia **40.** 455, oenone **41.** 191.
Jurinia analis **46.** 345, notata
47. 264.

K.

Käfer-Larven 40. 211, **43.** 3.
129.
Kallima Rumia **41.** 191.
Kurtka 47. 323.

L.

Lachnodera rufojubata **45.** 275.
Lactica australis **46.** 388, bicolor 387.
Laelia coenosa **42.** 333.
Laemophloeus adustus, alternans, angustulus, biguttatus, cephalotes, chamaeropis, convexu-
lus, denticornis, extrieatus, fasciatus, ferrugineus, floridanus,
Horni, Lecontei, modestus, nitens,
puberulus, pubescens, punctatus,
pusillus, quadratus, rotundicollis,
Schwarzi, terminalis, testaceus,
truncatus **45.** 403.
Lagria basalis **40.** 366, **47.** 353,
bicolor **40.** 366, nepalensis 366,
47. 354, nitidiventris **45.** 137,
4-maculata, ruficollis **40.** 366,
villosa **47.** 351.
Lamellicornier 40. 13, **44.**
375. 436.
Lamia mammillata **44.** 104.
Lampronia luzella **42.** 456, prae-
latella, rubiella **41.** 426.
Lamprotes atrella, micella **41.**
445.
Langia zeuzeroides **41.** 61.
Lapara bombycoides **41.** 63.
Larentia caesiata **45.** 369, didy-
mata 368, tepidata **42.** 48.
Laria L-nigrum **42.** 333, **45.**
424, V-nigrum **42.** 333.
Larinus capiomonti **46.** 169,
contractus 170.
Lasaia militaris **45.** 27.
Lasia aenea, coerulea, nigritarsis,
rufipes **43.** 510.
Lasiocampa betulifolia **42.** 335,
ilicifolia 95. 382, lobulina, lunigera **45.** 270, pini **42.** 333, populifolia 335, **45.** 424, **46.** 130,
potatoria **41.** 168, **42.** 335, pruni
335, quercifolia 95. 335. 406,
tremulifolia 335.
Lasiocampidae 46. 278.
Lasionota quadricincta, quadri-
fasciata **42.** 56.

Lathropus pictus, pubescens, vernalis 45. 403.
Lauxania albovittata, variegata 46. 349.
Laverna epilobiella, fulvescens, helerella, langiella 41. 459, ochracella 43. 513, phragmitella 41. 459, propinquella 243, putripennella, Raschkiella 459, rhammiella 458.
Lebioderus Goryi 47. 123.
Lecithocera luticornella 41. 242.
Leioptilus brachydactylus 41. 473, distinctus 43. 514, 47. 18, inulae, henigianus 41. 473, microdactylus 473, 46. 134, scarodactylus 41. 473.
Leis axyridis 47. 292.
Lepidiota suspicax 43. 463.
Lepidopteren, Mangfall-Gebiet 43. 489, Wiesbaden 492, System 44. 244, exotische 45. 7, 40. 47, Wendelstein 45. 66, Livland 211, 47. 168, Shetland-Inseln 45. 353, Aberrationen 46. 46, Amboina 114, Nord-Amerika 203, Madagascar 229, Nias 257, europaisches Faunengebiet 349. 353, Aschal-Tekke-Gebiet 357, Nord-Persien, Central-Sibirien 362, Provinz Brandenburg 47. 187, Central-Asien 192. 225. 279. 318, Rheinthal 40. 40. 166, Notizen 151, Beitrag 157, Bemerkungen 462.
Lepinotus inquilinus 44. 309, pieens 314.
Lepisesia victoria 41. 51.
Lept. macroptera 42. 383.
Leptalis Atthis 40. 68, Jethys 73, Kadenii 69, lelex 70, Lewyi 69, lycosura, lygdamis 70, melite 73, nasua 69, Nehemia 73, nemesis 68, penia 73, pimpla 70, thermesia, thermésina 72, theugenis 73.
Leptarthra ventralis 41. 145.
Leptiden 46. 400.
Leptispa abdominalis 41. 297.
Leptoceri 40. 37, 42. 184.
Leptochirus convexus 45. 41.
Leptogaster cubensis 46. 340.
Leptoglossus impictus 42. 41.
Leptomias audax 47. 134, bimaculatus 132, invidus 136, Je-

keli 135, Stoliczkae 137, verrucicollis 138.
Leptosoma continua, doleris 41. 82, eurema 83, famula, lipaia, Mungi, pitthea, xanthusa 82
Leptura martialis 42. 446, rubra, rubrotestacea, testacea 40. 241, variicornis 47. 191. 291. 372
Leptusa asturiensis 41. 282, granulipennis 283.
Leptysma filiformis 42. 38.
Leucania amnicola 43. 175, comma 42. 355, conigera 95. 355, 43. 43, elymi 42. 356, extranea 47, flavostigma 356, impudens. 355, 46. 132, impura 42. 355, 45. 349, inanis 42. 356, L-album 356, 43. 43, lithargyrea 42. 356, litoralis 355, 45. 432, obsoleta 42. 355, pallens 40. 321, 42. 355, 45. 432, pudorina 42. 355, radiata 356, scirpi 44. 262, straminea 42. 355, turca 356. 383
Leucanitis Beckeri 45. 272, carlino 40. 324, 43. 55, cestis, flexuosa, Henkei 40. 324, obscurata 43. 55, picta, punctata 40. 324, rada, saisani 43. 53, spilota, tenera 40. 324.
Leucochitonea adusta 46. 39, arsalte 38, bianca 37, bifasciata 40, laginia 38, laoma, Laviana, leca 40, leucola 37, levuba 40, ligania, locutia, Maimon 39, marginalis, menalcas, niveus 38, omrina, pastor 40, pampina 47. 111, Petrus 46. 38.
Leucoma albina, parva 41. 84, piperita 42. 382, salicis 41. 168, 42. 334, subfulva 382.
Leuconea crataegi, Hippia 42. 381.
Leucophasia amurensis 42. 381, diniensis 44. 251, lathyri 41. 159, melete, napi, rapae 42. 381, sinapis 41. 159, 42. 279, 44. 251
Leucopholis hypoleuca 44. 103.
Leucothyris paula, solida 45. 14.
Libellula scotica 43. 260.
Libythea labdaca 41. 198.
Libythina Cuvierii 40. 446.
Licinus 40 474.

66

60. 302, femoralis **40**. 517, flavo-
grisea **42**. 307, glandulosa **40**.
518, Klugii 517, leopardina **42**.
24. 304, limbata **40**. 516, maculata **42**. 22, punctata 29, scutellaris **40**. 518, Steinheili **42**.
21. 301, **44**. 393, suturalis **40**.
517, **42**. 306, suturella **47**. 291,
talpa **42**. 306, trinotata **40**. 262,
vesicatoria 411, vidua **42**. 23.
303, virgata 25, viridipennis **44**.
393, zonata **40**. 516.

M.

Macaria alternaria **41**. 314, alternata 171, liturata 314, **42**. 96,
notata **41**. 171. 314.
Macrocheilus lugubris **44**. 280.
Macrocheirus spectabilis **44**.
362. 397.
Macrodactylus subspinosus **47**.
173.
Macroglossa aedon **41**. 69, affinis **42**. 382, apus **41**. 52, belis,
Blaini 69, bombyliformis 165,
42. 394, **45**. 211, **46**. 83, diffinis **41**. 69, erato 53, etolus 69,
fuciformis 165, **42**. 140. 394,
Kingi, micacea **41**. 52, milesi-
formis **42**. 140, opis, pyrrhula
41. 69, scottiarum 52, stellatarum 165, **42**. 140 382. 394, **45**.
254, Thysbe **41**. 69, trochiloides
76, troglodyta, zona 69.
Macrolema 44. 125.
Macrolepidoptera, des unteren
Rheingaues **44**. 248, **45**. 241,
in Vorpommern und Rugen 417.
Macrosila 41. 67.
Macrotarsus asininus **46**. 160,
baskarensis 161, Faldermanni
160.
Macrotoma absurdum **42**. 313.
Madopa inquinata **46**. 357, sali-
calis **42**. 95 366, **45**. 436.
Madoryx Deborrei **41**. 68, flavo-
macula **42**. 384, Pluto **41**. 68.
Magdalis aterrimus **43**. 133,
egregia **46**. 180, pruni **43**. 135,
stygius 133.
Malacosoma zanzibarica **46**.
391.
Mallota posticata **47**. 173.
Malthinus paradoxus **43**. 460.

Mamestra accurata **46**. 356, ad-
vena **42**. 247, **43**. 35, albicolon
42. 348, **43**. 36, ahena **42**. 348,
bombycina **43**. 35, brassicae **42**.
247, **43**. 36, chenopodii **42**. 348,
chrysozona 348, **43**. 36, conti-
gua **42**. 247, **43**. 35, dentina
41. 169, **42**. 348, **43**. 36, **45**.
363, dianthi **43**. 36, dissimilis
40. 320, **42**. 347, **43**. 35, dy-
sodea **42**. 348, egena, furca **43**.
36, furva **45**. 365, genistae **40**.
320, **41**. 169, **42**. 348, glauca
348, **43**. 36, **45**. 212, latenai
363, Leineri **41**. 64, **42**. 347,
leucophaea 246, **43**. 35, nebu-
losa **41**. 169, **42**. 347, **43**. 35,
oleracea **42**. 348, **43**. 36, pallens 35, peregrina **40**. 320, per-
sicariae **42**. 348. 383, pisi 247,
43. 35, pomerana **41**. 64, **42**.
347, reticulata, sapouariae 348,
serena **41**. 169, **42**. 348, serrati-
linea **43**. 35, sociabilis **40**. 320,
splendens **42**. 348, **44**. 172, **45**.
428, suasa **42**. 247, thalassina
95. 247, trifolii **40**. 320, **42**.
348, **43**. 36.
Manticora latipennis, tubercu-
lata **42**. 317.
Mantispa decorata **42**. 40.
Maracantha contracta **47**. 173.
Maracujá-Falter 40. 194.
Margarodes unionalis **41**. 229,
42. 45, **43**. 180.
Margus pallescens **42**. 42.
Mecaspis obsoletus **46**. 165, **47**.
150, sinuatus **46**. 165.
Mechanitis Elisa, Menapis, me-
nophilus **40**. 419, proceris **45**.
12. 297.
Mecocorynus Fåhraei **43**. 469,
intricatus 468.
Mecynodera madagascariensis
42. 448.
Mecynotarsus candidus, delica-
tulus, elegans **45**. 447.
Megacephalon stygium **42**. 217.
Megalops cephalotes **45**. 44.
Meganostoma philippa **40**. 86.
Meganoton 41. 67.
Megarrhina portoricensis **46**.
337.
Megasoma Alpherakyi **46**. 362.
Melanargia Galathea **42**. 95,

fastuosclla 470, **46.** 32, mansue-
tella **41.** 470, myrtetella **43.**
199, semipurpurella, Sparman-
nella, subpurpurella, Thunber-
gella, unimaculella **41.** 470.
Miletus zymna **41.** 204.
Mimaeseoptilus pelidnodacty-
lus, plagiodactylus, pneumonan-
thes **41.** 472, pterodactylus 173.
472, pulcher **46.** 348, serotinus
41. 472.
Mimas tiliae **41.** 60.
Mimicry 46. 290.
Mimodromius lepidus **44.** 393,
nigro-fasciatus **42.** 49.
Miniodes discolor. **41.** 298.
Minoa euphorbiata **41.** 172. 318,
45. 269, muricata 269, murinata
41. 318.
Miscodera arctica **47.** 120.
Miselia oxyacanthae **40.** 160,
42. 350, **44.** 172.
Mithymna imbecilla, impar **43.**
43.
Mitophyllus irroratus, parrya-
nus **40.** 459.
Mitragenius araneiformis **42.**
59.
Mixodia Schulziana **45.** 373.
Moma Orion **42.** 342. 383, **47.**
168.
Monochroa tenebrella **41.** 445.
Monohammus Rosenmuelleri,
sutor **47.** 292.
Monosphragis otiosana **44.** 369.
Mordella hieroglyphica **41.** 369.
Morio 40. 285.
Morpheis Felderi **40.** 444.
Morphoides bilineatus **42.** 67,
procerus **44.** 105.
Musca domestica **46.** 347.
Muscidae 42. 46. 191.
Mycalesis asochis **41.** 196, auri-
cruda 197, blasius **46.** 407, de-
cira, Dorothea, Gerda **41.** 198,
hesione **46.** 262, ignobilis **41.**
196, indistans **46.** 407, Ismene
408, Istaris **41.** 197, Leda **46.**
408, madetes, mandanes **41.** 197,
medus, mineus **46.** 407, Numa
41. 196, peitho 197, Perseus, ru-
neka **46.** 407, sanaos, sophro-
syne **41.** 196, Tolosa 197, xeneas
196.
Mycetophila 47. 258.

Mycophagus biclavatus **44** 380.
Myelois advenella **41.** 394, **46.**
29, ceratoniae **43.** 517, cirrige-
rella, cribrum, epelydella **41.**
394, leucocephala, lydella **40.**
326, nigripunctella 317, rosella
41. 394, sabulosella **40.** 328,
suavella 394, terstrigella **46.**
358, tetricella **41.** 395, xantho-
tricha **43.** 519, xylinella **40.**
327.
Mylabris atrata **40.** 260, Frolovi
43. 372.
Myloxena vestita **42.** 55.
Myrmecocystus melliger, me-
xicanus **43.** 347.
Myrmecoptera bilunata **44.**
278, Holubi **42.** 318.
Myrmica Lundii **42.** 72.

N.

Nabidae 42. 43.
Nachtschmetterlinge, 1881
„an Saft" gefangen **43.** 202.
Naclia ancilla **42.** 148, punctata
40. 317, sippia **41.** 78.
Naenia typica **42.** 353.
Nanophyes pruinosus **46.** 188.
Napeogenes galinthias **40.** 418.
Narthecius grandiceps **45.** 402.
Narthecusa tenuiorata **41.** 302.
Nastus devians **45.** 449.
Naunodia stipella **41.** 443, Ep-
pelsheimi **46.** 351.
Naupaetus chordinus **42.** 60,
durius, leucoloma 61, signipennis
43. 462, suffitus, taeniatulus **42.**
61.
Nausibius dentatus, repandus
45. 401.
Necrologe siehe Todesanzeigen.
Necrophilus arenarius **41.** 106.
Necrophorus chilensis **42.** 54,
mortuorum **43.** 472, nepalensis
40. 459.
Nemeobius lucina **41.** 161, **42.**
137.
Nemeophila hospita **42.** 95. 401,
plantaginis 95. 151. 401, **45.** 356,
russula **41.** 166, **42.** 151 401.
Nemestrina albofasciata **44.** 426.
Nemognatha cubaecola **40.** 308.
Nemophora metaxella, panze-

rella **41.** 427, pilella 427, **42.**
456, swammerdamella **41.** 427.
Nemoria pulmentaria **43.** 58,
strigata **41.** 309, viridata 309,
42. 383, **43.** 58. 512, **46.** 91.
Nemotelus fasciatifrons **42.** 45.
190.
Nemotois cupriacellus, Dumeri-
hellus, fasciellus, metallicus, mi-
nimellus **41.** 428, scabiosellus
428, **46.** 29.
Neoclytus 40. 201.
Neoplinthus porcatus **47.** 27.
Neopithecops Horsfieldi **46.**
269.
Nephele aenopion, densoi, Ka-
deni, malgassica, oenopion, Ran-
zani, rosae **41.** 66.
Nephopteryx albicilla, jauthi-
nella, rhenella **41.** 392, robo-
rella 392, **46.** 32, similella,
spississella **41.** 392.
Nepticula anomalella **41.** 469,
argyropeza, atricollis 470, aurella
46. 30, centifoliella, comari **41.**
469, florlactella 470, gratiosella,
lediella, microtheriella, pomella,
poterii 469, rubivora 470, rufi-
capitella 469, salicis, septem-
briella 470, spec. **43.** 199, stettinensis **41.** 469, subbimaculella
470, suberis **43.** 198, tiliae **41.**
469, turicella, Weaveri 470.
Neptis agathe **41.** 191. 478, cura
46. 265, ilira 266, lucilla **42.**
265. 286 381, ludmilla 265. 286,
melicerte, nemetes **41.** 191.
Nerins cinereus **46.** 348.
Nesoxena lucidicollis **45.** 136.
Nessiara histrio **46.** 384.
Neuronia cespitis, popularis **42.**
346, **45.** 428.
Neuroptera 42. 40.
Ninia plumipes **41.** 77.
Nisoniades 40. 495, montanus
496, **42.** 382, tages **40.** 496,
41. 164, **42.** 139.
Nisotra bicolor **46.** 385, signati-
pennis 241.
Noctua C-nigrum **42.** 383, **45.**
360, conflua 187, Dahlii, exusta
42. 383, ferruginea **41.** 134,
festiva **45.** 187. 360, flavago **41.**
134, **45.** 416, furcata **41.** 134,
glareosa **45.** 187. 362, hysgina

42. 383, lutea **41.** 134, paula
45. 415, stupens, tristigma **42.**
383, variegata **41.** 134, xanthographa **45.** 187. 360.
Noctuelia alticolalis **46.** 362.
Noctuidae 42. 47. 214. 340. 383,
45. 425, **46.** 278, **47.** 174
Nola albula **40.** 317, centonalis
42. 149, **43.** 214, **45.** 422, cica-
tricalis **44.** 171. 257, confusalis
42. 95. 149, **44.** 257, **45.** 422,
46. 32, cucullatella, strigula **42.**
149, **45.** 422.
Nomophila hybridalis **41.** 387,
noctuella 387, **40.** 326.
Nonagria arundineti **42.** 354,
arundinis 353, cannae 353, **46.**
132, gemmipuncta **42.** 354, nexa
353, paludicola 354, sparganii
353, **45.** 431, typhae **42.** 353,
45. 349
Notaris imprudens **46.** 170,
Markeli **45.** 468, Oberti **46.** 170.
Nothochromi 40. 36, **42.** 183,
43. 483.
Nothris verbascella **41.** 447.
Notiphila erythrocera **46.** 349.
Notocyma 41. 298.
Notodonta argentina **42.** 95,
bicolora 383, bicoloria 338, bi-
loba, bombycina 383, carmelita
46. 31, chaonia **42.** 95 338,
concinna **47.** 174, Dembowskii
42. 383, dictaea 337, **47.** 174,
dictaeoides **42.** 337, dromeda-
rius 338, Grummi **46.** 355, Jankowskii, lineola, monetaria **42.**
383, querna 95, torva 338, tremula 337, **47.** 174, trepida **42.**
95. 338, **46.** 32, tritophus **42.**
338, Ziczac 337.
Notodontidae 42. 383.
Notonecta variabilis **42.** 43.
Notoxus anchora, apicalis **45.**
446, bicolor 445, bifasciatus, calcaratus, cavicornis, conformis,
denudatus, monodon 446, nupe-
rus 445, planicornis, serratus,
talpa 446.
Nudaria mundana **42.** 149, senex
149, **44.** 171, sexmaculata **41.**
81.
Numeria pruinosaria **42.** 383,
pulveraria **41.** 312, **42.** 383,
47. 175.

76

Fortunei **45**. 150, gentius, He-
lena 146, heraea 145, hieroglyphica, jeconia 146, kobros **47**.
104, laronia **40**. 356, **45**. 146,
47. 104, lateia, liburnia **45**. 149,
Luehderi **40**. 357, **45**. 147, po-
dora 150, Reichenowi **40**. 357,
45. 147, sator **40**. 358, **45**. 147,
tessellata **47**. 105, thora **45**.
145, variegata 150.
Platyauchenia titubans **41**.153.
Platychile pallida **46**. 41.
Platydidae 46. 278.
Platynodes Westermanni **40**.
285, **47**. 127.
Platynus brasiliensis, lineato-
punctatus **42**. 52.
Platypteryx 45. 425, **47**. 174.
Platyptilia farfarella **41**. 471,
47. 285, gonodactyla, ochro-
dactyla **41**. 471, similidactyla
42. 118, **43**. 514, **47**. 285.
Platyrhamph. Akinini **46**. 159.
Platyrhopalus Simonis **47**. 120.
Platysma Dejeanii **42**. 51.
Platysomia Cecropia **47**. 174.
Platytrachelus propinquus **47**.
147.
Platyxantha suturalis **46**. 398.
Plecia funebris, costalis **47**. 258.
Plegapteryx silacea, syntomia
41. 86.
Pleocoma 44. 436.
Pleretes matronula **42**. 151. 382.
401, **45**. 423.
Pleronyx dimidiatus **43**. 254.
Plesia 45. 42.
Plesioneura caenica **40**. 353,
queda, wokana, zawi **47**. 87.
Plexropterus hastatus **47**. 123.
Pleurota bicostella **41**. 448, pro-
tasella **44**. 184.
Plinthus caliginosus **47**. 27.
Ploetzia amygdalis **47**. 117.
Ploseria diversata **42**. 96.
Plusia ain **43**. 49, Beckeri 48,
45. 200. 300, bractea **42**. 362,
Buchholzi **41**. 298, Calberlae
45. 199. 300, C-aurum **42**. 362,
chrysitis 362, **43**. 48, **46**. 85,
circumflexa **42**. 384, **43**. 49,
concha **42**. 362, devergens **43**.
49, festucae 48, **45**. 434, gamma
41. 169, **42**. 363, **43**. 49, **45**.
366, gutta **43**. 48, Hohenwarthi

49, interrogationis **42**. 363, iota
363, **44**. 354, italica **45**. 199.
300, locuples **42**. 384, micro-
gramma **43**. 215, modesta 48,
moneta **42**. 362. 383, **43**. 48,
45. 434, **46**. 87, Nadaja **42**.
384, Ni **40**. 323, pulchrina **42**.
363, **43**. 49, **44**. 354, **45**. 434,
Renardi **43**. 48, tripartita **42**.
362, **43**. 48, triplasia, urticae
42. 362, V-aurum **44**. 354.
Plusiotis Adelaida **44**. 497, au-
ripes 499, chrysargyrea 498, co-
stata 497, resplendens 493, Ro-
driguezi 500.
Plutella annulatella **41**.237.432,
cruciferarum 432, Haasi **44**. 183,
porrectella **41**. 432.
Plutodes cyclaria **46**. 279.
Podosesia syringae **40**. 246.
Poecilia albiceps, gemmella, ni-
vea **41**. 443.
Poecilochroma dorsisignatana,
usticana **44**. 369.
Poecilonota virgata **47**. 290.
Pogonomyrmex rostratus **42**.
72.
Pogonotarsus Vescoi **44**. 107.
Polia centralasiae **43**. 37, chi **41**.
134, **42**. 349, flavicincta 349,
polymita 349, **45**. 429.
Polyarthron Komaroffi **46**. 64.
Polybia argentina **42**. 68.
Polycaena tamerlana **47**. 227,
timur 230.
Polyclaeis difficilis **45**. 180.184.
Polycleis Krokisii, maculatus
43. 365, plumbeus 363.
Polydrosus corruscus **45**. 192,
Dohrni **43**. 431, ligurinus **45**.
192, obliquatus 450.
Polyhirma aenigma **43**. 367,
Cailhaudi 368, foveata **44**. 283,
graphipteroides 281, intricata
43. 366, leucospilota, neonympha 368, neutra **44**. 360.
Polyommatus albicans **45**.249,
alciphron **42**. 281, amphidamas
134. 261. 282, caspius **47**. 201,
castro **44**. 115, Circe **41**. 160,
dimorphus **42**. 282, dispar 134.
280, dorilis 281, **44**. 115, eleus
42. 261, helle **45**. 418, helloides
44. 115, hipponoe **41**. 160, **42**.
95, hippothoe 134, **45**. 418,

linus 81, quadrimaculatus **41.**
183, saltatrix **42.** 236, 6-punc-
tatus **41.** 183, tener **43.** 225.
525.
Psoquilla margine-punctata **44.**
320.
Psoricoptera gibbosella **41.** 438,
46. 33.
Psyche calvella **42.** 154, crenulella **47.** 336, detrita **46.** 360,
fusca **45.** 423, graminella **41.**
166, **42.** 153, graslinella 154,
46. 130, helicinella **47.** 329,
hirsutella **42.** 154, **45.** 423, hir-
tella **46.** 360, lutea 354, muscella **42.** 154, opacella, plumifera
154. 403, quadrangulis **46.** 354,
stettinensis **42.** 403, unicolor 153,
villosella 153. 403, Wockei **45.**
205.
Psychidae 42. 47. 153, **46.** 360,
47. 325.
Psychotoe pallata **41.** 78.
Pterophorus Bertrami **45.** 414,
didactylus 348, distans **46.** 29,
fuscus, inulae **45.** 349, microdactylus 384, monodactylus **41.** 473,
pilosellae **45.** 415, tristis **46.** 29.
Pteroptila cincta, pinguis, pra-
torum **46.** 342.
Pterostichus lepidus **47.** 289.
Pterostoma lapponica **42.** 188,
palpina 188. 338, **43.** 214.
Pterotocera declinata **43.** 59.
Ptilophora plumigera **42.** 338,
43. 214, plusiotis **42.** 383.
Ptocheuusa inopella, subocella
41. 444.
Ptochus afflictus **47.** 141, percussus 140.
Ptycholoma persicana **44.** 369.
Purpuricenus Westwoodi **46.**
138.
Pygaera anachoreta, anastomo-
sis, curtula, pigra **42.** 339, re-
clusa **45.** 350, Timon **46.** 131.
Pyralidina 41. 383.
Pyralis secalis **40.** 389, stieti-
calis **46.** 29.
Pyrameis atalanta **41.** 161, **45.**
356, cardui **41.** 161. 191, **45.** 356.
Pyramidophorus flavoguttatus
43. 484.
Pyrausta punicealis, purpuralis
41. 173.

Pyrellia centralis, ochricornis
46. 347.
Pyrenäen-Schmetterlinge
43. 393. 410.
Pyrgus alceae, althaeae **40.** 493,
alveus, Andromedae 494, anto-
nia 342. 493, **47.** 255, baeticus
40. 493, cacaliae, caecus, car-
linae, earthami, centaureae, cirsii
494, cribrellum 493, cynarae,
fritillum 494, gigas 493, hypo-
leucos 462, Lavaterae 493, lugens
47. 256, maculatus **40.** 493,
major **46.** 81, malvae **40.** 494,
melotis 462. 494, nobilis **47.** 255,
nomas **40.** 493, orbifer 493, **47.**
256, phlomidis, Poggei **40.** 493,
Proteus **47.** 253, Proto **40.** 493,
47. 253, sao **40.** 493, serratulae
494, **44.** 253, **46.** 81, sidae **40.**
494, Staudingeri 344. 493, **47.**
111. 254, Syrichtus **40.** 342. 493,
47. 255, taras **40.** 494, tessellum 493, Tethys **42.** 382, the-
rapne **40.** 493.′
Pyrod. argyrogrammos **43.** 194.
Pyrosis eximia **42.** 382.
Pyrota vittigera **42.** 302.
Pyrrhopyga acastus **40.** 535,
Aesculapius 536, affinis 535, aga-
thon 529, ahira 522, alsaricus
526, amiatus 536, amra 535,
amyctis 528, amyclas 536, antias
526, araethyrea 532, araxes 529,
arinas, arinus, aspitha 530, assa-
riens 526, Aziza 532, barcastus
535, bixae, charybdis 533, co-
singa 530, Creon 538, crida 531,
Cyrillus 529, denticulata 535,
dorylas 522, dulcinea 532, dy-
soni 521, epigona 528, epima-
chia 527, eximia 530, fluminis
533, galgala, gazera 531, gnetus
520, gortyna 532, hadassa 537,
hadora 530, Hephaestus 521, **47.**
116, hygieia **40.** 536, hyperici
532, insana 536, intersecta 533,
iphimedia **47.** 116, Iphinous **40.**
522, jamina 521, Jonas, Josepha
534, kelita 537, lamprus 534,
laonome 537, leucoloma 532, Li-
einus 521, Machaon 525, macu-
losa 529, maenas 533, martena
537, Martii 525, megalesias 520,
minthe **47.** 116, mulcifer **40.**

524, nobilis 528, nurscia 522,
ocyalus 523, oneka 526, Othello
522, papius 537, pardalına 527,
parıma **47.** 116, paseas **40.** 521,
passova 533, patrobas, Patroclus
522, pedaıa 530, pelota 535, pe-
ripheme 523, Pertyı 526, phaeax
537, Phidias 533 535, phoronis
528, phylleıa 536, pıerıa 524,
pıoŋıa 531, pıtyusa 523, polemon
534, polyzona 520, popına 531,
porus 523, proculus 534, rhacıa
538, roscius 534, rubricollıs 530,
salus 528, santhılarıus 527, scylla
537, Sejanus 534, sela 523, Ser-
gıus 532, spatıosa 529, spıxıı 525,
Staudıngerı 530, St. Hılarıı 527,
strıgıfera 531, styx 533, telassa
537, Thasus 534, Ulixes 521,
varııcolor 524, verbena 535, ver-
sıcolor 524, vulcanus 520. 522,
xanthıppe 526, zeleucus 534, ze-
reda 536, zımra, zonara 521.
Pytheus pulcherrımus **45.** 282.
Pytoderus Strobelı **42.** 54.

R.

Ranzania Bertolonıı **42.** 85.
Recurvaria leucatella, nanella
41. 443.
Recensionen siehe **Referate.**
Reduviidae 42. 43.
Referate und **Recensionen:**
Agostınho de Souza. A noçao
de espezıe em zoologıa (Dohrn)
45. 38, Candèze Les ınfortunes
d'une populat. d'ınsect. (Dohrn)
41. 83, Casey. Amerıcan. Cucu-
jıdae (Dohın) **45.** 401, Check
Lıst of the Macrolepıd. of Ame-
rıca (Moschler) **44.** 154, Eımer:
Wanderung von Dıpteren und
Libellen (Redactıon) **43.** 260,
Entomologıca in Zool. Soc. of
London 1880 (Dohrn) **44.** 84,
Fabre. Souvenırs entomologıques
41. 136, Fernald: Catalogue of
the Tortrıcidae of North Amer.
(Moschler) **44.** 366, Frey: Lepıdopteren d. Schweiz (Rossler)
42. 75, v. Frıcken Naturge-
schıchte der deutschen Kafer
(Hubner) **41.** 108, v. Hayek.
Hand-Atlas der 3 Naturreıche

(Dohrn) **45.** 109, Horn: On the
genera of Carabıdae of boreal
Amerıca in the Trans. Amerıc.
Ent. Soc. Phılad. 1881 (Dohrn)
43. 237. 301, Horn: Nordamer.
Kafer (Dohrn) **45.** 442, Kataloge,
Stettıner u. Stein-Weıse (Dohrn)
41. 478, Katter: Europ. Arten
der Gattung Meloe (Dohrn) **46.**
382, Kheıl: Dıe Rhopaloceren
der Insel Nıas (Schılde) **45.** 398,
Latzel: Myrıopoden (Karsch) **42.**
220, Leconte u. Horn. Verschıe-
dene Publıcatıonen (Dohrn) 492,
Classıfication of the Coleoptera
of North America (Dohrn) **45.**
38, M'Lachlan: Trichoptera of
the European Fauna (Hagen) **42.**
118, Pagenstecher· Lepıdopteren
von Amboına (Staudınger) **46.**
114, Perıodico zoologıco III. 2
y 3 (Dohrn) **43.** 80, Rıley: The
perıodıcal Cıcada (Dohrn) **46.**
370, Rossler Lepıdopteren Wıes-
badens (Moschler) **43.** 492, Romanoff. Mémoıres sur les Lépidoptères (Speyer) **45.** 477, **46.**
353, Rupertsberger· Bıologıe der
Kafer Europa's (Dohrn) **41.** 481,
Saalmuller· Lepıdopt v. Madagascar (Plotz) **46.** 224, Sahlberg:
Insecta Fennıca II. **40.** 110, Sı-
bırıens Insect-Fauna (Dohrn) **43.**
79, Schlechtendahl u. Wunsche:
Dıe Insecten (Dohrn) **41.** 109,
Sharp· Dytıscıden (Bergroth) **44.**
129, Smith. Lepıd. of N. Amer.
(Moschler) **46.** 203, Snellen
v. Vollenhoven: Pınacographıa
(Dohrn) **41.** 482, Taschenberg:
Insectenkunde (Schmıdt-Zulze-
fitz) 359, Wahnschaffe Kafer
vom Gebiete des Aller-Vereıns
(Dohrn) **45.** 28, Wasmann. Der
Trichterwıckler (Altum) **46.**
136.
Remigia annetta **42.** 384, cydo-
nıa **46.** 278, ussurıensıs **42.** 384.
Remphan Hopei **42.** 312.
Resthenia pallıda, univıttata **42.**
42.
Retinia argyroscopia **44.** 368,
buolına **41.** 408, duplana, pını-
vorana 407, resınella, turıonana
408.

80

Rhacodia caudana, effractana
41. 397.
Rhantus irroratus, varius 42. 52.
Rhaphidiadae 42. 40.
Rheingau 41. 113. 115.
Rhinosia 41. 447.
Rhizogramma aurilegata 42.
383, detersa 43. 42.
Rhodosoma triopus 41. 52.
Rhopalizus tricolor 43. 252.
Rhopalocera 40. 375, 41. 158.
189, 42. 133. 381, Insel Nias
45. 398. 417, 47. 173.
Rhopobota naevana 41. 422.
Rhynchaenus gazella 40. 365.
Rhynchites allariae 45. 189,
betulae, pubescens 46. 136, so-
lutus 47. 152, Thomsoni 45. 191,
ursulus 47. 152.
Rhynchocephalus Hilde-
brandtii 45. 134.
Rhynchomyia 47. 267.
Rhyparia askoldaria 42. 383,
melanaria 41. 312, 42. 383, 45.
437.
Rhyphus fasciatus 47. 260.
Rhysotrachelus bimaculatus
40. 331, patricius 330
Rhyssa Bernsteinii 40. 138, fas-
ciata 137, flaviceps 139, fulva
136, Muelleri 140.
Rhytidodera Bowringi 44. 156.
Ritsemia pupifera 40. 387.
Rivula sericealis 42. 366, 45.
349.
Rogenhofera grandis 42. 45.
Romalaeosoma Ceres, com-
paspe, cyparissa, Edwardsii, eleus,
eupalus 41. 192, janella 306, lo-
singa, medon 192, narva 40. 443,
rezia 41. 306, ruspina, themis,
xypete 192.
Romanoffia imperialis 46. 359.
Rosalia alpina 46. 61.
Rosema sicularia 41. 304.
Rusina tenebrosa 42. 356, 45.
432.
Rumia crataegata 41. 314, 42.
96, luteolata 41. 314, 43. 59.

S.

Saïs espriella 40. 419, promissa
45. 11. 296.
Salamis ethyra 41. 477.

Salda argentina 42. 43.
Salebria formosa 47. 282, palumbella 65.
Samia Ploetzi 41. 86.
Sapaea bicolor, lactea, paradisea
46. 36, zambesina 47. 111.
Saperda carcharias 43. 472, 47.
166.
Sapromyza cincta, octopuncta
46. 349.
Saprosites aspericeps 41. 39,
convexus, meditans, parallelus 38.
Sarcophaga carnaria 41. 330,
flavifrons 42. 46, lambens 46.
347, truncata 42. 46.
Sarrothripa degenerana 42. 148,
dilutana 148. 399, punctana, ra-
mosana 148, revayana 95. 148,
undulana 148. 399.
Satarupa 40. 497.
Saturnia Artemis 42. 382, Boisduvalii 41. 72, Carpini 168, 42.
336, cephalariae 46. 354, Circe,
Hermione 42. 95, Jankowskii
382, pavonia 41. 72, 42. 336.
477, 45. 424, Schencki 42. 406,
semele 95, spini 336.
Saturniadae 42. 47.
Satyridae 46. 261.
Satyrus actaea 42. 297, 47. 246,
alaica 246, alcyone 45. 420, alpina 42. 272. 297, anthe 40.
316, 42. 271. 297, arethusa, au-
tonoe 272. 297, Briseis 40. 316,
42. 271. 297, 47. 242, cordula
42. 297, 47. 246, cordulina,
dissoluta 246, dryas 42. 138.
272. 297, 45. 420, fergana 47.
242, hanifa, Heydenreichi 42.
271. 297, Hippolyte 272. 297,
Huebneri 47. 245, nana 246,
parthica 247, phaedra 42. 138.
381, 45. 420, sartha 47. 242,
semele 45. 420, Sieversi 46.
359, 47. 244, statilinus 42. 138.
Saundersia nigriventris, peruviana, varia 47. 264.
Scalidia linearis 45. 401.
Scaptesyle tricolor 46. 275.
Scarabaeidae 40. 332, 42. 54.
Scarabaeus acuticollis 43. 372.
Scardia aurantiacaria 42. 383,
boletella 45. 214, boleti 41. 424.
Scarites rapax 45. 129. 274.
Schistocerca peregrinum 42. 38.

Simaethis fabriciana, oxyacan-
thella, pariana **41**. 423.
Simplicia rectalis **44**. 264.
Simulia 47. 258.
Simyra argentacea **42**. 409, Bütt-
neri 340, nervosa 340. 409.
Siona nubilaria **43**. 67.
Sipylus Orbignyi, venturae **44**.
392.
Siseme luculenta **45**. 27.
Sitaris humeralis **41**. 136.
Sithon antalus, camerona **41**.
201.
Sitones Bedeli **46**. 157, callosus,
crinitus **47**. 130, obscuratus **43**.
430.
Smerinthinae 41. 60.
Smerinthus amboinicus **41**. 67,
argus, askoldensis **42**. 382, excaecatus **47**. 173, Jankowskii
42. 382, Meander **41**. 67, modestus 62, ocellata **40**. 316, **42**.
393, populi **41**. 66, **42**. 393,
princeps **41**. 62, tiliae 164, tre-
mulae **42**. 382.
Smicronyx balassogloi **46**. 176,
praecox 177, robustus 175.
Solenobia pineti, triquetrella
41. 423.
Solenopsis geminata **42**. 72.
Sophronia curonella **45**. 193,
humerella, semicostella **41**. 448,
sicariella 242.·
Spastica abdominalis **40**. 519,
apicalis 516, aurita 519, bivittata
517, chilensis 514, corallicollis
519, dorsata 516, femoralis 517,
flavicollis 518, glandulosa 517,
globicollis 515, inconstans 519,
limbata 516, maculicollis 515,
marginalis, scutellaris 518, sphae-
rodera **42**. 34, suturalis **40**. 517,
variabilis 514, zonata 516.
Spatherinus medioximus **44**.
239.
Sphaerometopa nigricollis **46**.
386.
Sphaeropalpus cinctus, Dey-
rollei **41**. 153.
Sphaeropsocus Kuénowii **43**·
226. 230 526, **44**. 320.
Sphenophorus sericans **43**. 459,
46. 144.
Sphingognatha asclepiades **46**.
278.

Sphingiden 41. 49, **42**. 140.
147. 382, **45**. 421, **46**. 273, **47**.
173.
Sphinx analis **41**. 76, Andromedae, anteros 65, atropos 64.
65, Buchholzi 76, canadensis,
capsici 67, carolina 64. 67, cher-
sis 65. 67, convolvuli 77, **42**.
140. 382, **43**. 214, **45**. 356, **46**.
273, Davidis **42**. 382, discistriga
41. 76, drupiferarum 66, eremi-
tus 65, eurylochus, Hamilcar,
Hannibal 67, justitiae 65, ligustri
45. 421, lucetius 67, lugens 65,
· nicotiana, pallenia, petunia 67,
pinastri 66. 70, plebeja 66, plota
67, saniptri 70, solani 64. 77,
tabaci 67, tetrio 65.
Spilodes clathralis **41**. 173.
Spilosoma Doerriesi **42**. 382,
euralpenus **41**. 83, fervida **45**.
258, fuliginosa **42**. 95. 151. 403,
45. 258, Isabella **47**. 174, Jankowskii **42**. 382, lubricipeda 152.
382, maculifascia **41**. 83, men-
dica **42**. 152, Menthastri **41**. 166,
42. 152, striatopunctata 382, tu-
rensis 403, urticae 152, **46**. 28,
virginica **47**. 174.
Spilothyrus alceae **42**. 300, al-
theae 274.
Spintherops dilucida, phantas-
ma, spectrum **43**. 57.
Stagmatophora pomposella,
serratella **41**. 460.
Stamnodes divitiaria, pauperaria
43. 66.
Staphylinen 41. 282, **42**. 376.
Stathmopoda pedella **41**. 461,
46. 30. 31.
Stauropus fagi **42**. 337, **45**. 425.
Steganoptycha altheana **42**.
379, augustana, corticana, cru-
ciana, cuphana, fractifasciana **41**.
420, incarnana 419, mercuriana
45. 373, minutana **41**. 421, na-
nana 420, neglectana **42**. 455,
nigromaculana **41**. 420, **42**. 116,
oppressana **41**. 420, pauperana
234, pinicolana, pygmaeana, qua-
drana, ramella 420, rubiginosana
421, rufimitrana **42**. 455, sim-
plana **41**. 420, trimaculana 421,
ustomaculana, vacciniana 420.
Stenidia hovana **45**. 273. ·

Erklärung der Tafeln.

Tafel II.

Fig. 1. Heliconius metaphorus p. 24.
- 2. Leucothyris Paula p. 14.
- 3. Methona curvifascia p. 8.
- 4. Sais promissa p. 11.
- 5. Ceratinia honesta p. 9.
- 6. Lycorea cinnamomea p. 7.
- 7. Ithomia soligena p. 16.
- 8. Leucothyris solida p. 15.

1885. 46. cfr. p. 321. Revision der Gattung Eurysoma.

Fig. 1. Rechter Oberkiefer von unten.
- 2. Rechter Unterkiefer von oben.
- 3. Linker Unterkiefer von unten.
- 4. Unterlippe von innen oder oben.
- 5. Unterlippe von unten oder außen.
- 6. Dioctes concinnus Dhn. 1885. p. 78.
- 7. Paussus Howa Dhn. 1881. p. 91.
- 8. - centurio Dhn. 1882. p. 106.
- 9. - Mucius 1884. p. 45.
- 10. - Pipitzi Dhn. 1884. p. 44.
- 11. - (Cerapterus) mollicellus Dhn. 1880. p. 151.
- 12. Crambus Kobelti Saalm. 1885. p. 334.

Lightning Source UK Ltd.
Milton Keynes UK
UKHW011548031218
333390UK00015B/1241/P

9 780282 637804